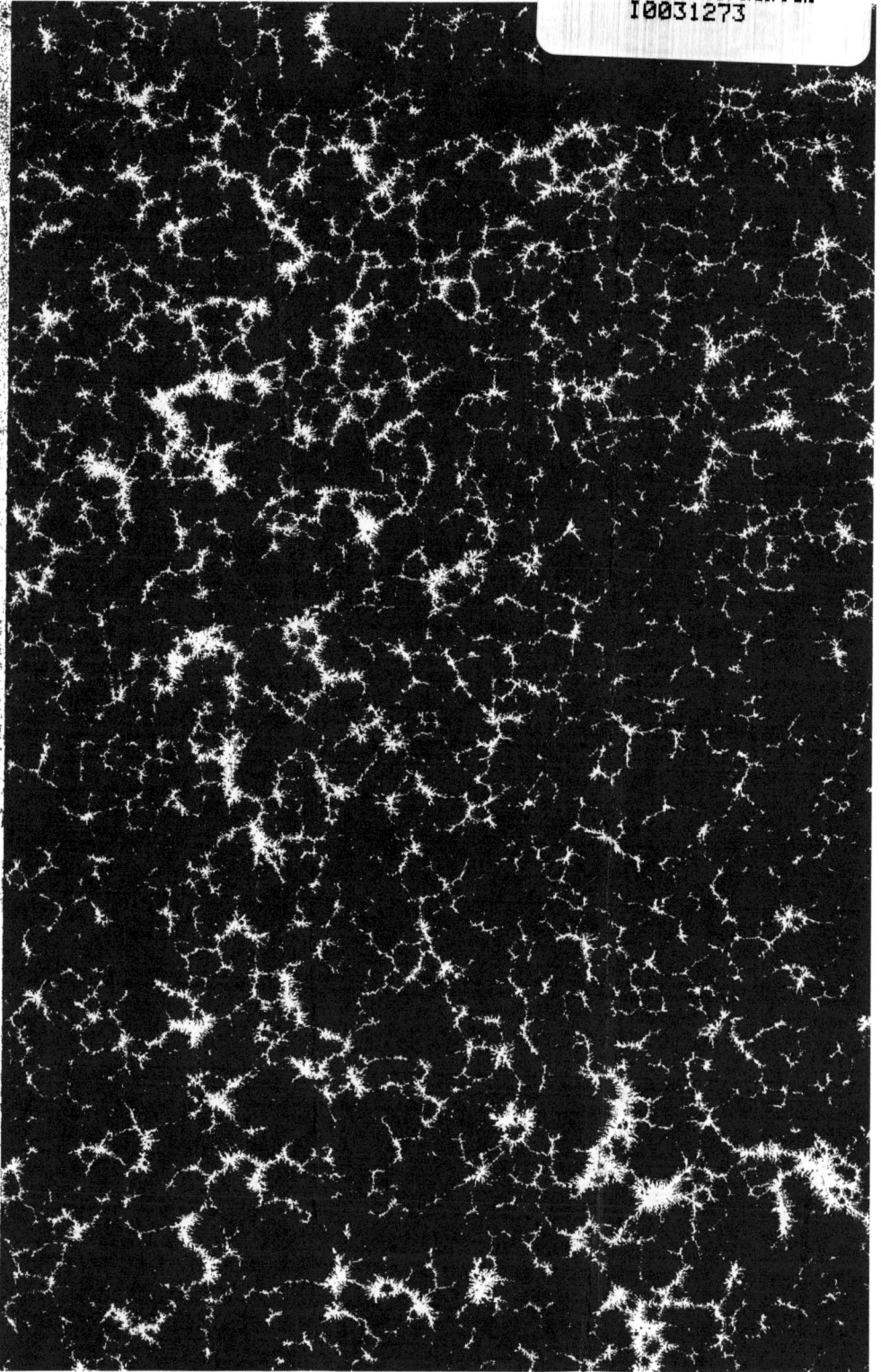

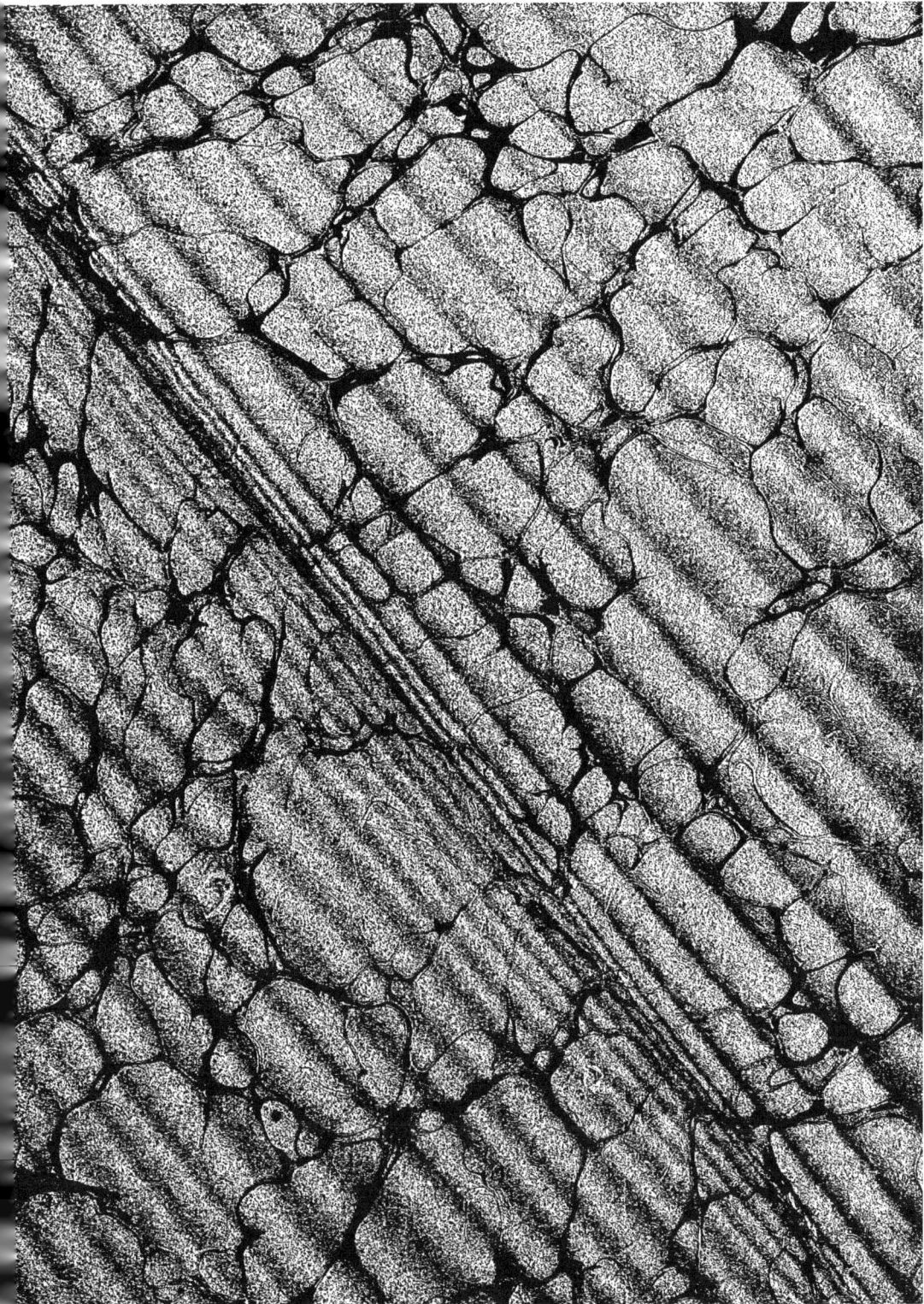

MINISTÈRE DES TRAVAUX PUBLICS

ÉTUDES

DES

GÎTES MINÉRAUX

DE LA FRANCE

PUBLIÉES SOUS LES AUSPICES DE M. LE MINISTRE DES TRAVAUX PUBLICS
PAR LE SERVICE DES TOPOGRAPHIES SOUTERRAINES

BASSIN HOUILLER

DE LA BASSE LOIRE

PAR

M. E. BUREAU

PROFESSEUR HONORAIRE AU MUSÉUM D'HISTOIRE NATURELLE

FASCICULE I

HISTOIRE DES CONCESSIONS — PIÈCES JUSTIFICATIVES
DESCRIPTION GÉOLOGIQUE DU BASSIN

PARIS

IMPRIMERIE NATIONALE

1910

BASSIN HOUILLER

DE LA BASSE LOIRE

MINISTÈRE DES TRAVAUX PUBLICS

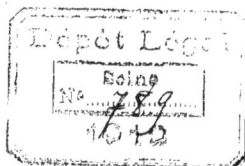

ÉTUDES

DES

GÎTES MINÉRAUX

DE LA FRANCE

PUBLIÉES SOUS LES AUSPICES DE M. LE MINISTRE DES TRAVAUX PUBLICS
PAR LE SERVICE DES TOPOGRAPHIES SOUTERRAINES

BASSIN HOUILLER
DE LA BASSE LOIRE

PAR

M. E. BUREAU

PROFESSEUR HONORAIRE AU MUSÉUM D'HISTOIRE NATURELLE

FASCICULE I

HISTOIRE DES CONCESSIONS — PIÈCES JUSTIFICATIVES
DESCRIPTION GÉOLOGIQUE DU BASSIN

PARIS

IMPRIMERIE NATIONALE

1910

BASSIN HOUILLER
DE LA BASSE LOIRE.

CHAPITRE PREMIER.

INTRODUCTION.

Le grand bassin carbonifère de l'Ouest, désigné sous le nom de bassin de la basse Loire [1], me paraît avoir des dimensions un peu plus considérables que celles qui lui ont été assignées jusqu'ici ; la longue traînée qu'il forme du N. O. au S. E., mesurée avec soin sur les différentes feuilles de la carte géologique détaillée de la France qu'il traverse, ne me donne pas moins de 109 kilomètres de longueur, dont 48 dans la Loire-Inférieure, de Languin jusqu'à Ingrande, et 61 en Maine-et-Loire, d'Ingrande jusqu'à Baugé, près de Doué-la-Fontaine.

Ce partage en deux portions à peu près de même importance entre deux départements contigus, dans chacun desquels se sont trouvés des géologues et s'en trouvent encore, explique comment le bassin de la basse Loire n'a guère donné lieu qu'à des études locales, les géologues nantais ayant étudié la partie bretonne, ceux d'Angers la partie angevine.

[1] Au moment où cette appellation se présente ici pour la première fois sous ma plume, j'ai tout d'abord à me demander quelle orthographe je vais adopter. Doit-on mettre à *basse* un petit *b* ou un grand B? et, entre *basse* et *Loire*, faut-il ou ne faut-il pas placer un trait d'union? En un mot, devons-nous écrire *Basse-Loire* ou *basse Loire*? Le terme est courant maintenant parmi les géologues; mais ils ont des manières très différentes de l'écrire. On sera facilement fixé si l'on veut bien consulter un *Guide du correcteur et du compositeur*, celui, par exemple de E.-A. Tassis, correcteur à l'imprimerie Firmin-Didot. La règle est très nette : lorsque les mots *haut* ou *bas* entrent dans la composition d'un nom de département, de province, etc., la grande lettre et le trait d'union sont de rigueur; on écrit : *les Hautes-Alpes, les Basses-Alpes, la Haute-Loire*, pour désigner ces départements; mais on écrit : *la haute Seine, la basse Seine, la haute Loire*, et, par conséquent *la basse Loire*, pour désigner des parties de ces fleuves rapprochées de la source ou peu éloignées de l'embouchure.

Le premier mémoire sérieux traitant de ce bassin le considère, il est vrai, dans son ensemble. Il est dû à Dufrénoy, qui le publia dans l'*Explication de la carte géologique de la France*, tome I, 1841; mais, postérieurement à cette œuvre, je ne pourrais citer qu'un seul travail portant sur le bassin entier, et il est dû précisément à un observateur qui a habité successivement Angers et Nantes. C'est un article de vingt pages, par Wolski, intitulé : *Mémoire sur le gisement anthracifère de la basse Loire*, etc. [1]. La description, nécessairement sommaire, est aussi bonne qu'elle pouvait l'être à cette époque, et nous devons rendre à Wolski cette justice qu'il a bien su reconnaître les allures générales du terrain et la succession d'amandes qui le forment.

Des plantes fossiles, il dit seulement quelques mots, montrant qu'il a eu surtout en vue les formes végétales bien développées seulement dans les dépôts houillers moyens et supérieurs : *Sigillaria* à côtes, *Pecopteris*. Or, dans la basse Loire, sans être tout à fait absentes, elles sont de la plus grande rareté. Il a cru assurément qu'il y avait une seule flore houillère commune à tous les niveaux houillers. On ne savait pas alors distinguer les étages du système carbonifère d'après les fossiles végétaux.

Le travail de Wolski était accompagné d'une carte du bassin qui, malheureusement, n'a pas été publiée.

Comme faisant le passage entre les travaux qui embrassent la totalité du terrain et les études partielles, je dois mentionner le chapitre sur le système carbonifère de la basse Loire rédigé par mon frère, Louis Bureau, directeur du Muséum d'histoire naturelle de Nantes, et publié [2] dans sa *Notice sur la géologie de la Loire-Inférieure*, qui a paru dans le troisième volume d'une grande publication éditée par la ville de Nantes à l'occasion du Congrès de l'Association française pour l'avancement des sciences, en 1898. Bien que l'auteur ait eu à s'occuper surtout du département de la Loire-Inférieure, il a nettement tracé les grandes lignes géologiques de tout le bassin de la basse Loire.

[1] Mémoire sur le gisement anthracifère de la basse Loire, sur l'industrie de la chaux dans les contrées qui l'environnent et sur son emploi en agriculture. Première partie : Du gisement anthracifère de la basse Loire (*Annales de la Société académique de Nantes*, XXV, 1854, p. 317-337). Nous voyons Wolski employer dans la même page les mots *anthracifère* et *anthraxifère* Ce dernier est le plus usité; mais c'est celui qui est incorrect : les mots dérivés se forment avec le génitif, et le génitif d'*anthrax* est *anthracis*.

[2] *La ville de Nantes et la Loire-Inférieure*, III, in-8°, Nantes, 1900. Le système carbonifère de la basse Loire y occupe les pages 156-293.

Parmi les travaux partiels, il y en a de fort intéressants. Je citerai, pour la Loire-Inférieure, ceux de Viquesnel[1] et de M. E. Lorieux[2], ainsi que deux cartes géologiques du département, sur lesquelles le terrain à combustible a été soigneusement marqué : l'une par Frédéric Cailliaud, l'autre par Durocher. Celle-ci est restée inédite. J'en connais plusieurs exemplaires, dont un aux Archives départementales, à Nantes, et un autre au Muséum d'histoire naturelle de la même ville.

Je dois placer dans la même catégorie la feuille d'Ancenis (n° 105) de la *Carte géologique détaillée de la France*, que mon frère et moi avons publiée en 1890, et qui comprend toute la partie de la bande carbonifère contenue dans la Loire-Inférieure (sauf Languin, qui est dans la feuille de Saint-Nazaire), et toute la partie située dans le département de Maine-et-Loire, depuis Ingrande jusqu'à Saint-Lambert-du-Lattay; en somme, plus de la moitié de ce vaste dépôt.

Parmi les travaux partiels ayant pour objet la partie du bassin située dans le département de Maine-et-Loire, nous devons mentionner le mémoire de Rolland[3] sur la structure géologique du terrain anthracifère constituant la concession de Layon-et-Loire, travail dont j'ai constaté sur place la rigoureuse exactitude; puis un mémoire de Wolski, différent de celui imprimé à Nantes et portant exclusivement sur la partie angevine, publié à Angers en 1843[4]; une étude de Cacarrié[5], faisant partie de sa *Description géologique du département de Maine-et-Loire*, Angers, 1845; un travail de Brossard de Corbigny[6], ingénieur des mines, sur les houillères de Maine-et-Loire, dans

---

[1] Note sur le terrain à combustible exploité à Mouzeil et à Montrelais, rédigée par M. A. Viquesnel, d'après les observations qu'il a faites avec MM. Audibert et Durocher. (*Bull. Soc. géol.*, 2ᵉ série, 1, 1843, p. 70-103, pl. I.)

[2] E. LORIEUX, ingénieur des mines, Notice sur le terrain à combustible de la Loire-Inférieure. (*Annales des mines*, 6ᵉ série, *Mémoires*, t. XI, 1867, p. 247-269.)

[3] Notice sur le terrain anthraxifère des bords de la Loire, aux environs de la Haye-Longue, entre Rochefort et Chalonnes (Maine-et-Loire). [*Bull. de la Soc. géol. de France*, XII, 1841, p. 463-475, pl. X et XI.]

[4] A. N. WOLSKI, Mémoire sur le terrain anthracifère dans le département de Maine-et-Loire et sur ses relations géologiques avec divers terrains qui l'avoisinent et qui le recouvrent. (*Congrès scientifique de France*, onzième année, tenu à Angers en 1843, tome second, *Mémoires*, p. 1-44, 2 planches.)

[5] CACARRIÉ, ingénieur des mines, *Description géologique du département de Maine-et-Loire*, publiée conformément à la délibération du Conseil général. Angers, Cosnier et Lachèse, in-8°, 1845.

[6] *Annuaire de l'Institut des provinces*, Paris, 2ᵉ série, 13ᵉ vol., xxiiiᵉ vol. de la collection, 1871, paru en 1873, p. 253-277.

lequel on trouve surtout des détails intéressants sur l'histoire des concessions et sur l'exploitation des mines de l'Anjou.

Bien d'autres études partielles pourraient être citées ici; mais, dans la crainte d'allonger outre mesure cette introduction, je dois me borner à les mentionner dans la bibliographie.

Pour ce qui est de la paléontologie (et lorsqu'il s'agit de terrain houiller, c'est essentiellement de la paléontologie végétale), elle s'est bornée longtemps à une liste obtenue par Raulin [1], en faisant le relevé des espèces indiquées par Ad. Brongniart dans son *Prodrome d'une histoire des végétaux fossiles* (Paris, 1828), comme se trouvant à Montrelais, Saint-Georges-Châtelaison et Montjean, liste qui fut reproduite par Millet dans sa *Paléontologie de Maine-et-Loire* (Angers, 1854, p. 58-59), Raulin s'aperçoit bien que la flore fossile de la basse Loire est différente de celle des terrains houillers ordinaires, et il paraît assez disposé à suivre l'exemple de Dufrénoy, et à regarder le terrain qui contient ces empreintes comme reposant en stratification concordante sur le terrain silurien; Millet met les couches anthracifères dans le terrain dévonien; de Verneuil, dans la séance même de la Société géologique de France (5 janvier 1844) où Raulin présente sa liste, déclare, le premier peut-être, que les couches à combustible de la basse Loire appartiennent au système carbonifère et sont superposées au système dévonien.

Il existait donc une grande divergence dans les opinions lorsque, après des récoltes de débris végétaux commencées il y avait plus de vingt années, je pus enregistrer la flore fossile non seulement du bassin carbonifère général, mais de chacun des étages et des sous-étages qui le composent. Ces listes ont été publiées en 1900 dans le troisième volume de l'ouvrage que j'ai déjà cité : *La ville de Nantes et la Loire-Inférieure*. Malgré le titre du livre, elles comprennent les fossiles de tout le bassin et permettent d'y reconnaître jusqu'à six niveaux distincts : le dévonien supérieur; le culm inférieur ou grauwacke inférieure; le culm supérieur ou grauwacke supérieure, qui contient le combustible; le houiller moyen ou Westphalien, avec deux sous-étages : infra-houiller et sus-moyen; enfin, des traces de houiller supérieur ou Stéphanien.

Ces listes me serviront de base pour la *Flore fossile du bassin de la basse Loire*.

Je ne pouvais écrire aucun des chapitres du présent ouvrage en me bornant

---

[1] *Bulletin de la Société géologique de France*, 2ᵉ série, I, 1844, p. 142.

à l'examen des publications antérieures et à mes recherches personnelles. J'ai trouvé des concours précieux.

Pour la partie historique, j'ai tenu à remonter aux sources, et j'ai été aidé au delà de ce que je pouvais espérer.

Les archives du service des Mines, à Nantes, m'ont été libéralement ouvertes par l'ingénieur distingué de qui elles dépendent, M. Nanteuil de la Norville, avec l'obligeante autorisation de M. Vierzat, directeur général de la Société des houillères de Rive-de-Gier et de la Société des mines de Montrelais, Mouzeil et Languin, de M. Carteron, directeur de Montrelais, Mouzeil et Languin, et de M. Stiévenart, propriétaire des mines des Touches.

Les archives de la Loire-Inférieure m'ont fourni des documents abondants, et les recherches m'y ont été bien facilitées par le savant archiviste M. Maitre.

A Paris, aux Archives nationales, j'ai trouvé de nombreuses pièces authentiques, entre autres les arrêts du « Conseil du Roy » relatifs aux anciennes concessions.

M. de Grossouvre, ingénieur en chef des mines à Bourges, de qui relève le département de Maine-et-Loire, a eu la complaisance de m'envoyer des notes sur toutes les concessions angevines, et il a fait en outre une découverte importante : il a trouvé, dans les papiers de son service, un grand mémoire inédit de Cacarrié, intitulé : *Étude du bassin anthraxifère de la basse Loire*. Ce manuscrit, de 247 pages grand format, est accompagné d'une lettre difficile à déchiffrer, l'encre étant altérée, mais que voici exactement :

MINISTÈRE
DES TRAVAUX PUBLICS.
——

ARRONDISSEMENT MINÉRALOGIQUE
DE NANTES.
——

SOUS-ARRONDISSEMENT MINÉRALOGIQUE
D'ANGERS.
——

DÉPARTEMENT
DE MAINE-ET-LOIRE.
——

Objet : Mines.

Angers, le 16 février 1853.

MONSIEUR L'INGÉNIEUR EN CHEF,

J'ai l'honneur de vous retourner ci-joint le travail de M. Cacarrié sur le *Bassin houiller de la basse Loire*, dont j'ai fait faire une copie par mon bureau.

Veuillez agréer, Monsieur l'Ingénieur en chef, la nouvelle assurance de mon respectueux dévouement.

L'Ingénieur des Mines,

BLAVIER.

Cette lettre est fort instructive :

En 1853, Cacarrié ne devait plus être ingénieur des mines à Angers, puisque l'ingénieur était Blavier;

A cette date, 8 ans après la publication de sa *Description géologique du département de Maine-et-Loire*, il avait terminé une étude très détaillée du bassin anthracifère, mais l'examen du manuscrit montre qu'il est question seulement des concessions situées en Maine-et-Loire.

Ce manuscrit fut déposé par l'auteur au Service des Mines, soit à Angers, soit à Nantes; mais il parvint sûrement dans cette dernière ville, qui était alors le chef-lieu minéralogique d'Angers.

L'ingénieur en chef de Nantes envoya ledit manuscrit à Angers où il en fut fait une copie dans le bureau de l'ingénieur des mines.

Celui-ci retourna l'original à Nantes.

Lorsque le sous-arrondissement minéralogique d'Angers fut rattaché à l'arrondissement minéralogique de Bourges, toute la partie du Service des Mines de Nantes concernant le sous-arrondissement d'Angers fut assurément envoyée à Bourges, et ce manuscrit dut faire partie de l'envoi; mais il en existe deux copies : celle qui a été faite à Angers et une que je viens d'achever.

Telle me paraît, reconstituée par cette lettre, l'odyssée du manuscrit de Cacarrié.

C'est un travail bien complet, qui a dû lui demander des recherches assidues. On pourra juger de son importance par le titre des trois parties qui le composent : I. *Description géologique*, II. *Historique*, III. *Exploitation*. L'auteur désirait-il qu'il fût imprimé? C'est assez probable. Je n'oserais cependant pas l'affirmer, le manuscrit étant écrit recto et verso et, en conséquence, non préparé pour l'imprimerie. Il est bien regrettable qu'il n'ait pas été publié au moment où il a été achevé.

Aujourd'hui il a 55 ans et il a certainement trop vieilli pour que son impression *in extenso* soit possible. La partie géologique, entre autres, serait à refaire complètement, et personne assurément ne voudrait se permettre de modifier l'œuvre d'un savant décédé. Cependant, il y a dans cette œuvre importante des renseignements excellents qu'il serait très fâcheux de laisser retomber dans l'oubli. Il s'agissait donc de concilier l'intérêt général avec l'intention et la convenance de rendre hommage à un homme de science remarquablement laborieux, dont les travaux sont justement estimés. Je crois y être parvenu. J'ai joint les renseignements que j'obtenais par cette voie à ceux que je recevais de différents côtés; mais j'ai conservé le plus possible du texte de Cacarrié, en le mettant entre crochets [   ], afin qu'il soit facile de le reconnaître et d'en laisser le mérite à l'auteur.

Je suis très reconnaissant aussi à M. O. Couffon, membre de la Commission de surveillance du Musée d'histoire naturelle d'Angers, qui m'a communiqué de nombreuses notes et, particulièrement pour la partie historique, des documents qui me semblent à peu près introuvables ailleurs que chez lui. M. Couffon, passionné pour l'histoire de l'Anjou, a trouvé une manière bien originale de se créer de véritables archives. Il y a à Angers, tous les samedis, un marché aux vieux papiers, que les gens du pays appellent irrévérencieusement : le marché aux puces. M. Couffon a eu la persévérance d'aller, dès 6 heures du matin, pendant très longtemps, inspecter ce marché. Aucun ballot ne partait sans qu'il l'eût examiné, et il a formé ainsi une collection de pièces concernant l'Anjou aussi intéressante que nombreuse. Cette série angevine, classée et numérotée, contient plus de 400 numéros. M. Couffon a eu l'obligeance de mettre à ma disposition les documents concernant les mines de houilles de l'Anjou. Quand j'aurai à citer des pièces de cette collection, je n'hésiterai pas à indiquer leur provenance ainsi : *Archives Couffon*, et tout texte extrait des notes qui m'ont été remises par ce jeune savant sera entre guillemets « », l'un au commencement, l'autre à la fin du texte.

En ce qui concerne les parties géologique et paléontologique, ayant souvent séjourné dans l'arrondissement d'Ancenis, j'ai parcouru le terrain pendant plus de vingt ans, et, lorsque j'ai été chargé de collaborer à la carte, je suis retourné voir toutes les localités qui pouvaient réclamer des observations nouvelles. Les échantillons de plantes fossiles que j'ai recueillis un peu dans toutes les concessions, mais plus particulièrement à Mouzeil, où les empreintes sont plus nombreuses qu'ailleurs, montent au moins à 1,000. Je me suis préoccupé de rapprocher les organes épars appartenant à une même espèce et j'y ai parfois réussi; mais ce que je n'ai pu faire, c'est de récolter séparément les fossiles de chaque couche. On ne s'inquiétait guère, autrefois, de recueillir les empreintes dans les fonds et d'inscrire sur chacune l'indication de la couche d'où elle provenait. On ne comprenait pas alors l'importance de ces documents pour reconnaître les différentes couches. On commence maintenant, et M. Beaulaton, directeur des mines de Mouzeil, a organisé cette recherche et cet étiquetage, qui se font avec une précision vraiment scientifique; mais combien d'indications précieuses ont échappé autrefois, dans toutes les mines!

Outre les matériaux provenant de mes recherches, j'ai pu voir, au Muséum d'histoire naturelle, les empreintes nombreuses recueillies dans ce bassin par Ad. Brongniart, en 1822 et 1845, Virlet, en 1828, Audouin, en 1831, et Rivière, en 1842. Elles ont d'autant plus d'intérêt que les diverses couches dont elles proviennent sont, pour la plupart, abandonnées depuis longtemps. J'ai vu aussi, grâce à l'obligeance de M. Zeiller, les collections de l'École des mines; mon frère, Louis Bureau, directeur du Muséum d'histoire naturelle de Nantes, m'a communiqué les plantes fossiles de la basse Loire rassemblées par Frédéric Cailliaud et par Dubuisson; parmi ces dernières il y a quelques types d'Ad. Brongniart. Triger m'a fait anciennement d'intéressants envois. M. Davy directeur du Musée de Châteaubriant, a mis à ma disposition, pour que j'en fasse l'étude, de très curieux végétaux fossiles découverts par lui dans la *pierre carrée* de Montjean. M. Bezier, directeur du Musée d'histoire naturelle de Rennes, a eu l'obligeance de me confier les fossiles recueillis par son père dans la concession de Layon-et-Loire. M. Bouvet, directeur du Musée paléontologique d'Angers, et M. Couffon, membre de la commission de surveillance, m'ont soumis les échantillons de ce musée, et M. Préaubert m'a fait de plusieurs de très bonnes photographies. J'ai également vu à Angers la collection de M. Couffon et celle de M. l'abbé Hy, enfin, le conservateur du Musée de Saumur, M. Valotaire, a eu la complaisance de me montrer les plantes de la basse Loire de la collection Courtiller, qui fait partie de ce musée.

Je prie toutes les personnes qui m'ont prêté leur obligeant concours d'agréer mes plus vifs remercîments.

CHAPITRE II.

HISTOIRE DES CONCESSIONS.

I. DEMANDES DE CONCESSIONS BASÉES SUR DES ERREURS GÉOLOGIQUES.

L'existence du charbon de terre dans le bassin de la basse Loire est très anciennement connue, et il n'est pas étonnant que, autour de ce bassin, au sud comme au nord, bien des personnes, espérant trouver le précieux combustible, aient fait attention à toutes les roches noires qu'elles rencontraient et se soient imaginé avoir trouvé de la houille, lorsqu'elles avaient en main de l'ampélite ou des phthanites. C'est par suite de ces erreurs que des concessions ont été demandées dans le terrain silurien, au Nord du bassin de la basse Loire, de 1826 à 1829, par M. Thornton, pour exploiter des mines de houille dans les communes de Louisfert et de Saint-Vincent-des-Landes (Loire-Inférieure) et que, à la même époque, MM. Dufresne, de Virel, Bain et Le Pays de la Riboisière ont réclamé la préférence [1].

Ils ne furent pas les seuls :

Également en 1826, le comte Achille de Jouffroy fit d'abord une demande de concession pour les communes de Saffré, Puceul, Blain, Abbaretz, Meilleraie, Treffieuc et Auverné; puis, le 6 décembre de cette même année, il fit apposer une affiche spécialement pour les communes de Saffré, Puceul et Blain.

En 1827, M. Richard de la Roullière demanda une concession pour l'exploitation de la houille dans les communes de Châteaubriant, Saint-Aubin-des-Châteaux, Ruffigné, Rougé, Fercé et Soudan, et de suite la préférence fut demandée par MM. Leroy, Le Pays, Bain, Guérin et Dufresne.[2].

La même année, en date du 26 avril, M. Levesque-Durostu déposa aussi une demande pour la recherche et l'exploitation du charbon de terre qui

[1] Arch. Loire-Inférieure, section V, Mines et carrières, dossier n° 662.
[2] Arch. Loire-Inférieure, section V, Mines et carrières, dossier 9, n° 1677.

IMPRIMERIE NATIONALE.

pourrait se trouver dans la commune de la Meilleraie, et particulièrement dans le grand bois de Meilleraie, que nous savons aujourd'hui être sur l'étage ordovicien du terrain silurien. Il est vrai qu'il eut l'heureuse inspiration de retirer promptement sa demande [1].

Le 14 avril 1828, M. J. Aubin, notaire à Châteaubriant, demanda la concession d'une mine de houille à Erbray [2].

En 1829, M. Berthou fit une demande pour Abbaretz et Puceul [3].

En 1844, M. Augeard renouvela la demande pour Erbray [4].

En 1863, le sieur Pochet-Vital en fit une pour Noyal, arrondissement de Châteaubriant [5].

Je pourrais en citer d'autres, et je dois dire que les rapports des Ingénieurs des Mines que j'ai pu voir ont toujours été défavorables à ces recherches.

Des erreurs du même genre ont été commises au sud du bassin. Ici c'est assurément aux ampélites contenues dans la grande bande de schiste et grès gothlandien étendue sans interruption depuis les environs de Nort (Loire-Inférieure) jusqu'à Ancenis, puis reparaissant sur la rive gauche de la Loire, et aussi aux phthanites qui se trouvent à la partie supérieure de l'étage des micaschistes qu'il convient de les attribuer.

Ce sont des phthanites qu'avait trouvés M. P. Lefeuvre, à Blanche-Lande, commune d'Oudon, et qui ont motivé en 1828 la demande qu'il fit, avec MM. L. Dufort et William Arnous-Rivière, de la concession de mines de charbon de terre dites Mines d'Oudon [6].

C'est assurément la même bande de phthanite, visible à Mont-Piron, commune d'Oudon et peut-être aussi les schistes de Couffé qui ont décidé, en novembre 1838, MM. Daniel Lebreton père, René Godard, François Lebreton, Pitre Merland, Joseph Lebreton et Daniel Lebreton fils à demander une concession s'étendant sur les communes d'Oudon, Couffé et le Cellier (Loire-Inférieure) [7].

Quant à la houille que M. des Jamonnières pensait avoir trouvée dans la commune du Cellier et pour laquelle il demanda, le 15 juillet 1863, une

---

[1] Arch. Loire-Inférieure, section V, Mines et carrières, dossier 9, n° 543.

[2] Arch. Loire-Inférieure, dossier 9.

[3] Arch. Loire-Inférieure, dossier 9, n° 1147.

[4] Arch. Loire-Inférieure.

[5] Arch. Loire-Inférieure, liasse 9, enregistré 827.

[6] Arch Loire-Inférieure, liasse 9, n° 222.

[7] Arch. Loire-Inférieure, section V, Mines et carrières, dossier 9, n° 7912.

concession comprise entre les coteaux du Pé-Bernard, ceux de Vendelle, la route de Paris et la Loire, ce n'est vraisemblablement pas autre chose qu'un micaschiste très foncé par une abondance de mica noir, comme on en voit à Mauves. Une lettre de M. Baudin, ingénieur faisant fonction d'ingénieur en chef, répondant à cette demande, ne laisse du reste pas le moindre espoir de trouver là du combustible [1].

La connaissance de la structure géologique de la région rendra ces erreurs de plus en plus rares.

II. CONCESSIONS ACCORDÉES.

Nous avons dit que la présence du charbon de terre dans la région de la basse Loire est connue très anciennement. Avant ce que nous pouvons appeler la période historique, avant l'établissement des concessions, ce combustible fut exploité par les propriétaires du sol, ou même par des associations, qui exécutèrent des travaux assez considérables, dont on retrouve la trace dans les recherches que l'on fait aujourd'hui. Le souvenir de ces anciennes exploitations est maintenant perdu; elles n'ont laissé aucune trace écrite. Lorsqu'on a à parler des ouvrages de cette période qu'on peut appeler préhistorique, on les désigne sous le nom de travaux des anciens.

Les concessions accordées dans le bassin de la basse Loire, aujourd'hui en partie fusionnées, ont été au nombre de 14 : 4 au Nord de la Loire, dans le département de la Loire-Inférieure ou l'ancienne province de Bretagne : concession de Languin, les Touches, Mouzeil et Montrelais; 10 dans la vallée et au Sud de la Loire, dans le département de Maine-et-Loire ou l'ancienne province d'Anjou : concessions de Montjean, Saint-Georges-sur-Loire, Saint-Germain-des-Prés, Désert, Layon-et-Loire, Chaudefonds, Saint-Lambert-du-Lattay, Saint-Aubin-de-Luigné, Saint-Georges-Chatelaison et Doué.

1. Concession de Languin (Loire-Inférieure).

C'est en 1746 qu'il paraît être fait mention pour la première fois de la concession de Languin. Le sieur Simon Jarry, négociant à Nantes, adressa au Roi une pétition dans laquelle il exposait que, depuis 1738, il faisait explorer

---

[1] Arch. Loire-Inférieure, section V, Mines et carrières, dossier 9, n° 1265.

à ses frais une mine de charbon de terre dans la paroisse de Nort, dépendant de l'évêché de Nantes, qu'il était parvenu à tirer du charbon de terre de bonne qualité, que ce charbon était voituré sur le bord de la rivière d'Erdre, qui n'est éloignée de la mine que d'une lieue, pour être transporté à Nantes, où l'on en faisait journellement usage. Il s'en fait, dit-il, aussi consommation « en « plusieurs endroits de la province de Bretagne et dans les provinces circon- « voisines, comme l'Anjou et le Poitou; et il en a été même envoyé à Roche- « fort et aux Isles de l'Amérique ». Pour ne pas être exposé à perdre le fruit de ses dépenses et de son travail, Simon Jarry requiert qu'il plaise à Sa Majesté « lui accorder pour lui et ses hoirs et ayant cause, pour le temps et « espace de trente années consécutives à partir du 1er juillet prochain » (1746), « le privilège exclusif de continuer à faire fouiller et exploiter les mines de « charbon de terre qui sont actuellement découvertes dans la paroisse de Nort « despendante de l'évêché de Nantes et celles qu'on pourra dans la suite y « découvrir, et dans l'étendue de trois lieües aux environs de la paroisse, « pour, par les dits sieur Jarry et ses hoirs et ayant cause, jouir des dites « mines et minières de charbon de terre et les faire valoir et exploiter à « leur profit, à la charge par eux d'indemniser les propriétaires des ter- « rains sur lesquels il sera fait des ouvertures ou qui pourraient être en- « dommagés... »

Le roi, par arrêt rendu en son Conseil d'État tenu au château de Bou- choitte, le 21 mai 1746, accorda la demande du sieur Jarry[1]. L'arrêt, signé Phelipeaux, fut enregistré à Versailles, au contrôle général des finances, le 13 juillet de la même année. Les lettres patentes sont du 15 juillet. Elles furent enregistrées au livre des mandements de la chambre des comptes de Bretagne, 52, folio 275 recto, à la suite de l'arrêt. Cet arrêt fut ordonnancé à Nantes, pour être exécuté, le 29 juin 1747, par Jean-Baptiste-Elie-Camuse de Pontcarré, chevalier, seigneur de Viarmes, intendant et commissaire de Party (sic) par Sa Majesté pour l'exécution de ses ordres en la province de Bretagne.

Sur une nouvelle demande du sieur Jarry, un autre arrêt du Conseil, rendu à Fontainebleau, en date du 13 octobre 1765, prorogea pendant trente nou- velles années, à partir du 1er juillet 1776, la concession faite au sieur Jarry[2]. Les conditions qui lui furent faites par ce second arrêt furent même beaucoup

[1] Pièces justificatives, n° I.
[2] Pièces justificatives, n° II.

plus avantageuses; car sa concession fut étendue à toutes les mines de charbon qu'il pourrait découvrir, non plus seulement dans un espace de 3 lieues autour de la paroisse de Nort, mais dans les paroisses des Touches, Trans et Mouzeil, du côté du levant, et dans celles de Saffré et Héric, du côté du couchant; de plus, le Roi ordonna que le sieur Jarry, ses hoirs, successeurs et ayant cause, leurs directeurs, commis et ouvriers travaillant auxdites mines jouiraient, à partir de la date de la prorogation, de tous les privilèges, franchises et exemptions dont jouissaient les autres entrepreneurs des mines de charbon de terre du royaume. Or ces franchises et privilèges, que le sieur Jarry n'avait pas réclamés jusqu'alors, consistaient en exemption de tutelles, curatelles, collecteurs de tailles et autres commissions publiques.

Au commencement de la Révolution, les héritiers de Jarry étaient toujours titulaires de la concession, et son frère fit continuer les travaux pendant quelque temps; mais le manque de fonds ne leur permettait pas de donner à l'exploitation un développement suffisant, développement bien nécessaire cependant, en raison des besoins de la métallurgie à cette époque.

Le 15 ventose an II [1], les citoyens J^h Gaudin fils et Cie offrirent aux héritiers Jarry de continuer l'exploitation à leur place, moyennant une juste indemnité, et s'assurèrent, dirent-ils, de leur consentement. Ils demandèrent alors à se charger de l'exploitation, au conseil général de la commune de Nantes, et celui-ci donna un avis favorable.

Le Comité de salut public de la Convention nationale fut saisi de l'affaire, et, par un arrêté du 23 germinal an II [2], autorisa provisoirement les citoyens Gaudin fils et Cie à faire exploiter sans délai les mines de houille de Languin, et chargea le département de la Loire-Inférieure de régler les remboursements à faire aux héritiers Jarry [3].

Cet arrêté fut notifié aux nouveaux exploitants le 1er floréal an II [4]; mais les héritiers Jarry avaient traité avec la Compagnie Saulnier, de Nantes, qu'ils subrogèrent à leurs droits. Le 17 floréal [5] (17 jours après), les citoyens Michaud et Saulnier écrivent, comme concessionnaires des mines de Nort, à

[1] 5 mars 1794.
[2] 12 avril 1794.
[3] Pièces justificatives, n° III.
[4] 20 avril 1794.
[5] 6 mai 1794.

l'agent national du district de Nantes, pour lui dire qu'ils ont reçu l'arrêté du Comité de salut public du 23 germinal[1] et qu'ils ont transigé avec les héritiers Jarry.

Les nouveaux concessionnaires furent bientôt aux prises avec des difficultés résultant des événements et aussi de la mauvaise volonté de la veuve Jarry, qui paraît les avoir entravés de diverses manières.

Dès leur première lettre, celle du 17 floréal[2], ils se plaignent du manque d'ouvriers. Bien que 84 ouvriers de l'armée se soient joints aux mineurs, le nombre est insuffisant. Ils signalent l'incursion d'un parti de brigands aux environs de Nort, et disent qu'ils ont demandé au général de division, chef d'état-major, un détachement de force armée pour protéger les travaux. Le général envoya, en effet, 50 hommes d'infanterie et 50 cavaliers; mais ils n'y restèrent pas longtemps.

Le 29 floréal[3] nouvelle plainte des concessionnaires : Leurs communications se trouvent interrompues; car on a fait descendre tous les bateaux à Barbin, c'est-à-dire à la porte de Nantes[4]. Dans toutes leurs lettres ils se plaignent de la veuve Jarry. En effet, celle-ci tantôt s'oppose à ce qu'on fouille sur son terrain, tantôt demande 50,000 francs pour ses 3/5 dans la propriété, tandis qu'elle était tombée d'accord pour 30,000 francs; tantôt refuse les plans des travaux, où tout est en mauvais état.

Le 28 prairial[5], la commission des armes, poudres et exploitation des mines de la République invite les citoyens administrateurs du Département a prendre connaissance des prétentions respectives de la veuve Jarry et des concessionnaires, pour les régler.

On demande à la veuve Jarry l'acte de sa concession. Elle répond que tous ses papiers ont été jetés au vent par les brigands, et qu'elle ne peut retrouver cette pièce. Il faut avouer que c'est fort possible, car les Vendéens se dirigeant vers l'ouest, avant la déroute de Savenay, ont dû traverser Nort en grand nombre.

Nous ne savons ce qui advint du litige.

Les citoyens Michaud et Cie restèrent concessionnaires; car, le 3me jour

---

[1] 12 avril 1794.
[2] 6 mai 1794,
[3] 18 mai 1794.
[4] Arch. Loire-Inférieure, S-10, dossier Languin.
[5] 16 juin 1794.

complémentaire de l'an VII [1], un arrêté du Directoire exécutif, considérant que le temps qui reste à expirer de l'ancienne concession n'est pas suffisant pour que les concessionnaires actuels puissent donner à leur exploitation toute l'activité et l'extension dont elle est susceptible, les autorise à en continuer l'exploitation pendant 50 années à partir de ce jour [2],

L'exploitation cependant devint languissante, puis les travaux cessèrent. Le 28 février 1806, le Ministre de l'Intérieur demanda au Préfet des renseignements sur les causes de cette cessation, le 11 juillet il l'invita « à prévenir les « concessionnaires qu'il y aura lieu de proposer au Gouvernement la déchéance « de leur concession, s'ils ne se mettent pas en mesure d'avoir une exploitation « régulière et véritablement productive ». Cet avertissement leur fut donné le 17 juillet [3].

Le 17 avril 1807, nouvelle lettre du Ministre, qui invite le Préfet à examiner la question de déchéance et à lui transmettre l'arrêté qu'il croira devoir prendre. Il y avait alors plus de deux ans que les travaux étaient arrêtés.

Le 25 avril 1808, M. Michaud écrivit au Préfet, au nom des concessionnaires, que tous leurs efforts avaient été inutiles pour remplacer les associés qui s'étaient retirés de cette affaire, mais qu'ils demandaient un délai d'un mois, pour prendre quelques arrangements avec une personne qui pourra les mettre à même de continuer, et en effet, le 16 mai 1808 [4], il annonça au Préfet qu'il venait de faire un traité avec M. François Demangeat, directeur de la fonderie impériale d'Indret, et demanda l'autorisation de lui céder la concession.

Cette autorisation fut accordée par un décret impérial daté du palais de Saint-Cloud, le 19 août 1808 [5].

M. Demangeat trouva la mine en fort mauvais état. Il se mit courageusement à l'œuvre, fit nécessairement de grandes dépenses et continua jusqu'au 20 août 1819. A cette date, au bout de onze ans, il écrivit au Préfet pour lui annoncer qu'il renonçait à la concession. Depuis trois ans les dépenses avaient excédé les recettes de 60,000 francs chaque année.

[1] 19 septembre 1799.
[2] Pièces justificatives, n° IV.
[3] Archives départementales de la Loire-Inférieure, dossier Languin.
[4] Idem.
[5] Pièces justificatives, n° V.

Nous avons la liste des puits qui étaient ouverts à cette époque[1] :

PROFONDEUR.

	de la Pompe à feu	435 pieds.
	de la Chaussée	300
	de la Recherche	370
	du Chêne	266
	du Pas	281
Puits	Joly	278
	François	363
	de la Providence	210
	Rabin	178
	Un	182
	Ursule	630

D'autres avaient été comblés :

PROFONDEUR.

	de la Lieronière	70 pieds.
	Adèle	200
	de la Feuillade	200
Puits	de la Case	240
	du Manoir	200
	de Paly	240
	Babet	200
	Simon	300

Nous ne parlons pas d'un grand nombre de descenderies et de bures.

M. Demangeat ne fit pourtant pas un simple abandon. Par deux actes au rapport de Me Brard, notaire à Nantes, il céda au sieur Louis Vesenat, demeurant à Nantes, la propriété de la concession de Languin qui, alors, comprenait le territoire des Touches. Comme on pouvait craindre que le terrain de Languin ne fût épuisé par une exploitation peu interrompue, c'est vers les Touches, et même bien à l'est de ce bourg, que Louis Vesenat, en attendant que le Gouvernement eût prononcé sur sa demande, porta ses recherches. Elles eurent lieu en 1820, près des villages de la Bourgonnière et de la Morinière, et en 1821, en se rapprochant du bourg des Touches, où il paraît avoir existé une grande exploitation tellement ancienne que la tradition de son

---

[1] Archives départementales de la Loire-Inférieure, dossier Languin.

existence est perdue. Du reste, les travaux de Languin avaient été abandonnés par François Demangeat avant la cession à Vesenat : l'abondance des eaux était telle qu'on ne pouvait les épuiser avec les moyens dont on disposait.

L'exploitation faite par Vesenat fut-elle très active? C'est douteux; car, le 21 juin 1827, le comte de Jouffroy, propriétaire des forges de la Jahotière, écrivit au Préfet pour se plaindre que les mines de Languin ne marchassent pas.

Le 9 juillet, M. Vesenat repondit qu'il avait fait partage de sa concession à son fils et aux sieurs Danot et Berthault. Ce dernier s'étant retiré, nous avons, dit-il, demandé la licitation de ces mines. Il indique dans sa lettre les travaux exécutés, les dépenses faites, et dit que son intention est de continuer avec plus d'activité que jamais.

En réalité, il n'exploita que jusqu'en 1823; mais il détint la concession jusqu'en 1830. Elle fut achetée à cette époque par M. Robert de Granville, propriétaire à Languin, et passa à ses héritiers. La mort du gérant la fit mettre en liquidation. Cette liquidation ne finit qu'en mai 1833[1].

Le nouveau propriétaire fut M. de Sartoris. Les travaux prenaient de l'activité, on creusait de nouveaux puits, etc., lorsque la mort de M. de Sartoris, en 1834, força de tout suspendre et de commencer une nouvelle liquidation[2].

M. Sartoris ne laissait que des enfants mineurs. M. Greffulhe, leur tuteur, pour ne pas engager ses pupilles dans une affaire aléatoire, mit deux fois les mines en adjudication, la première en septembre 1835, au prix de 329,000 francs, la seconde en décembre, à 200,000 francs. Ni l'une, ni l'autre ne donna de résultat. Il adressa alors l'ordre à M. Lemaître, administrateur gérant, de suspendre, au moins momentanément, les travaux de cette exploitation et de renvoyer tous les ouvriers à partir du 31 janvier 1835[3].

En 1836, MM. Frogier, Corroyer et Lemaître devinrent acquéreurs de ces mines et déposèrent une demande en partage de l'ancien territoire des mines de Languin en deux concessions, l'une qui garderait le nom de *concession de Languin*, l'autre qui prendrait celui de *concession des Touches*. Toutes les pièces demandées furent fournies par eux, et des avis favorables furent donnés par l'ingénieur ordinaire des mines et par l'ingénieur en chef de l'arrondissement

[1] Archives des Mines, à Nantes. Carton B, liasse 11, Languin. Rapport de l'ingénieur des mines Lorieux, 15 avril 1833.

[2] Archives des Mines, à Nantes. Carton B, liasse 11, Languin. Rapport Lorieux, 9 juillet 1834.

[3] Archives départementales de la Loire-Inférieure, dossier Languin, lettre de M. Lemaître au Préfet.

IMPRIMERIE NATIONALE.

minéralogique. En conséquence, le Préfet, le 7 juillet 1837, prit un arrêté par lequel il décida que la demande en partage des mines de Languin serait soumise à l'approbation de Sa Majesté[1].

Mais le 16 novembre de cette même année, le directeur général des ponts et chaussées écrit au Préfet[2] qu'il a examiné en conseil général des mines la demande de partage de la concession de Languin. Ces mines, dit-il, ont été concédées par deux arrêtés, des 21 mai 1746 et 13 octobre 1765. Les demandeurs indiquent 50 kilomètres carrés 10 hectares 22 ares; mais ce périmètre n'a jamais été établi d'une manière régulière. Aucun partage ne peut être fait sans que le périmètre ait été reconnu et fixé dans les formes voulues. Les pétitionnaires doivent former une nouvelle demande tendant à obtenir la délimitation et à la fois le partage. Cette demande devra être soumise à toutes les formalités requises pour les concessions.

Les pétitionnaires, ajoute-t-il, devraient faire de nouvelles explorations, pour s'assurer que la houille existe dans chacune des deux portions de manière à ce qu'on puisse y établir deux centres d'exploitation[3].

Cependant ces pétitionnaires, considérant sans doute leur demande comme accordée, s'étaient avancés imprudemment, et, le 6 septembre 1838, M. Cordier, inspecteur général des mines, écrit en substance au Préfet (qui était Maurice Duval, pair de France) : « la *Gazette des Tribunaux* du 21 juin « 1838 a annoncé la formation, par devant Me Olagnier et son collègue, à « Paris, d'une société pour l'exploitation des mines de houille des Touches, « partie est de l'ancienne concession de Languin. MM. Frogier et Corroyer « n'avaient pas le droit d'agir ainsi, la délimitation de la concession n'étant pas « faite, et la division de l'ancienne concession de Languin en deux concessions « n'étant pas encore accordée[4]. »

C'était une contravention à l'article 7 de la loi du 21 avril 1810.

Le Préfet demanda au parquet da Châteaubriant de poursuivre et prit, le 17 octobre 1838, un arrêté pour interdire les travaux[5].

Mais l'ingénieur en chef des mines demanda au Préfet de revenir sur cette décision, dans l'intérêt des ouvriers et de la mine, qui en souffriraient. Le Préfet

[1] Pièces justificatives, n° VI.
[2] Archives départementales de la Loire-Inférieure, série S–10, Languin.
[3] *Idem.*
[4] *Idem.*
[5] Pièces justificatives, n° VII.

accueillit cette demande : et une lettre adressée aux concessionnaires, le 11 décembre 1838, les autorisa à continuer les travaux de recherches seulement, mais maintint la défense pour les travaux d'exploitation.

L'instruction judiciaire se poursuivait, et, le 16 mars 1839, le tribunal correctionnel de Châteaubriant condamna à une amende MM. Phidias Lemaître, Louis Corroyer et Mathurin Frogier, pour contravention à la loi sur les mines.

Entre temps, les formalités prescrites étaient remplies et, le 28 avril 1839, deux ordonnances du Roi fixaient, l'une, les limites de l'ancienne concession de Languin [1]; l'autre, les limites de la nouvelle concession de Languin après le partage, qui était approuvé [2]. Je n'ai pas vu d'ordonnance délimitant la concession des Touches. Il est certain qu'à l'aide des deux tracés précédents, ces limites se trouvaient forcément établies.

C'est probablement dans le courant de cette année 1839 qu'une puissante compagnie anglaise, ayant son siège à Londres, se rendit propriétaire de la concession de Languin telle qu'elle venait d'être limitée. Cette compagnie eut des projets gigantesques.

Un rapport demandé par l'Administration à M. Courguet, directeur des mines de Languin, en 1863 [3], nous apprend que trois groupes de travaux, éloignés de 1,000 mètres les uns des autres, avaient été antérieurement et successivement établis.

Le premier, à l'est, avait été le plus anciennement exploité. Une foule de puits avaient été creusés. D'après d'anciens ouvriers, on y a laissé beaucoup de charbon; mais il y avait de l'eau en abondance et le terrain était ébouleux. On dut s'arrêter.

Un second groupe, le plus à l'ouest, au lieu dit le pré des Noès, a laissé voir d'assez beaux massifs de charbons et a été abandonné par suite d'un accident au puits d'épuisement.

Le groupe central est le dernier qui fut attaqué, et l'exploitation a fini par s'y concentrer.

« On a généralement considéré la mine de Languin », dit M. Courguet, « comme contenant trois couches distinctes, désignées sous les noms de couche « du Sud, couche du Centre et couche du Nord; mais cette désignation est

[1] Pièces justificatives, n° VIII.
[2] Pièces justificatives, n° IX.
[3] Archives départementales de la Loire-Inférieure, dossier Languin.

3.

« certainement impropre ; car nous avons remarqué que ces trois couches
« allaient souvent se rejoindre les unes aux autres, tantôt la veine du Nord
« avec la veine du Centre, tantôt cette dernière avec la veine du Sud. Nous
« ajouterons que, en général, lorsqu'une veine est puissante à un étage, les
« autres ne le sont pas. »

Ajoutons que les couches sont en chapelet, c'est-à-dire formées chacune
d'une série d'étranglements et de renflements, et que cette disposition présente
pour la recherche une notable difficulté.

« Les roches encaissantes, dit le rapport, ne présentent aucune particularité
« distinctive. Le mur seul de la couche dite du Sud se fait un peu reconnaître
« des autres parties du terrain. »

Les bouillards, c'est-à-dire les poches dans lesquelles le charbon s'est
amassé par pression et où il n'y a plus ni toit, ni mur, sont fréquents. Il y en
a d'énormes. Un manuscrit de F. Cailliaud nous apprend que M. l'ingénieur
Ozier, dirigeant les travaux, a découvert de grands amas de charbon ayant
jusqu'à 12 mètres d'épaisseur. Leur longueur, dans une veine était, dit-il, de
20 à 30 mètres, et, dans une autre, de 50 à 60 mètres.

La compagnie anglaise voulut reprendre à la fois les trois groupes de puits.
Elle installa, sur un puits qu'elle creusa dans la roche cristalline que les exploitants appelaient le gneiss, une machine à vapeur de 175 chevaux, qui
devait servir à la fois à l'épuisement et à l'extraction. En réalité, la roche traversée n'était pas un gneiss, mais un schiste précambrien métamorphique et
très dur.

Cette compagnie s'arrêta, après de grandes pertes, en 1855.

La concession fut mise en vente. L'adjudication, sur la mise à prix de
125,000 francs, eut lieu le 11 septembre 1855, en la chambre des notaires
de Paris. L'affiche [1] dit que la mine est en cours d'exploitation et que l'étendue
superficielle de la concession est de 33 kilomètres 59 hectares. Elle fut acquise
au prix de 200,000 francs, et l'acte fut passé chez Mᵉ Beaudier, notaire à
Paris. L'acquéreur était la Société civile de Montrelais et Mouzeil.

MM. de Francy, ingénieur civil, et Michel Leroyer-Charpentier, administra-
teurs de cette société, demandèrent au Préfet de la Loire-Inférieure l'autorisation d'exploiter simultanément les mines de Languin et de Montrelais. Ils
eurent à remplir les mêmes formalités que pour une demande de concession.

[1] Archives des Mines, Nantes, carton B, liasse 11.

Vers 1858, la mine de Languin occupait 120 à 130 ouvriers. Il existait deux puits d'extraction : le puits n° 2, profond de 124 mètres et servi par une machine de la force de 20 chevaux; le puits Saint-Martin, profond de 95 mètres, et qui fut plus tard poussé à 125 mètres. Il possédait une machine de 10 chevaux. Ces deux puits communiquaient entre eux et avec le puits dit *le puits Anglais,* qui était profond de 130 mètres et ne servait qu'à l'épuisement. Il avait une machine de 180 chevaux.

L'extraction de cette année fut de 100,000 hectolitres; mais 60,000 restèrent sur le carreau de la mine : les débouchés manquaient. Aussi, en 1859, les travaux, concentrés autour du puits de la machine, furent presque nuls; à peine quelques ouvriers travaillèrent dans le fonds, et l'extraction mensuelle se réduisit à environ 600 hectolitres. •

Les exploitants firent des dépenses considérables pour installer une fabrication de coke destinée à alimenter le haut fourneau de la Jahotière. Ils construisirent, dans ce but, dix-huit fours superposés trois à trois, avec une seule grille de chauffage par trois fours, et un four du système Appolt à vingt-deux compartiments. Ces fours commencèrent à fonctionner au mois d'octobre 1859. La fonte produite fut de bonne qualité; mais le coke fut trouvé trop friable, ce qui était facile à prévoir en raison de la nature de la houille, à peine assez grasse pour être agglomérée[1].

Lors du traité de commerce avec l'Angleterre, tous les hauts fourneaux, toutes les forges de la région durent fermer, et ce débouché manqua. La compagnie s'installa pour faire des briquettes, des agglomérés; mais la quantité de cendre empêcha d'entrer en concurrence avec les charbons anglais. Elle dut alors mettre fin à ses pertes, et elle annonça au Préfet de la Loire-Inférieure qu'elle avait l'intention de suspendre ses travaux au 30 septembre 1863.

M. Lorieux, ingénieur des mines, constata que la Société avait fait des efforts surhumains.

La 20 mars 1877, le Préfet écrivit à M. Michel Vielle, banquier à Sablé et représentant de la Compagnie.

M. Vielle répondit en exposant les frais énormes qu'avait déjà coûté l'exploitation, l'impossibilité de vendre pour le moment, et la nécessité de suspendre l'entreprise jusqu'à des temps plus favorables.

[1] Rapports de M. Lorieux, ingénieur des mines, 1859. Papiers F. Cailliaud.

M. l'ingénieur des mines, dans son rapport constatant cet état de choses[1], fait remarquer que plusieurs actionnaires sont également intéressés dans les mines de houille de Montrelais et de Mouzeil, mais en formant deux sociétés distinctes.

Jusqu'en février 1901, tous les travaux furent interrompus. La société fut de nouveau mise en demeure de les reprendre et commença des recherches; à une centaine de mètres du hameau de la Marchanderie, on trouva un mauvais affleurement.

Actuellement, les mines de Languin ne sont pas en exploitation. Elles appartiennent à la Société anonyme de Montrelais, Mouzeil et Languin.

En somme :

Les mines de Languin ont été exploitées dès le début comme toutes les autres mines du bassin, par une quantité de petits puits, qu'on abandonnait dès qu'ils avaient un peu de profondeur. Il doit rester beaucoup de charbon.

Les eaux y sont abondantes et l'épuisement a toujours constitué une partie importante des travaux.

Les couches contenant immédiatement le charbon sont ébouleuses, et c'est prudemment qu'on a ouvert le principal puits dans la roche dure (gneiss des exploitants), située au sud.

Presque tout le charbon est fourni par des bouillards, et, comme tous les charbons ainsi rassemblés par pression, il est menu et mélangé de schistes.

Ces schistes, presque impossibles à trier à la main, donnent beaucoup de cendre; mais ils pourraient être séparés par lavage, et la cendre diminuerait considérablement.

Le charbon de Languin est du charbon demi-gras, nullement de l'anthracite. Il peut être employé, et l'a toujours été, pour la forge et la maréchalerie.

Il est trop menu pour les fours à chaux, et passerait d'autant plus facilement entre les pierres qu'il n'est pas ou n'est que très peu collant. Du reste, il n'y a pas de fours à chaux dans cette région.

Sa finesse le rend propre à faire des agglomérés, avec adjonction d'une substance bitumineuse.

Son coke, bien qu'un peu friable, a donné de bons résultats métallurgiques au haut fourneau de la Jahotière, qu'il a alimenté pendant deux ans.

[1] Rapport de M. Lorieux, 20 mars 1877. Archives départementales de la Loire-Inférieure, carton B, liasse 11, n° 9.

Je ne dois pas omettre un fait assez remarquable : c'est qu'il n'y avait pas de grisou dans les mines de Languin. Je me souviens d'avoir, en 1859, parcouru les galeries avec les exploitants; nous avions tous des lampes à feu nu, tandis que les lampes de sûreté étaient nécessaires dans les autres concessions du bassin.

2. Concession des Touches (Loire-Inférieure).

La concession des Touches n'a une histoire distincte qu'à partir du 28 avril 1839, date de l'ordonnance royale qui partagea en deux l'ancienne concession de Languin.

La concession des Touches fut formée de toute la partie orientale. Elle figure un rectangle dont les côtés, dirigés de l'est à l'ouest, ont environ 8 kilomètres de longueur, et les côtés nord-sud, 2 kilom. 500. Sa superficie est de 1,973 hectares. Elle est comprise entre la nouvelle concession de Languin et la concession de Mouzeil, appartenant aujourd'hui à la Société anonyme des mines de houille de Montrelais, Mouzeil et Languin.

Dans le partage, la concession de Languin avait été attribuée à M. Lemaître, celle des Touches à MM. Frogier et Corroyer. Nous avons vu que les concessionnaires, avant même que la délimitation du terrain eût été faite, avaient formé une société en commandite et par actions, pour l'exploitation de ces mines, ce qui leur valut un procès. La Société était composée de M. Corroyer, d'une part, et de MM. Frogier, Cosnard, Jeanjean, Merland et Bretonnière. M. Corroyer était seul gérant responsable [1].

Il demanda la réunion à la concession d'un terrain de 2 kilomètres 40 hectares, situé sur le territoire de la commune de Ligué, et il l'obtint par ordonnance royale du 6 janvier 1841 [2].

La société titulaire mit la mine en location. Le 12 juillet 1848, le fermier, M. Gérard de Villeneuve, demanda au préfet de la Loire-Inférieure l'autorisation d'abandonner le puits de la Bourgonnière. L'ingénieur des mines fit observer qu'un fermier n'avait pas qualité pour faire cette demande, et que la Société devait nommer un directeur gérant. L'autorisation fut accordée le 15 mars 1849 [3]; mais, le 18 août, la Société nomma pour son gérant

[1] Archives départementales de la Loire-Inférieure. S-10, Les Touches.
[2] *Idem.*
[3] *Idem.*

M. Carié, ancien notaire à Nantes, et il justifia de ses pouvoirs. Cette nomination ne paraît pas avoir eu de suite ; les travaux, du reste, étaient arrêtés. L'ingénieur en chef visita la mine et la trouva abandonnée. Le 2 octobre 1849, il proposa au Préfet de mettre la compagnie concessionnaire en mesure :

1° De déléguer, par une déclaration authentique, la personne qu'elle aura choisie pour la représenter vis-à-vis de l'Administration ;

2° De reprendre les travaux dans un délai de deux mois [1].

L'assemblée générale des actionnaires, réunie le 21 septembre 1849, désigna comme gérant M. de Bourges, résidant à la Bourgonnière. C'est seulement le 20 juin 1850 que le sous-préfet d'Ancenis fit passer l'acte au Préfet.

M. de Bourges reconnut M. Jacquet (Hippolyte) comme directeur des travaux [2].

Celui-ci, le 27 mars 1851, écrivit au Préfet pour lui dire que les concessionnaires avaient maintenu les travaux en activité (il y avait eu seulement une interruption de trois années pendant près de vingt ans), mais qu'en présence des résultats désastreux il demandait à suspendre momentanément les travaux.

Le rapport de l'ingénieur des mines, du 21 avril 1851, constate qu'on a exploité trois veines : veine du Sud, première veine du Nord, deuxième veine du Nord, mais qu'il y a peu de charbon pour le développement des galeries. Il est d'avis d'abandonner le puits n° 2 de la Guérinière. L'autorisation est accordée le 26 avril [3].

Le 23 février 1852, par acte notarié, M. de Bourges donna à bail à loyer, pour 25 années entières et consécutives, qui commençaient au 23 avril suivant, à M. Bonnefond, acceptant, la totalité de la mine des Touches, et le 26 juillet 1853, devant Me Lefièvre-de-Saint-Denis, notaire à Ligné, comme seul fondé de pouvoirs, il fit choix de M. Bonnefond comme correspondant et directeur responsable vis-à-vis de l'administration des mines [4].

M. Bonnefond fut autorisé, par arrêté préfectoral du 10 mars 1856, à ouvrir un puits d'exploitation dit *Puits Saint-Auguste*, dans l'intérieur du clos

---

[1] Archives départementales de la Loire-Inférieure. S-10, Les Touches.
[2] *Idem.*
[3] *Idem.*
[4] Archives départementales de la Loire-Inférieure. S-10, Languin.

Jacquot, commune de Ligné, au village de la Guérinière [1]; mais, par un arrêté du 27 décembre suivant, il dut combler, dans le délai de quinze jours, au lieudit *la Croix-Perrine*, deux puits de recherches d'où s'échappaient des exhalaisons malfaisantes.

La société Bonnefond et Cie fut liquidée vers cette époque et la mine de houille des Touches fut affermée, depuis le 1er novembre 1858, à un autre exploitant, qui poussa très activement les travaux et qui sut s'assurer des débouchés suffisants pour que son charbon, à peine extrait, fût enlevé par les chaufourniers. L'extraction annuelle, qui n'était d'ordinaire que de 30,000 hectolitres, dut monter à 60,000. Malheureusement un procès fut intenté au directeur actuel par les concessionnaires, qui ne voulaient pas reconnaître aux anciens créanciers de l'ancienne société fermière le droit de transmettre le bail à de nouveaux exploitants. Cette situation entrava les progrès de l'exploitation qui, pour la première fois depuis son origine, commençait à être prospère [2].

Un autre rapport de M. l'ingénieur des mines Lorieux, daté du 6 mai 1859, donne quelques détails sur les veines exploitées :

« La Petite veine ou veine du Nord », dit-il, « a une puissance moyenne et « assez constante de 60 centimètres.

« La veine du Sud est disséminée en massifs lenticulaires, dont la puis-« sance, très variable, atteint souvent 4 mètres. Entre ces deux veines on « en rencontre deux autres, qui ont une puissance de 40 à 50 centi-« mètres.

« Toutes ces veines paraissent être au nord de la Grande veine exploitée à « la Tardivière.

« L'extraction est montée aujourd'hui à un produit mensuel d'au moins « 4,000 hectolitres [3]. »

Dans un troisième rapport, le 6 octobre 1859, le même ingénieur déclarait que les découverts actuels pouvaient suffire largement à l'extraction d'une année [4].

L'exploitation dut changer plusieurs fois de mains; car, le 14 juillet 1870, par suite de la faillite de M. Émile Guilbaud fils, ancien banquier à Ancenis,

---

[1] Archives départementales de la Loire-Inférieure, S 10, Languin.
[2] Rapport de M. Lorieux, 1859. Papiers Cailliaud.
[3] Rapport de M. Lorieux, 6 mai 1859. Papiers Cailliaud.
[4] Rapport de M. Lorieux, 6 octobre 1857. Papiers Cailliaud.

elle fut mise en adjudication au prix de 20,000 francs. Je ne sais ce qui en résulta; mais un rapport d'ingénieur nous apprend que les travaux furent arrêtés en 1875.

La mine, en 1885 probablement, devint la propriété de M. Stiévenart, de Lens, et, à partir de cette époque, plusieurs études et rapports d'ingénieurs, que nous citerons dans la bibliographie, furent publiés.

En 1890, la formation d'une société fut annoncée sous le nom de *Société d'exploitation des mines de houille des Touches et de Mouzeil,* société civile à responsabilité limitée. Cette société n'obtint pas de résultats notables.

En 1895 eut lieu une deuxième tentative de reprise. Une société se constitua à cet effet sous le nom de *Société fermière anonyme des mines de houille des Touches,* ayant son siège à Mouzeil. Des tranchées ont été faites et des veines trouvées. Les recherches se poursuivent encore de temps en temps; mais il n'y a pas actuellement de puits en activité.

La veine la plus importante est celle qui a été exploitée par le puits Saint-Auguste sous le nom de Veine du Sud ou Grande veine. Elle a de 1 m. 20 à 2 m. 50, cette dernière largeur est la plus ordinaire; mais cette veine a atteint 7 mètres de largeur dans un renflement en bouillard. Un peu au-dessous de l'étage de 85 mètres elle se divise en deux branches ascendantes aussi larges qu'elle-même. Elle est formée de bon charbon de forge et fait partie d'un faisceau (faisceau de Saint-Auguste) qui comprend une dizaine d'autres veines moins importantes.

Trois veines étaient exploitées à la Bourgonnière. Ce sont, du sud au nord, les veines n° 1, de 2 mètres à 2 m. 20 de large; n° 2, de 0 m. 60 à 0 m. 70, et n° 3, de 1 m. 40 à 1 m. 70. L'exploitation s'est arrêtée à 180 mètres, en plein charbon, faute de moyens d'aérage.

D'autres veines, dont une de 1 m. 40 de puissance, sont connues au sud de la Colichetière.

On peut espérer rencontrer encore d'autres veines exploitables, car l'exploration n'a pas atteint les limites de la concession.

En somme, d'après le rapport imprimé de M. E. Villié, ancien ingénieur au corps des mines, les veines exploitables reconnues jusqu'en 1898 sont au nombre de 14, dont 9 constatées officiellement par les ingénieurs de l'État. Le rapport énumère même 15 couches, donnant une épaisseur totale de 16 m. 90.

Les principaux puits qui ont été ouverts dans la concession des Touches sont : le puits des Touches, au S. E. du bourg; le puits du Gressin, à l'est du Gressin; le puits de la Noë blanche, au sud de la maison nommée *le Bois de Ruy;* le puits de la Giquelière, au N. E. et tout près du village de ce nom; les puits de la Guérinière, puits 1 à 4; le puits Saint-Eugène, entre la Bourgonnière et le puits Saint-Auguste; les puits de la Croix-Perrine, n°s 1 à 3, à peu près à moitié chemin entre Mouzeil et la Morinière; le puits Guiton, au sud de la Colichetière, à l'ouest de la route du Boulay et de la Morinière; le puits Saint-Auguste, au S.E. de la Guérinière; le puits de l'Ouest, à l'ouest de la Bourgonnière. Autour du village et dans le village de la Bourgonnière, on a ouvert successivement un certain nombre de puits : puits de la Croix, de recherche, de Sainte-Barbe, de la Bourgonnière, de l'Est, etc., qui ont été successivement abandonnés, surtout faute d'outillage convenable.

Il ne sera assurément pas impossible d'identifier les veines des Touches avec celles de la concession de Mouzeil, à la Tardivière, en raison de la proximité de ce centre d'exploitation. D'après l'étude de M. Lorieux, ingénieur au corps des mines (*Annales des Mines,* 6ᵉ sér., XI, 1867, p. 270), et d'après le rapport et le plan publiés par M. F. Brohée, en 1888, les veines qui étaient exploitées au puits Préjean et au puits Neuf n'auraient pas encore été atteintes dans la concession des Touches, et la grande veine exploitée par ces anciens puits passerait à 60 mètres environ au sud de la veine de 1 m. 20 du puits Saint-Auguste. D'après M. Villié, les couches du Pont-Guiton (concession des Touches) correspondraient aux couches du puits Préjean et du puits Neuf (concession de Mouzeil); tandis que, d'après le plan publié par M. F. Brohée, elles correspondraient aux couches du puits Saint-Georges.

Ainsi, même à quelques centaines de mètres de distance, la concordance est incertaine. Reste l'identification par les végétaux fossiles; mais les anciens exploitants ne connaissaient pas l'importance de ces débris organiques. Les plantes fossiles de la concession des Touches que j'ai pu voir sont en trop petit nombre pour qu'on ose en tirer des conclusions.

Nous verrons que la concession des Touches forme, dans le bassin de la basse Loire, une exception remarquable : toutes ses veines, sauf la veine de 0 m. 90 du puits de recherches du Pont-Guiton, sont formées de charbon gras.

3. Concession de Mouzeil (Loire-Inférieure).

Il n'est pas douteux qu'à l'époque la plus ancienne dont nous ayons connaissance, le territoire actuel de cette concession ne fût compris, ainsi que celui des Touches, dans la concession de Languin. En effet, l'ordonnance royale du 14 janvier 1746 donne au sieur Jarry le droit de fouiller jusqu'à une distance de trois lieues autour de la paroisse de Nort. Or une ligne de trois lieues partant des limites de cette paroisse et se dirigeant vers l'est nous amène jusqu'à la Tardivière, le centre actuellement exploité de la concession de Mouzeil. Au reste, l'arrêt du 13 octobre 1765, qui prorogea pour trente nouvelles années le privilège du sieur Jarry, l'autorisa à poursuivre ses recherches « dans les paroisses des Touches, de Trans et de Mouzeil » au lieu des trois lieues d'étendue aux environs de ladite paroisse de Nort. Enfin, il y avait, près de la Tardivière, dans la concession de Mouzeil, un ancien puits appelé *le puits Jarry*.

D'un autre côté, lorsque le duc de Chaulnes, le 8 janvier 1754, obtint du roi l'autorisation d'exploiter les veines de charbon de terre situées « sur les « confins de la province de Bretagne et de celle d'Anjou », la limite occidentale qui lui fut assignée fut : « d'Oudon en remontant vers le nord, suivant les « limites de la concession accordée au sieur Jarry pour la paroisse de Nort, « jusqu'à la rivière d'Erdre ». Or, en se dirigeant d'Oudon vers le nord, on suit, en le remontant, le ruisseau nommé le Havre, qui, au-dessus de Couffé, sépare la commune de Mouzeil de celle de Mésanger. Plus haut, ce ruisseau ne coule plus nord-sud, mais est-ouest, et si, de Teillé, l'endroit où il commence à changer de direction, on tire une ligne droite vers le nord, on rencontre, à 5 kilom. 500, la rivière d'Erdre dans la partie où aussi elle court de l'est à l'ouest. Cette délimitation, assignée au duc de Chaulnes, laisse donc tout entière à l'ouest la paroisse de Mouzeil; mais plus tard, lorsque les mines de Mouzeil et celles de Montrelais appartinrent à la même compagnie, le centre de la Tardivière, en Mouzeil, étendit ses recherches et son exploitation jusqu'auprès du bourg de Mésanger.

La réunion des concessions de Mouzeil et de Montrelais est fort ancienne. J'en trouve la preuve dans une vieille carte qui est conservée aux mines de la Tardivière et qui porte ce titre : *Carte de la nouvelle concession des mines de houille de Montrelais suivant les décrets de l'Assemblée nationale des 27 mars,*

15 juin et 12 juillet 1791, levée par nous Pierre-Jean-Albert Sengstach, ci-devant arpenteur et voyer général des isles Guadeloupe et dépend^ces, y ayant fait les fonctions d'Ingénieur, et actuellement arpenteur des forêts nationales au Département de la Loire-Inférieure, conformément à notre procès-verbal des trois vendémiaire et jours suivants de l'an sept de la République française [1]. SENGSTACH.

Cette carte comprend les territoires de Montrelais et de Mouzeil.

Le procès-verbal qui l'accompagnait a sans doute été transporté ailleurs avec d'autres papiers.

En effet, la Société actuelle : *Société anonyme des mines de houille de Montrelais, Mouzeil et Languin (Loire-Inférieure)*, étant composée d'actionnaires des mines de Rive-de-Gier, c'est dans cette ville qu'ont été rassemblées les archives qui se trouvaient dans les centres miniers de la basse Loire appartenant à la Compagnie. Je n'ai pu trouver le temps de faire le voyage nécessaire pour aller les voir; mais elles auraient, je crois, ajouté peu de renseignements importants aux documents nombreux que j'ai trouvés à Nantes dans les archives départementales de la Loire-Inférieure et dans celles du Service des Mines. J'ai pu consulter, du reste, deux énormes registres in-folio, qui ont été retournés, il y a peu de temps, de Rive-de-Gier à la Tardivière (nom du centre d'exploitation de la commune de Mouzeil). Ces registres contiennent tous les rapports sur les travaux exécutés dans ces mines, de 1820 à 1873. Presque tous sont contresignés sur place par l'ingénieur de l'État; mais quelques-uns ont été copiés sur feuilles volantes et se trouvent aussi, à Nantes, dans les archives du Service des Mines.

C'est dans la période de 1791 à 1827 qu'ont été creusés un certain nombre de petits puits qui ont été comblés les uns après les autres. On avait, en effet, comme nous l'avons dit, l'habitude, dans tout le bassin, d'ouvrir des puits partout où l'on voyait des affleurements et de les abandonner dès qu'on rencontrait un crain [2], ou dès qu'ils étaient arrivés à une profondeur qui rendait insuffisants les faibles moyens d'extraction dont on disposait.

De plusieurs de ces puits il ne reste plus trace, et il ne serait pas étonnant que le nom même de quelques-uns ne fût pas parvenu jusqu'à nous.

Je vais énumérer les puits dont j'ai pu avoir reconnaissance, soit par les rapports du Service des Mines, soit par un travail de M. Beaulaton, directeur

[1] 24 septembre 1798.
[2] Resserrement.

actuel des mines de Mouzeil, qui est arrivé à préciser leur emplacement sur un plan qu'il a eu l'obligeance de me communiquer.

On connaît dans la concession de Mouzeil trois faisceaux de couches.

Deux sont au sud d'un terrain soulevé et stérile que nous rapportons au gothlandien, peut-être au précambrien, et qui a partagé et rejeté au nord et au sud le terrain houiller productif. Ce sont le faisceau Sud et le faisceau du Centre.

Un seul est au nord du soulèvement.

Les puits ouverts sur le faisceau Sud étaient :

1° *Le puits Jarry.*— Nous n'avons pas la date exacte de son ouverture, qui a probablement eu lieu en 1820 ou 1821. C'était le plus à l'ouest. Il servait à extraire les eaux des travaux des anciens, qui arrivaient par filtration dans les voies à l'ouest des travaux du puits Jean-Jacques;

2° *Le puits Mercier.* — Il fut percé en 1820 à l'est du village de la Tardivière, dans la pièce dite *les Closes neuves,* entre le puits Neuf et le puits Préjean. On atteignait par ce puits la veine Bergerette, dont le charbon était sale. Il servait à maintenir aussi au-dessous de 33 mètres les eaux de l'est et de l'ouest des veines Mercier, Bergerette et du Centre, communiquant aux travaux de la grande veine. Ces eaux filtraient dans les anciennes tailles et dégradaient le puits Louis. Le puits Mercier fut arrêté en 1843, à la profondeur de 243 m. 75;

3° *Le puits Jean-Jacques.* — Il était placé à 99 mètres à l'ouest du puits Louis, dans la pièce dite *de la Grande Close.* Son creusement eut lieu en décembre 1821, partie dans la veine et partie dans la roche. La veine qu'il exploitait avait jusqu'à 2 mètres de puissance. Le charbon était bon pour le fourneau, mais dur et nerveux. Ce puits fut arrêté en janvier 1836, à la profondeur de 200 mètres;

4° *Le puits Louis.* — Il était situé au sud-est du village de la Tardivière, dans la pièce dite *des Closes neuves* (à 44 toises 2 pieds du puits Mercier, dit le rapport). On le fonça en 1821, de 39 mètres, dans la veine et 11 mètres en plein rocher, la veine s'étant tout à coup jetée au nord. La puissance de cette veine, qui était la veine du centre, allait de 1 mètre à 2 m. 10. On arrêta l'exploitation parce que le charbon était mélangé de schiste;.

5° *Le puits Pélagie.* — Il fut ouvert en 1824, à 200 mètres à l'est du puits Louis, dans le pré nommé *la Blinière*, dépendant d'une ferme des Hommeaux, et était creusé en pleine roche. Les renseignements sur les résultats que donna ce puits ne sont pas très concordants : le rapport de 1824 ne parle que de deux petits filons dont l'inclinaison était au nord, et qui avaient o m. 10 à o m. 30; mais le rapport de 1825 dit que, par ce puits, on exploitait une veine dite veine de l'Est, qui a eu jusqu'à 2 m. 50 d'épaisseur au niveau de 100 mètres; qu'à 108 mètres la puissance de la veine, qui était d'abord de 1 mètre revint à 2 mètres, et qu'elle y était encore à l'époque de ce second rapport. Évidemment, cette veine importante fut atteinte après le rapport de 1824. Le puits Pélagie fut arrêté en août 1841, à la profondeur de 239 mètres;

6° *Le puits de l'ouest.* — Il était, comme son nom l'indique, le plus occidental. Il se trouvait sur le bord du chemin de la Bourgonnière, tout près de la limite ouest de la concession. Ouvert en mars 1832, il fut arrêté en janvier 1852, à la profondeur de 207 mètres;

7° *Le puits Henriette.* — Il était à 200 mètres à l'est du puits Pélagie, en suivant la direction des veines;

8° *Le puits Viquesnel.* — Il fut creusé en 1844, pour trouver les veines de la Bourgonnière;

9° *Le puits Préjean.* — Il fut creusé en 1841, à 600 mètres environ du puits de l'ouest. Il était destiné à remplacer le puits Pélagie. On exploita par ce puits la veine du Mur et la Grande Veine. Au niveau de 225 mètres on poussa 12 mètres de voies à l'est et on rencontra les travaux du puits Pélagie. A l'ouest, au niveau de 236 mètres on poussa aussi une voie, qu'on arrêta dans la veine du Sud. Cette veine était presque constamment en crains. Le puits fut arrêté en 1861, à la profondeur de 359 mètres;

10° *Le puits Neuf.* — Il était situé à 230 mètres à l'ouest du puits Préjean, entre la veine du Sud et la veine du Centre, et était destiné à servir d'auxiliaire à ce dernier pour exploiter le bouillard central et la grande veine. Il fut arrêté en 1882, à la profondeur de 390 mètres;

11° *Le puits Saint-Isidore.* — Il a été ouvert en 1854, sur un affleurement situé à 27 mètres au sud-ouest du puits Neuf et fut bientôt arrêté, l'affleurement étant insuffisant pour motiver des travaux;

12° *Le puits Saint-Parfait.* — Il a été ouvert aussi en 1854, à 40 mètres au sud du puits Neuf, sur deux filons séparés par une terrée. Au 31 août de cette année, il avait 40 m. 40 de profondeur. On y fit donc d'assez sérieux travaux.

Les puits ouverts sur le faisceau Sud ont exploité surtout quatre veines donnant une largeur totale de 5 m. 50 de charbon. Elles ont produit 383,000 tonnes, le tiers, pense-t-on, de la richesse totale par suite des nombreux piliers abandonnés, méthode d'exploitation de l'époque.

Nous avons vu qu'à la Tardivière, un second faisceau de veines, appelé faisceau du Centre, est situé à environ 180 mètres au nord du faisceau Sud. Ce dernier a été exploité par les nombreux puits que nous avons mentionnés, et a été le siège exclusif des travaux exécutés à la Tardivière. Aujourd'hui ils y sont interrompus et toute l'exploitation s'est portée sur le faisceau du Centre.

Ce faisceau est exploité par deux puits :

Le *puits Saint-Georges,* ouvert en avril 1857, et dont la profondeur est de 290 mètres, et le *puits Henri,* profond de 159 mètres. Ces deux puits ont produit jusqu'à ce jour 200,000 tonnes de charbon.

En 1860, aux niveaux de 240 à 250 mètres, on ouvrait à l'ouest une voie dans une couche de 1 m. 78 de puissance; mais, cette même année, on abandonna temporairement l'extraction dans le courant d'octobre, le charbon fourni par le puits Neuf étant largement suffisant pour les débouchés. Ces deux puits exploitent trois veines donnant une largeur totale de 2 mètres de charbon, sur une longueur actuelle de 800 mètres.

Il y eut aussi, tout près de l'Administration centrale, des puits de recherches. Par exemple :

Dans le jardin de la Tardivière, où l'on tomba dans un bouillard; mais les coupements Nord et Sud se trouvèrent dans un terrain irrégulier, mêlé de schiste et de quelques boules de charbon.

Dans la pièce de Rousseau, située à l'ouest de la Tardivière, où l'on ne trouva qu'un petit filon de 15 à 18 pouces de charbon de médiocre qualité, etc. Et je ne parle pas des nombreuses tranchées qui furent faites sur bien des points.

Mais les Compagnies ne se bornèrent pas à explorer les environs mêmes du centre d'exploitation de la Tardivière. Elles poursuivirent des recherches vers l'est, dans la bande de terrain houiller située au sud du terrain stérile.

Dans la prairie des Hommeaux, le 31 mars 1835, on ouvrit un puits qui donna du charbon brillant et pur, extrait d'une veine épaisse de o m. 60, et reçut le nom de *puits de l'Est.*

Au village de la Richerais, toujours dans la commune de Mouzeil, en avril 1826, on ouvrit un puits, au nord d'une maison habitée par un sieur Moreau Cacheu. On trouva d'abord une succession de petits filons; mais ils augmentèrent, et, à la profondeur de 110 mètres, la veine avait 1 m. 30 de puissance. Il y eut même plus bas un filon qui atteignit 4 mètres de puissance, mais qui se ferma presque aussitôt. On continua à pousser une galerie à l'est, dans un terrain schisteux très régulier qui donnait bon espoir; mais les chevaux qui faisaient marcher la machine d'extraction devinrent insuffisants, et l'on dut arrêter les travaux, en 1841, à la profondeur de 102 mètres [1].

Le *puits de la Richerais* avait été élargi et redressé en 1830, et mesurait, après cette opération, 4 pieds sur 7.

En octobre 1839 on ouvrit le *puits Jonnart,* à 190 mètres du puits de la Richerais. Ces deux puits ont exploité deux veines, donnant une largeur totale de 1 m. 60 de charbon sur une longueur de 130 mètres. Ils ont produit 14,000 tonnes, le tiers, estime-t-on, de la richesse totale, par les mêmes raisons que ci-dessus [2].

Dès 1818, on avait entrepris de ce côté des travaux de recherches. Une tranchée fut ouverte dans la pièce nommée l'Hermite, à l'est du village de la Richeraie près du Pont-des-Salles. Cette localité n'a de pont que le nom : c'est un gué situé au point où le ruisseau nommé le Donneau traverse le chemin allant de la Richerais, commune de Mouzeil, à l'Angellerie, commune de Teillé. On a coupé jusqu'au filon, qui avait o m. 75 d'épaisseur, sur lequel on a foncé un petit puits de 9 m. 70 de profondeur. On a rencontré de vieux travaux. Le terrain étant très mauvais on a dû abandonner ces premières recherches pour se porter à 87 m. 30 plus à l'ouest, où l'on trouva le même filon, ayant o m. 80 d'épaisseur.

En 1826, dans le chemin du Pont-des-Salles et de la Fournerie [3], on a fait une tranchée d'environ 1 m. 50 de profondeur sur 1 mètre de largeur,

[1] Archives de la Tardivière.

[2] Notes données par M. Beaulaton, directeur de la Tardivière.

[3] C'est assurément la partie du chemin qui se dirige de la Richerais vers le Nord. On y voit encore des traces de travaux et la maison citée doit être celle de Moreau-Cacheu.

dans laquelle on a coupé un filon de o m. 20 d'épaisseur, à 20 mètres de la maison.

Puis, en allant vers le nord, on a rencontré successivement, séparés par des schistes : un filon de o m. 10, un filon de o m. 30, deux autres de o m. 30 à o m. 40, un de o m. 40, un de o m. 08, un de o m. 50, une veine de o m. 80, et enfin un amas de 5 pieds (1 m. 62), sur lequel on se proposait de foncer un puits de recherches. On aurait reconnu par ce puits, à une certaine profondeur, les filons parallèles.

Un troisième centre auxiliaire d'exploitation se trouvait près du village de la Guibretière, commune de Teillé. J'y ai vu les traces de deux puits : l'un est mentionné dans les archives de la concession de Mouzeil sous le nom de *puits de la Guibretière*; l'autre était un puits de recherches. Le premier existait en 1829, le second semble dater de 1848. En 1850 les recherches avaient fait reconnaître une veine qui n'était qu'une succession de petits bouillards sans importance.

Toutes les exploitations dont nous venons de parler sont au sud du terrain stérile : elles sont donc sur le faisceau Sud ou sur le faisceau du Centre; mais il n'est guère possible de dire sur lequel des deux, les fossiles végétaux, comme nous le verrons, étant presque tous identiques.

Il est même bien probable que les faisceaux de veines exploités à la Tardivière ne se prolongent pas très loin et sont remplacés par d'autres veines et d'autres groupements différents. C'est l'allure ordinaire de tous ces terrains en amandes.

Nous pouvons considérer comme un quatrième centre, dépendant de la Tardivière, l'exploitation de la Transonnière, commune de Mésanger (Loire-Inférieure). C'est, en effet, l'administration de la Tardivière qui a dirigé ces travaux, et, bien que le terrain stérile, dans la direction de l'ouest à l'est, se soit arrêté 1,400 mètres avant cette localité, et que les bandes carbonifères, passant l'une au nord, l'autre au sud, se soient rejointes, c'est vers la bande sud que semblent se diriger les veines de la Transonnière.

Je n'ai pas la date exacte de l'ouverture du premier puits de la Transonnière. Je sais seulement qu'en août 1868 il avait atteint la profondeur de 47 mètres. Un rapport du 25 avril 1871 dit que les travaux se sont développés et que la couche exploitée a de 4 à 5 mètres. Un autre, du 5 avril 1872, déclare que le charbon est abondant. Enfin, d'après le rapport du 27 mars 1873, on fonce un second puits dit : *puits Leroyer*, à 231 mètres à l'est de l'ancien.

Par cet ancien puits on est en plein charbon sur 70 mètres de longueur, et l'on dépouille deux veines, veine du Nord et veine du Sud.

Aujourd'hui, la mine de la Transonnière n'est plus en activité [1].

J'ai dit qu'un anticlinal, formé par un terrain stérile qui peut appartenir au précambrien ou au gothlandien, bien plus ancien, par conséquent, que le carbonifère, long de 8,500 mètres, large de 1,200 mètres au maximum, mais très aminci aux deux bouts, sépare le terrain productif en deux bandes, passant l'une au sud, l'autre au nord de ce soulèvement. Comme les plissements des terrains primaires ont commencé de très bonne heure, et n'ont complété leur relèvement que vers la fin de la période carbonifère, il est très probable qu'à l'époque de la grauwacke supérieure, un marécage entourait la butte ancienne, et que les dépôts de végétaux se faisaient au sud et au nord de cet îlot, qui, après leur enfouissement, a complété sa saillie et redressé les couches houillères.

Or toutes les exploitations dont nous venons de parler : celles de la Guérinière et de la Bourgonnière (concession des Touches); celle de la Tardivière, en activité; les puits de la Richerais; ceux de la Guibretière (concession de Mouzeil) ont été ouverts sur la bande Sud, qui est la plus étroite; car elle varie, en largeur de 800 à 400 mètres, tandis que la bande du Nord atteint 600 mètres et même 800 mètres.

Il eût été étonnant que dans cette bande plus large, et due à un même mode de formation, il n'existât pas de combustible. En effet, on y a trouvé des couches de houille. Elles forment ce qu'on appelle aujourd'hui le faisceau du Nord. Des recherches ont été faites dans trois localités : la Chapelle-Breton, dans la commune de Mouzeil, la Rivière et la Piverdière, dans la commune de Teillé.

A la Chapelle-Breton, les premières recherches sont tellement anciennes que, dans le pays, on en a tout à fait perdu le souvenir; on en a eu connaissance seulement par les travaux qu'on a rencontrés et qu'ici, comme sur les autres points du bassin, on désigne sous le nom de travaux des anciens. Cependant, il est certain que la compagnie qui fut constituée en 1791, et qui subsista jusqu'en 1828 porta ses investigations sur le faisceau du Nord.

Vers 1809, dit-on, elle fit faire deux tranchées près du moulin de la Chapelle-Breton. L'une montra un filon, l'autre trois, mais fort minces.

[1] Archives de la Tardivière.

En 1825, elle rétablit un des puits des anciens. Il était situé à environ 600 mètres à l'est du Moulin de la Chapelle-Breton. Dans les foncements, les coupements, partout on a retrouvé la trace des anciens ouvriers. On a trouvé aussi, à 18 mètres, à l'est, un filon de 1 mètre à 1 m. 50 de puissance; à l'ouest, une veine de 1 m. 20. Cette veine paraissait prendre de la puissance à mesure qu'on avançait. A 32 mètres, l'inclinaison trop forte des filons a fait suspendre les travaux. Le charbon était de qualité supérieure pour la forge.

Il est donc fort probable que ce fut ce charbon qui fut l'objet d'un examen important, à Nantes, en 1814. Le 26 août, une commission composée de MM. Milrau, garde-magasin de la marine, Lemoyne, sous-commissaire aux approvisionnements; Langlois, ingénieur de la Marine; Bron, capitaine de frégate, directeur du port; Guilbaud, sous-contrôleur de la Marine, se réunit pour examiner le charbon de la mine de Mouzeil. Il s'agissait d'approvisionner les bateaux faisant le service du Sénégal. Nous n'entrerons pas dans le détail des expériences; mais la conclusion est à noter : la Commission constata que le charbon était onctueux, gras, ne contenait pas de matières terreuses, et produisait une flamme vive et brillante et un grand degré de chaleur; elle reconnut qu'il réunissait « toutes les qualités désirables pour être employé au service des bateaux à vapeur[1] ».

On voit que la Société établie en 1791 faisait preuve d'activité.

Je ne sais comment elle prit fin; mais le 17 février 1828, la concession des mines de Montrelais fut accordée, par ordonnance royale, à une société anonyme formée à Paris sous la désignation de *Compagnie des mines de houille de Montrelais*. Les mines de Mouzeil restèrent une dépendance de la concession de Montrelais.

Le siège social de cette compagnie anonyme était à Paris, place de la Madeleine, n° 9.

Il y avait un directeur pour chacun des deux centres.

La nouvelle société n'abandonna pas les recherches à la Chapelle-Breton, et, dès le début, le directeur en fait mention dans ses rapports. « A 12 mètres « environ au nord du *Grand puits* », dit-il dans celui du 30 juin de cette même année « nous avons ouvert une tranchée de 12 mètres, dans une espèce de « rognon, qui, à 2 m. 50 de profondeur, s'est ramifié et a produit deux filons

[1] Archives départementales de la Loire-Inférieure, Mines, liasse 12.

« inclinés de 20 degrés au nord. Le plus petit de ces filons, qui est le plus au
« nord, semble être renvoyé, par la couche, de son gîte vers celui que nous
« suivons, qui a 2 pieds au moins. L'autre a environ 10 pouces.

« Je n'ai pas cru devoir éviter à foncer dedans, à cause de la proximité du
« grand puits, qui pourra servir à l'exploitation de ce filon et des autres, tandis
« que celui que nous commençons servira à l'aérage et de descenderie[1] ».

Le rapport du 31 juillet 1828 signale l'inclinaison au nord des couches.
Le filon poursuivi est maintenant accompagné d'un second filon, ce qui donne
une puissance totale de 2 pieds à 2 pieds 1/2 à la veine. On se prépare à tirer
les eaux de la grande fosse et à reprendre l'ancien coupement au nord.

Un mois après, nouveau rapport du directeur : On creuse toujours le petit
puits et l'on suit le même filon, dont l'inclinaison ordinaire est d'environ
50 degrés au Nord, « ce qui », dit-il, « nous éloigne davantage des travaux faits
« antérieurement. Nous avons épuisé toutes les eaux que recélait le grand puits.
« Nous allons reconnaître l'extrémité du coupement du nord, où le terrain,
« qui n'est composé que de schistes charbonneux, laisse concevoir les meil-
« leures espérances. Nous désirons, par ce coupement, aller chercher de l'air
« dans la petite fosse neuve[2] ».

Lors d'un quatrième rapport, du 21 octobre 1828, le puits était arrivé à
25 m. 60; la veine avait 0 m. 60 de puissance à l'ouest, 0 m. 35 à l'est, et
son inclinaison était toujours au nord.

Au 31 janvier 1829, les recherches continuent toujours, et nous appre-
nons que l'un des puits de la Chapelle-Breton s'appelle le *puits Marie*.

L'exploitation de la Chapelle-Breton fut cependant abandonnée, et en
décembre 1836, à la suite d'un éboulement considérable qui eut lieu autour,
le puits dont nous venons de suivre le foncement fut comblé.

Des recherches importantes furent faites aussi au village de la Rivière en
1828 et 1829. Nous en avons le détail et les résultats dans une série de
rapports rédigés par le directeur des mines de la Tardivière.

Voici ce qu'il dit le 10 juin 1828 :

« Au nord et attenant la maison habitée par les sieurs Sabline, père et fils
« Gautier, nous avons ouvert une tranchée du sud-ouest au nord-est, de
« 5 mètres de longueur, que nous avons continuellement foncée en plein char-
« bon jusqu'à 4 mètres de profondeur, sur une largeur de 3 m. 40.

[1] Archives de la Tardivière.
[2] Archives de la Tardivière.

« Voyant que la proximité des maisons et celle des chemins, qui se croisent
« en cet endroit, nous empêchaient de nous étendre davantage, nous nous
« sommes reculés au N.-O., où nous avons coupé le même filon sur 8 mètres
« de largeur.

« D'autres tranchées ont été faites sur une longueur de 15 mètres du sud
« au nord. Nous y avons encore rencontré des massifs de charbon que nous
« connaissions plus à l'est, mais à une plus grande profondeur.

« D'après ces renseignements et la permission que j'ai obtenue des proprié-
« taires voisins, je me suis mis en devoir de foncer un puits, qui est foncé de
« 3 mètres en plein charbon, sans que nous connaissions toit ou mur.

« En approfondissant ce puits de quelques mètres, nous pourrons recon-
« naître ces massifs, leur suite, et aller attaquer dans un endroit plus propice
« à l'exploitation et en même temps plus reculé des habitations [1]. »

Au 31 juillet 1828, le directeur dit : « Nous avons tourné dans ce massif
« afin de le reconnaître et de nous assurer si ce n'était pas une plateuse. Nous
« y avons poussé une galerie de 11 m. 20 dans le charbon sans connaître toit
« ou mur; seulement, le sol de la galerie, qui se plonge au nord, se trouve
« en rocher. A l'extrémité, le sommet et le sol se rapprochent. Nous avons
« tourné au sud en suivant le rapprochement entre le sol et le sommet, nous
« l'avons sondé, et avons trouvé de nouveau un massif peut-être plus considé-
« rable que le premier.

« Tous ces indices tendent à nous faire croire qu'au lieu d'une veine régu-
« lière nous n'aurions dans cet endroit que des filons en rognons.

« Nous avons obtenu au moins 400 hectolitres de charbon à la Rivière.
« Nous n'en portons que 300, le premier n'étant propre qu'au chauffage des
« ouvriers. »

Dans son rapport du 31 août, le directeur donne encore des renseignements intéressants. « A divers endroits aux environs du village de la Rivière »,
dit-il, « nous avons fait environ 50 mètres de tranchées d'une profondeur
« moyenne de 1 m. 50, dans lesquelles nous avons rencontré du charbon.
« Ces tranchées sont à l'est et au sud du village.

« La voie que nous avons prise au nord de la fosse a été avancée de 13 m. 60,
« toujours dans le charbon, sans y reconnaître toit ou mur. Nous avons tourné
« tout à coup droit au nord. A 5 m. 40 d'avancée au nord, nous avons ren-

[1] Archives de la Tardivière

« contré un rocher très irrégulier que nous avons pensé être le toit de la
« mine.

« A 2 m. 20 dans cette voie (qui toute est en plein charbon), nous avons
« foncé une cheminée dans le massif. Cette cheminée a été foncée de 6 mè-
« tres dans la voie, sans que nous y puissions reconnaître de parois de la
« veine. L'eau vient abondamment dans ces travaux, qui se trouvent à 2 mè-
« tres à peu près du village.

« A 18 mètres environ à l'est des maisons, nous fonçons dans un massif de
« charbon, que nous supposons être le même que le premier. Après l'avoir
« reconnu, nous nous en éloignerons encore jusqu'à ce que nous soyons à la
« distance voulue par la loi des enclos murés ou habitations[1]. »

En effet, dans le courant de septembre 1828, une petite fosse fut creusée
à l'est du village et à la distance réglementaire. A 4 mètre de la superficie on
coupa un filon épais de 0 m. 50, dont l'inclinaison au nord était très forte,
et qu'on laissa au nord de la fosse, qui continua en plein rocher.

A 25 m. 60, le puits traversa dans le fond une petite couche de charbon
très pur qui, en mars 1829, atteignit 1 mètre de puissance. C'était du charbon
de forge supérieur à tout ce qu'on avait tiré à la Tardivière.

Quant au bouillard signalé antérieurement, je pense qu'il était toujours
exploité, car le rapport du mois de mai 1829 parle d'un amas de 2 mètres
en plateur.

Je ne sais pour quelle raison, ni à quelle époque on a abandonné cette
localité, où le charbon ne manquait pas. Il est clair que l'exploitation, res-
serrée entre le chemin du Boulay-des-Mines à Riaillé, le ruisseau nommé le
Donneau et les maisons du village, devait être très gênée.

Tout auprès du village de la Rivière sont les carrières du même nom,
exploitées pour pierres à bâtir. On y voit très bien la position des couches de
psammite, presque verticales, plongeant cependant un peu au nord. Des troncs
d'arbres couverts de leur écorce charbonneuse et couchés parallèlement aux
strates y sont fréquents.

Dans le petit lambeau de westphalien qui surmonte le culm supérieur, à
1 kilomètre au Sud de Teillé, on n'a pas trouvé de veine de charbon.

Le dernier centre de recherches que nous avons à mentionner est celui de
la Piverdière (commune de Teillé), à 3 kilomètres est de la Tardivière. Tout

---

[1] Archives de la Tardivière.

ce que nous en savons, c'est qu'on y faisait des fouilles en mars 1839 et qu'on décida l'abandon des travaux en juillet de cette même année.

Des recherches faites assez près, à l'est et à l'ouest de la Piverdière, durèrent un peu plus longtemps : il en est question en 1843. Une tranchée, dite *tranchée de l'Ouest*, ou du *Cormier blanc*, et un petit puits de recherches portant le même nom, montrèrent seulement quelques affleurements de charbon mélangé de terres. A l'est il y eut de même une tranchée : *tranchée de l'Est* ou *de la Botellerie*, et un petit puits de recherches du même nom. Ce puits était sur le septième affleurement découvert par la tranchée, laquelle était à 20 mètres à l'ouest [1].

D'après une note de M. Lorieux, ingénieur des mines, nous savons qu'en 1835 Montrelais et Mouzeil produisaient 171,662 quintaux métriques de houille, et que celle de Mouzeil, houille sèche, était presque exclusivement employée à la cuisson de la chaux. On exploite toujours du haut vers le bas, dit-il; les mines sont en meilleur état qu'elles ne l'ont été; mais, comme elles ne peuvent suffire aux demandes, on ne prend pas le temps d'adopter un mode d'exploitation régulier et on prend le charbon aussitôt qu'il est découvert.

Le 8 octobre 1835, on ferma le puits Jean-Jacques.

Le 23 mars 1841, le Préfet de la Loire-Inférieure prit un arrêté prescrivant, à Mouzeil, l'usage exclusif des lampes Davy [2]. En effet, les mines de Mouzeil sont grisouteuses et celles de Languin, comme nous l'avons dit, ne le sont pas.

Le 21 janvier 1842, l'abandon provisoire du puits Pélagie est autorisé.

Le 3 avril 1847, c'est du puits Jonnart, près du village de la Richeraie, dont le Préfet autorise l'abandon, sur le rapport de l'ingénieur en chef. Le puits était parvenu à 130 mètres; on avait rencontré deux seuls houillards sur une quinzaine de mètres en tout.

Le directeur des mines de Mouzeil était alors M. Deckerr. Les deux directeurs de Mouzeil et de Montrelais relevaient du conseil d'administration.

Lors d'une visite de M. Gruner, ingénieur en chef des mines, qui eut lieu en août 1853, M. Deckerr lui fit part de son intention d'abandonner le puits de l'Ouest, envahi du côté de l'est par les eaux des anciens puits Jean-

[1] Archives de la Tardivière.
[2] Archives des Mines, à Nantes.

Jacques, Pélagie et Mercier, et dont les travaux étaient arrêtés à l'ouest par un resserrement, ou plutôt une faille.

M. Gruner ne fut pas de cet avis, et pensant que la faille avait dû être rejetée au sud à une distance peu considérable, il recommanda des recherches dans cette direction avant d'abandonner le puits. Cependant le directeur de la mine, persistant dans son opinion, écrivit au Préfet pour demander l'abandon. L'ingénieur persista dans sa manière de voir, et cet incident traîna assez en longueur pour que le puits se trouvât dans un état tel que l'abandon s'imposât et fut demandé par l'ingénieur lui-même, le 15 mai 1852. Le puits était arrivé à 197 mètres de profondeur et exploitait la Grande Veine qui paraît, d'après deux plans des travaux, avoir été assez irrégulière, présentant des retours et des joints.

Du reste, la Société anonyme des mines de houille de Montrelais était déjà depuis un certain temps en liquidation ; car j'ai vu deux lettres[1] donnant l'état de l'extraction et des dépenses, l'une de 1850, l'autre du 29 mai 1851, signées Peretton, liquidateur.

En effet, une société civile composée de MM. Leclerc, marquis de Juigné, de Francy, ingénieur civil, Levesque de la Bérangerie, Michel Recoyer-Charpentier, Théophile Plée, Auguste-Sébastien Fonteinne, prêtre, Louis-Auguste Levesque et Joseph-Adolphe Métois, devint adjudicataire, par jugement de l'audience des criées du tribunal civil de la Seine, le 27 avril 1853, et par suite seuls propriétaires des Mines de houille de Montrelais et de Mouzeil.

L'acte de société fut passé devant Me Monnier, notaire à Montrelais, le 21 juillet 1853[2].

Le 13 février 1854, M. de Francy, administrateur, demanda, au nom de cette société, à ouvrir un nouveau puits à la ferme de la Tardivière. C'est le puits Neuf, et il semble bien qu'il fut commencé avant la demande d'autorisation ; car dans les nombreuses dates que je dois à l'obligeance de M. Beaulaton, directeur actuel, je vois que le puits Neuf fut ouvert en 1853.

En 1855, la Société devint acquéreur de la concession de Languin. Un acte fut passé chez Me Beaudier, notaire à Paris, stipulant que l'acte de société qui régit la Société civile de Montrelais et Mouzeil n'a pas été modifié et que le nombre des actions est demeuré le même : chaque actionnaire de Mont-

[1] Archives des Mines, à Nantes.
[2] Pièces justificatives, n° X.

IMPRIMERIE NATIONALE.

relais et Mouzeil s'est porté acquéreur d'autant de parts de Languin qu'il en possédait des deux autres mines.

Les formalités d'autorisation pour le puits Neuf furent, je ne sais pourquoi, très longues. Les exploitants n'attendirent pas qu'elles fussent terminées, de sorte que, M. Bunel étant directeur, lorsque le garde-mine Wolski le visita le 15 mars 1856, il avait déjà 186 m. 75 de profondeur. Ce puits était foncé entre les anciens puits Mercier et Jean-Jacques, dans le sens longitudinal du terrain houiller, et entre les veines du Centre et du Sud, dans le sens transversal de ce terrain. Il communiquait par des coupements avec cinq étages des travaux souterrains. Ces coupements traversaient la veine du Sud et s'arrêtaient à la veine du Mur. La distance entre les deux veines était de 2 à 5 mètres. La puissance de la veine du Sud était d'environ 0 m. 60 et celle de la veine du Mur de 0 m. 30. La veine du Sud donnait du charbon de fourneau et la veine du Mur du charbon de grille.

Dans ces conditions, l'autorisation préfectorale ne pouvait avoir d'autre but que de régulariser l'état de choses existant. Nous donnons aux pièces justificatives cet arrêté, qui est du 4 juillet 1856 [1].

Le 16 décembre 1856, M. Bunel, directeur des mines de Mouzeil, demanda à ouvrir deux nouveaux puits, l'un à 37 m. 60, l'autre à 185 mètres au nord du puits Neuf. Une tranchée avait été pratiquée à 130 mètres environ du puits Neuf et du puits Préjean, alors en activité, et avait mis à découvert de beaux affleurements. L'un de ces puits était le *puits Henri*, par lequel commença un déplacement de l'exploitation. Le *puits Saint-Georges* fut plus tard foncé à peu de distance à l'est du précédent, et les deux puits : puits Préjean et puits Neuf, par lesquels on exploitait les veines anciennement connues, furent abandonnés, ainsi que l'exploitation de toutes les veines du faisceau méridional.

En 1878 on ferma deux puits, l'un à Mésanger, l'autre à Mouzeil. Ce dernier était assurément foncé sur le faisceau des veines du Sud. Ce qui est certain, c'est que d'après une lettre de M. Besset, directeur général de Montrelais et Mouzeil, il y avait dans ce dernier centre, en 1884, deux puits : le puits Henri et le puits Saint-Georges, et que le puits *de la Transonnière*, dans la commune de Mésanger, était encore en activité.

Une note du même directeur nous apprend de plus qu'il y avait alors à

_____
[1] Pièces justificatives, n° XI.

Mouzeil 81 ouvriers et employés, dont 51 pour le service intérieur et 30 pour le service extérieur.

En 1890, on peut noter un rapport de M. l'Ingénieur ordinaire, daté du 8 août. Il cherchait s'il y avait du grisou à Mouzeil et n'en trouva pas.

En octobre de cette même année un tassement se produisit dans la voie du chemin de fer de Segré à Nantes, qui longe les puits Henri et Saint-Georges. Des travaux de consolidation furent faits de suite, et il n'y eut pas d'accident.

Le 29 janvier 1892, d'après un rapport de M. Paul David, ingénieur, le puits Neuf était à 375 mètres, le puits Henri à 120 mètres, le puits Saint-Georges à 120 mètres.

Le 3 juin 1895, la Société de Montrelais et Mouzeil, par pétition de M. Jacquier, agissant comme directeur, demanda à joindre la concession de Languin et celles qu'elle possédait déjà et à prendre le titre de *Société de Montrelais, Mouzeil et Languin*.

« La concession du Montrelais-Mouzeil », dit M. l'ingénieur des mines, dans son rapport relatif à cette demande, « instituée par décret du 18 août 1807, « s'étend sur les communes de Mouzeil, Teillé, Pannecé, Mésanger, Pouillé, « Saint-Herblon, la Rouxière, Varades, la Chapelle-Saint-Sauveur et Mont-« relais, arrondissement d'Ancenis, département de la Loire-Inférieure, et « de Saint-Sigismond et Ingrande, arrondissement d'Angers, département de « Maine-et-Loire. Elle est exploitée actuellement aux deux centres de Mont-« relais et Mouzeil.

« La concession de Languin, instituée par ordonnance royale du 28 avril « 1839, s'étend sur les communes de Saffré, Nort et les Touches, arrondis-« sement de Châteaubriant, département de la Loire-Inférieure. Cette con-« cession, qui depuis longtemps n'est pas exploitée, a été achetée par la So-« ciété de Montrelais-Mouzeil en 1855; mais la réunion des deux dans la « même main n'a pas été autorisée, comme le prescrit le décret du 23 oc-« tobre 1892, et c'est pour régulariser cette situation que la *Société anonyme* « *des mines de Montrelais, Mouzeil et Languin* a présenté la demande que « nous examinons. »

Cette demande fut accordée par un décret signé du Président de la Répu-blique, le 7 mai 1896[1].

---

[1] Pièces justificatives, n° XII.

C'est, je crois, vers 1900 que la concession passa à une compagnie formée d'un certain nombre d'actionnaires des mines de Rive-de-Gier. Le titre fut : *Société anonyme des mines de houille de Montrelais, Mouzeil et Languin.* (La précédente société n'était pas anonyme, ainsi qu'on peut s'en assurer dans son acte de fondation. C'est par erreur qu'on lui a souvent donné cette épithète.)

Le 24 décembre 1902, l'Administration demanda à la Société concessionnaire de désigner un inspecteur technique pour chacun des deux centres exploités. La Société fit connaître que l'exploitation de Mouzeil avait pour directeur technique M. Roussel et celle de la Gautellerie (Montrelais), M. Beaulaton.

Mais dans l'assemblée générale du 28 juin 1903, qui se tint au siège social, 11, rue Pizay, à Lyon, le conseil fut renouvelé. M. Bouthéon fut désigné comme président; M. Carteron (Claude), comme correspondant légal et directeur technique; M. Roussel, comme directeur technique du centre de Montrelais, et M. Beaulaton, comme directeur technique du centre de Mouzeil. M. Roussel étant parti, son service a été assuré provisoirement par M. Carteron.

Les veines formant le faisceau méridional de la Tardivière, non exploité aujourd'hui, mais qui sera peut-être repris, sont les suivantes. Nous les donnons dans leur position relative.

NORD.

Grande veine. — Largeur moyenne, 1 m. 60; ondulée ou sinueuse au puits Préjean, où elle est fourchue vers 330 mètres; plus droite et plus régulière au Puits Neuf.

Veine du Centre. — Largeur 1 m. 30. Assez régulière.

Veine Inconnue, n'existant que dans la partie la plus profonde des travaux. Ne remonte pas au-dessus de 285 mètres. Fourchue vers 335 mètres, à branches tournées en haut. Largeur moyenne, 1 m. 50.

Veine Bergerette. — Largeur, 1 m. 50 et plus, avec un parcours sinueux et des étreintes.

Veine du Sud. — De 0 m. 60 à 1 m. 20 de largeur.

Veine du Mur. — De 0 m. 40 à 0 m. 50 de largeur.

Veine du Puits Parfait. — Très inégale, très interrompue, presque en plateure au niveau de 315 mètres, atteignant à celui de 289 mètres jusqu'à 2 mètres de puissance; au-dessus, effilée et oblitérée; retrouvée cependant à l'affleurement[1].

SUD.

---

[1] Voir la coupe dressée par M. Bunel fils, pl. A.

Un autre faisceau de couches est celui qui est exploité actuellement par les puits Henri et Saint-Georges. M. Bunel fils[1], ancien sous-directeur des mines de la Tardivière, le désigne sous le nom de Système du Centre, réservant celui de Système du Nord à des affleurements de houille qui se trouvent, en effet, au nord du faisceau du centre, et qui n'ont jamais, dit-il, été fouillés sérieusement; mais il y a à tenir compte de l'anticlinal qu'on n'avait pas encore reconnu en 1888, et qui, précisément au nord de Mouzeil et de la Tardivière, partage le culm supérieur (le terrain exploitable) en deux bandes : la bande du Sud, contenant les faisceaux du sud et du centre, assurément aussi les affleurements auxquels M. Bunel donne le nom de *Système du Nord*, et la bande du Nord, qui passe par la Colichetière, la Chapelle-Breton et la Rivière.

C'est au faisceau de veines connu et jadis exploité dans cette bande qu'il faut, je crois, réserver le nom de *Faisceau du Nord*, comme l'a fait le directeur actuel, M. Beaulaton, dans les notes qu'il a eu l'obligeance de me communiquer. Un faisceau ou système de veines dit *du Nord*, dans la bande Sud, donnerait sûrement lieu à des confusions.

Au puits Henri, il y a sept veines reconnues. La plus méridionale se nomme *Veine du Sud* et les autres se comptent de 1 à 6, du sud au nord. La veine n° 4 est de beaucoup la plus forte. Elle se bifurque vers l'ouest, et ses deux branches finissent en s'amincissant, comme, du reste, les autres veines; car toutes sont en amandes.

Au puits Saint-Georges, les couches paraissent plus continues, plus régulières. Au niveau de 260 mètres on en a reconnu jusqu'à huit. La plus méridionale s'appelle toujours *Veine du Sud;* les autres sont numérotées du sud au nord, à partir de 1. Quatre couches, d'après M. Bunel fils, ont une épaisseur de 1 mètre à 1 m. 20.

Depuis l'installation de la nouvelle Société, les procédés d'exploitation se sont beaucoup améliorés : au lieu de tonnes sans guidonnage et du triage du charbon par des enfants, on voit maintenant des cages guidées à deux étages, des appareils à laver le charbon, etc., en un mot, les procédés modernes usités dans le Nord et dans les grands bassins houillers du Centre sont maintenant appliqués à la Tardivière sous la direction de M. Verzat, directeur général de la Société des mines de Montrelais et Mouzeil, de M. Carteron,

---

[1] H. BUNEL fils. *Étude sur la concession des mines de houille des Touches,* in-8°, 15 p., 1888.

directeur technique de Montrelais et Mouzeil, et de M. Beaulaton, directeur particulier du centre de Mouzeil.

Je dois ajouter que, mieux conduites peut-être que celles de Languin ne l'ont été jadis, les mines de Mouzeil ont toujours, à ma connaissance, fonctionné sans interruption.

Les végétaux fossiles y sont remarquablement abondants. Ils sont scientifiquement recueillis par les soins du directeur. Chaque étiquette porte l'indication de la couche et du niveau où l'échantillon a été trouvé. La collection ainsi formée, déjà fort importante, pourra, nous l'espérons, fournir des indications précieuses.

4. Concession de Montrelais (Loire-Inférieure).

« Suivant les anciennes traditions », dit Frédéric Cailliaud [1], « les mines de « houille de Montrelais et de Mouzeil étaient connues vers l'an 1650. En 1700, « des travaux encore des plus irréguliers sans doute, eurent lieu. » Je ne sais où l'ancien directeur du Muséum d'histoire naturelle de Nantes s'est procuré ces renseignements. Je n'ai pu trouver non plus les pièces confirmatives d'une note qui m'a été obligeamment remise par M. Couffon, et d'après laquelle le duc de Chaulnes et M. d'Hérouville auraient obtenu, en décembre 1752, la concession des mines de charbon d'Ancenis à Montrelais.

Le plus ancien document historique dont j'ai eu connaissance est de 1754.

Il y avait déjà huit ans (21 mai 1746) que le sieur Jarry avait obtenu la concession de Languin, lorsque le duc de Chaulnes adressa au roi une demande semblable pour toute la partie du bassin houiller qui s'étendait sur la rive droite de la Loire, à l'est de la concession précédente. « Il avait, « dit-il dans sa supplique, fait la découverte de plusieurs veines de charbon « de terre sur les confins de la province de Bretagne et de celle d'Anjou, et il « avait fait venir du païs, à des apointements très considérables, un des « maîtres les plus expérimentés dans la foüille et la conduite de travaux de « cette espèce ». En continuant l'exploitation, il se flattait « non seulement « de se rédimer des dépenses qu'il avait faites, mais dé procurer un très grand « avantage aux provinces d'Anjou, Bretagne, Touraine, Poitou, païs d'Aunis « et Guyenne, qui pourraient facilement tirer le charbon des mines, soit par

---

[1] Frédéric Cailliaud. Études géologiques et paléontologiques sur le département de la Loire-Inférieure. Manuscrit. Muséum d'histoire naturelle de Nantes.

« la Loire, soit par les petites rivières navigables qui y affluent ». Le roi, en
son Conseil des finances, accorda la demande du duc de Chaulnes, le 8 janvier 1754 [1].

Mais celui-ci ne trouva pas partout le terrain libre : il n'était pas le plus
ancien exploitant :

Pour encourager l'extraction du charbon de terre et pour diminuer la
consommation du bois, un édit du mois de juin 1601 avait déclaré les mines
exemptes du dixième et, en 1698, par arrêt du Conseil daté du 13 mai, il
avait été permis à tous propriétaires de terrains où il se trouverait du
charbon de l'exploiter sans être obligés d'en demander la permission sous
quelque prétexte que ce pût être, pas même sous celui du privilège accordé,
lettres patentes, etc.

Certes bien peu de propriétaires profitèrent de cette permission, mais il y
en eut cependant, et il se trouva précisément qu'il s'était monté dans ces conditions une exploitation dans les limites de la concession du duc de Chaulnes,
fort près même, semblait-il, du lieu où il faisait travailler.

Le sr Louis, ou plutôt son épouse séparée, la demoiselle Fleuriot, propriétaire d'une « métayerie » au hameau du Bas-Molet, paroisse de Saint-
Sauveur, près Montrelais, avait trouvé du charbon sur son propre terrain et le
faisait extraire. Il y avait 7 puits, et on y employait ordinairement 70 ouvriers
qui tiraient 420 pipes par mois. Ce charbon « se vendait 12 livres la pipe aux
« maréchaux d'Ingrande, qui le fesoient transporter à Nantes, Angers, Saumur
« et autres villes le long de la Loire [2] ».

Mais les dispositions de l'arrêt de 1698 étant demeurées sans effet, soit
par la négligence des propriétaires, moins entreprenants que la demoiselle

[1] Pièces justificatives, n° XIII.

[2] « La mesure de vente aux mines de Montrelais se nomme *portoir* : il y en a eu de rondes,
« d'ovales, de carrées; elle forme dans ses dimensions un vaisseau plus grand qu'un boisseau.

« Cent soixante-onze et demi de ces *portoirs* doivent revenir à vingt-une bariques nantoises,
« qui sont la *fourniture* avec un comble de dix-neuf pouces, ou vingt-deux bariques; ces bariques
« sont appelées *pipes*; en Bretagne on donne ce nom à une mesure de choses sèches, particuliè-
« rement pour les grains, les légumes et autres denrées; entendue de cette sorte, la pipe contient
« dix *charges*, chaque *charge* composée de quatre *boisseaux*, ce qui fait quarante *boisseaux* par pipe.
« Par une ordonnance de police de la ville de Nantes, du 1er mars 1759, homologuée au Parlement
« de Bretagne, il paraît que cette mesure particulière pour la vente des charbons de terre de
« France et d'Angleterre a existé de tout temps à Nantes. La manière d'étalonner les bariques
« donnant lieu à cet abus, les magistrats de police ont cherché à y remédier, en établissant une
« règle certaine dans la mesure des charbons; ils ont prescrit les dimensions de la barique (mesure

Fleuriot, soit par le défaut de ressources, et la liberté indéfinie ayant fait naître une concurrence nuisible aux différentes entreprises, un arrêt de 1744 défendit d'ouvrir et d'exploiter des mines sans en avoir obtenu la permission, et ordonna à ceux qui exploitent des mines de charbon d'en faire la déclaration aux intendants. La demoiselle Fleuriot, qui avait installé son exploitation sous le régime de l'arrêt de 1690, ne bougea pas et continua à tirer du charbon, comme la Compagnie concessionnaire. Un conflit devait éclater et, ce qui peut surprendre, c'est qu'il ne survint que 27 ans après l'arrêt de 1744, le 4 avril 1771, où la Compagnie de Montrelais demanda à l'intendant de faire combler les puits de la demoiselle Fleuriot. Celle-ci se défendit avec énergie et intenta un procès qui passa par toutes les juridictions et dura jusqu'en 1779. Elle le perdit et fut expulsée de son établissement par la maréchaussée. Une note, assurément rédigée par un homme de loi et provenant des papiers de l'Intendance de Bretagne, mentionne toutes ces péripéties. Je la comprends dans les pièces justificatives [1], parce qu'elle donne une idée exacte de la législation des mines avant la Révolution.

Pendant la période révolutionnaire, on se préoccupa de tirer du charbon de Montrelais, comme de Languin, afin d'alimenter les forges qui devaient travailler pour les armées. Le *Journal des Mines*, publié par l'Agence des Mines de la République, dans son numéro du 1er vendémiaire an III [2], contient (p. 97) un arrêté du Comité de Salut public en date du 8 prairial [3], portant qu'il sera détaché de l'armée de l'Ouest quatre compagnies de pionniers pour les travaux des mines de Montrelais et la réparation du chemin qui y conduit [4]. Un autre arrêté, également du 8 prairial (*loc. cit.*, p. 98), détermine le mode de réquisition pour subvenir à la subsistance des ouvriers employés dans les mines de houille de Montrelais.

« matrice pour la vente des charbons), et qui ne diffère presque en rien de l'ancienne barique « étalonnée sur le boisseau matrice. Lorsqu'elle est pleine de blé, elle doit peser six cents livres.

« Dans les magasins d'Ingrande, cette *fourniture* se vendait, en 1757, 280 liv., c'est-à-dire « environ 11 fr. 1 d. le boisseau de Nantes; et en 1764, 270 livres.

« A Nantes, la barique se vendait en détail quinze livres dix sols, ce qui fait trois cent vingt-cinq « livres dix sols la *fourniture*. »

L'art d'exploiter les mines de charbon de terre, par M. MORAND, t. I, MDCCLXVIII, p. 543.

[1] Pièces justificatives, n° XIV.

[2] 12 septembre 1794.

[3] 27 mai 1794.

[4] Pièces justificatives, n° XV.

La réunion de Mouzeil à Montrelais est, comme nous l'avons dit, très ancienne et date au moins de 1791. Elle existait donc lors des arrêtés précédents.

Sous le premier Empire, la Société demanda une réduction de concession, et cette réduction portait aussi sur le territoire des deux mines. Un arrêté de la ci-devant administration centrale du département de la Loire-Inférieure, du 8 floréal an VII [1], qui adoptait le plan présenté par les concessionnaires, et qui était approuvé par le Ministre de l'Intérieur, du 25 thermidor an IX [2], fut annulé et un décret de l'Empereur, daté du 18 août 1807, fixa les nouvelles limites [3].

C'est bien probablement à cette époque que se place un rapport non daté, mais signé : « *Le Directeur*, M. la Chabeaussière ». Ce rapport, fort détaillé et fort instructif, se trouve dans les archives du Service des Mines, à Nantes. « On retire », dit l'auteur, « cent mille hectol. de houille qui produisent « une recette de 300,000 francs, sur lesquels les deux tiers sont dépensés en « frais d'exploitation... » « Avant la Révolution le revenu était de 80,000. « L'exploitation en 1806 (Rapport de M. Daubuisson) [4] était sur deux « couches, l'une à une petite demi-lieue à l'est de la maison de direction et « l'autre à trois quarts de lieue à l'ouest du même point. La première se nom- « mait Camp Brûlar, la deuxième la Censie ». La puissance moyenne de la première était de 6 à 9 décimètres et quelquefois 1 ou 2 mètres. C'était une houille très schisteuse. La couche principale avait des bandes latérales qui se réunissaient à elle en certains points. Une de ces bandes donnait du charbon collant qu'on mélangeait avec l'autre. « Au-dessous de 100 mètres « de profondeur toutes les veines étaient réunies à la couche principale qui, « cependant, n'a pas sensiblement augmenté de puissance depuis cette « réunion. Elle offre beaucoup d'étranglements dénomés *delays* dans le païs. « Ils sont formés par l'avancement brusque du mur et du toit; d'autres « fois un renflement est produit par une cause contraire. » C'est là, du

---

[1] 27 avril 1799.

[2] 13 août 1801.

[3] Pièces justificatives, n° XVI.

[4] Il s'agit bien probablement de F.-R.-A. DUBUISSON, directeur et conservateur du Muséum d'histoire naturelle de Nantes, auteur du *Catalogue de la collection minéralogique, géognostique et minéralurgique du département de la Loire-Inférieure*. Il professa pendant 26 ans l'histoire naturelle au Muséum de Nantes et mourut le 10 janvier 1836, dans un âge avancé.

reste, dans tout le bassin, l'allure générale des couches. Il est clair qu'avec de pareilles irrégularités il n'est pas possible d'identifier les couches d'une concession avec celles d'une autre, à moins que les centres d'exploitation ne soient tout à fait contigus; et cette identification est d'autant plus impraticable qu'au bout d'une certaine étendue les couches de houille, qui, comme les autres roches, sont en amandes, disparaissent, tandis que d'autres se montrent,

Ce rapport nous donne le mode d'exploitation de la veine du Brûlon. C'est à peu près celui qu'on emploie dans les autres concessions dans lesquelles, comme ici, les couches sont verticales ou presque verticales. On poussait

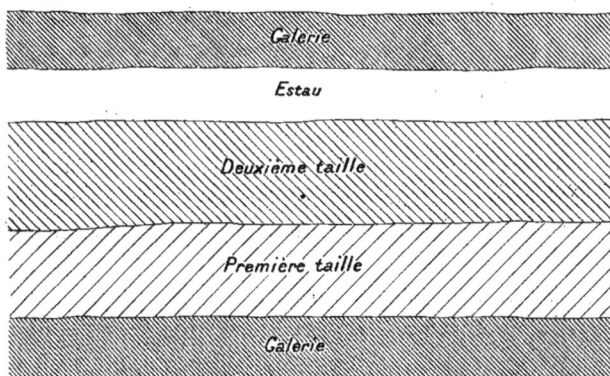

Fig. 1. — Mode d'exploitation de la veine du Brûlon.

sur la couche, de 10 mètres en 10 mètres, des galeries d'environ 2 mètres de haut, et, lorsqu'une d'elles était avancée d'une vingtaine de mètres, on exploitait le massif qui était au-dessus d'elle par tailles de 3 mètres de haut chacune, ce qui fait une hauteur de 6 mètres. Les 2 mètres restant jusqu'à la galerie qui est au-dessus étaient laissés pour soutenir le sol de cette galerie. Ce reste, appelé *estau*, était ensuite enlevé lorsque la partie de la mine où il se trouvait devait être abandonné.

La couche de la Censie avait habituellement une puissance de 1 m. 20. « Elle a été reconnue sur une longueur d'un peu plus de 3,000 mètres. Elle « présentait souvent des crains et des parties stériles. » Son charbon ne colle pas; seul, il ne pouvait pas être livré au commerce (à cette époque on demandait surtout du charbon de forge). Il fallait le mêler.

La quantité de houille extraite par les mines de Montrelais se montait alors à 100,000 hectolitres : 25,000 du Brûlon et 5,000 de la Censie étaient mêlés les uns avec les autres. L'hectolitre mesuré ras était vendu sur la mine 3 francs, ou o fr. 34 le myriagramme.

Le transport du charbon se faisait entièrement avec des chevaux de bât, qui appartenaient aux cultivateurs des environs. 200 étaient nécessaires pour ce service.

Une partie était portée à Ingrande, et, de là, remontait la Loire, l'autre à la Meilleraie, vis à vis Saint-Florent, près Varades, et de là à Nantes, où il y avait un troisième magasin.

Les frais d'emmagasinement portaient le prix de la houille, à Nantes, à 3 fr. 75 - 4 francs l'hectolitre, ou o fr. 45 le myriagramme. Le bénéfice de la Compagnie s'élevait à 100,000 francs (c'était vers 1807). En 1806, il était de 75,000 francs.

En juillet 1811, M. de la Chabeaussière étant toujours directeur, une note [1] de M. Blavier, ingénieur en chef des Mines, nous apprend qu'il y avait alors, sur les houillères de Montrelais, 10 puits, savoir :

2 au Brûlon.....	Le puits Neuf, pour le charbon.
	Le puits des Eaux, pour les eaux.
3 à la Flandière...	Sainte-Barbe, pour les eaux et l'air.
	Saint-Jacques, pour le charbon.
	Du Rozier, pour le charbon.
1 au Petit militaire.	Puits Saint-Ange, en recherches.
4 à la Censie.....	Grand puits. Eau et charbon.
	Puits d'aérage, pour charbon.
	Puits de Ronces, pour charbon. Suspendu.
	Puits de Margager, pour l'aérage.

En ce moment, il y avait 159 personnes employées dans les fonds et 226 à l'extérieur, parmi lesquelles 62 voituriers (dits *chevaliers*), qui avaient 180 chevaux; le transport continuait encore à dos de chevaux jusqu'à la Loire, les routes étaient toujours affreuses, malgré les réparations faites en l'an III.

Le 17 février 1828 une ordonnance royale constitua, comme nous l'avons dit, la Société anonyme des Mines de houille de Montrelais-Mouzeil.

_____

[1] Archives du Service des Mines, à Nantes. Carton A, liasse n° 5, pièce n° 2.

En 1834, ces deux mines réunies employaient, à l'intérieur, 209 ouvriers, et à l'extérieur, 132. Le combustible extrait était, en poids, de 171,662 quintaux métriques, et, en volume, de 201,955 hectolitres. Ces renseignements sont empruntés à une note de M. Lorieux, ingénieur des mines, datée du 12 octobre 1835 [1].

A en juger par le nom des veines en exploitation, c'est peu après cette époque que fut envoyée de l'École des Mines, pour être remise à M. Hobreguer, une note sans date, informant qu'il y avait à Montrelais deux sortes de charbon : la première provenait d'une veine appelée le Militaire. Cette qualité, excellente d'ailleurs pour la forge, était sujette à se coller. La seconde qualité provenait de deux autres veines appelées les Peleras et le Bois-Long. Elle produisait un feu vif et rapide, une flamme blanche fort haute, ne se collait point et ne se formait pas en croûte comme la première qualité [2].

De 12 juin 1847, une réponse du procureur du roi d'Ancenis au procureur du roi de Rennes, qui lui avait demandé des renseignements, fait connaître l'organisation des mines [3] : il y avait un directeur pour chacun des deux centres. Le directeur de Montrelais se nommait M. Cotte. Le siège de la Société était Place de la Madeleine, n° 9, à Paris.

M. l'ingénieur Lorieux, dans un rapport du 25 mars 1854, regarde les veines de Montrelais comme les plus irrégulières du bassin et en donne une intéressante énumération [4].

« Malgré toute l'irrégularité des veines », dit-il, « les travaux actuels per-« mettent de les diviser en deux systèmes. »

« Le système du Nord comprend, en allant du nord au sud : la veine du « Nord, les deux veines des Pelleras, la Grande-Veine, la veine de la Taupe, « la veine Saint-Ange et la veine des Petis-Bois; ces veines, qui toutes con-« tiennent du charbon de forge, peuvent être subdivisées en deux groupes « très bien définis, séparés entre eux par le banc très constant et très caracté-« ristique de grès bien connu sous le nom de *Pierre carrée* de Montrelais, et « qui, placé entre la seconde veine des Pelleras et la Grande-Veine, forme sensi-« blement l'axe du bassin.

[1] Archives des Mines, à Nantes, liasse 11, n° 1.
[2] Archives départementales de la Loire-Inférieure, S-10.
[3] Archives départementales de la Loire-Inférieure, concession de Montrelais.
[4] Papiers de F. Cailliaud.

« Le système du Sud comprend la petite veine de forge; les autres voi-
« sines sont de la houille anthraciteuse.

« Le seul travail d'exploitation qui soit exécuté aujourd'hui sur les veines
« du fond, dans le voisinage de la Peignerie, est encore provisoire.

« Les travaux sur les veines de forge vont être reportés du côté d'Arcy, aux
« environs de la Grande-Mine. La Pierre-Carrée est stratifiée très régulièrement
« dans cette région sur une longueur de près de 300 mètres, ce qui fait
« espérer une certaine régularité d'allures pour la Grande-Veine et la veine de
« la Taupe, qu'avoisine ce banc de grès et qu'on a envie d'exploiter.

« L'exploitation actuelle de Montrelais se trouve entière concentrée aux
« Berthauderies, dans les veines appartenant au système du Sud, où l'exploi-
« tation est à 234 mètres de profondeur.

« Le défaut de débouchés suffisants a fait diminuer le nombre des ouvriers
« et restreindre l'extraction d'environ un quart pour l'année 1858 comparée
« à l'année 1857; mais les ressources intérieures de la mine permettraient,
« en cas de besoin, de porter la production de 140,000 hectolitres à
« 250,000 hectolitres. »

En 1880, le directeur général des mines de Montrelais et Mouzeil était
M. Besset. Une lettre de lui, du 27 février 1884, nous apprend qu'à cette
date il n'y avait plus à Montrelais qu'un seul puits, celui des Bertauderies.
Il y avait 94 ouvriers et employés, dont 58 pour le service intérieur et 36
pour les travaux extérieurs.

Le 4 mai 1888, la Direction demanda à abandonner le puits des Bertauderies, qui se trouvait assurément remplacé par d'autres. L'ingénieur répondit
qu'il n'y avait plus de formalités à remplir [1].

Le 8 août 1890, un rapport de M. l'ingénieur des Mines nous apprend
que le grisou se dégage d'une manière continue à Montrelais, mais en très
petite quantité, et qu'il ne peut être dangereux qu'à la taille.

Dans une réponse à une circulaire du 15 juin 1891, nous voyons que
l'ascension des ouvriers se faisait par un puits guidé, muni d'une cage spéciale
et métallique.

Un rapport de M. Paul David, ingénieur, conservé aux archives du service
des Mines à Nantes, et daté du 29 janvier 1892, énumère les veines exploitables reconnues à Montrelais et en indique la puissance.

[1] Archives du Service des Mines, à Nantes.

Voici leur nom en allant du Nord au Sud :

SYSTÈME DU NORD.

PUISSANCE MOYENNE.

Veine	des Pelleras n° 1	1^m 00
	des Pelleras n° 2	1 00
	des Plantes n° 1	1 50
	des Plantes n° 2	0 40
	de la Taupe	0 70
La Grande Veine............................		1 50

6^m 10

SYSTÈME DU CENTRE.

Veine	Saint-Ange.	1^m 20
	des Petit-bois.	0 80
	du Roc n° 1	0 60
	du Roc n° 2	0 40

3^m 00

SYSTÈME DU SUD.

Veine	de la Machine.	0^m 70
	des Bertauderies n° 1	2 00
	des Bertauderies n° 2	1 50
	des Bertauderies n° 3	1 00

5^m 20

Nous trouvons dans le même rapport la longue liste des puits ouverts à Montrelais depuis le commencement du xviiie siècle jusqu'à 1858. La voici : Une partie des puits de Mouzeil y sont compris.

A. Sur le système Sud :

PROFONDEURS.

Puits	Est Boislong................................	386 mètres.
	Ouest Boislong, Fondy........................	140
	Chabosse....................................	100
	Roty, Bertauderies..........................	100
	Decazes, Bertauderies.......................	105
	Neuf, Bertauderies..........................	241
	Marie Bertauderies..........................	241
	Mathieu. :..................................	110
	Bertauderies................................	100
	de la Transonnière..........................	100
	de la Richeraie n° 1	150
	de la Richeraie n° 2	150
	Préjean (Mouzeil)...........................	250
	Neuf (Mouzeil)..............................	250
	Henri (Mouzeil).............................	50
	Saint-Georges (Mouzeil).....................	50

B. Sur le système du centre :

Puits { du Petit-Bois............................... 223 mètres.
du Cerisier ou du Sud..................... 158

C. Sur le système du Nord :

1° Sur la Grand'Veine :

Puits {
Maurey.................................... 95 mètres.
Lineville.................................. 290
Cécile.................................... 290
de la Peignerie........................... 252
de la Grande Peignerie.................... 243
de la Croix............................... 77
Saint-Louis............................... 112
Neuf Brûlon............................... 192
Camp Brûlon............................... 127
Grand Militaire........................... 150
Pelletier................................. 206
de la Sillardière......................... 95
du Patis ou Pillet........................ 90
d'Harey................................... 200
Sainte-Cécile............................. 77

Grand puits de la Censie.................... 214

Puits {
du Guer................................... 100
des Vallées............................... 90
Henry..................................... 100

2° Sur la veine de la Taupe :

Puits {
de la Taupe............................... 190 mètres.
du Chat................................... 160
Saint-André............................... 110
Sud-Brûlon................................ 150
Érouville................................. 212

3° Sur les veines des Plantes :

Puits {
de l'Ouest................................ 70 mètres.
Louis..................................... 100
des Plantes............................... 136
des Rosiers............................... 100

4° Enfin sur les veines des Pelleras :

Puits {
des Pelleras.............................. 70 mètres.
Nord-Est-Brûlon........................... 140

On remarquera que la plupart de ces puits sont arrêtés de 100 à 200 mètres.

C'est, comme nous l'avons dit, par un décret du 7 mai 1896, que la Société anonyme des mines de Montrelais et Mouzeil fut autorisée à prendre le titre de *Société anonyme des mines de Montrelais, Mouzeil et Languin.*

En septembre de cette même année, on abandonna le puits Saint-Joseph et on reprit celui de la Gautellerie, qui atteignit, en 1898, la profondeur de 190 mètres.

En 1906, il y avait à Montrelais un puits Castellane.

Ces trois puits ne sont pas mentionnés sur les listes précédentes.

Aujourd'hui, à Montrelais, un seul puits est en activité.

5. Concession de Montjean (Maine-et-Loire).

La concession de Montjean est située sur un renflement du terrain houiller, qu'elle occupe avec celle de Saint-Germain-des-Prés.

Elle commence la série des concessions qui se trouvent tout entières en Anjou.

Le terrain houiller y est formé en grande partie de pierre carrée, roche très dure qu'on trouve aussi dans les travaux de Montrelais, mais qui, ici, constitue sur la rive gauche de la Loire une butte qu'on appelle la montagne, et sur laquelle est bâti le bourg de Montjean.

Le charbon qui affleurait sur les versants de la colline fut recueilli très anciennement par les gens du pays, qui en firent usage.

Dès le XVe siècle, les habitants avaient effectué une foule de petits travaux superficiels et, par conséquent, sans importance. Le charbon provenant des exploitations, qui furent faites souvent par petites tranchées, notamment dans le prieuré, était vendu, à ce qu'on présume, à des forgerons de la Vendée, qui l'emportaient à dos de cheval.

« Une transaction du 11 mars 1541, entre la veuve du Maréchal de Montjean et ses fermiers, prouve qu'il les avait antérieurement autorisés à tirer du charbon de terre dans sa seigneurie[1]. »

Chaque propriétaire exploitait son fonds et, peu à peu, les travaux devinrent plus considérables. En 1723 nous voyons que, dans la paroisse de Mont-

---

[1] Beaucoup de renseignements sont dus aux recherches de M. Couffon. Tout ce qui sera emprunté textuellement à ses notes sera entre guillemets, au commencement et à la fin de la citation.

jean, quatre grands puits d'exploitation sont creusés jusqu'à la profondeur de
110 toises (217 m. 80).

« En 1753, il y avait, sur cette même paroisse, huit puits, dont voici l'indication :

NOMBRE		SITUATION.	NOMS DES PROPRIÉTAIRES.	NOMBRE
des PUITS.	des AVENTOIRS.			D'OUVRIERS.
2	2	Dans un jardin appartenant à..	J. Héron................	8
2	"	Clos des Péronets............	Faboreau................	10
1	"	Pièce des Péronets...........	Gautrai................	4
2	"	Le champ Meslet	Idem...................	5
1	"	Clos des Péronets...........	Herpin.................	4

Nous savons même que le puits du champ Meslet fut abandonné à cause
des roches, de l'eau et du peu de charbon qu'il fournissait.

« Le 8 janvier 1754, Louis-Henri-René de Mailly de Vieville, seigneur de
Montjean, obtint du Roi le privilège exclusif d'exploiter le charbon dans sa
baronnie[1]. » Cette autorisation fut « suivie, le 26 février 1754, d'une ordonnance de l'Intendant de Tours ». Fort de cette situation, M. de Mailly se procura d'habiles ouvriers mineurs. On pense généralement qu'il les fit venir de
Flandre; Cacarrié seul[2] dit qu'il les trouva à Montrelais, ce qui est assez
vraisemblable. Toujours est-il que le 27 juillet 1756, « il leur concéda son
privilège, moyennant la valeur en argent du quart des produits ». Ils exploitèrent pour lui, sur le versant N. O. du coteau, une mine qui garda le nom
de *Mine des Flamants*. Il fit ouvrir aussi le *puits du Vallon* et un puits sur la
couche Sainte-Anne, près de la Garenne. En 1760, il reporta ses travaux
dans le bourg, où il ouvrit le puits Sainte-Barbe. L'exploitation acquérait
donc une grande importance et alimentait jusqu'aux forges de Châtellerault.
Elle n'aurait pas tardé à devenir tout à fait florissante si le privilège de
M. de Mahy s'était réellement étendu à toutes les mines de la baronnie, « si
des lettres patentes du 17 octobre 1753 », antérieures par conséquent à celles
de M. de Mailly, « n'avaient accordé les mêmes privilèges à Mme de Gohin et à
ses enfants, propriétaires d'un terrain de 17 arpents situé à 80 toises du château. » L'année même où M. de Mailly ouvrait plusieurs puits à l'ouest et

[1] Pièces justificatives, n° XVII.
[2] Manuscrit de Cacarrié.

IMPRIMERIE NATIONALE.

portait ses travaux dans le bourg, Mme de Gohion commençait les travaux du
Pavillon, à l'est de Montjean. Plus à l'est encore, les moines du couvent de
Bellevue avaient fait sur leur terrain différents travaux, dont les principaux
sont les *puits de la Cuisine* et *du Colombier,* dans l'enceinte même du couvent,
à l'extrémité est du terrain avoisinant la Loire.

« Les procès qui naquirent de cet état de choses entravèrent l'exploitation »;
cependant, en 1762, M. de Montjean fonçait le *puits du Gros-Chêne,* sur la
veine du même nom; mais l'exploitation « ne reprit guère qu'en 1770, le
baron semblant avoir triompé, mais sans grand profit toutefois. En 1786,
nous voyons le sieur René Clémenceau de la Lande demander inutilement
à la ville d'Angers d'intervenir en sa cause, afin d'être autorisé, nonobstant
le privilège abusif du seigneur de Montjean, à extraire librement le charbon
de terre sur les terrains qu'il possède, avec ses associés, pour l'exploitation
des fours à chaux. »

De 1762, jusqu'à la Révolution, les Flamands n'ont fait que de petits travaux, tels que ceux de Saint-Nicolas, Beausoleil, la Garenne, etc. Dans la
suite, quelques-uns de ces ouvrages ont été repris.

Les exploitations furent interrompues au début de la Révolution. Le baron
de Montjean dut émigrer et « pendant les guerres de Vendée, les établissements furent dévastés ». Les habitants du pays rentrèrent en possession de
leurs mines et reprirent leur ancien usage de creuser des puits un peu partout.
Quelques-uns le firent non sans profit.

Plusieurs petites Compagnies ont exploité le *puits du Dôme,* sur la veine
du même nom, le *puits Babet* sur les couches Sainte-Anne, et un puits ouvert sur les couches du Cassis, dans le côteau de Montjean. « A cette époque
nous ne trouvons pas moins de 14 puits, sans compter les travaux superficiels.
Les principaux de ces puits sont : le *puits Sainte-Barbe,* le *puits du Beau-
Soleil* et le *puits de la Machine,* ces deux derniers creusés dans le terrain de
la Garenne.

Sous l'Empire, M. de Mailly rentra en France et constitua, avec MM. Hiron
et Lebreton une Société civile qui fut d'abord interdite comme illicite, à
défaut de réglementation, par arrêté préfectoral du 4e jour complémentaire
de l'an XIII[1], puis autorisée, au profit de sa veuve et de ses enfants, par
un décret du 23 juin 1806 ».

[1] 21 septembre 1805.

La famille de Mailly, à la faveur du cette concession, donna suite aux entreprises de 1750 à 1789; elle fit venir de Flandre une nouvelle compagnie d'ouvriers et, avec d'autres personnes du pays, fonda une société civile d'exploitation, [qui s'adjoignit un ingénieur habile, M. Mathieu, pour la direction technique des travaux]. Quatre puits furent creusés, « deux machines à vapeur furent installées », différentes couches de houille furent suivies sur une étendue de près de 1 kilomètre et on en tira par jour jusqu'à 1,200 hectolitres[1]. « Le prix de revient ne dépassait pas », parait-il, « 70 centimes par hectolitre. »

Mais la famille de Mailly, qui avait déjà cédé une partie de son terrain à Mme veuve Farran, d'Angers, vendit la concession, le 11 février 1824, pour « le prix de 570,000 francs », à la Compagnie Girard, qui en confia la direction à « M. Évain, général du génie. Le capital fut peu à peu élevé à 2 millions; mais cette société ne sut pas marcher sur les traces de sa devancière. Malheureusement l'ingénieur Mathieu n'était plus là et les travaux, conduits sans entente, ne donnèrent que peu de résultats. La Société, après avoir dépensé des sommes importantes, fut obligée de liquider. » MM. Évain, Lachaise et Adolphe Farbe, liquidateurs[2] [la vendirent, le 28 décembre 1830, à M. Louis Gallois.

Le 6 avril 1832, Mlle Aurélie Meusnier acquit les mines pour 5,000 francs, les maisons et terres pour 15,000 francs; elle revendit le tout pour 18,000 fr., le 29 octobre 1832, à M. Alexis Lambert, entrepreneur du desséchement des marais de la Dive, savoir : les mines, terrains et outils en dépendant 3,000 francs, la maison de Bellevue et terres, 15,000 francs.]

L'acquéreur « confia l'exploitation à un ancien chef mineur de la Compagnie Évain nommé Pierre Lemonnier. Ce dernier organisa deux centres d'extraction : l'un à Beau-Soleil, l'autre à Saint-Nicolas », et releva les travaux. « Grâce à l'habileté de son employé, M. Lambert s'enrichit et vendit la concession, le 21 avril 1838, pour la somme de 300,000 francs à la Compagnie Jules Chagot. »

Celle-ci, montée au capital de 1,150,000 francs, tomba dans les mêmes fautes que la Compagnie Girard, Évain, etc., perdit 900,000 francs et liquida en 1843.

---

[1] BROSSARD DE CORBIGNY, *Annuaire de l'Institut des provinces*, 1871, 2e série. 13e volume (XXIIIe de la collection), page 261, et notes de M. de Grossouvre. M. Couffon, notes, dit : 400 hectolitres.

[2] Les parties de texte empruntées au manuscrit Cacarrié sont entre crochets.

La concession fut acquise par M. Fourchon, qui ne l'exploita jamais, mais qui présenta cependant, le 15 juillet 1844 [une demande en extension de concession, pour laquelle il se trouvait en concurrence avec les concessionnaires de Saint-Germain-des-Prés, qui avaient aussi demandé une extension de limites. Une ordonnance royale du 29 juillet 1846 a modifié les limites de la concession de Montjean qui restent fixées ainsi qu'il suit :

Au N. O., pour la limite sud-est de la concession de Montrelais, à partir du point A, clocher d'Ingrande, jusqu'au point K, où elle rencontre une ligne droite allant de la croix Boullet à la Parque, point F du plan;

Au nord, par la portion de ladite ligne droite comprise entre les points A et F, jusqu'au point M, où elle coupe une droite, passant par le clocher de Saint-Germain-des-Prés et la maison la plus sud du village, Île de Chalonnes, point I du plan;

A l'est, par la portion de ladite ligne droite comprise entre les points M et I;

Au sud, par une droite menée dudit point I à la Presse Gohard, point S du plan, puis dudit point S au moulin Salverte, point C, et enfin une troisième droite menée dudit point C à la maison du Grand-Marais et prolongée jusqu'à sa rencontre en B avec la droite menée de la Sacerie au clocher d'Ingrande;

Lesdites limites renfermant une étendue superficielle de dix kilomètres carrés soixante-quatorze hectares, portant sur la commune de Montjean.]

Pendant onze ans, la mine resta inexploitée. Le 11 octobre 1853, le propriétaire céda la concession à « M. Heusschen père, qui reprit immédiatement les travaux.

Deux puits furent creusés : l'un dit *de la Loire*, de 1854 à 1858, à 100 mètres de profondeur; l'autre, dit *du Village*, dans le bourg même, à une profondeur de 110 mètres. »

M. Heusschen père conserva ces mines jusqu'en 1886, après quoi elles sont devenues la propriété de M. Chevalier, puis de M. Mackiels [1].

Une dizaine de couches exploitables ont été reconnues à Montjean. Nous allons indiquer comment elles sont placées, du sud au nord.

Le sous-étage du culm supérieur, dans lequel se trouve le charbon, est ici immédiatement superposé au culm inférieur, qui s'étend largement

[1] Note de M. de Grossouvre.

dans la plaine, au sud de la montagne de Montjean. Il y a souvent une teinte rougeâtre et renferme des fossiles végétaux.

La montagne de Montjean est entièrement formée par le terrain houiller productif culm supérieur. Sa base est un poudingue ou un grès grossier de 5o mètres environ d'épaisseur.

[En se dirigeant vers le nord, on rencontre d'abord des veinules sans suite, mais qui ont fourni quelques amas importants. L'un d'eux avait 3 mètres de puissance.

Parmi ces veinules sont comptées les couches du Moine, de Grande et Petite Bellevue, qui ont peut-être été confondues; leur puissance était de 1 mètre à 1 m. 5o. Elles ont donné du charbon de forge. Des bancs de grès de 3o mètres d'épaisseur les séparent de la veine de la Cuisine. Au-dessus, vient une alternance de 55 mètres de grès et de schistes supportant la couche de Sainte-Anne. Celle-ci se compose de deux veines embranchées, ayant ensemble une puissance moyenne de 1 à 2 mètres. Elle a aussi donné du charbon de forge.

Au toit se trouve une épaisseur de 7o mètres de pierre carrée contenant des filets de grès noir fin et de schistes noirs qui la séparent de la veine du Gros-Chêne. Celle-ci a une puissance de o m. 3o à o m. 5o. Elle n'a été l'objet que d'exploitations peu importantes. Elle a aussi au toit un banc de pierre carrée de 12 mètres.

Au-dessus est le système des trois veines du Pavillon, qui se réunissent quelquefois en une seule. Leur puissance varie de 2 mètres à 8 mètres. Ce sont les plus importantes de cette région, et celles sur lesquelles ont été ouverts le plus de puits. Elles paraissent s'étendre jusqu'au delà de la butte de la Garenne, à l'ouest de la concession de Montjean. En ce point les couches forment un crochet en se dirigeant vers Ingrande. Les veines du Pavillon donnaient du charbon pour la fabrication de la chaux. Au-dessus d'elles, 8o mètres de grès avec des filets de schistes et 3o mètres de pierre carrée supportent les veines du Cassis, au nombre de deux, ayant une puissance de o m. 45 à o m. 6o et séparées par un banc de pierre carrée de 7 à 8 mètres. Ces veines sont recouvertes par 1o mètres de grès et 2o mètres de pierre carrée. Puis vient la couche du Dôme, de o m. 8o de puissance, ayant au toit une couche de pierre carrée de 34 mètres d'épaisseur. Au-dessus se trouve un banc de poudingue quartzeux de 1 m. 5o et des veines de grès qui forment le mur des veines du Vallon, divisées en filon Sud de o m. 3o à o m. 5o de puissance, et filon Nord, de 1 mètre à 3 mètres. Enfin, le terrain est terminé par une masse de grès dans laquelle est enclavée la veine de l'Aumônerie.

L'inclinaison générale est vers le nord, sous un angle de 4o degrés à 7o degrés. Le même pendage a été reconnu sur la rive droite de la Loire, à la Corvée. Dans les puits foncés, à la limite nord du bassin, les affleurements inclinent vers le sud; mais c'est dans un terrain bouleversé, dans le voisinage des porphyres, et aucun d'eux n'a été poussé à une grande profondeur.

Les couches entre Montjean et la Corvée ont une direction assez régulière, bien que sujette aux rétrécissements et aux contournements observés dans toutes les parties du bassin. Les sondages exécutés dans l'île de Montjean, à travers les alluvions, ont démontré ce fait. Ce n'est qu'à l'extrémité ouest, dans le crochet que fait le terrain à la butte de la Garenne, et à l'extrémité est, au voisinage des porphyres, que les couches deviennent décidément irrégulières et inexploitables].

De très nombreux puits, une cinquantaine peut-être, ont été ouverts sur le territoire de Montjean. Il ne serait probablement pas possible d'en donner la liste complète, et une série de noms aurait peu d'intérêt.

Je mentionnerai cependant les suivants, en observant autant que possible, du sud au nord, l'ordre des couches sur lesquelles ils ont été ouverts. Je prends ces renseignements particulièrement dans le manuscrit de Cacarrié.

Un puits avait été ouvert sur la couche du Moine. On n'a pas de renseignements particuliers sur cette couche [qui paraît avoir été confondue avec les autres couches du midi. On sait qu'elle a eu jusqu'à 3 mètres de puissance. Elle donnait du charbon de forge, comme les autres veines du Midi.

Sur la veine de la Cuisine se trouvaient les anciens *puits de la Cuisine* et *du Colombier*, creusés par les moines.

Le *puits du Cerisier*, à l'extrémité est de la concession, a été commencé en 1813 par M. de Montjean sur cette couche, et foncé par lui jusqu'à 56 mètres; il a été, en 1817, jusqu'à 90 mètres. Il communiquait avec les travaux de Sainte-Anne].

Plus à l'ouest se trouvaient les puits nommés *le Grand* et *le Petit Bellevue*, qui communiquaient entre eux par une galerie et étaient destinés à l'exploitation des veines du Midi. [Ils furent abandonnés en 1814. On fonça alors, à l'ouest, un puits dit *du Sud*, sur les mêmes veines. Il fut suspendu en

1820, à 80 mètres, et repris, puis abandonné en 1821. Les couches qu'il servait à exploiter étaient irrégulières et pauvres; elles paraissent être le prolongement des veines de la Cuisine et du Moine.

Sur la veine Sainte-Anne se trouvaient les *puits Babet* et *Sainte-Barbe*, creusés par les Flamands; ce dernier fut repris en 1806. Les travaux qui en dépendent ont un développement d'environ 160 mètres.

En 1808, on a commencé les travaux de Sainte-Anne; le puits avait 66 mètres de profondeur. Au-dessous, on a encore exploité par bures jusqu'à 60 mètres plus bas. Les travaux ont communiqué vers l'ouest avec ceux de la Grande-Bellevue; à l'est, leur développement a dépassé 235 mètres; ils ont même pénétré sous la Loire.

Le puits de Bellevue avait 115 mètres de profondeur et communiquait avec le *puits Sainte-Anne* au niveau de 60 mètres. Un incendie ayant consumé une partie de la veine Sainte-Anne en 1810, le terrain s'éboula et livra passage aux eaux, qui vinrent inonder successivement les travaux de Sainte-Anne et de Bellevue et forcèrent à les abandonner en 1814.]

Sur le prolongement de cette veine, à l'ouest de la Garenne, se trouvent deux puits; l'un vertical, dit *Saint-Louis*, l'autre suivant l'inclinaison, dit *Recherches de Saint-Louis*. Ils ont été abandonnés en 1818. Plus à l'ouest encore était le *petit puits Saint-Charles*, creusé de 1834 à 1838.

[Sur la veine du Gros-Chêne, le *puits du Gros-Chêne*, commencé en 1762, avait 80 mètres de profondeur.] Il fut repris en 1810. [Il communiquait avec les travaux du Pavillon. Le *puits de Forge*, creusé par les Flamands, doit être placé sur la veine du Gros-Chêne.

Les veines du Pavillon ont été l'objet des travaux les plus importants de la concession de Montjean. Outre plusieurs petits puits, M. de Gohin avait fait ouvrir, vers 1760, le *puits du Pavillon*, à l'est de Montjean. Ce puits avait 30 mètres de profondeur et avait été foncé jusqu'à 100 mètres par M. de Montjean. En 1814 et 1815, des voies d'eau considérables s'étant manifestées dans les travaux du puits du Gros-Chêne, qui servait à l'exploitation des veines du Pavillon, le puits du Pavillon, placé à 170 mètres à l'est du Gros-Chêne, fut poussé jusqu'à 216 mètres. On ouvrit en même temps le *puits de la Tranchée*, situé à 135 mètres à l'est du Gros-Chêne. Ce puits, que M. de Montjean avait foncé jusqu'à 106 mètres, fut approfondi jusqu'à 170 mètres par la Compagnie Girard. Le développement total des travaux de ces puits est de 900 mètres environ; ils ont dépassé vers l'est la rive de la Loire de

350 mètres et ont pénétré jusqu'à la Vacherie, sous l'île de Montjean. Tous ces ouvrages ont été abandonnés en 1828.

Sur les mêmes veines, le *puits du Prieuré* a été commencé en 1828, à l'ouest du bourg. Sa profondeur était de 33 mètres, avec 33 mètres d'exploitation par bure. Le développement des travaux a été de 50 mètres seulement vers l'ouest. Ce puits communiquait par une voie de 260 mètres de long avec le *puits de Beau-Soleil,* qui avait été ouvert par les Flamands avant la Révolution, et dont la profondeur atteignit 75 mètres sous l'administration de M. Lambert. Ces travaux furent abandonnés en 1836.

Plus à l'ouest, le *puits de la Garenne* paraît être aussi sur les veines du Pavillon. Ce puits, commencé par les Flamands avant la Révolution et laissé par eux à 66 mètres, fut continué en 1828 jusqu'à 112 mètres. L'abondance des eaux empêchant d'approfondir ce puits, on y a foncé, depuis 1838, un bure pour l'exploitation de la partie inférieure du gîte.

La profondeur totale des travaux a été de 131 mètres, leur développement de 220 mètres environ, presque en entier à l'entrée du puits. Les couches forment autour de la butte de la Garenne un double crochet de direction, et c'est précisément dans ce repli que se trouve placée l'exploitation. L'abandon de ce puits a eu lieu en 1843; il a été déterminé par l'abondance des eaux, qui n'a pas permis de percer un crain horizontal auquel était arrêté le bure par lequel se faisait l'exploitation depuis 1838.

Plus à l'ouest sont différents puits dont la position est mal déterminée, mais qui doivent être sur les mêmes couches. Le *puits Arthur,* commencé avant 1830, a été repris en 1843; on y a fait quelques petits travaux en se dirigeant vers l'ouest. Le *puits Nord,* ouvert en 1817 à 80 mètres au nord de Saint-Louis, avait 44 mètres de profondeur. A son extrémité se trouvait un coupement au nord de 12 mètres de longueur. L'irrégularité du terrain fit abandonner cette recherche en 1818.

Tout à fait à l'ouest, sur le prolongement des veines du Pavillon, le *puits Saint-Nicolas* avait été ouvert par les Flamands; il a été repris par M. Lambert et foncé de 38 mètres à 65 mètres; la Compagnie Chagot a porté la profondeur des travaux de ce puits à 120 mètres; leur développement a été de 100 mètres à l'est et de 200 mètres à l'ouest, où ils étaient en communication avec le *puits de l'Ouest.* Ils ont été abandonnés en 1842. Le puits de l'Ouest était un petit puits incliné, ouvert à 185 mètres à l'ouest de Saint-Nicolas; il communiquait avec le niveau de 45 mètres de ce puits.

Sur les veines plus au nord se trouvent sur les couches du même nom : le *puits du Cassis*, ouvert pendant la Révolution dans le coteau de Montjean, le *puits du Dôme*, commencé à la même époque et le *puits du Vallon*, antérieur à 1760, dont la profondeur était de 100 mètres avec une bure de 80 mètres.

A 140 mètres du puits du Vallon est placé le *puits Robert*, dont les travaux ont eu un développement de près de 300 mètres.

Sur la veine du Vallon, M. Lambert a continué le foncement du *puits des Marronniers*, qu'on croit avoir été commencé par les Flamands. Ce puits, dont la profondeur est de 65 mètres, est au nord de Beausoleil. Il n'a jamais servi à une exploitation. On y a fait au sud un coupement de 35 mètres de long à travers un banc de grès très dur.

En 1844, on a enlevé un amas considérable voisin de ce puits; mais, le massif étant très rapproché de la surface, l'extraction s'est faite au moyen d'un treuil, par un petit puits.

Les anciens puits *des cours du Château, du Verger, de l'Enclos du Prieuré, du moulin Chenot* sont sur la veine du Dôme.

Depuis l'abandon du puits de la Garenne, on a enlevé un peu de charbon sur la tête du gîte dépouillé par le Cerisier, et au puits Arthur; mais tous ces petits travaux n'ont eu pour but que d'occuper pendant l'hiver les ouvriers employés au sondage pendant l'été. En effet, les travaux importants et d'avenir pour la mine de Montjean étaient ceux de recherches à l'effet de découvrir la position et l'allure des couches au-dessous des alluvions de la Loire. De nombreux sondages ont été faits depuis 1845 dans l'île de Montjean]. Ils ont montré que les couches de la rive gauche se dirigent obliquement dans la vallée de la Loire vers la Corvée, et que la composition du terrain est identique à celle de cette rive. Il suffit donc, pour foncer un puits, de déterminer un emplacement convenable, c'est-à-dire une roche compacte et solide, pouvant servir de base au cuvelage par lequel on rattachera au terrain solide un tube de tôle enfoncé dans les sables.

En 1873, il y avait, d'après M. Brossard de Corbigny[1], deux points d'exploitation ouverts : Le principal, *puits de la Loire*, avait 200 mètres de profondeur et exploitait les veines Cassis. Le second : *puits du village*, situé plus à l'ouest, était plus voisin des anciens travaux et ne comportait guère que des

_____

[1] *Annuaire de l'Institut des provinces*, congrès de 1871, à Angers, 1873, p. 262.

IMPRIMERIE NATIONALE.

recherches. On préparait l'épuisement d'une autre région à l'est du puits de la Loire et déjà en partie exploitée par les Flamands.

Aujourd'hui, les mines de Montjean ne sont plus en activité.

L'abondance de la pierre carrée dans cette concession y rend peut-être l'exploitation coûteuse; mais assurément le charbon ne fait pas défaut; car très peu de puits ont été poussés à 200 mètres, et les 4/5 au moins de la concession situés dans la vallée de la Loire et sous le lit du fleuve sont loin d'avoir été explorés comme la colline de Montjean.

6. Concession de Saint-Germain-des-Prés (Maine-et-Loire).

La portion de terrain située sur la rive droite de la Loire, à l'ouest de Saint-Georges, a été l'objet d'une demande de concession faite le 27 juillet 1838 par MM. Claude-François-Camille Oudot et Jean-Baptiste Faligan, alors concessionnaires de Saint-Georges-sur-Loire.

Cette demande leur fut accordée par une ordonnance royale du 23 mai 1841, qui limite la concession dite de Saint-Germain-des-Prés ainsi qu'il suit :

Au nord, une ligne droite, menée du clocher de Saint-Germain-des-Prés à Chantepie (angle S.O. du bâtiment le plus à l'ouest); puis une seconde ligne droite menée de ce dernier point sur la Chétarderie (angle N.O.), et prolongée jusqu'à sa rencontre avec la ligne droite tirée du clocher de Saint-Georges-sur-Loire sur la Grande-Guibrette.

A l'est, la portion de cette dernière droite comprise entre le point de rencontre avec la ligne prolongée passant par Chantepie et par la Chétarderie et la Grande-Guibrette.

Au sud, d'abord une petite droite tirée de la Grande-Guibrette (angle S.E.) sur le bâtiment de la Basse-Guibrette le plus au sud (angle sud); ensuite la rive droite de la Loire, depuis la Basse-Guibrette jusqu'au point où la rive est rencontrée par la droite tirée de la Basse-Guibrette à la Sauvetrie; puis la portion de cette ligne droite comprise entre le point d'intersection ci-dessus et celui où elle est recoupée par la droite menée du clocher de Saint-Germain à la maison de Varennes le plus à l'ouest.

Enfin à l'ouest, cette dernière droite depuis Varennes jusqu'à Saint-Germain-des-Prés. Lesdites limites renfermant une étendue superficielle de 10 kilomètres carrés 47 hectares.

« Le siège de la concession était à Saint-Germain. »

[Les premiers travaux de la concession de Saint-Germain-des-Prés ont été exécutés dans la partie nord de la concession où le terrain anthraxifère est à découvert, ou, du moins, se trouve à une petite profondeur au-dessous des sables.

Les petits puits *de Verrières, de la Missonière, des Grandes-Rivettes,* n'ont fait que démontrer la stérilité de cette région, et la nécessité de s'établir dans la partie centrale du bassin. Dans ce but des sondages ont été faits, en 1841, à la Corvée, près de la rive droite de la Loire, sur le prolongement présumé des couches de Montjean. Ces sondages ont amené la découverte de trois couches exploitables; mais, en ce point, l'épaisseur des alluvions est de 16 mètres.

Ne pouvant employer le procédé breveté de MM. de Las Cazes et Triger[1], les concessionnaires ont été obligés de chercher un autre moyen de traverser les alluvions. Dans ce but, on a essayé de construire une tour en maçonnerie s'enfonçant dans les sables par son propre poids, à mesure qu'on la construirait à la partie supérieure. D'abord ce moyen semblait devoir réussir, et la tour descendit jusqu'à 10 mètres; mais à cette profondeur elle refusa de descendre; on la chargea inutilement de poids considérables; la tour, bien que vide de sable intérieurement, resta suspendue par le frottement exercé sur la surface extérieure. On introduit alors un tube en tôle d'un diamètre un peu moindre, et ce tube fut rendu à coups de mouton jusqu'au terrain solide. Après bien des tentatives inutiles, on est arrivé à raccorder ce tube au terrain solide par le moyen suivant. On a creusé avec la sonde, dans le rocher, jusqu'à 3 mètres au-dessous du bas du tube, on a coulé dans le puits de 5 à 6 mètres du mortier hydraulique, et l'on a enfoncé alors un second tube en tôle à travers ce béton jusqu'au fond de l'excavation. Le mortier compris entre ce tube et le rocher, ou entre ce tube et le premier, qui termine la tour, a formé en durcissant une masse imperméable, devant provisoirement interrompre la communication entre les sables aquifères et le puits. Lorsque le mortier a été suffisamment dur, on a vidé l'eau du puits et, en enlevant avec précaution le mortier dans l'intérieur du tube, on est parvenu jusqu'au terrain solide; on a entamé alors le rocher au pic et ciseau, de manière à pouvoir placer une trousse destinée à lier définitivement le bas du dernier tube en tôle

---

[1] Travail dans l'air comprimé, imaginé par M. Triger, et employé maintenant pour la traversée du Métropolitain sous la Seine.

et le rocher. Cette trousse posée, on a continué le foncement du puits à l'ordinaire]..... [L'expérience de ce tube démontre qu'à l'avenir on traversera facilement les alluvions en enfonçant de suite un tube en tôle dans les sables jusqu'au terrain solide, en vidant ce tube, et pratiquant dans le rocher, au moyen de la sonde, une excavation dans laquelle on coulera du mortier hydraulique. Ce mortier forme un terrain imperméable artificiel, dans lequel on fera pénétrer le tube; on terminera ce travail comme on l'a fait au *puits de la Corvée.*]

Les concessionnaires, convaincus qu'ils étaient sur le prolongement des couches de Montjean, et que la partie la plus riche du terrain était sous les alluvions et les îles de la Loire [formèrent, le 25 mai 1843, une demande en extension de concession, qui fut enregistrée à la Préfecture de Maine-et-Loire le 13 juin, et dont le Préfet ordonna l'affichage le 26 juin de cette même année [1]. Le 15 juillet 1844, le propriétaire de la concession de Montjean présentait une demande d'extension en concurrence, pour une grande partie du terrain auquel prétendaient les concessionnaires de Saint-Germain-des-Prés.

Les deux affaires ayant été instruites simultanément, une ordonnance, en date du 29 mai 1846, accorda une extension de limites de 2 kilomètres carrés 67 hectares.

Cette extension, réunie à la concession de Saint-Germain-des-Prés, forma avec elle une concession unique sous le même nom de *Concession de Saint-Germain-des-Prés,* limitée ainsi qu'il suit :

Au nord, par une ligne droite de Saint-Germain-des-Prés (point E du plan) à Chantepie (point F).

Au N. E., par une ligne droite passant par Chantepie et la Chétardière, prolongée jusqu'au point A, où elle est rencontrée par une droite tirée du coteau de Saint-Georges à la Grande-Guibrette.

Au S. E., par la droite tirée du clocher de Saint-Georges-sur-Loire à la Grande-Guibrette, depuis le point A jusqu'à la Grande-Guibrette, point G, et au delà par la limite ouest de la concession de Désert jusqu'au point B, angle S. O. de cette concession.

Au sud, par une droite tirée du point B au point I, maison la plus au sud du village de l'île de Chalonnes.

---

[1] Pièces justificatives, n° XVIII.

A l'ouest, par une ligne droite, tirée dudit point I sur le clocher de Saint-Germain-des-Prés, mais en l'arrêtant au point M, où elle rencontre le prolongement d'une ligne allant de la Parque à la Basse-Varennes, puis par la portion dudit prolongement comprise entre ledit point M et la Basse-Varennes, point N, et enfin par la droite passant par ledit point N et le clocher de Saint-Germain-des-Prés, point de départ.

Lesdites limites renferment une étendue superficielle de 9 kilomètres carrés 14 hectares.]

Le puits de la Corvée, dont nous avons exposé le mode de foncement fut creusé jusqu'à 40 mètres; mais les ouvrages n'étaient pas assez solides pour résister à la pression des eaux, et, après avoir combattu les infiltrations par tous les moyens, on fut obligé d'abandonner le puits en 1850.

« De 1840 à 1852, un demi-million fut dépensé en travaux à la Rote-au-Loup et surtout à la Corvée, dont le puits est aujourd'hui comblé.

Par décret du 20 août 1864, cette concession a été réunie à celles de Désert et de Layon-et-Loire ».

Elles appartiennent toutes à la société formée par M. de Las Cazes et sont comprises sous le nom de Mines de Chalonnes. Cette société a fait faire, de 1865 à 1869, une série de sondages destinés à préparer l'emplacement d'un nouveau puits, qui serait foncé par le système Triger; mais les résultats n'ont pas paru suffisamment favorables pour motiver des travaux d'exploitation.

7. Concession de Saint-Georges-sur-Loire (Maine-et-Loire).

Les différentes portions du terrain carbonifère au nord et au sud des anciennes concessions ont été l'objet de quatre concessions plus récentes, de sorte que la totalité du bassin est aujourd'hui concédée. La concession de Saint-Georges-sur-Loire, de même que celle de Saint-Germain-des-Prés, fait partie de ces concessions qu'on pourrait appeler complémentaires.

Les premières recherches ont été faites en 1826, d'autres en 1827, sur des affleurements trouvés dans un fossé, à l'ouest du jardin de la maison de la Route-au-Loup d'après Cacarrié, de la Rote-aux-Loups d'après la carte de l'État-Major. Ces recherches [ayant démontré l'existence du terrain houiller sur la rive droite de la Loire, des demandes de concessions furent faites, le 10 juillet 1827, par une compagnie Lebreton et, le 4 décembre 1827, par M. de Monti, propriétaire de quelques terrains dans la localité. Le 17 juin

1829[1] fut rendue une ordonnance instituant la concession de Saint-Georges-sur-Loire en faveur des sieurs Lebreton, Lefebvre, Besset, Clémenceau et Danot. Cette concession, d'une étendue superficielle de 11 kilom. carrés 50, est limitée ainsi qu'il suit :

1° A l'ouest, par une ligne droite partant de la rive droite de la Loire, au coin de la Grande-Guibrette (point S du plan), et dirigée sur le moulin de Coutance (point T du plan);

2° Au nord, à partir du point T, une série de lignes droites sur le moulin Bachelot (point A du plan); de ce point A sur le moulin de Beaupréau, cette dernière seulement jusqu'à sa rencontre avec la ligne tirée du moulin de Chevigné au Moulin-Neuf (point G du plan) auquel il sera planté une borne;

3° A l'est, par la ligne tirée du moulin de Chevigné au Moulin-Neuf, à partir du point d'intersection G ci-dessus et en prolongeant cette ligne vers le Sud, jusqu'à sa rencontre avec la rive droite de la Loire au point H, où il sera planté une autre borne;

4° Au sud, par la rive droite de la Loire, depuis le point H jusqu'en S, au coin de la Grande Guibrette, point de départ.]

Cette concession s'étend sur les communes de Saint-Georges-sur-Loire et de la Possonnière.

Un puits fut foncé, en février 1828, au sud du jardin de la Rote-au-Loup où l'on avait trouvé l'affleurement. Le puits fut creusé à 72 mètres et l'on fit un coupement de 80 mètres au sud. A 12 mètres du puits on trouva une veinule. Lorsque les travaux furent abandonnés, la couche se rétrécissait par rapprochement du toit et du mur.

En avril 1829 on fonça dans une veinule le petit puits dit *du Cassoir,* qui fut abandonné en octobre de la même année.

Au mois de mars 1829, on fonça un petit puits de recherches dit *de la Mazière.* L'inclinaison du terrain était vers le nord; mais à 20 mètres elle revint au Sud. On creusa le puits jusqu'à 36 mètres. A 24 mètres un coupement de 26 mètres au Sud rencontra une veine, qui se maintint pendant tous ces travaux. Ils furent abandonnés en 1830; mais en mai 1835 on revint à cette couche, et on ouvrit un puits d'extraction, qui atteignit 98 mètres de profondeur. A 65 mètres on trouva une veinule de charbon. A 94 mètres on ouvrit deux coupements, l'un au sud, qui atteignit à 45 mètres la veinule traversée

[1] *Annuaire de l'Institut des provinces,* 2ᵉ sér., 13ᵉ vol. (XXIIIᵉ de la collection, 1871, p. 271).

par le puits; sa puissance était insignifiante; l'autre, au nord, pour tâcher de retrouver la couche du *petit puits de la Mazière.*

[Le *grand puits de la Mazière* a été abandonné en 1841.

En 1832 un bel affleurement avait été découvert à l'Arche-d'Embord; on suivit sa direction par différentes tranchées, et il fut retrouvé près de l'arche de la Rote-au-Loup. En septembre 1832 on fonça, dans le fossé près de l'arche, un puits de recherche qui coupa la couche]. Elle avait de 0 m. 40 à 0 m. 85. Cette recherche détermina le foncement d'un puits d'extraction, qui fut cuvelé en briques sur une hauteur de 7 mètres pour se débarrasser des infiltrations d'eau à travers les sables. A la profondeur de 26 mètres on rencontra [une veinule de 0 m. 40 de très bon charbon carré. A 37 mètres on trouva une seconde veinule de 0 m. 43]... [La profondeur totale du puits atteignit 109 mètres. Au niveau de 68 mètres, un coupement au sud de 4 à 5 mètres de longueur rencontra une petite couche, dite *veine du Sud,* qui fut bientôt perdue. A 104 mètres deux coupements furent ouverts. Le premier, au sud, retrouva la veine déjà reconnue à 68 mètres. On y entra en galerie et y creusa un bure de 30 mètres. Ce travail fut abandonné après avoir fourni une centaine d'hectolitres de très bon charbon. Le second coupement, vers le nord, a été poussé jusqu'à la distance de 154 mètres à la rencontre de la première couche attaquée dans la concession. Le puits de l'Arche a été abandonné en 1839.

Au mois de juillet 1834, un nouveau puits, dit *de l'Oseraie,* fut ouvert au sud d'un affleurement connu. A 15 mètres environ de profondeur] on y a trouvé une couche de 0 m. 15 environ de puissance; mais un coupement poussé au Nord n'a pas rencontré la couche indiquée par les affleurements. [Ce puits de recherches fut abandonné en 1837. Un petit puits, dit *de la Loge,* fut creusé en février 1837, pour étudier diverses veines dont les affleurements avaient été découverts par des tranchées, à 150 mètres environ au nord de la veine de la Mazière.] On ne rencontra qu'une veine plateuse de 0 m. 30 de puissance, qu'on perdit bientôt. Elle était [interrompue des deux côtés par des crains].

Le mauvais succès de ces travaux montrait aux concessionnaires que c'était [vers le sud seulement qu'il y avait lieu d'espérer de rencontrer des couches puissantes]. [Des tranchées commencées en septembre 1833, partant de l'arche de la Rote-au-Loup et suivant le fossé à l'est du chemin qui conduit au Port-Girault, avaient coupé divers affleurements à 32 mètres, 35 mètres,

42 mètres, 79 mètres et 215 mètres du point de départ; en 1834 ces tranchées, prolongées vers le sud, n'atteignirent pas le terrain solide, qui était recouvert par 4 à 5 mètres de sable et même plus en se rapprochant de la Loire.

D'après des sondages qui furent faits pour suppléer aux tranchées, un puits de recherches fut creusé au Port-Girault au mois de mars 1835, et un puits d'extraction fut commencé au même lieu en février 1836. Ce puits, dont la profondeur était de 32 mètres, a rencontré une couche de bon charbon de forge d'environ 0 m. 20 de puissance; on y est entré en galerie, et on en a retiré 400 à 500 hectolitres de charbon. La puissance de la couche étant trop faible pour couvrir les dépenses, malgré la bonne qualité du combustible, le *puits du Port-Girault* a été abandonné en 1845[1].]

[La concession de Saint-Georges a été vendue par suite de la liquidation de la Compagnie et achetée, en 1843, par MM. Oudot et Faligan, qui étaient déjà actionnaires de cette mine] et qui avaient obtenu, en 1841, la concession de Saint-Germain-des-Prés.

[Neuf sondages exécutés plus au sud, en 1845 et 1846, ont fait reconnaître deux couches qui paraissent être celles des Trois-Filons et du Vouzeau. Un puits, dit *de la Persévérance,* a été commencé en avril 1846, sur l'avalpendage des couches reconnues par des sondages. A 14 mètres on a traversé la couche, dont le mur n'a été atteint qu'à 17 mètres. Le foncement du puits a continué pour rejoindre la couche, par un coupement, à une profondeur convenable. Mais, en 1848, tous les travaux furent arrêtés]. Il paraît, d'après les pièces officielles, que dans aucune des couches rencontrées, l'épaisseur du charbon ne dépassait 0 m. 40; mais qu'il était de bonne qualité.

La concession de Saint-Georges-sur-Loire appartient actuellement à la Société houillère des mines de Chalonnes. Cette société, « par une pétition en date du 26 juin 1905, a demandé une réduction du périmètre de cette con-

---

[1] En octobre 1905 j'ai visité les puits du Port-Girault, qui avaient autrefois été explorés par Ad. Brongniart au point de vue des fossiles. Je n'ai vu que leur emplacement; car des puits eux-mêmes il n'y a plus la moindre trace; mais j'ai pu avoir quelques détails précis en interrogeant des gens âgés du pays. Le puits de recherches était exactement dans l'angle ouest formé par la rive nord de la Loire avec la route de Saint-Georges-sur-Loire à Chalonnes, tout près et à l'ouest du pont actuel. Les pierres qui en avaient été extraites ont été employées dans une bâtisse, il y a peu de temps. Le puits d'extraction était à 100 mètres au N.-O. du précédent, au point où on a planté un noyer.

cession[1] ». J'ai vu, en octobre 1905, un puits qu'elle faisait creuser au village de la Villette, à 4 kilomètres S.-O. de Saint-Georges, sur le bord d'une large boire. Ce puits était foncé dans le porphyrite andésitique qui, dans cette région, s'étend au sud du terrain silurien, étage gothlandien. Cette roche, très dure, s'avance sous une partie de la Loire; dans l'île, de l'autre côté, les sondages avaient fait constater le terrain houiller, qu'on se proposait d'atteindre par des coupements. Ce puits, revêtu d'un briquage dans le haut, pour le mettre à l'abri des crues de la Loire, n'avait encore que 14 à 15 mètres de profondeur.

8. Concession de Désert (Maine-et-Loire).

[Le terrain anthracifère paraissant à découvert sur les deux rives de la Loire, on a toujours admis qu'il y avait continuité d'un bord à l'autre et que les couches reconnues dans la concession de Layon-et-Loire passaient sous le lit et les îles de la rivière; mais les difficultés que présentait l'exploitation au-dessous d'alluvions puissantes et d'une masse d'eau aussi considérable avaient empêché de tenter sérieusement d'atteindre le terrain anthracifère au-dessous des sables.]

Cependant, en 1838, coup sur coup, trois demandes de concessions pour les terrains situés dans la vallée et dans le lit du fleuve furent adressées à M. le Préfet de Maine-et-Loire :

Le 22 juillet par la Compagnie Ozon et de Tilly;

Le 30 juillet par MM. de Las Cazes et Triger;

« Le 1er août par MM. Contencin, Mars, Larivière, Freslon et Banès, membres du Conseil d'administration des mines de houille de Layon-et-Loire. » Ils faisaient valoir « que les recherches des précédents propriétaires de ces mines, et les travaux que les propriétaires actuels avaient fait exécuter en dernier lieu au puits Sainte-Barbe, situé dans sa concession, avaient montré que les couches de combustible exploitées se prolongent sous les îles de Rochefort, Chalonnes et Montjean[2] ». Ils se basaient aussi sur l'utilité qu'il y avait pour leurs exploitations à avoir du côté du Nord une limite plus régulière que la rivière sinueuse du Louet.

[1] Pièces justificatives, n° XIX.
[2] Manuscrit Couffon.

IMPRIMERIE NATIONALE.

Cependant les deux premières Compagnies [exécutaient des sondages en différents points, principalement à la Petite-Saulaye, vis-à-vis le Roc, au Petit-Ponceau. Ces sondages amenèrent la découverte des différentes couches de houille exploitées dans la concession de Layon-et-Loire].

Mais il fallait trouver un procédé qui permit de traverser les 20 mètres de sables aquifères qui forment le lit du fleuve, sans être entraîné à des épuisements d'eau impraticables. Ce fut à cette occasion que M. Triger, ingénieur habile en même temps que géologue distingué, inventa (1838) le procédé de l'air comprimé, entré depuis dans la pratique des grands chantiers pour l'exécutions des fondations d'ouvrages hydrauliques.

Voici la description que nous en donne Brossard de Corbigny[1] :

Le procédé Triger consiste à enfoncer dans le sol aquifère un tube de tôle d'une hauteur égale à l'épaisseur des alluvions surmonté d'une *chambre à air* ou sas, dans laquelle on refoule de l'air au moyen d'une pompe automatique. Si le *sas* est en communication avec le tube, les eaux sont refoulées jusqu'à la base de celui-ci, et les ouvriers, introduits d'abord dans le sas, puis dans le tube, par une manœuvre semblable à celle des écluses sur les canaux, peuvent travailler à sec, quoique bien au-dessous du niveau du fleuve, grâce à la compression de l'air. Ils peuvent ainsi dégarnir peu à peu la base du tube qui s'enfonce graduellement jusqu'à ce qu'il repose sur le terrain solide.

L'emploi de cette méthode est évidemment limité par le maximum de pression que l'homme peut supporter sans danger : on ne peut guère dépasser la profondeur de 25 à 30 mètres, qui correspond à 2 atmosphères 1/2 ou 3 atmosphères de pression. Jusqu'à cette limite les ouvriers n'éprouvent pas d'accidents graves, pourvu que le passage de l'air libre au tube, et surtout du tube à l'air libre, s'effectue lentement, par une manœuvre prudente des robinets qui font communiquer la chambre à air alternativement avec l'atmosphère et avec l'air comprimé dans le tube[2].

---

[1] Brossard de Corbigny, *Annuaire de l'Institut des provinces*, 2ᵉ sér., 13ᵉ vol., XXIIIᵉ de la collection, 1871. Angers, 1873, p. 265.

[2] M. Triger m'a raconté qu'il avait éprouvé lui-même les effets d'un passage trop brusque. Il venait de monter, pour sortir, du tube, dans le sas, lorsque par suite soit d'une fausse manœuvre, soit d'un accident arrivé à l'appareil, l'air extérieur se précipita tout à coup. Il éprouva une sensation de congestion et une vive douleur à la tête, surtout dans les oreilles, et il eut une surdité qui dura quelques jours.

Lorsque le tube est arrivé au rocher les procédés ordinaires de l'art des mines deviennent applicables, et on peut poursuivre sans autre entrave l'approfondissement du puits.

MM. de Las Cazes et Triger cherchèrent, au moyen de leurs sondes, un emplacement convenable et commencèrent le foncement de leurs puits le 15 août 1839.

Les sables d'alluvion furent traversés au moyen d'un tube en tôle de 1 m. 30 de diamètre; ce tube fut relié au terrain solide, le 3 mars 1841, par un cuvelage construit à l'aide de la boîte à air comprimé.

D'après les études géologiques de M. Triger, ce puits, situé sur l'aval-pendage des couches, devait [couper successivement les couches des Trois-Filons, du Vouzeau et du Chêne; ces dernières à 70 mètres environ, et, enfin, les veines du Roc à 200 mètres de profondeur], toutes ces veines étant le prolongement de celles du même nom dans la concession de Layon-et-Loire.

[Le puits, après avoir traversé 20 m. 20 d'alluvions, coupa la veine des Trois-Filons à 22 m. 30, une veinule intermédiaire à 34 m. 10, les veines du Vouzeaux à 40 m. 90 et à 42 m. 10, et atteignit enfin, dans le courant de 1842, le système du puits du Chêne à la profondeur de 71 mètres.] Les prévisions de M. Triger étaient donc justifiées d'une manière éclatante. A cette époque, MM. Ozon et de Tilly, qui avaient essayé [de foncer un puits en enfonçant dans les sables une enceinte de palplanches jointives, au milieu de laquelle ils se proposaient de creuser lorsqu'ils auraient atteint le terrain solide], n'étaient arrivés à aucun résultat.

« Le 11 septembre 1842 fut rendue une ordonnance royale qui instituait la concession de Désert en faveur de MM. Triger, ingénieur, et Emmanuel-Pons-Dieudonné comte de Las Cases, sénateur. » Cette nouvelle concession était limitée ainsi qu'il suit :

[Au N. E., par une ligne droite allant du bâtiment est du Vanjuet au bâtiment Est du Froux, à partir de son intersection avec la rive gauche du Louet, jusqu'au point où elle coupe la rive droite de la Loire ;

Au Nord, par la rive droite de la Loire, jusqu'au point où elle est coupée par une ligne droite menée du bâtiment le plus au sud de la Grande-Guibrette au bâtiment central des deux villages réunis de Saint-Hervé et de la Basse-Île.

A l'ouest, par la portion de la rive droite allant de la Grande-Guibrette

10.

au centre des villages de Saint-Hervé et de la Basse-Ile qui se trouve comprise entre la rive droite de la Loire et le point où cette ligne est coupée par une ligne droite passant par les bâtiments nord du Grand-Ponceau et de la Loiterie.

Au Sud, enfin, par cette dernière ligne jusqu'au point où elle rencontre la rive gauche du Louet, et par ladite rive jusqu'au point où elle est coupée par la ligne droite allant du bâtiment est du Vaujuet au bâtiment est du Froux, point de départ.

Lesdites limites renferment une étendue superficielle de 11 kilomètres carrés 84 hectares.

Les concessionnaires étaient de plus obligés à payer à MM. de Tilly, Ozon et Cie, à titre d'indemnité pour la part qu'ils avaient prise à l'invention des gîtes houillers de la vallée de la Loire, une somme de 30,000 francs.]

[Au lieu de continuer à foncer verticalement le premier puits établi, on entra dans la couche en suivant son inclinaison] : le puits incliné fut poussé jusqu'à 95 mètres. Au bas de ce puits, un coupement au nord rencontra la veine sud du Chêne, en crain, et la veine nord à la distance de 35 mètres, [Plus tard ce coupement a été continué jusqu'au puits n° 2 ; il a traversé les veines du Vouzeau à 80 mètres et celle des Trois-Filons à près de 100 mètres du puits. On entra en voie dans la veine nord du Chêne à l'ouest], et au-dessous de la voie on retira [le charbon par un bure de 80 mètres de profondeur suivant l'inclinaison, d'abord au moyen d'un treuil, et puis au moyen d'une petite machine à air comprimé, jusqu'au niveau de 142 mètres. L'exploitation de cette veine a un développement de 520 mètres. Dans la voie de la veine nord on découvrit une veine intermédiaire s'embranchant sur celle-ci. On a aussi exploité cette veine sur une longueur d'environ 500 mètres. Par un coupement au sud on a rejoint la veine sud ; on a aussi exploité cette veine sur une longueur maximum de 300 mètres au niveau de 117 mètres.]

La veine du Vouzeau s'est montrée irrégulière. Vers l'ouest elle paraissait l'être moins ; mais comme ce travail donnait de l'eau, il a été abandonné et remblayé.

[Le puits n° 1, approfondi sous estau [1], a atteint les veines du Roc à la pro-

_____

[1] On appelle estau les masses ou piliers de charbon qu'on laisse pour prévenir les éboulements et empêcher le rapprochement du toit et du mur.

fondeur de 185 m. 75. En même temps, le puits n° 2, foncé par les mêmes moyens que le puits n° 1, à 145 mètres au nord, était mis en communication avec le coupement principal au niveau de 95 mètres.

L'estau étant enlevé, les communications d'aérage ont été établies dans les divers travaux, et la ventilation de la mine s'est opérée naturellement au moyen des deux puits. Jusqu'à l'établissement de cette communication, l'air était lancé dans la mine au moyen de pompes mues par une machine à vapeur, et c'était cet air qu'on utilisait pour la petite machine à air comprimé placée sur le grand bure de la veine du Nord. L'air lancé par les pompes circulait en place de vapeur, et, à son échappement, était dirigé aux divers chantiers à aérer.]

Les veines du Roc ont été aussi mises en exploitation.

[Un troisième puits a été foncé à 300 mètres plus au nord pour l'exploitation de la veine des Noulis, qui, dans la concession de Layon-et-Loire, a donné du charbon de forge et s'est montrée plus riche à l'ouest qu'à l'est.]

Dès 1843, les travaux avaient pris une telle extension que le 22 mai on dut y installer une troisième machine à vapeur.

En somme, dans la concession de Désert, cinq puits furent creusés :

Le puits n° 1, sur les veines du Bocage et du Roc ;

Le puits n° 2, sur les veines du Roc et du Chêne ;

Le puits n° 3, sur la couche des Noulys ;

Le puits n° 4, le plus riche de tous, permettait d'attaquer les filons du Vouzeau, du Chêne et du Roc ;

Le puits n° 5 était au sud et en regard du puits n° 4.

Mais il ne suffisait pas d'avoir traversé les eaux de la Loire pour atteindre le charbon : il fallait encore se garantir contre les infiltrations, qui devenaient de plus en plus abondantes aux puits n°s 1 et 2, communiquant ensemble, à mesure que l'exploitation prenait plus de développement. Elle avait, en effet, pour conséquence d'ouvrir dans les terrains supérieurs des fissures qui gagnaient la Loire et en soutiraient les eaux, malgré la sage précaution de réserver intact, au-dessous du sol, un massif de 100 mètres d'épaisseur. Le 25 janvier 1850 une source abondante fit soudainement irruption dans le niveau de 147 mètres du puits n° 1, le travail de la machine à vapeur était entièrement absorbé par les nécessités de l'épuisement.

On établit des pompes dans le puits n° 2 et pendant quelques années elles suffirent aux besoins.

Le 29 mars 1853, l'exploitation des mines de houille de Désert avait été confiée à une société dont l'administrateur était M. le comte Emmanuel de Las Cases. Cette compagnie n'avait pas tardé d'ailleurs à se fusionner avec les compagnies de Saint-Georges-Châtelaison, Saint-Lambert-du-Lattay, Chaude-fonds, sur une demande formulée au nom de ces compagnies le 12 décembre 1853 par leur administrateur[1]. Les affiches réglementaires[2] furent apposées par décision préfectorale du 15 mai 1854.

En 1856, une recrudescence des venues d'eau obligea d'installer une machine puissante et spéciale dans le puits n° 1 qui fut dès lors réservé à cet usage. Cette machine fut établie par M. Fagès, qui avait foncé les puits et fut directeur de la mine jusqu'en 1870. Elle n'existe plus aujourd'hui. C'« était[3] un des plus beaux spécimens de ce genre d'appareils. Elle appartenait au type dit de Cornouailles, à traction directe, le cylindre à vapeur étant vertical, renversé, et la tige du piston attelée directement sur celle des pompes. L'eau était élevée de la profondeur de 286 mètres par cinq jeux de pompes étagés et refoulant l'eau chacun d'environ 60 mètres. Le poids de tout l'attirail dépassait 100 tonnes : chaque coup de piston donnait au jour 9 hectolitres d'eau; le cylindre moteur avait 2 m. 40 de diamètre sur 3 m. 60 de course ; il avait été fondu au Creusot, tandis que le mécanisme avait été construit en Belgique, les chaudières à Paris et les tuyaux à Nantes. Cette dissémination du travail était commandée par l'urgence de pourvoir à l'installation de la machine qui, confiée à une seule maison, aurait demandé trop de temps. Cette pompe pouvait réaliser une force de 600 chevaux, mais son travail n'a guère atteint que celle de 300, correspondant à une extraction, en douze heures, de 17,000 hectolitres d'eau. Elle marchait depuis 1856 lorsque, le 3 décembre 1870, la maîtresse-tige se rompit entraînant par contre-coup la rupture du cylindre. Il était impossible, à cette époque, de remplacer ces pièces; d'ailleurs le temps manquait : le puits n° 2, parvenu à la profondeur excessive de 560 mètres, n'offrait plus que peu de ressources : on prit le parti d'abandonner les eaux à elles-mêmes » et on les laissa monter, pendant qu'on enlevait à la hâte ce qui restait d'exploitable dans les niveaux supérieurs.

[1] Notes Couffon.

[2] Pièces justificatives, n° XX.

[3] Brossard de Corbigny, loc. cit., p. 267.

La concession de Désert est située dans la partie la plus large du bassin. C'est la mieux placée pour l'écoulement de ses produits, composée, du reste, comme nous l'avons vu, de plusieurs anciennes concessions, elle a pris, en 1905, un développement nouveau, par la demande d'adjonction de mines de houille situées sur le territoire des communes de Saint-Aubin-de-Luigné, Rochefort et Beaulieu, arrondissement d'Angers. Cette demande fut faite par une pétition de M. Dupond (Claude-Léon-Georges), administrateur de la Société houillère de Chalonnes, Saint-Lambert et Saint-Georges réunis, autorisé à cet effet par l'assemblée générale des actionnaires en date du 10 mai 1905, et fut publiée par la préfecture d'Angers le 18 septembre 1905 [1].

Il est vrai que, d'un autre côté, la Société abandonnait la concession de Saint-Georges-Châtelaison, pour la renonciation de laquelle une demande était en même temps soumise à l'enquête.

9. Concession de Layon-et-Loire (Maine-et-Loire).

« L'extraction du charbon au pied des coteaux qui bordent la rive gauche de la Loire est très ancienne. Dès le XIIIᵉ siècle, chaque propriétaire exploitait le charbon qui affleurait sur son terrain. Les exploitations devinrent encore plus répandues à la suite de l'édit de Charles VI, en date du 30 mai 1413, portant : *A nous seul et par le tout, à cause de nos droits et majesté royaux, appartient la dixième partie des métaux et non à autre ;..... afin que les marchands et maîtres des tresfonds et des mines puissent ouvrer franchement..... sans être troublés ni empêchés en leurs ouvrages ; et travailler tout comme ils voudront en icelles mines ; voulons...... que tous mineurs et autres puissent quérir, ouvrer et chercher mines par tous les lieux où ils penseront en trouver et icelles traire et faire ouvrer payant à nous notre dixième franchement, et en faisant certification ou contenter à icelui, où à ceux à qui lesdites choses seront ou appartiendront, au dit de deux prudhommes* [2].

Henri IV favorisa cet essor en exemptant les mines de charbon du droit du dixième, exemption qu'il confirma d'ailleurs par un édit au mois de juin 1601. *pour gratifier ses bons sujets propriétaires des lieux.*

[1] Pièces justificatives, n° XXI.
[2] Notes Couffon.

A cette époque de privilèges un tel état de choses devait tôt ou tard exciter des convoitises; aussi le, 16 juillet 1689, Louis XIV accorda au duc de Montausier des lettres de concessions portant que ce dernier aurait la faculté *d'ouvrir et fouiller les mines de charbon qu'il découvriroit, de gré à gré des propriétaires et sans qu'il pût empêcher les propriétaires de continuer à faire travailler aux mines qui sont ouvertes.*

En 1692, la duchesse d'Uzès, fille unique du duc de Montausier, obtint la confirmation de ce privilège, et toujours avec les mêmes réserves. L'acte de confirmation et l'arrêt d'enregistrement portent que les propriétaires des mines en continueront la fouille, « *sans qu'ils puissent en être empêchés pour quelque cause que ce soit; que les mines seront exploitées par diverses personnes non associées, et que le débit du charbon sera entièrement libre sans pouvoir être mis en parti.* »

Ce privilège eut son principal retentissement en Anjou, et nous ne pouvons mieux faire que rapporter ici ce que nous apprend Poquet de la Livonnière dans ses arrêts célèbres pour la province d'Anjou :

« Madame d'Uzès ayant cédé ses droits à François Goupil, celui-ci vint en Anjou et fit une infinité de vexations contre les propriétaires des mines de charbon de terre ; à l'exemple des traitans, qui ne manquent guère d'étendre les intentions de Sa Majesté au delà des justes bornes. Il prétendit deux choses contraires à la concession :

La première, que toutes les mines ouvertes et les charbons tirés par les propriétaires lui appartenaient.

La seconde, qu'il avait seul la faculté d'ouvrir de nouvelles mines et d'en débiter le charbon, même à l'exclusion des propriétaires du fonds.

Goupil, soutenant que ses prétentions étaient conformes à ses pouvoirs, voulut s'emparer de toutes les mines ouvertes et en vendre les charbons; aux procédures il joignit les violences. L'autorité des juges des lieux ni celle de M. l'Intendant de la généralité ne furent capables d'arrêter ses entreprises. »

Les propriétaires des mines de charbon de terre en Anjou protestèrent énergiquement. Par un acte passé devant Me Pierre Bory, notaire royal, le 9 mars 1694, un certain nombre d'entre eux donnèrent pleins pouvoirs à noble homme Jean Lejeune, sieur de la Grand-Maison, de les représenter devant l'Intendant de Tours, et même à Paris[1]. Le 20 avril 1694, par un

_____

[1] Pièces justificatives, n° XXII,

nouvel acte passé par devant le même notaire, un second groupe de protesta-
taires vient se joindre au premier [1].

Les propriétaires concluaient à ce qu'il leur fût permis d'exploiter librement les mines ouvertes, et d'en ouvrir de nouvelles sur leurs fonds avec défense de les troubler, etc.

Le 4 de janvier 1695, un arrêt solennel du Conseil [2], en présence de Sa
Majesté, maintient les habitants de l'Anjou dans la possession de faire valoir
les mines de charbon de terre qui se trouvent dans leurs domaines; ordonne
que la dame d'Uzès ne pourrait faire ouvrir et fouiller les mines de charbon
de terre qu'elle découvrirait que du consentement des propriétaires, et en les
dédommageant préalablement de gré à gré; et à l'égard des mines ouvertes
par les propriétaires « il fut fait défense à ladite dame d'Uzes et à tous
autres, de les troubler dans la fouille et dans la suite d'icelle ».

Le 13 mai 1698, nouvel arrêt du Roi [3] permettant à « tous propriétaires
de terreins où il se trouverait des mines de charbon de terre ouvertes et non
ouvertes, en quelques endroits et lieux du royaume qu'elles fussent situées,
de les ouvrir et exploiter à leur profit, sans qu'ils fussent obligés d'en demander
la permission sous quelque prétexte que ce pût être, pas même sous prétexte
des privilèges qui pouvaient avoir été accordés pour l'exploitation des dites
mines ».

Un arrêt aussi favorable produisit en Anjou l'effet qu'on avait le droit d'en
attendre; les exploitations se multiplièrent, les fouilles devinrent plus nombreuses; mais elles furent faites par des gens qui n'avaient ni les connaissances
ni les ressources nécessaires, et qui abandonnaient successivement leurs excavations, les regardant comme épuisées, bien qu'elles n'eussent atteint qu'une
faible profondeur.

Un rapport de Turgot, intendant de Tours, daté du 16 août 1709 [4], rend
compte de cette apparence d'épuisement, ainsi que de l'absence d'avances
financières et d'outillage qui auraient pu permettre l'exploitation.

Néanmoins les propriétaires des mines étaient actifs, de sorte qu'en 1750,
« sur les paroisses de Chaudefonds, Saint-Aubin et Saint-Maurille-de-Chalonnes,
nous ne trouvons pas moins de 36 puits, 3 évantoires et 1 puits de sonde,

[1] Pièces justificatives, n° XXIII.
[2] Pièces justificatives, n° XXIV.
[3] Pièces justificatives, n° XXV.
[4] Pièces justificatives, n° XXVI.

occupant à eux tous 123 hommes ». Ces puits, qui se trouveraient à peu près tous dans le périmètre de la concession actuelle de Largou-et-Loire, étaient ainsi répartis :

NOM de LA PAROISSE.	NOMBRE DE PUITS.	SITUATION.	NOMS DES PROPRIÉTAIRES.	NOMBRE D'OUVRIERS.
Saint-Maurille-de-Chalonnes.	1	La butte des Mines ou le coteau des Goismets.	Davy, fermier de l'évêque d'Angers.	5
Idem.	1	Idem.	Simon.	5
Idem.	1	La Maison neuve.	P. Nerdier.	5
Idem.	1	Pièce de Louchette.	Idem.	4
Idem.	2	Pièce de la barraque à Ardenay.	Petit de la Pichonnière.	10
Chaudefonds.	2	Clos Goullion.	Goullion.	6
Idem.	1	La Pierre des Verteaux.	Bernard.	6
Idem.	1	Clos des Ouches.	Veuve de Danne.	4
Idem.	1	Idem.	Malineau.	4
Idem.	1	Clos Eon.	J. Eon.	// (1)
Idem.	1	Clos du Costeau.	P. Nerdier.	3
Idem.	1	Clos du Roserés.	De la Guimonnière.	5
Saint-Aubin.	1	Clos des Verteaux.	Fr. Guignard.	3
Idem.	1	Clos de la Gourdinière.	P. Ribaut et M. des Rallières, président du grenier à sel de Cholet.	5
Idem.	1	Clos Bedolle.	Bedolle.	3
Idem.	1	Clos des Vateaus.	Desmasières.	3
Idem.	1	Clos de Sonneret.	J. Gourdisse de Chambresais.	4
Idem.	1	Clos des Martines.	Anne Béguyer.	3
Idem.	1	Clos des Houx.	De la Guimonnière.	4
Idem.	1	Clos Gohin.	Gohin.	4
Idem.	1	Clos des Malécots.	Gohin, procureur de M. de Richelieu.	4
Idem.	2	Clos de Treize-cents.	De Boussac de la Rue.	4
Idem.	2	Clos de la Roullerie.	M. de la Roullerie.	5
Idem.	1	Les Petits Houx.	Rainbault.	4
Idem.	1	Les Grands Houx.	Cady.	4
Idem.	1	Clos des Barres.	Benoist.	4
Idem.	1	Idem.	Godelier.	4
Idem.	5 (2)	Clos des Grands Houx.	Berault de la Chaussaire.	4
Idem.	1	Clos de la Rue.	Nicolas de la Saussois.	4

« Les puits ne ressemblaient nullement à ceux d'aujourd'hui; ils dépassaient rarement 40 ou 50 mètres de profondeur; les éboulements y étaient fréquents, par suite du mode de soutènement dont un contemporain nous a laissé la description suivante :

Ces trous sont en forme d'une espèce de quarré long et n'ont que 3 à 4 pieds au plus de longueur sur 2 de largeur. Ils ne sont étayés que par des éclats de branches d'arbres d'environ trois pouces avec lesquelles ces paysans font des quadres informes liés dans les angles avec une mauvaise hai ou petite branche d'arbre torse de la grosseur d'un doigt, lesquels quadres soutiennent de petits bâtons de saule de la grosseur d'une canne à main et quelques bruyères qui sont les seuls ramparts qu'ils oposent à la poussée des terres, le tout si mal et si pitoyablement étably qu'on ne peut regarder dans ces puits qu'avec frayeur. Leurs souterrains sont encore moins solides, aussy il n'est pas surprenant que ces paysans et de misérables mineurs que la nécessité de gagner leur vie et celle de leur famille engage au service de ces mines périssent à tout moment dans ces antres affreux. »

Quand un de ces puits venait à s'ébouler ou à s'inonder, le propriétaire en faisait creuser un autre plus loin. Cette manière d'agir aurait pu rendre fort difficile plus tard l'exploitation régulière des veines de houille.

On avait espéré remédier à ce mal par un arrêt du Conseil, du 14 janvier 1744 [1]. apportant certaines restrictions à l'arrêt du 13 mai 1698; mais l'on ne s'aperçut d'aucun changement dans les mines de l'Anjou jusqu'à l'association dont nous allons parler.

Imitant ce qui venait d'être fait pour les mines de Saint-Georges-Chatelaison, et d'ailleurs sur les conseils d'un nommé François Pouperon, ancien directeur de ces mines, il se forma une société pour l'exploitation des mines de Chaudefonds et de Saint-Aubin-de-Luigné, sous le nom de Thomas Bault. Pouperon, ancien marqueur de paulme à Paris, obligé de quitter la capitale du royaume à la suite de quelques disgrâces, *conformes à son état,* vint se réfugier à Saint-Georges-Chateaulaison. Son coup d'essai fut malheureux, et il fut obligé, faute de succès, d'abandonner ce poste et d'aller tenter fortune aux mines de Montrelais; mais il n'y réussit pas mieux. Ces tentatives malheureuses ne le découragèrent pas, et, vers le milieu de 1751, nous le voyons revenir dans la paroisse de Saint-Aubin-de-Luigné. Moyennant le quart franc de tous les charbons qui seraient extraits, il obtint pour lui et ses associés, le 12 juillet 1751, des nommés Renault et Cady, maréchaux *en œuvres blanches,* l'autorisation d'exploiter la mine dite du Pasty, ouverte depuis 30 ans, et qui passait pour la meilleure du canton.

[1] Pièces justificatives, n° XXVII.

« Les associés de Pouperon ayant nommé comme Directeur le sieur Brault »,
celui-ci [exposa au Conseil la mauvaise exploitation des propriétaires des
paroisses de Saint-Aubin-de-Luigné, de Chalonnes et de Chaudefonds, et le
dommage que souffrait la province de l'état de liberté qu'avaient les propriétaires d'autoriser qui bon leur semblait à fouiller dans leur terrain. M. de
Machault, alors Garde des Sceaux et contrôleur général, n'accorda au demandeur qu'une simple permission d'exploiter. Le 11 mai 1753, M. de Lucé],
intendant de Tours [rendit une ordonnance[1] pour l'exécution des ordres de
Monseigneur de Machault, Garde des Sceaux et contrôleur général], « *faisant
très expresses défenses à tous propriétaires dans l'étendue des paroisses de Saint-
Aubin-de-Luigné, de Chaudefonds et de Chalonnes, d'ouvrir aucune nouvelle
fosse, pour en tirer du charbon de terre, sans en avoir obtenu la permission
du Conseil, et à tous ceux qui en auraient ouvert précédemment d'en continuer
l'exploitation s'ils n'en on fait la déclaration; permettant en outre au sieur Bault
et compagnie de continuer l'exploitation par eux commencée et de faire telles autres
ouvertures qu'ils jugeront nécessaires.* » Les propriétaires [le 21 mai 1753, inter-
jetèrent appel de cette ordonnance qui, par une autre de M. de Magnanville,
du 26 juin suivant[2], fut convertie en opposition sur la requête qu'ils lui pré-
sentèrent].

« Brault. sans attendre le résultat de cette démarche, fit ouvrir une mine
sur un terrain appelé *le Roc*, situé sur la paroisse de Chalonnes et dépendant
du temporel de l'évêché d'Angers, l'intendant de Tours enjoignit au sieur
Brault de se retirer; d'ailleurs les agissements du directeur de la Compagnie
et de ses ouvriers amenèrent une telle fermentation dans le pays que l'intendant de Tours fut obligé de suspendre l'application de son ordonnance, du
moins en ce qui concernait l'exclusion donnée aux propriétaires[3]. Il mit
de même à l'abri des entreprises de Brault les terrains des sieurs Petit de la
Pichonnière, écuyer, et Guérin de la Guimonnière, exempt de la maréchaussée
d'Angers.

Chassé du terrain de l'évêché, Brault s'empare, le 2 août 1753, sans permission du Conseil, sans autorisation de l'intendant et sans consentement de
la propriétaire, d'un terrain appartenant à une demoiselle Mazureau; il y fait
creuser un puits et ouvrir des tranchées et galleries « par une troupe de gens

---

[1] Pièces justificatives, n° XXVIII.
[2] Pièces justificatives, n° XXIX.
[3] Lettre de l'intendant à M. Trudaine, 26 juin 1753.

inconnus, se disant charbonniers de terre, et qui commettent des vols et des meurtres dans le pays. Cette prise de possession fut régularisée par une ordonnance du 13 août 1753 ».

[Brault s'était rejeté de nouveau sur la mauvaise exploitation des propriétaires et avait demandé à être admis à faire la preuve de son allégation par une visite et par examen des mines qu'ils avaient en exploitation. Le Conseil fit droit à la demande de la compagnie, et Monseigneur de Machault ordonna, le 3 septembre 1753, à M. l'intendant de Tours de faire dresser procès-verbal de la situation des travaux des propriétaires et de ceux de la Compagnie Bault.

M. de Voglie, ingénieur en chef des ponts-et-chaussées de la généralité de Tours, fut commis à cet effet par ordonnance de M. de Magnanville du 10 septembre 1753[1]. Le 2 octobre suivant cet ingénieur se transporta sur les lieux; les propriétaires, dûment avertis, déclarèrent s'opposer à ce qu'il fut fait aucun procès-verbal de visite et d'examen des mines ouvertes et à eux appartenant.] Ils sommèrent Bault « de se retirer et de faire enlever ses engins, même de « cesser l'exploitation de la mine Renault et Cady et de celle de la Demoiselle « Mazureau ».

[L'ingénieur prit acte de leur refus et, sur la réquisition de Bault, se contenta de visiter les travaux de sa compagnie et ceux des différents propriétaires de la paroisse de Montjean non opposants; mais il ne laissa pas de rendre compte au Conseil, par un mémoire séparé de son procès-verbal, de la manière de travailler des propriétaires de Saint-Aubin-de-Luigné. Le procès-verbal de l'ingénieur fut adressé à M. de Machault par l'intendant, le 28 novembre 1753, avec son avis, qui fut de laisser jouir Bault et sa compagnie de leurs exploitations, en se conformant au règlement de 1744, de surseoir à faire droit sur leur demande de privilège exclusif, de laisser jouir les propriétaires des puits ouverts, et de leur défendre d'en ouvrir de nouveaux sans une permission expresse, conformément aux articles 1 et 10 de l'arrêt de 1744.

Le Conseil, malgré les représentations des propriétaires et celles que fit la compagnie de Saint-Georges-Chatelaison, par inquiétude pour ses intérêts, rendit, le 8 janvier 1754, un arrêt[2] en faveur de Bault et compagnie, par lequel il lui permit d'exploiter exclusivement à tous autres les mines de char-

[1] Pièces justificatives, n° XXX.
[2] Pièces justificatives, n° XXXI.

bon ouvertes et non ouvertes, situées dans les paroisses de Chaudefonds,
Saint-Aubin-de-Luigné et Chalonnes, en se conformant à l'arrêt de 1744 [1]
avec défense de troubler ladite compagnie, sans néanmoins qu'en vertu de
ladite concession, Bault et compagnie puissent troubler ni empêcher de travailler ceux des propriétaires qui, avant ledit arrêt de 1744, étaient en possession d'exploiter de pareilles mines; ni faire fouiller dans les trous qu'ils
auraient ouverts et à cinquante toises de distance, si ce n'est qu'ils prétendissent
que lesdits propriétaires exploitent mal et en contraventions aux règlements,
en n'approfondissant pas suffisamment leurs fouilles; ce qu'ils seraient tenus de
vérifier par des sondes, qui seraient faites pour prouver qu'il y avait des charbons plus avant en terre, autres que ceux qu'ils tireraient de la superficie.

Le même jour, 8 janvier 1754, la compagnie qui, depuis quelques années
s'était établie avec une simple permission à Montrelais, obtint un arrêt semblable à celui de la compagnie de Saint-Aubin, pour le terrain qu'elle fouil-
lait. Le même jour encore, sur un exposé taxé par les propriétaires d'être
contre la vérité, le seigneur de Montjean, prétendant, en sa qualité de seigneur
foncier, avoir un droit de propriété sur les mines de ses justifiables, obtint la
concession exclusive des mines qui pourraient se trouver dans l'étendue de
sa baronnie. Ce privilège, fondé sur des prétentions opposées au droit commun et aux lois du royaume, lui fut accordé sans l'assujettir à aucune autre
formalité de lettres patentes ou d'enregistrement.

Malgré l'arrêt rendu en faveur de Bault et Compagnie, les sieurs de la
Guimonnière et Petit de la Pichonnière, compris dans l'étendue du privilège
de la Compagnie de Saint-Aubin, sur l'avis de l'intendant et leur soumission
de se conformer au règlement de 1744, obtinrent l'autorisation d'exploiter
les mines existant dans leurs propriétés. L'arrêt concernant le premier est du
21 mai 1754 [2]; le second n'en eut point en sa faveur; mais comme mieux

[1] Le règlement du 14 janvier 1754 porte que : *Tout entrepreneur qui se trouvera dans le cas
de faire cesser l'extraction du charbon de terre, dans une mine actuellement en exploitation, soit par
l'éloignement où se trouverait la mine de charbon, des puits ou fosses qu'il aura fait percer pour ladite
extraction, soit par le défaut d'air ou par quelque autre cause, ne pourra faire cesser d'y travailler
qu'après en avoir fait sa déclaration au subdélégué du sieur intendant de la province le plus à portée du
lieu de l'exploitation, et sera tenu, avant d'abandonner les fosses ou puits et les galeries ouvertes, de
faire percer un touret ou puits de dix toises de profondeur, le plus près du pied de la mine que faire se
pourra, pour connaître s'il n'y aurait point quelque filon au-dessous de celui dont l'exploitation aurait
été faite jusqu'alors.*

[2] Pièces justificatives, n° XXXII.

exploitant, il fut autorisé par M. de Magnanville à faire valoir ses propres mines, du consentement de Bault et compagnie.

De nouvelles difficultés naissant chaque jour de l'exploitation de ces mines, le Conseil rendit, le 2 avril 1754, un arrêt qui attribuait pour six années au sieur intendant et commissaire départi en la généralité de Tours la connaissance de toutes les contestations concernant les mines de charbon de ladite généralité[1], et cet intendant, Charles-Pierre Lavalete, le 21 du même mois, ordonna que l'arrêt du Conseil du 8 janvier serait exécuté suivant sa forme et teneur[2]].

« Cet arrêt, du 8 janvier 1754, permit à la Compagnie Brault d'avancer ses travaux; aussi, le 26 juillet 1754, nous trouvons le rapport suivant de Detilly, directeur de l'exploitation, sur la situation et l'état des mines de Saint-Aubin-de-Luigné, Chalonnes et Chaudefonds, à cette date.

« Fosse du Pati, située paroisse de Saint-Aubin.

—

Veine Bouillardie.

Fosse du Roc, paroisse de Chalonnes.

—

Veine oblique, pente du midy au nord.

Une fosse, sur le lieu appelé le Pati, à 100 pieds de profondeur, 6 pieds de longueur, 5 de largeur. Une galerie dans le fond de cette fosse de 150 toises. Un défoncement sur la veine dans cette galerie de 85 pieds. Dans le bas du défoncement une voye dans la veine de 70 toises. Il ne se trouve plus dans cet endroit qu'un pied et demi de veine et le *grisou* y prend avec tant de violence et de vivacité qu'aucun ouvrier ne veut plus travailler cette veine; j'ai offert à plusieurs trente sols à ne travailler que 4 heures par journée sans que ce prix excessif les aye pu résoudre, en sorte que je suis contraint d'abandonner cette fosse.

Au lieu nommé le Roc une fosse de 91 pieds sur le crin ou étroit de la veine, 5 pieds de longueur, 4 de large. Au couchant une galerie pour forcer le crin, après quoi la veine a présenté 2 pieds de face; mais ce n'était qu'un placard de 4 pieds d'épaisseur, parce que les anciens avaient moissonné par derrière. Dans ces vieux ouvrages j'ai fait monter un puits d'aérage à la fosse des anciens qui répond à un emplacement de 12 pieds sur 10, sur lequel il y a un défoncement de 34 pieds. Sur le crin de la veine, qui nous a présenté 18 pieds, j'ay fait ouvrir une voye de 6 toises pour la reconnaître, elle s'est augmentée de 6 pouces et se continue au couchant. Au levant j'ay fait, sur le même crin, ouvrir une galerie qui est poussée actuellement à 12 toises afin de connaître cette veine du levant au couchant : jusqu'ici nous ne la suivons que par faute; tantôt elle donne 1 pied, tantôt 18 pouces, après elle s'étrangle et ne donne qu'un filet. Nous espérons que dans la profondeur elle se fera. La qualité du charbon est parfaite pour toutes sortes d'ouvrages de forge, même pour les verreries et les rafineries.

[1] Pièces justificatives, n° XXXIII.
[2] Pièces justificatives, n° XXXIV.

Dans le bas de la pièce du Roc une galerie de pied pour l'écoulement des eaux dont la veine est noyée, 5 de haut, 4 de large, menée dans le rocher 35 toises. Suivant le nivellement et la dépente du coteau nous devons couper la veine, si elle ne se redresse pas au moins de 6 toises.

Sur la vigne du nommé Benoit Vinefosse, que le nommé Hodée exploitait rélargie aux termes du règlement de six pieds sur cinq, menée à 100 pieds, approfondie avec la veine jusqu'à 68 pieds, à ce terme la veine portant 3 pieds d'épaisseur s'est penchée au nord : dans le fond j'ai fait ouvrir une galerie pour la reconnaître, nous l'avons trouvée à 2 toises de la fosse, nous l'avons coupée de 10 pieds et nous n'avons pas encore le toit. A 60 pieds, pour mener l'air, une galerie communiquant à la petite fosse d'airage, de 28 pieds, 4 1/2 de haut sur 4 de large. Une petite fosse d'airage de 5 pieds sur 4,65 de profondeur sur une veine de 1 pied 1/2, à 60 pieds.

Au levant une voie sur cette petite veine pour la reconnaître; cette voie a 4 pieds 1/2 sur 4 de large; à l'entrée, une galerie sur le toit de cette petite veine de 3 toises pour couper une seconde veine que j'ai appellé la veine du Mur; elle a 4, 5 et 7 pieds dans l'espace de 20 pieds, entre un toit et un mur réglé.

Sur la vigne de M. le Curieux, conseiller au Présidial d'Angers, une fosse de 6 pieds sur 5, descendue à 36 pieds. Cette fosse est suspendue. J'eus l'honneur de vous exposer la raison de cette suspension, et votre Grandeur reconnut qu'il n'était pas juste d'épuiser les eaux d'une veine noyée et de l'assécher, pour laisser la faveur de l'exploitation à M. de la Guimonière.

Dans le dernier état que j'eus l'honneur de vous présenter, j'avais mis au nombre de nos fosses celle de François Pelé et René Moulin, menée à 40 ou 45 pieds sur une veine oblique de 4 pieds portant la pente du midy au nord; mais n'ayant pas dans ce temps les bois propres à l'exploitation de cette fosse, j'ai été obligé d'en faire exploiter. Ils ne sont point encore en état. Pendant ce temps, en visitant les terrains voisins, j'ai trouvé une situation plus avantageuse pour recevoir une grande fosse; c'est pourquoi j'userai sous votre bon plaisir de cet avantage. Le lieu se trouve entre la fosse de François Pelé et une autrefois exploitée par Pierre Verdier. De ces deux fosses je tirerai l'air alternativement, et je serai par ce moyen en état d'exploiter deux veines dont le charbon approche en qualité de celui du Roc; j'imagine même que dans le plateau de la veine elle doit surpasser.

Nous n'avons plus, Monseigneur, que deux fosses en exploitation; la fosse du Pati se trouvant dans une position à être abandonnée, rapport au feu grisou; la fosse Marie par l'avoisinement du sieur de la Guimonière. Sur ces deux fosses nous employons 46 ouvriers tant mineurs que bouriqueurs, desquels il n'y a que 16 étrangers. Le reste sont des habitants des trois paroisses.

Signé : **Detilly.**

On peut voir, d'après cette pièce, combien les procédés et les méthodes suivis par la Compagnie étaient supérieurs à ce que faisaient les propriétaires. Ceux-ci, [ne travaillant pas conformément au règlement de 1744, ne pouvaient continuer leurs exploitations; ils réclamaient cependant sans cesse les droits qu'ils prétendaient avoir et suscitaient aux compagnies des contradictions nuisibles au progrès de leurs travaux. Les demandes réitérées qu'ils faisaient au Conseil, depuis le commencement de 1757, pour demander d'exploiter eux-mêmes leurs mines, en offrant de se soumettre au règlement de 1744, renouvellaient une question qui paraissait décidée]. Ils intentèrent de nouveau un procès à la Compagnie, et M. Couffon a eu l'heureuse chance de retrouver un mémoire imprimé daté de cette même année 1757, dans lequel les griefs des propriétaires sont exposés en détail. Ce mémoire est probablement l'œuvre de leur avocat ou d'un rapporteur, du moins voici les indications que l'on trouve à la fin :

BUREAU DU COMMERCE.

Monsieur VINCENT DE GOURNAY, Intendant du Commerce, Rapporteur.

Me VARLET, Avocat.

A ANGERS,

chez Louis-Charles BARRIÈRE, Libraire-Imprimeur de la Ville, Rûe S. Laud, à la Science, 1757. »

Nous le reproduisons en entier[1] parce que rien ne donne mieux l'idée de l'ardeur de la lutte qui s'établit entre les propriétaires du sol et les premières compagnies. Celles-ci, du reste, ne furent pas tout à fait sans reproches.

Ce mémoire est suivi de quelques arrêts et ordonnances, qui ont pris place aussi dans nos pièces justificatives et que j'ai indiquées sous la désignation d'annexes au n° 468.

Un certain nombre de réclamations des propriétaires parvinrent au Conseil du Roi. C'est ainsi que j'ai retrouvé aux Archives nationales les arrêts concernant Anne-Marie Mazureau[2], Gui-François Petit de la Pichonnière[3], Guérin de la Guimonnière[4], François Bérault, écuyer, sieur de la Chaussaire[5], et

[1] Pièces justificatives, n° XXXV.
[2] Pièces justificatives, n° XXXVI.
[3] Pièces justificatives, n° XXXVII.
[4] Pièces justificatives, n° XXXVIII.
[5] Pièces justificatives, n° XXXIX.

même l'évêque d'Angers[1]. Tous sont datés du 16 septembre 1760, et tous les plaignants réclamaient contre Brault. Ils furent renvoyés devant l'intendant de Tours, pour instruction au sujet de leurs griefs. Un seul arrêt de la même date[2] est en faveur des sieurs Cady et Renault, que l'intendant de Tours avait déjà autorisés à exploiter la mine du Pasty, malgré l'opposition de Bault et de sa Compagnie. En somme cette Compagnie triompha, les arrêts du Conseil lui étant presque tous favorables; mais ce triomphe fut de courte durée; car, le 28 juin 1766, la mésintelligence règne entre les associés et, dès la fin de cette année, la Compagnie Bault est dissoute et les habitants reprennent leurs travaux.

Au mois d'avril 1786, Nicolas-Louis Josset obtient du Conseil d'État la permission d'exploiter exclusivement à tous autres et pendant 15 ans les mines de charbon de terre sur les terrains situés dans la commune de Chaudefonds, bornés au nord par le grand chemin de Rochefort à Chalonnes, à l'est par le chemin qui conduit de la Haie-Longue au Layon, au midi par la rivière du Layon et à l'ouest par une voie d'exploitation qui s'embranche du grand chemin de Chalonnes à Rochefort dans celui de Chaudefonds à la Haie-Longue et en ligne directe jusqu'au Layon.

D'autre part, un sieur Cherbonnier, propriétaire d'un clos au lieu dit la Roncerie, y établit une petite exploitation, la seule, sur les paroisses de Saint-Aubin, Chalonnes et Chaudefonds, à posséder des machines à molettes.

La Révolution remet les propriétaires du sol en possession du sous-sol, et ils reprennent leurs travaux individuels, non sans dévaster ceux des anciens concessionnaires. C'est ainsi que les puits du citoyen Cherbonnier furent comblés et ses machines détruites.

Mais bientôt des demandes de concession furent faites.

Le 12 vendémiaire an X[3], le citoyen Louis Cognée, demeurant commune de Chaudefonds, adressa au préfet du département de Maine-et-Loire une pétition[4]. Il demandait une concession de 15 ans « pour extraire du charbon de terre dans le canton nommé le Roc, commune de Chalonnes, sur le terrain du citoyen René Pellé ».

[1] Pièces justificatives, n° XL.
[2] Pièces justificatives, n° XLI.
[3] 4 octobre 1801.
[4] Pièces justificatives, n° XLII.

Le Préfet, le 5 germinal an x [1], lui renvoya la pétition, pour qu'il y ajoutât un double plan authentique de la concession demandée, et un certificat du maire de la commune où habitait le pétitionnaire, attestant que celui-ci possédait les capitaux nécessaires pour cette entreprise [2].

Je ne sais quelle suite eut cette demande; mais, grâce à M. O. Couffon, j'ai pu voir, outre la pétition et la note du Préfet, le certificat du maire de Chalonnes et de son adjoint, attestant que le pétitionnaire peut employer à l'exploitation jusqu'à une somme de 3,000 francs, qu'ils trouvent suffisante [3]. Cognée ne savait pas signer.

Cette demande était peu sérieuse. Il n'en fut pas de même des suivantes :

« Le 17 pluviôse an x [4], Lefebvre Josset, gendre de Louis Josset, demanda une prolongation de 15 années de la concession accordée à son beau-père en 1786. Il reprit les travaux qui étaient établis dans le haut du clos des Ouches, au lieu dit les Roserais, où il fit ouvrir plusieurs puits; mais il ne tarda pas à vendre ses travaux et les agrès qui en dépendaient au citoyen Cherbonnier.

Trois mois après, parvint à la préfecture une pétition des citoyens Davau, Belouineau, Denis Amant, Aubin Verdier, J. Blanvilain, exposant qu'ils ont pratiqué des fossés sur le terrain du lieu de Vaujuet situé commune de Saint-Aubin, à l'effet de découvrir une veine de charbon de terre que quelques affleurements ont indiquée, et faisant demande d'une concession exclusive de 25 ans, comprenant un terrain limité au nord par la maison de Vaujuet jusqu'à la maison Roche Moreau, en longeant les coteaux qui y conduisent; à l'ouest par les jardins de ladite maison jusqu'au bois du Veau, en passant dans le clos et auprès du village des Gourdinières ainsi que du clos du Petit-Houx, lequel joint le petit bois du Veau.

Un arrêté du préfet, du 16 floréal an x [5] prescrivit la publication et l'affichage de cette demande [6].

Mais le citoyen Cherbonnier, qui avait déjà acheté les travaux et agrès de

[1] 26 mars 1802.
[2] Pièces justificatives, n° XLII.
[3] Pièces justificatives, n° XLIII.
[4] 6 février 1802.
[5] 6 mai 1802.
[6] Pièces justificatives, n° XLIV.

Lefebvre Josset, agrandissant en outre son terrain, acheta les droits et machines d'un sieur Juret et monta, avec les sieurs Gastineau, Morel et Vilain, une société qui prit le nom de Mines de Chaudefonds et, le 9 germinal an xi[1]. demanda une concession pour exploiter exclusivement pendant 40 ans les mines de charbon de terre situées entre le Layon et la Loire ». [Cette demande fut l'objet de vives contradictions de la part des propriétaires et des petites compagnies. Malgré les avis favorables de l'ingénieur, du préfet, du Conseil des mines et du Ministre de l'intérieur, l'affaire fut renvoyée, sur l'avis du Conseil d'État, à une nouvelle instruction. Un nouvel ingénieur fut chargé d'entendre les dires des parties et de faire un procès-verbal de visite des lieux.

Les nouveaux avis ayant été unanimes et favorables à la demande, une concession pour 30 années fut accordée, le 25 prairial an xiii[2], par décret impérial, aux sieurs Cherbonnier, Gastineau, Morel et Vilain, pour exploiter les mines situées dans la commune de Chaudefonds et autres communes circonvoisines ; à la charge d'indemniser, de gré à gré ou à dire d'experts, Beguyer l'aîné ou tous autres, des travaux par eux faits et qui seraient jugés utiles et nécessaires à l'exploitation].

En effet, une concession dite : des Essarts avait été demandée, probablement le 24 messidor an xii[3], par René-Pierre Béguyer-Guichard, entrepreneur. La concession demandée ne fut pas accordée; car cette partie du terrain, de 1 kilomètre environ de superficie, se trouva englobée dans la concession de Layon-et-Loire. Béguyer fut assurément indemnisé; car il résulte d'un plan accompagnant sa demande qu'il avait exécuté d'importants travaux, principalement sur la grande veine des Essarts[4].

[La concession accordée aux sieurs Cherbonnier, Gastineau, etc., était limitée ainsi qu'il suit, savoir : par le bras de la Loire connu sous le nom de Louet, depuis le clocher de Rochefort jusqu'au pont de Chalonnes, par le Layon à partir du pont de Chalonnes jusqu'au Pont-Barré, et de ce point, par une ligne droite dirigée vers le clocher de Rochefort, point de départ. Elle portait sur les communes de Chaudefonds, Chalonnes et Rochefort et comprenait 22 kilomètres carrés].

[1] 30 mars 1803.
[2] 14 juin 1805.
[3] 13 juillet 1804.
[4] Note communiquée par M. Dardalhes.

Un arrêté du Préfet, du 19 thermidor an XIII[1], régla le mode d'évaluation des indemnités, et les concessionnaires prirent possession des mines.

Cette concession « comprenait les exploitations suivantes :

Mine de la Roncerie. — Située au Sud de la montagne d'Ardenay, sur le bord du canal le Layon, exploitée par le citoyen Cherbonnier sur une longueur de 800 mètres. Sur cette longueur, deux veines de houille de bonne qualité, l'une à 66 mètres, exploitée à l'aide de deux puits : l'un dit *le puits Le Blois*, l'autre *le puits Le Chat*. Il y avait un puits au lieu dit *les Barrières*, sur le chemin de Rochefort à Chalonnes. Il atteignit 29 mètres. Un autre puits, appelé *les Bourgognes*, fut creusé jusqu'à 35 mètres.

Veine du Moulin Goismard. — Avant la Révolution, les puits suivants y furent ouverts : Un dans le clos des Fausses-Ouches ; il atteignit 65 mètres. A cette profondeur, une des deux veines avait 1 m. 05 de largeur, l'autre 0 m. 80.

Un dans le clos des Bourgognes. Les eaux forcèrent d'abandonner les travaux, bien qu'on fut en plein charbon.

Un dit *des Quatre-Vaches*. Il fut foncé en l'an VII, atteignit 80 mètres et fut abandonné en l'an XI [2].

Mine Bodin. — La veine de charbon y suit le coteau d'Ardenay. Un puits de 40 mètres y fut creusé, mais l'eau força à l'abandonner.

Mine de Bel-Air. — Cette mine, située près de la maison du Vouzeau, au nord de la montagne d'Ardenay, comprenait une veine de 18 mètres de longueur sur 1 m. 20 de largeur.

Mine de la Barre, dite *de la Machine.* — Un puits de 130 mètres fut creusé sur les vignes de la Barre, au clos des Malécots, par le citoyen Cherbonnier. La guerre de Vendée détruisit ce puits. Une grande masse de houille était découverte.

Mine de la Compagnie Josset. — Cette mine, située au lieu dit *les Roveries*, comprenait un puits de 40 m. 50 de profondeur.

Ancienne Compagnie Bault. — La Compagnie Bault avait étendu ses travaux depuis le marais d'Ardenay jusqu'au puits des Machines.

Veine de la Haie-Longue. — Il y avait un puits de 58 mètres à la Haie-Longue ; un autre puits de 58 mètres dans le clos des Malécots. Ces deux puits furent envahis par les eaux.

Mine de Begayer. — Située au nord d'Ardenay. Cette mine était constituée par un amas de houille plutôt que par une veine réglée.

Poirier-Samson. — Un puits creusé dans cette mine atteignit la profondeur de 46 mètres, mais dut être abandonné à cause du feu grisou. »

_____

[1] 7 août 1805.
[2] 1802 ou 1803.

Par suite de troubles survenus entre les membres de la Compagnie, une licitation judiciaire eut lieu le 30 avril 1813, et l'entreprise fut adjugée à Gastineau pour la somme de 50,000 francs. La concession prit le nom de *Layon-et-Loire* et devint perpétuelle en vertu de la loi du 21 avril 1810. Depuis lors la mine resta entre les mains de la famille Gastineau, soit seule, soit avec des associés.

Les héritiers l'ont vendue, en 1839, au prix de 1,850,000 francs, à une société qu'une ordonnance de 1847 a autorisée à se convertir en Compagnie anonyme.

En 1869, un incendie dévasta les travaux et força d'inonder la mine [1].

Cette Société exploita activement jusqu'en 1875, époque à laquelle elle liquida. Les houillères de Layon-et-Loire : concession, immeubles et matériel, furent mises en vente au prix de 500,000 francs.

« Pendant cette longue période d'exploitation continue », dit M. Brossard de Corbigny [2], « la mine a eu des alternatives de prospérité et de décadence « qui tiennent, en majeure partie, à l'irrégularité du groupe des couches du « Bocage, que l'on y exploite principalement. Le charbon s'y présente sous « forme de chapelets dont les grains, appelés bouillards, exigent des re- « cherches qui laissent prise à la bonne et à la mauvaise chance. . . Au com- « mencement du siècle l'extraction était d'environ 50,000 hectolitres par an. « Elle est bien supérieure aujourd'hui (1871) ».

Depuis un certain nombre d'années les travaux des mines de Layon-et-Loire sont interrompus. On les reprend en ce moment.

La forme de la concession, qui est aussi la forme du terrain carbonifère dans cette région, est celle d'un triangle allongé, dont la base est sur le bord du Louet (bras de la Loire qui baigne le bas du coteau), la pointe au Pont-Barré, et dont le côté sud-ouest offre des sinuosités qui répondent à celles de la rive droite du Layon. Dans l'angle du Layon avec la rive gauche de la Loire le terrain forme des coteaux assez à pic, sur les flancs desquels paraissent de nombreux affleurements. M. Rolland, Directeur des mines de Layon-et-Loire, a fait une très belle étude géologique de cette concession. Son travail, qui est resté fondamental, est inséré parmi les travaux présentés à la session extraordinaire de la Société géologique de France, tenue à Angers

---

[1] Renseignements historiques fournis par M. Gastineau, directeur. *Annuaire de l'Institut des provinces.* Angers, 1873.

[2] BROSSARD DE CORBIGNY, *Annuaire de l'Institut des provinces*, Congrès de 1871. Angers, 1873.

en 1841 [1]. M. Rolland a montré que les différentes couches du terrain, très resserrées à quelques kilomètrss au N.O. du Pont-Barré, où elles sont rassemblées en un faisceau qui n'a pas plus de 300 mètres de large, se développent et s'étalent en éventail en se dirigeant vers la Loire où elles forment les coteaux de la rive gauche sur une longueur de plus de 6 kilomètres. Comme ces couches arrivent au coteau presque perpendiculairement, sous un angle très ouvert, avant de s'enfoncer sous le lit du fleuve, il en résulte que la route de Rochefort-sur-Loire à Chalonnes, par le bord du Louet, forme une magnifique coupe géologique. M. Rolland l'a donnée dans le plus grand détail, et j'ai pu me rendre compte sur place de la parfaite exactitude de ses descriptions. Le manuscrit de Cacarrié nous fournit aussi beaucoup de particularités intéressantes; mais rien de ce qui a été publié n'est aussi parfait qu'une coupe relevée par M. Fagès. C'est une gravure dont je dois la communication à M. O. Couffon et que j'ai fait reproduire ici, Pl. B. Cette coupe est dirigée du sud au nord et comprend toutes les couches des mines de Chalonnes : aussi bien celles du sud, qui restent dans le coteau, que celles du nord, qui s'enfoncent sous les alluvions de la Loire. Aucune région du bassin n'est mieux connue.

Dans la partie nord de la concession de Layon-et-Loire, le terrain anthracifère est aussi large que dans celle de Désert, et les couches passent d'une concession dans l'autre. Cette partie élargie s'atténue graduellement et est suivie, au N.O. du Pont-Barré, d'un rétrécissement que nous verrons s'élargir en avançant vers le S.E. C'est la structure en chapelet du terrain qui se continue dans toute la longueur.

Les couches de toute nature plongent généralement au nord, mais sont très voisines de la verticale qu'elles atteignent souvent.

Sur la rive droite de la Loire, les couches plongent légèrement au sud; mais on ne saurait en conclure sûrement, bien que cela soit probable, que ce sont les mêmes couches qui se relèvent; car rien ne dit que la même allure se maintiendrait dans la profondeur. Les différents bancs sont sujets à bien des sinuosités et jusqu'ici on n'en a pas vu se relever d'une façon positive.

[Rolland a groupé les diverses couches en huit systèmes différents séparés les uns des autres par des bancs de poudingue.

[1] *Bull. Soc. géol. de France*, tome XII, 1840 à 1841, p. 463.

En voici la nomenclature, avec les épaisseurs des couches de charbon, en allant du nord au sud.

N.

Système des Essards....	Couche du Vaujuet...............	$0^m 3o$
	Couche des Petits-Houx............	o 8o
	Couche des Essarts................	1 3o
Système du Pâtis......	Couche du Pâtis.................	o 4o
	Couche de la Haie-Longue, grande veine.	o 6o
	Couche de la Haie-Longue, petite veine.	o 4o
Système des Noulis.....	Couche de la maison des Noulis......	o 5o
	Couche de la Portinière............	o 5o
	Couche des Noulis................	1 3o
Système du Bel-Air	Grande veine du Bel-Air...........	1 5o
	Petite veine du Bel-Air............	o 4o
	Grande veine du Caf..............	1 5o
	Petite veine du Caf	o 4o
Système de la Barre....	Trois filons.....................	o 4o
	Grande veine du Vouzeau...........	1 5o
	Petite veine du Vouzeau............	1 oo

Système Goismard.....	Veines du Chêne.	Nord...............	
		Intermédiaire..........	
		Sud................	
	Veines du Roc.	Veine de la Recherche ...	o 4o
		Petite veine Goismard....	o 5o
		Grande veine Goismard...	o 7o

Système des Bourgognes.	Veine des Bourgognes Nord.........	1 oo
	Veine des Bourgognes du Centre......	o 5o
	Veine des Bourgognes du Sud.......	2 oo
Système du Poirier-Samson..............	Veine de la Richardière............	o 6o
	Veine du Poirier-Samson...........	o 8o

S.

Les puissances indiquées sont loin d'être constantes dans toute l'étendue des couches. Elles ne sont même pas une moyenne; car elles ont été mesurées dans les parties où les systèmes sont le plus développés, ou bien dans les exploitations dont les veines ont été l'objet. En réalité, il y aurait beaucoup à rabattre de ces nombres. Les couches n'existent pas toutes à la fois dans toutes les parties du terrain; certaines n'ont été reconnues qu'en un seul point et ne se sont pas retrouvées ailleurs.]

Le *système du Poirier-Samson* est assurément à la base du culm supérieur, puisqu'il repose directement et en concordance sur le culm inférieur. Nous commencerons donc par lui et continuerons du sud au nord, sans trancher la question de savoir si les systèmes les plus au nord, dont le pendage est légèrement vers le midi, tandis que celui des systèmes sud est au nord, ne seraient pas les systèmes sud relevés. La paléontologie aurait pu résoudre cette question, mais tous les puits anciens ont été comblés, et, si l'on y a fait des collections de plantes fossiles, elles n'ont pas été conservées.

Le *système du Poirier-Samson* commence par une couche puissante de poudingue. La grauwacke inférieure, sur laquelle il est placé, a été prise par M. Rolland pour les schistes verts et rouges du terrain silurien. Ce système contient deux veines, ou plutôt deux veinules peu régulières et parfois soudées entre elles. Lorsqu'elles sont distinctes elles sont séparées par des couches de grès et schistes noirs. M. Rolland y a recueilli de nombreuses empreintes d'une fougère à tiges très tenues. « Jusqu'à présent », ajoute-t-il, « je n'ai encore trouvé d'empreintes de fougères que dans le *système Goismard* « en très petite quantité, et dans le *système du Poirier-Samson*, et les fougères « sont bien loin de ressembler à celles des bassins houillers de Saint-Étienne « et de la Grande-Combe dans le Gard ».

Cette observation, qui semble indiquer déjà le parti qu'on pourra tirer des fossiles pour la détermination des couches et de l'âge relatif des dépôts houillers, est vraiment remarquable pour l'époque. Il est bien regrettable que les plantes fossiles recueillies par Rolland soient égarées.

Le *système des Bourgognes* repose sur un poudingue grossier. Son épaisseur est de 160 mètres. Il contient trois veines, qui s'embranchent et se réduisent souvent à deux ou même à une seule. Elles sont séparées par des grès à grains fins et des schistes argileux très noirs. Ces couches sont très irrégulières et d'une exploitation difficile. Néanmoins, comme, lorsqu'elles se réunissent, elles donnent lieu à des amas assez considérables, on en a extrait beaucoup de charbon; mais aux amas succédaient souvent des parties stériles d'une grande étendue. Le charbon était sec, un peu schisteux. Ces couches laissaient dégager du grisou en abondance.

13

Le *système Goismard,* d'une épaisseur de 140 mètres, est séparé du précédent par un banc de poudingue à ciment de pierre carrée et un grès peu
consistant qui forme le mur de la grande veine Goismard. Il se subdivise en
veines du Roc et veine du Chêne. Les veines du Roc comprennent la grande
veine Goismard, la petite veine Goismard et la veine de la Recherche. Les
deux premières sont enclavées dans un banc de pierre carrée qui acquiert en
certains points une épaisseur de 70 mètres. Le toit de tout le système des
couches est formé de pierre carrée. Les ouvriers l'appellent le bon toit. Il
présente, en effet, la plus grande solidité et une extrême ténacité, de sorte
qu'il n'a besoin d'être maintenu par aucun bois d'étançonnage. Cette solidité
avait permis, en un point des veines du Roc, de créer une excavation cubant
environ 1,800 mètres, et dans laquelle manœuvrait un manège à quatre
chevaux. Elles sont séparées par un banc de grès schisteux qui a 8 mètres
d'épaisseur à son affleurement, seulement 3 mètres à la profondeur de
100 mètres, et moins de 1 mètre à 200 mètres mesurés suivant l'inclinaison
des couches. Le mur de la grande veine, ou bon mur, est un grès présentant
peu de ténacité. Son épaisseur est de 7 à 8 mètres.

Le charbon de la grande veine est friable, mais collant et propre à la
forge ; celui de la petite veine est dur, résistant, et produit une certaine
quantité de gros. Ces deux veines sont les plus régulières du bassin. Cette
régularité et la qualité de leurs produits ont rendu les exploitations dont
elles ont été l'objet les plus avantageuses du bassin.

La veine de la Recherche, reconnue dans la galerie du Roc, n'a pas été
retrouvée dans le puits de Désert, à une faible distance.

Les veines du Chêne se réduisent à une seule, donnant un charbon schisteux, dans la concession de Layon-et-Loire ; dans celle de Désert, on a trouvé
dans ces trois veines séparées des ressources sur lesquelles on ne comptait
pas. La veine du Nord a été la meilleure ; celle du Centre s'embranche sur la
veine du Nord ; il s'y dégage un peu de grisou. Le charbon qu'on en a extrait
était de bonne qualité. La veine Sud a produit un charbon plus compact].

Le *système de la Barre* contient trois veines : la petite veine du Vouzeau ou
veine du Vouzeau Sud, la grande veine du Vouzeau ou veine du Vouzeau
Nord et la veine des Trois-Filons. Ce système a une épaisseur de 160 mètres.
Il est séparé des veines du Chêne par des bancs de grès passant au poudingue
d'une épaisseur d'environ 20 mètres. Les grès et schistes du système de la

Barre sont d'un gris noirâtre plus ou moins foncé; ils contiennent des empreintes de Calamites en abondance et des troncs de Lépidodendrées passés
à l'état de grès, sauf l'écorce qui est charbonneuse, disposés perpendiculairement à la stratification des roches. Les couches du Vouzeau sont accom-
pagnées d'un banc mince de pierre carrée contenant une veinule sans importance. La petite veine du Vouzeau a donné un charbon sec et impur. La
grande veine du Vouzeau a été exploitée près d'Ardenay; elle fournissait un
charbon sec, mais d'une grande pureté. Elle s'est montrée irrégulière et
stérile dans la concession de Désert. Entre la grande veine du Vouzeau et celle
des Trois-Filons, on trouve successivement un lit de schiste, une couche de
pierre carrée, un grès feldspathique, de la pierre carrée, des schistes noirs,
un grès dur et un grès à gros grains avec des cristaux de chaux carbonatée,
supportant un schiste tendre et des schistes avec rognons de fer lithoïde qui
forment le mur de la veine des Trois Filons, dont le toit est un grès à
empreintes.

Système de Bel-Air. — Ce système a une puissance de 240 mètres; il contient quatre veines formant deux groupes : petite veine du Caf et grande veine
du Caf, petite veine du Bel-Air et grande veine du Bel-Air. Les grès et les
schistes qui avoisinent les couches, dit M. Rolland, sont d'une nature différente des autres. Leur couleur est le gris, leur texture est très fine. Quelques
bancs contiennent beaucoup d'empreintes végétales et surtout des Calamites.
Le poudingue sur lequel repose ce système est très visible à l'est de la maison
du Vouzeau; il contient de grandes empreintes de végétaux aplatis. L'abondance de plantes fossiles que signale M. Rolland dans différentes couches
aujourd'hui abandonnées fait vivement regretter la perte des échantillons
qu'il avait recueillis. M. Rolland dit que les veines du Bel-Air paraissent d'une
exploitation plus avantageuse que celles du Caf. En réalité ni les unes ni les
autres n'ont donné lieu à une exploitation productive.

Entre ce système et le suivant se trouvent des veines intermédiaires qui ne
figurent pas dans le tableau dressé d'après les indications données dans le
mémoire de Rolland; l'une d'elles, celle de l'Oseraye, a été exploitée par
une galerie; on y a trouvé seulement quelques amas; les couches n'ont pas de
continuité.

Système des Noulis. — Son épaisseur est de 220 mètres. Il repose sur un poudingue grossier, qui se désagrège facilement; les galets quartzeux y sont les plus abondants; un grand nombre d'entre eux appartiennent au quartz lydien. On remarque dans ce système une alternance de grès à grains fins et schisteux. Il contient trois veines : la veine des Noulis, celle de la Portinière et celle de la Maison des Noulis. La seule veine des Noulis, dont le mur est de pierre carrée, a été exploitée avec avantage sur les bords du Louet. Du côté de l'Ouest, au puits des Barres, elle s'est montrée stérile. C'est la seule veine du système qui ait été employée et elle l'a été avec avantage pour charbon de forge.

La veine de la Portinière, peu connue, serait, d'après Rolland, un peu plus avantageuse que la veine de la Maison des Noulis, qui a peu d'importance.

L'inclinaison de ce système est vers le sud, jusqu'à la profondeur de 50 mètres; plus bas il reprend l'inclinaison vers le nord, qui est celle de toutes les couches situées plus au sud.

Système du Pâtis. — Rolland [1] l'avait appelé *système de la Haye-Longue;* nom que Cacarrié a changé en *système du Pâtis* [2], évidemment pour éviter les confusions qui pourraient résulter de l'emploi par trop répété de ce nom : la Haye-Longue s'appliquant à la fois à une concession, à un système et à une couche.

Le système du Pâtis repose sur un poudingue composé principalement de quartz laiteux; sa puissance totale est de 200 mètres. Les couches de ce système n'ont jamais été exploitées d'une manière suivie. Elles sont au nombre de trois : la couche de la Haye-Longue petite veine, la couche de la Haye-Longue grande veine et la veine du Pâtis. Elles sont peu connues et semblent d'une assez faible importance. Ces couches sont séparées les unes des autres par une succession de grès à grains fins et de schistes micacés jaunâtres, contenant peu d'empreintes végétales.

Système des Essards. — Il repose sur un poudingue quartzeux à gros galets. Son épaisseur est de 340 mètres. Les couches de charbon sont au nombre de trois : couche des Essards, couche des Petits-Houx et couche du Vaujuet. Elles sont séparées par une forte épaisseur de grès et de schistes noirâtres très

---

[1] ROLLAND. Notice sur le terrain anthracifère des bords de la Loire (*Bull. Soc. géol. de France*, XII, 1841, p. 463).

[2] CACARRIÉ. *Description géologique du département de Maine-et-Loire*, 1845, p. 72.

micacés, contenant quelques empreintes; mais, comme d'ordinaire, les traces de fossiles végétaux sont plus abondantes dans les schistes argileux qui avoisinent les couches.

La couche des Essards est irrégulière. Elle n'a fourni qu'un charbon sec et schisteux.

La couche des Petits-Houx est, comme les deux autres, soumise à des renflements.

Sur la couche du Vaujuet, la plus au nord, un puits a été ouvert. Il a rencontré un amas sans suite de charbon de bonne qualité propre à la forge.

Au-dessus se trouve un poudingue contenant, d'après Cacarrié [1], des débris de schistes rouges et verts. Si ces schistes sont empruntés au terrain silurien supérieur, avec lequel le culm supérieur est en contact sur presque toute l'étendue de son bord septentrional, ils indiqueraient une partie inférieure de ce culm supérieur ou sous-étage productif, et viendraient à l'appui de l'hypothèse d'un pli de terrain en forme de V; mais je ne puis rien affirmer, ne les ayant pas vus.

[En résumé, les veines des Bourgognes, du Roc, du Chêne et du Vouzeau sont les seules qui aient donné lieu à des exploitations importantes; les couches du nord ont constamment été irrégulières ou stériles, sauf la couche des Noulis qui, vers la partie centrale de l'amande que nous décrivons, a été trouvée assez riche. Par la disposition du terrain, ce sont seulement les couches du nord et du centre qui peuvent pénétrer dans la concession de Saint-Georges-sur-Loire]. Celles qui les y représentent [sont encore plus irrégulières dans cette région où le bassin commence à se rétrécir. Les inclinaisons ont changé du nord au sud à des profondeurs très rapprochées dans les puits ouverts sur la limite du terrain. Il est probable qu'en se rapprochant du centre on trouvera les couches plus régulières. On ne peut, d'ailleurs, rapporter que très imparfaitement les couches attaquées dans la concession de Saint-Georges à celles exploitées dans la concession de Layon-et-Loire. Il ne paraîtra pas surprenant que les couches les moins importantes ne se prolongent pas à une aussi grande distance, lorsqu'on voit dans la partie centrale même les changements éprouvés par les couches qui ont été poursuivies sur le plus de longueur, telles

[1] CACARRIÉ, manuscrit.

que celles des Bourgognes, du Roc, du Chêne, du Vouzeau et des Noulis.
Les couches de grès et de poudingue, bien qu'affectant généralement plus de
continuité, présentent dans ce terrain des irrégularités remarquables. Ainsi,
au *puits de la Coulée,* on a rencontré au mur un poudingue qu'on n'avait
jamais aperçu au *puits du Bocage,* à 300 mètres seulement de distance. La description des travaux exécutés dans le bassin fournira de nombreux exemples
des variations de puissance et d'allure de ces couches, dont les plus riches et
les plus régulières n'ont pu être suivies sur plus de 2,000 à 3,000 mètres].

[Les travaux exécutés par les propriétaires aux environs de Saint-Aubin-de-
Luigné ont certainement été très nombreux; il n'est presque pas de portion
de terrain où l'on ne trouve d'anciennes fouilles. Malheureusement, il est impossible de classer chronologiquement ces exploitations abandonnées et reprises
plusieurs fois; elles ont passé alternativement des mains des propriétaires dans
celles des concessionnaires et, pour plusieurs, on ignore aussi bien la date de
leur abandon que celle de leur origine. Nous savons cependant qu'en 1753[1]
les travaux de la Compagnie Brault consistaient en quatre différents puits,
situés sur les paroisses de Saint-Aubin-de-Luigné, Chalonnes et Chaudefonds :

Le puits dit *de Bon-Secours,* dans la paroisse de Saint-Aubin-de-Luigné,
avait 70 pieds de profondeur. La veine avait de 2 pieds 1/2 à 5 pieds
d'épaisseur.

Sur le même territoire était le puits dit *du Pâtis,* le premier où l'on ait
rencontré le grisou, et qui avait été abandonné à cause de la présence de ce
gaz.

Le puits dit *du Layon,* près de Bezigon, sur la même paroisse, était à environ 50 toises de la rivière qui porte ce nom. Il avait 110 pieds de profondeur et était sur une veine irrégulière, *bouillardeuse,* comme on dit dans le
pays.

Le puits *du Roc, paroisse* de Chalonnes, au lieu dit le Roc, avait 130 pieds
de profondeur. A ce niveau existait une galerie d'écoulement perçant la montagne sur une longueur de 390 pieds et aboutissant à la rivière. A l'endroit
où commençait la galerie dans la montagne était un second défoncement,
d'environ 50 pieds, que la Compagnie avait dessein de suivre]. M. Cacarrié

---

[1] Et non en 1743, comme il est indiqué par erreur sur le manuscrit de Cacarrié. En 1743,
Brault était encore à Montrelais et sa compagnie n'était pas fondée.

dit, dans son manuscrit, daté de 1853 : [Les travaux du Roc ont été continués jusqu'à ces dernières années.]

[Dans l'endroit dit la rue d'Ardenay, paroisse de Chaudefonds, avait été ouverte une galerie prise au pied de la montagne, d'environ 150 pieds, au bout desquels avait été commencé un puits d'environ 6 pieds de profondeur. Cette galerie avait traversé une veine dont la puissance entre toit et mur était de 9 à 10 pieds. La pierre de cette *chemise*, dit M. de Voglie, est blanche, d'un grain très fin et sujette à être traversée par des fils; à ces caractères, on reconnaît la pierre carrée qui accompagne la veine du Vouzeau Nord. A environ 300 toises de l'entrée de cette galerie, était un puits dit du Vousseau ou Vouzeau, sur lequel était établie une machine à molettes qu'avaient les entrepreneurs; il avait 100 pieds de profondeur et avait traversé deux veines *obliques*, dit Morand. Par cette qualification, il veut désigner des veines d'une inclinaison moyenne, et qu'il ne peut faire entrer dans les *plateuses* ou *roisses* des couches de la Flandre. Ce puits était ouvert au milieu des ouvrages des propriétaires; il donnait beaucoup d'eau. La Compagnie se proposait de mettre ce puits en communication avec la galerie d'écoulement de la rue d'Ardenay.

Nous verrons bientôt que l'abondance des eaux a déterminé, à une époque de beaucoup postérieure, l'abandon des travaux du nouveau puits du Vouzeau, foncé sur les mêmes veines.

On peut juger du peu d'importance de l'exploitation de la Compagnie par ce fait qu'elle ne possédait qu'une seule machine à molettes, et encore servait-elle plus à l'épuisement qu'à l'extraction.

Les renseignements traditionnels ne distinguent pas, comme nous l'avons déjà dit, ce qui appartient aux concessionnaires et aux propriétaires dans les différents travaux exécutés depuis 1753; nous allons donc décrire les ouvrages, tant anciens que modernes, d'après la position des veines sur lesquelles ils sont placés] en allant du sud au nord, comme nous l'avons fait pour l'étude des systèmes de couches reconnus par M. Rolland. Nous nous bornerons à indiquer autant que possible la date de ces ouvrages.

Il a été fait antérieurement des travaux sur les veines du Poirier-Samson; mais on n'en connaît aucune description.

[Les veines des Bourgognes ont été exploitées de tout temps. Le premier travail un peu important dont elles ont été l'objet a été le creusement du *puits Blouet* et du *puits Lechat*. Ces deux puits étaient en communication; ils étaient situés près du chemin de Chaudefonds, à 100 mètres à l'est du puits des Bourgognes.

L'ancien *puits des Bourgognes* était au sud des puits actuels, sur une branche de veine venue plus au midi.

Le *puits de la Barrière,* au S. O. du Bocage, avait été foncé sur les têtes des veines; il avait environ 30 mètres de profondeur; au fond se trouvait une bure de 18 à 20 mètres. Aux puits Lechat et Blouet les veines étaient riches; le charbon en était tout vendu pour la forge. Les eaux de ces puits étaient écoulées dans le Layon.

Le *puits des Bourgognes* actuel a été commencé le 20 juillet 1825. Les travaux ont atteint la profondeur de 100 mètres; leur développement est de 90 mètres à l'est et de 120 mètres à l'ouest. Dans cette dernière direction, un coupement au nord a été ouvert au niveau de 74 mètres; il a rencontré la veine du nord, par laquelle le puits des Bourgognes communique avec celui du Bocage. Les travaux des Bourgognes ont été successivement abandonnés à cause de l'abondance du grisou.

Le *puits du Bocage* est à l'ouest de celui des Bourgognes. Le système forme en ce point trois veines, qui ont été exploitées à différents niveaux. Ces veines s'embranchent, se ramifient souvent en direction; de plus, elles offrent plusieurs replis suivant l'inclinaison. Rien de plus irrégulier que leur allure; formées d'une suite d'amas de dimensions très variables, elles se contournent fortement suivant leur direction; elles changent souvent d'inclinaison et se replient même comme nous l'avons dit, présentant des parties presque horizontales ou *plateuses,* bordées de portions verticales. Ces plis forment quelquefois une calotte où l'on ne distingue plus la direction; aussi les travaux du bocage sont-ils tellement compliqués qu'il est impossible d'en donner une idée. Les principaux niveaux exploités ont été ceux de 74, 91, 121, 131, 145, 156 mètres. C'est surtout à 145 mètres que l'exploitation a eu le plus grand développement.

Des masses de charbon ont été extraites des veines des Bourgognes, par les puits des Bourgognes, du Bocage et de la Coulée. Les couches ont été suivies à 1 kilomètre environ.]

[Le *puits de la Coulée* a été destiné à l'exploitation des veines des Bourgognes et à l'aérage du puits du Bocage, à l'ouest duquel il est placé. Ce puits a rencontré à 86 mètres la veine du Sud, dans laquelle on est entré en voie à l'est. Pour hâter le moment où l'on serait en communication avec le Bocage, on a percé une galerie en rocher, aboutissant à une cheminée du niveau de 145 mètres du Bocage, et on a suivi la voie dans la veine Sud; mais à 20 mètres on a passé dans la veine Nord, qui n'en était séparée que par un bouillage; on a continué la voie dans la veine Nord jusqu'à un crain. La direction, qui paraissait être vers l'ouest, a été au contraire celle de l'est. Au niveau de 66 mètres, on a constaté les mêmes accidents : bouillage et, plus loin, changement de direction. Pour trouver le prolongement des couches vers l'ouest, on a fait une galerie à l'appui d'un banc de poudingue qui est au toit de la veine du Nord; ce travail n'a pas donné d'indications précises.

Entre les puits du Bocage et de la Coulée, on a trouvé au contraire, dans les replis des couches, des amas très puissants, qui ont défrayé l'exploitation pendant les campagnes de 1846, 1847 et 1848. Cette portion du terrain est d'une grande richesse.

Une veine plus au sud que les trois que j'ai indiquées a été découverte en 1845 au niveau de 145 mètres du Bocage, à l'extrémité ouest des travaux; la voie ouverte dans cette veine semble devoir donner la direction des veines vers l'ouest, direction en vain cherchée au niveau de 66 mètres de la Coulée.

Plus à l'ouest, les veines des Bourgognes ont été coupées au *puits Sainte-Barbe*; elles ont été aussi l'objet de recherches au Grand-Godinet. Une ancienne galerie abandonnée depuis quatre-vingts ans a été reprise en 1843; on a reconnu qu'en ce point les couches sont irrégulières, divisées en plusieurs embranchements; on y a exploité quelques amas, et l'on a suspendu ce travail en 1847].

[Les veines du Roc, qui forment la partie inférieure du système Goismard, ont été exploitées dans plusieurs points, surtout dans la partie ouest de la concession. La régularité et la qualité du produit de ces couches en ont fait toujours regarder l'exploitation comme avantageuse, quoique leur puissance ne soit pas très considérable. En se dirigeant de l'est à l'ouest, on trouve successivement :

1° La *galerie Goismard*, faite pour exploiter les couches au-dessus du niveau de la vallée, du côté du Layon. Elle coupait les bancs sur une longueur d'environ 50 mètres. Elle a communiqué au puits Goismard.

2° Le *puits des Quatre-Vaches*, creusé vers 1803. Il avait 43 mètres de profondeur et descendait jusqu'à la galerie d'écoulement du Layon.

3° Le *puits Goismard* avait 133 mètres de profondeur et avait été creusé

Mines ouvertes sur les veines Goismard.

dans la couche. A l'est, il allait jusqu'à des travaux exécutés par les anciens, qui se prolongeaient jusqu'au Layon.

4° Le *puits Villain* a été foncé à l'est du précédent par la Compagnie, au moment où elle avait obtenu la concession; il avait 78 mètres de profondeur, dont 48 mètres en verticale, et le reste suivant l'inclinaison de la couche; les travaux allaient jusqu'à la profondeur de 100 mètres environ.

5° Le *puits Saint-Marc*, placé au nord des veines Goismard, il a été commencé en 1828 et avait une profondeur totale de 170 mètres. Au niveau de 122 mètres, on a ouvert au sud un coupement d'une longueur totale de 43 m. 60. Ce coupement avait rencontré successivement plusieurs indices de couches; on entra en voie dans la dernière de ces veinules, qu'on croyait être la grande veine Goismard en crain sur une longueur de 91 mètres vers l'est. On reconnut, en 1831, que les veines Goismard étaient plus au nord; on fit alors, en retour dans cette direction, et au bout de la galerie d'allongement, un nouveau coupement qui, après avoir traversé 16 m. 30 de grès schisteux très dur, rencontra la couche Goismard dite Grande-Veine. On entra en galerie à l'est et à l'ouest. La voie de l'ouest rencontra un crain de 13 m. 40; elle a été arrêtée à 40 mètres du coupement partant du puits. La voie de l'est se rapprochait des anciens travaux de Goismard, dont on n'avait pas les plans, mais qu'on savait avoir porté principalement sur la petite veine.

Pour éviter une inondation subite, à 24 mètres à l'est du coupement par lequel on avait atteint les couches, on monta deux cheminées parallèles de 15 mètres de hauteur, en ayant soin de sonder à l'avance; à l'extrémité de ces cheminées, on fit vers le sud un coupement qui, à 2 m. 20, rencontra la petite couche, et, par un trou de sonde de 7 mètres de hauteur, on atteignit les vieux travaux, dont les eaux s'écoulèrent vers le puits Saint-Marc. Pour aérer ces travaux, on déblaya le puits Villain, et, à 210 mètres du puits, on fit au sud un coupement de 16 mètres de longueur, qui atteignit une galerie des anciens travaux, à 21 mètres de l'extrémité inférieure du puits. La voie du niveau de 122 mètres avait un développement de 310 mètres à l'est du puits A l'ouest, la voie a rencontré un rejet de la couche, où l'on a quitté le système Goismard et passé dans une couche reconnue plus tard pour faire partie des veines du Chêne. Cette voie a une longueur de 155 mètres à partir du puits. L'extrémité est de la galerie a été arrêtée à un crain, qu'on a essayé de percer au niveau inférieur. Pour l'aérage, on s'était mis en communication avec le *puits Carré* par une galerie partant du puits Saint-Marc à 37 mètres de son

orifice. Deux autres niveaux ont été ouverts : l'un à 148 mètres, l'autre à
170 mètres. Le premier n'a qu'une voie, dirigée vers l'est, qui a rencontré
à 270 mètres le crain, où elle a été continuée sur une longueur de 60 mètres
sans le percer. Dans le second, la voie de l'ouest a 110 mètres ; celle de l'est
a 130 mètres jusqu'au crain, dont l'inclinaison très prononcée vers l'ouest a
diminué l'étendue de l'exploitation dans les niveaux inférieurs. En face du
puits, on a trouvé constamment le crain reconnu à 122 mètres ; sa longueur
est d'environ 90 mètres. Les travaux des anciens, qui restreignent le champ
d'exploitation du puits Saint-Marc à la partie inférieure du gîte, et les déran-
gements éprouvés par les couches, ont été des circonstances défavorables,
auxquelles il faut joindre l'abondance des eaux qui filtrent à travers la pierre
carrée. L'exploitation des couches Goismard a été terminée à ce puits, en 1841.
Au niveau de 122 mètres, on a essayé de reprendre la direction vers l'ouest,
perdue par suite du rejetement de la couche, On est arrivé, en coupant la
pierre carrée, à une veinule qui paraît bien remplacer la couche. Malgré
la présence d'indices annonçant ordinairement la proximité du charbon, on
a suivi inutilement cette recherche jusqu'à 110 mètres du puits.

La couche rencontrée par la voie de 122 mètres était une des veines du
Chêne qui avait été fouillée par les anciens vers l'ouest ; avant d'y pénétrer,
on a démergé les vieux travaux par un puits foncé au milieu de ceux-ci. Ces
précautions prises, on a attaqué les veines du Chêne, qui sont au nombre de
trois, et on les a dépouillées depuis le niveau de 170 mètres jusqu'aux vieux
travaux, qui allaient de la superficie à la profondeur de 50 mètres suivant l'inclinaison. L'exploration, en 1853, s'étendait sur 150 mètres en direction. Un
coupement au nord, partant des veines du Chêne, a atteint les veines du Vouzeaux et des Trois-Filons. Le système des Vouzeaux a présenté une veine Sud
de 0 m. 50 et une veine Nord de 0 m. 80. On est entré en galerie dans cette dernière au niveau de 170 mètres ; à l'ouest, on a rencontré à 15 mètres un crain
qu'on n'a pas essayé de percer, afin de s'isoler des travaux inondés du *puits du
Vouzeaux;* à l'est, on s'est dirigé vers le *puits des Malécots,* avec lequel on
devait se mettre en communication. En attendant, comme on passait au-dessous
des travaux de l'ancien *puits de la Barre,* dont la profondeur a été d'environ
100 mètres, on les a démergés par un bure ouvert au niveau de 40 mètres de
Saint-Marc, dans la veine du Vouzeau, au milieu d'anciens ouvrages inondés
communiquant avec ceux de la Barre ; les eaux étaient amenées par des trous
de sonde dans l'intérieur du puits Saint-Marc. La veine des Trois-Filons, où

l'on est entré en galerie sur une longueur de 90 mètres, s'est montrée irrégulière, bien qu'à la même longitude un coupement partant du puits du Vouzeau, au niveau de 90 mètres, l'eût reconnue régulière et exploitable.

Le *puits Saint-Marc* était desservi par une machine à vapeur.

6° et 7°. A l'ouest du *puits Saint-Marc* se trouvaient le *puits Sainte-Barbe* et la Mine du Roc, dont les travaux communiquaient. Une galerie avait été commencée par les anciens dans le coteau qui domine le Louet au-dessous du village du Roc; elle fut reprise en 1813, déblayée et réparée. Les veines Goismard, qu'elle coupait à 44 mètres et à 48 mètres, étaient en crain à l'est et exploitées par les anciens à l'ouest. On essaya de percer le crain à l'est; une voie y fut inutilement poussée sur une longueur de 67 mètres. Cette recherche, dont on ne pouvait espérer que peu de succès, le terrain étant très irrégulier, fut abandonnée. Plus à l'est, et à un niveau plus rapproché des hautes eaux de la Loire, une nouvelle galerie du Roc fut commencée le 17 août 1818. Cette galerie coupe à 40 mètres la petite veine de la *Recherche* et à 95 mètres les veines Goismard. A ce niveau, la Grande Veine ne donna pas de résultats avantageux; aussi se borna-t-on à l'exploitation de la petite veine, dont la puissance était de 0 m. 50, et dont le dépouillement jusqu'au sol de la galerie fut terminé en 1824. On fonça alors dans la même veine un bure d'extraction dont la profondeur était d'abord de 41 m. 80 suivant la verticale ou 72 mètres suivant l'inclinaison; un manège à deux chevaux fut monté sur ce puits incliné, dans un emplacement taillé dans le rocher. Les deux veines ont été exploitées jusqu'au fond du puits; la petite conservant une puissance de 0 m. 40 à 0 m. 50, et la grande ayant, vers le bas des travaux, une puissance variable de 0 m. 60 à 1 mètre, 1 m. 30 et 1 m. 60. L'exploitation était très difficile, à cause de la faible inclinaison des couches, qui n'était que de 20 à 25°; à l'ouest, elle était limitée à 25 mètres de la galerie, par un crain dit *de la Drenière*, qu'on n'a pas percé; à l'est, son développement a été de 390 mètres au niveau de la galerie, et de 149 mètres au niveau de 41 m. 80, distance à laquelle on rencontre un crain. En 1836, le bure fut approfondi jusqu'à 60 mètres; à 55 mètres on a ouvert à l'est une voie de 60 mètres de long, qui communiquait par une cheminée au niveau de 41 m. 80.

Pour continuer l'exploitation soit vers l'est, soit à des niveaux inférieurs, on ouvrit, en 1832, le puits Sainte-Barbe, à 350 mètres à l'est de la galerie du Roc, à 9 mètres au-dessus des hautes eaux de la Loire. Le puits, vertical et de grandes dimensions, traversa les couches en 1837, au niveau de 77 m. 40, où l'on entra de suite en galerie. D'autres voies furent ouvertes à 60 mètres et à 104 mètres, où fut percé un coupement de 32 mètres de long, mettant le puits en communication avec les couches. Les deux veines ont été exploitées par ces galeries, à l'ouest jusqu'aux travaux du Roc dans les niveaux supérieurs, et jusqu'au Louet dans les niveaux inférieurs. Un bure de recherche, ouvert à l'extrémité de la voie de 77 mètres, à l'époque où la Compagnie de Layon-et-Loire demandait une extension de limites, a pénétré au delà de la rive gauche du Louet. A l'est ces voies ont été arrêtées par un crain dit de 100 mètres. Au niveau de 77 mètres, à 82 mètres du puits, on a traversé ce crain de 100 mètres, qui a coupé en deux parties l'exploitation des niveaux inférieurs à la voie de 104 mètres, où ce crain a été percé également. Un bure a été creusé à l'est du crain, à 290 mètres du puits, et un manège intérieur, placé sur le bure dans la voie de 77 mètres, montait les charbons jusqu'à la voie de 104 mètres, par laquelle ils étaient roulés à l'accrochage. La délimitation irrégulière de la concession vers le nord n'a pas permis d'ouvrir un niveau inférieur; on a été obligé, pour exploiter au-dessous de la voie de 104 mètres, d'ouvrir des bures vers le milieu des divers angles saillants formés par les sinuosités du Louet, et on a ainsi dépouillé les couches jusqu'à la limite nord à des profondeurs variables, dont le maximum a été de 100 mètres suivant l'inclinaison. Dans ces exploitations partielles les charbons ont été montés par des bures jusqu'au niveau de 104 mètres. Pour l'aérage des travaux et la descente des ouvriers, on avait ouvert à l'est du puits, dans le chemin de la Rue, un puits incliné, qui communiquait au niveau de 77 mètres. Le dépouillement du gîte a été terminé en 1847; déjà en 1843, dans cette prévision, on avait commencé à foncer le puits Sainte-Barbe à la rencontre des veines des Bourgognes, qu'on a atteintes le 14 juin 1847, à la profondeur de 185 mètres. Pour isoler les anciens travaux des veines Goismard de l'exploitation récente des Bourgognes, on a établi, dans le coupement de 104 mètres une digue destinée à retenir les eaux entre les niveaux de 104 mètres et de 77 mètres. Un robinet placé dans cette digue permettait de vider les eaux pendant l'été, sans avoir besoin de les laisser tomber jusqu'au fond du puits. Une machine à vapeur de 16 chevaux fonctionnait sur le puits Sainte-Barbe depuis 1839.

8° Le *puits de l'Ouest*. Il a été foncé sur les bords du Louet, pour l'exploitation des veines Goismard à l'ouest du crain de la Drenière. Par suite d'un changement d'inclinaison ce dépôt traverse les couches à 27 mètres et à 28 mètres, au lieu de ne les atteindre qu'à 45 mètres. Deux coupements au Nord ont été ouverts, l'un à 49 mètres, le second à 65 mètres. Le dernier a atteint la limite nord de la concession avant d'avoir rencontré les couches; il a été arrêté par un angle rentrant du Louet, limite nord de la concession. Pour pénétrer dans la portion des couches à l'ouest du coupement, qu'une sinuosité du Louet laisse à la concession de Layon-et-Loire, on a fait, au niveau de 49 mètres, une galerie de direction dans une veinule au mur des couches, à 15 mètres du puits; à 90 mètres du coupement, on a tourné obliquement vers le nord, et l'on a rencontré la grande veine à 18 mètres plus loin. La couche s'est présentée régulière, avec sa puissance ordinaire de 0 m. 60. La partie du gîte inférieur au coupement de 49 mètres a été dépouillée par un bure jusqu'à la limite du Louet. A l'ouest du puits, on a ouvert dans le coteau une galerie à travers bancs, à la rencontre des couches, qu'on a trouvées au bout de 14 mètres, en partie dépouillées par les anciens; on a enlevé ce qui restait de charbon dans la partie supérieure du gîte, et l'on s'est mis en communication avec le coupement de 49 mètres par un bure qui a servi pour l'aérage et la descente des ouvriers.]

[Les veines du puits du Chêne font partie du système Goismard. Elles étaient peu connues. Celle du nord était désignée sous le nom de veine Gaignard.

Le *puits du Chêne*, placé à environ 60 mètres, au S.-O. de celui de la Rue, avait été ouvert par les anciens jusqu'au niveau de la galerie de la Rue, et creusé depuis jusqu'à 39 mètres par les concessionnaires, qui l'avaient abandonné. Il a été repris en 1820, après l'inondation des travaux du Vouzeau; il a été réparé, élargi et foncé jusqu'à 169 mètres, en suivant l'inclinaison de la veine, qu'on a rencontrée en crain à la profondeur de 56 mètres. Le puits d'aérage de cette exploitation était placé au fond du canal de la Rue, et foncé aussi dans la veine; il avait 48 mètres de profondeur. Les veines, au nombre de deux, étaient séparées par une terrée de 18 mètres à la partie supérieure et de 30 mètres dans le fond. La veine du Sud était la plus puissante; elle avait environ 1 mètre, y compris une terrée de 0 m. 25 à 0 m. 30. La petite veine, ou veine du Nord, ressemblait à celle du Roc; son inclinaison diminuait dans la profondeur, ce qui augmentait la distance des deux couches. Au niveau de 166 mètres, on était entré dans la grande veine, qu'on avait trouvée en crain à 5 mètres du côté de l'est; la voie de l'ouest avait

Puits
sur les veines
du Chêne.

18 mètres. Au niveau de 153 mètres on est entré en voie, à l'ouest seulement, sur une longueur de 39 mètres; à l'est, on n'a pas travaillé, à cause du crain. Au niveau de 143 mètres, on entra en voie, à l'est, où l'on rencontra le crain à 18 mètres, et à l'ouest, sur un développement de 66 mètres. Dans la voie de l'Est, à 3 mètres du puits, on fit un petit coupement au sud, à la recherche d'une veinule qui s'était détachée de la grande veine et qui s'est anéantie, et vis-à-vis un autre coupement au nord, qui a rencontré la petite veine à 22 mètres de la voie. A 5 mètres de la voie, on avait traversé un petit filon de 0 m. 60 de puissance, qui accompagne ordinairement la grande veine, et dans lequel on a pénétré sur une étendue de 14 mètres à l'ouest. Les couches ont peu produit à ces niveaux inférieurs; on y a pourtant pris des tailles et extrait du charbon de qualité inférieure. Au niveau de 122 mètres, on entra aussi en voie, sur des longueurs de 38 mètres à l'est, jusqu'au crain, et de 105 mètres à l'ouest; cette dernière voie traversait un crain de 30 à 40 mètres de longueur, où la puissance de la couche était réduite de moitié. A 86 mètres du puits, dans cette galerie à l'ouest, on a fait au nord un petit coupement de 3 mètres, qui a rencontré la veine du toit avec une puissance de 1 m. 60; on l'a exploitée sur une longueur de 19 mètres. Vis-à-vis du puits, un coupement de 18 mètres joignait la veine du Nord. Au niveau de 174 mètres, sur le sol de la galerie de l'Ouest, on a ouvert un bure de 14 mètres de profondeur. Entre les niveaux de 143 et de 122 mètres, les deux veines ont été exploitées, et l'on a remonté jusqu'aux anciens travaux, qui allaient jusqu'à 36 mètres de la superficie. Dans les niveaux supérieurs à 90 mètres, l'exploitation a été maintenue entre les deux crains de l'est et de l'ouest, afin d'éviter l'irruption des eaux de la Loire, dont on s'approchait de ce côté; le crain de l'est a été conservé, pour isoler les travaux du Chêne de ceux qui pourraient être entrepris plus tard vers l'est. Le puits du Chêne a été abandonné le 15 octobre 1824.]

Ce système comprend la petite veine du Vouzeau, la grande veine du Vouzeau et la veine des Trois-Filons.

[Le *puits de la Barre* a été foncé avant 1792 par M. de la Barre; il a servi à l'exploitation des couches des Trois-Filons et du Vouzeau. Les travaux ont été portés à l'est et à l'ouest; ils se sont arrêtés au crain de l'ouest du puits des Malescots, crain qui n'a pas été percé. Le puits avait 100 mètres de profondeur; dans le fond, on a ouvert un bure de 17 mètres; ce bure n'a pas traversé le crain qui limitait les travaux.]

Travaux sur les veines du *Système de la Barre*.

Le *puits du Vouzeau*, d'une date ancienne, avait été déblayé avant la concession par MM. Gastineau et Morel; suspendu en 1811, il fut repris dans le mois d'août 1814, à la suite du submergement des travaux du puits du Louet, et abandonné définitivement en 1820, par suite de l'établissement des eaux. Déjà, en 1814, une source qui existait au niveau de 90 mètres gênait beaucoup l'exploitation, lorsqu'on en découvrit en 1815, au niveau de 122 mètres, une nouvelle qui laissait à peine huit heures sur vingt-quatre pour extraire et enlever la houille.

La profondeur totale était de 136 mètres. Au niveau de 100 mètres, la galerie d'allongement avait 50 mètres à l'est, où elle rencontrait un crain, et 400 mètres à l'ouest, où les travaux n'étaient qu'à 28 mètres du Louet. Au niveau de 133 mètres, la voie de l'Ouest avait une longueur de 417 mètres; elle avait traversé quatre crains. A l'ouest et à 159 mètres du puits, on avait ouvert un bure de 21 mètres de profondeur; à 200 mètres du puits et toujours à l'ouest, on avait foncé un second bure de 42 mètres, pour l'exploitation de la partie de la couche inférieure à la voie et comprise entre les deux premiers crains. A 38 mètres, ce bure rencontra le crain, et on dépouilla le massif dans lequel il était ouvert, sur un développement de voie de 68 mètres.

Au mois de mai 1816, les eaux débouchèrent dans ce bure; la voie d'eau se manifesta au niveau de 133 mètres à l'ouest, à 60 mètres du fond de la galerie. Au moment où les eaux menaçaient de faire irruption, la pression était très considérable; les bois étaient écrasés à peine étaient-ils posés. Afin d'éviter l'inondation complète de la mine, on a construit deux serrements, l'un dans la galerie de roulage, l'autre dans la voie d'aérage : tous les deux dans le premier crain, qui a 28 mètres de longueur. On espérait ainsi contenir les eaux dans les niveaux inférieurs et les travaux de l'ouest. Ces serrements ne purent empêcher les eaux de se créer d'autres issues, en raison de leur pression et du peu de solidité du terrain; aussi l'exploitation, déjà abandonnée dans les bures de la voie de 133 mètres, ne put être continuée que peu de mois au niveau de 107 mètres, et fut reportée, pendant l'été de 1817, au niveau de 90 mètres, où l'on ne se maintint qu'avec peine. Des massifs considérables avaient été laissés dans les parties inférieures; afin de pouvoir rentrer dans ces massifs, ou au moins d'exploiter au-dessus du niveau de 90 mètres, qui devait être prolongé pendant l'hiver, on ouvrit un puits de secours près de la galerie de la Rue. Ce puits préserva d'une inondation complète les travaux du puits Carré, qui communiquait avec ceux du Vouzeau au niveau de 90 mètres ; le puits du Vouzeau ne servit qu'à l'épuisement, et l'extraction se faisait au-dessus de 90 mètres, par le puits Carré et par le puits de la Rue. Les moyens d'épuisement étant toutefois insuffisants pour pénétrer au-dessous de 90 mètres, on enleva tout ce qui existait de houille jusqu'aux anciens travaux, et le puits du Vouzeau fut définitivement abandonné le 1er février 1820.

Le *puits de la Rue*, dont nous venons de parler, était situé à 140 mètres au nord-ouest de celui du Vouzeau ; il était placé au toit de la grande veine du même nom, qu'il atteignit à la profondeur de 25 mètres ; il fut ensuite foncé en suivant l'inclinaison de la couche, et atteignit une profondeur totale de 108 mètres. Il était destiné à exploiter la partie des deux veines supérieures au bure inondé au delà du grand crain de l'ouest. Au niveau de 90 mètres on se dirigea à l'ouest et on perça le crain. Un massif de houille avait été abandonné, par suite de la submersion rapide des travaux, entre les niveaux de 90 et de 110 mètres ; ce massif fut exploité par un bure de 17 mètres de profondeur ouvert à l'appui du crain ; on exploita ensuite en remontant jusqu'au niveau de 80 mètres, où l'on rencontra les anciens travaux. Le puits de la Rue fut abandonné en même temps que celui du Vouzeau.]

[Le *puits Carré* a été foncé par la Compagnie Bault. Il était vertical jusqu'à 33 mètres, et au delà il était incliné dans la veine du Vouzeau. En 1807, on l'a repris et on l'a poussé successivement jusqu'à 100 mètres. Ce puits est placé à environ 78 mètres au S.-O. de celui du Vouzeau, avec lequel il a été mis en communication. Il était primitivement destiné à l'exploitation de la petite veine de ce nom, qui se trouve à 14 mètres environ au sud de la grande. Ces veines avaient l'une 2 mètres à 2 m. 30, et l'autre 1 mètre à 1 m. 30, y compris une terrée de 0 m. 25 à 0 m. 30. Ce puits servait aussi à épuiser une partie des eaux qui venaient des anciens travaux voisins de la superficie, et dont l'abondance gênait l'exploitation du puits du Vouzeau. On maintenait assez facilement les eaux jusqu'à la profondeur de 90 mètres, et l'exploitation se fit sans difficultés jusqu'à ce niveau, dans les massifs qui existaient aux niveaux de 50 mètres, de 67 mètres et de 90 mètres, dans les deux veines du Vouzeau, sur un développement de 74 mètres à l'ouest et de 35 mètres à l'est. On a aussi exploité la veine des Trois-Filons par le puits Carré, qui a été abandonné au mois de février 1820.]

[Le *puits des Malescots* a été foncé en 1822, après l'abandon du Vouzeau,

IMPRIMERIE NATIONALE.

pour exploiter les veines du Vouzeau du côté de l'est. Il est placé au sommet du coteau, à 80 mètres environ au nord de l'affleurement des veines. Il a été foncé d'abord jusqu'à 20 mètres sur de grandes dimensions; mais l'abondance des eaux ayant empêché de l'approfondir, on en fit creuser un autre à 28 mètres plus au sud. Ce dernier, foncé à 39 mètres, était destiné à servir de puits d'aérage, dans la suite, et provisoirement à débarrasser des eaux, en communiquant, s'il était possible, avec l'ancien canal d'écoulement ou tranchée de Bel-Air. Comme on ignorait la véritable direction de ce canal, on ouvrit, pour aller à sa recherche, un coupement au midi, partant de ce puits. Au bout de 15 mètres, on trouva un petit filon, dans lequel on fit diverses fouilles, qui ne donnèrent aucune indication. On se décida alors à chercher le canal par un autre coupement, partant du niveau de 35 mètres et dirigé vers le nord jusqu'à 46 mètres de distance du puits. On avait coupé, par cette traversée, deux veines, l'une à 13 mètres, l'autre à 17 mètres, qu'on présumait être celles du Caf, dans lesquelles on savait qu'aboutissait le canal de Bel-Air. Après diverses recherches dans l'une et dans l'autre veine, on fit creuser sur le sol de la première un bure de 7 mètres de profondeur qui communiqua à cette galerie. Celle-ci, quoique en mauvais état, permit l'écoulement des eaux qui inondaient les anciens ouvrages superficiels faits sur les veines du Caf et du Vouzeau et avaient empêché le foncement du puits des Malescots.

Ce dernier a été foncé à la profondeur de 104 mètres. Il a servi à exploiter les mines du Vouzeau, des Trois-Filons et du Caf. La veine du Vouzeau Nord avait de 1 m. 30 à 1 m. 66; celle du Vouzeau Sud, 1 mètre. La distance des deux couches était de 5 mètres. La veine des Trois-Filons avait 0 m. 66; celle du Caf était très irrégulière : elle a eu jusqu'à 2 m. 66 et présentait de nombreux crains. Par le puits des Malescots on est entré dans les vieux travaux du puits Josset. On a exploité au-dessous et au delà de ceux-ci du côté de l'est. Dans cette direction, on a suivi à une très grande distance un crain de la veine des Trois-Filons, où l'on trouvait de temps en temps un peu de charbon, ce qui empêchait d'abandonner cet ouvrage. De cette voie, on a fait un coupement au sud, pour rejoindre la veine du Vouzeau, qu'on avait laissée en crain; on l'a retrouvée dans le même état. Dans la profondeur, on a suivi le crain par un bure d'environ 10 mètres. Le terrain était bien réglé dans le fond. On n'a pas fait de coupement au nord sur la veine du Caf. Les travaux du puits des Malescots donnaient peu d'eau : environ quatre tonnes en vingt-quatre heures. Le puits, abandonné après 1830, a été repris en 1847. On y a monté une machine inférieure] pour pouvoir l'exploiter à une plus grande profondeur.

Ce système comprend les veines du Caf et celles du Bel-Air.

[*Puits Gosset.* Ce puits a été foncé en 1803 par Lefèvre et Pelé, pour l'exploitation des veines du Caf, des Trois-Filons et du Vouzeau. Il a été creusé verticalement jusqu'à 40 mètres, et l'exploitation a été prolongée par bures au-dessous de ce niveau. En même temps, on avait repris une ancienne galerie qui aboutit au Layon. Plus tard, le puits Gosset a servi à l'aérage du puits des Malescots.

A 100 mètres à l'est du puits Gosset, Lefèvre et Pelé avaient fait un puits de 130 mètres jusqu'au niveau du Layon, dans la veine des Trois-Filons. Ils ont foncé quelques bures, dans lesquels on a trouvé un peu de charbon. Un coupement de 40 mètres, au nord, dirigé vers la veine de Caf, l'a trouvée en crain.

Tranchée de Bel-Air. Avant la concession, on avait exécuté à travers bancs une tranchée dite *tranchée de Bel-Air,* partant des bords du Louet, près des maisons des Vouzeaux, à la rencontre de la veine du Caf. Cette galerie avait coupé la veine de Bel-Air, qu'elle avait servi à exploiter. Un petit puits d'aérage avait été ouvert sur cette veine. La veine de Bel-Air n'a été exploitée que jusqu'au niveau de la galerie d'écoulement; on y avait fait cependant quelques bures. Ces travaux sont les seuls exécutés dans cette couche, qui a environ 0 m. 50 de puissance. La tranchée du Bel-Air joignait la veine du Caf, dans laquelle on avait ouvert quelques bures à l'ouest.]

[Les veines intermédiaires, comprises entre le système de Bel-Air et celui des Noulis, sont peu connues; les travaux de recherche exécutés au puits des Barres, pour les reconnaître, à la profondeur de 100 mètres, ont été inutiles. On a dépouillé les affleurements par de petits puits inclinés foncés jusqu'au point où la veine disparaissait à des profondeurs variant de 20 à 30 mètres. Les autres travaux faits sur ces couches, plus à l'ouest, ont été les suivants :

1° Le *puits de la Genaiserie,* creusé très anciennement sur une branche de veine par les deux frères Chalonneau. Ce puits a été foncé à 20 mètres. On n'en a retiré que très peu de charbon.

2° Le *puits des Bruandières.* En 1805 on a travaillé sur deux veines *bouillardeuses* qui s'accompagnaient, et qui ont été exploitées jusqu'à 50 mètres. L'une de ces veines disparaissait très souvent. Le terrain était irrégulier; la

puissance de la couche allait jusqu'à 1 m. 50 et 2 mètres. Ces travaux, entrepris par Brossard et Boulet, ont été abandonnés par suite de la concession.

3° En revenant vers les Bruandières, Renou et Douvreau ont fait une
galerie près du Layon, sur la couche de l'Oseraye. Ils ont fait 40 mètres de
coupement et ont tourné en voie à l'ouest, où la galerie avait environ 50 mètres;
on n'a trouvé que peu de chose à l'est. Les veines étaient très *bouillardeuses*.
On en a extrait une quantité assez considérable de houille; un massif atteignait
plus de 2 m. 60 de puissance. Dans un petit bure ouvert dans la voie, la
couche se perdait. Ces travaux ont été faits deux ans avant la concession.]

Puits
sur la veine
des Noulis. [Cette couche, l'une des plus importantes, a été exploitée snr une grande
étendue. Elle fournissait du charbon de forge en roche, de qualité supérieure.]

1° [Le *puits de la Croix-parent*, placé à 250 mètres à l'ouest du puits de
l'Aiglerie, a été foncé de suite jusqu'à la profondeur de 100 mètres. Il a été
commencé en janvier 1819. Au niveau de 92 mètres, on fit un coupement
de 7 mètres au nord, avec l'espérance de rencontrer productive la veine qui
avait été stérile sur une grande étendue aux puits Bault et de la Guiberderie;
mais ici encore la veine était en crain. Au niveau de 80 mètres on avait traversé la branche méridionale de la couche qui se bifurque; on pénétra dans
cette branche sur une longueur de 11 mètres à l'est et de 20 mètres à l'ouest,
sans sortir du crain reconnu au niveau inférieur. Au niveau de 58 mètres on
fit un coupement au nord, pour voir si l'autre branche n'était pas plus productive; on ouvrit dans cette veine une voie de 60 mètres de longueur, tant
en crain qu'en charbon; le coupement fut prolongé, pour s'assurer s'il ne restait pas encore une troisième veine plus au nord; mais au bout de 7 mètres
on rencontra la pierre carrée, où l'on s'arrêta. On remonta alors au niveau de
38 mètres, où l'on communiqua par un coupement de 5 mètres avec la veine
du nord, dans laquelle on ouvrit, à l'est et à l'ouest, des voies où l'on perça
un crain de 40 mètres. Les terrains paraissant mieux réglés, la voie du
niveau de 58 mètres fut poussée jusqu'à 211 mètres du coupement vers l'est,
dans un terrain composé de schiste terreux et de fer carbonaté en rognons,
dans lequel se trouvaient disséminés quelques filets de houille séparant
quelques massifs. Des bures de 8 à 12 mètres de profondeur furent ouverts
dans cette galerie, sans autres résultats que de montrer que la veine, verticale
aux niveaux supérieurs, reprenait son inclinaison ordinaire vers le midi. A
185 mètres de distance du puits on fit un coupement au nord, qui, au bout

de 6 mètres, rencontra la pierre carrée; ainsi, on ne s'était pas égaré. A 44 mètres du puits, on découvrit un premier massif de houille, de 1 m. 80 à 2 mètres de puissance, sur une longueur de 22 mètres, et deux autres petits massifs d'environ 18 mètres de long, en dessous du premier. A 111 mètres du puits, on ouvrit une cheminée dans la veine qui ne contenait que des schistes et des rognons de fer carbonaté; à 14 mètres plus loin, on rencontra un second massif de houille de 20 mètres de longueur et 1 m. 40 de puissance, puis, à 143 mètres du puits, un troisième massif de 8 mètres de long sur 0 m. 80 de puissance; au delà la veine a été stérile. Au niveau de 38 mètres on ne découvrit pas d'autres bouillards, et les recherches, tant en dessus qu'au dessous de la galerie, furent infructueuses. A l'ouest, on s'était avancé de 19 mètres, jusqu'à un crain qu'on n'a pas traversé, afin de ne pas communiquer avec d'anciens travaux, qu'on connaissait de ce côté. Ce puits fut abandonné en 1823.]

2° [Le *puits de l'Aiglerie* a été foncé vers l'année 1818, il n'a eu que 39 mètres de profondeur; le puits d'aérage avec lequel il communiquait en avait 33. Au niveau de 30 mètres on atteignit la couche, qui paraissait se former en plateuse inclinant au sud. On y pénétra sur une longueur de 15 mètres; mais, en suivant cette recherche, on communiqua à d'anciens travaux, dont les eaux affluèrent avec abondance dans la veine. Au niveau de 36 mètres on ouvrit à l'est une voie de 98 mètres de longueur, dont 72 mètres dans de vieux travaux et 28 mètres dans la couche, qui avait 1 mètre de puissance. Il paraît qu'on avait rencontré un crain à l'issue des vieux travaux. A son extrémité, la voie fut aussi arrêtée à un crain qui présentait encore 0 m. 16 de charbon. En ce point on ouvrit une traverse vers le sud, qui rencontra un petit massif de houille de 1 m. 20 de puissance, dans lequel on pénétra sur une longueur de 21 mètres de l'ouest à l'est. A 74 mètres du puits on fit aussi une traverse de recherche vers le sud-est et, à peu de distance, on rencontra une branche qu'on suivit vers l'ouest jusqu'à 31 mètres, distance où elle se réunissait à de vieux travaux. Les tailles supérieures à la voie avaient 63 mètres de développement.

Jusqu'au fond du puits la couche était comprise entre deux roches d'aplomb; au fond du puits, la roche affectait une inclinaison de 45 degrés vers le nord. Cette observation est très importante pour l'étude de l'allure de la veine des Noulis et de la partie nord du terrain anthracifère. La houille extraite par le puits de l'Aiglerie était carrée comme celle de la petite veine du Roc.]

3° [Le *puits du Louet*, ouvert en 1810, était incliné depuis le jour jusqu'à la profondeur de 100 mètres. Au bas il y avait un bure de 20 mètres,
au fond duquel la couche remontait au nord; la pierre carrée du toit avait le
même contournement. On a suivi cette plateuse sur 40 mètres en inclinaison
et environ 100 mètres en direction. Il y avait dans la couche une terrée de 15
à 20 centimètres. L'on obtenait plus des deux tiers en charbon de forge;
la houille était carrée et semblable à celle de Montrelais. Ce puits était isolé et
ne communiquait ni avec le puits Bault, ni avec la galerie des Noulis, dont il
était séparé par un massif de houille de 15 mètres; les eaux ne passaient pas
à travers cet estau. Les travaux ont un développement de 200 mètres à l'ouest;
ils ont été arrêtés par un crain. L'exploitation a été reprise en remontant. Le
tassement du terrain a fini par amener des eaux dans la mine. L'eau affluait
plutôt par les nouveaux travaux que par les anciens. Pour faciliter l'exploitation des massifs qui restaient à enlever, on a voulu creuser un petit puits dans
la prairie; on a traversé le sable sur une épaisseur d'environ 10 mètres; au
moment d'atteindre le terrain solide, le sable a coulé dans le puits, qui a été
immédiatement noyé. Pour accélérer le travail, on arrivait à la rencontre du
puits par une ancienne galerie dans les vieux travaux; on estime que les deux
percements n'étaient qu'à 1 mètre de distance; les ouvriers se parlaient avec
facilité des deux côtés. A la suite de cet accident, les travaux ont été définitivement inondés et le puits abandonné en 1814.]

4° [La *galerie des Noulis*, ouverte vers 1806 sur les bords du Louet, avait
de 130 à 140 mètres de longueur en rocher, jusqu'à la rencontre de la couche.
Elle a servi à l'écoulement des eaux et à l'exploitation concurremment avec le
puits Bault.]

[5° Le *puits Bault*, désigné mal à propos sous le nom de puits Lebeau dans
les états de redevance des années 1815 à 1819, avait été foncé par l'ancienne
compagnie jusqu'à 28 mètres sur le toit de la veine; il était situé à environ
600 mètres à l'est du puits du Louet. Il a été repris en 1811 et foncé jusqu'à
105 mètres, en suivant l'inclinaison de la couche, qui était en crain. A
100 mètres on avait ouvert une voie qui a été prolongée de 200 mètres à
l'est et de 19 mètres à l'ouest, où l'on s'est arrêté pour ne pas tomber dans
les anciens travaux du puits du Louet. Sur toute l'étendue de cette galerie on
n'a rencontré que quelques filons de houille sur environ 30 mètres de longueur; le reste était intercepté par des crains. Au niveau de 100 mètres, on a
ouvert, à 100 mètres à l'est du puits, un bure de 18 mètres de profondeur

dans de la houille ; mais, à cette profondeur, le charbon a disparu au fond du bure et dans les galeries qu'on y a ouvertes. Le crain rémontait vers l'est. Aux niveaux supérieurs on a exploité par bures au-dessous des anciens travaux ; on retirait environ un tiers de charbon de forge. Le terrain était en général bouleversé, et ce travail a été peu productif. Le puits Bault a été abandonné au mois de septembre 1818. Il communiquait avec celui de la Guiberderie et la galerie des Noulis.]

[6° Le *puits de la Guiberderie* avait été commencé par la compagnie Bault et a été repris en 1813. Il était placé à 160 mètres à l'est du puits Bault et servait à établir la circulation de l'air dans les travaux de ce dernier puits et dans ceux de la galerie des Noulis. Au niveau de 44 mètres, correspondant à celui de la galerie, le prolongement vers l'est de celle-ci rencontra, à 32 mètres du pied du puits, un massif de houille de 2 m. 40 de puissance et de 12 mètres de longueur, au bout duquel se trouva un crain qu'on a suivi sur une longueur de 52 mètres sans aucune apparence de houille. Le puits fut foncé, suivant l'inclinaison de la couche, jusqu'à la profondeur de 66 mètres. Au fonds du puits on ouvrit des bures de 20 mètres de profondeur ; la veine s'y est montrée belle ; on l'a toutefois laissée en crain à l'est et dans le fond des travaux.]

7° [Le *puits des Barres* a été foncé en 1838, tout à fait à l'est de la concession, pour exploiter la veine des Noulis. Comme, près de la surface et même à d'assez grandes profondeurs reconnues par d'autres puits, cette couche plonge au nord, le puits avait été placé au sud, de manière à couper la couche à 100 mètres ; mais, à partir du niveau de 46 mètres, la couche s'incline au sud et conserve ce nouveau pendage dans la profondeur. Ce fait a été reconnu par deux coupements ouverts à 46 mètres et à 100 mètres. Le premier a rencontré la couche au bout de 37 mètres et le second au bout de 63 mètres. Le terrain était assez réglé ; la couche avait une allure régulière, mais elle était composée d'un mélange de charbon et de schiste. Au niveau de 46 mètres on est entré en voie à l'est. Au niveau de 100 mètres on a ouvert des voies sur une longueur de 150 mètres à l'est et de 60 mètres à l'ouest, et l'on a toujours rencontré le même terrain. Quelques parties seulement étaient plus riches ; on y a monté des cheminées de 20 mètres de hauteur, et on les a dépouillées. Deux bures foncés au niveau de 100 mètres montraient quelque amélioration dans la veine ; mais ce travail ne pouvait se poursuivre à bras d'hommes et a été abandonné. On a voulu utiliser le puits des Barres pour l'exploitation des veines situées plus au sud. Un coupement au sud a été fait dans ce but; à 80 mètres du puits, on a rencontré une veine qui coupe obliquement le terrain et s'embranche sur une couche où l'on est entré en galerie à droite et à gauche; l'allure étant irrégulière et la puissance médiocre, ce travail a été abandonné. A 160 mètres on a rencontré une autre veine où l'on est entré en galerie; à l'est on a trouvé un massif. Cette veine était reconnue à son affleurement; mais elle est irrégulière. Le coupement ayant atteint 200 mètres sans avoir rencontré de couche exploitable, avant de le pousser plus loin on a fait à la superficie des recherches qui ont fait connaître plusieurs points d'affleurement d'une couche d'environ 0 m. 70 de puissance, ayant au mur de la pierre carrée bien régulière. On y a foncé un puits incliné de 20 mètres de profondeur, à 80 mètres à l'est du coupement; on a ouvert au fond de ce puits une voie qui s'est approchée jusqu'à 35 mètres de l'azimuth du coupement. La même voie avait été reconnue sur trois autres points à l'ouest : l'un à 210 mètres, l'autre à 410 mètres, le troisième à 490 mètres du puits, ce qui donnait en tout une longueur de 570 mètres. Deux de ces recherches avaient été approfondies jusqu'à 15 mètres. Comme, la couche fût-elle verticale, le coupement devait l'atteindre à 30 mètres plus loin que le point où il avait été suspendu, on a continué ce travail, espérant encore pouvoir dans la suite atteindre des veines situées plus au nord. Le coupement, à 250 mètres du puits, a rencontré cette veine, dans laquelle on a poussé à l'est une galerie de 45 mètres, et à l'ouest une galerie de 10 mètres. La veine était assez régulière, mais formée d'un mélange de schiste et de charbon et moins puissante qu'à l'affleurement. Ainsi il paraît que le terrain se resserre dans la profondeur et que les couches s'appauvrissent ou disparaissent. L'inutilité de ces recherches et l'abondance des eaux ont fait abandonner le puits des Barres en 1845.]

Travaux sur les veines du Système du Pâtis.

[Je n'ai pas de renseignement sur l'exploitation des veines du système du Pâtis, qui comprennent les deux veines de la Haie-longue et la veine du Pâtis. Elles sont peu connues, et Rolland, qui a le plus complètement étudié la géologie de cette concession, dit, dans sa *Notice sur le terrain anthracifère des bords de la Loire,* publiée en 1841, qu'elles semblent d'une faible importance. La compagnie Gastineau avait foncé sur la veine de la Haie-longue un puits de 58 mètres, qui fut envahi par les eaux. Cet échec ne semble pas avoir découragé les compagnies qui se sont formées plus tard; car Brossard de Corbigny, dans le travail qu'il présenta en 1871 au congrès tenu à Angers par l'*Institut des provinces*, dit : les travaux actuels sont concentrés au lieu dit La Haie-longue, à une profondeur d'environ 300 mètres. Cette profondeur, une des plus grandes auxquelles on soit parvenu dans le bassin, indique que les travaux étaient importants, et nous regrettons de ne pas en avoir le détail. Le charbon de la Haie-Longue a joui d'une grande réputation comme charbon de forge pendant la première partie du XIXe siècle.

Les veines des Essards avaient été exploitées anciennement, peut-être même avant les travaux faits par Béguyer, travaux que nous font connaître les renseignements écrits sur le plan que cet entrepreneur fit établir à l'échelle d'environ 1 pied pour 600 mètres par Dussillon d'Angers. Les voici textuellement :

Travaux sur le Système des Essards.

«Le *puits Joinette* est creusé à 120 pieds de profondeur, d'où l'on trouve « une galerie courant vers le nord, dans laquelle : 1° nous rencontrons un « bure qui a 40 pieds de profondeur; il se nomme *bure d'ennui*; ensuite « un puits d'aérage, et du puits Joinette à ce puits d'aérage il y a six galeries « en dessus et quatre en dessous, à 4 pieds de distance l'une de l'autre, et de ce « puits d'aérage nous avons trouvé à l'ouest une traverse qui conduit à un bure « de 80 pieds de profondeur, au point A qui communique à onze galeries en « dessous; et du point A poursuivi un crain d'environ 15 toises. »

De ces indications et d'après l'aspect du plan, il résulte que les travaux auraient porté principalement sur la Grande veine des Essards.

La profondeur atteinte serait de 60 mètres environ au *Bure d'ennui*, dont le nom prouve clairement que l'exploitant a été en butte à des difficultés de toutes sortes.

L'exploitation des lambeaux de couche avait lieu par gradins et estaus, ceux-ci avaient 1 m. 30 d'épaisseur.

A l'est du puits Joinette la grande veine a été suivie sur une quarantaine de mètres, puis est tombée en crain; un travers-bancs sud a rencontré ensuite une autre veine reconnue par le puits du Moulin sur une quinzaine de mètres de longueur.]

Vers l'ouest, une ancienne galerie, placée à 40 mètres de la Roche Moreau, au niveau de la vallée, avait été dirigée à travers bancs, au sud, vers deux puits abandonnés. Une ligne pointillée, tracée sur le plan, donne à penser que les exploitants avaient l'intention de raccorder leurs travaux à l'est avec cette galerie, pour pouvoir évacuer facilement leurs produits ainsi que les eaux, et aussi pour créer une exploitation d'amont pendage d'une certaine importance. Ce projet n'a pas été mis à exécution, car, après 1804, le système des Essards n'a plus guère été fouillé[1].

Cependant, en 1815, M. Gastineau fit ouvrir un puits de recherche sur une petite veine située à 36 mètres au sud de la couche principale. Ce puits, foncé dans la pièce de la Guenille, avait 40 mètres de profondeur et avait percé dans d'anciens travaux; à 27 mètres à l'ouest on a trouvé un coupement par lequel on a pénétré dans la veine des Essards, qui se trouvait en crain. A 27 mètres à l'est de ce coupement on a ouvert un puits de 35 mètres de profondeur, destiné à poursuivre la continuation des veines. Après avoir poussé des crains dans les voies à l'est et à l'ouest, on ne retrouva pas le charbon et on abandonna ce travail. La petite veine avait fourni environ 12,000 hectolitres de charbon de mauvaise qualité.

[Un second puits, dit *des Martines*, fut foncé dans la pièce du même nom en 1820, sur les veines nord des Essards qui avaient été exploitées anciennement, par une galerie (de la Roche Moreau) ouverte dans la montagne, et qui servait de canal d'écoulement. Ce puits, d'une profondeur totale de 66 mètres, fut mis en communication avec cette galerie au niveau de 38 mètres. Au niveau de 27 mètres, on fit un coupement au sud, qui atteignit la couche à 29 mètres du puits; les voies ne furent poussées que de quelques mètres à l'est et à l'ouest, parce qu'on avait rencontré les anciens travaux de chaque côté. Ce puits fut alors abandonné, et l'on ne reprit pas le projet que l'on avait formé de creuser un nouveau puits à une plus grande profondeur, auquel le premier aurait servi de descenderie.]

Les travaux sur le système des Essards ont été définitivement abandonnés en 1825.

10. Concession de Chaudefonds (Maine-et-Loire).

Bien avant la Révolution, il y avait des puits ouverts sur le territoire de la paroisse de Chaudefonds. En 1750, nous trouvons l'indication de 7 puits, occupant 28 ouvriers; mais ces puits, dont la situation n'est pas suffisamment précisée, étaient assurément dans la partie de la paroisse comprise dans la concession actuelle de Layon-et-Loire.

Le 21 mai 1754, le Roi, en son Conseil des finances, permit au sieur

---

[1] Renseignements donnés par M. Dardalhon.

Guérin de la Guimonière, lieutenant de maréchaussée, seigneur de l'Eglérie, d'exploiter les mines de charbon se trouvant dans différents héritages appartenant à sa femme et situés dans les paroisses de Chaudefonds et de Saint-Aubin-de-Luigné [1].

Le 4 avril 1786, le Roi, dans les mêmes conditions, accorda au sieur Nicolas-Louis Josset, négociant et propriétaire de fours à chaux dans la paroisse de Châteaupanne, la permission d'exploiter exclusivement à tous autres, pendant quinze années, les mines de charbon découvertes ou à découvrir dans la paroisse de Chaudefonds [2],

Ces exploitations furent abandonnées pendant la Révolution; mais le 8 février 1802, le citoyen Lefèvre-Josset, gendre de Nicolas-Louis Josset, adressa au Préfet de Maine-et-Loire une pétition par laquelle il demandait que la concession accordée à son beau-père, en 1789, et à l'exploitation de laquelle il avait lui-même pris part, lui fut attribuée pour une nouvelle période de quinze années. Les formalités d'affichage, etc., furent remplies par arrêté du Préfet [3].

Il faut arriver jusqu'en 1831 pour rencontrer le premier essai d'exploitation de la houille pouvant se trouver dans les terrains au sud de la rive droite du Layon.

Le 19 août de cette année, « le sieur Pellé François fut autorisé par ordonnance royale à se livrer à des recherches de houille sur trois pièces de terre dépendant du domaine de la Brosse, appartenant à M. le comte de Giseux et situées dans la commune de Chaudefonds ».

En effet, les sinuosités du Layon laissent au sud de la concession de Layon-et-Loire deux petites portions isolées du terrain anthracifère, qui, lorsqu'elles furent connues, furent bientôt l'objet d'une demande en concession. Cette demande fut faite le 10 octobre 1833. Un projet d'affiche, daté du 22 novembre de cette même année, fût envoyé par M. V. Chéron, ingénieur en chef au corps royal des Mines, au préfet de Maine-et-Loire, et approuvé par celui-ci le 25 novembre 1833 [4].

Une ordonnance royale du 23 novembre 1835 fit droit à cette demande et institua en faveur du sieur Michel Maurille, fondé de pouvoirs du sieur

[1] Pièces justificatives, n° XXXII.
[2] Pièces justificatives, n° XLV.
[3] Pièces justificatives, n° XLVI.
[4] Pièces justificatives, n° XLVII.

François Pellé, la concession de Chaudefonds, renfermant une étendue superficielle de 10 kilomètres carrés 43 hectares et bornée ainsi qu'il suit :

1° A l'est, par une ligne droite tirée du Pont-Barré au clocher de Saint-Lambert du Lattay;

2° Au sud, par une suite de droites menées successivement du clocher de Saint-Lambert au principal corps de bâtiment des Hardières, des Hardières à la Fresnaye, de la Fresnaie à Defaix, de Defaix aux coteaux en laissant le hameau au midi, puis des coteaux à la Maison-Rouge par une droite prolongée jusqu'au Layon;

3° A l'ouest et au nord, par le cours du Layon, en remontant cette rivière depuis le point de rencontre ci-dessus jusqu'au Pont-Barré, point de départ.

Ce périmètre était évidemment beaucoup trop grand, et le terrain houiller n'en occupait qu'une partie infime.

La concession de Chaudefonds a été licitée en 1841 et achetée par les sieurs Pellé, Danton-Joubert et Bouvet frères, anciens actionnaires de la mine.

Les acquéreurs ont formé, avec de nouveaux associés, une société civile sous la raison *Danton-Joulet et Lemée-Méfray*, et cette société, le 27 juillet 1853, fusionna avec la concession de Saint-Lambert.

[Les travaux de la concession de Chaudefonds ont porté sur les deux lambeaux de terrain anthracifère que les sinuosités du Layon laissent, comme nous l'avons dit, sur la rive gauche.

Puits de la Brosse.

A l'ouest, près de la métairie de la Brosse, un puits de recherches a été foncé en 1836 sur une veinule. La profondeur a été de 24 mètres. A 16 mètres on a fait dans le mur un coupement de 26 mètres de longueur, sans rencontrer de charbon. On y a traversé d'abord des schistes, et ensuite du grès à grain fin. Les bancs, qui étaient presque horizontaux au commencement de cette traverse, se redressaient considérablement vers son extrémité. Ce puits a été abandonné au mois d'août 1839.

Plus à l'est, à 220 mètres environ de la Brosse, on avait reconnu l'existence de deux couches; un puits de recherche fut creusé dans la plus puissante, en suivant son inclinaison jusqu'à la profondeur de 44 mètres. A 36 mètres, une voie principale avait été ouverte sur des longueurs de 100 mètres au S. E. et 140 mètres au N. O. Au niveau de 20 mètres, une galerie de recherche de 45 mètres de long, communiquait par un bure avec la voie principale de

36 mètres. Au fond du puits, une troisième galerie vers le N. O. avait 120 mètres de longueur; elle communiquait par une cheminée à la voie principale.

Un puits vertical, dit *de l'Espérance*, foncé à 50 mètres au nord du puits de recherche, fut mis en communication avec les galeries de 36 et de 44 mètres, par des coupements vers le S. O.; on ouvrit encore des voies à 66 mètres, à 74 mètres et à 107 mètres. A ce dernier niveau, on a fait au toit de la veine un coupement; on y a rencontré d'abord du grès et du schiste jusqu'à la distance de 22 mètres; ensuite, et jusqu'à 24 mètres, de la pierre carrée sans aucune trace de charbon. L'exploitation portait sur les deux veines; celle du mur était la plus productive; elle avait quelquefois 2 mètres de puissance. Ces travaux ont été abandonnés au mois d'août 1839.

Entre le *puits de l'Espérance* et le puits de recherche le plus à l'ouest, on avait foncé un puits dit *de Sainte-Barbe*. A 35 mètres on a ouvert deux coupements, au toit et au mur. Celui du toit avait 74 mètres de longueur; il a rencontré d'abord deux veinules insignifiantes et, vers son milieu, un amas de charbon de 2 mètres de puissance. Le coupement du mur avait 62 mètres de long; il n'a rencontré qu'une veinule de charbon. Le puits Sainte-Barbe a été foncé jusqu'à la profondeur de 58 mètres, et abandonné au mois de juillet 1839.

Dans la partie est de la concession ont été foncés les *puits de la Gotte, de la Confiance* et *de Saint-Nicolas,* sur deux couches dites de l'Est et de l'Ouest.

Le *puits de la Gotte,* foncé en suivant l'inclinaison de la veine, avait deux niveaux principaux, ceux de 23 et de 30 mètres; deux autres niveaux, de 39 m. 30 et de 63 m. 30, n'ont donné de résultats satisfaisants qu'après avoir été mis en communication avec le puits de la Confiance. Au niveau de 30 mètres, on avait foncé, à l'est, un bure, pour reconnaître la couche, qui, aux niveaux supérieurs, avait pour toit la pierre carrée et pour mur le schiste. La pierre carrée a disparu, se terminant à sa partie inférieure par une face plane inclinée vers le sud; la veine a pris la même inclinaison. Au fond du bure on n'a plus trouvé de trace de charbon; alors on a poussé en plein grès une voie à l'est; on n'y a trouvé que deux ou trois feuillets de charbon séparés par du grès et du schiste et ne s'appuyant pas sur le mur. Dans le puits, on a fait un coupement au mur, pour aller au puits de la Confiance et retrouver la veine laissée dans le mur du puits de la Gotte, par suite d'un changement

Puits
de l'Espérance.

Puits
Sainte-Barbe.

Puits
de la Gotte.

subit d'inclinaison dans le terrain et de l'embranchement de deux veinules. Cette veine a été exploitée avec assez de succès. Le niveau de 39 m. 30 a été ouvert au bas du niveau de 30 mètres; on a poussé des voies à l'est et à l'ouest. A 20 mètres du bure on a foncé dans la voie de l'Est une cheminée, pour reconnaître la veine ouest à une plus grande profondeur; on a ainsi ouvert le niveau de 63 m. 30; au toit on a rencontré une masse de pierre carrée qui a fait disparaître la veine. Un bure vertical, dit *du Désespoir*, avait été creusé à l'extrémité sud de la voie de 30 mètres jusqu'à 63 m. 30. En ce point les projections des deux niveaux se croisent, par suite des irrégularités de la couche. Le bure a traversé la couche, qui était divisée tantôt en feuillets, tantôt en boules.

Puits
Saint-Nicolas.

L'exploitation devenant très gênée par ces divers circuits, on fonça le puits vertical *de Saint-Nicolas*, à l'aplomb du bure du Désespoir, jusqu'à la profondeur de 66 m. 60 correspondant au niveau de 63 m. 30 de la Gotte. La veine a été très irrégulière : tantôt elle avait 1 mètre de puissance, tantôt elle était en crain. A 10 mètres du puits, dans un massif de charbon de 2 m. 70 d'épaisseur, séparé en trois filons par des terrées, on a ouvert un bure de 11 mètres de profondeur; la veine a disparu dans le bas. A 1 mètre plus haut, au niveau de 75 mètres, on a ouvert une voie à l'ouest; la couche s'y est présentée en chapelets. Au niveau de 66 m. 60, on a fait un coupement pour reconnaître la veine dite de l'Est, exploitée dans les niveaux supérieurs par les puits de la Confiance et de la Gotte. Ce coupement a été arrêté avant d'avoir rencontré cette veine. Au toit on a fait un coupement de 30 mètres de long, qui n'a coupé qu'une veine de 0 m. 08 d'épaisseur. Partout la couche a été très irrégulière, d'une puissance très variable et entremêlée de blocs de grès; elle a à son toit un banc de pierre carrée, où vont se perdre des rameaux de la couche, qui souvent ont égaré le mineur. Le puits a été abandonné en juillet 1840.

Puits
de la Confiance.

Le *puits de la Confiance* a été ouvert au mois d'août 1837, sur un affleurement entre le puits de la Gotte et le Layon. La couche est verticale; elle a pour enveloppe un grès dur, quartzeux. Elle s'est montrée régulière jusqu'à 14 mètres; mais elle ne contenait que que 0 m. 05 à 0 m. 08 de charbon. A 8 mètres on a rencontré la pierre carrée, qui a disparu à 14 mètres, en même temps que la veine était rejetée dans le mur. A 17 mètres le charbon a disparu, les couches se sont redressées et le terrain était formé de schiste dur.

Ce puits a communiqué avec les travaux des puits de la Gotte et de Saint-Nicolas au niveau de 24 mètres de ce dernier.

Depuis, on a tenté une recherche près du Pont-Barré; on a creusé un petit puits dit *de la Ressource*, qui n'a donné aucun résultat avantageux.]

Puits de la Ressource.

11. Concession de Saint-Lambert-du-Lattay (Maine-et-Loire).

La concession de Saint-Lambeat-du-Lattay a été établie sur un renflement du terrain carbonifère qui commence au S. E. de Rablay, prend toute sa largeur vers Beaulieu et se rétrécit au Pont-Barré. Il s'appuie au S. O. sur le précambrien à l'état métamorphique, et au N. E. sur le Silurien supérieur, qui, dans toute cette étendue, est infiltré de porphyrites.

Amédée Burat (*Geologie de la France*) donne de cette région une description plus détaillée; mais qui ne s'accorde guère avec celle des autres auteurs, ni avec ce que j'ai pu voir. Voici son texte : « Le terrain houiller, soulevé par « les porphyres, y est comprimé en deux V ou bassins distincts : celui du Nord « contient des couches minces, mais régulières, de charbon gras; celui du Sud « contient des couches puissantes, mais irrégulières, d'anthracite. Ces anthra- « cites forment une série de lentilles, dont l'une, à la mine de Beaulieu, est « exploitée sur 600 mètres de direction et atteint jusqu'à 20 mètres de puis- « sance. »

Le seul point où j'aie vu le culm supérieur partagé en deux bassins distincts est au sud de Teillé (Loire-Inférieure). A Beaulieu, je ne sais sur quoi on pourrait appuyer cette opinion. Il est fréquent de voir des couches voisines donner du charbon de qualités différentes.

La lentille de 20 mètres de puissance m'étonne aussi un peu. Je n'ai trouvé citées dans la concession de Saint-Lambert que des couches ou des amas de 5 ou 6 mètres au plus.

[Dans la partie ouest de la concession de Saint-Georges-Chatelaison, telle que la délimitait l'ordonnance du 12 février 1843, on ne trouvait que la mine des Piquets, près de Beaulieu. Cette mine, ouverte par un nommé Joubert, a été interdite en 1808, comme dangereuse et exploitée illégalement. Reprise en 1818, cette recherche a été abandonnée en 1819.

En 1821, des fouilles entreprises au Pont-Barré et près de Faye avaient été infructueuses, et cette région paraissait devoir être abandonnée comme impro- ductive, lorsque la persévérance des concessionnaires de Chaudefonds y a créé des travaux dont nous allons parler, et qui appartiennent actuellement à la concession de Saint-Lambert.

Les premières recherches ont été faites au nord de la route d'Angers à Cholet, au lieu dit le Grand-Loup, près du Pont-Barré, à la limite nord du bassin. Un puits a été foncé sur deux affleurements séparés par un intervalle de o m. 20 à o m. 3o. On a suivi ces deux couches en enlevant la houille, et le terrain stérile qui les sépare, jusqu'à la profondeur de 48 mètres. Les veines, presque verticales, avec une inclinaison assez constante vers le nord, ont conservé une puissance variant de o m. 55 à o m. 85. Une galerie d'allongement a été ouverte au niveau de 33 mètres,] un bure a été foncé dans cette galerie; partout en suivant les veines, on les a vues à peu de distance du puits se réduire à quelques centimètres et la terrée augmenter de plus en plus. Le travail a été suspendu, et l'on songea à se rapprocher du bord sud du bassin, où les couches sont ordinairement plus régulières et plus puissantes.

« Vers 1840, un ancien mineur de la Haie-Longue, nommé Bouvet, découvrit un affleurement de charbon sur le bord du Layon, dans un petit bois, le bois Badeau, qui domine la rivière. On commença alors les travaux pour le compte d'une société en noms collectifs, composée d'abord de quatre personnes, puis de sept : MM. Bouvet frères, Gaudon, Latté, Gouin, Lemée et Danton. Le terrain dans lequel on avait ouvert des recherches se trouvait compris dans la concession de Saint-Georges-Chatelaison, appartenant à M. de Monti qui voulut bien, en 1847, attribuer 880 hectares à la mine dite de Saint-Lambert-du-Latay, creusée en réalité dans la commune de Beaulieu. »

Cette nouvelle concession, [portant sur le territoire des communes de Saint-Lambert, Beaulieu, Chanzeau, Rablay et Faye, arrondissement d'Angers, fut limitée ainsi qu'il suit :

Au S. O., par la position de la ligne droite IH, tirée du clocher de Saint-Lambert à celui de Faveraye, comprise entre le premier clocher et le point E, pied d'une perpendiculaire abaissée du clocher de Rablay sur ladite ligne;

Au S. E., par une ligne perpendiculaire abaissée du clocher de Rablay sur la ligne IH et prolongée jusqu'au point F, intersection de cette perpendiculaire avec la ligne tirée du point B au clocher de Beaulieu;

Au N. E., par la portion de ladite ligne droite tirée du point B au clocher de Beaulieu, comprise entre le point E et le point G, où le prolongement de cette droite rencontre la limite de la concession de Layon-et-Loire;

Au N. O., par une ligne droite allant dudit point C au Pont-Barré et par
la route de Cholet à Angers à partir dudit point jusqu'au clocher de Saint-
Lambert, point de départ;

Lesdites limites renfermant une étendue superficielle de 8 kilomètres carrés
80 hectares.]

Ce sont donc les travaux du Bois-Badeau qui ont déterminé l'établissement
d'une concession nouvelle.

Ces travaux ont montré à la base un banc de poudingue suivi d'une alternance de grès et de schistes. On a reconnu une couche de charbon sec [di-
visée en deux branches séparées par de la pierre carrée, qui se réunit plus
loin à une seconde couche, dont l'affleurement était à 23 mètres de l'affleurement de la première. La puissance de ces veines est très variable : réduite
parfois à o m. o5 ou o m. o6, elle atteint 6 mètres au point où elles se réunissent. Au toit de ces couches sont d'immenses lentilles de grès qui en rendent l'exploitation très difficile.]

Elles déterminèrent même l'éboulement du *puits de la Renaissance*, qui
avait été ouvert sur les veines les plus au sud, et qui communiquait avec le
puits Badau. [Ce puits de la Renaissance était arrivé à la profondeur de
73 mètres. On y avait ouvert des voies aux niveaux de 44, de 63 et de 73 mètres. Ces voies avaient rencontré, à une distance variable des crains à l'est et à
l'ouest; le premier paraissait moins serré et moins long que le second; mais
le voisinage du Layon ne permettait pas d'essayer de le percer avant d'être
arrivé à une grande profondeur. Cette exploitation, commencée à la fin de
1842, commençait à prospérer lorsque le puits de la Renaissance s'éboula en
octobre 1844.] [Pour obtenir un puits d'extraction assez rapidement pour
suffire aux besoins de la campagne de 1846, on élargit la descenderie qui,
placée dans un crain, offrait plus de solidité que l'ancien puits foncé très près
de la couche, et l'on se mit en communication avec le puits du Bois-Badau,
destiné dès lors à servir à l'aérage et à la descente des ouvriers.

Ce nouveau puits, dit *Saint-Joseph*, vertical jusqu'à la profondeur de
40 mètres, a été formé en suivant à peu près l'inclinaison de la couche jusqu'à
109 mètres; des voies ont été ouvertes et des tailles ont été prises aux niveaux de 40 mètres, de 49 mètres, de 70 mètres, de 89 mètres et de
109 mètres. Ces voies ont été arrêtées à des crains qu'on n'a pas percés.]

[Dans une autre partie de la même concession, près de Beaulieu, on a
foncé un puits qui a traversé à 16 mètres une première couche, et à 19 mètres

*Puits
de la Renaissance.*

*Puits
Saint-Joseph.*

*Puits
de Beaulieu.*

une seconde couche,] d'un combustible que M. Brossard de Corbigny, dans l'*Annuaire de l'Institut des provinces*, 1871, p. 270, et M. Cacarrié, dans son manuscrit, appellent de l'anthracite. Il est certain que les deux analyses de charbon de terre de Saint-Lambert-du-Lattay dont j'ai eu connaissance donnent 7.3 et 8.4 de matières volatiles, et dénotent par conséquent un charbon très maigre et très voisin de l'anthracite. C'est probablement le charbon friable mais sec que Brossard de Corbigny indique comme formant la masse générale; mais il fait remarquer que la mine de Beaulieu offre une variété remarquable dans la nature des charbons obtenus et que « certaines veines « donnent un anthracite d'aspect terreux, à larges surfaces courbes, extrême- « ment brillantes et qui miroitent d'une façon spéciale sous le feu de la lampe « dans les galeries. » C'est bien là l'aspect de l'anthracite; mais reste à savoir si l'analyse de charbon terreux de Saint-Lambert ayant 81 de matières vola- tiles, dont nous parlerons au chapitre suivant, ne se rapporte pas à cette sorte de charbon qui resterait alors dans la classe des charbons maigres; ainsi que la troisième sorte : charbon très dur de Saint-Lambert, donnant 9.2 de matières volatiles, citée aussi par M. Brossard de Corbigny (*loc. cit.*, p. 270 et 275). Cette dernière sorte, d'après l'auteur que nous mentionnons, ferait « feu sous le pic ». Nous ne pouvons guère attribuer cet effet qu'à la présence de fragments de grès. « Cette variété, dit-il, est accidentelle; mais l'autre est « permanente et caractéristique de la localité. »

    « On trouve aussi à Beaulieu, ajoute-t-il, plus qu'ailleurs, des rognons de « fer silico-carbonatés d'une dureté excessive et dont la forme lenticulaire offre « toujours une grande régularité. Presque tous offrent une empreinte sur une « portion de leur contour dont l'aspect pourrait les faire prendre pour des fruits « pétrifiés portant encore la trace du pédoncule. »

    Ce ne sont assurément pas des végétaux fossiles; mais il y en a à Beaulieu, et de très intéressants : les empreintes de Fougères, de Lépidodendrées, d'Equitétacées, s'y montrent d'un blanc pur qui ressort vivement sur le fond noir des schistes gréseux. La substance organique paraît remplacée par une matière pulvérulente blanche qui est de la séricite; c'est absolument le mode de conservation des plantes fossiles de Petit-Cœur, dans les Alpes, mais Petit- Cœur est du houiller supérieur, tandis qu'ici nous sommes à la partie supé- rieure du Culm, c'est-à-dire deux étages plus bas. Nous sommes donc en présence d'un phénomène géologique rare, qui s'est montré à des époques très différentes de la longue période houillère.

Un autre puits, foncé plus récemment, non loin du précédent, et appelé Puits du Coteau. *Puits du Coteau,* a traversé les mêmes roches, et présente les mêmes particularités. C'est la seule localité du bassin où les fossiles aient ce mode de conservation.

Si nous revenons à l'exploitation du *puits de Beaulieu,* nous verrons qu'après la traversée des deux veines dont nous avons parlé, [un coupement ayant été fait au niveau de 33 mètres vers le nord, à la rencontre de la première couche, on y a ouvert des voies à l'est et à l'ouest; dans cette dernière, un embranchement a conduit dans une troisième couche plus au nord que celle traversée par le puits, avec laquelle elle forme un système semblable à ceux qu'offrent les veines du Bois-Badaud. Il existe en outre, au sud de ces trois couches, une quatrième veine, dont l'affleurement a été reconnu, et qui même a donné lieu aux recherches qui ont fait découvrir la richesse de cette partie du terrain.]

« L'exploitation de Saint-Lambert, particulièrement du groupe de puits du Bois-Badaud, d'abord conduite par les frères Bouvet, était tout ce qu'il y a de plus irrégulier; aussi, en 1849, la direction de la mine fut confiée à M. Jacques-Désiré Danton fils. Le nouveau directeur dressa immédiatement le plan des travaux souterrains et s'aperçut que, dans la hâte d'extraire du charbon, et marchant en aveugles, les exploitants avaient commencé les galeries trop près de la surface du sol, et les avaient prolongées beaucoup trop avant du côté du Layon, sous lequel ils étaient déjà parvenus. Les travaux furent régularisés, et l'exploitation eut été des plus prospères, sans les intérêts à payer d'une ancienne dette de 300,000 francs. De plus, la désunion éclata au sein de la société, et il fut décidé que la mine et les fours à chaux qui en dépendaient seraient vendus par licitation à l'amiable.

Deux groupes se formèrent en vue de l'acquisition : d'une part, M. de Las Cases et sa compagnie, qui avaient le plus grand intérêt, pour les mines de Chalonnes, à éviter la concurrence; d'autre part, un groupe composé de MM. Mestayer frères, Gouin, de Monti, Montrieux et Danton. M. de Las Cases porta les enchères à 312,500 francs et obtint la concession.

Le 27 juillet 1853, une société houillère de Saint-Lambert se constituait pour l'exploitation des deux concessions de Saint-Lambert-du-Lattay et de Chaudefonds, avec, pour administrateur M. Charles-Joséphine-Auguste-Pons-Barthélemy, baron de Las Cases.

Cette société ne tarda pas d'ailleurs à se fusionner avec celles de Désert et

17.

de Saint-Georges-Chatelaison, à la suite d'une demande faite par les administrateurs le 12 décembre 1853. »

« Malgré les recommandations de M. Danton fils, pendant le mois qui pré-
céda la vente de la mine, les frères Bouvet, sachant que le charbon extrait
devait être payé en plus du prix d'adjudication, placèrent des ouvriers dans
les chantiers situés sous le Layon et firent avancer les travaux jusqu'au delà
même de ce cours d'eau. Or, par l'érosion de l'affleurement, un vide
s'était déjà produit dans le lit de la rivière, connu dans le pays sous le nom du
« *Gour* »; bientôt des filtrations pénétrèrent peu à peu dans la mine, puis elles
augmentèrent rapidement, et un effondrement se produisit quelque temps
après l'acquisition par M. de Las Cases et le départ de M. Danton fils ». Des
gens malintentionnés « répandirent le bruit que M. Danton avait inondé la
mine par vengeance, ne pouvant en être propriétaire »; accusation dont l'ancien
directeur n'eut aucune peine à se justifier. Il était notoire qu'il n'avait au
contraire cessé d'indiquer les précautions à prendre pour éviter cet accident.

La concession de Saint-Lambert-du-Lattay est restée longtemps inexploitée.
J'ai entendu dire qu'on y ouvre en ce moment un puits.

12. Concession de Saint-Georges-Châtelaison (Maine-et-Loire).

La concession de Saint-Lambert-du-Lattay est en partie sur une région
renflée du bassin, qui, ici, n'est constituée que par le culm supérieur. Cette
concession se termine à une ligne droite abaissée de Rablay sur la limite
S.-O. de la concession, ligne tirée du clocher de Saint-Lambert à celui
de Favray. Tout ce qui est au S.-E., jusqu'à la limite nord de la concession
de Doué, constitue la concession actuelle de Saint-Georges-Châtelaison. Dans
cette région le terrain houiller n'est pas continu : il est formé de trois parties
séparées, mais alignées, en chapelet, sauf que le terrain houiller disparait
totalement dans leur intervalle. Ce sont :

1° La partie S.-E. prolongeant le renflement de Saint-Lambert, partie
qui, au-dessous de Rablay, s'atténue et forme un prolongement de 3 kilomètres de long sur 300 mètres de large;

2° Un lambeau de 2,200 mètres de long sur 1 kilomètre de large, près de
Martigné-Briand;

3° Une notable partie du très grand renflement qui comprend aussi la
concession de Doué.

Il a 9,800 mètres de long sur 4 kilomètres de large. C'est là que le culm supérieur a sa plus grande puissance.

L'intervalle sans terrain houiller connu, entre la lentille de Saint-Lambert et celle de Martigné-Briand, est de 10,400 mètres. Celle entre cette dernière et la grande lentille de Saint-Georges-Doué est à peu près de 3 kilomètres.

Les trois lentilles s'appuient au S.-O. sur les schistes précambriens sériciliques, et sont bordées au N.-E. par la même roche éruptive qu'au Pont-Barré, roche notée sur la carte géologique de Saumur : Porphyrite andésitique. Le contact, soit au sud soit au nord, est loin de se voir partout; car le terrain houiller, dans cette région, est de plus en plus recouvert par des dépôts jurassiques, crétacés et tertiaires.

La partie rétrécie de la lentille houillère, au N.-E. de Rablay, et la lentille de Martigné-Briand n'ont pas, que je sache, été exploitées. Tous les efforts des compagnies qui se sont succédé dans la concession de Saint-Georges-Châtelaison se sont portés sur le dépôt houiller considérable que cette concession partage avec celle de Doué.

[Entre Saint-Georges-Châtelaison et Concourson, le terrain anthracifère forme un coteau d'environ 400 mètres au nord du Layon. Ce coteau a été exploré dans une grande partie de son étendue. Les couches de houille y sont nombreuses. Comme dans le reste du terrain, leur irrégularité est assez grande pour laisser de l'incertitude sur leur prolongement à de grandes distances; dans le coteau même, quelques-unes n'ont qu'une très faible longueur en direction et ne sont, à proprement parler, que des suites d'amas peu développés. Ces couches se dirigent parallèlement entre elles du N.-O. au S.-E., puis elles divergent en s'infléchissant un peu vers le Nord. Leur inclinaison varie de 45 à 80 degrés vers le N.-O. La distance qui sépare les couches les plus éloignées est d'environ 700 mètres, dans la partie du terrain où elles sont parallèles.

En faisant abstraction d'un nombre très considérable de veinules, on peut compter dix couches qui, presque toutes, ont été exploitées en divers points. En se dirigeant du Sud au Nord, ce sont :

1° La veine des Épinettes, ainsi nommée d'une petite exploitation placée à son affleurement sur le revers du coteau, du côté de Concourson; elle n'est séparée du terrain métamorphique que par un espace d'environ 370 mètres formé de schistes argileux alternant avec des poudingues. L'enveloppe de cette veine est une argile schisteuse, très friable, renfermant des blocs détachés de grès quartzeux très dur. Le minerai de fer est assez abondant dans cette couche, qui est très irrégulière et composée d'amas dont la puissance n'a jamais dépassé 1 m. 30. La houille en est très friable et très légère. Cette veine a été exploitée anciennement par les *puits des Épinettes* et *des Charruots*, et récemment par le *puits Adèle*.

Au Nord de cette couche sont plusieurs veines intermédiaires dont les affleurements ne se montrent que dans la partie est du terrain. Deux de ces couches avaient été reconnues par des coupements au sud partant du *puits Stanis;* elles paraissaient moins irrégulières que la veine n° 1 ; leur exploitation avait été abandonnée cependant, par suite du dégagement d'hydrogène carboné dans l'une d'elles, et d'éboulements arrivés dans l'autre. Le *puits de la Conception* doit être foncé sur ces veines, et, comme on n'y a jamais reconnu la présence du grisou, il est probable que l'aérage était tout à fait insuffisant dans l'ancienne exploitation;

2° La veine n° 2 ou des Stanis, à 80 mètres environ de la veine n° 1, dans un terrain devenu plus régulier; elle a au mur et au toit une argile schisteuse bien stratifiée, comprise entre des couches de grès quartzeux contenant des fragments de schiste argileux et de pierre carrée. Cette dernière roche, qu'on trouve à la surface du terrain, n'a été rencontrée en aucun coupement dans la profondeur.

La puissance de cette veine a varié de 0 m. 60 à 2 mètres; elle a fourni plus de combustible depuis la superficie jusqu'à 60 mètres qu'à une plus grande profondeur. A 23 mètres environ au nord, les coupements partant des *puits Stanis* et *Mouton* ont rencontré une veine dite *des Hétons,* qui n'existe aussi que dans la partie orientale du terrain et, plus au nord, plusieurs autres veinules sans importance. Les veines des Stanis et des Hétons ont été exploitées à l'est par les *puits Mouton, Stanis, Vieux-Hétons,* et, à l'ouest, la veine des Stanis ou n° 2 l'a été par les *puits Grand-Puisard, Alexandre* et *la Source,* et, dans la partie centrale du coteau, par les *puits Puissan* et *Beaujoin ;*

3° La veine n° 3 ou Morat, à 60 mètres de la veine n° 2. Elle a, au toit et au mur, un grès rougeâtre très dur formé de quartz lydien, de feldspath et de schiste argileux. Sa puissance a varié de 0 m. 60 à 2 mètres. Elle a été exploitée par les *puits Fourtou, Sagesse, Constance, Beaujoin, Puissan* et *Morat.* Plus au Nord, une veinule a été reconnue par le prolongement d'un coupement du puits Beaujoin allant de la veine n° 2 à celle n° 3, par laquelle ce dernier puits a communiqué au puits Sagesse. Le *puits Sainte-Barbe* a été foncé probablement sur cette veinule;

4° La veine n° 4, ou du Solitaire, à 35 mètres environ de la veine n° 3, a généralement pour enveloppe un grès micacé et quelquefois un grès quartzeux. La puissance de cette couche a varié de o m. 6o à 3 m. 3o; sa plus grande épaisseur paraît être dans la partie centrale du coteau, où se trouvait le *puits Solitaire.* A l'est, son affleurement est beau; mais un petit puits qu'on y a foncé du côté de Chantepie a bientôt rencontré un crain. A l'ouest de ce petit puits jusqu'au Solitaire] nous savons que la couche était vierge en 1853. On l'aura probablement exploitée depuis; elle le méritait, d'après les beaux résultats qu'elle a donnés. [Au mur de cette couche, qu'on appelait aussi *du Grizou,* on a exploité au Solitaire une plateuse qui a fourni un très bon charbon en blocs de grande dimension. La couche n° 4 a été exploitée aux *puits Solitaire* et *de la Bennetrie.* Dans les débris qui environnent ce dernier on trouve du grès micacé avec empreintes de Calamites. Cette couche affleure encore dans le chemin qui descend au Layon, près du château des mines. Quoique cet affleurement ne soit qu'à 8o mètres au nord du *puits Alexandre,* la couche n'a pas été rencontrée dans la profondeur par un coupement au nord partant de ce dernier puits;

5° La veine n° 5, à 6o mètres environ au nord de la veine n° 4, a pour enveloppe un grès semblable à celui de la couche précédente. Sa puissance n'était pas très considérable; mais elle a fourni du charbon de qualité supérieure, carré, dur et très bon pour la forge. Cette couche a été exploitée par les coupements au nord des puits Morat et Solitaire, et par les *puits du Nord, du Pavé, Grand* et *Petit-Bellevue, Trainard,* et peut-être par le *puits de Bel-Air;*

6° La veine n° 6, à 15 ou 2o mètres de la précédente, a été l'objet d'anciennes exploitations aux environs du *puits du Pavé;* sa puissance est très faible;

7° La veine n° 7, à 8o mètres plus au Nord, n'a été reconnue que par l'ancien *puits des Ferronnières;*

8° La veine n° 8, à 100 mètres de la précédente, a une très faible puissance; elle n'est connue que par une petite cheminée et par des tranchées qui ont coupé aussi une veinule intermédiaire, à 19 mètres au sud de la veine n° 8;

9° La veine n° 9, à 6o mètres plus au nord, a été reconnue seulement par le *puits Barthélemy* et par une tranchée à l'ouest du coteau, qui a coupé aussi deux veines intermédiaires, à 30 et à 46 mètres au nord de l'affleurement de la couche;

10°. La veine n° 10, à 100 mètres environ de celle n° 9, n'a été aussi que reconnue par le *puits du Cormier*, bien qu'elle ait été l'objet d'anciennes exploitations.

L'espace qui sépare les veines n° 5 et n° 9 est formé en général par des grès quartzeux très durs; à l'approche des couches seulement se trouve de l'argile schisteux. Le mur de la couche n° 9 est un grès schisteux, verdâtre, traversé de petits filons de quartz. La veine n° 10 a pour enveloppe de la pierre carrée. La direction de ces couches est mal connue, parce qu'elles n'ont été coupées que par les tranchées faites à l'ouest du coteau par la Compagnie Girard, et qu'on n'a point découvert leurs affleurements à l'est.

Ici, comme dans les autres points du bassin, c'est la partie presque centrale qui est la plus riche, et celle qui avoisine le plus le terrain schisteux du côté sud qui est la plus bouleversée. On n'a pas reconnu à Saint-Georges-Châtelaison d'accidents bien remarquables des couches, surtout en les considérant dans leur ensemble; comme dans les autres mines, on rencontre souvent des ramifications de la couche en plusieurs branches, les unes productives, les autres stériles, des changements d'inclinaison qui varient de la verticale à l'horizontale; quelquefois aussi la houille est remplacée par de l'argile schisteuse, et fréquemment la masse du combustible est divisée par des veinules de schiste noir très brillant. Le minerai de fer lithoïde se rencontre fréquemment dans les couches de Saint-Georges. Il est ordinairement disséminé dans l'argile schisteuse du toit des veines, sous la forme de rognons aplatis que les mineurs appellent *clous*. Rarement on en trouve au mur des couches, rarement aussi en rencontre-t-on dans les bancs de grès quartzeux, où ils sont toujours enveloppés d'un lit mince de houille de quelques millimètres d'épaisseur. La position de ce minerai, disséminé au milieu des roches, ne permettait pas jusqu'ici d'en faire l'objet d'une exploitation particulière; mais j'apprends par M. Couffon que M. Davy vient de le découvrir en bancs et, en conséquence, exploitable.

Cacarrié, dans son manuscrit, dit que les empreintes sont rares dans les roches du terrain de Saint-Georges-Châtelaison, et qu'on n'y trouve guère que quelque Calamites dans les grès fins. J'ai cependant vu des Fougères recueillies dans cette localité par Virlet en 1828 et par Adolphe Brongniart en 1846.

De nombreux documents[1] permettent de tracer l'histoire de la concession de Saint-Georges-Châtelaison.

« La première mine ouverte sur cette paroisse dont nous ayons connaissance le fut par René Gellé de Champdoré, curé de Concourson, en 1724, dans une vigne appelée La Mine. Ce nom semble bien indiquer qu'il y avait eu là une ancienne exploitation », dont le souvenir est aujourd'hui perdu.

[En 1735, la ville de Tours manquant de houille, il se forma une compagnie composés de négociants de cette ville, qui entreprit de monter une exploitation. La compagnie loua, acheta ou usurpa les terrains de divers propriétaires. Ses entreprises donnèrent lieu à des réclamations des habitants des environs de Doué et de Saint-Georges-Châtelaison, qui se plaignirent à M. de Lesseville, alors intendant de Tours, qu'un particulier se disant porteur d'un ordre de M. le duc de Bourbon faisait fouiller les mines de charbon de terre et s'emparait de leurs terrains. Cet intendant donna l'ordre à son subdélégué de Saumur de défendre de sa part à ce particulier de continuer son entreprise. Cette défense révéla l'existence de la compagnie, qui produisit une concession du duc de Bourbon, grand maître, surintendant des mines et minières de France, en date du 7 novembre 1737. Voici le texte de cette concession en faveur du sieur Bacot de la Bretonnière :

Louis Henry duc DE BOURBON, Prince du sang, Grand maître des mines et minières de France, à tous ceux qui ces présentes lettres verront Salut :

Le s^r Bacot, s^r de la Bretonnière nous ayant représenté qu'il auroit découvert des mines d'argent, de cuivre, de plomb au lieu de Chantelaison en Anjou et à six lieues aux environs, lesquelles mines il serait en estat de mettre en valeur, tant par luy que par ses associés s'il nous plaisait de luy en accorder la concession. A ces causes et après avoir vu des échantillons desdites mines et les épreuves qui en ont été faites, nous avons concédé et concédons par ces présentes au s^r de la Bretonnière toutes les mines d'argent, de cuivre et de plomb et autres substances terrestres qu'il a déjà découvertes et qu'il pourra découvrir à l'avenir au lieu de Châtelaison en Anjou et à six lieues aux environs pour en jouir et les exploiter par lui, ses héritiers, ayant cause et associés suivant les ordonnances des mines.

Donné à Chantilly, le 7 novembre 1737.

H. DE BOURBON.]

Par Monseigneur :

DE MAUPIN.

[1] Notes communiquées par M. de Grossouvre, manuscrit de Cacarrié, archives Coufﬂon.

« La prise de possession des terrains concédés au sieur Bacot de la Bretonnière ne se fit pas sans réclamations de la part des propriétaires », ainsi qu'en témoigne la lettre suivante adressée par le concessionnaire à l'intendant de la généralité de Tours.

A Monseigneur l'Intendant de la Généralité de Tours.

Suplie humblement Cœsar François Bacot, Ecuyer, sieur de la Bretonnière, directeur général des mines d'or, d'argent, de plomb, cuivre et autres métaux des Alpes et des Pyrennées, concessionnaire des mines dans la province d'Anjou et des substances terrestres à six lieues aux environs de Saint-Georges-Chantelaison et Concourson dans l'élection de Saumur,

Disant qu'après avoir fait publier par le sieur Curé de laditte paroisse de Saint-Georges-Chatelaison, à la messe paroissiale dudit lieu, les ordres et concession que S. A. S. Mgr. le Duc Prince du sang, Grand maître des mines de France, a bien voulu luy accorder pour le bien de l'état, il les aurait fait afficher à la porte de la ditte église paroissiale et partout où le cas la requise, deux paysans nommés Faucher père et fils ont déchiré et fait déchirer avec leurs complices lesdites affiches, en prononçant et se servant des termes les plus injurieux et les moins respectueux pour l'honneur dû à un prince du sang de qui elles sont émanées.

Cet attentat et ce manque de respect doit d'autant plus être réprimé et puny sévèrement qu'il tirerait, s'il était tolléré, à des conséquences fâcheuses pour le supliant qui ne pourrait sans risquer sa vie et celle des gardes du prince dont il est accompagné faire exécuter les ordres qui lui ont été confiés et dont il est chargé.

Ce considéré, Monseigneur, il vous plaise, vu un imprimé semblable à ceux qui ont été déchiré, ci-joint, faire informer par le grand prévost de votre généralité ou tel autre que vous le jugerez à propos des faits contenus dans la présente plainte, offrant pour cet effet d'administrer témoins suffisants pour l'information faite et à vous reportée être ordonné ce que de rison et vous ferez justice.

A Angers, ce 14 février 1739.

BACOT DE LA BRETONNIÈRE.

Bacot de la Bretonnière s'associa avec les sieurs Boulogne et Boby d'Angevir; il fit quelques traités avec les propriétaires pour avoir le droit de faire valoir les mines de charbon de terre et autres qui pourraient se trouver sur leurs fonds; mais, d'un côté, les dépenses considérables d'un pareil établissement, et peut-être de l'autre le besoin qu'ils croyaient avoir de gens connaissant ces sortes d'entreprises les déterminèrent à chercher des secours; ils s'adressèrent à Duvergier, Moreau, Chavray, Loysele, Pelletier, Pouperon, et leur firent la proposition de se joindre à eux, ce qui se fit par un acte de société, à la fin de 1739.

Le 11 mars 1740, l'intendant général de Tours ordonna aux associés de faire cesser les fouilles qui se font aux environs de Doué, et, en effet, il n'était pas question de cette localité dans la concession à eux faite par le duc de Bourbon.

Le 15 avril 1740, les associés informent l'intendant général de Tours qu'ils n'ont entrepris leurs travaux que pour se rendre compte de l'existence du charbon avant de faire la demande de concession, et qu'ils lui font cette demande.

L'intendant répond le 18 avril aux associés qu'ils doivent s'adresser au contrôleur général.

Les associés se conforment à cet avis; d'ailleurs, pour donner à l'intendant de Tours les explications et éclaircissements nécessaires, ils lui délèguent le directeur de l'exploitation. »

[Les lettres de concession du duc de Bourbon n'étant pas bien en règle, on obtint un arrêt du Conseil du 28 juin 1740 [1], par lequel les sieurs Bacot et associés furent régulièrement autorisés à faire exploiter les mines de charbon dans l'étendue des paroisses de Saint-Georges-Châtelaison et Concourson, près la ville de Doué, à la charge par eux d'indemniser de gré à gré les propriétaires des terres où sont situées lesdites mines du dommage qu'ils pourraient souffrir, ou, en cas de contestation, par jugement du commissaire départi.]

Le 27 juillet 1740 les associés écrivent à l'intendant pour le remercier de l'avis favorable qu'il avait bien voulu donner au conseil et, à cette même date, le « sieur Demontroché, avocat au parlement de Paris, fut nommé directeur des mines. »

[Cette compagnie est la plus ancienne de l'Anjou. Son établissement était dans les vues de l'Administration qui désirait arracher nos richesses minérales au gaspillage des propriétaires.]

« L'arrêt du Conseil du Roi du 26 juin 1740 souleva immédiatement les propriétaires du pays, et, le 8 janvier 1741, René Gellé de Champdoré, de l'Oratoire, curé de Concourson, adressa à l'intendant de Tours une protestation, tant en son nom qu'en ceux de Jacques Gautier, habitant de Doué, Paul Jean Lejeune, de Concourson, Françoise Poupard, veuve de Claude Valin, de Saint-Georges-Châtelaison, Gaspard Tigeon et Urbain Thibault, également de Saint-Georges-Châtelaison.

---

[1] Pièces justificatives, n° XLVIII.

L'intendant avertit de ce fait le directeur des mines, Demontrochey, qui lui répond le 20 janvier 1741 en lui faisant connaître la situation lamentable des travaux conduits par des particuliers; les exploitations, notamment celles de Nault, sont, dit-il, « faites à faire mal au cœur. »

A la suite de cette lettre, l'intendant de Tours ordonna au sieur Legendre, sous-inspecteur des ponts et chaussées, de visiter les mines de Saint-Georges-Châtelaison. Le procès-verbal fut dressé, le 31 mars 1741, dans les termes suivants :

En conséquence des ordres de M. l'Intendant à nous adressés pour visiter les ouvrages des mines de charbon entreprises par la compagnie et celles que les nommés Nault et autres paisants font aux environs, situées sur les paroisses de Saint-Georges et Concourson, où étant arrivé nous avons remarqué que sur une ligne ou filon du couchant au levant qui commence au pied du costeau où la compagnie a commencé ses ouvrages en faisant un grand puits construit de pierre de taille à mortier de chaux et sable de douze pieds de diamètre et percé aujourd'hui à soixante-cinq pieds de profondeur, et fait jouer actuellement les mines pour l'approfondir, et sur lequel est une machine pour tirer et puiser l'eau [1], qu'à dix-neuf toises au delà est un autre puits où l'on a établi deux pompes [2] ; à la suite, à vingt toises de distance, il y en a un autre pour l'extraction des charbons de la compagnie entre lesquels se trouvent plusieurs trous ou puits anciennement faits et remplis d'eau. C'est à cent six toises au delà que le nommé Nault, de la paroisse de Saint-Georges, fait percer de nouveau deux puits pour tirer du charbon. Nous avons examiné que leurs étayes ou quarlages pour empescher les terres ou roches de s'ébouler et d'écraser, bien loin d'être solides, sont au contraire témérairement construits, les chassis et traverses n'étant pas d'une grosseur assez forte ni suffisante pour résister à la poussée et à l'effort des terres.

Les puits forment un parallélogramme dont la longueur est de trois et quatre pieds, de deux et deux pieds et demy de largeur, leur profondeur n'est point déterminée, puisque c'est l'eau qui les arreste plus ou moins loin. Nous n'avons point osé y descendre pour voir la situation de leurs galleries; nous avons appris que ledit Nault n'a commencé de percer ces puits que parce que ceux où il travaillait cy devant ont éboulé, et cela faute de construction et de solidité, et que d'ailleurs n'ayant pas des moyens pour entreprendre des épuisements est obligé de les abandonner lorsqu'il trouve de l'eau.

C'est pourquoi il n'a choisi celui voisin de la compagnie que pour profiter des grands épuisements et des travaux solides qu'elle fait pour commencer à percer des galleries et à suivre de costé et d'autre les filons.

Nous avons ensuite continué la ligne de filon jusqu'à une sonde faite par la compagnie à quatre cent soixante dix toises. Cet espace est percé et criblé de quantité de puits dont

[1] Cette machine est construite comme celle de l'hôpital de Bicêtre, à Paris.
[2] Ces deux pompes tiraient 800 muids d'eau par jour.

la plupart sont restés ouverts et pleins d'eau, et ceux qui ont été remplis de terre se sont affaissés, ce qui forme autant de fosses et réservoirs d'eau qui tombent et s'imbibent facillement, ne pouvant s'écouler à cause de l'inégalité du terrain qu'occassionnent les fosses et puits. A soixante cinq toises au delà sont deux puits où travaillent plusieurs paysans et tirent du charbon. A cent quarants quatre toises plus loin autres puits où tirait depuis peu, à ce que nous avons apris, le curé de Concourson, abandonnés et remplis d'eau. A treize toises au delà est un troisième puits de la compagnie pour l'extraction des charbons sur une pièce de terre nommée le clos Vasselain, triage des Hetons, et à treize toises plus loin derniers puits où travaillait cy-devant ledit Nault, éboulés et crevés comme nous l'avons dit cy-dessus, dont un retably par la compagnie, où elle tire actuellement des charbons.

Toutes ces intervalles sont comme devant percées de quantité d'anciens trous partie remplis de terres, partie pleins d'eau, et les autres crevée ou afessés.

C'est pourquoi nous estimons qu'outre que tous ces trous tant anciens que nouveaux et que feront dans la suite les paisans sont très dangereux pour les passants, mais aussy seront très contraires pour l'exploitation de la compagnie lorsqu'elle étendra ses galeries et voudra suivre les filons, parceque tous ces trous et réservoirs d'eau leur causeront beaucoup de dépenses et les mineurs seront exposés à de grands dangers lorsqu'ils passeront sous ces puits mal étayés.

Fait par nous, sous-inspecteur des ponts et chaussées au département d'Anjou, le 31 mars 1741.

LEGENDRE.

La conséquence de ce rapport fut la défense faite le 16 may 1741 à Nault de continuer son exploitation. »

Cela n'empêcha pas de nouvelles exploitations de s'établir. Ainsi, le sieur Jacques Loir de Mongazon, sénéchal du duché pairie de Brissac, ouvrit deux mines « en la paroisse de Concourson, l'une en 1742, vulgairement appelée la grande mine, et l'autre la mine de la Bigotelle, qui avaient été exploitées de temps immémorial. Dans la première il y eut dix puits et dans la seconde deux puits, ouverts en 1741 et dont on extrait 100 boisseaux de charbon par jour en 1742.

En janvier 1742, un sieur Avril d'Angers et ses associés ouvrirent aussi deux mines dont la paroisse de Concourson, à la Bigotelle, à deux ou trois cents toises de la compagnie et sur la veine exploitée par elle, mais n'en tirèrent pas de charbon.

En février 1742 les nommés Texier, maréchaux, ouvrent deux fosses dans la paroisse de Soulanger, à un quart de lieue des travaux de la compagnie.

Les petites entreprises menaçaient donc de nouveau de se multiplier; aussi, le 2 mars 1742, l'intendant de Tours prit l'arrêté suivant :

DE PAR LE ROY,

Charles Nicolas Le Clerc de Lesseville chevalier, comte de Charbonnières, baron d'Authon, seigneur du Grand Bouchet, des Buys et autres lieux, Conseiller du Roy en ses conseils, Maître ordinaire de son Hôtel, intendant de Justice, Police et Finances en la Généralité de Tours,

Vu les ordres du Conseil à nous adressez au sujet de l'exploitation des mines de charbon de terre dans nostre Généralité ;

Nous intendant susdit, faison très expresses inhibitions et défenses sous les peines de droit, à tous particuliers d'ouvrir de nouvelles fosses, pour en extraire des charbons de terre, soit dans les paroisses de Châtelaison et Concourson, soit dans tout autre lieu de notre Département sans en avoir préalablement obtenu la permission de M. le contrôleur général.

En 1742, d'après un rapport du directeur de la compagnie concessionnaire des mines de Saint-Georges et de Concourson, il y a trois puits ou fosses exploitées par cette compagnie dans toutes les règles de l'art. Il y a des machines hydrauliques de différentes espèces, et tout est en règle.

Ces huit puits sont ainsi répartis :

Paroisse de Saint-Georges-Châtelaison : deux puits dans le clos Hardouin, quatre dans le clos Guillon.

Paroisse de Concourson : deux puits dans le clos Bigot.

Outre ces huit puits, la compagnie a 5 ou 6 autres points où l'on a fait des attaques; mais on en a sursis l'exploitation, parce qu'on a trouvé des endroits plus riches, sauf à y revenir quand on le jugera à propos.

Les différents directeurs se bornaient à tirer du charbon pour entretenir la vente locale; en cela ils ne considéraient que leur seul intérêt d'après la réponse présentée par Bault et associés à Mgr de Trudaine [1].

La compagnie, dont la majeure partie demeurait à Paris, ennuyée qu'après tant de frais cette entreprise ne fructifiât pas plus et soupçonnant le directeur, crut qu'il était nécessaire de députer en 1747 l'un d'eux pour résider dans les mines avec un pouvoir général et sans limites.

[1] Réponse au mémoire présenté à monseigneur de Trudaine par Thomas Bault et associés, par les intéressés dans les mines à charbon d'Anjou, demandant concession exclusive pour l'Anjou.

Le sieur Pouperon, l'un des associés, destitué d'état, s'offrit; la compagnie accepta son offre; en conséquence il s'y transporta au mois de novembre, et il y a résidé jusqu'en août 1748.

Il n'y fut pas huit jours qu'après différentes épreuves il reconnut la qualité de ces charbons; il médita dès l'instant le projet de dégoûter cette société de son entreprise et les moyens de s'en emparer. A cette fin il se rendit maître seul de la vente, de l'extraction du charbon, de la construction de différents bâtiments inutiles à la mine; enfin lorsqu'il arriva sur les mines, il trouva pour plus de quarante mille livres de charbon; la compagnie ne devait rien, elle avait des fonds en caisse; il absorba dans les dix mois tous les charbons, tous les fonds de la caisse et dix mille livres dont la compagnie se trouva endettée.

Ce fut alors que cette compagnie révoqua son pouvoir général au sieur Pouperon et obtint un ordre de Monseigneur l'intendant (sur les différents refus qu'il fit de sortir des mines) pour le faire chasser.

Lorsqu'il lui fut signifié, ainsi qu'à tous ses enfants qu'il avait avec luy, il emporta la plus grande partie de ses meubles, jusqu'aux différents outils qui appartiennent à la mine; il gagna cinq à six des meilleurs mineurs ainsi qu'un jeune homme qui vendait sur le lieu le charbon, et qui, au lieu de compter au directeur le produit, le lui avait toujours remis depuis son arrivée sur les mines. Il fut sur-le-champ, en suivant toujours la même mine (qu'il regrettait l'ayant regardée comme son bien patrimonial) sans quitter les filons, établir sa demeure et continuer son projet à Saint-Aubin-de-Luigné, où il résida depuis ce temps, et où il s'est fait divers associez; n'ayant pas eu de fonds suffisants pour puiser des charbons de qualité, il a infecté la ville d'Angers de houille au lieu de charbons (sous le nom de Thomas Bault).

Cette protestation des sociétaires de Saint-Georges-Châtelaison fut communiquée par l'Intendant de Tours à M. de la Guerche, son subdélégué à Angers, qui, le 4 septembre 1751, lui répondit :

« . . . . . Il est étonnant que les intéressés dans les mines de Saint-Georges demandent à ettendre la permission qu'ils ont de tirer du charbon jusques dans Saint-Aubin et Chalonnes, prétendant que leurs filons se suivent jusqu'en cet endroit. Quelle absurdité d'avancer un pareil fait : entre Saint-Georges et Saint-Aubin il y a une distance de plus de huit lieues, et ce n'est presque que des rochers.

Pouperon avait cependant rendu à ses associés un service. En effet, en réponse à une requête présentée par lui en juin 1748, l'intendant de Tours prit l'arrêté suivant :

Nous, Intendant de Tours, faisons très expresses inhibitions et défenses à toutes personnes de quelque qualité et condition qu'elles soient, de troubler et inquietter, sous quelque pretexte que ce puisse être, ledit Pouperon et autres intéressés, leurs commis, mineurs et ouvriers dans ladite exploitation, ... faisons pareillement défenses à tous ouvriers, voituriers et autres habitants desdites paroisses de faire sur lesdites mines aucun vol ou enlèvement, soit de charbon, soit des effets concernant l'exploitation desdites mines. . . . . Defendons aussi à toutes personnes, tant habitans lesdites paroisses que voisines d'icelles d'ouvrir ou faire ouvrir aucunes houillères, d'en extraire la superficie, d'en mêler les matières avec celles extraites des mines desdits intéressés, et de les vendre au public.

Fait à Tours le vingt-sixième juillet mil sept cent cinquante.

LAVALETTE.

Le successeur de Pouperon dans la direction des mines de Saint-Georges-Châtelaison fut Pierre de la Hoche. Sous sa direction les vols de charbon continuèrent, et les habitants ne cessèrent de troubler l'exploitation. Tel est le cas du nommé Bachet, qui coupa à coups de sabre le câble du puits au bout duquel étaient deux grands seaux ferrés, qui tombèrent au fond, tenta inutilement d'arracher le treuil et de le précipiter au fond du puits, coupa les dents qui servaient à faire tourner le treuil et jeta dans le puits toutes les brouettes (12 novembre 1750).

Malgré la défense de l'intendant de Tours, les habitants de Tours achètent du charbon aux mines, y mélangent les matières extraites de la superficie du sol, qui ont une couleur noire, et revendent le tout sous le nom de charbon de Saint-Georges. Ce mauvais combustible jette du discrédit sur le charbon de la Compagnie, et les maréchaux de Saumur et des environs le refusent en 1751, parce qu'il ne chauffe pas et qu'il en faut trois pour un d'étranger.

L'exploitation reprend cependant avec une nouvelle vigueur et, en 1757, huit puits sont en extraction. Ce sont les puits : *Hardoin, de la Busse, de la Bretonnière, du Pommier, de Bigot, de l'Hirondelle, de la Bigotelle* et *Courion.* »

[L'entreprise ne fut pas heureuse; après vingt-cinq ans de travaux et une avance de fonds de près de 400,000 livres, la Compagnie dut abandonner ses travaux.] « En 1766, des difficultés s'étant élevées entre les concessionnaires, un arrêt du 24 mai ordonna la vente aux enchères de la subrogation de leur privilège. » [Un procès-verbal de M. de Cessart, sous-ingénieur des ponts et chaussées, constate que chaque associé n'avait retiré que 2,649 l. 3 s. q. d. Tout l'établissement fut vendu, en 1769, 19,900 livres, à un nommé David[1], ancien valet de chambre d'un contrôleur général.] A la suite de cette vente, les sieurs Charras, Duchêne et Duvas rétrocédèrent leurs droits à David.

Vers cette époque, un sieur Foulon était devenu acquéreur de la baronnie de Doué.

[Désirant s'approprier l'établissement de David, il chercha à gagner le directeur des travaux nommé Dicq. Cet homme résista aux offres du financier et lui conseilla d'acheter les mines. Foulon, n'accédant pas à cette proposition, demanda au Conseil et obtint, le 29 janvier 1769, une concession pour toute l'étendue de sa baronnie; toutefois le Conseil, de son propre mouvement, fit exception de tous les terrains précédemment concédés à la compagnie Bacot.

David, tranquillisé par cet arrêt, continua ses travaux et fut assez heureux pour découvrir une veine très riche. Ce succès excitant l'envie de Foulon, il obtint, le 12 mai 1771, un nouvel arrêt, par lequel la paroisse de Concourson fut distraite de la concession constituée en 1740 et réunie à celle de Doué. Il fut autorisé à s'emparer de l'exploitation, en remboursant à David le prix de tous les ustensiles, d'après l'estimation d'experts, à l'amiable ou d'office.

Foulon négligea d'indemniser David. Il fit enlever le câble servant à l'extraction, fit chasser les ouvriers et expulsa le concessionnaire, qui ne put trouver un huissier pour mettre Foulon en cause.

Écrasé par le crédit de son adversaire, David s'estima heureux de pouvoir transiger et de rentrer en possession de sa concession, en accordant à Foulon une redevance annuelle de 1,200 livres. Afin de pouvoir supporter les charges qui pesaient sur lui, il mit l'entreprise en actions et forma une société.]

Cette société obtint, le 10 novembre 1771, un arrêt du Conseil, instituant en sa faveur une concession de trente années consécutives, à commencer du 1er janvier 1771, lui donnant le privilège d'exploiter les mines de charbon de terre de la paroisse de Saint-Georges-Châtelaison, à la charge d'indemniser

---

[1] Probablement Laurent David, prête-nom des fermiers généraux pour le bail de 1774-1780.

les propriétaires des terrains, de se conformer à l'arrêté réglementaire de 1744, et de payer annuellement une somme de 400 livres pour l'École des Mines.] Elle payait en outre « un tribut de 2,000 livres au seigneur de Concourson ». Le directeur était J.-B. Bourguignon.

En 1773, les intéressés sont MM. Linguet, ancien avocat, Valentin, officier de santé, Tourtille, Sangrain, entrepreneur et directeur des services des réverbères de Paris, qui achètent les mines de M. Foulon.

En 1774, MM. Linguet et Valentin vendent leurs intérêts à MM. Tourtille, Saugrain, Puissan, écuyer-chef du premier bureau de la police de Paris, Puissan-Deslandes, premier commis de ce même bureau, Moral, écuyer, commandant des pompiers de la ville de Paris, directeur général des pompes du Roi, Beaujouan, ancien marchand. »

[La nouvelle Compagnie fut autorisée, par un arrêt du Conseil du 17 avril 1774, à canaliser la rivière du Layon, depuis Saint-Georges-Châtelaison jusqu'à son embouchure dans la Loire. Ce canal devait prendre le nom de *Canal de Monsieur*. Afin de l'indemniser des sommes considérables déjà dépensées pour cet ouvrage et de faire régulariser son titre, elle sollicita et obtint un arrêt qui portait à quarante ans la durée de la concession et en étendait considérablement le périmètre. Par cet arrêt du 27 mai 1775, la concession comprenait les terrains limités ainsi qu'il suit : en tirant une ligne sur les bois de Saint-Georges jusqu'au lieu dit *les Verchers*, remontant la rivière du Layon jusqu'à Tigny, passant sur les bois d'Aubigné jusqu'à Faveray, de Faveray à Saint-Lambert, de Saint-Lambert à Beaulieu et de Beaulieu à Martigné, passant par Thouarcé et rejoignant les bois de Saint-Georges, conformément à un plan annexé à la minute, en exceptant toutefois desdits terrains ceux qui faisaient partis de la permission exclusive accordée au sieur Foulon par arrêt du 29 janvier 1769; à la charge par les concessionnaires d'indemniser les propriétaires et de payer annuellement une somme de 400 livres entre les mains du receveur général des Écoles royales vétérinaires. Une dernière disposition fixait la juridiction qui devait connaître des affaires relatives aux mines, en ces termes :

Évoque Sa Majesté à soi et a son conseil les contestations nées et à naître pour raison desdites mines, et icelles circonstances et dépendances a renvoyé et renvoie par devant ledit Intendant et commissaire départi en la province de Touraine pour en connaître et les juger en première instance sauf l'appel au Conseil, lui attribuant à cet effet toute cour, juridiction et connaissance, et icelle interdisant à ses cours et juges.]

« En 1774, la direction fut confiée à M. de Roussy, qui la quitta en 1776 et la laissa à un sieur Hervé. Mais les travaux de canalisation coûtaient fort cher, l'exploitation se ralentit et ne se faisait plus que par quatre puits : *le Solitaire, le puits Morand, le puits Puissan* et *le puits Beaujean.*

Pour remédier à cet état de choses, les concessionnaires offrirent, en décembre 1776, la place de directeur à l'illustre Parmentier, qui la refusa et l'offrit le 25 décembre à son ami le docteur Renou. Ce dernier accepta la place et entra en fonctions le 20 mai 1777.

Les propriétaires de la mine étaient alors : MM. Pauly, secrétaire ordinaire de la Reine; Morand, naturaliste, bibliothécaire de l'Académie des sciences [1]; Bayen, apothicaire en chef des armées [2]; Pia, apothicaire à Paris, Bourly, Lavit, de Cressac, de Roussy, Puissan. »

[L'arrêt du 27 mai 1775 a été le titre de possession en vertu duquel ont joui les diverses Compagnies qui se sont succédé dans l'exploitation des mines de Saint-Georges-Châtelaison, jusqu'en 1843, époque où une ordonnance royale a définitivement fixé les limites de la concession. Le périmètre, indiqué d'une manière assez vague dans l'arrêt, comprenait une partie de la paroisse de Concourson, et par conséquent empiétait sur la concession faite en 1771, à Foulon, des mines situées dans cette paroisse, puisqu'il n'était fait de restriction que pour les terrains concédés par l'arrêt de 1769. Les mines de Concourson n'ont pas cessé de faire partie de la concession de Saint-Georges-Châtelaison, tant en vertu des droits contestables créés par l'arrêt de 1775 que par suite de la transaction faite par David et acceptée par la Compagnie Puissan et Morat, qui s'engagea à payer la redevance de 1,200 livres, sans s'informer du titre auquel elle était due.

Foulon passa six ans sans réclamer cette rente; il tentait lui-même une exploitation dans sa baronnie de Doué; bientôt, dégoûté par le peu de succès de son entreprise, il proposa à la Compagnie de Saint-Georges de lui céder son privilège, moyennant une redevance annuelle de 3,000 livres. Sur le refus des intéressés, il leur fit dire que la Compagnie qui avait le privilège pour épurer les charbons lui proposait d'acheter sa mine, mais qu'il donnerait la préférence aux concessionnaires de Saint-Georges. Ceux-ci fatigués par des dépenses excessives, craignant une concurrence qui les ruinerait totalement

---

[1] Auteur, entre autres ouvrages, de l'*Art d'exploiter les mines de charbon de terre*, Paris, 1769-1779, 2 vol. in-folio.
[2] Fut nommé Membre de l'Institut lors de sa création.

souscrivirent en 1780 une nouvelle redevance de 2,000 livres, et s'enga-
gèrent à payer les arrérages de la rente consentie par David. De 1780 à 1789
Foulon toucha la redevance de 2,000 livres, à la charge d'acquitter celle de
400 livres imposée à la concession au profit des écoles vétérinaires. Cette
convention a donné lieu à de nombreux procès entre les ayants cause des
parties contractantes; elle a exercé sur les mines de Saint-Georges une
influence fâcheuse.]

Cependant [les travaux de la Compagnie Puissan et Morat avaient pris
beaucoup d'activité. Un grand nombre de puits furent ouverts.]'

« En 1777, la mine produisit 226,224 busses vendues 235,208 fr. 12 s.
6 d. : l'extraction avait coûté 182,778 fr. 18 s. 3 d. En 1778, la production
s'éleva à 402,405 busses et, en 1779, elle atteignit 617,709 busses. La qualité du charbon extrait était variable, depuis l'anthracite, dit-on, mais plutôt
le charbon maigre jusqu'au demi-gras. »

[La canalisation du Layon, commencée en 1774, était complètement
achevée en 1779. La guerre d'Amérique forçant à recourir aux mines du
pays, les approvisionnements des ports de la côte, de Brest à Rochefort, furent
partagés entre les mines de Saint-Georges et de Montrelais; mais les dépenses
considérables causées par la construction du canal, qui avait coûté plus de
2 millions, avaient épuisé les ressources de la Compagnie.] En 1782, elle
céda toutes ses actions au prince de Guéménée.

« Renou », qui paraît avoir été un homme actif et capable, « fut directeur de
la Compagnie dans les dernières années et resta directeur après la cession. Il
dressa, en 1780, un plan de la mine, où les couches sont figurées presque
verticalement et il appela l'attention sur cette disposition anormale d'après laquelle Élie de Beaumont classa le terrain houiller de Saint-Georges-Châtelaison dans les terrains de transition.

Renou donna sa démission le 14 juillet 1784, parce qu'on rejetait irrévocablement des réclamations renouvelées par lui depuis plusieurs années.

Le 10 août 1785, la Compagnie fondée par le prince de Guéménée, grevée
de plus de 400,000 francs de dettes, fut obligée de vendre les mines à des
gens en état, par leur fortune et leur expérience, de suivre l'exploitation avec
plus de fruits.

Les acquéreurs furent MM. Antoine-Jean-François Mégret et François-
Jacques-Charles Choulx sous le nom de Pierre-Couillard Laborde; mais, le
même jour, les acquéreurs subrogèrent en leur nom Bonaventure Pauly.

Les associés éprouvèrent une perte de 50 p. 100, malgré le prix élevé de la vente : 500,000 francs. »

[M. Pauly, nouvel acquéreur, avait suivi depuis 1776 les travaux du canal, dont l'achèvement était dû à ses soins. Il paraît que l'entreprise, soumise à une direction unique, recevrait une impulsion que ne pouvaient lui donner les volontés souvent opposées des membres d'une Compagnie. Malgré la disette de fourrages en 1785 et 1786, il refit les approvisionnements de la mine, en ayant recours à la Hollande, et il remit l'ordre dans le personnel ouvrier, désorganisé sous la précédente administration.] « En 1785, la concession fournissait 400,000 boisseaux par an. » [En 1787, M. Pauly commençait à voir la possibilité de trouver dans une extraction abondante le dédommagement de ses avances; mais les travaux anciens étaient presque épuisés], « en 1788, la production était tombée de moitié », [de nouvelles recherches étaient nécessaires.

Un nouveau puits fut ouvert sur une veine connue; il atteignait le gîte en 1791, lorsque les événements politiques furent la cause de nouvelles tribulations pour le malheureux exploitant.

En 1792, Duhamel, de l'Académie des sciences, s'étant rendu à Saint-Georges sur l'invitation de M. Pauly, avait fortement conseillé de faire des recherches. Le concessionnaire se disposait à faire des coupements dans ses divers puits; mais la poudre lui manquait. Un arrêté de la municipalité de Saumur l'autorisa à s'en faire délivrer 1,800 livres par an, quantité insuffisante, la consommation de 1792 étant de 11 livres par jour. Les troubles de la Vendée ayant commencé vers cette époque, non seulement les livraisons cessèrent, mais encore le concessionnaire fut obligé de céder, sur la réquisition de la municipalité de Doué, un baril de 100 livres de poudre venant de Saumur. Les ouvriers et les chevaux furent enlevés pour les armées, les approvisionnements mis en réquisition par les agents de la République ou pillés par les insurgés. Les volontaires réunis au camp de Concourson, pour se procurer des bois de chauffage, brisèrent les machines des trois *puits des Hétons*, *Sagesse* et *Puissance*[1]; ils jetèrent même dans ce dernier de grosses pierres, qui causèrent un éboulement; ils démolirent des magasins, pour empêcher les insurgés de trouver un abri derrière leurs murs; le canal du Layon fut détruit; treize bateaux employés au transport des charbons furent perdus. L'ex-

_____

[1] Il faut lire probablement : Puissan.

ploitation fut interrompue, les puits se remplirent d'eau, la ruine de l'entre-prise était imminente.

Les travaux avaient cessé complètement le 1ᵉʳ septembre 1793 et étaient restés suspendus pendant un an. Les pertes éprouvées par le concessionnaire l'empêchaient de les reprendre et même de s'acquitter d'une créance venue au Trésor national, par suite de la confiscation des biens de M. de Sérilly, ancien trésorier de l'extraordinaire des guerres, l'un des intéressés.] En 1794, il ne restait plus que quatre hommes sur la mine.

[Cependant, les dangers que courait la France à cette époque rendaient nécessaire la reprise des exploitations des mines de houille, surtout de celles fournissant du combustible propre à la forge. Le 25 ventôse an II [1], la Com-mission des subsistances et approvisionnements avait chargé les administra-teurs de districts de pourvoir par des réquisitions particulières à l'approvision-nement en subsistances, pour un mois d'avance, des ateliers de fabrication d'armes, de salpêtre, des forges, fonderies, mines de charbon, etc., existant dans leur arrondissement.

De son côté, le Comité de salut public, dès le 28 brumaire an II [2], avait écrit aux agents nationaux du district, pour se procurer l'état des mines de charbon de terre ; le 20 pluviôse [3], il réclamait cet état dans un court délai, appuyant son arrêté d'un considérant qui ne permettait aucune hésitation. Le 4 prairial [4], le Comité de salut public arrêtait que les Directoires des districts dans lesquels se trouveraient des usines employées à la fabrication de matières destinées au service de la République seraient tenus de pourvoir à la subsis-tance des ouvriers employés dans ces usines ; il serait avisé à ce que tous les ouvriers puissent se procurer la quantité de pain nécessaire, équivalente à la ration commune. Nul ne pourrait refuser, sur la réquisition des administra-teurs de district, à fournir, à proportion de ses ressources, le contingent qui lui serait demandé, et qui serait payé par les consommateurs sur le pied du maximum.

Un autre arrêté du même Comité, du 26 floréal an II [5], charge les agents

---

[1] 15 mars 1794. — Pour plus de commodité j'ai ajouté la concordance avec le calendrier grégorien, qui n'est pas dans le mémoire de Cacarrié.

[2] 18 novembre 1793.

[3] 8 février 1794.

[4] 23 mai 1794.

[5] 15 mai 1794.

nationaux du district de veiller à ce que les chevaux employés aux exploitations des mines n'en soient point distraits, et qu'il en soit même fourni.

Pour l'exécution de ces mesures, exigées par la situation tout à fait extraordinaire de la France, la Commission des armes, poudre et exploitations des mines de la République demande à M. Pauly un état nominatif bien exact de tous les ouvriers employés dans ses ouvrages, absents, soit par réquisition, soit par enrôlement, afin de les faire retourner à leurs travaux. Le 30 messidor an II [1], elle enjoint à l'agent national du district de Vihiers de faire fournir au concessionnaire les chevaux qui pourraient lui être nécessaires, soit de ceux de réforme, soit de toute autre manière.

Il était d'autant plus indispensable de fournir aux besoins de l'exploitation que la Commission de commerce et approvisionnements venait d'autoriser, le 9 prairial an II [2], l'administration montagnarde du district des Sables, à s'approvisionner de charbon de terre aux mines de Saint-Georges-Châtelaison. La difficulté des transports rendait urgente l'exécution des mesures rigoureuses prescrites par le Comité de salut public, à cause du retard que devaient éprouver les livraisons. L'application de la loi du maximum était indispensable pour les fournitures requises par la mine; en effet, l'augmentation du prix des denrées avait porté la journée des ouvriers, de 18 sous, prix de 1790, à 27 sous, maximum légal; les mineurs demandaient même qu'on leur donna 40 sous; l'avoine coûtait 150 livres le quintal au lieu de 60; le foin, 300 livres la charretée, au lieu de 36. Pour parer en partie ces causes de perte, le concessionnaire réduisit la capacité du boisseau, mesure en usage pour le charbon, et remplaça le boisseau arbitraire dont il se servait par celui de Brissac, équivalent aux deux tiers de celui de la mine et pesant 30 livres; le prix fut fixé à 12 sous, prix de l'ancienne mesure.

Vers la fin de l'an II (1794), la Commission des armes, poudres et exploitation des mines avait envoyé à Saint-Georges-Châtelaison l'ingénieur Duhamel fils, afin de rétablir les travaux. Quelque activité qu'ait mis cet envoyé extraordinaire, quelque latitude qu'on lui eût donnée pour l'accomplissement de sa mission, des difficultés immenses se présentaient de toutes parts; on manquait de chevaux, de fourrages, de fer, de poudre, de câbles, d'huile, de chandelles; les ouvriers renvoyés par les soins de la Commission des armes ne

---

[1] 18 juillet 1794.

[2] 28 mai 1794.

trouvaient pas à se procurer du pain. La Commission du commerce et approvisionnements, le 12 brumaire an III[1], accorda aux mineurs la ration militaire en pain et en farine, en la payant au prix de la taxe du pain dans la localité.

La Commission des armes, poudres, etc., écrivait le 2ᵉ jour complémentaire an II[2], à l'administration du district de Vihiers de fournir à la mine un approvisionnement de clous. On mit en réquisition des bois, des charpentiers pour les tailler; des chanvres, un cordier pour les employer. Ayant eu l'occasion de se procurer 2,000 livres de suif, M. Pauly fut obligé d'essayer de faire de la chandelle]; car il n'était pas alors question de lampes : c'est avec de la chandelle qu'on s'éclairait dans les mines. [Le 30 messidor an II[3], la Commission des armes ayant accordé sept milliers de suifs, M. Duhamel requit un nommé Poupard, ancien cirier, qui s'était réfugié à Blois; lorsque celui-ci fut rendu à Saint-Georges, on ne put se procurer le coton nécessaire pour les mèches, même à Saumur. L'agence des poudres de la République expédia les poudres nécessaires à la mine; le Directoire de Vihiers fournit des fers provenant des habitations démolies; il mit en réquisition le foin contenu dans les granges des environs, remplaça la paille par du chaume, et demanda des chevaux à l'Administration de la guerre, qui accorda douze chevaux aveugles, à prendre dans les dépôts. Malgré ces réquisitions, l'établissement se trouva plusieurs fois dans le dénûment le plus complet; on peut en juger par une lettre écrite sur un feuillet arraché d'un registre, dans laquelle le concessionnaire s'adresse à l'agent national pour lui demander de lui procurer du papier.

On était parvenu, avec beaucoup de peine, à réorganiser le travail, lorsque le 16 frimaire an III[4], les ouvriers se révoltèrent, demandant une augmentation à leur salaire, déjà porté à 27 sous. M. Duhamel, aidé des municipalités de Saint-Georges et de Concourson, parvint à les décider à reprendre leurs travaux, en leur promettant de demander une augmentation à la Commission des armes, poudres, etc.

L'exploitation des mines de Saint-Georges-Châtelaison continua ainsi pendant la guerre. Lorsque le pays fut plus calme, elle fut soumise au régime

[1] 2 novembre 1794.
[2] 18 septembre 1794.
[3] 18 juillet 1794.
[4] 6 décembre 1794.

ordinaire, mais ne put revenir à son ancienne prospérité.] « En 1798, M. Pauly s'associa à MM. Biércourt et Servilly. » Mais cette association fut éphémère. « A cette époque, *les puits Beaujouan* et *de la Sagesse* étaient épuisés, *le puits Constance,* après quarante années de fouilles poussées jusqu'à 585 pieds, ne fournissait plus. » [M. Pauly, dégoûté d'une entreprise où il avait éprouvé des pertes considérables, vendit ses mines et ses autres biens meubles et immeubles en Anjou, le 29 messidor an VI[1], au sieur Ant. Rivaud-Verger, pour la somme de 200,000 francs, en se réservant le droit de rentrer dans la propriété de la concession si le payement de cette somme n'était pas effectué en six années. Ce délai fut porté, par un acte supplémentaire du 13 pluviôse an XIII[2], à huit années à partir de la date de ce dernier traité, avec faculté pour M. Pauly de rentrer dans la propriété des biens vendus, si M. Rivaud n'effectuait pas ses payements.

Sous l'empire de la loi du 21 avril 1810, l'exécution de ce contrat et de la cause résiliatrice qu'il contenait n'aurait été l'objet d'aucune difficulté; mais, sous le régime de la loi de 1791, le cessionnaire dut se faire reconnaître par le gouvernement comme titulaire de la concession. On produisit une cession pure et simple de M. Pauly à Rivaud, ne faisant aucune mention du contrat particulier de vente. Le 1er fructidor an VI[3], l'administration centrale du département de Maine-et-Loire prit un arrêté autorisant le citoyen Rivaud-Verger, cessionnaire du citoyen Pauly, concessionnaire des mines de Saint-Georges-Châtelaison, à en continuer l'exploitation, à la charge, par le citoyen Rivaud, de se conformer aux instructions qui lui seraient données par le Conseil des mines et de remettre l'exploitation de cette houillère en bonne activité, à compter du jour de la notification de l'arrêté.] Celui-ci fut approuvé par un arrêté du Directoire exécutif en date du 3 nivôse an VII[4]. [Plus tard la résiliation du contrat fut la cause d'un procès dont nous aurons à parler.

Rivaud, reconnu concessionnaire des mines de Châtelaison, ne put, comme il paraît l'avoir annoncé, remettre en état le canal du Layon; l'exploitation fut peu active et consista principalement dans le dépouillement des anciens puits. Il continua cependant à fournir, malgré la difficulté des transports, des houilles aux ports et arsenaux de l'ouest de la France; comme le témoigne

[1] 17 juillet 1798.
[2] 2 février 1805.
[3] 18 août 1798.
[4] 25 décembre 1798.

IMPRIMERIE NATIONALE.

un marché passé le 8 prairial an VII [1] avec l'administration du port de Brest, à laquelle il s'engageait à fournir deux mille barriques de charbon, ou environ un million de kilogrammes.

Pendant que Rivaud exploitait les mines de Saint-Georges-Châtelaison, furent réglées deux affaires intéressant la délimitation de la concession et les droits du concessionnaire. En l'an XIII (1805), la concession de Layon-et-Loire ayant été instituée, sa limite est parut empiéter sur les terrains de la commune de Beaulieu faisant partie de la concession de Saint-Georges-Châtelaison. Rivaud réclama contre le décret qui fixait cette limite; mais le Ministre de l'intérieur, s'appuyant sur le vague de la délimitation de la concession de Saint-Georges-Châtelaison, prit, le 8 frimaire an XIV [2], un arrêté qui maintenait la limite bien définie de la concession de Layon-et-Loire.

Vers la même époque, le sieur Joubert, maire de Beaulieu, avait ouvert sur le territoire de cette commune, dans le périmètre de la concession de Saint-Georges, une exploitation illégale, connue sous le nom de Mine des Picquets. Rivaud, pour faire cesser cette exploitation, consentit, le 29 fructidor an XIII [3], à une transaction, d'après laquelle il devait continuer l'exploitation de cette mine, à la charge de fournir au sieur Joubert et à son associé Béguyer la houille nécessaire pour les fours à chaux qu'ils possédaient à Beaulieu. L'ingénieur des mines, ayant reconnu que cette mine était dangereuse, en leva le plan en frimaire an XIV [4] et en provoqua l'interdiction. Les sieurs Joubert et Béguyer ayant attaqué Rivaud devant le tribunal de commerce, pour qu'il eût à leur livrer des charbons au prix convenu dans leur traité, le préfet prit un arrêté de conflit; un décret impérial, en date du 24 juin 1808, annula le jugement rendu par le tribunal de commerce; Joubert et Béguyer furent déboutés de leur demande.

Cependant Rivaud, ne pouvant réparer le canal du Layon par ses propres ressources, et n'ayant pas obtenu son rétablissement qu'il demandait à l'Administration dès l'an XI [5], ne remplit pas les engagements qu'il avait contractés envers Pauly. Celui-ci, supposant qu'il y avait mauvaise volonté de la part du concessionnaire à remplir ses engagements, voulut profiter de la faculté qu'il

[1] 27 mai 1799.
[2] 29 novembre 1805.
[3] 16 septembre 1805.
[4] Novembre 1805.
[5] 1803.

s'était réservée dans son contrat de l'an VI [1] et dans le traité de l'an XIII [2]; il fit faire au sieur Rivaud, le 19 janvier 1806, une sommation tendant à opérer la résiliation de la vente du 29 messidor an VI [3], et se présenta, assisté d'un officier ministériel, pour procéder au récolement des objets mobiliers. Rivaud s'opposa au récolement, prétendant que la question était de la compétence de l'autorité administrative. Pauly fit assigner Rivaud devant le tribunal de Saumur, qui ordonna l'exécution du traité sans délai et nomma deux experts pour procéder au récolement des objets mobiliers. Sur l'appel interjeté par Rivaud, la Cour d'appel d'Angers confirma la sentence des premiers juges, *sans néanmoins entendre rien préjuger sur la demande en dommages et intérêts résultant du mode de la mauvaise exploitation des mines dont il s'agit, et dont la connaissance appartient à l'autorité administrative.*

Cette jurisprudence d'une cour d'appel montre combien la matière des mines était neuve alors, même pour des magistrats d'un ordre élevé. Si la connaissance de l'affaire appartenait aux tribunaux comme n'étant qu'une contestation relative à des intérêts privés, on ne voit pas pourquoi ils n'auraient pu prononcer sur les dommages et intérêts dus à la partie lésée, après avoir fait procéder à leur estimation par une personne capable. C'était précisément la partie de l'affaire qui était le moins du ressort de l'administration.

Rivaud s'étant pourvu devant le préfet en dénonçant l'empiètement commis par les tribunaux, ce magistrat prit un arrêté, en date du 20 décembre, par lequel il faisait défense à toutes personnes d'inquiéter ou d'entraver le sieur Rivaud dans l'exploitation des mines de Saint-Georges, de s'immiscer dans la reconnaissance, examen ou comparaison de l'état de ces mines, le tout jusqu'à ce qu'il eût été ordonné par le Gouvernement.

Cet arrêté était conforme aux vrais principes généraux de la matière : Rivaud ayant été reconnu concessionnaire par un arrêté du Directoire exécutif, les tribunaux ne pouvaient prononcer sa déchéance, même d'une manière détournée, en se fondant sur la non-exécution de ses engagements envers M. Pauly. Un acte du Gouvernement était nécessaire pour réintégrer M. Pauly dans sa concession et lui rendre les droits qu'il avait cédés à Rivaud, avec approbation du Gouvernement, sans autre restriction que la charge imposée

[1] 1798.
[2] 1805.
[3] 17 juillet 1798.

au cessionnaire de remettre les mines en activité, charge qui ne lui imposait de devoirs qu'à l'égard de l'administration.

L'arrêté du préfet fut maintenu par un décret impérial du 22 avril 1806, annulant le jugement du Tribunal de Saumur et de la Cour d'appel d'Angers. Ce décret prononçait l'exécution de la clause du contrat passé entre le sieur Pauly et le sieur Rivaud, rétablissait le sieur Pauly dans sa concession, renvoyait les parties devant les tribunaux pour le jugement et règlement entre elles de leurs droits résultant des autres clauses de leur contrat, sans que lesdits tribunaux pussent donner aux experts nommés par eux la mission d'estimer les meubles et effets autres que ceux extérieurs, étrangers à l'exploitation de la mine et à l'extraction de la houille. A l'égard des ustensiles d'art servant à l'exploitation comme aux travaux intérieurs, les parties eurent à se pourvoir devant l'administration, qui fut chargée de nommer des ingénieurs des mines chargés de faire l'examen et l'estimation, ainsi que l'évaluation des dégradations ou améliorations qu'ils y reconnaîtraient; de quoi lesdits ingénieurs devaient dresser procès-verbal, en conséquence duquel il serait également statué par les tribunaux sur les droits et intérêts des deux parties.

Ce décret distinguait nettement, dans la résiliation du contrat, la part qui était du ressort exclusif de l'autorité administrative, à cause de la reconnaissance de Rivaud comme concessionnaire, et celle qui était la suite de la convention particulière entre les deux parties, applicable seulement aux objets constituant une propriété privée, régie par le code civil. L'estimation de dommages et intérêts pour cause de dégradation ou améliorations dans ce qui concernait les mines n'avait d'autre origine que le décret émanant du Gouvernement; la nomination de l'expert chargé de cette partie appartenait donc à l'autorité administrative, mais les conclusions de l'expert, acceptées de l'administration par l'homologation du Préfet, devaient être soumises aux tribunaux, chargés seuls de prononcer le jugement accordant des dommages et intérêts à la partie lésée. La contestation rentrait en effet dans le domaine des tribunaux ordinaires, dès que le Gouvernement avait remplacé le concessionnaire à son gré et présenté l'évaluation des dommages-intérêts d'après l'expertise faite par un de ses agents. Cette jurisprudence était, comme l'on voit, précisément le contraire de celle de la Cour d'appel d'Angers. Pour l'exécution de cette partie du décret, M. Cordier, ingénieur des mines, fut envoyé à Saint-Georges-Châtelaison.

En exécution du décret du 22 avril 1806, le Préfet de Maine-et-Loire installa M. Pauly dans la jouissance des mines de Saint-Georges-Châtelaison, par un arrêté en date du 22 novembre 1807.

Aux termes de l'arrêt de 1775, et d'après la loi de 1791, la concession devait expirer en 1815, lorsque fut rendue la loi du 21 avril 1810 qui rendait perpétuelles les anciennes concessions, en imposant aux titulaires l'obligation de faire régulariser leurs titres. Le 26 août 1811, M. Pauly, pour se conformer à l'article 12 du décret du 6 mai 1811, fit une déclaration par laquelle il annonçait l'intention d'exploiter dans les limites mentionnées dans l'arrêt de 1775, savoir :

Une ligne partant du bourg des Verchers au bois de Saint-Georges, de là à Martigné, ensuite au coteau de Thouarcé, de là à Beaulieu jusqu'au chemin de Saint-Lambert, où se termine la concession, bornée sur l'autre rive du Layon par le clocher de Saint-Lambert, celui de Faveraye, de là à Aubigné en suivant le coteau, d'Aubigné à Tigné et de Tigné aux Verchers, sur le coteau à 10,000 mètres du clocher, le tout ainsi qu'il est figuré sur le plan; le tout à la charge d'exploiter cette surface, qui est d'environ 84 kilomètres carrés, conformément aux règlements.

Les limites indiquées dans cette déclaration, bien qu'un peu vagues, ont pourtant plus de précision que celles fixées par l'arrêt de 1775. Le Préfet, acceptant cette déclaration, maintint M. Pauly dans sa concession par un arrêté en date du 14 avril 1812. Cependant, les formalités voulues par la loi devant être remplies, le Préfet adressa à l'ingénieur en chef, le 20 avril 1812, la soumission de M. Pauly et les plans en triple expédition, afin d'arriver à fixer définitivement les limites de la concession. Un changement d'ingénieur en chef retarda l'expédition de cette affaire, dont la solution était réclamée par le Préfet le 26 janvier 1814, et qui n'a été terminée qu'en 1843.

M. Pauly continua l'exploitation des mines, aidé de M. de Monti, son gendre; mais il ne put lui rendre son ancienne splendeur. Une concurrence redoutable existait maintenant dans les mines de Layon-et-Loire, mieux situées pour l'écoulement de leurs produits.

En 1823, une compagnie Girard acheta la concession de Saint-Georges-Châtelaison et celle de Montjean] et prit pour directeur le général Evain. Elle fit d'assez nombreux travaux de recherches et « creusa quatre grands puits sur le plateau de Concourson et de Saint-Georges », [mais cependant ne tenta pas la reprise des anciens travaux inondés. Ses projets étaient d'abord très vastes; elle songeait même à établir des hauts fourneaux pour traiter le minerai de fer carbonaté lithoïde qu'elle croyait exister en grande quantité dans les couches de houille [1]. Ses ressources étant en grande partie absorbées par les travaux de Montjean, cette compagnie se borna à une exploitation très restreinte, qui ne pouvait l'indemniser de ses frais généraux.

En 1833, la concession fut achetée par M. de Monti, petit-fils de M. Pauly. L'exploitation a toujours été très bornée depuis cette dernière vente; elle a pourtant suffi aux besoins de la consommation locale. L'impossibilité d'expédier des charbons par le Layon, la concurrence que les charbons d'Auvergne ont faite dès 1820 à ceux du Saumurois sur les marchés de Loudun, Thouars, Montreuil, Brissac, Saumur et Cholet, ont été des obstacles puissants à la reprise sur une grande échelle des travaux d'exploitation dans les environs de Saint-Georges et de Concourson. Des recherches faites dans les environs de Faye et au Pont-Barré, points plus rapprochés de la vallée de la Loire, n'avaient pas donné de meilleurs résultats que la mine des Piquets.

Cependant, M. de Monti, pour régulariser son titre de concession, forma, le 21 juin 1840, une demande en délimitation.] Le projet d'affiche fut signé par le Préfet de Maine-et-Loire le 20 août suivant [2]. [Pendant l'instruction de cette affaire, les concessionnaires de Chaudefonds, qui, depuis quatre années, faisaient en vain des recherches sur leur propre fonds, formèrent une demande en extension de limites qui empiétait sur la concession de Saint-Georges. A l'appui de leur demande, ils firent, aux environs du Pont-Barré, des recherches plus fructueuses que celles faites en 1821. Le 12 février 1843, fut rendue une ordonnance royale fixant comme suit les limites de la concession de Saint-Georges-Châtelaison :]

« Au N. E. des droites menées successivement, la première, du clocher des Verchers à l'angle Sud du château de Maurepart et prolongée à 140 mètres au delà de cet angle; la seconde, de l'extrémité N. O. de la ligne précédente sur le clocher de Martigné, au point d'intersection des chemins de Cornu à Millé et de Thouarcé à Martigné; la quatrième du point d'intersection desdits chemins sur le clocher de Beaulieu, laquelle ligne passant par Bellevue est prolongée de 2,500 mètres au delà du clocher de Beaulieu.

Au N. O., une droite tirée de l'extrémité du N. O. de la ligne précédente sur le clocher de Saint-Lambert.

Dans la partie sud, deux droites tirées du clocher de Saint-Lambert sur

---

[1] Pièces justificatives, n° XLIX.

[2] Pièces justificatives, n° L.

celui de Faveraye et de Faveraye sur celui d'Aubigné, et une troisième ligne, longue de 14,350 mètres, passant par le clocher d'Aubigné, Tigné et le bâtiment le plus au sud du village des Rochettes, au delà duquel elle se prolonge jusqu'à un point situé au sud des Verchers. Enfin, du côté de l'est, une ligne droite menée de ce dernier point situé au sud des Verchers et formant l'extrémité de la ligne de 14,350 mètres passant par Tigné et les Rochettes sur le clocher des Verchers. Le périmètre de cette concession était de 35 lieues carrées. »

[Cette ordonnance déboutait les concessionnaires de Chaudefonds de leur demande. Alors un arrangement intervint entre eux et M. de Monti; l'exploitation du Pont-Barré fut continuée par les concessionnaires de Chaudefonds associés à M. de Monti, seul titulaire de la concession; elle prit une extension rapide et vint faire concurrence aux mines de Layon-et-Loire et de Désert, moins bien placées pour alimenter certains fours à chaux de la vallée du Layon.]

Pour régulariser cette position, M. de Monti forma le 23 janvier 1846 [1], avec sa sœur, Mme Adèle-Émilie de Monti, épouse de M. Guillaume-Hippolyte-Étignard Lafautotte de Neully, une demande tendant à obtenir la division de la concession de Saint-Georges-Châtelaison, avec l'intention de vendre la portion détachée à l'ouest à la Compagnie de Chaudefonds, qui avait créé tous les travaux existant aux environs de Pont-Barré.

Cette demande fut accueillie favorablement, et, le 27 juillet 1847, une ordonnance royale divisa la concession en deux parties : l'une contenant le nom de Saint-Georges-Châtelaison, l'autre portant celui de Saint-Lambert-du-Lattay. L'ancienne concession de Saint-Georges-Châtelaison était divisée en deux parties par une droite menée par le clocher de Ballay perpendiculairement à la limite S. O. de la concession, du clocher de Saint-Lambert à celui de Faveraye : l'une conservait le nom de Saint-Georges-Châtelaison, l'autre portait celui de Saint-Lambert-de-Lattay.

« Le 28 octobre 1851, une société houillère se constitua et nomma administrateur M. Emmanuel-Pons-Dieudonné, comte de Las Cases, sénateur. Le 15 mai 1854, il demanda la réunion des concessions des mines de houille de Désert, de Saint-Lambert-du-Lattay, de Chaudefonds et de Saint-Georges-Châtelaison. »

----

[1] Pièces justificatives, n° J.J.

Le 17 décembre 1863, le comte Barthélemy de Las Cases demanda une modification du périmètre de la concession de Saint-Georges-Châtelaison [1]. Cette modification portait sur les limites S. O. et N. E., ainsi qu'il est indiqué à la pièce justificative n° LII. Elle fut accordée en 1864; « mais, depuis 1863, tout travail a cessé sur la concession de Saint-Georges-Châtelaison »,

Nous avons à indiquer maintenant quels travaux ont été exécutés sur cette concession.

Il est certain que des exploitations ont existé avant celles sur lesquelles nous avons des renseignements. D'après les débris que l'on rencontre, [on est porté à croire que ces travaux de peu d'importance ont été ouverts principalement dans la partie méridionale du terrain.

La Compagnie Bacot avait fait son principal établissement dans la paroisse de Saint-Georges. Le puits le plus important, dit le Grand-Puisard [2], sur la couche de même nom, est situé au pied du coteau qui borde le Layon. Les concessionnaires avaient songé à tirer parti de cette rivière en la rendant navigable jusqu'à l'endroit où elle se jette dans la Loire. Ce projet, dont on avait contesté la possibilité, n'avait point été exécuté.

Le Grand-Puisard, situé dans le clos Hardouin, à peu de distance des bâtiments de la mine, était vertical. Il avait 12 pieds de diamètre et était revêtu de maçonnerie jusqu'à environ 65 pieds de profondeur, où l'on avait rencontré un rocher très dur, qu'on avait percé sur environ 30 pieds de profondeur, à l'extrémité desquels on avait formé un réservoir pour les eaux et une galerie de 15 pieds de long, dirigée du nord au midi, jusqu'à la rencontre de la veine, qui n'est distante que d'environ 10 toises du Layon. Dans cet endroit, la veine a 5 pieds de puissance entre le toit et le mur. Son inclinaison est d'environ 1 pied sur 3. Cette veine ayant sa direction de l'est à l'ouest, comme les autres couches du terrain, on y poussa vers l'est une galerie de 19 toises de longueur; à son extrémité, on avait percé un puits dit puits Hardouin, ayant 200 pieds de profondeur. En 1553, ces deux puits étaient remplis d'eau; il y avait sur le Grand-Puisard une machine à molettes dont on ne faisait aucun usage.

A 300 toises à l'est du puits Hardouin, on avait repris l'exploitation de

---

[1] Pièces justificatives, n° LII.

[2] [Ces renseignements sont extraits du rapport de M. de Voglie. Il paraît y avoir quelques inexactitudes dans les distances qu'il indique. La veine du Grand-Puisard est celle de Saint-Louis.]

la veine; sur cette longueur, on avait ouvert, dans la couche même, à des distances à peu près égales, quatre autres puits, ayant tous environ 200 pieds de profondeur sur 5 à 6 pieds de largeur, revêtus en bois de chêne. Ces puits se nommaient : *de la Busse, de la Bretonnière, du Ponnir* et *Bigot*. En 1753, ces quatre puits étaient comblés, à l'exception du dernier. Le charbon avait été extrait de haut en bas, sans beaucoup d'intelligence et de précaution, sur toute la longueur des 300 toises. Tous ces travaux, puits et galeries, étaient abandonnés par la Compagnie Bacot à cette époque.

Sur la même veine, à 500 toises plus à l'est, on avait foncé un puits dit *de l'Hirondelle*, sur 228 pieds de profondeur, avec un réservoir dans le fond, servant à tirer les eaux d'un autre puits, dit *Gourion*, percé du côté du levant à environ 200 toisés de distance, et communiquant avec celui de l'Hirondelle par une galerie dans la veine. C'est par ce dernier puits qu'on faisait l'extraction du charbon. Il avait 160 pieds de profondeur. On n'avait point poussé plus loin vers l'est les travaux de cette veine à cause d'un crain; mais, par un coupement au nord, on avait atteint une seconde couche, ayant une puissance de 4 à 5 pieds et distante d'environ 12 toises. On avait tourné dans cette veine du côté du couchant, à cause d'un crain semblable à celui de la première, près du puits Gourion.

A environ 20 toises au nord de la seconde veine, est une troisième couche sur laquelle la Compagnie avait foncé un puits dit *la Bigotelle*, ayant 200 pieds de profondeur. Le travail n'était pas étendu du côté du couchant; en 1753, on le continuait du côté du levant, où la galerie avait environ 60 toises de longueur. La veine avait conservé constamment une puissance de 7 à 8 pieds, sauf la rencontre d'un crain qu'on avait percé, autour duquel la couche avait atteint une puissance de 34 pieds. Des machines à molettes, pour l'extraction et l'épuisement, étaient placées sur les puits de l'Hirondelle, Gourion et de la Bigotelle.

Les travaux de la Compagnie Bacot avaient diminué continuellement d'importance; la difficulté des transports, qui empêchait l'écoulement des produits, la concurrence des mines de Saint-Aubin-de-Luigné, amenèrent la ruine de cette entreprise. David, qui succéda à cette société, ne put remettre la mine en activité; ce ne fut qu'après la vente faite à la Compagnie Puissan et Morat que l'exploitation fut portée à un degré de splendeur dont elle n'a jamais approché depuis.

Les travaux de cette Compagnie ayant été continués en partie par M. Pauly

et par Rivaud, la description que nous allons en donner embrassera ces trois
époques; nous distinguerons cependant, autant qu'il sera possible, ce qui
appartient à chacun des exploitants. Nous suivrons l'ordre géologique pour la
description de tous ces anciens travaux, car nous manquons souvent de ren-
seignéments sur leur date exacte.

En laissant de côté, pour le moment, les travaux récents du *puits de la
Conception*, sur les veines au sud du terrain, le premier puits que l'on rencontre en marchant du sud au nord est celui *des Épinettes*. Ce puits avait
environ 80 pieds de profondeur; il a été abandonné à cause des eaux et du
peu de solidité du rocher. Sur la même couche se trouvait encore un second
puits, dit *des Charraots*, abandonné aussi à cause de l'abondance des eaux.
Les affleurements de cette couche sont couverts, dans presque toute leur
étendue, de débris provenant de fouilles faites par les propriétaires, qui reti-
raient du combustible pour leur consommation. Ces petites exploitations
n'ont pas plus de 50 pieds de profondeur.

Les couches qui se trouvent entre la veine n° 1 ou des Épinettes et la
veine n° 2 ou Stanis n'ont été l'objet d'aucune exploitation particulière; on
y est entré par des coupements partant des puits placés sur la veine Stanis.
Ceux-ci, au nombre de trois, sont : *vieux puits des Hétons, Stanis* ou *grand
puits des Hétons*, et *Mouton*.

Le puits Mouton était vertical et avait 200 pieds de profondeur. Un coupement le mettait en communication avec les veines Stanis et des Hétons, qui
ont été exploitées jusqu'au jour. Les eaux de ce puits ont été épuisées par
le puits Stanis, foncé longtemps après lui. Le vieux puits ou *petit puits des
Hétons* avait été foncé par la compagnie Puissan; pendant la guerre de la
Vendée, il avait été comblé de quelques mètres; à l'époque de la cession de
la mine à Rivaud, il avait 54 mètres de profondeur, dont 13 mètres en puisard. Les travaux consistaient en une galerie au levant, une autre au couchant,
à la profondeur de 30 mètres. L'ensemble de ces galeries avait 90 mètres de
longueur; un bure d'environ 10 mètres de profondeur avait été foncé dans
l'une d'elles à 30 mètres du puits. Tous ces ouvrages étant épuisés, Rivaud
fonça le puit Stanis, sur des dimensions assez petites, quoique plus grandes
que celles du petit puits des Hétons, avec lequel il le mit en communication
pour l'aérage. Le puits Stanis était placé au nord, et par conséquent dans le
toit de la veine du même nom, qu'il a traversée jusqu'à son orifice; sa profondeur était de 110 mètres, y compris le puisard. Au nord, on fit, au niveau

de 50 mètres, un coupement de peu d'étendue et sans résultat. Au niveau de 82 mètres, un nouveau coupement fut poussé jusqu'à 70 ou 80 mètres. À 23 mètres du puits, il rencontra la couche des Hétons, déjà reconnue par le puits Mouton. On y ouvrit, à l'est, une voie qui a servi à exploiter la veine jusqu'à 80 ou 100 mètres. Dans cette voie, on a foncé de petits bures, qui ont rencontré des schistes argileux à 30 ou 40 mètres de profondeur. La veine a été exploitée presque jusqu'au jour à partir du niveau de 82 mètres; sa puissance était assez considérable. En 1825 ces travaux étaient éboulés; il ne restait d'intact qu'un bout de voie de 45 à 50 mètres et une cheminée d'aérage montant au niveau de 38 mètres, où il existait une petite voie communiquant avec celle du puits des Hétons par un coupement. Au niveau de 46 mètres on rencontra une galerie communiquant au puits Mouton et passant à 4 mètres du puits. Cette galerie, dans laquelle on perça, était pleine d'eau.

Le coupement au nord du niveau de 82 mètres rencontra à 36 mètres une petite veine en crain, dans laquelle on fonça un bure de 15 à 16 mètres. Pour procurer de l'air aux travaux du puits Stanis, on mit ce bure en communication avec ce puits, par un coupement ouvert au niveau de 101 mètres. Le même coupement de 82 mètres avait rencontré des veinules qui n'ont pas été suivies, et dont les affleurements n'ont pas été coupés par les tranchées exécutées plus tard par la compagnie Girard.

Au niveau de 101 mètres on perça au midi un coupement de près de 100 mètres de long. Près de l'accrochage on trouva une veine dans laquelle une voie fut poussée à 100 mètres vers l'ouest. A ce niveau cette couche a été stérile; elle a produit, au contraire, beaucoup au niveau de 38 mètres. Le coupement au midi a encore rencontré plusieurs veines que nous avons mentionnées. Deux d'entre elles ont été reconnues; il paraît qu'elles dégageaient de l'hydrogène carboné.

Un petit puits de recherches, aussi nommé *Stanis,* foncé verticalement à 38 mètres de profondeur, a été placé entre les veines de Stanis et des Hétons, déjà exploitées à ce niveau; il a percé dans les eaux provenant des excavations faites sur l'affleurement par les particuliers. Le puits Stanis a été abandonné en 1827.

La couche de Stanis a été encore le sujet d'une exploitation en deux points principaux : les puits *Beaujoin* et *Puissan,* et les puits *Alexandre* et *Grand puits.*

Le puits Beaujoin a été foncé verticalement à 100 mètres de profondeur, dans un terrain brouillé. Les travaux de ce puits se sont étendus à l'est à une distance de 50 mètres; ils ont communiqué à l'ouest avec ceux du puits Puissan. Au fond du puits on a ouvert un coupement au nord, qui a rencontré, à 60 mètres, la couche n° 3. Le coupement a été prolongé jusqu'à 140 mètres; il a rencontré une veinule par laquelle on a communiqué avec le puits Sagesse, situé à 72 mètres environ à l'est du coupement. A 100 mètres du puits on avait construit une digue serrée, destinée à préserver les puits Sagesse et Constance des eaux qui venaient de tous les travaux pratiqués sur la veine de Stanis jusqu'au Layon, et dont l'abondance était accrue par les eaux du *puits Solitaire* qu'on avait mis en communication avec le puits Beaujoin. M. Rivaud, après avoir fait exécuter ce serrement, abandonna et combla ce puits.

Le puits Puissan, situé à l'ouest de ce dernier, a été foncé verticalement à une profondeur de 133 mètres, dans un terrain très difficile à soutenir. Les travaux ont communiqué à l'est avec ceux de Beaujoin et, à l'ouest, à ce que l'on croit, avec ceux du puits Morat, destiné à l'exploitation de la veine n° 3. Au fond du puits on a ouvert un coupement au nord jusqu'à la veine du Solitaire; ce coupement a rencontré la couche n° 3 d'abord, et ensuite la veinule, déjà trouvée dans le coupement du puits Beaujoin. Le charbon, extrait de ce puits était menu, mais très bon pour la forge. La puissance de la veine variait de 1 à 2 mètres. Le puits Puissan a été abandonné par suite de l'éboulement provoqué par les volontaires du camp de Concourson.

Le puits Alexandre ou de la Foncée, ouvert avant la Révolution, avait 50 mètres de profondeur à l'époque de la cession à Rivaud; celui-ci continua à le foncer jusqu'à 94 mètres; M. Pauly, après sa réintégration, en porta la profondeur à 100 mètres. Les travaux de ce puits ont été très étendus; ils ont communiqué à l'est avec le puits de la Source; ce petit puits a été ouvert en 1812, au milieu des anciens travaux, pour faciliter l'extraction des charbons qu'on ne pouvait tirer en entier du puits Alexandre, à cause de l'abondance des eaux. A l'ouest les travaux ont été mis en communication avec le Grand puits destiné à épuiser les eaux de l'atelier Alexandre et à aérer les travaux.

Entre les puits Puissan et de la Source on voit de nombreuses traces d'anciennes exploitations, dont la profondeur, d'après la tradition, dépasserait 100 mètres.

Le Grand puits foncé à l'ouest du puits Alexandre, dans le jardin même
du château des mines, avait 40 mètres à l'époque de la cession; il était presque
entièrement comblé; il servait comme un puits ordinaire à fournir de l'eau
pour l'irrigation du jardin; Rivaud le déblaya et le fonça de 16 mètres. La
construction de ce puits était toute particulière. La partie supérieure était un
cylindre muraillé, accolé base à base à une partie conique entièrement prise
dans le rocher; enfin, le bas était rectangulaire. L'ancienne compagnie avait
fait dans ce puits des recherches infructueuses; à 40 mètres un coupement au
sud avait rencontré la veine de Stanis à une distance de 20 à 30 mètres; le
charbon qu'on en retirait était très médiocre; c'est ce qui avait engagé M. Pauly
à l'abandonner. Rivaud, ayant approfondi le puits, fit un second coupement
à un niveau inférieur; à 23 mètres on rencontra la veine en crain, on y entra
en tournant à l'ouest; au bout de 34 mètres on sortit du crain et l'on rencontra un terrain brouillé. Cette galerie fut par suite abandonnée et rem-
blayée; mais sans la déboiser. Au même niveau on fonça un puits incliné dans
le rocher, de 16 mètres de profondeur, communiquant avec la veine; au pied
de ce bure on ouvrit une galerie de direction de 198 mètres de longueur,
communiquant avec les travaux du puits Alexandre; cette galerie fut poussée
partie en crain, partie en charbon. Rivaud put alors épuiser facilement les
eaux du puits Alexandre, où se trouvait son principal champ d'exploitation.
M. Pauly continua les travaux du côté de l'ouest au-dessous du niveau de
70 mètres, où venait aboutir la galerie du Grand puits. Il établit un second
accrochage à 70 mètres, ouvrit à l'est et à l'ouest des galeries de direction,
et exploita par bures à l'ouest, jusqu'au niveau de 125 mètres. Le puits
Alexandre a été définitivement abandonné en 1814.

La veine n° 3 a été exploitée par les puits Tourton, Sagesse, Constance,
Beaujoin, Puissan et Morat.

Puits
sur la veine Morat
ou n° 3.

Le *puits Tourton,* foncé dans le toit de la couche au nord de l'affleurement,
a été approfondi de 27 à 33 mètres. Il n'existe aucune donnée certaine sur
l'étendue des travaux de ce puits; on dit seulement que la stérilité de la veine
a été la cause de son abandon. Une tranchée faite par la compagnie Girard a
coupé l'affleurement de cette veine; il était peu considérable.

Le puits Sagesse avait 2 m. 33 sur 1 m. 33 d'ouverture, et 203 m. 33 de
profondeur; à l'époque de la cession il y avait au bas 8 mètres d'écrasés. Il
était placé entre la veine n° 3 et la couche n° 4 ou du Solitaire. Sa position
était très avantageuse; mais on s'est contenté d'exploiter la veine n° 3, sans

faire de coupement pour atteindre les riches couches du nord. Un coupement
au midi, au niveau de 3o mètres, a rencontré la couche en crain; on a foncé
dans le crain un bure de reconnaissance, dans lequel la veine s'est refaite;
elle avait dans le haut o m. 4o de puissance et près de 2 mètres dans le bas
du bure, qu'on a foncé, suivant l'inclinaison de la veine, jusqu'à 47 mètres.

Au niveau de 9o mètres, à 12 mètres de l'accrochage, on avait ouvert, en
rocher, un bure de 43 m. 3o de profondeur; au pied de ce bure, une traverse de 12 mètres de longueur rejoignait le canal d'aérage formé dans le
puits au moyen d'une cloison de planches. A 166 mètres on a fait un coupement au midi, qui a rencontré la veine n° 3; elle était peu riche en ce point.
On a foncé dans la veine un bure de 43 mètres de profondeur, dont le pied
s'est trouvé au fond même du puits. A ce niveau la couche fut plus productive. L'avancement à l'ouest a été peu considérable; mais à l'est les travaux
ont été poussés jusqu'à 120 mètres. A cette distance on a foncé un bure
de 2o mètres de profondeur, au fond duquel on a tourné à l'est; au bout de
4o mètres on a foncé un nouveau bure de 8 m. 3o, au fond duquel la voie
a encore été avancée de 1o mètres. Au niveau de 2o3 m. 66, M. Pauly avait
fait vers l'est une seconde recherche sur une longueur de 1oo mètres, toujours en crain. Cette galerie, qui devait servir de communication avec le puits
Constance, s'étant éboulée, Rivaud approfondit le puits de 5 mètres et ouvrit
une nouvelle galerie vers l'est, sur une longueur de 4o8 mètres. Cette voie,
dont la moitié au moins était en crain, communiquait avec le puits Constance.
A l'ouest, le puits Sagesse communiquait avec le puits Beaujoin. Au niveau
de 1oo mètres dans ce dernier puits, on avait ouvert, dans le coupement, une
voie à l'est en suivant une veinule. Cette voie passait à côté du puits Sagesse,
qu'on avait rejoint par une petite traverse vers le nord.

Le puits Sainte-Barbe était probablement foncé sur cette veinule. Ce puits,
dont les travaux ont été peu importants, n'avait que 39 mètres de profondeur; il était fortement incliné. Les voies qu'on y a ouvertes ont atteint seulement 8 mètres à l'est et 4o mètres à l'ouest. Le charbon qu'on en a extrait
était tendre et paraissait s'améliorer dans le foncement. Les dimensions de
ce puits étaient trop petites pour servir à la fois à l'extraction et à l'épuisement. Le manque d'air le fit abandonner au mois de mars 1819.

Le puits Sagesse fut abandonné par Rivaud, par suite de la rupture de la
digue qui retenait les eaux des puits Solitaire et Beaujoin, dans le coupement
communiquant à ce dernier puits.

Le puits Constance, placé aussi entre la veine n° 3 et celle du Solitaire, avait été foncé dans le roc par M. Pauly. Rivaud l'avait approfondi de 130 mètres à 188 m. 33. Ce puits avait 3 m. 16 sur 1 m. 50; on l'avait construit ainsi pour faire une descenderie dans le puits même. A 40 mètres du jour les dimensions étaient réduites à 2 m. 33 sur 1 m. 50. Au fond du puits, Rivaud avait fait un coupement au sud, qui rencontra la veine déjà connue par le puits Sagesse. On s'est avancé dans cette couche de 70 mètres à l'est à différents niveaux. Un bure de 26 mètres de profondeur a été foncé à 10 mètres à l'est du coupement, et un autre de 20 mètres a été foncé à l'est du premier.

La voie du fond, en 1808, d'après M. de Cressac, avait 360 mètres de long, presque toujours en crain. Le puits Constance a été mis en communication avec le puits Sagesse par les niveaux inférieurs. Comme ce dernier, il a été abandonné à cause de l'abondance des eaux. Les anciens mineurs ont prétendu que ces deux puits sont intacts.

La veine n° 3 a encore été exploitée par le puits Morat, sur une plus grande étendue. Ce puits, foncé verticalement à 100 mètres de profondeur, avait été mis en communication avec la couche par un coupement au midi. En ce point, la puissance était de 1 m. 30 à 2 mètres. A l'ouest on a communiqué avec d'anciens travaux, et à l'est avec le puits Puissan foncé sur la veine des Stanis ou n° 2. On s'est enfoncé assez profondément dans la couche par le moyen de bures, et on a dépouillé entièrement le massif supérieur. Le charbon se débitait facilement et se réduisait à l'état de menu.

Au niveau de 100 mètres, on fit un coupement de 130 à 135 mètres, qui rencontra la couche n° 4 ou du Solitaire vers le milieu de sa longueur, et la veine n° 5 à son extrémité. On fonça des bures dans la couche du Solitaire, et toute cette partie du gîte fut exploitée par le puits Morat. Son abandon n'est pas dû, à ce qu'on prétend, à l'abondance des eaux; cette opinion n'est pas probable, s'il est vrai que les eaux affluant dans les puits Beaujoin et Puissan vinssent des anciens travaux du puits Morat, avec lequel ils avaient été mis en communication. A l'époque de la cession à Rivaud, ce puits était abandonné et éboulé.

Dans le coupement qui mettait en communication les puits Beaujoin et Sagesse, au niveau de 100 mètres, la veine n° 3 ou Morat avait été rencontrée, comme nous l'avons dit, à 60 mètres du puits Beaujoin. En ce point on avait foncé un bure de 17 mètres de profondeur, au fond duquel on avait ouvert des voies de 70 mètres à l'est et de 40 mètres à l'ouest. Cette veine a été traversée aussi par le coupement au nord du puits Puissan. On ignore si elle a été exploitée en ce point. Enfin, la même couche a été exploitée par les anciens, vers l'ouest, depuis le puits Morat jusqu'au puits Alexandre.

Puits
sur la veine
du Solitaire
ou n° 4.

La veine n° 4 ou du Solitaire a été reconnue en plusieurs points. Le puits du Solitaire a été foncé presque dans l'affleurement de la couche n° 4, qui est à peu près verticale en ce point, de sorte qu'il a été ouvert dans la couche même. Il était foncé verticalement jusqu'à 180 mètres; mais l'exploitation de la couche s'est faite jusqu'à la profondeur de 180 mètres par le moyen de bures inclinés dans la veine. Le premier de ces bures a été foncé à 144 mètres à l'est du puits; il avait 43 mètres de profondeur. Le second, à 36 mètres à l'est du premier, avait 33 mètres. Le troisième n'avait que 10 mètres. La galerie qui les joignait avait 60 mètres de longueur. Le défaut d'air et la présence de l'hydrogène carboné ont arrêté le foncement du dernier bure, qu'on a laissé en plein charbon. Ces bures ont fait voir la disposition du combustible dans la couche : il forme une colonne s'inclinant à l'est d'après une ligne à peu près moyenne entre la direction et l'inclinaison. La même circonstance de gisement s'était présentée dans les puits Sagesse et Constance. A l'ouest, au fond du puits, les travaux du Solitaire ont communiqué avec ceux du puits de la Benneterie, au moyen d'un long bure. Les eaux étaient peu abondantes dans cette couche, circonstance heureuse, qui permettait d'exploiter par des bures profonds, où il aurait été difficile d'épuiser une grande quantité d'eau. Au niveau de 100 mètres on a exploité la plateuse, qui fournissait du charbon en blocs énormes, d'une qualité supérieure. On a tiré pendant longtemps, chaque jour, du puits Solitaire, jusqu'à trois coupes de 750 boisseaux chaque, ou environ 380 hectolitres en tout. Du fond du puits partait un coupement à la rencontre de la veine du puits du Nord, ou n° 5, par lequel on a exploité une partie de cette couche.

M. Rivaud a dépouillé les estaux supérieurs. La quantité de charbon fourni par ce travail était évaluée par M. Pauly à plus de 600,000 boisseaux ou 102,000 hectolitres environ. La Révolution a été l'une des causes de l'abandon de ce puits.

M. Pauly était dans l'intention d'aller joindre la masse de combustible qui s'inclinait toujours à l'est, par les puits Sagesse et Constance. Mais ces deux puits, placés un peu trop au midi, et dans lesquels d'ailleurs on n'a fait aucune recherche vers le Nord, n'ont pu servir à ce dessein. Une autre cause fâcheuse a été la communication établie entre les puits Solitaire et Beaujoin, par un coupement de 72 mètres de longueur, au niveau de 90 mètres. Ce coupement aboutissait à une galerie de direction poussée en crain à l'est, sur une longueur de 234 mètres. A 48 mètres du coupement, dans cette galerie, on a passé au pied du puits Puissan, qui était comblé.

Les communications qui rendaient solidaires les puits Beaujoin, Puissan, Morat, Sagesse, Constance et Solitaire ont été très fâcheuses pour la reprise des travaux. On serait dans l'obligation, pour reprendre les puits Sagesse et Constance, qui ont été laissés en bon état, de démerger toutes les excavations jusqu'au niveau de 100 mètres du puits Beaujoin, et l'on sait que ce dernier communique aux ouvrages placés sur le bord du Layon, qui donnent beaucoup d'eau. Les travaux du puits Solitaire sont inondés de leur côté par l'enlèvement des estaux, ainsi il faudrait, après avoir épuisé jusqu'au niveau de 100 mètres, rétablir le serrement dans le coupement entre les puits Beaujoin et Sagesse, faire même, s'il était possible, un autre serrement dans le coupement du niveau de 90 mètres, entre les puits Beaujoin et Solitaire, et l'on pourrait alors atteindre par les puits Sagesse et Constance la masse de houille laissée à l'est des travaux du Solitaire.

Le puits de la Benneterie avait été foncé sous la veine du Solitaire, à l'ouest de ce dernier; il a été approfondi à deux reprises différentes; sa date est beaucoup plus ancienne. Dans ce puits, la puissance de la couche variait de 0 m. 60 à 3 m. 30; son inclinaison était d'environ 70 degrés; la profondeur des travaux était de 150 à 166 mètres. La quantité de charbon qu'on en avait extraite a engagé les concessionnaires à foncer les puits Solitaire sur sa suite. On connaît peu les travaux de la Benneterie; on sait cependant que leur avancement était de 240 à 280 mètres à l'ouest et de 120 à 130 mètres à l'est, où ils ont communiqué avec ceux du Solitaire, dans les niveaux inférieurs. Un coupement partant du puits Morat, au niveau de 100 mètres, a permis l'exploitation de la couche dans la partie supérieure. On ignore la cause de l'abandon de ce puits.

La couche du Solitaire affleure sur le chemin qui descend du Layon, près du château des mines, à 80 mètres environ au nord du puits Alexandre. Elle affleure encore sur le revers du coteau de Saint-Georges, au sud du puits du Pavé. Sur ce point on avait foncé un petit puits de recherche dans l'affleurement même; le travail a été poussé à très peu de profondeur. Le charbon qu'on en a extrait était de bonne qualité.

En novembre 1825, un nouveau puits du Solitaire a été foncé par la compagnie Girard jusqu'à la profondeur de 73 mètres; on y a ouvert des coupements de 34 mètres de longueur au Nord et de 46 mètres au Midi. Ce travail n'ayant pas donné de résultats, le puits a été abandonné au mois de juin 1829. Il donnait beaucoup d'eau.

Puits
sur la veine
du Nord
ou n° 5.

Le puits du Nord, sur la veine n° 5, a été foncé verticalement jusqu'à la profondeur de 133 mètres; mais la couche a été exploitée à un niveau beaucoup plus bas. La traverse du puits Morat au niveau de 100 mètres, celle du puits Solitaire à 120 mètres, l'ont entièrement dépouillé à ces niveaux. En réunissant les travaux exécutés dans cette veine par les puits du Nord, Morat et Solitaire, ils se sont étendus, d'après les dires des mineurs, à 550 mètres à l'est et à 200 ou 250 mètres à l'ouest. La couche a été en grande partie dépouillée dans toute cette étendue. La veine n° 5 a présenté de superbes résultats. Tous les maréchaux regrettaient le charbon qu'on en a extrait.

Sur la même veine, M. de Monti a fait foncer postérieurement, près de l'affleurement de la couche n° 5, deux puits dits, l'un *Grand*, l'autre *Petit-Bellevue*, par lesquels on l'a exploitée jusqu'à environ 28 mètres. La couche se divisait en trois branches, dont celle du centre était la principale. Les travaux avaient un développement d'environ 40 mètres à l'est, en se dirigeant vers le puits Trainard. Ce dernier, foncé dans la veine n° 5, a été arrêté à un crain, au niveau de 30 mètres.

Puits
sur les veines
n°ˢ 6 et 7.

Le même exploitant a ouvert en 1814, sur la même couche, le puits de Bel-air, qui, peut-être pourtant, est foncé sur la couche n° 6. Cette dernière, très voisine de la précédente, a été fouillée dans la partie ouest par les propriétaires du sol. On aperçoit les traces de ces anciens travaux jusqu'au chemin qui descend de Saint-Georges au Layon. A l'est, ces fouilles ont été beaucoup moins étendues.

Le puits du Pavé, foncé en 1821 au milieu d'anciens travaux de la couche n° 6, a servi à l'exploitation de la veine n° 5 jusqu'en juillet 1829. Sa profondeur a atteint 90 mètres. Un ancien puits du même nom, abandonné depuis quarante ans, a été repris en 1825 par la compagnie Girard. Sa profondeur était de 69 mètres. En bas étaient deux coupements : l'un au nord, de 27 mètres de long; l'autre au midi, de 47 mètres. Dans ce dernier, à 13 mètres du puits, était une galerie de recherche ayant 45 mètres de longueur à l'ouest et 30 mètres à l'est. La première voie fut prolongée de 25 mètres dans les anciens travaux, et la seconde de 75 mètres dans un crain charbonneux. Les coupements du nord et du sud furent aussi prolongés; mais ces différentes recherches furent abandonnées, de crainte de ne trouver que d'anciens travaux, et le foncement de nouveaux puits commencé par M. de Monti fut continué par la compagnie Girard.

Cette couche paraît avoir été confondue avec la suivante (n° 7), sous le nom de veine des Ferronnières. En 1806, Rivaud fit sur cette veine n° 7 ou des Ferronnières un petit puits de recherche, qui, après avoir traversé les anciens travaux à environ 20 mètres de profondeur, fut foncé jusqu'à 31 mètres. A ce niveau on commença une traverse pour communiquer à une cheminée et tirer les eaux des anciens travaux. En même temps on fonçait, au nord de l'affleurement, un puits d'extraction dit *puits Barthelemy*, qui coupa, à 13 m. 33 du jour, une couche de houille de 0 m. 85 de puissance, mais dépouillée par les anciens. Cette couche n° 9 est séparée de la veine des Ferronnières par une petite couche n° 8 connue seulement par une cheminée foncée par la compagnie Girard sur son affleurement. Le puits Barthélemy, à 30 mètres, avait dépassé les vieux travaux. A 33 mètres on trouva une seconde couche, ayant plus de 1 mètre de puissance du côté de l'est et de deux à l'ouest, avec une terrée au milieu, encaissée dans un schiste solide, bien réglé; c'était probablement un amas intermédiaire. A 50 mètres on rencontra une troisième couche, de 0 m. 50 de puissance, dont la houille était plus pure et plus *carrée* que celle de la première, qui, cependant, était déjà d'excellente qualité. Ces travaux, entrepris par Rivaud dans la dernière année où il a joui de la concession, n'ont pas été continués par ses successeurs.

Au nord de ces veines dont je ne pourrais garantir la classification, existent deux ou trois autres veines coupées par les tranchées de la Compagnie Girard à l'ouest. Comme elles n'ont pas été rencontrées à l'est par des tranchées faites sur le prolongement présumé de leur direction, il est possible qu'elles s'écartent vers l'est, ou même qu'elles n'existent pas dans cette région.

Ces veines ne sont connues que par les recherches de Ferr et du Cormier, et quelques fouilles anciennes.

Le puits du Cormier, foncé par Rivaud en 1806, a traversé à 5 mètres du jour l'une d'elles qu'on dit avoir été exploitée très anciennement jusqu'à 100 pieds de profondeur. Le puits du Cormier, approfondi jusqu'à 50 mètres, n'avait pas atteint d'autre couche. Ce travail, qui n'avait pas eu de suite depuis l'éviction de Rivaud en 1808, a été repris en 1830; à 23 mètres on est entré en voie à l'est sur une longueur de 46 mètres, dans cette galerie on a ouvert

Puits sur les veines du Nord.

22.

un bure de 17 mètres de profondeur; la pauvreté de la veine a fait abandonner ce travail la même année.

La Compagnie Girard a fait encore ouvrir en 1825, sur les couches du Centre, le *puits de l'Espérance*, dont la profondeur a atteint 82 mètres. On y a fait des coupements au nord et au midi. Le premier a découvert une petite veine, dont la puissance moyenne était de 0 m. 40 à 0 m. 50, de très bon charbon. Le second n'a rencontré que des crains. Ces ouvrages, qui n'ont donné aucun bénéfice, ont été abandonnés en octobre 1828.

D'autres recherches faites par la Compagnie Girard par les petits puits *de Grignon, des Grands-Quarts, Pieau, de la pièce des Écoles,* ont été aussi infructueuses. Depuis qu'il a racheté la concession, M. de Monti a ouvert deux nouveaux puits, dont il nous reste à parler.

Puits Adèle. Le puits Adèle, repris en 1835 et foncé dans la partie sud du terrain, avait 166 mètres de profondeur. Au niveau de 72 mètres on a ouvert des coupements au nord et au sud. Celui du sud a rencontré à 37 mètres du puits une couche dans laquelle on a pris à l'est un amas d'environ 10 mètres de longueur, et à 55 mètres du puits une très irrégulière composée de veinules de houille enveloppant des blocs de grès. C'est probablement la veine des Épinettes. On n'est entré en voie qu'à l'ouest, sur une longueur de 64 mètres; à 40 mètres on avait déjà rencontré un crain, qui n'a pas été percé; au niveau de 51 mètres on a découvert un amas qui a été dépouillé. Le coupement, prolongé jusqu'à 110 mètres vers le sud, n'a pas rencontré d'autres couches. Vers le nord, le coupement a été poussé inutilement jusqu'à 40 mètres, à la recherche de la veine des Épinettes, au sud de laquelle on croyait que le puits était placé. Au niveau de 106 mètres, un nouveau coupement au sud a été fait pour retrouver dans la profondeur la couche exploitée au niveau de 80 mètres; il a été poussé jusqu'à 32 mètres sans l'avoir atteinte. Dans les bures ouverts au niveau de 80 mètres, la couche disparaissait à la profondeur de 4 à 5 mètres, sans qu'on pût retrouver sa trace. Ce n'était donc, à proprement parler, qu'un amas irrégulier et peu riche. Le puits Adèle a été abandonné en 1842.

Puits
de la Conception. Le puits de la Conception a été foncé dans la partie sud du terrain houiller, tout à fait à l'est, sur deux couches, l'une dite *Petite veine du Sud*, l'autre dite *Grande veine*, à 6 mètres environ au nord de la première. Ces couches inclinent tantôt au sud, tantôt au nord. Le puits est placé au mur des veines, qu'on a rejoint par un coupement vers le nord; on y a ouvert des voies aux

niveaux de 16, de 23 et de 54 mètres; les travaux ont été limités à l'est et à l'ouest par des crains. La couche principale est elle-même traversée par un crain incliné de l'ouest à l'est, et offre cette particularité qu'on trouve du charbon propre à la forge à l'est du crain, au lieu qu'à l'ouest on ne tire que du charbon de fourneau. Au niveau de 54 mètres, le coupement du nord, partant du puits, a rencontré à 93 mètres de ce puits une couche, ou plutôt un amas, dans lequel on a ouvert des voies, sur 36 mètres à l'est et 30 à l'ouest; à ces distances on a été arrêté par des crains, qu'on a retrouvés également dans les tailles et dans les bures ouverts au-dessous de la voie. Un autre amas, que le coupement au nord avait rencontré à 5 mètres du puits, a été exploité par une traverse en retour vers le sud, ouverte dans la Grande veine, à 20 mètres du coupement principal. Au niveau de 70 mètres, un coupement vers le sud avait rencontré une petite couche inclinant vers le nord. En 1846 on a foncé le puits à la recherche de cette couche, qu'on a atteint à la profondeur de 85 mètres; en ce point, sa puissance dépassait 3 mètres; on y a ouvert des voies et exploité sur une longueur de 40 mètres.

Ces travaux étant peu productifs, on a repris, en 1845, le creusement du puits de Bel-Air, foncé jusqu'à 50 mètres et abandonné en 1819.

Les travaux de la concession de Saint-Georges-Châtelaison ont eu, depuis la Révolution, beaucoup moins d'importance qu'ils n'en ont eu du temps de la Compagnie Puissan et même après. Alors on n'exploitait guère que des charbons de forge, dont la vente a diminué beaucoup par la concurrence des charbons d'Auvergne et de la Haute-Loire; la destruction du canal du Layon a empêché l'écoulement des produits vers Angers et Nantes, où arrivent d'ailleurs les charbons de forge anglais. Pendant que la chaufournerie, par son développement considérable, constituait un débouché nouveau et permettait d'exploiter les couches de houille de qualité inférieure, les mines de Saint-Georges ne se sont pas trouvées entre les mains de propriétaires pouvant faire les dépenses énormes qu'exigeraient des recherches, soit aux environs de Saint-Georges, soit à Maligné, où le terrain est vierge. La position des mines, moins favorable que celle des concessions des bords de la Loire, a contribué aussi à leur chute.

Pendant longtemps ces mines n'ont eu à fournir qu'à une consommation locale très restreinte, et elles ont manqué complètement de voies de communication. Aujourd'hui la fabrication de la chaux pour l'agriculture a diminué par suite de l'emploi des engrais chimiques; mais cette crise ne peut atteindre les fours à chaux hydraulique des environs de Doué auxquels il faut beaucoup de houille. Nous ne doutons pas, du reste, que la Loire ne devienne assez prochainement navigable entre Angers et Nantes. Le rétablissement du canal du Layon en sera la conséquence, et il est fort possible qu'alors, les mines du Saumurois, assurées des voies de communication qui leur manquaient, puissent être reprises avec avantage.

Nous avons parlé de la mine des Piquets, près de Beaulieu, et des recherches fructueuses faites dans les environs du Pont-Barré. Ces deux centres d'exploitation ont été détachés de la concession de Saint-Georges-Châtelaison telle que la délimitait l'ordonnance du 12 février 1843 et ont formé la concession de Saint-Lambert-du-Lattay.

13. Concession de Doué-la-Fontaine (Maine-et-Loire).

La concession de Doué occupe la partie S. E. de la grande amande par laquelle se termine dans le Saumurois le terrain houiller, ou plutôt par laquelle il semble se terminer; car il finit par être recouvert par des dépôts jurassiques crétacés et tertiaires sous lesquels il se prolonge assurément. Cette concession dépasse en étendue celle de Saint-Georges-Châtelaison, mais elle a été bien moins exploitée.

Comme au Pont-Barré et en d'autres points, le terrain carbonifère y est limité au N. E. par des porphyrites andésitiques. Dans la partie la plus voisine de Saint-Georges-Châtelaison, on a trouvé [deux veines en rognons, dont l'inclinaison est vers le sud-ouest. Ces couches ont été exploitées par le puits de Minières. Leurs parois sont très ondulées et leur allure très irrégulière]. C'est à Minières que M. Virlet a signalé un très petit bassin houiller en discordance avec la grauwacke supérieure. [Entre le puits de Minières et des argiles rouges modernes, des tranchées ont fait reconnaître trois affleurements. Celui du milieu, qui était le plus beau, correspondait à deux couches s'embranchant entre elles et fort irrégulières. On exploita ces couches par le *puits Saint-François*. Des sondages faits dans la partie sud ont montré que l'argile a une épaisseur de 6 à 10 mètres, mais n'ont fait découvrir aucune nouvelle couche.

A l'est du puits de Minières, le terrain paraît avoir éprouvé un rejetement vers le Sud. On a reconnu dans cette partie la couche d'Argent perdu, peu puissante, plongeant au sud. Cette veine repose sur un poudingue contenant beaucoup de débris de schistes métamorphiques et des grès fins. A l'est, un peu au sud de la métairie de Poidemont, on trouve,] d'après le manuscrit de Cacarrié, [au milieu du terrain anthracifère, des quartzites métamorphiques soulevés par une roche qui n'est pas venue jusqu'au jour. Ces quartzites forment un plateau autour duquel les couches changent d'inclinaison, en s'appuyant sur les bancs métamorphiques.]

« De 1863 à 1865, M. Ollivier, propriétaire à Doué-la-Fontaine, fit des travaux sur un triangle de terrain houiller non concédé situé entre la concession de Doué et celle de Saint-Georges-Châtelaison. » Il se guida par des observations géologiques et reconnut bien la limite nord du bassin.

« En fonçant le puits *du Roc* n° 1, il traversa, sur une épaisseur de plus de 20 mètres, des terrains métamorphiques provenant du soulèvement des porphyrites (qu'il appela diorites), formant la côte de Soulanger, puis trouva le terrain houiller régulièrement stratifié, avec un pendage de 60 degrés s'inclinant au S. E.

Les couches de houille étaient minces, fortement comprimées, presque écrasées. M. Ollivier en conclut qu'il était sur un des côtés du bassin. Il se porta au S. E. et fonça un deuxième puits, pensant se trouver au centre. En fonçant ce puits, il recoupa deux couches de houille, l'une de 0 m. 50 d'épaisseur, en charbon de belle qualité, l'autre en crain. Pour être parfaitement certain que ce puits était au centre du bassin, M. Ollivier creusa un troisième puits dit *puits du Ruisseau*, situé à la limite opposée du puits du Roc, à 50 mètres seulement de la concession de Doué.

Le foncement du puits du Ruisseau, qui atteignit 24 mètres, permit de reconnaître, par un coupement de 25 mètres poussé au fond du puits, que les couches avaient là une inclinaison N. O., contraire par conséquent à celle du puits du Roc. » M. Ollivier en conclut que les couches du bassin houiller se contournaient à leur extrémité ouest et, perdant le pendage sud, qui est leur pendage normal, pour prendre le pendage nord, donnaient à l'ensemble du bassin une forme de bateau ou d'ellipse allongée. Ceci est bien possible; mais, s'appuyant sur cette hypothèse, que les couches de houille auraient été formées par d'immenses masses de bois entraînées par des courants puissants, masses qui se seraient déposées dans des baies ou des sortes de lacs, là où le courant aurait été moins fort, il pensa qu'un amas considérable de houille avait dû se faire au fond du bassin, tandis que sur les berges les épaisseurs avaient dû être relativement minimes.

M. Ollivier ne paraît pas avoir trouvé les masses de houille que lui promettait sa théorie. Il paraît aussi avoir fait erreur en assurant que le bassin de Doué n'est pas le prolongement de celui de Saint-Georges-Châtelaison.

Le rapport de M. Ollivier fut soumis au Conseil général de Maine-et-Loire en 1865 [1].

L'histoire de la concession de Doué est liée au début à celle de Saint-Georges-Châtelaison. Nous avons vu que Foulon, acquéreur de la baronnie de Doué, avait demandé et obtenu en 1769 une concession pour toute l'étendue de cette baronnie; mais des mines s'y trouvaient déjà ouvertes par un sieur David, qui, peu de temps auparavant, en avait fait l'acquisition.

Néanmoins, par un nouvel arrêt de 1771, Foulon obtint que la paroisse de Concourson fut distraite de la concession de Saint-Georges et réunie à celle de Doué, et fut autorisé à s'emparer de l'exploitation de David, en l'indemnisant. Après de grandes difficultés, David fut heureux de pouvoir rentrer en possession de sa concession moyennant une redevance annuelle. [Les ayant droits de David ne firent rien pour conserver la possession de ces mines et, bien que les héritiers de Monti aient été condamnés, par arrêt de la Cour royale d'Angers du 5 mars 1831, à continuer le payement de la rente consentie par David, ils ne pouvaient faire valoir aucun titre à la propriété de la concession de Doué. Tout au plus leur restait-il quelques droits à la bienveillance de l'Administration, s'ils s'étaient portés comme demandeurs à l'effet d'obtenir de nouveau la concession qu'ils avaient perdue après l'avoir acquise à titre onéreux et sans en avoir retiré aucun avantage.

En 1838 une Compagnie ayant présenté une demande en concession des mines de Doué, une autre Société acquit les droits tels quels que pouvaient avoir les héritiers de Monti et forma opposition à cette demande, se regardant comme propriétaire de ces mines en vertu des arrêts de 1769 et de 1771.

Ces prétentions, évidemment inadmissibles, ayant été repoussées, cette Société forma de son côté une demande en concession le 3 octobre 1839, et enfin se réunit aux premiers demandeurs en une seule Compagnie.

Après cette fusion des sociétés rivales, une ordonnance royale du 18 avril 1842 leur accorda la concession dite *de Doué*, portant sur les territoires des

---

[1] Notes Couffon.

communes de Soulanger, la Chapelle-sous-Doué et les Verchers, arrondissement de Saumur, et délimitée ainsi qu'il suit :

A l'ouest, par une ligne droite menée du clocher des Verchers à la maison située le plus à l'ouest du village de Soulanger et marquée F sur le plan;

Au N. E. par une ligne droite menée du point F au carrefour Bitault, point X, à l'intersection des limites des trois communes des Douves, de Vaudelnay-Rillé et des Verchers;

A l'est, par une ligne séparative des communes des Verchers et de Vaudelnay-Rillé, jusqu'au point marqué D sur le plan, où cette ligne forme un angle saillant dans la commune des Verchers et où elle quitte le chemin d'Argentay à Douves;

Enfin, au sud, par une ligne droite menée du point D au clocher des Verchers, point de départ.

Lesdites limites renfermant une étendue superficielle de 8 kilomètres carrés 92 hectares.]

Cette concession était donnée en faveur de François-Juste Collet aîné, de Nantes.

« L'exploitation ne donna pas les résultats attendus et fut suspendue en 1848.

Le 7 janvier 1852, Collet demanda, en extension de la concession, la portion du terrain houiller comprise entre la concession de Doué et celle de Saint-Georges-Châtelaison. Le projet d'affiche fut envoyé de Nantes le 11 février 1852, par M. l'ingénieur en chef des mines L. Gruner, et signé par le préfet de Maine-et-Loire le 14 du même mois. Nous donnons l'affiche [1] aux documents. On y trouvera la délimitation du terrain en question.

En 1860, M. Collet abandonna de nouveau l'exploitation des mines de Doué ».

Cependant la concession fut agrandie, par décret impérial du 26 août 1865, jusqu'à embrasser une superficie de 1,590 hectares; mais elle n'a jamais fait l'objet que de travaux peu productifs.

Foulon avait fait creuser près de Minières un puits d'extraction et avait commencé à exploiter une couche qu'on regardait comme de l'anthracite. [Ces travaux ont été repris plus tard. Un autre petit puits avait été creusé plus au sud; mais il n'avait donné lieu qu'à des travaux insignifiants. Les nouveaux

---

[1] Pièces justificatives, n° LIII.

concessionnaires avaient, pendant l'instruction de leur demande, fait porter leurs recherches vers l'est, près de Beauregard, au lieu dit *Argent-perdu*, en se rapprochant de Minières, et enfin, en ce dernier point, ils avaient repris l'ancien puits Foulon. Les recherches de Beauregard n'ont amené aucune découverte; à Argent-perdu on a rencontré une couche assez pauvre.

Les travaux de Minières étant plus productifs, l'exploitation y a été d'abord exclusivement concentrée. La couche découverte par Foulon est très près de la limite nord du terrain anthraxifère. Jusqu'à la profondeur de 70 mètres, son inclinaison était en moyenne de 40 degrés vers le sud; plus bas, elle est devenue plus faible : sa puissance, qui était de 1 mètre près de la superficie, a commencé à diminuer à partir du niveau de 50 mètres, et la couche finit par disparaître. A 60 mètres on avait découvert une seconde couche, au toit et à 4 mètres de distance de la première.

Jusqu'à la profondeur de 50 mètres le terrain avait été régulier; plus bas, les deux couches se sont montrées irrégulières, sujettes à des crains et à des rejets. Des voies de direction ont été ouvertes dans la première couche, à 20 mètres et à 40 mètres et, dans la seconde, à 60 mètres et à 80 mètres. A ce dernier niveau, un coup de mine dans le mur a découvert la première veine, qui n'était plus ici séparée de la seconde que par un intervalle de 0 m. 45 de poudingue. Au niveau de 60 mètres, on l'avait inutilement cherchée au moyen de coupements; on avait bien reconnu le terrain qui l'enveloppe, mais sans trouver de charbon. Ces deux veines sont très irrégulières dans la profondeur; le combustible y forme des amas plus ou moins considérables, mais ne dépassant pas 1 m. 40 de puissance et séparés par des crains. Cette exploitation devenant de moins en moins avantageuse, elle a été suspendue en 1846.

Le *puits d'Argent-perdu* avait été foncé plus à l'est, sur la même couche. Le terrain était assez régulier; mais la couche était pauvre et interrompue par des crains. On y a exploité un peu de charbon.

Des sondages ont été faits dans la partie sud de la concession, qui est recouverte par des argiles tertiaires de 6 à 10 mètres d'épaisseur, et, dans la partie est, on a percé 2 mètres de mollasse coquillière au-dessus du terrain anthraxifère; ces sondages n'ont donné aucun résultat positif. Une tranchée faite plus au nord que ces sondages ayant coupé trois affleurements, on a foncé un puits, dit *Saint-François*, sur celui du milieu, dont la puissance était de 0 m. 90. Cet affleurement correspond à deux couches s'embranchant près de la superficie et se séparant dans la profondeur, en conservant chacune une puissance de o m. 70 à o m. 80. Des voies ont été ouvertes à 17 mètres et à 33 mètres, et les couches ont été ainsi exploitées sur une longueur de 80 mètres à l'est et d'à peu près autant à l'ouest. A 10 mètres à l'est du puits, on a rencontré d'anciens travaux de M. Foulon, consistant en un petit puits et deux voies poussées vers l'est sur environ 15 mètres de longueur. Les autres couches ont été recherchées par un coupement au niveau de 33 mètres; on les a rencontrées, mais réduites à une épaisseur de o m. 08 à o m. 10. Les couches du puits Saint-François forment des amas comme celles de Minières. Elles ont donné lieu à une exploitation très restreinte, qui a fourni seulement à la consommation de quelques fours à chaux situés à une très petite distance sur la molasse coquillère (les faluns). Pourtant, si les deux veines reconnues par le coupement sont plus riches à un autre niveau, surtout si les sondages faits dans la partie sud amenaient de nouvelles découvertes, la concession de Doué pourrait compter d'une manière utile dans la production du département de Maine-et-Loire. Jusqu'à présent elle n'a fourni que des quantités de combustible très insuffisantes pour la consommation de la localité, où se trouvent plusieurs fours à chaux.] Ainsi, dans la période décennale de 1844 à 1854, elle n'a fourni que 1,920 tonnes de matière utilisable, et en 1860 Collet abandonna de nouveau l'exploitation.

De 1863 à 1865, Ollivier se livra aux recherches dont nous avons parlé. Il n'obtint cependant pas la concession, qui, en 1865, fut maintenue à Collet.

En 1866, la production annuelle n'était que de 80 tonnes et, en 1867, tous les travaux d'exploitation furent abandonnés. En 1872 nous retrouvons M. Ollivier comme concessionnaire. Il creusa, en 1873, un puits de 63 mètres de profondeur et ne trouva qu'une couche de 15 centimètres d'épaisseur, qui fut abandonnée [1]. Aujourd'hui les mines de Doué, assurément moins riches que celles de Saint-Georges-Châtelaison, ne sont plus exploitées. Elles appartiennent à la Société de Chalonnes.

[1] Notes de M. de Grossouvre.

PIÈCES JUSTIFICATIVES.

I

ARRÊT DU CONSEIL D'ÉTAT DU 21 MAI 1746,

AUTORISANT LE SIEUR JARRY À EXPLOITER LA MINE DE CHARBON DE TERRE
DÉCOUVERTE PAR LUI DANS LA PAROISSE DE NORT.

Sur ce qui a été représenté au roi, étant assis en son conseil, par le sieur Simon Jarry, négociant à Nantes, qu'il aurait commencé en 1738, à faire explorer à ses frais une mine de charbon de terre dont il a fait la découverte, et qui est située dans la paroisse de Nort, dépendante de l'évêché de Nantes, que, par les soins qu'il s'est donné et par les dépenses qu'il a faites pour suivre cette entreprise, il serait enfin parvenu à tirer du charbon de terre de bonne qualité, qu'il fait voiturer sur le bord de la rivière d'Erdre, qui n'est éloignée de la mine que d'une lieue ou environ, pour être transporté à Nantes, où l'on en fait journellement usage, que cette mine est très abondante, et plus étendue qu'on ne peut se le persuader, que le charbon de terre qui en provient a été reconnu propre pour toutes sortes d'ouvriers en fer, et qu'il a tout lieu d'espérer, à mesure que l'on fouillera plus avant, d'en trouver encore de meilleure qualité ; que la consommation de celui qui se tire actuellement se fait non seulement à Nantes, mais encore dans plusieurs endroits de la province de Bretagne, et dans les provinces circonvoisines, comme l'Anjou et le Poitou, qu'il en a été même envoyé à Rochefort et aux isles de l'Amérique, que comme cette entreprise lui a déjà coûté des sommes considérables, et qu'il est journellement obligé de faire de nouvelles dépenses pour la soutenir, et la conduire à sa perfection, il y a lieu d'espérer que Sa Majesté voudra bien assurer son état, par un privilège exclusif, pour une certaine étendue de terrain, en sorte qu'il ne soit pas exposé à perdre le fruit de son travail et de ses dépenses par la concurrence de ceux qui pourraient faire dans le même canton de pareilles entreprises, que d'ailleurs les avantages qui résultent de cette entreprise, soit par la quantité d'ouvriers qu'elle occupe, soit par la diminution du prix du charbon de terre, soit enfin par le moindre de consommation des bois, semblent lui mériter cette grâce, qui ne peut que contribuer au succès de son exploitation ;

Pourquoi le dit sieur Jarry auroit requis qu'il plut à Sa Majesté lui accorder pour lui, ses hoires, et ayant cause, pour le tems et espace de trente années consécutives à compter du premier juillet prochain, le privilège exclusif de continuer à faire fouiller et exploiter les mines de charbon de terre qui sont actuellement découvertes dans la paroisse de Nort despendante de l'évêché de Nantes et celles qu'on pourra dans la suite y découvrir et dans l'étendue de trois lieües aux environs de la paroisse, pour par les dis sieur Jarry, ses hoirs et ayant causes jouïr des d. mines et minières de charbon de terre et les faire valoir et exploiter à leur profit, à la charge par eux d'indemniser les propriétaires des terrains sur lesquels il sera fait des ouvertures, ou qui pourroient être endommagés soit par les voitures, soit par l'écoulement des eaux ou autrement, et ce à dire d'experts dont ils conviendraient de gré à gré, ou qui seront nommés d'office par le sieur intendant et commissaire de party en Bretagne, et Sa Majesté, voulant favoriser lad. entreprise par l'utilité dont elle peut être, vu l'avis dud. sieur intendant et commissaire departy en Bretagne; Ouy le raport du sieur de Machault, conseiller ordinaire au Conseil royal, controlleur général des finances, le Roy étant en son conseil a ordonné et ordonne que led. sieur Simon Jarry joüira lui, ses hoirs ou ayant cause, pendant le temps et espace de trente années consécutives à compter du premier juillet prochain, du privilège exclusif de faire foüiller et exploiter les mines de charbon de terre qu'il a commencé à faire ouvrir et travailler dans la paroisse de Nort dépendante de l'évêché de Nantes, et celles qu'il pourra découvrir, et dans l'étendue de trois lieues aux environs de lad. paroisse pour par led. sieur Jarry, ses hoirs et ayant cause, les faire valoir et exploiter à leur profit pendant le dit tems de trente années, à la charge par eux d'indemniser les propriétaires des terrains sur lesquels il sera fait des ouvertures ou qui pourroient être endommagés soit par les voitures soit par l'écoulement des eaux ou autrement pour raison de lad. exploitation, et ce à dire d'experts dont les Parties conviendront de gré à gré, ou qui seront nommés d'office par le sieur intendant et commissaire de party en Bretagne, et en outre à condition de se conformer aux règlements déjà intervenus ou qui pourront intervenir dans la suite concernant l'exploitation des mines de charbon de terre et notamment du 14 janvier 1744, et seront sur le présent arret toutes lettres nécessaires expédiées.

Fait au Conseil d'Etat du Roy, Sa Majesté y étant, tenu au château de Bouchoitte le 21e may 1746.

Signé : PHELYPEAUX.

A la suite de la copie de cet arrêt est ce qui suit :

Jean-Baptiste-Elie-Camuse de Pontcarré, chevalier seigneur de Viarme, Sengy, Belloy et autres lieux, conseiller du Roy en ses conseils, maître des requestes ordinaires de son hôtel, intendant et commissaire de party par Sa Majesté pour l'exécution de ses ordres en la province de Bretagne.

Vu l'arrest du conseil cy-dessus et des autres parties.

Nous ordonnons que le dit arrest du conseil sera exécuté selon la forme et teneur.
A Nantes le 29 juin 1747.

Signé : PONTCARRÉ DE VIARME.

Plus bas :

Par Monseigneur ;
Signé : LOYSEL DE FOULBEC.

———————

Enregistré au contrôle général des finances par nous, conseiller ordinaire au conseil royal, contrôleur général des finances à Versailles le 13 juillet 1746.

Signé : MACHAULT.

Enregistré au greffe de la chambre des comptes de Bretagne par arret d'iscelle du 8 février 1764

Signé . FLEURY.

Pour copie conforme :
GRELIN.

(Archives départementales de la Loire-Inférieure C-129, intendance de Bretagne et chambre des
comptes, livre des mandements royaux, 52, folio 274 recto. Extrait des registres du conseil
d'État, copie n° 3496.)

————

II

ARRÊT DU 13 OCTOBRE 1765

PORTANT PROROGATION PENDANT TRENTE ANS DE LA CONCESSION FAITE
AU SIEUR JARRY PAR ARRÊT DU CONSEIL DU 21 MAI 1746.

Sur la requête présentée au Roy étant en son conseil par Simon Jarry, négociant à Nantes,

Contenant que par arrêt du 21 mai 1746 il a plu à Sa Majesté ordonner qu'il jouirait lui, ses hoirs ou ayant cause, pendant le temps et l'espace de trente années consécutives, à compter du 1er juillet suivant, du privilège exclusif de faire fouiller et exploiter les mines de charbon de terre qu'il avait commencé à faire ouvrir et travailler dans la paroisse de Nort dépendante de l'évêché de Nantes, et celles qu'il pourrait y découvrir et dans l'étendue de trois lieues aux environs de la dite paroisse, pour par lui ses hoirs ou ayant cause les faire valoir et exploiter à leur profit, pendant le dit temps de trente années, à la charge par eux d'indemniser les propriétaires des terreins sur lesquels il serait fait des ouvertures ou qui pourraient être endommagés soit par les voitures, soit par l'écoulement des eaux ou autrement pour raison de la dite exploitation, et ce à dire d'experts dont les parties conviendraient de gré à gré ou qui seraient nommés d'office par le sieur intendant et commissaire départi en Bretagne, et en outre à condition de se conformer aux règlemens déjà intervenus ou qui pourraient intervenir dans la suite concernant l'exploitation des mines de charbon de terre, et notamment au règlement du 14 janvier 1744, sur lequel arrêt seraient toutes lettres nécessaires expédiées : ces lettres patentes ont été expédiées le 15 juillet de la même année et l'exécution de l'arrêt a été ordonnée par ordonnance du sieur intendant du 29 juin 1747 : par autre arrêt du 30 septembre 1749 il a été ordonné que pendant ce temps de cinq années à compter du dit jour la connaissance des contestations qui pourraient arriver entre le suppliant en sa qualité d'entrepreneur des mines de charbon de terre de la paroisse de Nort, ses commis, employés, ouvriers et autres pour raison de la dite exploitation continuerait d'être attribuée au dit sieur intendant pour y être par lui statué dans la forme et manière portée par l'arrêt du 14 janvier 1744, sauf l'appel au conseil ; faisant en conséquence défenses Sa Majesté aux parties de se pourvoir ailleurs et à tous juges d'en connoitre à peine de nullité et de cassation des procédures, avec injonction au dit sieur intendant de tenir la main à l'exécution du dit arrêt sur lequel toutes lettres nécessaires seraient expédiées : les lettres patentes du 15 juillet 1746 ont été enregistrées à la Chambre des comptes de Nantes le 8 février 1762, le suppliant avait découvert et avait commencé à faire exploiter dès 1738 la mine de charbon de terre dont il s'agit, elle était déjà dans un état qui lui donnait lieu d'espérer un succès aussi heureux que durable, lorsque S. M. a bien voulu lui en accorder le privilège exclusif; depuis ce temps là, assuré d'une jouissance de trente années, il a redoublé ses soins et ses travaux pour faire produire à cette mine tout l'avantage qu'elle pouvait procurer au public, et il peut se flatter d'y être parvenu ; mais ce n'est que par des dépenses très considérables, dont il s'en faut beaucoup qu'il soit encore suffisamment dédommagé. Il a été obligé de faire construire un grand nombre de bâtimens et de machines nécessaires pour donner à son exploitation toute la perfection dont elle était susceptible; il ne s'est pas contenté de dédomager les propriétaires voisins dont les terrains auraient pu souffrir quelques dégradations, il s'est mis à couvert de leurs plaintes en achetant la plus grande partie des fonds qui sont aux environs de ses mines, et il s'est procuré par là la liberté de les exploiter tranquillement et sans contradiction ; il a été continuellement en but à la jalousie des habitants de la paroisse de Nort, qui ont toujours cherché à gêner et à traverser son entreprise, et ce n'a été que par l'autorité du sieur intendant qu'il est venu à bout de rendre leurs efforts inutiles; combien de risques n'a-t-il pas courus, non seulement dans la nature et la certitude de son travail, mais encore par rapport aux accidens qui pouvaient lui en faire perdre tout le fruit, et qui ne sont que trop communs dans de pareilles opérations; il a trouvé dans son activité et dans une économie jointe à l'expérience de vingt-cinq années les ressources nécessaires pour surmonter toutes ces difficultés; il a établi le bon ordre dans ses mines; elles sont toujours servies par un nombre suffisant d'ouvriers, dont les diverses fonctions sont réglées, et qui les remplissent avec autant d'exactitude que de subordination, en sorte que, par les soins du suppliant, ces mines, qui sont d'ailleurs très abondantes, se trouvent actuellement dans l'état le plus florissant, et promettent un succès fixe et permanent, si elles continuent d'être exploitées sous la même administration; on peut juger de leur bon état par les avantages notoires qui en résultent : avant l'établissement de ces mines, on était obligé de tirer le charbon de terre d'Angleterre. Celui qu'elles fournissent n'est pas d'une moindre qualité, et il s'en fait une si grande extraction que l'on peut se passer de l'autre, et qu'il est suffisant, avec celui des autres mines de la Bretagne, pour la consommation tant de cette province que des autres provinces voisines; c'est sans doute sur le fondement de cette abondance que S. M. a jugé à propos d'imposer un double droit sur les charbons étrangers, par l'arrêt du 5 mai 1761, pour favoriser l'usage et le commerce du charbon du royaume : l'effet le plus avantageux et le plus intéressant que l'on doit en espérer, et qui se fait déjà sentir, est de diminuer la consommation des bois des forêts, dont la conservation mérite la plus grande attention, surtout à cause de la marine; le suppliant ose se flatter d'avoir contribué à cet avantage par son entreprise, et il a tout lieu d'espérer qu'il ne sera pas jugé indigne de quelque faveur pour l'avoir portée au point de perfection et d'utilité où elle est, malgré tous les inconvénients qui pouvaient la déranger. Ce sont des ouvrages de nature à n'être jamais suspendus ni interrompus, à cause des eaux et des écoulemens qui ne manqueraient pas de la détruire pour peu que l'on cessât de les entretenir; quoique la dernière guerre ait considérablement diminué la consommation du charbon, parce qu'il ne se faisait que peu d'armemens, le suppliant n'a pas moins été obligé de continuer l'exploitation de ses mines, pour les soutenir et occuper les élèves et les mineurs qu'il ne pouvait pas abandonner ou renvoyer. Il peut dire qu'il est le premier de la province de Bretagne qui ait eu la hardiesse d'entreprendre seul une exploitation aussi dangereuse, qui subsiste depuis plus de vingt-cinq ans, et à laquelle il a sacrifié tout son bien sans aucune sûreté de la sauver; il est peu d'exemples qu'une entreprise de cette nature ait subsisté si longtemps, et l'on ne peut en attribuer la durée qu'à l'administration d'un seul propriétaire, qui, n'ayant de conseil à prendre de personne, a été en pleine liberté de diriger ses opérations relativement aux connaissances qu'une longue expérience et un travail continuel lui ont procurées; c'est sur ce principe et dans cette vue qu'il a élevé un de ses enfans, Joseph Jarry, dans le goût de ces sortes d'entreprises; il y a cinq ans qu'il gouverne les mines en qualité de directeur, et il en a toujours rempli les fonctions avec autant de distinction que d'intelligence; il serait bien triste pour lui de se voir exposé à perdre un état qu'il a embrassé et auquel il s'est entièrement livré; il ne peut espérer de le conserver que par la sûreté d'une prorogation du privilège : son privilège n'a plus que douze ans à courir, et il ne peut trop tôt s'en assurer la continuation pour ne pas laisser sa famille dans un état incertain. Il a employé son bien dans les mines, et il ne s'en est rien réservé; quelle perte pour lui et ses enfans si ces mines passaient à d'autres dans un temps où elles ne feroient que commencer à produire.

la juste récompense des dépenses considérables et des travaux immenses qu'elles ont occasionnés ? L'intérêt particulier du suppliant et de sa famille se réunit donc à celui du public pour lui faire demander un second privilège; dès que l'exploitation des mines se fait à l'avantage et à la satisfaction du public, que l'administration en est solidement établie et qu'elle n'a donné lieu à aucun inconvénient ni à aucune plainte, il ne peut y avoir aucun motif plausible pour qu'elle sorte sitôt de la famille du suppliant qui l'a formée; il y aurait même à craindre qu'elle ne dégénérât et ne devint infructueuse en d'autres mains, et ce serait le public qui en souffrirait; le suppliant croit donc que Sa Majesté ne trouvera rien de déraisonnable dans la demande d'un nouveau privilège de trente années à compter du jour de l'expiration du privilège courant : plus les entreprises sont utiles et en même temps difficiles, plus elles méritent d'être encouragées : les rois ont toujours accordé une protection singulière et des privilèges distingués à ceux qui se sont consacrés à l'exploitation des mines et à l'extraction des matières inconnues et nécessaires au public, parce que ce sont des entreprises qui, indépendemment de leur utilité, occupent et font vivre un grand nombre de citoyens; le roi Charles VI, par son édit du 30 mai 1413, les exempta de la taille et de tous les autres subsides et les prit même sous sa sauve garde : leurs franchises et libertés furent ensuite confirmées par Charles VII en 1483, par Louis XII en 1498, par François Ier en 1515, par Henri II en 1552, par François II en 1560, par Charles IX en 1561; Henri IV, par son édit du mois de juin 1601, restreignit leurs privilèges aux exemptions de tutelle, curatelles, collecteurs de tailles et autres commissions publiques; ces exemptions leur ont toujours été conservées et confirmées depuis ce temps là : le sieur *Danican*, concessionnaire des mines du Bourbonnais et de la Bretagne, a obtenu un arrêt du 22 mai 1731, par lequel il a été ordonné que tant ses associés que leurs employés et ouvriers jouiroient, conformément aux ordonnances, des privilèges, franchises et exemptions accordées en pareil cas par les édits et déclarations auxquels il n'avait pas été dérogé; il lui a encore été permis, par le même arrêt, de faire porter la bandoulière aux armes de S. M. et du Grand maître à douze personnes telles qu'il jugerait convenables pour la conservation, la sureté et le maintien des travaux et magasins; le suppliant ni ceux qui travaillent sous ses ordres n'ont joui jusqu'ici d'aucuns de ces avantages par une concession générale, et s'ils ont eu quelques exemptions passagères ce n'a été que rarement et par l'autorité du sieur intendant. L'entreprise du suppliant n'est pas moins utile au public dans son genre que celle du sieur Danican; il a d'ailleurs en sa faveur la certitude du succès; ses travaux n'ont pas moins besoin d'être conservés par des gardes que ceux des mines du sieur Danican. Cet exemple lui donne une juste confiance que S. M. ne trouvera aucune difficulté à lui accorder les mêmes grâces et les mêmes privilèges et exemptions.

Requeroit à ses causes le suppliant qu'il plut à Sa Majesté ordonner qu'il continuera de jouir lui, ses hoirs ou ayant cause, pendant le temps et espace de trente années consécutives à compter du 1er juillet 1776, jour de l'expiration de la concession à lui faite par l'arrêt du 21 mai 1746, du privilège exclusif de faire fouiller et

exploiter les mines de charbon de terre qu'il a fait ouvrir et travailler jusqu'ici dans
la paroisse de Nort dépendante de l'évêché de Nantes et celles qu'il pourra y découvrir, et dans l'étendue de trois lieues aux environs de ladite paroisse, pour par lui, ses
hoirs ou ayant cause les faire valoir et exploiter à leur profit pendant ledit temps de
3o années, à la charge toujours par eux d'indemniser en cas de besoin les propriétaires des terreins sur lesquels il sera fait des ouvertures ou qui pourraient être
endommagés soit par les voitures, soit par l'écoulement des eaux ou autrement pour
raison de ladite exploitation, et ce à dire d'experts dont les parties conviendront de
gré à gré ou qui seront nommés d'office par le sieur intendant et commissaire départi
en Bretagne; se soumettant en outre le suppliant de se conformer aux règlements
déjà intervenus ou qui pourroient intervenir dans la suite, concernant l'exploitation
des mines de charbon, et notamment au règlement du 14 janvier 1744 : ordonner
au surplus que tant lui que ceux qui lui succéderont dans ladite entreprise, leurs
directeurs, capitaines de mines et maîtres mineurs travaillant aux dites mines jouiront de tous les privilèges, franchises et exemptions accordées en pareil cas par les
édits et déclarations auxquels il n'aura pas été dérogé, et spécialement de toutes cor-
vées et logemens de gens de guerre, de l'exemption de tutelles, curatelles, collectes
de tailles, commissions à les asseoir, ou d'être établis commissaires et dépositaires
des biens de justice et de toutes autres commissions publiques; comme aussi permettre au suppliant de choisir et établir quatre gardes portant la petite livrée et la
bandoulière aux armes de Sa Majesté, pour la conservation, la sûreté et le maintien
des travaux et magasins des dites mines, comme aussi ordonner que la connaissance
des constatations qui pourront arriver entre le suppliant et ses représentants, en
qualité d'entrepreneur des dites mines, leurs commis, employés, ouvriers et autres
pour raison de la dite exploitation, continuera d'être attribuée au sieur intendant et
commissaire départi en Bretagne, pour y être par lui statué dans la forme et manière portée par l'arrêt du 14 janvier 1744, sauf l'appel au Conseil; faire en conséquence défenses aux parties de se pourvoir ailleurs et à tous juges d'en connoître, à
peine de nullité et de cassation des procédures, à l'effet de quoi toutes lettres seront
expédiées.

Vu la dite requête signée Restaut, avocat du suppliant, ensemble l'arrêt du 21 mai
1746, les lettres patentes expédiées sur icelui le 15 juillet de la dite année, l'arrêt
du 3o décembre 1749 et l'arrêt d'enregistrement de la chambre des comptes de
Nantes du 8 février 1762, un nouveau mémoire du sieur Jarry et autres pièces justificatives de la dite requête, ensemble l'avis du subdélégué général de l'intendant
de Bretagne pour l'absence du sieur Le Bret, intendant et commissaire départi dans
la dite province, ouy le rapport du sieur Delaverdi, conseiller ordinaire au Conseil
royal, contrôleur général des Finances;

Le Roy étant en son Conseil, ayant aucunement égard à la dite requête, a prorogé
et proroge en faveur du dit Simon Jarry, ses hoirs, successeurs ou ayant cause, pendant trente nouvelles années consécutives à compter du 1er juillet 1776, jour de

24.

l'expiration du délai de trente ans accordé au dit Jarry par le dit arrêt de concession du 21 mai 1746, et lettres patentes sur icelui du 15 juillet suivant, et en conséquence en interprétant et expliquant en tant que besoin le dit arrêt et lettres patentes a ordonné et ordonne que le dit Jarry, ses hoirs, successeurs et ayant cause, jouiront dès à présent et pendant le temps des dites trente nouvelles années du privilège exclusif à lui accordé par ledit arrêt et lettres patentes, de faire fouiller et exploiter les mines de charbon de terre qu'il a commencé à faire ouvrir et travailler tant dans la dite paroisse de Nort, dépendante de l'évêché de Nantes, que dans celles qu'il a découvertes ou pourra découvrir dans les paroisses des Touches, Trans et Mouzeil, du côté du levant du clocher de Nort, et dans celles de Saffré et Héric du côté du couchant. au lieu des trois lieues d'étendue aux environs de ladite paroisse de Nort fixée par les dits arrêts et lettres patentes, et ce aux mêmes charges, clauses et conditions portées par iceux, ordonne en outre Sa Majesté que le dit Jarry, ses hoirs, successeurs et ayant cause, leurs directeurs, commis et ouvriers travaillant aux dites mines jouiront dès à présent de tous les privilèges, franchises et exemptions dont jouissent les autres entrepreneurs des mines de charbon de terre du royaume et seront sur le présent toutes lettres nécessaires expédiées.

A Fontainebleau, le 13 octobre 1765.

Signé à la minute : DE MAUPEOU et DE LAVERDY.

———

Collationné par Nous, garde général des Archives du Royaume, sur la minute du dit arrêt du Conseil déposée à la section administrative sous la lettre E.

En foi de quoi nous avons signé.

Délivré sur la demande de Monsieur le directeur des Mines à Paris, le 24 février 1831.

Rayé deux mots comme nuls.

DAUNOU.

Archives départementales de la Loire-Inférieure C 129, Intendance de Bretagne 1746-1784, demande inscrite n° 4238. 13 octobre 1765, n° 10. Archives du royaume, section administrative, mines de Nort dans l'évêché de Nantes.)

III

ARRÈTÉ DU COMITÉ DE SALUT PUBLIC

AUTORISANT LES CITOYENS GAUDIN FILS ET Cie À FAIRE EXPLOITER PROVISOIREMENT
LES MINES DE LANGUIN.

---

*Extrait des registres du Comité de salut public de la Convention nationale,
du 23 germinal, l'an II[1] de la République française, une et indivisible.*

LE COMITÉ DE SALUT PUBLIC,

Ouï le rapport de la Commission des subsistances et approvisionnements de la
République, sur la demande des frères Gaudin et d'après le rapport du citoyen
Laverrière, ingénieur des Mines.

Considérant que les Mines de Languin, près de Nort, alimentant les fonderies
nécessaires à la marine, à l'agriculture et aux arts, sont d'une utilité indispensable;

Considérant que le défaut de fonds ne permet pas aux citoyens Jarry, anciens
commissaires, d'en continuer l'exploitation, et occasionnerait la perte de ces richesses
nationales; que d'ailleurs les héritiers Jarry consentent à céder leur concession aux
citoyens Gaudin, moyennant une juste indemnité;

Considérant combien il est urgent de raviver promptement des exploitations aussi
utiles,

ARRÈTE CE QUI SUIT :

1° Les citoyens Gaudin fils et Cie sont autorisés provisoirement à faire exploiter
sans délai les mines de houille de Languin près de Nort, dont la concession avait
été donnée à la famille Jarry;

2° Le département de la Loire-Inférieure réglera, conformément aux articles 17
et 18 de la loi du 28 juillet 1791 (vieux style) sur les mines, les remboursements
que les citoyens Gaudin fils et compagnie seront tenus de faire aux héritiers Jarry
pour les meubles, ustensiles et matériaux nécessaires à l'exploitation de la mine et
qui appartiennent aux anciens concessionnaires;

3° Le département statûra sur la validité et sur la valeur des indemnités que
réclament les héritiers Jarry pour l'abandon de leur concession, et que les citoyens
Gaudin fils et compagnie seront dans le cas de leur payer;

4° Le département réglera de même l'étendue et les limites de la nouvelle con-

---

[1] 12 avril 1794.

cession demandée par les citoyens Gaudin et compagnie, en se conformant à la loy du 28 juillet 1791 sur les mines;

5° La Commission des subsistances et approvisionnements est chargée de l'exécution du présent arrêté, et de veiller à ce que les nouvelles exploitations de cette mine soient faites suivant les règles de l'art.

Signé au registre : R. LINDET, CARNOT, SAINT-JUST, C.-A. PRIEUR, J. BARRÈRE, C. D'HERBOIS.

Pour extrait :

Signé : CARNOT, R. LINDET.

Pour copie conforme :

Signé : CORDERANT, secrétaire général.   DESHAYES, sous-chef, pour BOCQUES, secrétaire général de la Commission des armes et poudres, absent.

(Archives départementales de la Loire-Inférieure, S 10, dossier Languin.)

IV

ARRÊTÉ DU DIRECTOIRE EXÉCUTIF

DU 3ᵉ JOUR COMPLÉMENTAIRE AN 7 [1], AUTORISANT LES CITOYENS MICHAUD ET Cⁱᵉ À CONTINUER L'EXPLOITATION DES MINES DE LANGUIN PENDANT 50 ANNÉES.

MINISTÈRE DE L'INTÉRIEUR.

LIBERTÉ. — ÉGALITÉ.

AMPLIATION.

EXTRAIT des registres du Directoire exécutif, du 3ᵉ jour complémentaire, l'an sept de la République française, une et indivisible.

LE DIRECTOIRE EXÉCUTIF, sur le Rapport du Ministre de l'Intérieur;

Considérant que le temps qui reste à expirer de l'ancienne concession des Mines ci-après désignées n'est pas suffisant pour que les concessionnaires actuels

[1] 19 septembre 1799.

puissent donner à leur exploitation toute l'activité et l'extension dont elles sont susceptibles,

ARRÊTE CE QUI SUIT :

ART. 1er. Les citoyens Michaud et Cie, concessionnaires des mines de houille de Languin, canton de Nort, département de la Loire-Inférieure, sont autorisés à en continuer l'exploitation pendant cinquante années accomplies de ce jour.

ART. 2. Il sera envoyé sur les lieux, aussitôt qu'il sera possible, un inspecteur ou un ingénieur des mines, chargé de donner les renseignements nécessaires pour que l'administration centrale du Département puisse, en exécution des articles 4 et 5 du titre premier de la loi du 28 juillet 1791, fixer l'étendue de la concession; lorsque le plan qui aura été dressé aux frais des concessionnaires aura été approuvé par le Ministre de l'Intérieur, une expédition en sera déposée aux archives du département.

ART. 3. Le présent arrêté sera publié et affiché conformément à l'article 12 du titre premier de la loi ci-dessus indiquée.

ART. 4. Les concessionnaires sont tenus de se conformer aux lois et règlements sur les mines et aux instructions qui leur seront données par le Conseil.

ART. 5. L'arrêté de l'administration centrale du département de la Loire-Inférieure en date du 21 floréal dernier est approuvé en tout ce qui est conforme au présent.

ART. 6. Le Ministre de l'Intérieur est chargé de l'exécution du présent arrêté qui ne sera point imprimé.

Pour expédition conforme :

Le Président du Directoire exécutif,

Signé : SIEYÈS.

Par le Directoire exécutif :

Le Secrétaire général,

Signé : LAGARDE.

Pour ampliation :

Le Chef de la 3e Division,   *Le Ministre de l'Intérieur,*

LE CAMUS.   QUINETTE.

(Archives départementales de la Loire-Inférieure, S 10, dossier Languin.)

V

CONSEIL DES MINES.

Enregistré le 26 août.
N° 37.

DÉCRET IMPÉRIAL

APPROUVANT LA CESSION FAITE PAR LES CONCESSIONNAIRES DES MINES DE LANGUIN
AU SIEUR FRANÇOIS DEMANGEAT.

Extrait des minutes de la secrétairerie d'État.

Au palais de Saint-Cloud, le 19 août 1808.

NAPOLÉON, EMPEREUR DES FRANÇAIS, ROI D'ITALIE ET PROTECTEUR DE LA CONFÉDÉRATION DU RHIN,

Sur le rapport de notre Ministre de l'intérieur,

Notre Conseil d'État entendu,

NOUS AVONS DÉCRÉTÉ ET DÉCRÉTONS CE QUI SUIT :

ART. 1er. La cession faite le 14 mai dernier par les concessionnaires des mines de Languin, canton de Nort, département de la Loire-Inférieure, au sieur François Demangeat, entrepreneur de la Fonderie impériale d'Indret, du troisième jour complémentaire an VII est approuvée.

ART. 2. Les dispositions du dit arrêté sont confirmées.

ART. 3. Le sieur Demangeat sera tenu de remettre dans le délai de trois mois au plus tard, les travaux d'exploitation des mines de houille de Languin, en activité, et de se conformer aux lois et règlemens existant et à intervenir, sur l'exploitation des mines, ainsi qu'aux instructions qui lui seront données par l'Administration des mines.

ART. 4. Il remettra, dans le même délai, au secrétariat de la préfecture de la Loire-Inférieure, le plan en triple expédition authentique indicatif de l'étendue et des limites de la concession, lequel sera transmis, par le préfet, à notre Ministre de l'intérieur, pour être par lui approuvé, s'il y a lieu, d'après l'avis du Conseil des Mines.

ART. 5. Le sieur Demangeat adressera tous les trois mois à l'Administration des mines les états de produit de son extraction; ces états indiqueront en outre la profondeur à laquelle l'extraction aura lieu et la quantité d'ouvriers employés.

ART. 6. Il remettra aussi à cette Administration un plan général avec les coupes nécessaires désignant l'état actuel de son exploitation, et il adressera par la suite, tous les ans, le plan et la coupe des travaux d'exploitation exécutés dans l'année.

ART. 7. Il y aura lieu à déchéance de la dite concession pour les causes prévues par la loi du 28 juillet 1791 et en outre pour inexécution des articles 3, 4, 5 et 6 du présent décret.

ART. 8. Notre Ministre de l'intérieur est chargé de l'exécution du présent décret.

Signé : NAPOLEON.

Par l'Empereur :

Le Ministre secrétaire d'État,

Signé : HUGUES B. MARET.

Pour ampliation :

Le Ministre de l'intérieur comte de l'Empire,

CRETEL.

(Archives départementales de la Loire-Inférieure. Extrait des minutes de la secrétairerie d'État.)

VI

ARRÊTÉ DU PRÉFET DE LA LOIRE-INFÉRIEURE

DÉCIDANT QUE LA DEMANDE EN PARTAGE DES MINES DE LANGUIN SERA SOUMISE
À L'APPROBATION DE SA MAJESTÉ.

*EXTRAIT du registre des arrêtés de la préfecture du département
de la Loire-Inférieure.*

NOUS, PRÉFET DE LA LOIRE-INFÉRIEURE,

Vu la demande en partage des mines de Languin, formée le 28 février 1836 par les sieurs Lemaître (Phidias), demeurant à Nantes, rue et passage d'Orléans, Frogier (Mathurin), demeurant aussi à Nantes, rue Crébillon, et Corroyer (Louis), demeurant à Cope-Choux, commune du Mouzeil, arrondissement d'Ancenis

Vu les rôles des contributions directes de 1835, en ce qui concerne les trois propriétaires dont il s'agit;

Vu trois certificats de notables de Nantes relatifs aux moyens personnels des demandeurs;

Vu le contrat de vente des mines de Languin au profit des sieurs Lemaître, Frogier et Corroyer;

Vu les certificats de MM. les maires de Nantes, Châteaubriant, Ancenis, Nort, Les Touches et Mouzeil, constatant que les publications et affiches ont été faites dans ces communes conformément aux prescriptions de la loi du 21 mars 1810;

Vu trois expéditions du plan de surface de la concession de Languin;

Vu les plans en triplicata, au nombre de 5, des travaux souterrains en activité près du bourg de Languin et des ouvrages de recherche exécutés en dernier lieu par les sieurs Corroyer et Frogier près des Touches et de la Bourgonnière;

Vu le rapport de M. l'ingénieur ordinaire des mines du 12 février 1837;

Vu l'avis de M. l'ingénieur en chef de l'arrondissement minéralogique du 10 juin 1837;

Considérant que des deux nouvelles concessions qui seraient substituées à la concession unique de Languin, l'une paraît avoir tous les éléments de succès nécessaires, puisque c'est dans cette partie, autour du village de Languin, que les travaux ont été poussés avec activité depuis l'origine de l'exploitation de ces terrains houillers, et que ces travaux ont fourni des résultats, des produits satisfaisants;

Considérant que l'autre partie de la concession, celle qui prendrait le nom de concession des Touches, n'a donné lieu jusqu'à présent qu'à des recherches à peu près sans résultats; que cependant il n'est guère probable, par suite du voisinage de cette concession avec celle de Mouzeil, que les couches attaquées deviennent entièrement stériles; qu'il est plutôt à penser qu'une meilleure direction dans les travaux fera rencontrer des veines plus riches en houille et d'un meilleur rendement;

Considérant que le cas le plus défavorable qui puisse se présenter est celui où la concession des Touches ne donnerait aucun bon résultat mais que cette hypothèse est indépendante de la question de division ou de non-division, puisque les deux concessions sont données, chacune, à des exploitants expérimentés et dignes de confiance;

ARRÊTONS:

ART. 1er. La demande en partage de la concession des mines de Languin sera soumise à la sanction de Sa Majesté.

Ce partage sera fait sous les dénominations ci-après:

1° Concession des mines de houille de Languin d'une contenance de 30 k. 03 h. en faveur du sieur Phidias Lemaître, ayant pour limites:

Au nord, les droites menées de Gremil à la métairie de Villeneuve, et de cette métairie au point d'intersection du ruisseau qui coule à l'ouest et au nord de la maison rouge dans la direction de l'est à l'ouest vrai, puis le cours de ce même ruisseau à partir du point d'intersection jusqu'au point de rencontre du ruisseau par la droite prolongée tirée par la petite Paguerie, le clocher des Touches et la Vornay.

A l'est cette même ligne tirée par la Vornay, le clocher des Touches et la petite Peignerie prolongée jusqu'à la limite sud de la concession, c'est-à-dire jusqu'à la ligne droite menée du moulin des Hommeaux à la Basse-Brechoulière.

Au sud, la portion de cette dernière droite (celle tirée du moulin des Hommeaux à la Basse-Brechoulière) à la Garenne et de la Garenne à Créson.

Au sud-ouest et à l'ouest, les deux droites menées de Créson à la Grande-Lande et de ce dernier point à Gremil, point de départ.

La seconde concession, sous la dénomination de concession des mines de houille des Touches, dont les sieurs Mathurin Frogier et Louis Corroyer deviendraient seuls propriétaires, serait limitée de la manière suivante :

Au nord, le cours du ruisseau qui coule au nord de la maison rouge, dans la direction de l'est à l'ouest vrai, en remontant jusqu'à la source du dit ruisseau, située à l'ouest-sud-ouest de la Bitaudière, puis, de la source de ce même ruisseau, par une ligne droite dirigée sur la Guignardière.

A l'est, trois lignes droites successives menées de la Guignardière à la Chapelle-Breton, de ce dernier point à la Bourgonnière et de la Bourgonnière au moulin des Hommeaux.

Au sud, la portion de la ligne droite passant par le moulin des Hommeaux jusqu'à la rencontre de la ligne droite de division déterminée par les trois points du Vernay, du clocher des Touches et de la petite Peignerie.

Enfin, à l'ouest, cette même ligne de division, qui vient d'être indiquée, prolongée au nord et au sud, des points extrêmes qui la détermineront jusqu'aux limites de la concession primitive.

Art. 2. Ce partage ne sera autorisé qu'à la condition formelle :

1° Que MM. Phidias Lemaître, Frogier et Corroyer rempliront avec exactitude, séparément pour chacune des nouvelles concessions formées, ou en commun, si la chose est de nature à l'exiger, les obligations imposées par l'acte primitif de concession, soit à raison des droits qui pourraient être dus aux propriétaires des terrains compris dans l'enceinte des nouvelles concessions, soit en raison de transactions ou d'arrangements maintenus et spécifiés par l'article 41 de la loi du 21 avril 1810 ;

2° Qu'ils ne porteront dans aucun cas les travaux d'exploitation à une distance moindre de 25 mètres de part et d'autre de la ligne commune de séparation passant par le Vernay, le clocher des Touches et la petite Peignerie. Cette distance devra être augmentée si les circonstances de gisement des couches l'exigent par suite d'une décision du préfet prise sur le rapport des ingénieurs des mines ;

3° Enfin qu'ils exploiteront de manière à ne pas compromettre la sûreté publique, celle des ouvriers, la conservation des mines et les besoins des consommateurs, et se conformeront en conséquence aux instructions qui leur seront données par l'administration des mines et par les ingénieurs du département, d'après les observations auxquelles la visite et la surveillance des exploitations pourront donner lieu.

ART. 3. Une expédition du présent arrêté sera adressée, avec les pièces à l'appui, à M. le Directeur général des ponts et chaussées et des mines.

Nantes, le 7 juillet 1837.

Pour le Préfet en congé :

Le conseiller de préfecture secrétaire général,

Signé : FAVRE-COUVEL.

POUR EXPÉDITION CONFORME :

Pour le conseiller de préfecture secrétaire général,

Le conseiller de préfecture,

LE B. THARREAU.

(Archives départementales de la Loire-Inférieure, section S, dossier 10.)

<hr/>

VII

ARRÊTÉ DU PRÉFET DE LA LOIRE-INFÉRIEURE

INTERDISANT LES TRAVAUX DES PUITS DE LA BOURGONNIÈRE ET DE LA RECHERCHE.

(17 octobre 1838.)

NOUS, etc.

Vu la lettre de M. le Directeur général des ponts et chaussées du 6 septembre dernier, qui nous signale qu'un partage de la concession des mines de houille de Languin aurait été fait illicitement par les sieurs Lemaître, Frogier et Corroyer ;

Vu l'acte de société publié dans la *Gazette des Tribunaux* du 23 juin dernier par les sieurs Frogier, Corroyer, Merland, Bretonnière, Comard et Jeanjean, ledit acte constatant en effet que les personnes dont les noms viennent d'être donnés se présentent comme propriétaires, à l'exclusion complète du sieur Lemaître, de la portion de la concession de Languin qu'ils appellent concession des Touches ;

Vu les lois des 21 avril 1810 et 27 avril 1838;

Considérant que le partage effectué constitue une contravention aux lois et règlements sur les mines;

Avons arrêté :

Art. 1er. Les travaux des puits de la Bourgonnière et de la Recherche, ainsi que ceux des galeries aboutissant directement ou indirectement à ces puits, à plusieurs niveaux, sont mis en interdit.

Art. 2. Des expéditions du présent seront adressées tant aux concessionnaires qu'à M. l'ingénieur en chef des mines.

Nantes, le 17 octobre 1838.

Le Préfet,

Maurice Duval.

(Archives départementales de la Loire-Inférieure, série S 10, Languin.)

VIII

ORDONNANCE DU ROI

EN DATE DU 28 AVRIL 1839, DÉLIMITANT L'ANCIENNE CONCESSION DE LANGUIN.

LOUIS-PHILIPPE, Roi des Français, à tous, présents et à venir, Salut.

Sur le rapport de notre Ministre, secrétaire d'État au département des travaux publics, de l'agriculture et du commerce;

Vu la demande présentée le 14 décembre 1837 par MM. Lemaître, Frogier et Corroyer, propriétaires de la concession des mines de houille de Languin (Loire-Inférieure), ayant pour objet de faire fixer les limites de cette concession;

Les plans et les actes produits à l'appui de cette demande;

L'affiche du 13 janvier 1838;

Les certificats de publications et affiches et les exemplaires du journal du département du 13 avril;

Les rapports et avis de l'ingénieur des mines et de l'ingénieur en chef, des 12 février et 10 juin 1837, 25 juillet, 9 septembre, 26 et 31 décembre 1838;

Les avis du préfet de la Loire-Inférieure des 15 septembre 1838 et 9 janvier 1839;

Les avis du conseil général des mines du 19 octobre 1837, 11 octobre 1838 et 14 février 1839;

Vu les arrêtés du 21 mai 1746 et 13 octobre 1765, qui ont institué la concession de Languin, et l'arrêté du Directoire exécutif, du 3ᵉ jour complémentaire an VII, qui l'a prorogée;

Notre Conseil d'État entendu,

Nous avons ordonné et ordonnons ce qui suit :

Art. 1ᵉʳ. La concession houillère dite de Languin, arrondissements de Châteaubriant et d'Ancenis (Loire-Inférieure), est délimitée ainsi qu'il suit, conformément au plan qui restera annexé à la présente ordonnance :

Au sud, par la partie de la ligne droite EF tirée du moulin des Hommeaux à la Basse-Bréchoulière, comprise entre le point E et le point C de la limite est du territoire de la commune de Ligné; par la limite de cette commune jusqu'au point de rencontre B¹ desdites limites avec la ligne menée du moulin des Hommeaux à la Basse-Bréchoulière; enfin par trois lignes droites BF, FG et GH, menées successivement des limites de la commune de Ligné à la Basse-Bréchoulière, de la Basse-Bréchoulière à la Garenne, et de la Garenne à Crezon;

A l'ouest, par deux lignes droites HS et SK tirées de Crezon à la Grande-Lande et de la Grande-Lande à Grémil.

Au Nord, par deux autres lignes droites KL et LM menées de Grémil à la métairie de Villeneuve, et de cette métairie au point M du ruisseau qui coule à l'ouest et au nord de la Maison-Rouge, lequel point est l'intersection dudit ruisseau avec la droite menée de la Maison-Rouge dans la direction de l'est à l'ouest *vrai;* puis, à partir de ce point M, par le cours du même ruisseau, jusqu'à la source située en A à l'O. S. O. de la Bétaudière, et par une droite dirigée de ce point A sur la Guignardière et terminée en B' et un des points limites de la commune de Teillé.

A l'est, à partir de ce point, jusqu'au point de rencontre D de ces limites avec la droite BC, passant par la Guignardière et la Chapelle-Breton; puis par la partie de cette droite comprise entre le point D' et le point C de la Chapelle-Breton. Ensuite par deux droites CD et DE menées successivement de la Chapelle-Breton à la Bourgonnière et de la Bourgonnière au moulin des Hommeaux, point de départ.

Lesdites limites renfermant une étendue superficielle de 50 kilomètres carrés 92 hectares.

Art. 2. La présente ordonnance sera publiée et affichée, aux frais des concessionnaires, dans les communes sur lesquelles s'étend la concession ainsi délimitée.

Art. 3. Notre Ministre, secrétaire d'État au Département des travaux publics, de l'agriculture et du commerce, est chargé de l'exécution de la présente ordonnance, qui sera insérée par extrait au *Bulletin des lois*.

Fait au Palais des Tuileries, le 28 avril 1839.

Signé : LOUIS-PHILIPPE.

Par le Roi :

Le Pair de France, Ministre de l'Intérieur,
chargé par intérim du Département des travaux publics,
de l'agriculture et du commerce,

Signé : GASPARIN.

Pour ampliation :

Le Conseiller d'État, secrétaire général
du Ministère des travaux publics,
de l'agriculture et du commerce,

Signé : J. BOULAY.

Pour copie conforme :

Le Conseiller d'État,
directeur général des ponts et chaussées
et des mines,

Signé : (Illisible.)

(Archives départementales de la Loire-Inférieure, n° 5428.)

IX

ORDONNANCE DU ROI

EN DATE DU 28 AVRIL 1839, DÉLIMITANT LA NOUVELLE CONCESSION DE LANGUIN.

LOUIS-PHILIPPE, Roi des Français, à tous, présents et à venir, Salut.

Sur le rapport de notre Ministre, secrétaire d'État des travaux publics, de l'agriculture et du commerce ;

Vu la demande présentée le 14 décembre 1837 par MM. Lemaître, Frogier et Corroyer, propriétaires de la concession des mines de houille de Languin (Loire-Inférieure), tendant à faire fixer les limites de cette concession et à la partager en deux lots distincts ;

Vu les pièces relatées dans notre ordonnance de ce jour qui fixe les limites de ladite concession ;

Notre Conseil d'État entendu,

ART. 1er. Le partage en deux concessions de la concession des mines de houille de Languin, telle qu'elle est délimitée par notre ordonnance ci-dessus visée, et conformément au plan qui y est joint, est autorisé.

ART. 2. La portion qui est située à l'ouest de la ligne de partage PQ tracée sur le plan, et dont M. Phidias Lemaître demeure le titulaire, conservera le nom de concession de Languin. Elle est délimitée ainsi qu'il suit :

Au nord, par la droite KI et LM, menée de Grémil à la métairie de Villeneuve, et de cette métairie au point M du ruisseau qui coule à l'ouest et au nord de la Maison-Rouge dans la direction de l'est à l'ouest *vrai*; pour à partir de ce point M, par le cours du même ruisseau, jusqu'au point P de la ligne de partage passant par le Vesnay et le clocher des Touches.

A l'est, par cette ligne de partage prolongée jusqu'en Q, point de son intersection avec la ligne EF menée du moulin des Hommeaux à la Basse-Bréchoulière;

Au sud, par la portion de cette ligne EF comprise entre le point Q et la Basse-Bréchoulière; ensuite par les droites FG et GH menées successivement de la Basse-Bréchoulière à la Garenne et de la Garenne à Crezon.

A l'ouest, par les deux droites HI et IK tirées de Crezon à la Grande-Lande et de la Grande-Lande à Grémil, point de départ.

Lesdites limites renfermant une étendue superficielle de 33 kilomètres carrés 59 hectares.

ART. 3. De part et d'autre de la ligne de partage PQ les travaux d'exploitation ne devront point s'approcher de cette ligne à une distance moindre de 25 mètres.

ART. 4. Il n'est rien préjugé sur l'exploitation des gîtes de tout minerai étranger à la houille qui peuvent exister dans l'étendue de la concession de Languin. La concession de ces gîtes de minerai sera accordée, s'il y a lieu, après une instruction particulière, soit au concessionnaire des mines de Languin, soit à d'autres personnes. Les cahiers des charges des deux concessions, dans ce dernier cas, régleront les rapports des deux concessionnaires entre eux, pour la conservation de leurs droits mutuels et pour la bonne exploitation des deux substances.

ART. 5. Le concessionnaire payera en outre aux propriétaires de la surface les indemnités déterminées par les articles 43 et 44 de la loi du 21 avril 1810, pour les dégâts et non-jouissance des terrains occasionnés par l'exploitation des mines.

ART. 6. En exécution de l'article 46 de la loi du 21 avril 1810, toutes les questions d'indemnités à payer par le concessionnaire, à raison de recherches ou travaux antérieurs à la présente ordonnance, sont décidées par le Conseil de préfecture.

Art. 7. Le concessionnaire payera à l'État, entre les mains du receveur de l'arrondissement de Châteaubriant, la redevance fixe et proportionnelle établie par la loi du 21 avril 1810, conformément à ce qui est déterminé par le décret du 6 mai 1811.

Art. 8. Il se conformera exactement aux dispositions du cahier des charges qui est annexé à la présente ordonnance et qui est considéré comme en faisant partie essentielle.

Art. 9. Il y aura particulièrement lieu à l'exercice de la surveillance de l'administration des mines, en exécution des articles 47, 49 et 50 de la loi du 21 avril 1810 et du titre 2 du décret du 3 janvier 1813, si la propriété de la concession vient à être transmise d'une manière quelconque à d'autres personnes. Ce cas arrivant, les nouveaux propriétaires de la concession seront tenus de se conformer exactement aux conditions prescrites par la présente ordonnance et par le cahier des charges y annexé.

Art. 10. A toutes les époques où la concession sera possédée par une société, cette société sera tenue de désigner, par une déclaration authentique faite au Secrétariat de la préfecture, celui de ses membres ou toute autre personne à qui elle aura donné les pouvoirs nécessaires pour correspondre en son nom avec l'autorité administrative, et en général pour la représenter vis-à-vis de l'administration tant en demandant qu'en défendant.

Art. 11. Dans le cas prévu par l'article 49 de la loi du 21 avril 1810, où l'exploitation serait restreinte ou suspendue sans cause reconnue légitime, le préfet assignera au concessionnaire un délai de rigueur qui ne pourra excéder six mois; faute par le concessionnaire de justifier dans ce délai de la reprise d'une exploitation régulière et des moyens de la continuer, il en sera rendu compte, conformément audit article 49, à notre Ministre des travaux publics, de l'agriculture et du commerce, lequel prononcera, s'il y a lieu, le retrait de la concession, en exécution de l'article 10 de la loi du 27 avril 1838 et suivant les formes prescrites par l'article 6 de la même loi.

Art. 12. La présente ordonnance sera publiée et affichée, aux frais du concessionnaire, dans les communes sur lesquelles s'étend la concession.

Art. 13. Notre Ministre, secrétaire d'État au Département des travaux publics, de l'agriculture et du commerce, et notre Ministre secrétaire d'État des finances, sont chargés, chacun en ce qui le concerne, de l'exécution de la présente ordonnance qui sera insérée, par extrait, au *Bulletin des lois*.

Fait au Palais des Tuileries, le 28 avril 1839.

Signé : LOUIS-PHILIPPE.

Par le Roi :

Le Ministre, secrétaire d'État par intérim
au Département des travaux publics, de l'agriculture
et du commerce,

Signé : GASPARIN.

Pour ampliation :	Pour copie conforme :
Le Conseiller d'État, secrétaire général	*Le Conseiller d'État,*
des travaux publics,	*directeur général des ponts et chaussées*
de l'agriculture et du commerce,	*et des mines,*
Signé : J. BOULAY.	Signé : (Illisible.)

(Archives départementales de la Loire-Inférieure, n° 5430.)

X

EXTRAITS

DE L'ACTE DE FONDATION DE LA SOCIÉTÉ CIVILE FORMÉE POUR L'EXPLOITATION
DES MINES DE MONTRELAIS ET MOUZEIL.

Devant Mᵉ Monnier, notaire à Montrelais, canton de Varades, arrondissement d'Ancenis (Loire-Inférieure), ont comparu :

1° M. Charles-Léon-Ernest Leclerc, marquis de Juigné, demeurant à Juigné (Sarthe),

Représenté par M. l'abbé Fonteinne;

2° M. Alexandre-Antoine-Léon Delarue de Francy, ingénieur civil, demeurant à Sablé (Sarthe);

3° M. Anselme Levesque de la Bérangerie, docteur-médecin, demeurant à Laval (Mayenne),

Représenté par M. Leroyer-Charpentier;

4° M. Michel Leroyer-Charpentier, propriétaire, demeurant à Sablé (Sarthe);

5° M. Théophile Plée, négociant, demeurant ville de Sablé (Sarthe);
(En son nom et comme mandataire de M. Michel Vielle, son associé. . .);

6° M. Auguste-Sébastien Fonteinne, prêtre, demeurant à Solêmes (Sarthe);

7° M. Louis-Auguste Levesque, négociant, demeurant ville de Nantes;

8° M. Joseph Adolphe Métois, propriétaire, demeurant à la Hellière, commune de Thouarcé (Loire-Inférieure).
(Ici représenté par M. Levesque, de Nantes.)

Lesquels, devenus adjudicataires par jugement de l'audience des criées du tribunal civil de la Seine le 27 avril 1853, et par suite seuls propriétaires des mines de houille connues sous la dénomination de mines de Montrelais et de Mouzeil, voulant établir entre eux une société civile, pour l'exploitation desdites mines, en ont arrêté les bases dans les statuts qui suivent :

Art. 1er. Il est établi par ces présentes entre les comparants et ceux qui par la suite deviendraient actionnaires une société civile en conformité de la loi du 21 avril 1810, qui déclare que l'exploitation des mines n'est pas un commerce : en conséquence, cette société ne peut être réputée commerciale.

OBJET DE LA SOCIÉTÉ.

La société a pour objet :
L'exploitation et la jouissance des mines de Montrelais et de Mouzeil, telles qu'elles ont été délimitées et concédées le 8 janvier 1765 et délimitées par le décret impérial du 18 août 1807 ainsi que par l'ordonnance du 7 mars 1828. . . . .

Art. 2. . . . . .

Art. 3. La société prend le nom de *Compagnie des mines de houille de Montrelais et de Mouzeil;* mais il est bien entendu que ce titre ne constitue pas une raison sociale.

Art. 4. Le siège de la société est établi à Sablé (Sarthe).
Ce siège est attributif de juridiction. Il pourra être transféré dans un autre lieu, par suite d'une délibération prise à la majorité des trois quarts des voix.

Art. 5. La concession étant perpétuelle, la durée de la société est illimitée (sauf cas de dissolution prévus). . . . .

FONDS SOCIAL.

Art. 6. Les comparants apportent dans la Société :

1° La concession dont il a été parlé plus haut, d'une étendue de 98 kilom. 75 hectomètres carrés, sur les communes de la Chapelle-Saint-Sauveur, Montrelais, Mouzeil,

Varades, Teillé et autres environnantes, arrondissement d'Ancenis (Loire-Inférieure), et sur la commune d'Ingrandes, arrondissement d'Angers (Maine-et-Loire).

. . . .

500 actions, toutes nominatives.

. . . .

Fait et passé à Montrelais en l'étude de Mᵉ Monnier, notaire, l'an 1853, le 21 du mois de juillet, en présence de MM. Julien Louette, chevalier de la Légion d'honneur, receveur buraliste, et Jacques Legras, serrurier, témoins instrumentaires, demeurant à Montrelais.

Après lecture, les parties, tant en personne que par l'intermédiaire de leurs mandataires, ont signé les présentes avec le notaire et les témoins.

La minute est signée :

Louis LEVESQUE, Th. PLÉ, LEROYER-CHARPENTIER, A.-G. FONTEINNE, FRANCY, E. LEGRAIS, J. LOUETTE, et Mᵉ MONNIER, ce dernier notaire.

Enregistré à Ancenis le 5 août 1853, folio 105 : recto, cases 4 à 8; verso, cases 1 et 2.

(Archives des Mines, Nantes, carton A, liasse 10, n° 5.)

XI

SERVICE DES MINES.

CONCESSION
DE MONTRELAIS.

Autorisation
d'ouvrir un nouveau puits,
dit « puits neuf »,
à Mouzeil.

M. de Francy.

ARRÊTÉ DU PRÉFET DE LA LOIRE-INFÉRIEURE

EN DATE DU 4 JUILLET 1856,

AUTORISANT L'OUVERTURE DU PUITS-NEUF, À LA TARDIVIÈRE.

EMPIRE FRANÇAIS.

EXTRAIT du registre des arrêtés de la Préfecture de la Loire-Inférieure.

NOUS, PRÉFET DE LA LOIRE-INFÉRIEURE, COMMANDEUR DE LA LÉGION D'HONNEUR,

Vu la pétition en date du 15 mars 1854, par laquelle M. de Francy, administrateur de la Compagnie des mines de Montrelais, a demandé l'autorisation d'ouvrir un nouveau puits, dit *Puits neuf,* pour l'exploitation de la mine de Mouzeil;

Vu le mémoire de M. de Francy en date du 14 mai 1854 et le plan y annexé;

Vu le rapport de M. le garde-mine Wolski en date du 16 mars 1856;

Vu, sous la date du 23 juin dernier, l'avis de M. l'ingénieur des mines Lorieux, remplissant par intérim les fonctions d'ingénieur en chef;

Vu le décret impérial du 3 janvier 1813;

Considérant que le puits dont il s'agit est déjà rendu à la profondeur de 186 m. 75, et que, par ce motif, il convient de régulariser immédiatement la position du pétitionnaire;

ARRÊTONS :

ART. 1er. L'autorisation demandée par M. de Francy dans sa pétition susvisée du 15 mars 1854 est accordée.

ART. 2. La présente autorisation ne préjudicie en rien au droit que se réserve formellement l'Administration de prescrire ultérieurement telles mesures qui seront jugées nécessaires pour assurer la sécurité des travaux d'exploitation entrepris sur le *Puits neuf.*

ART. 3. Deux expéditions du présent arrêté seront adressées à M. le sous-préfet d'Ancenis, invité à le faire notifier à M. de Francy et à M. l'ingénieur en chef des mines, chargé d'en assurer l'exécution.

Nantes, le 4 juillet 1856.

Le Préfet,

Signé : CHEVREAU.

Pour copie conforme :

Le Conseiller de préfecture,

FAVRE-LOUVET.

(Archives des Mines, à Nantes, carton A, liasse n° 7, pièce n° 4.)

XII

DÉCRET DU PRÉSIDENT DE LA RÉPUBLIQUE

AUTORISANT LA SOCIÉTÉ ANONYME DE MONTRELAIS-MOUZEIL À RÉUNIR LA CONCESSION DES MINES DE HOUILLE DE LANGUIN À LA CONCESSION DE MONTRELAIS-MOUZEIL, DONT ELLE EST PROPRIÉTAIRE.

RÉPUBLIQUE FRANÇAISE.

PRÉFECTURE DE LA LOIRE-INFÉRIEURE.

DÉCRET.

LE PRÉSIDENT DE LA RÉPUBLIQUE FRANÇAISE,

Sur le rapport du Ministre des travaux publics,

Vu la pétition présentée le 3 juin 1895 par M. Jacquier, agissant au nom et comme directeur de la Société des mines de houille de Montrelais-Mouzeil et Languin, à l'effet d'obtenir l'autorisation de réunir les concessions de mines de houille de Montrelais-Mouzeil (départements de Loire-Inférieure et de Maine-et-Loire) et de Languin (département de la Loire-Inférieure);

Les plans et autres pièces produits à l'appui de ladite pétition;

Les avis au public des 29 juin et 8 juillet 1895;

Les numéros du journal le *Nouvelliste de l'Ouest* des 1er août et 1er septembre, du journal le *Petit Courrier* des 15 juillet et 15 août 1895 et du *Journal officiel* des 8 août et 10 septembre 1895, dans lesquels ledit avis a été inséré, ensemble les certificats d'affiches et de publication;

Le rapport de l'ingénieur des mines du 3 janvier 1896;

L'avis de l'ingénieur en chef du 11 février 1896;

L'avis du préfet de la Loire-Inférieure du 13 février 1896 et du préfet du Maine-et-Loire du 26 du même mois;

L'avis du Conseil général des mines du 13 mars 1896;

Vu la loi du 21 avril 1810 modifiée par la loi du 27 juillet 1880;

Vu le décret du 23 octobre 1852;

Vu le décret du 18 août 1807 instituant la concession de Montrelais-Mouzeil et l'ordonnance royale du 28 avril 1839 instituant la concession de Languin;

Le Conseil d'État entendu;

DÉCRÈTE :

ART. 1er. La Société anonyme de Montrelais-Mouzeil et Languin est autorisée, sous la condition énoncée à l'article suivant, à réunir la concession des mines de houille de Languin à la concession des mines de houille de Montrelais-Mouzeil, dont elle est propriétaire.

ART. 2. L'exploitation de chacune des deux concessions ainsi réunies devra, conformément à l'article 31 de la loi du 21 avril 1810, être tenue en activité.

ART. 3. Le présent décret sera publié et affiché, aux frais de la Société permissionnaire, dans les communes sur lesquelles s'étendent les concessions réunies.

ART. 4. Le Ministre des travaux publics est chargé de l'exécution du présent décret, qui sera inséré par extrait au *Bulletin des lois.*

Fait à Paris, le 7 mai 1896.

Signé : FÉLIX FAURE.

Par le Président de la République :

Le Ministre des Travaux publics,

Signé : TURREL.

Pour ampliation :

Le Conseiller d'État,

Directeur des Routes, de la Navigation et des Mines,

GUILLAIN.

(Affiche. Archives des Mines, à Nantes.)

XIII

ARRÊT

QUI ACCORDE AU DUC DE CHAULNES LA CONCESSION DES MINES DE CHARBON DE TERRE
DES CONFINS DES PROVINCES DE BRETAGNE ET D'ANJOU SUIVANT LES LIMITES Y
DÉSIGNÉES.

Versailles, 8 janvier 1754.

Sur la requête présentée au Roy en son Conseil par le duc de Chaulnes, contenant qu'aïant fait la découverte de plusieurs veines de charbon de terre sur les confins de la province de Bretagne et de celle d'Anjou, il a déjà fait des dépenses considérables tant pour la foüille de ces mines que pour différents bâtiments, ports, machines hydrauliques, réparations de chemins et autres indispensables à cet établissement, qu'il a fait faire plusieurs épreuves de différentes veines de ce charbon, et qu'il résulte des procès-verbaux de ces diverses épreuves, qu'il est égal en qualité au charbon d'Angleterre; que cette vérité se trouve confirmée par la vente que l'on en fait aujourd'hui à Nantes. Qu'il a fait venir du païs de Liege, à des apointements très considérables, un des maitres les plus expérimentés dans la foüille et la conduite des travaux de cette espèce; que le travail que ce maitre a fait faire aux mines paroit en assurer d'avantage le succès et qu'il a lieu de se flatter en continuant leur exploitation, non seulement de se redimer des depenses qu'il a faites, mais de procurer un très grand avantage aux provinces d'Anjou, Bretagne, Touraine, Poitou, païs d'Aunis et Guyenne qui peuvent facilement tirer le charbon des mines, soit par la mer, soit par la riviere de Loire ou autres petites rivieres navigables qui y affluent. Requeroit à ces causes le supliant qu'il plût à Sa Majesté luy permettre d'exploiter exclusivement à tous autres pendant trente années consécutives lesd. mines, d'en fixer et limiter la concession depuis Chanteaucé en descendant la riviere de Loire jusqu'a Oudon, et d'Oudon en remontant vers le Nord suivant les limites de la concession accordée au sr Jarry pour la paroisse de Nort jusqu'à la riviere d'Erdre, et en suivant le cours de cette riviere et le ruisseau de Chanteaucé jusqu'a la paroisse du meme nom, ordonner que le supliant joüira pendant le d. tems de trente années de privilèges et exemptions dont joüissent les autres concessionnaires de mines, et faire des deffenses a toutes personnes de le troubler ni inquieter dans la d. exploitation, à peine de tous dépens, dommages et intérêts. Vu la requête, ouy le raport.

Le Roy en son Conseil a permis et permet au d. sr duc de Chaulnes d'exploiter exclusivement à tous autres, pendant trente années, les mines de charbon situées depuis Chanteaucé en descendant la riviere de Loire jusqu'à Oudon en remontant vers le Nord suivant les limites de la concession accordée au sr Jarry pour la paroisse de Nort jusqu'a la riviere d'Erdre, et en suivant le cours de cette riviere et le ruisseau de Chanteaucé jusqu'à la paroisse du même nom, aux conditions par le d. s^r duc de Chaulnes de se conformer pour raison de la d. exploitation au reglement du 14 janvier 1744. Veut Sa Majesté que le d. s^r duc de Chaulnes, ses commis, préposés et ouvriers joüissent pendant le d. temps de trente années de tous les privilèges et exemtions dont jouissent actuellement et doivent joüir les autres concessionnaires et ouvriers de mines, faisant très expresses inhibitions et deffenses à toutes personnes de quelque qualité et condition qu'elles soïent de le troubler dans la d. exploitation ni d'en établir de pareilles dans les limites de la d. concession, à peine de tous depens, dommages et interets. Et seront sur le present arrêt toutes lettres nécessaires expédiées

DE LAMOIGNON. MACHAULT.

(Archives nationales. Conseil du Roi. Conseil des Finances, 1-15 janvier 1754. E, 1291, A.)

XIV

PROCÈS

ENTRE LA DEMOISELLE FLEURIOT, FEMME LOUIS, ET LES CONCESSIONNAIRES DES MINES DE MONTRELAIS. (1771-1779.)

Arret du Conseil d'État, du 14 janvier 1744, portant règlement pour l'exploitation des mines de charbon de terre. Le préambule porte que les mines de charbon de terre n'avaient été déclarées exemtes du xme par edit du mois de juin 1601, qu'afin d'encourager les pp^{res} à entreprendre l'extraction afin de diminuer la consommation du bois, que par arrêt du Conseil du 13 may 1698, il a été permis à tous pp^{res} de terrains où il se trouverait des mines de charbon de terre de les ouvrir et exploiter sans être obligés d'en demander permission sous quelque pretexte que ce puisse estre, pas même sous pretexte de privilege accordé, lettres patentes, dons, concessions, auxquelles il est dérogé.

Il est dit ensuite que ces dispositions étant demeurées sans effet, soit par la négligence des propriétaires à faire la recherche et l'exploitation des mines, soit par le défaut de facultés, et que la liberté indéfinie a fait naître une concurrence nuisible aux différentes entreprises, en conséquence et sous ces pretextes l'arrêt de 1744 deffend d'ouvrir et d'exploiter des mines de charbon de terre sans en avoir obtenu la permission, et ordonne à ceux qui exploitent des mines de charbon d'en faire déclaration aux intendants, laquelle contiendra le lieu, le nombre de puids ouvers, le nombre d'ouvriers, la quantité de charbon qu'ils tirent chaque mois, les endroits où il est consommé et le prix qu'il est vendu.

La D^{lle} FLEURIOT.

Art. 7 des charges.

1780.

1744-1779.

Le s^r Louis, ou plutôt la D^{lle} Fleuriot son épouse, pp^{re} d'une métayerie au hameau du Bas molet, p^{sse} de Saint-Sauveur, près Montrelais, faisoit exploiter une mine de charbon qui se trouve dans son terrain. La Compagnie des mines de charbon de Montrelais présenta Re^{te} à l'intendant pour faire ordonné que le s^r Louis combleroit les puids qu'il avoit ouvert, ce qui fut ordonné avec deffenses d'ouvrir des puits pour extraire du charbon dans l'étendue de la concession accordée aux entrepreneurs des mines de Montrelais.

4 avril 1771.

22 août 1771.

La D^{lle} Fleuriot, épouse séparée du s^r Louis, obtint au parlement de Rennes arrêt sur requete qui fut communiquée à M. le s^r g^{le} sindic des Etats. Par cet arrêt la Cour fit tres expresses inhibitions et deffenses aux concessionnaires des mines de charbon de la paroisse de Montrelais de mettre à exécution l'arret du Conseil du 8 janvier 1754 qu'au préalable il n'ait été revestu de lettres patentes, sous peine de 3,000^{tt} d'amende, meme d'estre poursuivis extraordinairement en cas de contravention, fit deffences de mettre à execution contre les domiciliers de Bretagne l'arrêt d'évocation du 25 juillet 1770.

La D^{lle} Fleuriot, épouse du s^r Louis, et le s^r Louis, au lieu de suivre l'exécution de l'arrêt du parlement, déclarèrent, par acte du 24 janvier 1774, estre opp^{ts} au Conseil de l'ordonnance de l'intendant du 4 avril 1771, et, par autre acte du 11 février 1774, s'opposa au comblement des puits; elle mit Req^{te} au Conseil tendande a ce que sans préjudice aux droits des parties il lui fut permis d'exploiter la mine par provision.

1er avril 1775.

Arrêt contradictoire au Conseil, qui ordonne l'exécution de l'ordonnance de l'intendant du 4 avril 1871, à la charge aux entrepreneurs d'indemniser Louis et femme de la valeur de la superficie des terrains qui leur appartiennent et qui seront occupés par les entrepreneurs, à dire d'experts. La D^{lle} Fleuriot, femme Louis, forma opposition à l'arrêt du 11 avril 1775. Elle y oppòsa que sa mine était exploitée auparavant le règlement du Conseil du 14 janvier 1744, dans un tems qu'il étoit libre à tout propriétaire d'exploiter sans permission les mines de charbon qui se trouvoient dans leur terrein, elle demanda à y estre maintenue, que les entrepreneurs de Montrelais qui avoient fait combler les puits fussent condamnés de remettre les choses en l'état quelles étoient ou de luy payer la somme de vingt mille livres.

4 octobre 1777.

Arrêt du Conseil qui ordonne l'exécution de celuy du règlement de 1744, qu'en conséquence de l'art. 2 la D^{lle} Fleuriot fera sa déclaration devant M. l'intendant, qu'ensuite il sera par M. l'intendant ou son subdelegué, procedé sur les lieux à l'estimation et evaluation par expertisation tant des terrains de la femme Louis sur lesquels les puits ont été ouverts que des ustensiles qui se trouvoient sur les terrains lorsque les puits ont été comblés, qu'il sera aussi veriffié si les parties le requierent de quelle utilité a pu estre ou seroit pour l'exploitation reclamée par la femme Louis le defrichement fait par les entrepreneurs des mines de Montrelais.

2 octobre 1777.

Déclaration faite à l'intendance par la D^{lle} Fleuriot, femme Louis, en exécution de l'arret du Conseil du 4 octobre 1777, et pour satisfaire à l'art. 2 de celuy rendu en forme de reglement le 14 janvier 1744, laquelle porte que la mine est située au hameau du Bas molet, p^{sse} de St Sauveur, près Montrelais, qu'il y avoit 7 puits qui ont été comblés par les entrepreneurs, qu'on y employoit ordinairement 70 ouvriers, qu'il y avoit 100 pipes de charbon extraites lorsque les puits ont été comblés, qu'on en tiroit 420 pipes par mois, qui se vendoient 12^{tt} la pipe aux maréchands d'Ingrande qui les fesoient transporter à Nantes, Angers, Saumur et autres villes le long de la Loire.

La D^{lle} Fleuriot art. 7 des charges.

Procès verbal d'estimation contradictoire rapporté par le s^r Broudel, subdelegué de l'intendant au département d'Ancenis. 16 mars 1778.

Les 3 pièces de terre dans lesquelles les puits avoient été ouverts sont estimées 7740. Les experts disent ne pouvoir apprétier les outils et ustenciles qui existoient lorsque les puits ont été comblés, les 21 may 1771 et 11 février 1774, non ayant connaissance que dans l'état fait par les entrepreneurs lors du comblement, que dans l'état fait en octobre 1776 les outils et ustenciles montent à 834^{tt} 5^d dont 340^{tt} pour 300 portoires.

Et que les outils existants lors du procès verbal consistent dans une machine à molette estimée 500.

A l'égard du dessechement les experts disent que les puits de la femme Louis n'ont aucune communication avec ceux des entrepreneurs.

Arrêt du Conseil contradictoire qui sans avoir égard à l'opposition formée par la D^{lle} Fleuriot, femme du s^r Louis, à l'arrêté du 1 avril 1775, ordonne qu'il sera exécuté, maintient les concessionnaires des mines de charbon de Montrelais dans le droit d'exploiter exclusivement les mines de charbon de Montrelais dans l'arrondissement pendant le tems pour lequel le privilège leur est accordé, deffent à la femme Louis et à tous autres de les y troubler; et, ayant égard aux représentations de la femme Louis, ordonne que les concessionaires luy payeront par forme de dédomagement 12,000^{tt} et payeront en outre 400 de pension viagere à la femme Louis pendant sa vie et à son mari en survivance. 5 janvier 1779.

Signification du dit arrêt, avec offre de la part des concessionaires de la mine de Montrelais de compter les 12,000^{tt} montant de la propriété et superficie des 3 pièces de terres ainsi que des machines et bois, moyennant la remise des titres de propriété des d. pièces de terre, offrant de consigner jusqu'à l'appropriement et jusqu'à ce que la D^{lle} Fleuriot ait fait lever les oppositions mises par ses créanciers à la délivrance de la somme et de payer la rente de 400^{tt}. 30 septembre 1779.

Ordonnance de M. l'intendant qui fait deffences au s^r Louis et à la D^{lle} Fleuriot de continuer de creuser des puits dans les 3 pièces de terre, permet aux concessionaires de se faire assister de main forte, à l'effet d'expulser les ouvriers du s^r Louis et femme et d'y établir les leurs, comme aussi d'y établir un gardien à hautes armes pour empescher qu'il soit aporté aucun trouble aux travaux et extraction de charbon que les concessionaires feront dans les terres des d. Louis et femme, à la charge des 12,000^{tt} et des 400^{tt} de rente. 15 octobre 1779.

Le 25 novembre 1779 le directeur des concessionaires accompagné des cavaliers de maréchaussée et d'un nombre considérable d'ouvriers armés, sont alés pour expulser le s^r Louis et femme, ceux cy se sont opposés avec resistance et ont mis plainte devant le juge de Montrelais le 26.

(Archives départementales de la Loire-Inférieure, c. 129, Intendance de Bretagne, Mines de Montrelais, notes, renseignements.)

XV

ARRÊTÉ DU COMITÉ DE SALUT PUBLIC

EN DATE DU 8 PRAIRIAL [1], PORTANT QU'IL SERA DÉTACHÉ DE L'ARMÉE DE L'OUEST 4 COMPAGNIES DE PIONNIERS POUR LES TRAVAUX DES MINES DE MONTRELAIS ET LA RÉPARATION DU CHEMIN QUI Y CONDUIT.

Le Comité de salut public arrête qu'il sera tiré 4 compagnies de pionniers de l'armée de l'Ouest, qui seront employés aux travaux de l'intérieur des mines de Montrelaix et à la réparation du chemin de ces mines à Ingrande, et après l'achèvement de ces travaux et réparations, ces 4 compagnies se réuniront à l'armée.

Le commissaire de l'organisation et du mouvement de l'armée donnera les ordres nécessaires pour les mouvements des quatre compagnies.

La Commission des armes et celle des travaux publics se concerteront pour la direction des travaux, pendant la durée desquels l'agent des mines dirigera les travaux de l'intérieur et l'agent autorisé par la Commission des travaux publics dirigera les travaux de la réparation du chemin.

Signé au registre, etc.

(*Journal des Mines*, publié par l'Agence des Mines de la République, n° 1, vendémiaire de l'an III [2], p. 97. A Paris, de l'Imprimerie de Du Pont, rue de la Loi, n° 1232.)

---

[1] 27 mai 1794.
[2] Septembre ou octobre 1794.

XVI

DÉCRET IMPÉRIAL

MINES.

EN DATE DU 18 AOÛT 1807, FIXANT LES LIMITES DE LA CONCESSION DE MONTRELAIS.

IN

Au palais des Tuileries, le 18 août 1807.

NAPOLÉON, Empereur des Français, roi d'Italie et protecteur de la Confédération du Rhin.

Sur le rapport de notre Ministre de l'intérieur, notre Conseil d'État entendu,

Nous avons décrété et décrétons ce qui suit :

Art. 1er. L'arrêté de la ci-devant administration centrale du département de la Loire-Inférieure du 8 floréal an VII qui adoptait le plan de réduction des limites de la concession des mines de houille de Montrelais, adressé par les concessionnaires, pour se conformer aux dispositions de l'article 5 de la loi du 20 juillet 1791, ledit arrêté approuvé par le Ministre de l'intérieur le 25 thermidor an IX [1], est et demeure annulé.

Art. 2. La concession de ces mines, situées partie dans le département de la Loire-Inférieure, partie dans celui de Maine-et-Loire, est réduite à une étendue de quatre-vingt dix-huit kilomètres soixante-quinze hectomètres de surface quarrés.

Art. 3. Cette concession est limitée ainsi qu'il suit : à partir du N. O., par une suite de lignes droites, tirées de la Guinardière, passant au midi par la Chapelle Breton, la Bourgonnière et les moulins de Hommeaux, au bord de la grande route de Niort (sic) à Ancenis, de là par une longue ligne droite aboutissant à la Bastille, près Ingrandes, sur le bord de la Loire, puis remontant ce fleuve jusqu'au second ruisseau au-dessus d'Ingrandes, marqué O sur le plan, près Poiné, le remontant sur une longueur de quatre cent vingt mètres, où il sera posé une borne, de là par une suite de lignes droites aboutissant au Mollet, puis passant par l'Épinay, Malabrie, la Millonnière, le Vigneau, Bois d'amour, Pouillé, la Braise, Teillé, jusqu'à la Guinardière point de départ.

[1] 13 août 1801,

Art. 4. Notre Ministre de l'intérieur est chargé de l'exécution du présent décret.

Signé : NAPOLÉON.

Par l'Empereur,
Le Ministre Secrétaire d'État,
Signé : Hugues B. Maret.

Pour copie conforme :
Le Secrétaire général,
De Girardot.

Pour ampliation :
Le Ministre de l'Intérieur,
Signé : Custine.

(Archives des Mines, à Nantes, carton A, liasses 4 et 10, Mine de Montrelais, n° 2. Un second exemplaire est aux archives départementales de la Loire-Inférieure, liasse 11.)

XVII

PERMISSION DU ROY

A HENRI-FRANÇOIS DE MAILLY DE VIEVILLE, BARON DE MONTJEAN,
D'EXPLOITER LES MINES DE CHARBON
QUI POURRONT SE TROUVER SUR L'ÉTENDUE DE SA BARONIE.

Sur la requête présentée au Roy, étant en son conseil, par Henry-François de Mailly de Vieville, baron de Montejean, ancien capitaine de cavalerie au régiment de Lorraine, contenant qu'il a sacrifié tous ses biens de patrimoine pour acquérir, depuis environ quinze ou seize ans, la baronie de Montejean, située en Anjou : qu'elle lui revient, à cause des dépenses considérables qu'il a été obligé d'y faire, surtout par rapport aux mines de charbon, à plus de trois cens cinquante mille livres, et que, sans les dites mines, il n'auroit jamais pensé à s'en rendre propriétaire; que, depuis son acquisition, il a fait faire l'exploitation des mines sans discontinuation et à gros frais, qu'il y a fait travailler avec d'autant plus de confiance, sans autre précaution, qu'étant seigneur en toute justice haute, moïenne et basse, foncière et directe, il avoit crû ne pouvoir être troublé, et que ce qui le confirmoit davantage dans cette idée, étoit une espèce de décision verbale du Conseil suivant laquelle, il lui avoit été dit qu'il pouvoit sans crainte continuer son exploitation; mais parce qu'aux termes d'un arrêt du Conseil du 14 janvier 1744, que le supliant ignorait et dont il a été informé dans la suitte, il est deffendu d'exploiter aucunes mines sans la permission de Sa Majesté, le supliant, pour prevenir tous les evenemens qui pourroient arriver, et n'etre pas exposé a etre depouillé d'un revenu qui luy coute si cher, a recours a Sa Majesté pour demander très humblement qu'il luy plaise luy accorder le privilege exclusif de pouvoir faire exploiter dans toute l'etendüe de sa terre de Montejean les mines de charbon; ce qu'il fonde sur les considérations suivantes. Il luy a deja couté plus de deux cens mille livres avant d'avoir pu retirer aucune utilité des mines, et tous les fonds dont sa baronie est composée lui appartienent médiatement ou immediatement. Ils luy appartiennent mediatement en sa qualité de Seigneur justicier foncier et directe, attendu que les terres ont eté baillées a cens par ses predecesseurs, ce qui lui conserve sur ces sortes de biens un droit de propriété. Ils luy appartiennent immediatement pour etre proprietaire direct de plusieurs autres possessions, notament du chateau et de toutes ses dépendances, ce qui le rend infiniment favorable pour obtenir le privilege esclusif qu'il demande. Il est vrai, et le supliant ne doit pas le dissimuler, que differents particuliers ont depuis quelque tems fait ouvrir des mines de charbon qu'ils font exploiter. Le supliant n'en empeche pas l'exploitation, s'il plaît à Sa Majesté de les autoriser, pourvu toutefois qu'elles soient faites suivant les reglemens en matiere de mines, sans quoy il demande que deffenses soient faites à tous ces particuliers de plus en continuer l'exploitation. A ces causes requeroit le supliant qu'il plut a Sa Majesté luy accorder le privilege exclusif de pouvoir faire ouvrir et exploiter toutes les mines de charbon qui pourront se trouver dans toute l'étendue de sa baronie de Montejean avec très expresses inhibitions et deffenses à tous autres de l'y troubler à peine de mille livres d'amande et de tous depens, domages interets, sauf neanmoins des mines qui ont été deja ouvertes et qui s'exploitent actuellement, le supliant consentant qu'elles subsistent, pourvû toutes fois que les reglemens concernant les mines et minieres de France aient eté observés, et dans le cas qu'ils ne l'aïent pas été, faire deffenses à ceux qui en ont joui jusqu'a present, de plus les exploiter, à peine aussi de mille livres d'amende et de tous depens domages interets. Sauf encore au supliant de rembourser de gré à gré, si bon luy semble, ceux qui jouissent des d. mines, auquel effet l'y autoriser par l'arret qui sera rendu sur la presente requete. Vu la requete, l'arrêt du Conseil du 14 janvier 1744 portant reglement pour l'exploitation des mines de charbon, le proces verbal dressé par ordre du Sr Intendant de Tours les 2, 3 et 4 octobre dernier par le Sr de Voglie ingénieur, de l'Etat des mines de charbon dans la d. paroisse de Montejean, ensemble l'avis du Sr Intendant et commissaire de party en la généralité de Tours, ouy le raport;

LE ROY EN SON CONSEIL a permis et permet au Sr de Vieville de Montejan d'ouvrir et exploiter exclusivement à tous autres les mines de charbon qui pourront se trouver dans l'étendue de sa baronie de Montejan, a condition par luy de se conformer au reglement du Conseil du 14 janvier 1744 pour raison de la d. exploitation, dans laquelle Sa Majesté fait deffense à toutes personnes de qualité et condition qu'elles soient de la troubler, à peine de tous depens, dommages et interets, et entend neanmoins Sa Majesté qu'en vertu de la d. concession le d. S' de Montejan puisse troubler ni empecher de travailler ceux des propriétaires qui sont en possession d'exploiter de pareilles mines antérieurement à l'arrêt du 14 janvier 1744, ni faire foüiller dans les trous qu'ils ont ouvert et à cinquante toise de distance, si ce n'est qu'il prétendit que les d. particuliers exploitent mal et en contravention aux reglemens en n'approfondissant pas suffisamment leurs foüilles, ce qu'il sera tenu de justifier par des sondes qui seront faites pour prouver qu'il y a des charbons plus profondement autres que ceux qu'ils tirent de la superficie. Et seront sur le present arrêt toutes lettres necessaires expediées.

A Versailles le 8 janvier 1754.

DE LAMOIGNON.   MACHAULT.

(Archives nationales. E. 1291 A, n° 5. Conseils du Roy, Conseil des Finances, 1-15 janvier 1754).

XVIII

DEMANDE D'EXTENSION

DE LA CONCESSION DE HOUILLE DE SAINT-GERMAIN-DES-PRÉS,
SITUÉE DANS LE DÉPARTEMENT DE MAINE-ET-LOIRE.

Le public est prévenu que, par pétition enregistrée à la préfecture de Maine-et-Loire, le 13 juin 1843, MM. Claude-François-Camille Oudot, domicilié à Paris, rue Vendome, n° 14, et Jean-Baptiste Fatigan, domicilié à Ingrandes (Maine-et-Loire), propriétaire de la concession des mines de houille de Saint-Germain-des-Prés, demandent qu'il soit ajouté, à cette concession, à titre d'extension, un terrain délimité comme suit :

Au nord, à partir de la Guibrette à la Basse-Varanne, en suivant la limite sud de la concession de Saint-Germain-des-Prés ;

A l'est, de la Grande-Guibrette à la Basse-Ile, suivant la limite ouest de la concession du Désert, jusqu'à l'angle sud-ouest de cette concession ;

Au sud de cet angle sud-ouest de la concession du Désert, en suivant une droite tirée sur la Presse-Gohard ;

A l'ouest, par une droite tirée de la Presse-Gohard sur la Basse-Varanne, angle sud-ouest de la concession de Saint-Germain-des-Prés.

Ces limites comprennent une surface de trois kilomètres carrés quatorze hectares.

Une petite portion de ce terrain, d'une étendue de vingt hectares, en forme de triangle, délimitée comme suit :

La rive droite de la Loire jusqu'à la Maison-Rouge, de la Maison-Rouge une droite tirée sur la Presse-Gohard, et la limite ouest de l'extension demandée.

« Fait partie d'une demande d'extension de concession présentée par les proprié-« taires de la mine de houille de Mont-Jean. Mais jusqu'à ce jour aucune décision « n'est intervenue sur cette demande. »

Les demandeurs offrent de payer aux propriétaires du terrain une indemnité de quatre centimes par hectare, comme cela a été fixé dans l'ordonnance de concession de Saint-Germain-des-Prés, sans préjudice des indemnités qui pourront être dues pour dégâts ou privation de jouissance, par suite des travaux d'exploitation.

Le présent avis sera affiché pendant quatre mois consécutifs à Angers, chef-lieu du département et de l'arrondissement, où sont situés les terrains demandés en concession; à Paris et à Ingrandes, lieux de domicile des demandeurs; dans la commune de Saint-Germain-des-Prés, dans laquelle est compris le périmètre demandé, et dans celles de Saint-Georges-sur-Loire et de Champtocé, sur le territoire desquelles s'étend la concession de MM. Oudot et Faligan, dite de Saint-Germain-des-Prés.

Le même avis sera inséré dans un des journaux du département de Maine-et-Loire, et publié à la diligence des maires, au moins une fois par mois, pendant la durée des quatre mois d'affiches. Ces publications seront faites devant la porte de l'Hôtel de Ville ou maison commune, un jour de dimanche, à l'issue de l'office.

Les personnes qui auraient des oppositions à former contre la demande en extension de concession présentée, ou des demandes en concurrence à produire, sont invitées à les adresser à la préfecture de Maine-et-Loire, où elles seront admises et enregistrées jusqu'à l'expiration du quatrième mois d'affiches, à compter de la date du présent avis. Elles devront être notifiées par acte extrajudiciaire, à la préfecture de Maine-et-Loire, et dans la même forme au domicile des demandeurs à Paris, chez M. Oudot, rue Vendôme, n° 14, ou à Saint-Germain-des-Prés, département de Maine-et-Loire, chez M. Faligan.

Le registre destiné à l'inscription des oppositions et demandes en concurrence sera, ainsi que le plan déposé par les sieurs Oudot et Faligan, communiqué à tous ceux qui se présenteront pour en prendre connaissance.

Toute demande en concurrence devra faire connaître d'une manière précise le lieu de l'exploitation, ou la position des travaux de recherches exécutés par le pétitionnaire, l'indemnité proposée à ceux qui auraient découvert la mine, la rente annuelle offerte aux propriétaires des terrains renfermés dans la concession sollicitée, sans préjudice des indemnités dues pour dégâts et non-jouissances de terrains causés par l'exploitation. Cette demande devra aussi être accompagnée d'un plan de surface en triple expédition et sur l'échelle de dix millimètres pour cent mètres (1 à 10,000), faisant connaître avec précision le gisement de la substance à exploiter. Si ce plan n'est point extrait de ceux du cadastre, il devra indiquer le tracé des lignes d'opération qui auront servi à la détermination du périmètre de la concession.

Huit jours au plus tard après le quatrième mois d'affiches, les maires des communes où ces formalités sont prescrites en constateront l'accomplissement par des certificats qu'ils transmettront à la préfecture et qui feront connaître :

1° La date de la réception par le maire de l'arrêté qui prescrit l'apposition des affiches et les publications de la demande;

2° La date de l'apposition des affiches, et de chacune des publications faites par le maire;

3° Les oppositions, réclamations ou demandes en concurrence qui pourraient avoir été remises à l'autorité locale.

Nantes, le 22 juin 1843.

L'ingénieur en chef des mines,

F. LORIEUX.

LE MAÎTRE DES REQUÊTES, PRÉFET DE MAINE-ET-LOIRE, OFFICIER DE LA LÉGION D'HONNEUR,

Approuve le présent avis; ordonne qu'il sera affiché à dater du 1er juillet prochain jusqu'au 1er novembre 1843, et en outre publié une fois par mois pendant la durée des affiches, dans les lieux indiqués ci-dessus, conformément aux articles 23 et 24 de la loi du 21 avril 1810.

En préfecture, à Angers, le 26 juin 1843.

Le Maître des Requêtes, Préfet,

BELLON.

ANGERS. — COSNIER et LACHÈSE, imprimeurs de la Préfecture. — Juin 1843.
(Affiche. Archives COUFFON).

XIX

RÉPUBLIQUE FRANÇAISE.

PRÉFECTURE DU DÉPARTEMENT DE MAINE-ET-LOIRE.

AVIS.

DEMANDE EN RÉDUCTION DE PÉRIMÈTRE D'UNE CONCESSION DE MINES.

Par une pétition, en date du 26 juin 1905, M. DUPOND (Claude-Léon-Georges), agissant au nom et comme administrateur de la Société houillère de Chalonnes, Saint-Lambert et Saint-Georges réunis, autorisé à cet effet par délibération de l'assemblée générale des actionnaires, en date du 16 mai 1905, domicilié à Cha-lonnes-sur-Loire (Maine-et-Loire), sollicite une réduction du périmètre de la conces-sion de mines de houille de Saint-Georges-sur-Loire, instituée par ordonnance du 17 juin 1829;

Cette concession est actuellement limitée ainsi qu'il suit :

A l'ouest : par une ligne droite partant de la rive droite de la Loire, au coin de la Grande-Gibrette, point S, et dirigée sur le Moulin de Coutance, point T;

Au nord : à partir du point T, par une ligne brisée dirigée sur le moulin Bachelot, point A; puis sur le moulin de la Roche, point B; de là sur le moulin de Beaupréau, mais seulement jusqu'à sa rencontre avec la ligne tirée du moulin de Chevigné au Moulin Neuf, point G;

A l'est : par la ligne tirée du moulin de Chevigné au Moulin Neuf, à partir du point d'intersection G, prolongée vers le Sud jusqu'à sa rencontre avec la rive droite de la Loire, point H;

Au sud : par la rive droite de la Loire depuis le point H jusqu'au point de dé-part S.

Elle comprend une surface de 11 kilomètres carrés 50 hectares, et s'étend sur les communes de Saint-Georges-sur-Loire et de la Possonnière, arrondissement d'Angers, département de Maine-et-Loire.

La réduction sollicitée consiste dans la rectification de la limite nord de la concession et entraîne une réduction de surface de 2 kilomètres carrés 48 hec-tares.

La concession serait alors limitée de la manière suivante :

Au nord : par une ligne brisée partant du point D, moulin du Rocher, situé sur la limite ancienne GH, se dirigeant sur le point A, moulin Bachelot, pour aboutir au point C, intersection d'une ligne droite passant par le moulin de Vilette avec la ligne ancienne ST;

A l'ouest : par une ligne droite partant du point C, ci-dessus défini, pour aboutir au point S, borne actuelle;

Au sud : par la rive droite de la Loire, de la borne S à la borne H;

A l'est : par une ligne droite partant de la borne H, pour aboutir au moulin du Rocher, point D, de départ.

Les dites limites renferment une étendue superficielle de 9 kilomètres carrés 2 hectares (9 kil. c. 2 hec.).

Le demandeur est déjà détenteur des concessions de houille indiquées dans le tableau de la page suivante.

NOMS des CONCESSIONS.	ACTES INSTITUTIFS.	SUPER-FICIE.	COMMUNES.	ARRONDISSE-MENTS.
		hectares.		
Désert.......	Ordonnance du 11 sep-tembre 1842.	1,134	Chalonnes-sur-Loire, Rochefort, Saint-Georges-sur-Loire, La Possonnière.	Angers.
Saint-Lambert.	Ordonnances du 12 février 1843, du 7 juillet 1847.	880	Beaulieu, Saint-Lambert-du-Lattay, Chanzeaux, Rablay et Faye.	Idem.
Saint-Germain-des-Prés.	Ordonnances du 23 mai 1841, du 20 mai 1846.	914	Saint-Germain-des-Prés, Saint-Georges-sur-Loire.	Idem.
Chaudefonds..	Ordonnance du 23 no-vembre 1835.	1,043	Chaudefonds, Saint-Aubin-de-Lui-gné, Saint-Lambert-de-Lattay.	Idem.
Saint-Georges-Châtelaison.	Ordonnances du 12 février 1843, du 7 juillet 1847, décret du 9 août 1881.	4,183	Saint-Georges-Châtelaison, Cou-courson, Soulanger, Les Ver-chers, Brigné, Tigné, Martigné-Briand, Faveraye, Thouarcé, Le Champ, Faye et Rablay.	Saumur.

Une demande en renonciation de la concession de Saint-Georges-Châtelaison est actuellement soumise à l'enquête.

A la demande est annexé un plan, en triple expédition et sur une échelle de 100 millimètres pour 100 mètres, de la concession à réduire.

LE PRÉFET DU DÉPARTEMENT DE MAINE-ET-LOIRE,

Vu la loi du 21 avril 1810, modifiée par la loi du 27 juillet 1880 :

ARRÊTE :

Le présent avis sera affiché pendant deux mois, du 30 septembre au 30 novembre 1905, à Angers, Saumur, Saint-Georges-sur-Loire, La Possonnière, Saint-Aubin-de-Luigné, Rochefort, Beaulieu, Chalonnes-sur-Loire, Saint-Lambert-du-Lattay, Chanzeaux, Rablay, Faye, Savennières, Saint-Germain-des-Prés, Chaudefonds, Saint-Georges-Châtelaison, Concourson, Soulanger, Les Verchers, Brigné, Tigné, Martigné-Briand, Faveraye, Thouarcé et Le Champ.

Il sera, pendant la durée de l'enquête légale, inséré deux fois et à un mois d'intervalle, dans les journaux du département et dans le *Journal Officiel*.

Il sera publié dans les communes ci-dessus désignées, devant la porte des maisons communes et des églises, à la diligence des maires, à l'issue de l'office, un jour de dimanche, au moins une fois par mois pendant la durée des affiches.

Le public pourra prendre connaissance de la pétition, du titre institutif, des plans et autres pièces annexées, à la préfecture, pendant la durée de l'enquête légale, qui aura lieu du 30 sep-tembre au 30 novembre 1905.

A Angers, le 22 septembre 1905.

Le Préfet,
Alfred MARIE.

(Imprimé extrait d'un journal d'Angers, Archives COUFFON).

XX

MINES DE HOUILLE.

DEMANDE EN RÉUNION DE CONCESSIONS DE MINES DE HOUILLE, CONFORMÉMENT AU DÉCRET DU 23 OCTOBRE 1852.

AVIS.

ART. 1er. Par pétition en date du 12 décembre 1853, enregistrée à la préfecture de Maine-et-Loire, le 19 du même mois, sous le n° 21 du registre à ce destiné,

M. Emmanuel-Pons-Dieudonné, comte de Las-Cases, sénateur, domicilié à Paris, rue Saint-Florentin, n° 9, administrateur de la Société houillère de Chalonnes, constituée par acte du 29 mars 1853, devant Haily, notaire, pour l'exploitation de concession des mines de houille de Désert;

Administrateur de la société houillère de Saint-Georges-Châtelaison, constituée par acte sous seing privé du 28 octobre 1851, enregistré et déposé pour minute, le même jour, en l'étude de Me Turquet, notaire;

Fondé de pouvoirs de M. Charles-Joséphine-Auguste-Pons-Barthélemy, baron de Las-Cases, son frère, domicilié au Roc, commune de Chalonnes (Maine-et-Loire), ce dernier administrateur de la société houillère de Saint-Lambert, constituée le 27 juillet 1853, par acte sous seing privé, déposé le 10 août suivant, en l'étude de Me Dupont, notaire à Thouarcé, pour l'exploitation des deux concessions de Saint-Lambert-du-Lattay et de Chaudefonds,

A demandé, conformément au décret du 23 octobre 1852, et en vertu des pouvoirs conférés, tant à lui qu'à son frère, par les société intéressées, l'autorisation de former une seule et même société pour l'exploitation des quatre sociétés houillères mentionnées ci-dessus.

ART. 2. La concession de Désert, instituée par ordonnance royale du 11 septembre 1842, s'étend sur les communes de Saint-Georges-sur-Loire, Chalonnes, Chaudefonds, Savennières et Rochefort, arrondissement d'Angers, et elle est limitée, ainsi qu'il suit, savoir :

Au nord-est, par une ligne droite allant du bâtiment est de Vauguet an bâtiment est de Froux, à partir de son intersection avec la rive gauche du Louet, jusqu'au point où elle coupe la rive droite de la Loire;

Au nord, par la rive droite de la Loire, jusqu'au point où elle est coupée par une ligne droite menée du bâtiment le plus au Sud de la Grande Guibrette, au bâtiment central des deux villages réunis de Saint-Hervé et de la Basse-Ile;

A l'ouest, par la portion de ladite droite, allant de la Grande-Guibrette au centre du village de Saint-Hervé et de la Basse-Ile, qui se trouve comprise entre la rive gauche de la Loire et le point où cette ligne est coupée par une ligne droite passant par les bâtiments nord du Grand-Pontceau et de la Loiterie;

Au sud enfin, par cette dernière ligne jusqu'au point où elle rencontre la rive gauche du Louet, et par ladite rive jusqu'au point où elle est coupée par la ligne droite allant du bâtiment est de Vauguet au bâtiment est de Froux, point de départ.

Lesdites limites renfermant une étendue superficielle de 11 kilomètres carrés 84 hectares.

Art. 3. La concession de Saint-Georges-Châtelaison, régularisée par ordonnance royale du 12 février 1843, a été réduite par une autre ordonnance royale du 7 juillet 1847, et limitée ainsi qu'il suit, savoir :

Au nord-est, par quatre lignes droites, menées : la première, du clocher des Verchers à l'angle sud-ouest du château de Maurepart, en la prolongeant de 1040 mètres au delà de cet angle, jusqu'au point A du plan joint à l'ordonnance; la seconde, du point A au clocher de Martigné; la troisième du clocher de Martigné à l'intersection des chemins de Cornu à Millé et de Thouarcé à Martigné, en la prolongeant de 7780 mètres au delà de cette intersection jusqu'au point B; la quatrième, du point B au clocher de Beaulieu, en s'arrêtant au point F, intersection de ladite droite avec une autre droite tirée du clocher de Rablay, perpendiculairement à la ligne IH, tirée du clocher de Faveraye à celui de Saint-Lambert;

Au nord-ouest, par la droite F E, tirée du clocher de Rablay, perpendiculairement à la ligne IH;

Au sud-ouest, par la portion de la ligne droite tirée du clocher de Saint-Lambert à celui de Faveraye, comprise entre le point E, pied de la perpendiculaire F E, et le clocher de Faveraye, point I, et par deux autres droites tirées, la première du clocher de Faveraye au clocher d'Aubigné, et la seconde de ce dernier clocher à un point M situé sur la route de Cholet à Doué, à 110 mètres au nord-est du point où cette route est coupée par le chemin des Rosbettes aux Verchers, en prolongeant cette ligne droite jusqu'au point D, où elle rencontre la rivière du Layon;

Au sud-est, par une ligne droite menée du point D au clocher des Verchers, point de départ.

Lesdites limites renferment une étendue superficielle de 74 kilomètres carrés 44 hectares portant sur les territoires des communes de Rablay, Faye, le Champ, Thouarcé, Faveraye, Chavagnes, Martigné, Aubigné, Tigné, Brigné, Saint-Georges-Châtelaison, Concourson, Soulanger et les Verchers, arrondissements d'Angers et de Saumur.

ART. 4. La concession de Saint-Lambert-du-Lattay, instituée par l'ordonnance royale sus-mentionnée du 7 juillet 1847, s'étend sur les territoires des communes de Saint-Lambert, Beaulieu, Chanzeaux, Rablay et Faye, arrondissement d'Angers ; elle est limitée ainsi qu'il suit, savoir :

Au sud-ouest, par la portion de la ligne droite IH, tirée du clocher de Saint-Lambert à celui de Faveraye, comprise entre le premier clocher et le point E, pied de la perpendiculaire abaissée du clocher de Rablay sur ladite ligne.

Au sud-est, par une ligne perpendiculaire abaissée du clocher de Rablay sur la ligne IH, et prolongée jusqu'au point F, intersection de cette perpendiculaire avec la ligne tirée du point B au clocher de Beaulieu ;

Au nord-est, par la portion de ladite ligne droite tirée du point B au clocher de Beaulieu, comprise entre le point F et le point C, où le prolongement de cette droite rencontre la limite de la concession de Layon et Loire ;

Au nord-ouest, par une ligne droite, allant dudit point C au pont Barré et par la route de Cholet à Angers, à partir dudit point jusqu'au clocher de Saint-Lambert, point de départ.

Lesdites limites renferment une étendue superficielle de 8 kilomètres carrés 80 hectares.

ART. 5. La concession de Chaudefonds, instituée par ordonnance royale du 23 novembre 1835, s'étend sur les communes de Chaudefonds, Saint-Aubin et Saint-Lambert, arrondissement d'Angers.

Elle renferme une étendue superficielle de 10 kilomètres carrés 43 hectares, et est bornée ainsi qu'il suit, savoir :

A l'est, par une ligne droite tirée du pont Barré (route impériale n° 161, d'Angers aux Sables) au clocher de Saint-Lambert-du-Lattay ;

Au sud, par une suite de lignes droites menées successivement du clocher de Saint-Lambert au principal corps de bâtiment des Hardières, des Hardières à la Fresnaie, de la Fresnaie à Defaix, de Defaix aux coteaux, en laissant le hameau au midi ; puis des coteaux à la Maison-Rouge, par une ligne droite prolongée jusqu'au Layon ;

A l'ouest, par le cours du Layon, en remontant cette rivière, depuis le point de rencontre d'autre part, jusqu'au pont Barré, point de départ.

Art. 6. Conformément aux instructions de M. le Ministre de l'agriculture, du commerce et des travaux publics, le présent avis sera publié et affiché pendant quatre mois consécutifs dans les communes de Paris, Angers, Saumur, Saint-Georges-sur-Loire, Chalonnes, Chaudefonds, Savennières, Rochefort, Rablay, Faye, le Champ, Thouarcé, Faveraye, Chavagnes, Martigné, Aubigné, Tigné, Brigné, Saint-Georges-Châtelaison, Concourson, Soulanger, les Verchers, Saint-Lambert-du-Lattay, Beaulieu, Chanzeaux et Saint-Aubin-de-Luigné.

Il sera, en outre, inséré dans le journal du département.

Art. 7. Les publications seront faites à la diligence de MM. les Maires, devant les portes principales des mairies et des églises paroissiales et consistoriales, à l'issue de l'office divin, un jour de dimanche, au moins une fois par mois, pendant la durée des affiches.

La première publication aura lieu le premier dimanche qui suivra la réception du présent avis.

Art. 8. Pendant le temps que dureront les publications et affiches, la pétition de M. le comte de Las-Cases, ainsi que les titres de propriété, les actes de société et les plans produits à l'appui resteront déposés à la préfecture du département, où le public pourra en prendre connaissance.

Art. 9. Les oppositions qui seraient formées contre la fusion en une seule compagnie des sociétés houillères de Chalonnes, de Saint-Georges-Châtelaison et de Laint-Lambert, et contre la réunion des quatre concessions dont il est parlé ci-dessus, seront admises devant le préfet, jusqu'au dernier jour du quatrième mois, à compter de la date de l'affiche.

Elles seront notifiées par actes extra-judiciaires à la préfecture de Maine-et-Loire, où elles seront inscrites sur le registre à ce destiné, lequel sera ouvert à tous ceux qui en demanderont communication.

Les oppositions seront également notifiées au demandeur par actes extra-judiciaires.

Art. 10. A l'expiration des quatre mois d'affiches et publications, MM. les Maires des communes où ces formalités sont prescrites en constateront l'accomplissement (au bas d'un exemplaire du présent avis) par un certificat qu'ils transmettront, par voie administrative, à la préfecture du département, et auquel ils annexeront les oppositions ou réclamations qui pourraient avoir été remises à l'autorité locale.

M. le Sous-Préfet de Saumur y joindra son avis motivé sur le mérite de la demande.

Art. 11. Des exemplaires imprimés du présent avis seront adressés à M. le Préfet de la Seine, chargé de veiller, en ce qui le concerne, à l'exécution des articles 6 et 10 ci-dessus.

Fait à Angers, le 5 mai 1854.

Pour le Préfet de Maine-et-Loire en tournée,

Le conseiller de préfecture, secrétaire général délégué,

BERGER.

CERTIFICAT DE PUBLICATIONS ET AFFICHES.

Nous soussigné, Maire de la commune d'Angers (Maine-et-Loire), certifions avoir fait afficher le présent avis, pendant quatre mois consécutifs, à dater du 16 mai 1854, et l'avoir fait publier devant les portes principales de la mairie et des églises paroissiales et consistoriales, les dimanches 21, 28 mai, 18 juin, 16 juillet, 20 août et 10 septembre 1854, à l'issue de l'office divin, et déclarons qu'il ne nous est parvenu aucune opposition.

Fait à Angers, le 28 septembre 1854.

Le Maire.

ANGERS, imp. CONNIER et LACHÈRE, Chaussée Saint-Pierre, 13. — 1854.

Affiche. Archives COUFFON.

XXI

RÉPUBLIQUE FRANÇAISE.

PRÉFECTURE DU DÉPARTEMENT DE MAINE-ET-LOIRE.

AVIS.

DEMANDE EN CONCESSION DE MINES.

Par une pétition en date du 12 juillet 1905, M. Dupond (Claude-Léon-Georges), agissant au nom et comme administrateur de la Société houillère de Chalonnes, Saint-Lambert et Saint-Georges réunis, autorisé à cet effet, par délibération de l'Assemblée générale des actionnaires en date du 10 mai 1905, domicilié à Chalonnes-sur-Loire (Maine-et-Loire), sollicite une concession de mines de houille

IMPRIMERIE NATIONALE.

sur le territoire des communes de Saint-Aubin-de-Luigné, Rochefort et Beaulieu, arrondissement d'Angers.

Cette concession serait délimitée ainsi qu'il suit :

Au nord-est : par une ligne brisée partant du point A, angle le plus à l'est de la maison Rochard Jacques, au village du Petit-Beauvais; passant par le point B, angle sud de la maison Ruilier Jean, au village du Grand-Beauvais; puis par le point C, sommet du moulin à vent de la Sendrerie; pour aboutir au point D, intersection avec la rive droite du Layon, d'une ligne droite joignant le point C à l'extrémité nord-est du pont Barré sur le Layon;

Au sud : par la rive droite du Layon, depuis le point D, défini ci-dessus, jusqu'au point E, défini ci-après;

A l'ouest : par une ligne droite partant du point A, précédemment défini, passant par le clocher de l'église de Saint-Aubin-de-Luigné et prolongée jusqu'à son intersection avec la rive droite du Layon, point E.

Lesdites limites renfermant une étendue superficielle de 3 kilomètres carrés 25 hectares.

Le demandeur sollicite la réunion de la concession à instituer éventuellement à celles de même nature que possède déjà la Société qu'il représente et qui sont indiquées dans le tableau ci-après :

NOMS des CONCESSIONS.	ACTES INSTITUTIFS.	SUPER-FICIE.	COMMUNES.	ARRONDISSE-MENTS.
		hectares.		
Désert.......	Ordonnance du 11 septembre 1842.	1,184	Chalonnes - sur - Loire, Rochefort, Saint - Georges - sur - Loire, La Possonnière.	Angers.
Saint-Lambert.	Ordonnances du 12 février 1843, du 7 juillet 1847.	880	Beaulieu, Saint-Lambert-du-Lattay, Chanzeaux, Rablay et Faye.	Idem.
Saint - Georges-sur-Loire.	Ordonnance du 17 juin 1829.	1,150	Saint-Georges - sur - Loire, Savennières.	Idem.
Saint-Germain-des-Prés.	Ordonnances du 23 mai 1841, du 29 mai 1846.	914	Saint-Germain - des - Prés, Saint-Georges-sur-Loire.	Idem.
Chaudefonds..	Ordonnance du 23 novembre 1835.	1,043	Chaudefonds, Saint-Aubin-de-Luigné, Saint-Lambert-du-Lattay.	Idem.
Saint - Georges-Châtelaison.	Ordonnances du 12 février 1843, du 7 juillet 1847, décret du 9 août 1881.	4,183	Saint-Georges-Châtelaison, Courcourson, Soulanger, Les Verchers, Brigné, Tigné, Martigné-Briand, Faveraye, Thouarcé, Le Champ, Faye et Rablay.	Saumur.

Une demande en renonciation de la concession de Saint-Georges-Châtelaison est actuellement soumise à l'enquête.

Le pétitionnaire offre aux propriétaires des terrains compris dans la concession demandée une redevance tréfoncière annuelle de dix centimes (0,10) par hectare.

A la demande est annexé un plan, en triple expédition et sur une échelle de 10 millimètres pour 100 mètres de la concession sollicitée.

Le Préfet du département de Maine-et-Loire,

Vu la loi du 21 avril 1810, modifiée par la loi du 27 juillet 1880,

ARRÊTE :

Le présent avis sera affiché pendant deux mois, du 2 octobre au 2 décembre 1905, à Angers, Saumur, Saint-Aubin-de-Luigné, Rochefort, Beaulieu, Chalonnes-sur-Loire, Saint-Georges-sur-Loire, la Possonière, Saint-Lambert du-Lattay, Chanzeaux, Rablay, Faye, Savennières, Saint-Germain-des-Prés, Chaudefonds, Saint-Georges-Châtelaison, Concourson, Soulanger, Les Verchers, Brigné, Tigné, Martigné-Briand, Faveraye, Thouarcé et Champ.

Il sera, pendant la durée de l'enquête légale, inséré deux fois, à un mois d'intervalle, dans les journaux du département et dans le *Journal officiel*.

Il sera publié dans les communes ci-dessus désignées, devant la porte de la maison commune et des églises, à la diligence des maires, à l'issue de l'office un jour de dimanche, au moins une fois par mois pendant la durée des affiches.

La pétition et les plans sont déposés à la préfecture, où le public pourra en prendre connaissance pendant la durée de l'enquête, en vue des oppositions et des demandes en concurrence auxquelles la demande actuelle pourrait donner lieu.

A Angers, le 18 septembre 1905.

Pour le Préfet en congé :

Le Secrétaire général délégué,

FONTANÈS.

(Archives COUFFON. Imprimé. Extrait d'un journal d'Angers.)

XXII

PROCURATIONS

DES HABITANTS DES PAROISSES DE S. AUBIN DE LUIGNÉ, CHALONNES, CHAUDEFOND ET MONTEJEAN, CONTRE FRANÇOIS GOUPIL, CESSIONNAIRE DE MADAME LA DU-CHESSE D'UZÈS.

(Du 9 de mars 1694.)

Le 9e jour de mars 1694, après midi.

Par devant nous Pierre Bory, notaire royal à Angers, ont comparu en leurs personnes Messire Georges Hullin, chevalier, seigneur de la Selle, demeurant en sa maison seigneuriale de Saint-Amatour, paroisse de la Selle Crannoise; Nicolas Pestrineau, écuyer, seigneur des Noulis, demeurant en cette ville; paroisse de S. Maurille; noble homme M° Jacques Bizot, sieur de Champelant, demeurant à Chemillé; M° Pierre Frain, sieur du Planty; noble homme Jean le jeune, sieur de la Grandmaison, ancien échevin de cette ville, y demeurant, et Jacques Houdet, marchand, demeurant à la Haye-Longue, paroisse de S. Aubin de Luigné.

Tous ayant des mines de charbon de terre dans les paroisses de S. Aubin de Luigné, Chaudefond, Chalonnes, Montejan et ès environs, en cette province d'Anjou, lesquels ont dit que, par arrêt du conseil du 16 juillet 1689, le roi aurait accordé à feu M. le duc de Montausier, pendant quarante années, le don et permission de faire ouvrir et fouiller, dans l'étenduë de terres et seigneuries de l'obéissance de Sa Majesté, toutes les mines et minières de charbon de terre qu'il découvrira, de gré à gré des propriétaires, en les dédommageant préalablement, suivant et ainsi qu'il sera convenu entr'eux, sans qu'il puisse empêcher lesd. propriétaires de continuer à faire travailler les mines qui sont ouvertes; laquelle faculté Sa Majesté a aussi accordée à Madame la duchesse d'Uzès, fille dudit seigneur de Montausier, pour en jouir aux mêmes conditions, suivant un autre arrêt du 29 avril 1692, au préjudice de quoi ladite dame duchesse, ou le sieur Goupil se servant de son nom, a fait saisir leurs charbons, et les veut empêcher de faire valoir leurs mines; ce qui étant contre l'intention du Roi et desdits arrêts, ils s'y sont opposés, et obtenu des sentences au siège présidial de cette ville; mais comme ladite dame s'est pourvûë au Conseil, et que, par arrêt du 19 de janvier dernier, les contestations ont été renvoyées devant Monseigneur l'Intendant, lesdits sieurs comparans ont été d'avis de nommer l'un d'eux pour soutenir leurs intérêts communs; et de fait ils ont constitué leur procureur spécial ledit sieur de la Grandmaison, auquel ils donnent pouvoir de, pour et en leurs noms et du sien, se transporter en la ville de Tours, et là présenter requête à mondit Seigneur Intendant, à ce qu'il soit dit que, conformément auxdits arrêts, lad. dame d'Uzès ne les pourra empêcher de faire valoir leurs mines; que pour l'avoir fait elle sera condamnée dans leurs dommages, intérêts et dépens, et qu'ils auront délivrance des choses saisies; fera les frais et déboursés nécessaires que lesdits sieurs comparans lui rembourseront avec la dépense de bouche, suivant l'état et mémoire qu'il en représentera, dans lequel il emploiera ce qu'il a déjà déboursé, et en sera cru à sa seule assertion, sa part confuse, et chacun y contribuera pour chaque mine également; et pour l'avance desdits frais chacun des comparans lui a présentement délivré la somme de douze livres cinq sols; et ont lesd. comparans prié le sieur Noulis d'aller à Tours avec ledit sieur de la Grandmaison dans son premier voyage de Tours, promettant de lui payer sa dépense, sa part confuse, lequel sieur de la Grandmaison agira de concert avec ledit sieur des Noulis pour la conduite de cette affaire. Car les parties l'ont ainsi reconnu, voulu, consenti, stipulé et accepté, promettans, et obligeans, etc. dont, etc. Fait et passé audit Angers, en notre étude, présents M°⁵ PIERRE PROUST et LOUIS CHAUVEAU, praticiens, demeurant audit Angers, témoins, etc. La minute est signée, J. BIZOT DE CHAMBLANT,

DE LA SELLE HULLIN, DES NOULIS PETRINEAU, JEAN LE JEUNE, J. HOUDET, P. FRAIN, P. PROUST, CHAUVEAU, et dudit sieur BORY, notaire royal, et controllé au 3ᵉ vol. fol. 79. A Angers, le 15 mars 1694.

Signé : BORY.

(Archives COUFFON. Série angevine, annexe au n° 468.)

XXIII

PROCURATION

JOINTE À LA PRÉCÉDENTE PAR UN AUTRE GROUPE D'HABITANTS.

(Du 20 avril 1694.)

Le 20ᵉ jour d'avril 1694, après midi.

Pardevant nous, Pierre Bory, notaire royal à Angers, ont comparu en leurs personnes Nicolas Petrineau, écuyer, seigneur des Noulis, demeurant en cette ville, paroisse de Sainte-Maurille; maître Jacques Bizot, sieur de Chamblant, avocat au Parlement, demeurant à Chemillé; noble homme Jean le Jeune, sieur de la Grand-maison, ancien échevin et juge-consul de cette ville, y demeurant, paroisse de la la Trinité; Jacques Houdet, Antoine Boulestreau, Étienne Rullier, marchands, demeurans paroisse de Chaudefond et Julien Pellé, aussi marchand, demeurant au lieu de la Gourdinière, paroisse de Saint-Aubin de Luigné, tous ayant des mines dans les paroisses de Saint-Aubin-de-Luigné, Chaudefond, Chalonnes, Montejan et ès-environs, dans l'exploitation desquelles ils sont troublés par maître François Goupil sous le nom de Madame la duchesse d'Uzès, se prétendant donataire de Sa Majesté; lesquels ont déclaré que, pour se maintenir en la jouissance et possession de leurs mines, lesdits sieurs des Noülis et le Jeune, en conséquence des procurations et entr'autres de celle du 9ᵉ mars dernier, se sont adressés à Monseigneur l'intendant, lequel par son ordonnance du 2ᵉ de ce mois a, par provision, ordonné que les comparans vendront et disposeront de leurs charbons en la manière accoûtumée, dont ils seront tenus néanmoins de tenir registre, pour en rendre compte ainsi qu'il appartiendra : et comme cette affaire est d'importance et qu'il est à propos d'en poursuivre le jugement, lesdits sieurs comparans ont prié lesdits sieurs des Noulis et le Jeune de continuer leurs soins, de se transporter, quand ils le jugeront à propos, tant en la ville de Tours qu'à Paris et ailleurs, d'y faire tout ce qu'ils croiront nécessaire et d'avancer par ledit sieur le Jeune tous les frais et déboursés, suivant l'état qu'ils en représenteront, dont ils seront crus à leur simple assertion, et chacun y contribuera par chaque mine également, conformément à ladite procuration du 9ᵉ mars dernier, et généralement, promettans, etc. Fait et passé audit Angers, en notre étude, présens maîtres *Pierre Proust* et *Louis Chauveau*, praticiens, demeurans audit Angers, témoins, etc. Les comparans fors les soussignés ont déclaré ne sçavoir signer. La minute est signée *des Noulis Petrineau, Jean le Jeune, Bizot de Chamblant, J. Houdet, P. Proust, Chauveau, Bory,* notaire passeur; et controllé audit Angers au 3ᵉ vol., fol. 138, le 27 avril 1694.

Signé : BORY.

(Archives COUFFON, série angevine, annexe au n° 468.)

XXIV

ARREST DU CONSEIL

POUR LES PROPRIÉTAIRES DES MINES DE CHARBON DE TERRE DE LA PROVINCE D'ANJOU

(Du 4 de janvier 1695.)

EXTRAIT des registres du Conseil d'État.

Veu par le Roi, étant en son conseil, les requêtes présentées en icelui par François Goupil, étant aux droits de la dame duchesse d'Uzès, donatrice des mines et minières de charbon de terre, et ladite dame duchesse, d'une part : et les propriétaires des mines de charbon de terre de la province d'Anjou, d'autre part; par lesquelles ledit Goupil a conclu, en ce qu'en exécution du don fait au sieur duc de Montausier et à ladite dame duchesse d'Uzès, et des arrêts du conseil rendus en conséquence, il plaise à Sa Majesté ordonner que tous propriétaires d'héritages où il a été ouvert des mines de charbon, ensemble de ceux qui sont propres à en ouvrir et foüiller, soient tenus de les lui abandonner, en les dédommageant par lui de gré à gré, sinon au dire d'experts, à la charge par eux de rendre compte tant des dépenses que du profit qu'ils auront fait auxdites ouvertures. Qu'il soit fait défenses auxdits propriétaires, travailleurs, mineurs et autres, de troubler ledit Goupil; et à tous autres juges que les sieurs intendans et commissaires départis dans les provinces, de connoître des contestations qui surviendront pour raison de ce, et que les sentences rendües tant au Présidial que par les consuls de la ville d'Angers, soient cassées. Ladite dame d'Uzès, à ce que les propriétaires des mines de charbon soient déboutés de leurs prétentions. Qu'en confirmant et interprétant par Sa Majesté, il lui plaise déclarer que les mines ouvertes avant le don qu'il lui a été fait, en font partie, en dédommageant les propriétaires des héritages où elles se trouvent. A l'égard des mines ouvertes depuis ledit don et celles à ouvrir à l'exclusion de tous autres, même des propriétaires. Et les propriétaires desdites mines, de leur part, ont conclu à ce qu'il soit fait défenses à ladite dame duchesse d'Uzès et audit Goupil exerçant ses droits et à tous autres, de les troubler dans la faculté de travailler les mines ouvertes et à ouvrir dans leurs fonds et de vendre les charbons en provenant, sauf auxdits donataires d'ouvrir et foüiller les mines étant dans les fonds appartenant à Sa Majesté, où dans les fonds des particuliers qui ne voudroient pas eux-mêmes en faire les ouvertures, et condamner ladite dame d'Uzès et ledit Goupil à la restitution des charbons enlevés par leurs commis. Les moyens déduits de part et d'autre et les pièces produites par les parties, entr'autres l'arrêt du Conseil du 16 juillet 1689, par lequel Sa Majesté auroit accordé au feu sieur duc de Montausier et à ses successeurs et ayant cause, pendant le temps de quarante années, le don et permission de faire ouvrir et foüiller dans l'étendue des terres et seigneuries de l'obéissance de Sa Majesté, toutes les mines et minières de charbon de terre qu'il découvriroit *de gré à gré des propriétaires, en les dédommageant préalablement,* suivant et ainsi qu'il seroit convenu entr'eux, avec faculté de vendre et débiter le charbon qu'il tireroit desdites mines et minières en gros et en détail, en payant seulement les droits portés par le tarif du mois de septembre 1664, sans néanmoins que ledit sieur duc de Montausier, ses hoirs, successeurs et ayant cause puissent, pendant lesdites quarante années faire aucunes ouvertures de mines dans le Nivernois, accordé au sieur duc de Nevers, *ni empêcher les propriétaires de continuer à faire travailler les mines qu'ils ont ouvertes.* Autre arrêt du Conseil du 29 avril 1692, par lequel Sa Majesté a confirmé à ladite dame duchesse d'Uzès et à ses hoirs, successeurs et ayant cause, le don et permission accordé au feu sieur duc de Montausier, aux mêmes clauses et conditions et aux mêmes réserves, et de plus, qu'elle ne pourra faire aucunes ouvertures de mines dans les terres de Resty, Autrie et Arquian, situées dans le Boulonnois et dans la généralité d'Orléans, desquelles les sieurs de Tagny et de Mazens sont seigneurs hauts-justiciers et propriétaires; *comme aussi qu'elle ne pourra empêcher les propriétaires de continuer à faire travailler les mines qui sont ouvertes.* Les lettres patentes expédiées sur ledit arrêt le 6 mai audit an. L'arrêt du Conseil du 19 janvier 1694, qui renvoie aux sieurs intendants et commissaires départis, pendant trois années, la connoissance des contestations qui pourroient survenir en exécution dudit don. Sentences rendües par le sénéchal de Saumur et lieutenant général d'Angers, les 29 janvier et 13 février derniers. L'ordonnance rendüe par le sieur de Miromenil, maître des requêtes, commissaire départi en la généralité de Tours, le 2 avril ensuivant, par laquelle il a ordonné que les parties contesteront pardevant lui et représenteront les titres et pièces justificatives de leurs prétentions de continuer l'exploitation des mines ouvertes. Et *attendu que le don ne porte point exclusion aux propriétaires de faire ouvrir et foüiller des mines dans leurs fonds et qu'il est de l'intérêt public que les mines ouvertes ne soient pas abandonnées,* et que les charbons y soient vendus et distribués, il a ordonné sans préjudice du droit des parties au principal et jusqu'à nouvel ordre de Sa Majesté, que les charbons seront vendus et distribués en la manière accoûtumée par les propriétaires et entrepreneurs qui les auront fait tirer, à la charge par eux d'en tenir registre, sauf à

Goupil à en tenir un controlle. Autre ordonnance rendue par le sieur de Miromenil,
le 26 juillet ensuivant, par laquelle il a ordonné l'exécution de la précédente, jusqu'à
ce qu'autrement par Sa Majesté en ait été ordonné. Les significations faites desdits
arrêts et lettres patentes le dernier décembre 1693 aux propriétaires desdites mines,
lesquels sont falsifiés et altérés, et non conformes aux originaux. Et ouï le rapport
du sieur Phelypeaux de Pontchartrain, conseiller ordinaire au Conseil royal, controlleur général des finances :

LE ROI, ÉTANT EN SON CONSEIL, faisant droit sur le tout, a ordonné et ordonne que
ledit arrêt du 29 avril 1692 et lettres patentes du 6 mai ensuivant, registrées au
parlement de Paris, seront exécutées selon leur forme et teneur; ce faisant, que
ladite dame duchesse d'Uzès pourra faire ouvrir et fouiller toutes les mines et minières de charbon de terre qu'elle découvrira, conformément audit arrêt et auxdites
lettres, *du consentement néanmoins des propriétaires et en les dédommageant préalablement de gré à gré*, suivant et ainsi qu'il sera convenu entr'eux. *Et à l'égard des mines
ouvertes par les propriétaires, Sa Majesté fait défenses à ladite dame d'Uzès, et à tous
autres, de les troubler dans les fouilles et dans la suite d'icelles :* leur fait pleine et
entière main levée des charbons et autres choses sur eux saisis : ordonne qu'ils leur
seront restitués, s'ils sont en nature et non détériorés, sinon la valeur, à dire
d'experts dont les parties conviendront, ou nommés d'office, sans qu'à l'avenir les
dits propriétaires puissent faire ouvrir les mines qui se trouveront sur leurs fonds,
sans le consentement de ladite dame duchesse d'Uzès, ou de ceux qui auront ses
droits, et condamne ledit Goupil en mille livres de dépens, dommages et intérêts
envers les propriétaires : ordonne que par ledit sieur de Miromenil, il sera informé
contre les auteurs de l'addition et falsification faite dans les copies et significations
qui ont été faites dudit arrêt du Conseil du 29 avril et lettres patentes du 5 mai
1692, et le procès instruit, fait et parfait aux coupables, jusqu'à jugement définitif
exclusivement, pour le tout envoyé, vu et rapporté au Conseil, être ordonné, ce
qu'il appartiendra. Fait au Conseil d'état du Roi, Sa Majesté y étant, tenu à Versailles le 4e jour de janvier 1695.

Signé : PHELYPEAUX.

(Archives COUFFON, série angevine, annexe au n° 168.)

XXV

ARREST DU CONSEIL,

QUI MAINTIENT LES PROPRIÉTAIRES DES MINES DE CHARBON DE TERRE
DE TOUT LE ROYAUME DANS LE DROIT DE LES FAIRE VALOIR À LEUR PROFIT.

(Du 13 de mai 1698.)

———————

EXTRAIT des Registres du Conseil d'État.

Entre les Prieurs et Religieuses du couvent de Sainte-Florine en Auvergne, de l'ordre de Fontevrault, les consuls, habitans et communauté de la même paroisse, et Antoine Chabillon, habitant du même lieu, demandeurs en requêtes des 20 décembre 1697 et 30 janvier 1698 et défendeurs, d'une part : et messire Charles de Crussol duc d'Uzès, premier duc et pair de France, donataire des mines de charbon de terre du royaume, à la réserve de celles du Nivernois et autres mentionnées dans le don du Roi, défendeur et demandeur en requête du 8e mars dernier, d'autre : et Jacques Vacherot et Matthieu Courtiade subrogés aux droits dudit sieur duc d'Uzès, pour l'exploitation des mines de charbon de terre des provinces d'Auvergne et de Forez, intervenans suivant leur requête du 13 mars 1698, encore d'autre. Vu par le Roi, étant en son conseil, ladite requête du 20 décembre 1697, tendante à ce qu'il plût à Sa Majesté de déclarer l'arrêt du conseil du 4 janvier 1695, rendu au sujet des mines de charbon de terre de la province d'Anjou, commun entre les parties, ce faisant, sans avoir égard à l'ordonnance du sieur d'Ormesson, conseiller du Roi, maître des requêtes et commissaire départi en Auvergne, du 30 septembre 1697, qui sera cassée et annulée, tant comme renduë par juge incompétant que autrement, maintenir et garder les demandeurs dans la possession des mines de charbon de terre de ladite paroisse de Sainte-Florine, avec défenses audit duc d'Uzès et à ses fermiers de les y troubler, et les condamner solidairement à rendre et restituer aux demandeurs ce qu'ils ont reçu d'eux en exécution de ladite ordonnance, ensemble les charbons de terre qu'ils leur ont pris et enlevés, sinon leur juste valeur au dire d'experts, dont les parties conviendront par devant tel juge qu'il plaira à Sa Majesté de commettre, sinon pris et nommés d'office ; comme aussi qu'ils soient condamnés à leurs dépens, dommages et intérêts, pour lesquels les demandeurs se restraignent à la somme de quinze cens livres, avec défenses de faire ouvrir ni fouiller aucune mine de charbon de terre sur les héritages et communes des demandeurs, si ce n'est de leur gré et consentement, après qu'ils auront été dédommagés, suivant et ainsi qu'il aura été convenu entre eux; ladite requête des demandeurs du 30 janvier dernier tendante à ce qu'en rectifiant leur première demande, ils soient

IMPRIMERIE NATIONALE.

reçus opposans à l'exécution de l'arrêt du conseil Royal du 16 juillet 1689, contenant le don fait par Sa Majesté au profit du feu sieur duc de Montausier, ayeul
maternel dudit sieur duc d'Uzès, de toutes les mines de charbon de terre du royaume
qu'il pourra découvrir, à la réserve de celles du Nivernois, accordées au sieur duc
de Nevers, même à l'exécution de l'arrêt dudit conseil du 29 avril 1692, obtenu
par la feuë dáme duchesse d'Uzès, fille unique et seule héritière dudit feu duc de
Montausier, portant confirmation de ce don, des lettres patentes du 6 mai suivant,
expédiées en conséquence, et de l'arrêt du Parlement de Paris du 1er septembre de
la même année, qui en a ordonné l'enregistrement; et faisant droit sur l'opposition,
que ce don soit révoqué, comme ayant été obtenu au préjudice de l'ordonnance de
Henry IV du mois de juin 1601, avec défenses audit sieur duc d'Uzès et tous autres
de s'en aider et servir; en conséquence que les demandeurs soient maintenus et
gardés en la possession et jouissance de leurs dites mines, lesquelles ils pourront
ouvrir, foüiller et exploiter à leur profit; et qu'au surplus les conclusions portées
par leur première requête leur soient adjugées touchant les restitutions, dépens,
dommages et intérêts par eux demandés. La requête dudit sieur duc d'Uzès du
8 mars dernier, tendante à ce que les demandeurs soient déclarés non recevables et
mal fondés en leur requête; et celle desdits Vacherot et Courtiade du 13 mars tendantes à ce que, sans avoir égard à celle des demandeurs, il soit ordonné que les
ordonnances du sieur d'Ormesson seront exécutées selon leur forme et teneur;
sinon, en cas de révocation du don de ces mines, que lesdits Vacherot et Courtiade
soient remboursés de tous les frais de poursuite, procès-verbaux, enquêtes et procédures faites devant ledit sieur d'Ormesson, ses subdélégués et au conseil, ensemble
des sommes par eux employées et avancées pour les rétablissemens des mines
appellées la Commune de Gromeney, les Gourshaut et la Loge dont il s'agit, et pour
les mettre en valeur, suivant les mémoires qui en seront par eux fournis, si mieux
n'aime Sa Majesté ordonner que lesdits Vacherot et Courtiade jouiront pendant
seize années de ladite mine appellée la Commune de Gromeney, aux offres qu'ils
font de payer annuellement aux habitans et communauté de la paroisse de Sainte-
Florine la somme de trois cents livres au lieu de celle de deux cens livres, pour
laquelle cette mine avait été par eux ci-devant affermée; et qu'à l'égard des mines
des Gourshaut et de la Loge, lesdits fermiers seront remboursés des dépenses qu'ils
y ont faites, en exécution de ladite ordonnance du sieur d'Ormesson, suivant l'estimation qui en sera faite, sinon qu'ils en continueront l'exploitation à leur profit,
jusqu'à l'actuel remboursement; que ledit sieur duc d'Uzès soit en outre condamné
à leur rendre et restituer les sommes par eux payées en exécution de leur bail, tant
à lui qu'à la feuë dame duchesse d'Uzès sa mère, suivant les quittances qui seront
par eux représentées. La copie dudit arrêt du 16 juillet 1689, par lequel Sa Majesté
auroit accordé audit sieur duc de Montausier, ses hoirs, successeurs et ayant cause,
pendant le tems de quarante années, le don et permission de faire ouvrir et foüiller
dans l'étendue des terres et seigneuries de l'obéissance de Sa Majesté, toutes les
mines et minières de charbon de terre qu'il pourroit découvrir, de gré à gré des

propriétaires, en les dédommageant préalablement suivant et ainsi qu'il seroit convenu entre eux; sans néanmoins qu'ils puissent pendant ledit tems faire aucune ouverture de mines dans le Nivernois, accordé au sieur duc de Nevers, ni empêcher les propriétaires de continuer à faire travailler celles qui sont ouvertes. Autre copie d'arrêt imprimée, du 29 avril 1692, étant ensuite du premier, par lequel ledit don auroit été confirmé au profit de la feuë dame duchesse d'Uzès. Les lettres patentes du 5 mai suivant expédiées en vertu du dernier arrêt et en conformité d'icelui, et la copie de l'arrêt du Parlement de Paris au bas, en date du 1ᵉʳ septembre suivant, qui ordonne purement et simplement l'enregistrement desdites lettres patentes. Autre exemplaire imprimé de l'arrêt du conseil du 4 janvier 1695, rendu entre François Goupil subrogé aux droits de la feuë dame duchesse d'Uzès, pour l'exploitation des mines de charbon de terre de la province d'Anjou, d'une part; et les propriétaires des mêmes mines, d'autre, portant pouvoir à ladite dame d'Uzès de foüiller lesdites mines du consentement des propriétaires, ainsi qu'il est plus amplement porté par ledit arrêt. L'ordonnance de Henri IV du mois de juin 1601, portant article 1ᵉʳ la confirmation des anciennes ordonnances, touchant le droit du dixième appartenant au Roi, sur toutes les mines et minières du royaume, et dont l'article 2 porte, sans toutefois comprendre en icelles les mines de soufre, de salpêtre, de fer, ocre, pétrole, charbon de terre, d'ardoise, plâtre, craie et autres sortes de pierre pour bâtimens et meules de moulins, lesquelles pour certaines et bonnes et grandes considérations nous en avons exceptés, et par grâce spécial exceptons, en faveur de notre noblesse, et pour gratifier nos bons sujets propriétaires des lieux. L'ordonnance du sieur d'Ormesson du 30 septembre dernier, renduë entre lesdits demandeurs et le sieur duc d'Uzès, par laquelle entre autres choses il est ordonné que le sieur duc d'Uzès sera mis en possession de la mine des Gourshaut appartenante auxdites religieuses, de celle appellée la commune de Gromeney, appartenante à la communauté de la paroisse de Sainte-Florine, et de celle de la Loge appartenante à Antoine Chabillon, comme ayant lesdites mines été ouvertes depuis la concession dudit don, lesdits propriétaires maintenus dans la possession de celles par eux ouvertes avant le don, condamnés à rendre compte audit sieur duc d'Uzès, ou à ses ayant cause, du prix provenu de la vente du charbon tiré desdites mines des Gourshaut, du Gromeney et de la Loge, déduction faite néanmoins des frais faits pour les exploiter; et à la charge par le sieur duc d'Uzès de les dédommager de la superficie de la terre où elles sont situées, ainsi qu'il sera convenu de gré à gré entre les parties, sinon suivant l'estimation qui en sera faite par experts, dont les parties conviendront, ou qui seront nommés d'office par ledit sieur d'Ormesson. Autre ordonnance par lui renduë le 5 décembre suivant, qui confirme la première, et déboute deux autres particuliers habitans de ladite paroisse de Sainte-Florine de leur opposition à l'acte de délibération des habitans de ladite paroisse du 15 août 1667, portant pouvoir d'affermer ladite charbonnière de Gromeney pour trois cens livres par an. Le bail de la mine du 31 août suivant. L'ordonnance du 15 novembre suivant, renduë par le feu sieur de Fortiat, alors intendant en Auvergne, portant cassation de ce dernier bail. L'ordonnance interlocutoire dudit sieur d'Ormesson du 21 mai 1696, étant au bas de la requête dudit sieur duc d'Uzès, par laquelle il auroit commis le juge Châtelain de Vieille-Brioude pour se transporter ès paroisse où sont situées les mines de charbon, connuës jusqu'à présent, dresser procès-verbal de celles qui sont ouvertes et du temps que l'ouverture en a été faite, et de celles qu'on peut ouvrir, procéder à l'audition de témoins par enquête, s'il y écheoit, et dresser procès-verbal. L'enquête faite le 28 novembre 1696, à la requête dudit Chabillon, par le bailli de la vicomté de la Mothe-Barantin, aussi à ce commis par ledit sieur d'Ormesson. Copie d'arrêt du Parlement de Paris du 29 mai 1692, par lequel, avant de faire droit sur l'enregistrement des lettres patentes, portant confirmation dudit don, il auroit été ordonné que, par le conseiller rapporteur, il seroit informé de la commodité ou incommodité que peut apporter l'ouverture desdites mines. L'information faite en conséquence le 29 juillet suivant. Les avis donnés sur cela, par le sieur lieutenant général de police et le sieur Prévôt des Marchands de Paris, le 9 et 14 août suivant. La copie imprimée de l'arrêt du Conseil du 19 janvier 1694, obtenu par la feuë dame duchesse d'Uzès, portant que, pendant trois ans, les procès et différens, qui pourront survenir à l'occasion dudit don seront instruits et jugés par les sieurs Intendants des Provinces où les Mines sont situées. Cayer imprimé des anciennes ordonnances sur le fait des Mines. L'extrait non signé du papier terrier de la seigneurie de la Nonette, portant que les manans et habitans de Sainte-Florine doivent au Roi par chacun an la somme de quinze sols, à cause de leur Forteresse et autres communaux. Le contrat d'ascensement de la commune de Gromeney du 12 décembre 1666, fait par Benoît Duvert, se disant subrogé aux droits du Roi. La copie du bail, ou traité passé par devant les notaires du Châtelet de Paris, le 9 août 1693, par lequel ladite feuë dame duchesse d'Uzès auroit subrogé lesdits Vacherot et Courtiade pour le temps de seize années, ou tout le temps dudit don restant à expirer, à leur choix, en son droit pour l'exploitation des mines de charbon de terre, ouvertes dans les provinces d'Auvergne et de Forez, sans sa participation et consentement depuis la concession dudit don, et au droit et faculté de faire l'ouverture des autres mines qu'ils pourront découvrir et ce moyennant 2500 livres par an, et à la charge par eux de suivre les conditions portées par les arrêts et lettres patentes contenant le don et privilège. L'enquête du 3 juillet 1696 et jours suivans, faite à la requête dudit sieur duc d'Uzès, par le juge châtelain de Vieille Brioude, en exécution de l'ordonnance interlocutoire du sieur d'Ormesson du 21 mai précédent. Ladite ordonnance contradictoire et définitive, par lui renduë le 30 septembre 1697. L'acte d'appel interjetté par les demandeurs du 17 octobre suivant, pour être ledit appel par eux relevé au Grand Conseil. Autre ordonnance dudit sieur d'Ormesson du 5 décembre suivant, renduë contre les nommés Cressant et Fouret, se disans propriétaires en partie de ladite Mine des Gourshaut, par laquelle ordonnance la première dudit jour 30 septembre est confirmée. Le procès-verbal du lieutenant général de Nonette du 3 octobre 1697, par lequel il auroit mis ledit sieur duc d'Uzès en possession desdites trois mines, nonobstant ledit appel. L'acte du 18 février 1698, par lequel lesdits Vacherot et Courtiade auroient dénoncé audit sieur duc d'Uzès ledit appel et toutes les diligences par eux faites sur les lieux. Procès-verbal de saisie, fait à la requête de Tournan, commis desdits fermiers, de quatre voies de charbon de terre trouvées sur la mine des Gourshaut, en date du 17 octobre dernier. Pareille saisie du 19 dudit mois de vingt-cinq voies de charbon, trouvées sur le Port. Sommation faite le 10 décembre, par Tournan à Cressent et Fouret, d'assister au mesurage des charbons saisis. Autre sommation faite le même jour auxdites religieuses de nommer des experts, pour liquider le charbon par elles tiré depuis ledit don. Procès-verbal du lendemain 11 dudit mois, contenant le mesurage de soixante-une voies de charbon, saisies sur lesdites reli- gieuses. Autre procès-verbal de saisie, fait le 17 octobre sur ledit Chabillon, d'en- viron dix-neuf voies de charbon. Extrait de trois procès-verbaux de saisie, des 17 et 19 octobre, par lequel il paraît que le charbon saisi sur ledit Chabillon, monte à soixante-onze voies. L'acte de protestation à lui signifié le 16 novembre à la requête de Tournan. Sommation faite audit Chabillon, le 16 novembre, de convenir d'expert pour liquider la valeur du charbon par lui tiré depuis ledit don. Procès-verbal de mesurage de six mille voies de charbon. L'information faite par le Lieutenant-Général de Nonette le 19 novembre dernier, à la requête dudit Tournan. Contrats d'acen- semens de mines de charbon de terre, au nombre de 38, faits par les propriétaires. L'édit du mois d'août 1667, portant pouvoir aux communautés des paroisses de rentrer dans leurs usages et communaux par eux vendus et aliénés. La production nouvelle dudit sieur duc d'Uzès faite par requête du 25 avril dernier; contredits et productions des parties. Ouï le rapport du sieur Phelypeaux de Pontchartrain, con- seiller ordinaire au Conseil royal, controlleur général des finances, LE ROI ÉTANT EN SON CONSEIL, ayant aucunement égard aux requêtes des demandeurs, et interprétant, en tant que besoin seroit, l'arrêt du 4 janvier 1695, et autres rendus en consé- quence du don fait le seizième juillet 1689, sans s'arrêter aux ordonnances du sieur d'Ormesson des 30 septembre et 5 décembre 1697, a maintenu et gardé, maintient et garde lesdits demandeurs, en la possession, jouissance et propriété des mines de charbon de terre, appelées la Commune de Gromeney, les Gourshaut et la Loge; ensemble de toutes les autres mines de pareille qualité, qu'ils ont fait ouvrir sur leurs fonds; leur permet de continuer l'exploitation comme ils faisoient, ou auroient pu faire avant lesdites ordonnances, fait défenses au sieur duc d'Uzès, ses fermiers et tous autres, de quelque qualité et condition qu'ils puissent être, de les y troubler, sous quelque prétexte que ce soit, à peine de tous dépens, dommages et intérêts. Ce faisant, Sa Majesté fait pleine et entière main levée auxdits demandeurs des char- bons de terre sur eux saisis; ordonne qu'ils leur seront rendus et restitués, ainsi que les outils et machines à eux appartenant servant à l'exploitation desdites mines. à ce faire les gardiens contraints par toutes voies dûes et raisonnables; quoi faisant, ils en demeureront bien et valablement déchargés, et en cas que lesdits charbons et outils ayant été enlevés en tout ou en partie, et qu'ils ne soient plus en nature,

ordonne que la valeur en sera payée aux demandeurs, suivant l'estimation qui en
sera faite par experts et gens à ce connoissans, dont les parties conviendront; sinon
qu'il en sera pris et nommé d'office par le sieur d'Ormesson : ordonne que les charbons de terre qui ont été tirés desdites mines par lesdits fermiers, et qui sont
encore en nature, appartiendront aux propriétaires, chacun à son égard, et qu'il
leur sera rendu compte de tous ceux qui ont été vendus et enlevés, déduction faite
des frais légitimement faits pour l'exploitation desdites mines, suivant la liquidation
qui en sera aussi faite par ledit sieur d'Ormesson, au dire d'experts et gens à ce
connoissans; lesquels frais seront compensés jusqu'à la concurrence de ce qui se
trouvera dû aux propriétaires, sauf auxdits Vacherot et Courtiade à se pourvoir pour
raison de leurs prétentions contre ledit sieur duc d'Uzès, ainsi qu'ils aviseront bon
être, défenses au contraire. Permet Sa Majesté aux demandeurs et à tous propriétaires des terres où il y a des mines de charbon de terre, ouvertes et non ouvertes,
en quelques endroits et lieux du royaume qu'elles soient situées, de les ouvrir
et exploiter à leur profit, sans qu'ils soient obligés d'en demander la permission
audit sieur duc d'Uzès ou autres, sous quelque prétexte que ce puisse être, dérogeant à cet égard à tous arrêts, lettres patentes, dons, concessions et privilèges
à ce contraires qu'elle pourroit avoir ci-devant accordés, à l'effet de quoi toutes
lettres nécessaires seront expédiées. Fait au Conseil d'Etat du Roi, Sa Majesté y
étant, tenu à Versailles le 13 mai 1698.

Signé : PHELYPEAUX.

(Archives COUFFON, série angevine, annexe au n° 468.)

XXVI

CORRESPONDANCE.

Le 16 août 1709, M. Turgot, intendant à Tours, envoie des extraits
des lettres de ses subdélégués sur les mines de la généralité :

...« pour celles de l'élection d'Angers, on nous a marqué qu'il y avait autrefois des
mines assez abondantes dans les paroisses de Chaudefonds, Chalonnes, Montjean et
Saint-Aubin-de-Luigné, mais que, depuis quelques années, elles se trouvent tellement
épuisées, qu'on n'en tire à présent qu'une très petite quantité; que, comme on ne
trouve pas de nouvelles mines, on a recours aux mines anciennes, mais qu'au lieu
qu'on y tirait d'abord du charbon propre aux forgerons ou maréchaux, et qui se
vendait 36 s. la charge de cheval, celui qu'on y prend à présent, de bien moindre
valeur, ne peut servir qu'aux fourneaux à chaux, ne se vend que 3ᵗᵗ 10ᵉ la pipe, et

se consomme dans les lieux mêmes où on le prend. Celles de l'élection de Saumur sont dans la paroisse de Saint-Georges-Châtelaison; son usage est pour les forgerons, et se vend, pris dans le lieu, 7^{tt} le boisseau. Il se consomme en partie en l'élection et pays circonvoisins, et, quand il s'en trouve plus qu'on n'en peut débiter, les entrepreneurs le font mettre en magasin sur la rivière de Loire, et l'envoient à Nantes, à Orléans et ailleurs. Celles de l'élection de Montreuil-Bellay sont dans la paroisse de Concourson : l'usage de ce charbon de mines est propre aux forgerons. Il s'est autrefois tiré beaucoup de charbon de ces mines; mais celles où l'on travaille présentement sont de vieilles mines autrefois fouillées, d'où l'on tire peu de charbon, et pas suffisamment pour fournir aux maréchaux et cloutiers qui s'en servent. Il se vend le cent de boisseaux depuis 15 jusqu'à 22^{tt}, selon qu'il se trouve bon ou mauvais; que, depuis deux ou trois ans, le sieur Dumanoir, gentilhomme, fait travailler à tirer les eaux dans l'espérance de tirer du charbon, mais que, jusqu'à présent, ce travail lui a beaucoup plus coûté qu'il n'en a retiré; qu'il est certain qu'il y a dans les terres et aux environs beaucoup de charbon, mais que, comme il faut creuser 25 à 30 toises, personne dans le pays n'est en état de faire les avances et dépenses nécessaires, joint à ce que, quand on en tirerait, on n'en aurait pas le débit, parce que ces mines sont éloignées de quatre lieues de la rivière de Loire. Enfin, il se débite de ce charbon, tous les ans, pour 4 à 5000^{tt}, employés à occuper trente ou quarante pauvres ouvriers, auxquels on donne 6 à 7 s. par jour. »

(Correspondance des contrôleurs généraux des finances, tome III, Docum^{t} 496, imprimé. Le manuscrit de ces lettres est aux Archives nationales, série G 7.)

<hr/>

XXVII

ARREST DU CONSEIL D'ÉTAT DU ROI,

PORTANT RÈGLEMENT POUR L'EXPLOITATION DES MINES DE HOUILLE, OU CHARBON DE TERRE.

(Du 14 de janvier 1744.)

<hr/>

EXTRAIT des Registres du Conseil d'État.

Le Roi s'étant fait représenter, en son conseil, les différens édits, lettres patentes et règlemens faits et donnés par les rois ses prédécesseurs, et notamment les lettres patentes de Henri II des 30 septembre 1548 et 10 octobre 1552, de François II du 29 juillet 1560, et de Charles IX du 25 juillet 1561, ensemble l'édit de Henri IV du mois de juin 1601, et l'arrêt du conseil du 13 mai 1698, Sa Majesté, auroit reconnu qu'avant l'Édit de 1601, les mines de charbon de terre, qui, par l'article 2 de cet édit, ont été affranchies du droit royal du dixième, étoient, comme les mines de métaux et minéraux, sujettes au même droit dépendant du domaine de sa couronne et souveraineté : que l'exception portée par cet édit, et faite par grâce spéciale, *en faveur des propriétaires des lieux où se trouveroient les mines de charbon de terre*, a eu pour objet d'en faciliter l'extraction, et d'encourager lesdits propriétaires à l'entreprendre, à l'effet de procurer, dans le royaume, l'abondance des charbons de terre, qui étant propres à différens usages, auxquels le bois s'employe, en diminueroient d'autant la consommation : que c'est dans la même vûe, et par les mêmes motifs que le feu roi, par ledit arrêt de son conseil d'État du 13 mai 1698, auroit permis *à tous propriétaires de terreins, où il se trouveroit des mines de charbon de terre, ouvertes et non ouvertes, en quelques endroits et lieux du royaume qu'elles fussent situées, de les ouvrir et exploiter à leur profit, sans qu'ils fussent obligés d'en demander la permission, sous quelque prétexte que ce put être, pas même sous prétexte des privilèges qui pourroient avoir été accordés pour l'exploitation desdites mines;* pourquoi il auroit été dérogé à tous arrêts, lettres patentes, dons, cessions, privilèges à ce contraires. Et Sa Majesté étant informée que ces dispositions sont presque demeurées sans effet, soit par la négligence des propriétaires à faire la recherche et exploitation desdites mines, soit par le peu de facultés et de connoissances de la part de ceux qui ont tenté de faire sur cela quelqu'entreprise; que d'ailleurs la liberté indéfinie, laissée aux propriétaires par ledit arrêt du 13 mai 1698, a fait naître en plusieurs occasions une concurrence entr'eux, également nuisible à leurs entreprises respectives : et voulant faire connoître sur cela ses intentions, et prescrire en même temps les règles qui devront être suivies par ceux qui, après en avoir obtenu la permission, entreprendront à l'avenir l'exploitation des mines de charbon de terre. Vu les mémoires adressés sur ce sujet par les sieurs intendans et commissaires départis dans les provinces et généralités du royaume, ouï le rapport du sieur Orry, conseiller d'État ordinaire, et au conseil royal, controlleur général des finances, LE ROI ÉTANT EN SON CONSEIL, a ordonné et ordonne ce qui suit :

ART. 1er. A l'avenir, et à commencer du jour de la publication du présent arrêt, personne ne pourra ouvrir ou mettre en exploitation des mines de houille ou charbon de terre, sans en avoir préalablement obtenu une permission du sieur controlleur général des finances, soit que ceux qui voudroient faire ouvrir et exploiter lesdites mines soient seigneurs haut-justiciers, ou qu'ils aient la propriété des terreins où elles se trouveront : dérogeant Sa Majesté, *pour cet effet*, à l'arrêt du conseil du 13 mai 1698, et à tous autres règlemens à ce contraires, et confirmant néanmoins, en tant que de besoin, l'exemption du droit royal du dixième, portée par l'art. 2 de l'édit du mois de juin 1601, à l'égard desdites mines de houille ou charbon de terre.

ART. 2. Veut Sa Majesté que ceux qui exploitent et font valoir actuellement des mines de houille ou charbon de terre soient tenus de remettre, au plûtard dans six mois, du jour de la publication du présent arrêt, aux sieurs intendans et commissaires départis dans les provinces et généralités du royaume, chacun dans son département, leurs déclarations, contenant les lieux où sont situées les mines qu'ils font exploiter, le nombre de fosses qu'ils ont en extraction, et le nombre d'ouvriers qu'ils occupent à leur exploitation ; les quantités de charbon de terre qu'ils auront extraites, et qu'ils font tirer par mois, ensemble les lieux où s'en fait la principale consommation, et les prix desdits charbons, pour, sur lesdites déclarations envoyées audit s^r controlleur général des finances par lesdits s^{rs} intendans, avec leurs avis, être ordonné ce qu'il appartiendra ; à peine, contre ceux qui n'auront pas satisfait auxdites déclarations dans le délai prescrit, de confiscation, tant des matières extraites, que des machines et ustensiles servant à l'extraction, même de révocation des privilèges et concessions, à l'égard de ceux qui peuvent en avoir obtenus, et en vertu desquels ils font exploiter lesdites mines.

. . . .

ART. 10. Tout entrepreneur qui se trouvera dans le cas de faire cesser l'extraction du charbon de terre, dans une mine actuellement en exploitation, soit par l'éloignement où se trouveroit la mine de charbon des puits ou fosses qu'il aura fait percer pour ladite extraction, soit par le défaut d'air, ou par quelque autre cause, ne pourra faire cesser d'y travailler qu'après en avoir fait sa déclaration au subdélégué du sieur intendant de la province le plus à portée du lieu de l'exploitation ; et sera tenu, avant d'abandonner les fosses ou puits, et les galeries ouvertes, de faire percer un touret ou puits de dix toises de profondeur, le plus près du puits de la mine que faire se pourra, pour connoître s'il n'y auroit point quelque filon au dessous de celui dont l'exploitation auroit été faite jusqu'alors.

ART. 11. Ceux qui entreprendront l'exploitation des mines de charbon de terre, en vertu des permissions qu'ils en auront obtenuës, seront tenus d'indemniser les propriétaires des terreins qu'ils feront ouvrir, de gré à gré, ou à dire d'experts, qui seront convenus entre les parties, sinon nommés d'office par les sieurs intendans et commissaires départis dans les provinces et généralités. Veut au surplus Sa Majesté que, *pendant le tems et espace de cinq années,* les contestations qui pourront naître entre les propriétaires des terreins et les entrepreneurs, leurs commis, employés et ouvriers, tant pour raison de leurs exploitations que pour l'exécution du présent arrêt, soient portées devant lesdits sieurs intendans, pour y être par eux statué, sauf l'appel au conseil : faisant défenses aux parties de se pourvoir ailleurs, et à tous juges d'en connoître, à peine de nullité et de cassation de procédures. Enjoint Sa Majesté auxdits sieurs intendans de tenir, chacun en droit soi, la main à l'exécution du présent arrêt, qui sera lû, publié et affiché par tout où besoin sera, et sur lequel toutes lettres nécessaires seront expédiées. Fait au CONSEIL D'ÉTAT DU ROI, SA MAJESTÉ Y ÉTANT, tenu à Versailles le quatorzième jour de janvier mil sept cent quarante quatre.

Signé : PHELYPEAUX.

(Archives COUFFON, série angevine, annexe au n° 168.)

IMPRIMERIE NATIONALE.

XXVIII

ORDONNANCE DU 11 MAI 1753

PERMETTANT AU Sr BAULT ET Cie DE CONTINUER L'EXPLOITATION
PAR EUX COMMENCÉE.

CHARLES PIERRE SAVALETE, ETC.

Veu les représentations faites au Conseil par le sieur Bault et compagnie, portant
que dans les paroisses de S. Aubin-de-Luigné, Chaudefond et Chalonnes, situées
près la ville d'Angers, il se trouve plusieurs filons de charbon de terre et houille,
dont l'ouverture est entamée depuis plus de trente ans, par quelques particuliers en
différens endroits, d'une manière très irrégulière et contraire aux dispositions du
règlement du 14 janvier 1744; que les foüilles superficielles ne produisant que.
du charbon de mauvaise qualité, ne sont d'aucune utilité pour la consommation de
la ville d'Angers, et nuiroient infailliblement dans la suite à une exploitation plus
régulière, que ledit sieur Bault et compagnie ont commencée depuis environ dix-huit
mois, du consentement du propriétaire d'une partie du terrein, mais sous des conditions infiniment onéreuses, et dont la disproportion avec le bénéfice les obligc-
roit à abandonner leur entreprise.

Qu'indépendamment de l'avantage qui doit résulter pour la ville d'Angers, de la
multiplication du charbon de terre à sa proximité, ledit sieur Bault et compagnie se
proposeroient encore de lui procurer une diminution considérable sur le prix de la
chaux, en remettant en valeur plusieurs fourneaux éteints successivement, tant dans
la paroisse de Chalonnes, qu'à la porte même de la ville : pourquoi ils n'auroient eu
recours à l'autorité de SA MAJESTÉ, la suppliant de leur accorder la permission
d'exploiter les mines de charbon de terre et de houille, étant dans lesdites paroisses
de Saint-Aubin-de-Luigné, Chaudefond et Chalonnes, conformément aux dispositions du réglement du 14 janvier 1744, exclusivement à tous propriétaires de
terreins dans lesdites paroisses, et autres particuliers quelconques, et sans pouvoir
être troublés ou traversés par les propriétaires des terreins dans lequels ils seroient
obligés de faire des ouvertures, aux charges imposées par l'art. 11 dudit règlement.

Vû ledit arrêt du conseil du 14 janvier 1744 et les ordres particuliers à nous
adressés.

Nous, intendant de Tours, avons ordonné et ordonnons que ledit arrêt sera
exécuté selon sa forme et teneur; en conséquence faisons très expresses défenses à
tous particuliers propriétaires de terreins dans l'étendue desdites paroisses de Saint-
Aubin-de-Luigné, Chaudefond et Chalonnes, et à tous autres, d'ouvrir aucune nou-

velle fosse pour en tirer du charbon de terre ou houille, sans en avoir obtenu préalablement permission du conseil, et à tous ceux qui en auroient ouvert précédemment d'en continuer l'exploitation, faute par eux de s'être conformés à la disposition de l'art. 2 dudit arrêt, le tout sous peine de confiscation, tant des matières extraites, que des outils et instrumens servans à leur extraction. Permettons au sieur Bault et compagnie de continuer l'exploitation par eux commencée dans la paroisse de Saint-Aubin-de-Luigné, et de faire telles autres ouvertures qu'ils jugeront nécessaires, tant dans ladite parosse, que dans celle de Chaudefond et Chalonnes, en se conformant aux règles établies par les articles 3 et suivans dudit arrêt, et dédommageant les propriétaires, tant des terreins qu'ils feront ouvrir, que de ceux qui seront nécessaires au service de la mine, autour desdites ouvertures, soit de gré à gré, soit au dire des experts, qui seront convenus entre les parties, sinon nommés d'office par le sieur de la Guerche, notre subdélégué à Angers, auquel nous enjoignons de tenir la main à l'exécution de notre présente ordonnance, qui sera imprimée, lûë, publiée et affichée partout où besoin sera. Fait à Angers, ce 11 mai 1753.

Signé : SAVALETE.

(Archives COUFFON, série angevine, annexe au n° 468.)

XXIX

ORDONNANCE DU 26 DE JUIN 1753

RECEVANT LES PROPRIÉTAIRES DES MINES DE L'ANJOU OPPOSANTS À L'EXÉCUTION DE L'ORDONNANCE DU 11 MAI.

CHARLES PIERRE SAVALETE, ETC.

Veu les requêtes, présentées respectivement par les propriétaires des terreins propres à extraire le charbon dans les paroisses de Saint-Aubin-de-Luigné, Chaudefond et Chalonnes, d'une part, tendantes à ce qu'il leur soit donné acte de ce qu'ils convertissent en opposition l'appel par eux interjetté le 28 mai dernier, de l'ordonnance par Nous rendue le 11 du même mois, qu'y faisant droit, il Nous plaise déclarer notre dite ordonnance comme non avenue, faire défense de la mettre à exécution, maintenir les propriétaires dans le droit et possession d'exploiter les mines de charbon de terre sur leurs fonds, même d'y faire telles ouvertures qu'ils jugeront à propos, avec défenses audit sieur Bault et à ses adhérans de les y troubler; d'autre part, par lesd. sieurs Thomas Bault et compagnie, entrepreneurs de mines de charbon dans lesdites paroisses de Saint-Aubin-de-Luigné, Chaudefond et Chalonnes, à ce qu'il soit ordonné qu'il sera dressé procès-verbal de la situation des

31.

puits ouverts par les propriétaires, et de ceux que lesdits entrepreneurs exploitent, pour, sur le vu dudit procès-verbal, être ordonné ce qu'il appartiendra, et, par provision, faire défenses aux ouvriers, qu'ils emploient présentement et qu'ils emploieront à l'avenir, de quitter leurs travaux, pour aller travailler dans d'autres mines, sans un congé par écrit de leurs directeur ou commis, à peine d'amende et même de prison.

Vû pareillement notredite ordonnance du 11 mai dernier, et l'arrêt du Conseil du 14 janvier 1744, servant de règlement pour l'exploitation des mines de houille ou charbon de terre, et tout considéré,

Nous, intendant de Tours, avons reçu et recevons lesdits propriétaires des terres propres à extraire le charbon dans lesdites paroisses de Saint-Aubin-de-Luigné, Chalonnes et Chaudefond, opposans à l'exécution de notre ordonnance, en ce qui concerne seulement les défenses qui leur ont été faites par ladite ordonnance, de continuer l'exploitation des puits par eux précédemment ouverts, et ce quant à présent, et jusqu'à ce qu'il ait été statué définitivement sur les droits et prétentions respectives des parties, et aussi sans préjudice de ce qui sera ci-après ordonné ; notredite ordonnance sortissant au surplus son plein effet. Enjoignons autant que besoin est ou seroit auxdits sieurs propriétaires de remettre entre nos mains, dans un mois du jour de la publication qui a été faite ou renouvellée en dernier lieu dudit arrêt du conseil du 14 janvier 1744, leurs déclarations, conformes à l'art. 2 dudit règlement, et sous les peines y portées faute d'y satisfaire ; et jusqu'à ce que lesdites déclarations aient été fournies, nous avons sursis à faire droit sur la demande desdits entrepreneurs, à ce qu'il soit dressé procès-verbal de l'état de toutes les exploitations. Faisons très expresses défenses tant auxdits entrepreneurs qu'auxdits sieurs propriétaires d'abandonner et combler aucuns puits, et d'en ouvrir aucuns autres, sans une permission expresse, conformément aux art. 1 et 10 du même règlement; leur faisons également défenses respectives de recevoir et employer aucuns ouvriers qui auroient travaillé dans d'autres mines, sans un congé par écrit de ceux qui les auront employés, sous peine de 100 liv. d'amende, conformément à l'arrêt du 2 janvier 1749, et auxdits ouvriers d'abandonner une mine pour travailler dans une autre, sans congé par écrit, sous peine de prison.

Fait à Angers, le 26 juin 1753.

Signé : SAVALETE.

(Archives COUFFON, série angevine, annexe au n° 468.)

XXX

ORDONNANCE DU 10 DE SEPTEMBRE 1753

COMMETTANT LE SIEUR VOGLIE À LA VISITE DES MINES DE CHARBON DE TERRE
OUVERTES DANS LES PAROISSES DE SAINT-AUBIN-DE-LUIGNÉ, CHALONNES, ETC.

CHARLES PIERRE SAVALETE, ETC.

Veu les déclarations faites en conséquence de notre ordonnance du 26 juin dernier par les propriétaires de différentes mines de charbon de terre, ouvertes dans l'étendue des paroisses de Saint-Aubin-de-Luigné, Chalonnes et Chaudefond, et les ordres du conseil à nous adressés.

Nous, intendant de Tours, ordonnons qu'en présence de tous lesdits propriétaires ou eux dûment avertis par la publication de notre présente ordonnance, au prône ou à l'issue des messes paroissiales desdites trois paroisses, par trois dimanches consécutifs, à la poursuite et diligence des entrepreneurs associés pour l'exploitation des mines à charbons dans les mêmes paroisses, et pareillement en leurs présences, il sera procédé le lundi premier octobre et jours suivans, par le sieur Voglie, ingénieur en chef des ponts et chaussées, que nous avons commis et commettons à cet effet, à la visite, tant des mines ouvertes par lesdits entrepreneurs que de celles dont les propriétaires ont fait leurs déclarations en conséquence de notre ordonnance ; que ledit sieur de Voglie dressera procès-verbal de leur état, dans lequel il observera si lesdites mines ont été ouvertes et exploitées conformément à l'arrêt du conseil du 14 janvier 1744, et donnera son avis sur la nature des ouvrages, qui seroient à faire pour continuer lesdites exploitations, ou les réformer en conformité dudit règlement, ce qu'il ne sera néanmoins tenu de faire qu'autant que lesdits propriétaires auront déclaré vouloir se soumettre à l'exécution dudit règlement, auquel cas il recevra leurs soumissions, que chacun desdits propriétaires sera tenu de signer à la suite du procès-verbal qui le concernera.

Fait à Tours, le 10 septembre 1753.

Signé : SAVALETE.

(Archives COUFFON, série angevine, annexe au n° 468.)

· XXXI

ARREST DU CONSEIL D'ÉTAT DU ROI

QUI PERMET AU SIEUR BAULT ET COMPAGNIE DE FOUILLER ET EXPLOITER, EXCLUSI-
VEMENT À TOUS AUTRES, LES MINES DE CHARBON DE TERRE, OUVERTES ET NON
OUVERTES, QUI SONT SITUÉES DANS LES PAROISSES DE SAINT-AUBIN-DE-LUIGNÉ,
CHALONNES ET CHAUDEFOND, EN ANJOU.

(Du 8 de janvier 1754.)

EXTRAIT des registres du Conseil d'État.

Sur la requête présentée au Roy en son conseil par le sieur Bault et compagnie, entrepreneurs des mines de charbon situées dans les paroisses de Saint-Aubin-de-Luigné, Chalonnes et Chaudefont en Anjou, contenant qu'ils auroient obtenu le 11 may 1753 du sieur intendant de Tours la permission d'exploiter lesd. mines de charbon en se conformant, pour lad. exploitation, à l'arrêt du conseil du 14 janvier 1744, et en dédommageant les propriétaires des terrains de gré à gré ou à dire d'experts, qu'en conséquence de lad. permission ils se seroient mis en devoir de commencer lad. exploitation, pour laquelle ils n'ont épargné ny soins ny dépenses, de manière qu'ils avoient lieu de se flater du succès de leurs travaux, lorsque les propriétaires des terrains ont réclamé contre lad. permission, et ont représenté qu'elle préjudicioit à l'usage ou ils sont depuis longtemps de faire valoir eux-mêmes lesd. mines quoyque la plus part les ayent travaillées jusqu'icy en contravention au règlement, sans prendre les précautions nécessaires pour la conservation des ouvriers et sans s'assujettir aux règles de l'art, qui seules peuvent rendre ces sortes d'exploitations utiles au public, de sorte que les supliants, qui ont fait jusqu'icy des dépenses considérables pour la fouille des mines, et qui se sont exactement conformés à tout ce qui est prescrit par led. arrêt du conseil du 14 janvier 1744 n'oseroient continuer leur exploitation, s'ils n'y étoient autorisés de manière à ne pouvoir dorenavant y etre troublés par les proprietaires de terrains, requéroient à ces causes les supliants qu'il plût à Sa Majesté leur permettre de faire fouiller et exploiter exclusivement a tous autres les mines de charbon ouvertes qui sont situées dans les paroisses de Saint-Aubin-de-Luigné, Chalonnes et Chaudefons, avec tres expresses inhibitions et defenses a tous autres de les y troubler, a peine de tous depens, dommages et interets.

Vu lad. requête, l'arrêt du conseil du 14 janvier 1753, le procès verbal dressé par ordre dud. sieur intendant, les 2, 3 et 4 octobre dernier par le sieur de Voglie, ingénieur, contenant l'état des mines a charbon dans l'étendue des paroisses de Saint-

Aubin de Luigné, Chalonnes et Chaudefont, ensemble l'avis du sieur intendant et commissaire de party en la generalité de Tours, oui le raport :

LE ROY EN SON CONSEIL a permis et permet aud. sieur Bault et compagnie de faire fouiller et exploiter exclusivement à tous autres les mines de charbon ouvertes et non ouvertes qui sont situées dans les paroisses de Saint-Aubin-de-Luigné, Chalonnes et Chaudefont, aux conditions qu'ils se conformeront aud. règlement du 14 janvier 1744 pour lad. exploitation, dans laquelle Sa Majesté fait défenses a toutes personnes, de quelque qualité et condition qu'elles soyent, de les troubler à peine de tous depends, dommages et interets, n'entend neanmoins Sa Majesté qu'en vertu de lad. concession led. sieur Bault et compagnie puissent troubler ny empecher de travailler ceux des proprietaires qui sont en possession d'exploiter de pareilles mines anterieurement aud. arrêt du 14 janvier 1744, ny faire fouiller dans les trous qu'ils ont ouverts et a cinquante toises de distance, si ce n'est qu'ils pretendissent que lesd. particuliers exploitent mal, et en contravention aux reglements, en n'approfondissant pas suffisement leurs fouilles, ce qu'ils seront tenus de justifier par des sondes qui seront faites pour prouver qu'il y a des charbons plus profondemment en terre autres que ceux qu'ils tirent de la superficie, et seront sur le present arrest toutes lettres necessaires expediées.

DELAMOIGNON.   MACHAULT.

(Archives nationales, E 1291 A, n° 3, manuscr. Archives COUFFON, série angevine, annexe au n° 468, imprimé.)

XXXII

PERMISSION

ACCORDÉE PAR LE ROI, EN SON CONSEIL, À RENÉ GUÉRIN DE LA GUIMONIÈRE D'EXPLOITER LES MINES DE CHARBON SITUÉES DANS SA TERRE DE L'EGLERIE [1].

(21 mai 1754.)

Sur la requête présentée au Roy en son Conseil par René Guérin de la Guimonière, lieutenant de maréchaussée, seigneur de l'Eglerie, contenant qu'à cause de sa femme, il lui est échu par le partage fait entre les cohéritiers de son épouse différents héritages situés dans les paroisses de Chaufond et Saint-Aubin-de-Luygné, qui ont été bien estimés au-dessus de leur valeur à cause de la faculté que les propriétaires ont par la coutume d'Anjou de pouvoir tirer des charbons de leur terre.

[1] L'Aiglerie, carte de l'État-Major.

Le suppliant a même acquis moyennant 22,000 livres la terre de L'Eglerie, située paroisse Saint-Aubin-de-Luygné; laquelle ne consiste qu'en 22 quartiers de vigne, 9 boisselées de terre et un fief, dans l'espérance de pouvoir y trouver des mines de charbon de terre et d'en tirer : il a même déjà fait différents essais qui n'ont pas encore réussi. C'est le seul bien qui reste au suppliant pour élever une nombreuse famille, chargé même de quelques dettes à cause des emprunts qu'il a été obligé de faire, soit pour se soutenir dans sa place depuis 34 ans, soit pour soutenir son fils au service de Sa Majesté pendant leurs dernières guerres, qui était garde du Roy, et qui est même mort au service de Sa Majesté le 11° avril 1749 à Choisi. Le suppliant n'a acquis cette terre à un si haut prix que pour en tirer des charbons; cependant il a été informé que Sa Majesté auroit accordé au sieur Bault et compagnie un privilège exclusif pour en tirer dans leur paroisse de Chaufond, Saint-Aubin-de-Luygné et Chalonne; en sorte qu'au moyen de cet arrêt le suppliant serait frustré de toutes ses espérances et hors d'état d'élever sa famille et de se soutenir lui-même : car cette terre de l'Eglerie ne lui raporteroit plus rien, non plus que les fonds qui a cause du chef de sa femme dans les paroisses de Chaufond et de Saint-Aubin-de-Luygné; qu'il n'a acquis et choisis que pour en tirer des charbons de terre; pourquoi il avait des dépenses considérables. En effet la dot de sa femme se trouveroit par là bien au-dessous des autres lots de ses frères et sœurs, qui ont eu des biens situés en Poitou d'une valeur proportionnée à ceux d'Anjou relativement à la faculté d'en tirer du charbon. En cet état, il ose donc espérer de la justice de Sa Majesté qu'en considération de ses services depuis trente-quatre ans, et de ceux de son fils mort au service de Sa Majesté, elle voudra excepter ses fonds de la disposition de l'arrêt du Conseil rendu en faveur du sieur Bault et compagnie; et en conséquence par grâce maintenir le suppliant dans le droit d'en tirer des charbons de terre avec défense au sieur Bault et compagnie de l'y troubler. A ces causes, requéroit le suppliant qu'il plût à Sa Majesté, par grâce et sans tirer à conséquence, ordonnancer qu'il sera excepté de la disposition de l'arrêt du Conseil rendu en faveur du sieur Bault et compagnie pour la terre de l'Eglerie et terres indépendantes situées dans les paroisses de Chaufond et Saint-Aubin de-Luygné, et pour les héritages et terres qui lui appartiennent dans lesdites paroisses à cause de sa femme; ce faisant, maintenir et garder le suppliant dans le droit et possession de tirer des charbons tant dans les terres et vignes dépendantes de la terre de l'Eglerie située paroisse Saint-Aubin et fief en dépendant que dans les autres terres et vignes a lui apartenantes dans les paroisses de Chaufond et Saint-Aubin de Luygné; en conséquence faire deffenses au dit Bault et compagnie de le troubler dans l'exploitation desdites mines, et de faire aucune fouille sur les fonds du suppliant à cent toises de distance de son terrain.

Vue ladite requête signée Boucher, avocat du suppliant. Les arrets du Conseil des 8 janvier et 2 avril 1754. Ensemble les avis du sieur intendant et commissaire départi en la généralité de Tours, ouy le raport :

Le Roy en son Conseil a permis et permet au sieur Guérin de la Guimonière d'exploiter les mines de charbon situées dans sa terre de l'Eglerie ainsi que dans les autres terres et vignes a luy appartenant sur les paroisses de Chaudefond et Saint-Aubin-de-Luygné aux conditions par luy de se conformer pour son exploitation aux règles établies par l'arret du Conseil du 14 janvier 1744, et ce nonobstant et sans préjudice a l'arret du Conseil du 8 janvier dernier portant consession au sieur Bault et compagnie des mines de charbon situées dans les paroisses de Chalonnes, Chaudefond et Saint-Aubin-de-Luygné : fait Sa Majesté défenses au sieur Bault et compagnie et a tout autre de le troubler dans ladite exploitation et de faire aucune ouverture de mines à cinquante toises des puids que le sieur de Guimonière peut avoir déjà ouverts ou qu'il ouvrira dans la suite sur ses héritages.

Et seront sur le présent arret toutes lettres nécessaires expédiées.

Versailles, le 21 may 1754.

DELAMOIGNON.   MACHAULT.

(Archives nationales, Conseils du Roi, Conseil des Finances, E 1294 c.)

XXXIII

ARREST DU CONSEIL

QUI ATTRIBUE POUR SIX ANNÉES AU SIEUR INTENDANT DE LA GÉNÉRALITÉ DE TOURS LA CONNOISSANCE DE TOUTES LES CONTESTATIONS CONCERNANT LES MINES DE CHARBON DE TERRE DE LADITE GÉNÉRALITÉ.

(Du 2 d'avril 1754.)

EXTRAIT des registres du Conseil d'État.

LE ROI s'étant fait représenter, en son Conseil, les deux arrêts rendus en icelui le 8 janvier 1754, par l'un desquels Sa Majesté auroit permis au sieur de Vieville de Montejan d'ouvrir et exploiter, exclusivement à tous autres, les mines de charbon de terre qui pourront se trouver dans l'étenduë de la baronnie de Montejan; et par l'autre auroit également permis au sieur Bault et compagnie de faire foüiller et exploiter, exclusivement à tous autres, les mines de charbon, ouvertes et non ouvertes, qui sont situées dans les paroisses de Saint-Aubin de Luigné, Chalonnes et Chaudefond, aux conditions que lesdits deux concessionnaires se conformeront au règlement du Conseil du 14 janvier 1744, pour lesdites exploitations, dans lesquelles

IMPRIMERIE NATIONALE.

Sa Majesté fait défenses à toutes personnes de les troubler, à peine de tous dépens, dommages et intérêts : n'entendant néanmoins qu'en vertu desdites concessions, lesdits concessionnaires puissent troubler, ni empêcher de travailler ceux des propriétaires qui sont en possession d'exploiter de pareilles mines antérieurement audit arrêt du 14 janvier 1744, ni faire fouiller dans les trous qu'ils ont ouverts, et à cinquante toises de distance; si ce n'est qu'ils prétendissent que lesdits particuliers exploitent mal, et en contravention aux règlemens, en n'approfondissant pas suffisamment leurs fouilles; ce qu'ils seroient tenus de justifier par des sondes, qui seroient faites pour prouver qu'il y a des charbons plus profondément, autres que ceux que l'on tire de la superficie. Et Sa Majesté voulant éviter que les contestations qui pourroient s'élever pour raison desdites exploitations n'arrêtent l'exécution desdits deux arrêts, et ne détournent les concessionnaires de leurs travaux, par la longueur et les frais des procédures, si elles étoient suivies devant les juges ordinaires, oüi le rapport, LE ROI, ÉTANT EN SON CONSEIL, a commis et commet le sieur intendant de la généralité de Tours, pour connoître, pendant six ans, à compter du jour de la date du présent arrêt, de tout ce qui concernera les concessions et exploitations des mines de charbon de terre, dans toute l'étenduë de la généralité de Tours, et notamment de tout ce qui concerne l'exécution desdits deux arrêts du Conseil des 8 janvier 1754, et des contestations qui pourroient survenir au sujet desdites concessions et exploitations des mines de charbon de terre, circonstances et dépendances, pour être par lui jugées, sauf l'appel au Conseil; Sa Majesté lui attribuant à cet effet toute cour, juridiction et connaissance qu'elle interdit à toutes ses cours et juges.

Fait au Conseil d'État du Roi, Sa Majesté y étant, tenu pour les Finances, à Versailles, le 2 avril 1754.

Signé : PHELIPEAUX.

LOUIS, par la grace de Dieu, etc., à notre amé et féal, conseiller en nos conseils, maître des requêtes ordinaire de notre hôtel, le sieur intendant et commissaire départi pour l'exécution de nos ordres dans la généralité de Tours, SALUT. Nous vous mandons et ordonnons par ces présentes, signées de Nous, de procéder, en exécution de l'arrêt attaché sous le contre scel de notre chancellerie, cejourd'hui rendu en notre Conseil d'État. Nous y étant, pour les causes y contenuës, commandons au premier notre huissier ou sergent sur ce requis, de signifier ledit arrêt, etc., car tel est notre plaisir.

Donné à Versailles, le 2e jour d'avril 1754.

Signé : LOUIS,
Par le Roi :
Signé : PHELIPEAUX.

Charles-Pierre Savalete, etc.

Vu l'arrêt du Conseil ci-dessus et la commission du grand sceau, expédiée sur icelui.

Nous ordonnons que ledit arrêt sera exécuté, suivant sa forme et teneur, et qu'il sera lu, publié et affiché, tant dans les paroisses y dénommées et autres circonvoisines, que partout ailleurs où besoin sera à ce que personne n'en ignore.

Fait à Tours, le 12 avril 1754. Signé, Savalete, et plus bas, par M. de la Fontaine.

(Archives Courfon, série angevine, annexe au n° 468.)

XXXIV

ORDONNANCE DE L'INTENDANT DE TOURS

DISANT QUE L'ARRÊT DU CONSEIL, DU 8 JANVIER 1754, SERA EXÉCUTÉ SUIVANT SA FORME ET TENEUR.

Charles Pierre Savalete, etc.

Vu l'arrêt du Conseil du 8 janvier dernier, ensemble celui du 14 janvier 1744, portant réglement général pour l'exploitation des mines à charbon.

Nous, intendant de Tours, ordonnons que ledit arrêt du Conseil du 8 janvier dernier sera exécuté suivant sa forme et teneur; en conséquence, faisons très expresses défenses à tous propriétaires de terrains, dans l'étenduë des paroisses de Saint-Aubin-de-Luigné, Chalonnes et Chaudefond, de continuer les puits qu'ils ont actuellement en exploitation, d'en faire de nouveaux et de dépouiller aucunes fosses, tant celles qui peuvent avoir été déjà par eux abandonnées que celles qui ne l'ont pas encore été, et lesquelles ils seront tenus d'abandonner et de troubler les suppliants, leurs commis et ouvriers, dans leurs exploitations, à peine de tous dépens, dommages et intérêts; à la charge par les suppliants de se conformer, pour ladite exploitation, au réglement du 14 janvier 1744, et de dédommager, suivant leurs offres, les propriétaires, sur les terrains desquels ils ont fait ou feront des ouvertures à l'amiable, et de gré à gré, sinon à dire d'experts qui seront convenus, ou nommés d'office par le sieur de la Guerche, notre subdélégué à Angers. Ne pourront néanmoins les suppliants troubler, ni empêcher ceux des propriétaires qui sont en possession d'exploiter de pareilles mines, antérieurement audit réglement du 14 janvier 1744, ni faire fouiller dans les terres, ouvertes par lesdits propriétaires, et à 50 toises de distance; si ce n'est qu'ils prétendissent que lesdits propriétaires exploitent mal, et en contravention aux réglemens, en n'approfondissant pas suffisamment leurs fouilles; ce que les suppliants seront tenus de justifier par des sondes, qui seront faites pour prouver qu'il y a des charbons plus profondément en terre, autres que ceux que lesdits propriétaires tirent de la superficie.

32.

Permettons au surplus aux suppliaus de faire imprimer, publier et afficher, tant l'arrêt du Conseil dudit jour 8 janvier dernier que la présente ordonnance, laquelle sera exécutée nonobstant oppositions ou appellations quelconques, et sans y préjudicier.

Fait à Tours, le 21 avril 1754.

Signé : SAVALETE.

(Archives COUFFON, série angevine, annexe au n° 468.)

XXXV

MÉMOIRE

POUR LES PROPRIÉTAIRES DES MINES DE CHARBON DE TERRE, DANS L'ÉTENDUË DES PAROISSES DE SAINT-AUBIN-DE-LUIGNÉ, DE CHALONNES ET DE CHAUDEFOND DE LA PROVINCE D'ANJOU, OPPOSANS À L'ARRÊT DU CONSEIL D'ÉTAT, TENU POUR LES FINANCES, DU 8 DE JANVIER 1754, ET RESPECTIVEMENT APPELLANS DES ORDONNANCES DU SIEUR INTENDANT DE TOURS, DES 11 DE MAI, 26 DE JUIN, 13 D'AOÛT, 10 DE SEPTEMBRE 1753, 21 D'AVRIL, 12 DE JUIN, 12 DE SEPTEMBRE, 22 DE NOVEMBRE ET 18 DE DÉCEMBRE 1754.

CONTRE

Thomas-René BAULT, marchand de la ville d'Angers, et ses consorts, se disant entrepreneurs desdites mines.

La contestation dont il s'agit ici peut paroître d'un médiocre intérêt par rapport à son objet principal : mais, si l'on en considère les circonstances et les suites, il n'est pas douteux qu'elle n'intéresse tout le royaume. Des entrepreneurs, quels qu'ils soient, peuvent-ils, de leur autorité privée, s'emparer des patrimoines des sujets du Roi? Peuvent-ils négliger impunément l'exécution des réglemens dont ils s'autorisent? Peuvent-ils enfin être tolérés au milieu du crime et du brigandage? L'équité naturelle, l'autorité des loix et l'intérêt de toutes les sociétés s'y opposent. C'est sur ces fondemens sacrés que les propriétaires des mines de charbon des paroisses de Saint-Aubin-de-Luigné, de Chalonnes et de Chaudefond se proposent d'établir leur défense, après qu'ils auront fait le récit de l'origine et des circonstances de cette affaire.

FAIT

L'arrêt solennel du 4 de janvier 1695, rendu en faveur des habitans de l'Anjou, les avoit maintenus dans la possession de faire valoir les mines de charbon de terre qui se trouvent dans leurs domaines. Ils jouissoient paisiblement de cette faculté, lorsque François Pouperon a paru dans la province. Cet ancien marqueur de paulme à Paris, que quelques disgraces, conformes à son état, avoient obligé de quitter la capitale du royaume, vint d'abord se refugier à Saint-Georges-Châteaulaison. Il s'y donna pour entrepreneur, et quoiqu'il n'eût aucune connoissance de l'exploitation des mines, il ne craignit point de s'en mêler. *Omnia novit Græculus esuriens.* Son coup d'essai fut malheureux; le défaut de succès, joint à d'autres circonstances, qui ne touchent point cette affaire, l'obligea d'abandonner son poste. Il passa en Bretagne, où il fit un nouvel essai sur les mines de Montrelais : mais il ne réussit pas mieux qu'à Saint-Georges.

Tant d'infortunes ne le rebutèrent point; il revint en Anjou vers le milieu de l'année 1751. Le nouveau champ, qu'il choisit pour exercer la plus indigne des manœuvres, fut la paroisse de Saint-Aubin-de-Luigné. Il commença par établir des nommés Renault et Cady, maréchaux en œuvres blanches, la permission d'extraire tous les charbons de terre qui pourroient se trouver en et au dedans de tous les terreins situés au lieu du Pasty, dont ils jouissoient à titre de rente foncière, à la charge de leur délivrer le quart franc de tous les charbons qui seroient extraits. Ce contrat fut fait le 12 du mois de juillet 1751, et rapporté par Julien Grimault, notaire royal à Chalonnes.

La conduite de Pouperon ne laisse encore rien appercevoir de contraire à la bonne foi. Il se soumet aux conditions ordinaires des exploitations des mines : il adopte l'usage du pays. Tout est en regle jusqu'ici : mais la scene va bientôt changer de face. Pouperon se met en possession de la mine du Pasty, l'une des meilleures du canton, qui s'exploitoit depuis plus de 30 ans. Cette mine, fructueuse et abondante jusqu'alors, dépérit entre ses mains, et son ignorance ne trouva que de la perte où le profit devoit être considérable.

Les associés de Pouperon (car on ne scait pas le rang qu'il tenoit entr'eux) se lassèrent bientôt de s'en rapporter à un si mauvais artisan, et résolurent de travailler par eux-mêmes à leur fortune. Le premier pas qu'ils firent fut un crime. Ils surprirent à la religion du sr intendant de Tours la plus irrégulière des ordonnances. Ils choisirent le moment qu'ils crurent le plus favorable à leur dessein, celui où ce magistrat, occupé dans la ville d'Angers à la revûe des milices de la province, ne pouvoit pas donner à leur demande toute l'attention qu'elle exigeoit. Des vûës de bien public le séduisirent, et son zèle, prévenu pour le bien de sa généralité, l'empêcha de voir le piége qui lui étoit tendu.

Cette ordonnance a deux parties. La première, ordonne l'exécution de l'arrêt du 14 janvier 1744, portant règlement pour l'exploitation des mines de charbon de terre, et *en conséquence* fait « très expresses défenses à tous propriétaires, dans « l'étendue des paroisses de S. Aubin de Luigné, de Chaudefond et de Chalonnes « d'ouvrir, aucune nouvelle fosse pour en tirer du charbon de terre, sans en avoir « obtenu la permission du Conseil, et à tous ceux qui en auroient ouvert précé- « demment, d'en continuer l'exploitation, *faute par eux de s'être conformés à l'art.* 11

« *dud. arrêt*, etc ». Par la seconde disposition, il est permis « au sʳ Bault et compa-
« gnie de continuer *l'exploitation par eux commencée*, et de faire telles autres ouver-
« tures qu'ils jugeront nécessaires, en se conformant aux régles établies par l'arrêt
« de 1744, et en dédommageant les propriétaires, tant des terreins qu'ils feront
« ouvrir que de ceux qui seront nécessaires au service de la mine autour des ouver-
« tures, soit de gré à gré, soit aux dires d'experts, qui seront convenus entre les
« parties, sinon nommés d'office par le subdélégué dudit sieur intendant à Angers. »
Enchanté du succès de sa surprise, Bault se hâta de faire signifier cette ordonnance
à ceux qu'il vouloit déposséder : mais l'intérêt commun réunit bientôt tous les propriétaires des trois paroisses, et ils interjetterent appel de cette ordonnance, par
acte judiciaire du 21 mai 1753. Ils auroient poursuivi dès lors l'effet de leur appel,
si l'on ne leur eût persuadé de se plaindre au sieur intendant lui-même de son
ordonnance, et de le supplier de la révoquer. Ils suivirent cette voie, qui leur
parut la plus propre à rétablir promptement leur tranquillité.

Ils présentèrent donc leur requête audit sʳ intendant, et demandèrent acte de ce
qu'ils convertissoient leur appel en opposition, en conséquence requirent qu'il lui plût
déclarer son ordonnance du 11 du mois de mai précédent comme non avenuë,
faire défenses de la mettre a exécution, et les maintenir dans le droit et possession
d'exploiter les mines de charbon de terre sur leur fonds, même d'y faire telles ouvertures qu'ils jugeroient à propos, avec défenses audit Bault et à ses adhérans de
les y troubler, à peine, etc. Bault, à qui cette requête fut communiquée, fournit
ses défenses; il s'y donna, et à sa compagnie prétenduë, la qualité d'entrepreneurs
des mines de charbon de terre dans les paroisses de S. Aubin-de-Luigné, Chaudefond et Chalonnes, eut la témérité de demander qu'il fut dressé procès verbal de la
situation, tant des puits ouverts par les propriétaires que de ceux qu'il exploitoit.

Cependant on s'apperçut que le règlement de 1744 n'avoit point été publié dans
les trois paroisses, suivant l'usage observé de tout tems en pareil cas, et l'on craignit
que l'édifice qu'on vouloit élever sur l'ordonnance du 11 mai 1753, ne s'écroulât,
faute d'avoir cet appui nécessaire. Ce fut pour se le procurer que l'on sollicita auprès du sʳ intendant une nouvelle ordonnance pour la publication dudit réglement;
il la donna le premier de juin 1753, et la publication fut faite le dimanche 17 du
même mois. Cette précaution prise, intervint une troisième ordonnance le 26 du
même mois, par laquelle les propriétaires furent reçus « opposans à l'exécution de la
« première, *en ce qui concerne seulement les défenses qui leur avoient été faites de con-*
« *tinuer l'exploitation des puits par eux précédemment ouverts,* et ce quant alors seu-
« lement, et jusqu'à ce qu'il eut été statué définitivement sur les droits et prétentions
« respectives des parties… ladite ordonnance sortissant au surplus son plein et
« entier effet. Il fut encore enjoint aux propriétaires de remettre entre les mains du
« sʳ intendant, dans un mois du jour de la publication, qui avoit été faite ou renou-
« vellée en dernier lieu, de l'arrêt du 14 janvier 1744, leurs déclarations conformes
« à l'art. II dudit règlement… et jusqu'à ce que lesdites déclarations eussent été
« fournies, il fut sursis à faire droit sur la demande des entrepreneurs, à ce qu'il fut

« dressé procès-verbal de l'état de toutes les exploitations. Enfin très expresses dé-
« fenses furent faites, tant auxdits entrepreneurs, qu'aux propriétaires, d'abandonner
« et combler aucuns puits et d'en ouvrir aucuns autres, sans une permission
« expresse, conformément aux art. I et X du même réglement ».

Il suffit de lire cette seconde ordonnance, pour voir qu'elle défendait à Bault
d'ouvrir de nouveaux puits, sans une permission expresse du conseil; mais il ne put
demeurer oisif. Il fit ouvrir une mine sur un terrein, situé dans la paroisse de Chalonne, et cette ouverture donna lieu à un événement, qui mérite d'être singulièrement remarqué.

Le terrein que Bault avait entamé dépend du temporel de l'évêché d'Angers. Dès
que le sieur évêque eut connoissance de la voie de fait, il s'en plaignit au sieur intendant, et le pria de donner des ordres qui puissent éloigner cet entrepreneur du
patrimoine de son église. Le sieur intendant satisfit à la plainte de l'évêque : les
ordres furent donnés, et les entrepreneurs se retirèrent; cependant le magistrat crut
devoir écrire au prélat le 3 août 1753, afin de l'engager à donner son consentement [1]. Mais ce conseil n'étant point du goût du sieur évêque, il lui répondit qu'il
le priait *de trouver bon qu'il ne donnât point son consentement à ce qu'on continuât de
travailler à la mine en question.*

[1] *Le sieur évêque d'Angers ayant bien voulu communiquer la lettre du sieur intendant, on va
l'insérer dans tout son contenu.*

Monsieur, les entrepreneurs des mines à charbon de Saint-Aubin-de-Luigné, Chalonnes et
Chaudefond, *ne pouvant,* jusqu'à la décision du conseil, sur les représentations des propriétaires,
se mettre en possession des puits ouverts par ceux-ci, ni même faire aucunes ouvertures nuisibles à
leurs exploitations, ont cherché quelque terrein convenable, pour occuper leurs ouvriers, et employer leurs fonds, et se mettre en état de remplir *les engagements qu'ils ont pris, pour l'exploitation des fourneaux à chaux* près Angers.

Ils ont jeté leurs vûes sur un terrein appelé le Roc, dans la paroisse de Chalonnes; mais, *en
me demandant la permission d'y travailler,* ils m'observèrent que ce terrein pourroit vous appartenir; ce qui me fit suspendre mon autorisation, jusqu'à ce que le fait fut approfondi.

Depuis ils m'ont adressé leur requête; et, me marquant que votre receveur à Chalonnes les
avoit assurés que vous n'aviez aucun droit de propriété sur le terrein dont il s'agit, j'ai rendu
mon ordonnance sur cet exposé; et les entrepreneurs ont, en conséquence, entamé l'exploitation
de cette mine.

J'apprends par eux-mêmes, qu'aussitôt qu'elle a été ouverte, ils ont sçu que le terrein vous
appartenoit; et que le fait leur ayant esté confirmé par M. Mezeray, *ils ont interrompu leurs travaux; je serois fâché d'autoriser une démarche, qui dût vous déplaire;* mais *j'espère* que vous voudrez
bien leur accorder votre consentement, sauf à régler le dédommagement qui vous sera dû,
lorsque le conseil se sera définitivement expliqué, *sur les conditions auxquelles ces entrepreneurs
pourront continuer leurs entreprises.*

Si, évenement, ces entrepreneurs sont expulsés, vous profiterez des découvertes qu'ils
auront faites, sinon, vous n'avez pas à craindre d'être moins bien traité que les autres propriétaires, et *l'exemple, que vous aurez bien voulu donner* lévera beaucoup de *difficultés,* dont l'évenement *ne peut être favorable aux propriétaires, quand ils voudront lutter contre l'autorité,* etc.

Est-ce par les mêmes principes, que les sieurs Petit de la Pichonnière, écuyer, et Guerin de
la Guimonnière, exempt de la maréchaussée d'Angers, ont été mis à l'abri des entreprises
de Bault et de sa prétendue compagnie?

La demoiselle Mazureau, qui n'avait pas le même crédit, étoit déjà la victime des violences de Bault et de ses adhérans. Chassés du terrein de l'évêché, ils s'étaient emparés, dès le 2 du même mois d'août 1753, d'une pièce de terre labourable (et non pas *inculte*, comme le dit Bault) contenant quarante boisselées, et faisant la plus grande partie d'une closerie, dite le Grand Ponceau. On dit *s'étoient emparés*, et l'on ne dit que trop vrai, puisque cette prétenduë société n'avoit ni la permission du conseil, ni l'autorisation du sieur commissaire départi, ni le consentement de la propriétaire.

Ce fait est reconnu par Bault lui-même dans sa requête du 19 de mars 1756. Ce fut sans doute pour couvrir tant de défauts que, suivant sa méthode ordinaire, il renouvella ses artifices, et surprit encore la religion du sieur intendant, qui rendit, le 13 dudit mois d'août, une ordonnance non moins irrégulière que les précédentes, par laquelle il est autorisé à continuer le puits *qu'il a ouvert* sur la partie du rocher appartenant à la demoiselle Mazureau, et à ouvrir dans *la pièce de terre*[1] *située au bas dudit rocher* ces tranchées et galleries nécessaires, aux offres de dédommager ladite propriétaire, aux termes de l'article 11 du réglement de 1744.

Cette ordonnance fut signifiée à la demoiselle Mazureau le 17 du mois d'août, avec sommation de comparoir le 25 devant le sieur Poulain de la Guerche, subdélégué de la ville d'Angers, pour convenir de gré à gré du dédommagement à elle dû, sinon d'experts pour l'estimer. Le même lui fit dénoncer[2] qu'il entendoit abandonner son lieu, au jour et fête de Toussaints alors prochaine, attendu l'impossibilité de l'exploiter, vu *qu'une troupe de gens inconnus, se disant charbonniers de terre,* avoient depuis quinze jours entrepris un puits et deux tranchées dans la principale pièce dudit lieu, nommée *les Gourmes*.

La demoiselle Mazureau, jugeant, d'après le traitement qu'elle essuyoit, de ce qu'elle devoit attendre, songea à mettre ses droits à couvert. Elle appela de l'ordonnance du 13 d'août 1753; son appel fut dénoncé à Bault, par l'exploit du 29 du même mois, avec déclaration de ce qu'elle s'opposoit à ce qu'il continuât ses ouvertures et tranchées; en même tems sommation lui fut faite *d'indiquer les noms, qualités et demeures de ses associés, et de justifier de l'acte de leur société,* pour exercer la solidarité contre eux, etc. Non seulement Bault ne répondit point à cette interpellation, toute légitime qu'elle étoit; mais même il ne se présenta point, ni aucun de ses associés, chez le subdélégué, au jour qu'il avoit indiqué lui-même, par la signification qu'il avoit fait douze jours auparavant; de sorte que les vaines offres de dédommagement, faites par Bault, sont un moyen que la loi lui fournit, pour en éluder l'effet.

Cependant les propriétaires avoient fait des déclarations, en conséquence de l'ordonnance du sieur intendant du 26 du mois de juin 1753. Bault, qui n'attendoit que ce moment pour mettre le comble à toutes ses surprises, fit tant qu'il obtint

---

[1] Les tranchées et les galleries sont dans la même pièce de terre qui est de 40 boisselées.
[2] Cette signification est au nombre des pièces produites au procès.

une nouvelle ordonnance, portant que procès-verbal seroit fait de l'état des mines des trois paroisses. Cette ordonnance, qui est du 10 de septembre 1753, ayant été notifiée aux propriétaires, ils prirent le parti de s'opposer à la visite ordonnée. En effet, dès que le sieur de Woglie, ingénieur en chef des ponts et chaussées, de la généralité de Tours, parut le 2 d'octobre 1753 sur les mines dont il s'agit, les propriétaires lui déclarèrent qu'ils formoient opposition *à ce qu'il fut fait aucun procès-verbal de visite et d'examen de l'état actuel des mines ouvertes et à eux appartenantes, dans l'étenduë desdites paroisses, à la requéte et diligence de Thomas Bault.*

Leurs moyens d'opposition furent insérés au procès-verbal du sieur de Woglie, dont le duplicata, expédié par un notaire royal, fut signifié à Bault, par exploit du 5 du même mois, avec déclaration de la part des propriétaires d'adhérer à l'appel interjetté par ladite demoiselle Mazureau, de l'ordonnance contre elle renduë le 13 du mois d'août précédent, avec sommation à Bault de se retirer, et de faire enlever ses engins, même de cesser l'exploitation des deux mines, sçavoir, de celle desdits Renault et Cady, et de celle de la demoiselle Mazureau; au surplus, ils déclarèrent se porter appelans de l'ordonnance du 10 de septembre 1753.

Le sieur de Woglie défera aux oppositions des propriétaires et se retira, ou plutôt parut se retirer; car les propriétaires ont remarqué que, dans l'arrêt du conseil du 8 janvier 1754, il est dit que le procès-verbal a été continué les 3 et 4 du mois d'octobre. S'il en est ainsi, ces actes, rédigés hors de la présence et de la connoissance des parties intéressées, doivent être regardés comme nuls; et, s'ils ont servi de motifs à la concession du privilège exclusif de Bault, leur clandestinité est le meilleur moyen que les propriétaires puissent avoir pour obtenir la révocation d'une faveur si dangereuse.

L'arrêt du conseil du 8 de janvier 1754 permet à Bault et à sa prétendue compagnie « de faire foüiller et exploiter *exclusivement à tous autres* les mines de charbon, « *ouvertes et non ouvertes*, qui sont situées dans lesdites paroisses, aux conditions « qu'ils se conformeront au réglement de 1744, avec défenses à toutes personnes de « quelque qualité et condition qu'elles soient, de les troubler, à peine de tous dépens, « dommages-intérêts. »

Cette clause rigoureuse est adoucie par celle qui la suit, où S. M. déclare qu'elle n'entend point « qu'en vertu de sa concession Bault puisse troubler ni em- « pêcher de travailler ceux des propriétaires qui *sont en possession* d'exploiter de « pareilles mines, antérieurement à l'arrêt de 1744, ni fouiller dans les trous qu'ils « ont ouverts, et à *cinquante toises* de distance. » Mais cette disposition, si juste et si naturelle, devient inutile, par la faculté que l'arrêt donne à Bault d'examiner l'ouvrage des propriétaires, et de *prétendre* que leurs exploitations ne sont pas bien faites.

« Si ce n'est qu'ils (Bault et compagnie) prétendissent que lesdits particuliers pro- « priétaires exploitent mal et en contravention aux règlements, en n'approfondissant « pas suffisamment leurs fouilles; ce qu'ils seront tenus de justifier par des sondes, « qui seront faites, pour prouver qu'il y a des charbons plus profondément en terre, « autres que ceux qu'ils tirent de la superficie. »

IMPRIMERIE NATIONALE.

Bault avait omis dans sa requête au roi de demander une attribution au commissaire départi, pour connoître de l'exécution de l'arrêt qui interviendrait. Il s'imaginait sans doute que l'attribution, donnée aux sieurs intendans du royaume, pour connoitre de l'exécution du règlement de 1744, subsistait encore; mais il se trompait; car elle avait cessé longtemps avant l'année 1753. Il s'aperçut de sa méprise, et ne voulut point faire d'usage de l'arrêt du 8 de janvier 1754, jusqu'à ce que l'attribution n'eût été renouvellée. Le Roi l'a rétablie pour six ans, par son arrêt du 2 du mois d'avril 1754.

Il semble, après cette précaution, que rien ne devoit empêcher Bault de faire usage de l'arrêt du 8 de janvier 1754; il voulut néanmoins le faire *interpréter* et *confirmer*, comme il le dit lui-même, par le sieur intendant de Tours; il lui présenta sa requête, sur laquelle fut renduë l'ample ordonnance du 21 avril 1754. Elle porte que l'arrêt du 8 janvier précédent sera exécuté suivant la forme et teneur; *en conséquence* très expresses défenses sont faites « à tous propriétaires... *de continuer* « les puits qu'ils ont actuellement en exploitation, *d'en faire de nouveaux* et de dé- « pouiller aucunes fosses, tant celles qui peuvent avoir été déja par eux abandonnées « que celles qui ne l'ont pas encore été, et *lesquelles ils seront tenus d'abandonner,* et « de troubler les supplians (Bault et c.) dans leur exploitation, à peine, etc ».

L'arrêt du 8 de janvier 1754, et l'ordonnance du sieur intendant du 21 du mois d'avril suivant, ont été signifiés à la requête de Bault à différens propriétaires, qui ont cru devoir s'opposer à l'un, et interjetter appel de l'autre. Ils ont porté aux pieds du trône leur opposition et leurs différentes appellations, par leur requête du 14 de janvier 1755, sur laquelle est intervenu l'arrêt du même jour, par lequel « S. M. a ordonné que ladite requête seroit communiquée aux entrepreneurs, pour « y répondre dans les délais du règlement, pour ce fait, ou faute de ce faire, être « statué ainsi qu'il appartiendra,» sauf l'exécution provisoire, qui a été conservée aux jugemens entrepris, jusqu'à ce que par S. M. il en ait été autrement ordonné.

Cet arrêt a été signifié aux entrepreneurs le 27 du mois de février suivant. Ils ont répondu à cette communication, par leur requête du 19 de mars 1756; entre autre chefs de conclusions, ils demandent l'exécution pure et simple de l'arrêt du Conseil du 8 janvier 1754, et de toutes les ordonnances du sous-intendant de Tours dont est appel, avec défenses d'y contrevenir, à peine de 1500 livres d'amende et de tous dépens, dommages-intérêts; ils requierent ensuite qu'il leur soit donné acte de la déclaration, faite par les propriétaires, dans leur requête sur laquelle est intervenu l'arrêt du 14 de janvier 1755, que les puits, par eux ouverts et dont ils ont fourni leurs déclarations, n'ont été ouverts, pour la plus grande partie, que depuis 1744; enfin ils demandent que les propriétaires soient condamnés en 3,000 livres de dommages-intérêts, résultans de leur induë vexation, et du trouble par eux fait aux entrepreneurs dans leur exploitation.

Tel est l'état de cette instance, dont la décision dépend du point unique de sçavoir qui doit être préféré, des propriétaires, ou de la prétenduë compagnie de Bault, dans l'exploitation des mines de Saint-Aubin-de-Luigné, de Chalonnes et de Chaudefond. Les propriétaires se flattent de démontrer que cette préférence ne saurait être contestée; 1° parce qu'en Anjou les substances terrestres, telles que le charbon de terre, ne sauraient être l'objet d'un privilège exclusif; 2° parce que, dans l'état actuel des choses, Bault n'a aucun droit d'entreprendre l'exploitation des mines dont il s'agit; 3° parce que le bien public s'oppose au prétendu privilège de Bault, s'il existe, et demande sa révocation.

Avant que d'entrer dans l'examen de ces trois propositions, il est nécessaire de répondre aux fins de non-recevoir que les entrepreneurs opposent aux propriétaires. Ils disent : 1° que l'on ne peut être appellant d'une sentence ou jugement, quand on n'a point été partie dans l'instance; qu'ainsi le général des propriétaires n'a que la voie de la tierce opposition contre les ordonnances renduës à leur profit; 2° que ceux des propriétaires, qui, d'après l'arrêt du 8 de janvier 1754, se sont pourvûs contre les entrepreneurs devant le sous-intendant de Tours, n'y sçauroient plus former d'opposition; 3° que les propriétaires ayant converti l'appel par eux interjetté de l'ordonnance du 11 de mai 1753, en opposition, il doit être regardé comme anéanti; 4° qu'ils ont formellement acquiescé à l'arrêt du 8 janvier 1754, lequel avoit été produit par les entrepreneurs devant le sous-intendant, pour se défendre de l'opposition formée à l'ordonnance du 11 de mai 1753.

La première de ces fins de non-recevoir est contraire aux principes de l'ordre judiciaire, qui défend aux juges soumis à l'appel de réformer leurs jugements, et qui veut que l'on se pourvoie devant le supérieur. Ce principe ne sçauroit avoir une plus juste application, que dans cette affaire, dont l'espèce est telle que les jugemens, contraires à quelques-uns des propriétaires, blessent les intérêts de tous les autres.

La deuxième fin de non recevoir se détruit par cette réflexion bien simple, que les propriétaires, ayant interjetté appel de ces jugemens, sont absolument obligés de former opposition à l'arrêt, qu'on regarde comme le fondement de leurs condamnations.

On peut répondre à la troisième, que les propriétaires étant appellans de l'ordonnance même, qui convertit leur appel en opposition, cette fin de non-recevoir est contraire à l'état de l'instance. Enfin la quatrième ne pourrait avoir lieu que contre quelques-uns des propriétaires; mais leur cause est indivisible d'avec celle du général. D'où il suit que, si cette fin de non recevoir pouvoit valoir contre eux, elle vaudroit contre tous les propriétaires. Bault lui-même n'admet pas cette conséquence, quoiqu'elle se tire de son principe, il faut donc la rejetter.

Première Proposition.

Les substances terrestres, telle que le charbon de terre, ne peuvent être en Anjou l'objet d'un privilège exclusif.

C'est dans les loix, et non dans les exemples, qu'il faut chercher la vérité de cette proposition.

Les propriétaires ne contesteront pas que le Roi n'ait accordé des privilèges exclusifs, pour l'exploitation des mines de son royaume; mais ils n'en diront pas moins, avec confiance et vérité, que ces concessions, presque toujours extorquées par le crédit, ou par l'importunité, n'ont point la force de détruire le domaine des citoyens, ni ses effets. Parler ainsi, ce n'est point offenser la souveraineté du Roi, c'est rappeler les principes du droit·commun, c'est implorer l'autorité des loix du royaume, c'est réclamer les privilèges de la province d'Anjou.

Il est certain que les Romains, ces sages législateurs, considéroient toutes les mines, sans distinction, comme une portion de la terre, parce que la terre les produit; ils n'ont jamais douté qu'elles n'appartinssent au maître de la superficie; ils regardoient même le produit des mines, comme le véritable revenu de l'héritage où elles étoient découvertes, et ils tenoient pour injuste d'en frustrer l'usufruitier, qui a droit de percevoir tous les fruits de la chose dont il jouit. *Venas lapidicinarum et metallorum inquirere poterit. Ergo et auri et argenti, et sulphuris, et æris, et ferri, et ceterorum fodinas; vel quas pater familias instituit, exercere poterit* [1].

Il est vrai qu'après la division de l'empire, les monarques romains imposèrent certains droits sur les mines, qui furent différens, suivant la différence des mines. La première loi, qui parle de ces sortes de tributs, fut portée par les Empereurs Valentinien Ier et Valens, l'an 365; mais elle ne regarde que les mines du plus précieux des métaux [2]. Le tribut montoit à huit scrupules par livre d'or vierge, dont la livre étoit de quatorze onces. Ces huict scrupules faisoient la troisième partie de l'once; par conséquent le tribut n'étoit que du quarante deuxième. Quelques années auparavant, un officier impérial en Afrique prétendit qu'il étoit nécessaire d'avoir une permission, pour ouvrir des carrières de marbre. La conduite de cet officier excita des plaintes, qui furent portées à l'Empereur. Constantin le Grand les fit cesser, en défendant de rien exiger pour l'ouverture de ces sortes de carrières. Depuis elles furent assujetties au dixième, que le propriétaire devoit payer à la recette domaniale, quand il exploitoit lui-même sa mine. Si c'étoit un étranger, il devoit un dixième au fisc, l'autre au propriétaire; ce qui revenoit au cinquième du produit de son exploitation. *Decima pars fisci nostri utilitaribus, decima ei, cujus locus, deputetur* [3]. Toutefois il ne paroit pas que ce subside ait eu lieu en Occident depuis l'année 376, que le Sénat de Rome en demanda et en obtint la pleine et entière remise.

Si l'on voit, dans ces usages, les Empereurs romains exiger une redevance sur les mines d'or, on les voit aussi n'en exiger, de toutes les substances terrestres que sur le marbre, et bientôt en faire remise. On voit enfin que ces puissans Monarques ont été véritablement persuadés que tous les biens de ces mines appartenoient à leurs sujets, puisque, dans les cas où ils ont pris, par droit de souveraineté, une

---

[1] L. 13. §. 5. ff. *de usufr. junct.* l. 77 de contr. empt.

[2] L. 3 au cod. Theod. et 1 au cod. Justin. *de metallis et metallariis.*

[3] L. 10, § 11 au cod. Theod. L. 3 au cod. Justin. L. 8 au cod. Theod.

certaine redevance, ils leur en ont accordé une pareille, pour leur droit de propriété. *Decima ei, cujus est locus, deputetur.*

Il n'est pas à présent difficile de voir que le droit de Dixième, que nos Rois perçoivent sur toutes les mines du Royaume, nous a été transmis, comme par tradition, et qu'il tire son origine des loix Romaines. Ce droit de Dixième est dû à la Majesté Royale, et s'étend à toutes les Mines et Minières du Royaume; toutes les substances métalliques, *ou* terrestres, y sont sujetes. Mais, quelque grand, quelque respectable que soit ce droit, puisqu'il est attaché à la couronne, il n'a rien qui soit contraire au droit des propriétaires. *Omnia Rex imperio possidet, tutelarique patrocinio, singuli dominio* [1]. La souveraineté du Roi peut empêcher qu'on ne fouille dans les entrailles de la terre, sans la permission de Sa Majesté : elle peut mettre des conditions à la grace qu'elle accorde aux vœux des particuliers; elle peut enfin, lorsque le bien de l'État le demande, les obliger à ouvrir les mines qui leur appartiennent, ou à consentir qu'elles soient ouvertes par d'autres. De tous ces traits, le dernier seul paroît blesser la propriété : mais le dédommagement qui en est inséparable empêche qu'il ne l'offense.

Ces maximes, immuables comme les droits même de la Couronne, sont écrites dans les ordonnances de nos Rois. La première, que nous ayons sur cette matière, c'est l'Édit du Roi Charles V, du 30 mai 1413, donné sur le fait des Mines d'argent, de plomb et de cuivre du Lyonnois. Tels sont les termes de cette loi, qui subsiste encore dans toute sa force : « A Nous seul et par le tout », dit le Roi, « à cause « de nos droits et Majesté royaux, appartient la dixième partie (des métaux) et non « à autre.., afin que les marchands et *maîtres des tréfonds et des mines* puissent « ouvrer franchement...., sans être troublés, ni empêchés en leurs ouvrages, et « travailler, *tant comme ils voudront,* en icelles Mines; voulons, etc..., *item*, que « tous mineurs et autres puissent querir, ouvrer et chercher mines par tous les lieux, « où ils penseront en trouver et icelles traire et faire ouvrer payant à Nous notre « Dixième franchement, et *en faisant* certification ou *contenter à icelui, ou à ceux, à* « *qui lesdites choses seront ou appartiendront,* au dit de deux prudhommes. » Les réglements postérieurs parlent tous de la même maniere du dixiéme dû au Roi sur le produit des Mines. C'est un droit Royal et domanial : mais les droits Royaux, de quelque nature qu'ils soient, ne se perçoivent que sur les choses des sujets. Il est donc vrai qu'en France, comme dans l'Empire Romain, les propriétaires des terreins sont les propriétaires des Mines qu'ils renferment, et, par une conséquence nécessaire, qu'il leur est libre, sous l'autorité du Roi, de les ouvrir et de les exploiter, ainsi que bon leur semble.

Cette faculté a d'autant plus d'étenduë pour les mines de charbon de terre, que, par la déclaration du Roi Henri III, du mois de novembre 1583, le droit de dixième a été réduit à l'or et à l'argent, et que Henri le Grand, son successeur, a expressément affranchi de ce droit les mines de charbon de terre, *pour gratifier ses*

[1] CHOP. liv. 1 du Dom. tit. 15, n. 15.

bons sujets, propriétaires des lieux. Tels sont les propres termes de l'art. II de l'Édit du mois de juin 1601, portant réglement général pour les Mines du Royaume. L'arrêt du Conseil du 14 de janvier 1744, en confirmant cette exemption, reconnoît également le droit des propriétaires. S'il leur impose l'obligation d'obtenir des permissions du sieur contrôleur général, cette nécessité ne regarde que les exploitations futures, *à commencer du jour de la publication* du réglement, et c'est dans ce sens unique qu'il déroge à l'arrêt du Conseil du 13 de mai 1698, dont il sera bientôt parlé; les déclarations, qu'il exige, ne condamnent pas davantage les exploitations actuelles. Ce sont des précautions que la sagesse du monarque lui suggère, et dont le but est de favoriser l'extraction des charbons de terre, sans toucher au droit des propriétaires.

Si les loix du royaume tiennent (comme il n'est pas permis d'en douter) les propriétaires des terrains pour les vrais *maîtres* des Mines qui s'y trouvent, il est conforme à l'exacte justice qu'ils soient préférés à des entrepreneurs étrangers, pour en faire l'exploitation. Cette préférence est singulièrement acquise aux habitants de la province d'Anjou. L'article 61 de leur coûtume porte, en termes précis, que *fortune d'or, trouvée en mine, appartient au Roi; que fortune d'argent, trouvée en mine, appartient aux comtes, vicomtes et barons, chacun en sa terre.* Il ne faut pas beaucoup de refléxion pour concevoir que cet article parle des Mines d'or et d'argent proprement dites, et non pas des trésors, comme Bault cherche à l'insinuer : mais il est essentiel d'observer que ce texte ne dit rien des autres mines, et que ce silence les retient dans les termes du droit commun. Du Moulin, ce jurisconsulte des François, l'a pensé de même sur l'article LXX de la coûtume du Maine, relatif au LXI de la coûtume d'Anjou. *In reliquis metallis statur juri communi.* Il est facile de prouver que son sentiment doit ici servir de regle.

C'est une maxime certaine en France, que tous les *trésors* d'or appartiennent au Roi, et qu'il ne prend que le dixième des *Mines* de ce métal précieux; voilà la règle générale. La coûtume d'Anjou ajoute, aux droits ordinaires du Roi, la propriété des Mines d'or, et elle donne aux seigneurs qualifiés la propriété des Mines d'argent.

Ce Règlement fait un véritable partage entre le Roi et ses sujets. Les uns abandonnent à leur Prince, le plus grand des objets terrestres; et *le Monarque, en récompense, renonce à tous ses droits sur les autres Mines.* Qu'on ne dise point que c'est ici une pure imagination, et que la coûtume ne dit rien de pareil; l'attribution pure et simple, qu'elle fait des Mines d'argent aux seigneurs des lieux, suppose que les autres substances terrestres restent au pouvoir des propriétaires. Le silence même de la coûtume autorise cette induction. D'ailleurs n'est-il pas de principe parmi nous, que, dans le silence des loix du Royaume, c'est au droit commun que nous devons recourir; que c'est dans cette raison écrite, que nous devons chercher les motifs de nous décider? Il est prouvé que, chez les Romains, toutes les Mines, excepté l'or et le marbre, appartenoient aux propriétaires, et que leur exploitation n'étoit sujete à aucun tribut : c'est donc ainsi que les habitans de la province d'Anjou doivent être traités pour les Mines, qui ne sont ni d'or ni d'argent, et sur tout pour celles de charbon de terre.

M. le Bret, ce zélé défenseur des droits du Roi, convient de cette vérité dans son excellent traité de la souveraineté. Il ne craint pas de dire que l'article LXI de la coutûme d'Anjou est observé dans toute son étenduë, parce que cette loi a été homologuée au Parlement de Paris, du consentement du Procureur général; cependant il est bien facile de penser que la perte que le Roi souffre, en renonçant au dixième d'une seule Mine d'argent, est beaucoup plus considérable que le produit de toutes les mines de charbon de la Province d'Anjou [1].

Que devient, auprès de ces preuves multipliées du droit des particuliers sur les mines qui se trouvent dans leurs héritages, que devient le système de Bault? A qui persuadera-t-il que la propriété des substances terrestres appartient au roi? Que veut-il dire, en donnant pour maxime que les droits de souveraineté ne peuvent être altérés par des loix contraires? Entend-il que ces droits sacrés et éminens, qui constituent la souveraineté, sont au-dessus de toutes les lois? Les propriétaires n'ont point et n'auront jamais d'autres sentimens. Prétend-il que les simples droits de souveraineté, qui sont une suite de la souveraineté, mais qui ne la constituent point, ne puissent être représentés par un autre droit, plus avantageux que le premier? Que le roi n'en puisse faire remise, ou en suspendre l'exécution? C'est une erreur contraire au bien de l'État.

Cette réponse est conforme à ce que dit M. le Bret, à l'endroit déjà cité. « Il faut « faire différence, pour la décision de ces matieres, entre le droit des Ordonnances et « celui des coûtumes, dont quelques unes ont des dispositions particulieres. » D'où il suit que la coûtume d'Anjou, ayant été réformée par les commissaires de Sa Majesté et enregistrée sur les conclusions de son Procureur général, on doit dire qu'elle ne contient rien de contraire à l'autorité Royale, ni aux droits de la souveraineté.

Si le droit des propriétaires est incontestable, il est soutenu de la possession la moins interrompuë. Les titres leur apprennent que l'exploitation des mines de charbon de terre remontent à plusieurs siecles : et l'on ne connoît point de privilégie, qui ait voulu faire valoir de concession exclusive sur ces sortes de biens, avant François Goupil, cessionnaire de Madame la duchesse d'Uzès. Ses vexations, quoique bien au-dessous de celles de Bault, obligerent les propriétaires des mines [2] de charbon de recourir au Roi. Madame d'Uzès vint au secours de son cessionnaire : elle dit, comme dit Bault aujourd'hui, que les mines de terre appartenoient au Roi : que les propriétaires méritoient d'être dépossédés, pour les avoir ouvertes sans la permission de Sa Majesté. Les propriétaires au contraire soutinrent que les prétentions de Madame d'Uzès et de son cessionnaire resistoient au droit commun, aux ordonnances du royaume, au droit des particuliers et au bien public.

L'arrêt du Conseil d'état, qui intervint sur cette contestation le 4 de janvier 1695,

[1] Traité de la souveraineté, liv. 3, chap. des Mines.
[2] Ces mines sont les mêmes que celles d'aujourd'hui.

confirma pleinement le droit des propriétaires; car, s'il fut ordonné que ladite dame d'Uzès jouirait de l'effet de la concession accordée au S⁺ duc de Montausier son père, et pourroit faire ouvrir et foüiller toutes les mines de charbon de terre, qu'elle découvriroit dans le royaume, ce ne fut que sous la condition de dédommager *preablement de gré à gré, suivant et ainsi qu'il seroit convenu entre eux.* A l'égard des mines ouvertes *par les propriétaires,* Sa Majesté fit défenses à ladite dame d'Uzès et à tous autres de les troubler dans la foüille et *dans la suite d'icelles;* leur fit pleine et entière main-levée des charbons et autres choses sur eux saisies; Goupil fut même condamné en 1,000 livres de dommages-intérêts envers les propriétaires.

Les propriétaires ne dissimuleront pas que, par cet arrêt, ils furent astraints à prendre le consentement de la dame duchesse d'Uzès pour faire ouvrir de nouvelles mines; mais ils ajouteront que les cessionnaire de ladite dame d'Uzès et du sieur Duc son fils, travaillerent bientôt à détruire eux-mêmes ce que cette disposition leur laissoit d'avantage. Les procédés violens, qu'ils exercerent contre les propriétaires exciterent des plaintes, qui éclaterent bientôt de tous les endroits du royaume où ils avoient porté leurs travaux. Le Roi, instruit de ces nouveaux griefs, reconnut que les droits des propriétaires étoient incompatibles avec les privilèges, et les rétablit dans la pleine et libre possession de faire valoir leurs mines, par son arrêt du 13 de mai 1698.

Ces arrêts rendirent le calme à la province, et les propriétaires continuerent paisiblement leurs exploitations. La paix ne fut pas la seule utilité qu'ils retirerent de l'un et de l'autre de ces arrêts : leur droit, tout certain qu'il étoit, en reçut une nouvelle force. Lorsque quelqu'un s'appuie, dit le jurisconsulte Ulpien, sur la coûtume de sa ville ou de sa province, il faut examiner si ces usages ont été confirmés par quelque jugement contradictoire : *cum de consuetudine civitatis vel provinciæ confidere quis videtur : primùm quidem illud explorandum arbitror, an etiam contradicto aliquando judicio consuetudo firmata sit.* Quel jugement plus authentique que deux arrêts, émanés du plus auguste des tribunaux, rendus dans la plus grande connoissance de cause, dans la présence même de Sa Majesté, et qui contiennent sa propre décision!

Il est donc vrai que les mines du royaume n'appartiennent point au Roi, à moins qu'elles ne fassent partie de son domaine; que la propriété en a toujours appartenu aux maîtres de la superficie; que le Roi n'exerce sur ces sortes de biens d'autres droits que celui du dixième, qui est dû à Sa Majesté à titre de souveraineté et de protection; que ce droit royal n'a plus de lieu sur les substances terrestres, telles que le charbon de terre; que la province d'Anjou, outre le droit des ordonnances, jouit, en vertu de sa loi municipale, non seulement de l'exemption de ce dixième, mais encore de la pleine et entière liberté de faire ouvrir et exploiter les mines de charbon de terre qu'elle possède, et par une conséquence nécessaire, que tout privilège exclusif ne sauroit avoir de lieu dans cette partie du royaume tant que l'article 61 de la coûtume subsistera.

En effet, le privilégié, suivant l'arrêt de 1695, interprétatif de la coûtume, ne sauroit user de la concession que *du consentement* du propriétaire, parce que celui-ci est autorisé par un titre public et spécial, à faire valoir ses mines. Or dans tous les tems, les propriétaires ont refusé leur consentement, et ils le refusent encore aujourd'hui; le privilège doit donc demeurer sans effet.

On objecte que le Sr de Lesseville, intendant de Tours, avoit rendu le 2 de mars 1742, une ordonnance, qu'on dit avoir été publiée dans la ville d'Angers, le 10 du même mois, par laquelle défenses étaient faites « sous les peines de droit, à « tous propriétaires d'ouvrir de nouvelles fosses, pour en extraire des charbons de « terre, dans toute l'étendue de sa généralité, sans en avoir préalablement obtenu « la permission du S^r contrôleur général ». On ajoûte que l'arrêt du Conseil du 14 de janvier 1744 avoit été publié et affiché à Angers le 14 de mars suivant, *ainsi qu'il résulta du certificat, donné par l'Huissier proclamateur, le 8 de mars 1755;* et l'on en infère que les privilégiés de la province étoient *radicalement détruits* par l'un et par l'autre de ces règlemens.

Les propriétaires répondent : 1° que, sans se départir du respect dû à la dignité et à la mémoire du Sr de Lesseville, son ordonnance ne pouvoit empêcher ni suspendre l'exécution d'un article de la coûtume d'Anjou; 2° que le règlement de 1744 ne faisant aucune mention de l'arrêt de 1695, ils ont eu juste lieu de croire que ses dispositions ne s'étendoient point à la province, et que sa publication, si elle y avoit été faite, ne devoit être regardée que comme une publication d'économie, telle qu'il s'en fait de tous les règlemens généraux, lesquels se publient souvent des lieux où leur exécution est impossible; 3° que ce règlement, loin de révoquer l'article 61 de la coûtume d'Anjou, reconnoit au contraire le droit de tous les propriétaires du royaume, et le confirme, en leur imposant même l'obligation d'obtenir des permissions, pour les mines qu'ils voudront faire valoir *à l'avenir*. Enfin, et c'est par cette réflexion que les propriétaires vont finir cette partie de leur défense, comment concilier avec la justice et la bonté du roi le privilège exclusif de Bault! Qu'il soit permis de le dire, le Roi n'a point la propriété des mines; non seulement il n'en a point la propriété, mais, même en Anjou, il n'a jamais exercé son droit de souveraineté. Et Bault profitera de la surprise qu'il a faite à cette même souveraineté, pour vexer des citoyens, dans la plus légitime des possessions, pour interrompre leur commerce, pour leur ravir le plus innocent des privilèges!

Qu'un artiste habile et ingénieux fasse une découverte importante, qu'il demande au roi que lui seul jouisse du fruit de son industrie, ou de ses méditations, la raison sollicite sa cause, le bien de l'État veut qu'il soit écouté. Mais qu'une troupe de gens inconnus et sans capacité, qui ne sçavent pas distinguer le charbon de forge du charbon de fourneau, vienne, un privilège exclusif à la main, ravager les mines de trois paroisses, dont tous les propriétaires ne demandent pas mieux que de concourir au bien commun! c'est ce qui ne peut être toléré. L'équité naturelle s'y oppose. Sa considération doit l'emporter sur toutes les considérations qui ne tiennent pas au bien de l'État. Le bien de l'État se joint ici à l'équité pour anéantir le privilège exclusif de Bault, parce qu'il est contraire à l'intérêt du peuple; la raison politique veut donc qu'il soit révoqué.

Avant que de prouver ce point, qui suppose l'existence du privilège de Bault, les propriétaires croient devoir prouver qu'il n'a pas même de titre, qui puisse autoriser ses entreprises.

SECONDE PROPOSITION.

Bault, dans l'état actuel des choses, n'a aucun droit d'exploiter les mines des trois paroisses de S. Aubin-de-Luigné, de Chalonnes et Chaudefond.

L'examen de cette proposition se fera relativement à deux époques; la première est fixée à l'ordonnance du Sr Intendant de Tours du 11 de mai 1753; la deuxième à l'arrêt du Conseil du 8 de janvier 1754. L'ordonnance du 11 de mai 1753 peut-elle justifier les entreprises de Bault? A-t-elle pu servir de fondement à celles des 26 de juin, 13 d'août et 10 de septembre de la même année? Non. Tout ici est vicieux dans la forme et au fond.

La connoissance de ce qui concerne les mines n'appartient aux commissaires départis qu'en vertu des différentes attributions qui leur en ont été faites. Toute attribution est un transport de juridiction qui diminue le pouvoir des juges ordinaires; ces sortes de privilèges ne peuvent s'étendre au delà des bornes de la concession; dès que le terme est expiré, le juge d'attribution n'a plus de fonctions, ni de territoire. La raison en est bien simple; c'est que le roi ne l'a pas voulu. Or, si à la lumière de ces principes, on examine l'ordonnance du 11 mai 1753, et toutes celles qui ont été rendues dans la même année, il est simple de dire que le S^r intendant de Tours n'avoit plus de caractere, pour connoître de ces sortes de matières. L'arrêt du 14 janvier 1744 n'avoit donné d'autre terme à sa juridiction que *le temps et espace de cinq années;* il y avoit donc quatre années révolues le 14 de janvier 1753, qu'il étoit dénanti de la juridiction nécessaire, pour donner des ordonnances, telles que celles que l'on examine.

Les entrepreneurs diront sans doute que le S^r intendant de Tours donna son ordonnance du 11 de mai, en vertu des *ordres particuliers à lui adressés;* que ces ordres rétablissoient sa juridiction; ils ajouteront que les propriétaires ayant converti en opposition l'appel par eux interjetté de ladite ordonnance, ils ont reconnu le tribunal et sont aujourd'hui non recevables à en contester la compétence; l'une et l'autre de ces objections ne sont pas difficiles à résoudre.

1° Quoique tout ce qui est émané de l'autorité du roi, *ou* de son conseil, soit infiniment respectable, il n'en est pas moins vrai que les ordres particuliers ne sont pas faits pour être attributifs de juridiction. Le pouvoir des juges doit être notoire. La maxime contraire nous conduiroit aux plus grands malheurs.

2° La conversion de l'appel des propriétaires en opposition n'a pu donner au S^r intendant une juridiction qu'il n'avoit pas. Le pouvoir de juger est de droit public. Il n'y a que l'autorité publique qui puisse le donner : c'est un droit de la souveraineté. Les conventions ni les reconnoissances des particuliers ne peuvent donner aux juges la compétence que la nature même de leur juridiction leur refuse.

Ce fondement détruit, toutes les ordonnances de 1753 se trouvent infectées du plus grand des défauts, dans l'ordre des jugemens. Les propriétaires, sans nuire à leur défense, pourroient ne pas pousser plus loin leurs réflexions sur cet ouvrage de surprise; mais, pour ne rien négliger, ils vont entrer dans l'examen du fond, et cet examen montrera jusqu'où peut aller la témérité.

Le préambule de l'ordonnance du 11 de mai 1753 fait mention de certaines « représentations, faites au Conseil par le Sʳ Bault et compagnie, portant que, dans « les paroisses dont il s'agit, il se trouve plusieurs filons de charbon de terre, dont « l'ouverture est entamée, *depuis plus de trente ans*, par des particuliers, d'une manière « très irrégulière, et *contraire aux dispositions du règlement du 14 de janvier 1744* ». Ce langage est-il raisonnable? Des exploitations commencées avant trente ans peuvent-elles être assujetties aux dispositions du règlement de 1744?

Cette bévûë a son utilité. Les propriétaires s'en servent pour montrer qu'il est reconnu par Bault lui-même que leurs exploitations remontent bien avant 1744; et qu'il est pitoyable de le voir, dans sa requête du 19 de mars 1756, donner pour constant qu'elles ne sont point antérieures à cette époque; toutefois les propriétaires ne parlent de cette preuve de leur possession que pour prendre Bault dans ses propres filets; car l'arrêt du 4 de janvier 1695, où il s'agit précisément des mêmes mines, fait une preuve de cette possession, que les discours de tous les partisans du royaume ne pourroient ni détruire ni affoiblir.

Le préambule de l'ordonnance du 11 de mai 1753 ajoute à ce que l'on vient de lire « que ces fouilles (faites par les propriétaires) *superficielles* ne produisant que du « charbon de mauvaise qualité, ne sont d'aucune utilité pour la consommation de la ville d'Angers, et nuiroient infailliblement à une exploitation plus *régulière*, que ledit « Bault et compagnie ont commencé, depuis environ dix-huit mois, du consentement « du propriétaire . . . . . mais sous des conditions infiniment onéreuses, et dont la « disproportion avec le bénéfice les obligeroit à abandonner leur entreprise ». Toujours même absurdité dans le raisonnement. Comment les fouilles *superficielles* des propriétaires pourroient-elles nuire à l'exploitation *régulière* de Bault et de sa compagnie? Ils n'exploitaient alors que la seule mine du Pasty, qu'ils tenoient de Renault et de Cady, dont l'orifice est dans un vallon fort serré entre deux rochers, 40 pieds au-dessous de la superficie du terrain commun des mines.

Si Bault appelle *fouilles superficielles* l'ouvrage des propriétaires, comment appeller son ouvrage? Voici quelques-uns de ses exploits. Il s'empare de la mine ouverte du feu Sʳ Curieux, conseiller au présidial d'Angers; il suit le premier filon, qui se présente : ce filon au bout de deux mois se perd dans les rochers : le zèle de Bault se ralentit : il abandonne la mine. De là, ses spéculations le portent sur le terrain de la Dame de la Barre, à la rüe d'Ardené; il ouvre une tranchée, en suivant les affleuremens : ces indices le conduisirent à un rocher; il le voit et se retire. Il apprend que Michel Gerigné exploite une mine qui fait tout son patrimoine, il s'en empare et, au bout d'un mois, il la quitte. Il passe immédiatement dans celle de Gaignard. Quinze jours après, il ouvre une nouvelle fosse sur la terre de Guillaume

34.

Valin, près du village de la Roullerie : il la creuse jusqu'à huit pieds de profondeur et, sans donner plus d'étenduë à ses soins, il passe à celle de la demoiselle Boullay, près du même village de la Roullerie[1]. Sont-ce là des exploitations régulières?

Autre observation. Bault dit avoir commencé l'exploitation d'une mine, *du consentement du propriétaire;* il devoit dire que Pouperon, son associé, avoit obtenu de Renault et de Cady la permission de continuer l'exploitation de la mine du Pasty, aux conditions ordinaires et usitées en pareil cas; c'est-à-dire à la charge de leur en livrer le quart franc et quitte de tous frais d'exploitation; et alors, s'il eut voulu accuser la vérité, et dire la quantité de charbon qui avoit été extraite, le Sr commissaire départi eût vû que les conditions n'étoient point aussi onéreuses qu'il le prétendoit. Il est notoire à S. Aubin-de-Luigné que la mine du Pasty étoit une des meilleures du canton, que son revenu étoit grand, et que, s'il a diminué, cette diminution doit être imputée à la mauvaise exploitation des entrepreneurs.

Le mensonge et la dissimulation privent l'impétrant de la grâce qu'il a obtenuë. Bault est coupable de l'un et de l'autre. Pour mieux surprendre la religion du commissaire départi, il lui a célé qu'un acte authentique et de bonne foi le lioit irrévocablement avec Renault et Cady. Il a parlé de *conditions infiniment onéreuses,* qui n'avoient jamais existé. Les propriétaires en concluent, qu'à supposer que le Sr intendant pût autoriser l'entreprise de Bault, l'ordonnance du 11 de may 1753 n'en seroit pas moins nulle, par le propre fait de celui qui l'a obtenuë.

Mais la supposition que l'on vient de faire répugne au texte même de cette ordonnance. Le préambule, qui est toujours dans la bouche des entrepreneurs, se termine en disant qu'ils ont « eu recours à l'autorité de Sa Majesté, *la suppliant de* « leur accorder la permission d'exploiter les mines de charbon de terre étant dans « lesdites paroisses . . . . . exclusivement à tous propriétaires . . . . . ou autres, etc. » Que dit ici Bault? Qu'il a demandé un privilège exclusif. L'a-t-il obtenu? Point encore. Que demande t'il? Rien. Il rend seulement compte de ce qu'il a fait.

Cependant quelle surprise! Le Sr Intendant défend aux propriétaires de continuer l'exploitation de leurs mines, *faute de s'être conformés à la disposition de l'article 11 du règlement de 1744.* Qui croira jamais que des propriétaires aient pu être dépouillés de leur bien, faute de s'être conformés à un règlement, qui n'étoit pas connu quand leur exploitation a commencé? Bault venoit de le dire lui-même, que les ouvertures des mines, dont il s'agit, étoient faites *avant trente ans.* D'ailleurs ce règlement avoit-il un effet rétroactif? Qu'on le lise, qu'on l'examine, et l'on verra que, comme toutes les loix ordinaires, il ne doit avoir d'exécution que pour *l'avenir.* De plus, étoit-il possible de l'exécuter dans toutes les exploitations commencées? Quiconque sçait ce que c'est que mines ne peut ignorer que les revêtissements une fois placés ne peuvent plus changer.

Enfin, quand on donneroit à ce règlement un effet rétroactif, et que son exécu-

_____

[1] Il s'en était emparé au mois de février 1757, et après deux mois et demi d'exploitation, il vient d'entrer (ce jour 9 mai) dans celle de François Trouillard, acquéreur du sieur de la Saussois.

tion fut praticable, il seroit toujours vrai qu'il ne pourroit être exécuté, qu'après avoir été publié sur les lieux où son exécution devoit s'étendre. L'usage est conforme à la règle dans la province d'Anjou. Les entrepreneurs l'ont reconnu, puisqu'ils ont eux-mêmes obtenu, le premier jour de juin 1753, une ordonnance du Sr Intendant, en conséquence de laquelle le règlement a été publié le 17 du même mois, et pour la première fois, dans les trois paroisses. Ce défaut de publication suffit pour éloigner des propriétaires le soupçon d'une contravention qu'ils n'ont point voulu commettre; la preuve de leur soumission est consignée dans les déclarations qu'ils ont faites au greffe de la subdélégation d'Angers, du nombre de fosses que chacun d'eux avoit en extractions.

Ce n'est pas tout : le Sr Intendant permit *de continuer l'exploitation par Bault commencée, et de faire telles autres ouvertures qu'il jugeroit nécessaires, en dédommageant les propriétaires, etc.* Si l'on fait attention à la force des termes, il est évident que le Sr Intendant accorda à Bault et à sa compagnie, par anticipation, le privilège exclusif, pour lequel ils faisoient des *représentations au Conseil.* L'irrégularité de cette disposition est palpable. Ce seroit l'affoiblir que de vouloir la prouver. Toutefois les propriétaires feront une question. Ils demanderont si ces termes : *permettant de continuer l'exploitation commencée,* ont eu la force d'anéantir le contrat synallagmatique et de bonne foi, fait entre Renault et Cady et Pouperon? Bault l'a prétendu de même, et a agi en conséquence. Les propriétaires se flattent que tous ceux qui connoissent les loix de la probité penseront autrement.

L'ordonnance du 26 de juin 1753, participe à tous les défauts de celle du mois de mai précédent, qu'elle confirme en plusieurs points; mais, outre ces défauts, elle fait un grief essentiel aux propriétaires, en ce qu'elle ne lève que provisoirement, *quant à présent et jusqu'à ce qu'il en ait été statué définitivement,* les défenses qui leur avoient été faites de continuer leurs exploitations. Cette mainlevée provisoire compromet un droit local et patrimonial, dont le Sr Intendant n'a jamais pû et ne pourroit, même à présent qu'il jouit de l'attribution, suspendre l'exercice qu'en conséquence d'une contravention manifeste et opiniâtre à un règlement connu et exécuté. Tout cela manquoit en 1753.

Cependant le 13 d'août, les entrepreneurs obtinrent une troisième ordonnance du Sr Intendant, par laquelle ils furent autorisés à continuer le puits qu'ils avoient ouvert sur le domaine de la demoiselle Mazureau. C'est ici que toutes les règles, tant générales que particulières, ont été ouvertement violées. Les règles générales en pareil cas, conformes à la raison et à la justice, se trouvent exprimées dans l'article IX du titre de la Marque des Fers, de l'ordonnance du mois de juin 1680 [1], et dans

---

[1] *Cet article porte que :* « Ceux qui ont des mines de fer dans leurs fonds seront tenus, à la « première sommation qui leur sera faite par les propriétaires des fourneaux voisins, d'y établir des « fourneaux pour convertir la matiere en fer; sinon permettons aux propriétaires du plus prochain « fourneau, et à son refus aux autres propriétaires des fourneaux de proche en proche, et à ceux qui « les font valoir de faire ouvrir la terre et d'en tirer la mine de fer, en payant aux propriétaires « des fonds, pour tout dédommagement, un sol par chaque tonneau de mine de 500 pesant. »

l'arrêt du Conseil du 25 d'octobre 1740 [1], pour l'exploitation des carrières d'ardoises dans cette province. L'un et l'autre de ces règlements ne permettent aux entrepreneurs des forges et des carrières d'ardoises de s'emparer des terreins, où il y a du fer ou de l'ardoise qu'après avoir fait sommation aux propriétaires d'exploiter eux-mêmes leurs terreins. Les règles particulières sont énoncées dans le règlement de 1744, dont l'article XI porte que « ceux qui entreprendront l'exploitation des « mines de charbon de terre . . . . . seront tenus d'indemniser les propriétaires des « terreins qu'ils feront ouvrir, de gré à gré, ou à dire d'experts ».

Bault ne s'est conformé à aucune de ces règles : il n'a point fait de sommation à la demoiselle Mazureau, il ne l'a point dédommagée; cependant il s'est emparé de son domaine, y a fait des ouvertures profondes et multipliées; en un mot il l'a ravagé. Y eut-il jamais de procédé moins tolérable? Où est la sûreté et la liberté des François, si des entrepreneurs peuvent, de leur autorité privée, les chasser de leur patrimoine?

Que Bault ne dise point que l'ordonnance du 11 de mai l'autorisoit à faire telles ouvertures qu'il jugeroit nécessaire. Il ne pouvoit plus regarder cette permission générale, comme suffisante, après l'ordonnance du 26 de juin, qui lui défendoit formellement d'ouvrir aucuns puits, sans une permission expresse, conformément aux articles I et X du règlement de 1744. Il a fait le premier cette réflexion : la preuve en est dans l'ordonnance du 18 de juillet, en conséquence de laquelle il entama un terrein dépendant de l'évêché d'Angers. Il trompa le Sr Intendant pour l'obtenir; ce magistrat, par son ordonnance du 26 de juin, s'étoit ôté la faculté de donner de pareilles permissions, en disant qu'elles seroient obtenuës, conformément à l'article Ier du règlement de 1744, lequel n'autorise que le Sr Contrôleur général à les accorder. Toutefois Bault n'en a pas usé de même à l'égard de la demoiselle Mazureau; il est entré de plein vol dans son domaine. La règle qu'il s'étoit prescrite à lui-même réclame contre cet indigne procédé; les voies de fait sont défenduës dans tous les lieux de la France, et la qualité des sujets du Roi n'étend ni ne resserre cette maxime.

Ce que l'on vient de dire ne doit pas être pris pour approbation de l'ordonnance du 18 de juillet. Bault auroit pris la même précaution, avant que de s'emparer du

_____

[1] L'arrêt du Conseil du 25 octobre 1740 conserve également le droit des propriétaires : « Permet Sa Majesté à toutes personnes de faire de nouvelles entreprises pour tirer l'ardoise, en « convenant de gré à gré avec les propriétaires du terrein de leur dédommagement, soit pour le pai- « ment une fois fait des sommes ci-dessus (de 1040 livres par arpent, pour les terres cultivées, et « de 520 livres pour celles qui ne sont pas susceptibles de culture), soit par un loyer annuel sur le « pied du denier dix desdites sommes. Sa Majesté veut qu'en cas de refus de la part desdits pro- « priétaires, ils seront tenus de déclarer dans un mois, sur la sommation qui leur en sera faite par « les entrepreneurs, s'ils entendent faire ouvrir et foüiller eux-mêmes les carrieres, dont le terrein « leur appartient; et en cas qu'ils déclarent vouloir ouvrir lesdites carrieres, ils seront tenus d'en « commencer réellement l'exploitation, un mois après leur déclaration, et faute de ladite décla- « ration, ou du commencement de l'exploitation dans le mois, les entrepreneurs pourront faire « lesdites ouvertures, etc. »

terrein de la demoiselle Mazureau, qu'il n'en seroit pas moins coupable. Le Sʳ Intendant n'avoit aucun pouvoir d'accorder de pareilles permissions. D'où il suit que l'ordonnance du 13 d'août est insoutenable. 1° Elle autorise une voie de fait, et comme ce reproche n'est que trop fondé, puisque l'ordonnance même en fait la preuve, on doit dire que Bault s'est rendu coupable de la plus odieuse des surprises. 2° Elle est contraire à tous les règlements, à l'ordonnance de 1680, à l'arrêt du Conseil du 25 d'octobre 1740 et à l'article XI du règlement du 14 de janvier 1744.

La demoiselle Mazureau n'avoit point de mine ouverte : mais comme l'ouverture des mines de charbon de terre n'est point au-dessus de la puissance ordinaire des particuliers, la préférence qui lui étoit dûe vouloit que l'entrepreneur s'assurât de sa volonté, ou de son refus. Voilà la règle que l'ordonnance de 1680 et l'arrêt de 1740 prescrivent, et que la droite raison ordonne. Enfin le règlement de 1744 oblige les entrepreneurs d'indemniser les propriétaires des terreins qu'ils ouvriront. Bault ne l'a point fait; il est vrai qu'en signifiant l'ordonnance du 13 d'août, il fit une sommation à la demoiselle Mazureau de comparoir chez le subdélégué du sʳ intendant, pour convenir de gré à gré de son dédommagement, ou d'experts pour l'estimer. Mais, outre que cette sommation n'étoit qu'un leurre mal imaginé, elle étoit trop tardive.

La règle qui s'observe pour les dédommagements est qu'ils soient faits avant que l'entreprise soit commencée. C'est ainsi que s'expriment les lettres patentes du roi Henri II du 10 octobre 1552 : *donnons le pouvoir* (de prendre terre) *en payant toutes fois préalablement.* Ces lettres patentes sont visées dans l'arrêt de 1744, et il est raisonnable d'en induire que c'est ainsi que S. M. veut et entend que soit fait le dédommagement ordonné par ce dernier règlement. Il y en a une raison bien sensible; c'est que l'entrepreneur ne peut user de sa faculté, tandis que le propriétaire n'est pas désintéressé, parce que leurs droits sont incompatibles.

La route que devoit suivre Bault étoit donc de faire la sommation requise et d'offrir le dédommagement, au cas que la demoiselle Mazureau ne voulut pas faire d'ouverture sur son fonds; si, dans le délai fixé, elle n'avoit ni fait ouvrir ni convenu de son dédommagement, alors il étoit nécessaire de la faire assigner pour la nomination des experts. Les experts convenus, ou nommés d'office, eussent fait leur rapport, et, si la propriétaire n'avoit pas accepté leur estimation, Bault se fût fait autoriser à consigner; sa consignation faite, il pourroit dire qu'il n'auroit rien négligé pour mettre la demoiselle en demeure, et pour s'emparer de son domaine avec toute la circonspection possible. Mais eut-il été mieux autorisé? Ce qui a été dit de l'ordonnance du 11 de mai 1753 prouve qu'il n'y auroit d'autre différence entre l'un et l'autre procédé, que celle qui se rencontre entre l'adresse et la force ouverte.

Répondra-t-on à ce que dit Bault dans sa requête du 19 de mars 1756, que les règles, prescrites par l'ordonnance de 1680 et par l'arrêt du Conseil du 25 d'octobre 1740, n'ont point d'application à l'espèce de cette affaire; qu'il ne faut pas argumenter d'un cas à un autre; qu'il n'est point nécessaire d'obtenir de permission ni de privilège, pour exploiter des mines de fer, ou des carrières d'ardoises; que celles-ci ne sont point du domaine, tandis que les mines de charbon de terre. Qu'il faut être pressé, pour être réduit à de semblables raisons! Depuis quand n'est-il plus permis d'argumenter d'une espèce de mine à l'autre? S'il y avoit quelque différence ici, ce seroit sans doute pour donner à l'exploitation des mines de fer la préférence qu'elle mérite sur celle des mines de charbon; car c'est déraisonner, que de mettre le plus utile des métaux au dessous de la plus vile des substances terrestres.

La permission qu'il a plu au Roi de rendre nécessaire, par son arrêt du 14 de janvier 1744, pour l'exploitation des mines de charbon de terre, ne les met pas plus dans le domaine, qu'elles n'y étoient auparavant. C'est une simple condition, qui ne change point la nature de la mine. Avant 1695 elle étoit inconnuë, elle fut révoquée en 1698, elle le sera sans doute bientôt encore. La cause des propriétaires est la même que celle de ses prédécesseurs. Pourquoi n'auroient-ils pas le même succès?

La demoiselle Mazureau se flatte-t-elle, en disant que Bault s'est rendu coupable de la voie de fait la mieux caractérisée et la plus infâme? Non seulement il doit lui tenir compte de la valeur de la pièce des Gourmes, qu'il a mis hors d'état de culture : mais il doit encore lui restituer le prix des charbons de terre qu'il a extraits, quelque petite qu'en ait été la quantité, lui répondre des dommages-intérêts, qui lui sont dûs, tant pour la non jouissance que pour toutes les impositions de la Closerie du Ponceau, qui, depuis l'invasion de Bault, sont restées à la charge de cette fille infortunée. Elle attend même de la bonté paternelle de S. M. que ces condamnations seront prononcées solidairement et par corps contre Bault et sa société. Ils se sont comportés comme des ravisseurs, ils doivent être traités comme des ravisseurs. Tout demande un châtiment sévère, qui puisse contenir l'activité de leurs pareils, et rien ne doit les y soustraire.

Les dernières opérations de la première époque sont l'ordonnance du 10 de septembre 1753 et le procès-verbal, qui a été fait en conséquence. Si l'on examine avec attention le contenu de cette ordonnance, il est simple de dire qu'elle n'avoit d'autre but que de trouver les propriétaires en contravention au règlement de 1744, au sujet des revêtissements des fosses de leurs mines. Les propriétaires s'apperçurent du piège, et, pour trancher toutes difficultés, ils interjetterent appel de l'ordonnance et s'opposerent au procès-verbal. Le moyen général d'incompétence, exposé ci-devant, anéantit cette ordonnance, comme celle du mois de mai. Les autres moyens particuliers, que l'on va déduire, ne sont pas moins puissans. Les propriétaires les ont énoncés dans leur opposition au nombre de trois : défaut de caractere dans la société prétenduë; inutilité de la visite; impossibilité du règlement de 1744.

La société de Bault est inconnuë. Pouperon d'abord a paru seul; seul il a fait des marchés; seul il a fait le commerce du charbon de terre. Bault se met en sa place; il annonce une société. Quelle est-elle? Les actes qui la contiennent ne sont déposés dans aucun greffe de la province; cependant l'article II du titre IV de l'édit du commerce ordonne que l'*extrait des sociétés soit déposé au greffe*. Cette ordonnance regarde toutes les compagnies. Si Bault est le chef d'une, il doit, avant que d'entreprendre de faire la loi à tous les propriétaires des mines de la province, commencer par se soumettre à la sienne. Il y est d'autant plus obligé, que la demoiselle Mazureau l'a formellement sommé, par acte judiciaire du 17 du mois d'août 1753, de déclarer les noms, qualités et demeures de ses associés, et de produire l'acte de leur prétenduë société. D'où il suit, que les propriétaires ont eu raison de s'opposer à ce qu'il fut fait procès-verbal de leurs mines, à la diligence de Bault. C'eut été reconnoître une société qui n'avoit pas de caractere.

En ce second lieu, ce procès-verbal de visite étoit incivil et ne pouvoit être d'aucune utilité. Il étoit incivil par deux raisons : 1° Il n'étoit prescrit par aucune sorte de loi; 2° Il n'y avoit aucune contestation réglée entre les propriétaires et les entrepreneurs, qui pût le rendre nécessaire. Enfin, l'arrêt de règlement de 1744 ne parlant que des exploitations futures, il était absolument inutile de procéder à l'examen des exploitations actuelles, puisqu'on n'avoit aucun droit de les reformer. Ces motifs s'accroissent par la considération du tems, où l'exploitation de la plupart des mines actuelles a commencé. Ces exploitations, de longtems antérieures au règlement de 1744, ne peuvent y être assujetties. Autre preuve de l'inutilité de la visite.

En troisième lieu, l'ordonnance portoit que l'ingénieur donneroit son avis sur la nature des ouvrages qui seroient à faire, pour continuer les exploitations des propriétaires, ou les reformer, en conformité du règlement, au cas seulement qu'ils voulussent se soumettre à son exécution. Quant à la soumission, il faut séparer les exploitations commencées de celles qui sont à commencer. Il est physiquement impossible de reformer les revêtissemens des mines ouvertes. Quelques réflexions vont le prouver. Les puits sont ouverts perpendiculairement. Pour soutenir les terres, il est nécessaire de revêtir tous les parois des fosses de madriers, qui sont eux-mêmes soutenus de dedans en dedans, par les poteaux et par les étresillons; les revêtissemens se font par foncée et demi foncée, suivant que la terre est plus ou moins ferme. Quelque solidité que l'on tâche de donner à ces sortes d'ouvrages, le seul poids des rochers et des terres suffit pour les ébranler. Ils demeurent suspendus par la force des étresillons qui s'entrelassent et se donnent une force mutuelle; mais, si l'on dérangeait ces revêtissemens, les terres s'ébouleroient, et l'encombrement qui suivroit serait irréparable. Ce que l'on vient de dire des puits se doit entendre aussi des galleries; c'est partout le même onvrage, et partout le même accident arriveroit.

Quant à la nature du bois des étresillons, prescrite par le règlement de 1744, elle est moralement impossible pour les exploitations futures. Le bois de chêne est très rare en Anjou, et par conséquent fort cher; il est plus rare et plus cher dans les trois paroisses que dans beaucoup d'autres, parce qu'elles sont toutes couvertes de vignes, c'est cette raison sans doute qui a empêché Bault de se servir de cette sorte de bois dans la mine qu'il a ouverte sur le domaine de la demoiselle Mazureau; car il est certain qu'il n'en a employé qu'à l'entrée des trous, quoique ce soit l'endroit où communément les étresillons fatiguent le moins. Mais pouvoit-il s'en dispenser? La mauvaise exploitation des propriétaires étoit le prétexte de toutes ses surprises, il a été forcé de se faire des apparences favorables. Qu'y gagnera-t-il ? La haine du public et la honte d'avoir voulu nuire à sa patrie.

Sa Majesté n'a point eu d'autre motif d'ordonner que les étresillons des mines seroient de bois de brin de chêne, que de pourvoir à la sûreté des ouvriers. Or les propriétaires peuvent assurer, avec confiance, que de mémoire d'homme il n'est point arrivé d'accident dans les mines, qu'on pût attribuer au bois blanc. L'expérience et l'industrie des ouvriers y a toujours pourvû avec efficacité. Le seul malheur dont on se souvienne est arrivé par le *feu grisou*, qui a consumé l'un des ouvriers de Bault dans la mine du Pasty. Ce fut sans doute sa faute; car, il ne faut pas être bien habile, pour éviter ce malheur. C'est par le même défaut d'expérience qu'à peu près dans le même temps un autre désastre est arrivé au fourneau à chaux de la ville d'Angers. Le charbon de terre mal employé [1] se coagula, et forma, au milieu du fourneau, un corps étranger, lequel, empêchant la pierre de se calciner, obligea les entrepreneurs d'éteindre le fourneau et de le dépoter.

Telles sont les réflexions que la première époque des entreprises de Bault fournit à la défense des propriétaires. Se flattent-ils en disant que cet entrepreneur n'a eu aucun droit, avant l'arrêt du 8 de janvier 1754, de s'immiscer dans l'exploitation des mines en question. Examinons s'il en a eu davantage depuis cet arrêt.

C'est ici que la manœuvre de Bault va paroître dans tout son jour. L'ordonnance du 11 de mai 1753 parle de *représentations faites au conseil* : l'arrêt du 8 de janvier 1754 n'en dit pas un mot. Seroit-il possible que Bault eut assez méconnu ses intérêts, pour ne pas rappeler à S. M. que ses nouvelles instances n'étaient que la suite de celles que son zele pour le bien *de la ville d'Angers* lui avoit suggerées l'année précédente? Non, Bault ne néglige rien. Mais, comme il n'avoit point fait de représentations, qu'il avoit surpris le sieur intendant en les supposant, il ne pouvoit parler au Conseil que du fruit de ses suppositions. Il n'ignore point l'art de grossir les objets, et le seul motif qu'il ait allégué, pour surprendre l'arrêt du 8 janvier 1754, peut donner une véritable idée de ses talens. Il se dit qu'*en conséquence de la permission* du sieur intendant *il s'étoit mis en devoir de commencer l'exploitation* des mines, *pour laquelle il n'avoit épargné ni soins ni dépenses*, au lieu que *la plûpart* des propriétaires les avoient travaillées *en contravention au règlement de 1744, sans prendre les precautions nécessaires pour la conservation des ouvriers, et sans s'assujettir aux règles de l'art, qui seules peuvent rendre ces sortes d'exploitations utiles au public.* Si l'on fait attention aux époques et aux faits, il est clair que Bault n'a fait ni pû faire des dépenses considérables, et que les reproches, qu'il fait aux propriétaires, sont sans fondement.

Au mois de janvier 1754, il ne travaillait qu'à deux mines : à celle du Pasty et à celle qu'il avoit ouverte sur le terrein de la demoizelle Mazureau. Celle du Pasty ne lui avoit occasionné beaucoup de dépenses, à moins que ce n'en soit une pour lui,

---

[1] Les charbons étant de différentes qualités, l'art consiste à les mêler de sorte que le fort soutienne le faible, et que celui-ci tempère l'action de l'autre. Voilà ce que Bault ne sçavoit pas.

que de suivre des filons découverts. L'ouvrage de Renault avoit mis cette mine en raport, et il n'avoit eu qu'à recueillir le fruit de leurs travaux. Que ne disoit-il plutôt que, sur le fondement d'une ordonnance qui seroit le comble de l'injustice, si le magistrat avoit prévû le mal qu'on en vouloit faire, il s'étoit dispensé jusqu'alors de l'exécution d'un traité de bonne foi, et qu'il employerait toutes les ressources de la chicane pour le rendre inutile.

Quant à la mine ouverte sur le terrain de la demoiselle Mazureau, il n'y avait que cinq mois qu'elle étoit entamée, et personne n'ignore que les dépenses qu'occasionnent quatre à cinq ouvriers par jour ne sont point aussi considérables que Bault voudrait le faire croire.

2° Les propriétaires ont ci-devant prouvé qu'ils ne méritent point le reproche qu'on leur fait de ne s'être pas conformés au règlement de 1744; ils sont également en état de faire la preuve du fait qu'ils ont avancé; que leurs exploitations se sont toujours faites sans accidens, ce que Bault ne sçauroit dire des siennes. Au reste, tout l'art des propriétaires est de faire des exploitations exactes et utiles : exactes, pour que tous les charbons possibles soient extraits du sein de la terre; utiles, pour que la multiplication des charbons en diminue le prix, et par là, que le public profite des biens que la providence a mis dans le pays qu'il habite. Les exploitations de Bault n'ont ni cette exactitude, ni cette utilité; mais, pour ne point anticiper sur l'ordre qu'ils se sont prescrit, les propriétaires se bornent ici à montrer que l'arrêt du 8 de janvier 1744, n'a point donné à Bault le pouvoir qu'il s'est attribué.

Ils disent, avec confiance, au Conseil d'un Roi, qui se fait gloire d'être le père de ses sujets, que le privilège de Bault est sans force, et n'a pu avoir d'exécution. Il est de maxime certaine, dans le Royaume, que toutes concessions doivent être revêtuës de lettres patentes, enregistrées aux parlemens, dans le ressort desquels elles doivent être exécutées. Cette forme a été observée dans tous les temps; et il n'y jamais plus de raison de l'observer, que dans un siècle comme le nôtre, que l'on pourroit appeler le siècle des entreprises. La concession, faite à Bault, y a été assujettie, par la clause qui porte que, sur son *arrêt, toutes lettres nécessaires seront expédiées;* il a donc détruit lui-même son privilège, en ne soumettant pas à cette clause essentielle.

Toutes les grâces qu'il plaît au Roi d'accorder contiennent *ou* supposent toujours la reserve du droit d'autrui. Cette reserve, toute juste qu'elle est, deviendroit inutile si le Prince ne laissoit un libre accès aux représentations de ceux à qui la grace pourroit nuire. Mais, comme la majesté du trône ne supporte point ces sortes de détails, c'est devant les magistrats, à qui les lettres sont adressées, que les particuliers peuvent faire valoir leurs droits. Que, si personne ne conteste, le zèle toujours vigilant du ministere public supplée à la négligence *ou* à la foiblesse : voilà des principes, que Bault ne sçauroit ni renverser, ni affoiblir. Toutes demarches contraires sont infractions des lois de l'État.

Comment Bault échapera-t-il à ce moyen? Dira-t-il qu'il n'est proposable qu'au Parlement? Soutiendra-t-il que, s'il pouvoit être écouté au Conseil, ce ne seroit pas à l'occasion d'un arrêt rendu dans un temps où le Parlement ne pouvoit procéder à aucun enregistrement? Tous les moyens peuvent être proposés au Conseil. La même autorité préside à l'un et à l'autre tribunal : la même justice y dicte ses oracles; et c'est elle qui, dans l'espece de cette cause, a jugé que le privilège de Bault devoit être revêtu de lettres patentes. Il est vrai qu'au mois de janvier 1754, le Parlement ne pouvoit procéder à aucun enregistrement : mais le malheur de cet auguste corps, si cher au cœur de son Roi, devoit-il être sans fin? Quant on connoit le prix de la regle, on trouve toujours le moyen d'y satisfaire.

Non seulement Bault n'a point obtenu de lettres patentes, mais il n'a pas même demandé de commission, qui autorisât les huissiers à lui prêter leur ministère, si Bault ne le savoit pas, au moins ses conseils ne devoient pas ignorer que les arrêts du Conseil, tout respectables qu'ils sont, ne peuvent être mis à exécution, sans commission scellée. Telle est la jurisprudence du Conseil même, fondée sur les édits et déclaration de la Majesté des 19 de janvier 1657, d'avril 1660, 24 avril 1672 et de mai 1704, par lesquels très expresses inhibitions et défenses sont faites à tous huissiers, sergens, archers..... « de signifier et mettre à exécution aucuns arrêts « de son Conseil, s'il n'y a commission sur eux scellée de son grand sceau, à peine « de trois cens livres d'amende, payable sans déport,... pour la premiere fois; et « de privation de leurs charges, en cas de récidive, de faux, *et de nullité des exploits* « *et significations d'iceux.* » Ces règlemens subsistent dans toute leur force, et manifestent que Sa Majesté n'admet point les procédures faites, même en conséquence des arrêts de son Conseil, quand ils ne sont pas revêtus de la seule forme, qui puisse les rendre exécutoires.

Les propriétaires ne peuvent croire que, quoique Bault qualifie l'ordonnance du sieur intendant, du 21 avril 1754, *d'interprétative* et de *confirmative* de l'arrêt du 8 de janvier précédent, il puisse la regarder comme suffisante pour réparer le défaut tant de lettres patentes que de commission. La plus simple réflexion détruiroit son système; 1° les lettres patentes, dont nous parlons ici, sont de la juridiction ordinaire, et le commissaire départi n'en a qu'une extraordinaire; 2° ce magistrat n'a pu voir, dans l'arrêt de Bault, un de ces ordres, dont l'exécution lui est confiée, parce que le Roi ne lui donnoit aucune commission à cet effet; et que d'ailleurs Sa Majesté défend d'exécuter les arrêts de son conseil, qui ne sont pas munis d'une commission, scellée de son grand sceau.

Bault dira-t-il que l'arrêt du conseil du 2 d'avril 1754, qui renouvelle l'attribution de la connoissance des contestations sur le fait des mines, étant postérieur à celui du 8 de janvier, donné pour son exécution, purge de tous les défauts dont on vient de faire mention. Il est vrai (et l'on n'en sçauroit disconvenir) que cet arrêt renouvelle l'attribution, qui avoit été déjà donnée au sieur intendant par celui du 14 de janvier 1744. Cet arrêt est scellé, et rien ne manque, pour sa pleine et entière exécution. Mais Bault se tromperoit s'il croyait que cet arrêt pût confirmer celui du 8 de janvier 1754 : la mention, que l'arrêt du 3 d'avril en fait, n'est que pour le comprendre spécialement dans l'attribution, qui est générale, et concerne toutes les mines de charbon de terre de la généralité de Tours. Il ne le confirme pas; il nomme seulement le juge qui connoîtrait de son exécution, s'il pouvoit en avoir.

Mais donnons pour un moment à l'arrêt du 8 de janvier 1754 toute la force qui convient à un acte émané du tribunal du Roi, et voyons si Bault peut en tirer quelques prétextes, capables d'autoriser ses vexations. Cet arrêt lui permet, 1° de faire foüiller et exploiter, exclusivement à tous autres, les mines de charbon, *ouvertes et non ouvertes*, dans les trois paroisses. 2° Il est dit que Sa Majesté n'entend point qu'en vertu de sa concession Bault puisse troubler, ni empêcher de travailler les propriétaires, *qui sont en possession d'exploiter leurs mines avant 1744*, ni faire foüiller dans les trous qu'ils ont ouverts, ni plus près de 50 toises. 3° Cette seconde disposition doit avoir lieu jusqu'à ce que les entrepreneurs *prétendent que les particuliers exploitent mal, et en contravention aux règlemens, en n'approfondissant pas suffisamment leurs foüilles; ce qu'ils seront tenus de justifier par des sondes qui seront faites*, pour prouver qu'il y a des charbons plus profondément en terre que ceux qu'ils tirent de la superficie.

Les termes de cette concession apprennent qu'avant que Bault pût déposséder les propriétaires, il étoit tenu de prouver, 1° que les exploitations étoient postérieures à l'arrêt de 1744; 2° que les charbons étoient tirés de la superficie; 3° qu'il y en avoit plus profondément en terre. Qu'a-t-il fait? Rien moins que ce qu'il devoit faire.

Julien-Pierre Hodée exploitait, longtemps avant l'arrêt de 1744, une mine à titre de ferme. Comme elle étoit la plus considérable du canton et la plus abondante en charbon de forge, elle excita l'appetit de Bault. Il fit signifier à ce particulier, le 11 de mai 1754, l'arrêt du 8 de janvier précédent. Que cette signification fut un triste signal! Les gens de Bault coururent au même instant sur la mine de ce pauvre homme, comme fit autrefois Goupil, ce fameux cessionnaire de Madame d'Uzès; ils s'y rendirent armés de fusils et de pistolets; tels que des forcenés, ils rompirent tout ce qui restoit des ustensiles et des engins, et que l'ombre de la nuit précédente avoit soustrait à leur fureur. Le mal qu'ils firent fut fait pour le mal, et ils n'eurent pas de honte de briser une partie des revêtissemens de cette mine.

Hodée, surpris d'une pareille conduite, et voulant s'y opposer, leur demande de quel droit ils s'arrogent dans ce qui n'est qu'à lui? La réponse est laconique: *Nous sommes les maîtres*. Hodée, privé de la seule ressource qu'il ait pour vivre et pour faire vivre sa famille, se plaint de la violence qu'on lui fait; ses plaintes irritent ceux qui les causent. Un d'eux prend une bigorne (instrument pointu) et il tuoit infailliblement Hodée, s'il ne se fut dérobé au coup; l'autre, furieux de l'avoir manqué, *saute sur son fusil*. Quelle horreur! Un propriétaire est obligé de quitter, en fuyant, son patrimoine, pour sauver sa vie de la fureur de ceux qui le lui ravissent.

Ce n'est pas tout. Le lendemain les mêmes brigands (méritent-ils un nom plus doux?) se présentèrent, le pistolet à la main, devant le domicile du même Hodée; il eût sans doute péri, lui ou sa femme, dans cette seconde aventure, s'il n'avoit eu assez de présence d'esprit pour fermer promptement la porte et la fenêtre de leur chaumière. Pouperon fils, surnommé de Tilly, voyant que sa victime lui échappoit, entra dans une telle fureur, qu'il vomit des jurements exécrables, auxquels il joignit les menaces les plus terribles. Revenu à lui, il reconduisit ses satellites sur la mine de Hodée, et donna ses ordres pour que tous les charbons extraits fussent enlevés.

Il fut ponctuellement obéi; cependant Hodée rendit sa plainte le 14 du même mois au lieutenant criminel d'Angers. Tous les faits, qu'on vient de déduire, sont prouvés par l'information faite en conséquence, et par le procès-verbal du 16, rédigé par les experts, que ce magistrat avoit nommés. Mais Bault, sous prétexte que, par l'arrêt du 2 d'avril 1754, la connoissance des contestations concernant les mines étoit accordée au sieur intendant de Tours, demanda le renvoi de la cause devant le juge de l'attribution, et il l'obtint.

Comme il était absolument indifférent à Hodée par quelle voie obtenir justice, il se pourvut devant le sieur intendant; mais tous ses cris et toutes ses plaintes n'ont pu obtenir jusqu'à ce jour, que l'ordonnance du 12 de septembre suivant, par laquelle il est dit que «la requête dudit Hodée sera communiquée à Bault dans huit « jours; et cependant, sans s'arrêter au renvoi par lui demandé, en ce qui concerne « sa plainte... et la procédure qui s'en est ensuivie, il est ordonné que les informa- « tions, faites à la requête de Hodée, demeureront converties en enquêtes » et en conséquence, il est permis au dit Bault faire preuve du contraire, si bon lui semble, pardevant un conseiller au Présidial d'Angers, commis à cet effet. Pareillement est *ordonné que ledit Hodée sera tenu de faire signifier au dit Bault et associés un extrait des noms, surnoms, âges, qualités et demeures des témoins, ouïs dans l'information*, pour fournir, par le dit Bault, reproches, si bon lui semble, contre les témoins. Hodée vient d'interjetter appel de cette ordonnance, par exploit du 4 du mois d'avril 1757.

Qu'il soit permis de le dire, sans s'écarter du respect dû au sieur intendant de Tours, que cette ordonnance péche dans toutes ses parties. Dans la forme, l'attribu- tion accordée aux sieurs intendans sur le fait des mines ne s'étend point aux ma- tières criminelles. L'arrêt du 2 avril 1754 ne contient pas un mot, qui puisse en faire douter, et une pareille attribution ne sçauroit se suppléer. D'ailleurs cet arrêt n'accorde aux commissaires départis l'attribution dont il s'agit qu'à la charge de l'appel au conseil : mais il répugne à la nature de ce tribunal auguste de connoître des appellations criminelles.

Quant au fond, Hodée avoit porté sa plainte contre gens inconnus; par consé- quent les coupables n'ont pu être indiqués que par l'information; or le juge seul dépositaire de cette pièce sécrette ne pouvoit faire connoître les prévenus que par un décret, de quelque espèce qu'il fut : et ce n'est qu'après l'exécution de ce juge- ment préparatoire que le juge pouvoit procéder à un réglement d'accusation, et ordonner, suivant sa prudence, ou que l'instruction seroit contournée à l'extraordi- naire, ou que l'information seroit convertie en enquête. Telle est la procédure pres- crite par toutes les lois criminelles du royaume, dont il n'étoit pas permis au sieur intendant de s'écarter.

Cette irrégularité devient plus sensible par la permission donnée à Bault et à ses associés de faire preuve du contraire, et par l'injonction faite à Hodée de faire signifier auxdits Bault et associés les noms, surnoms, âges, qualités et demeures des témoins. L'accusateur n'avoit fait nulle mention de Bault dans sa plainte, et aucun des témoins ne l'avoit chargé, ni directement, ni indirectement, de l'assassinat prémédité dont il s'agit; aussi ce n'étoit pas lui, mais Pouperon de Tilly, qui avoit tenté de le commettre. D'où il suit que, dans la regle, la conversion de l'information en enquête, au cas qu'il y eut lieu de la civiliser, ne pouvoit être prononcée avec Bault, mais seulement avec Pouperon.

On passe sous silence toutes les inductions qui pourroient se tirer naturellement de ce nouveau genre de procédure, et du peu de zèle que ledit Pouperon de Tilly a témoigné, pour se justifier d'une accusation aussi grave. Ce qui vient d'être dit suffit pour donner une juste idée des talens de Bault, pour surprendre la religion des magistrats les plus intègres et les plus respectables. C'est ainsi qu'il a sçu se dispenser de l'obligation de prouver contre Hodée que son exploitation était superficielle. Il en a fait autant contre le sieur Coullion, et les nommés Éon et Verdier. Point de sondes des exploitations des uns ni des autres. L'arrêt du 8 de janvier 1754 l'ordonne, mais Bault trouve plus commode de surprendre la religion du commissaire départi, et d'obtenir des ordonnances qui enjoignent aux propriétaires « de cesser et faire cesser leurs exploitations, sinon lui permet de faire saisir les outils, « cables et autres ustensiles, qui se trouveront sur leurs mines, même les charbons qui seront reconnus en avoir été extraits depuis la publication de son prétendu privilège, *avec injonction à la maréchaussée d'y tenir la main* ». Telle est la disposition des deux ordonnances, renduës contre Éon et Verdier, le 12 de juin, et dont ils sont appellans.

Ces deux ordonnances sont les premieres qui aient été renduës sur les oppositions des propriétaires, depuis l'arrêt du 8 de janvier 1754. Celle de Hodée, dont on vient de rendre compte, est la troisième; la quatrième, rendue contre le sieur Coullion, porte que « avant de faire droit aux parties au principal, il sera tenu de déclarer « affirmativement s'il entend que lui ou ses auteurs aient commencé d'exploiter, « avant 1744, les deux puits à charbon, dont il s'agissoit; que ladite exploitation « ait été continuée jusqu'au 4 de septembre alors dernier, et ne fut abandonnée, « soit dans ladite époque, soit dans celle de l'arrêt du 8 de janvier 1754; et cepen- « dant, par provision, et sans préjudice des parties au principal, les entrepreneurs « sont condamnés, dès à présent, à remettre audit sieur Coullion les engins, cordages, « harnois, outils, qui se sont trouvés sur lesdits puits audit jour 4 septembre, en « bon état, ou la valeur d'iceux, au dire des gens qui les auroient vûs, si mieux « n'aiment les entrepreneurs s'en rapporter à l'affirmation dudit sieur Coullion, tant « sur l'espece et la quotité que sur la valeur desdits effets; sur le surplus des dédom- « magements demandés par ledit sieur Coullion, il est réservé à faire droit, en ju- « geant au principal, dépens aussi réservés ».

Le sieur Coullion a interjetté appel de cette ordonnance, en ce qu'elle lui est préjudiciable. Comme celle du 12 juin 1754, elle est contraire au titre de Bault, mais, quoiqu'elle ne parle point de *maréchaussée*, qu'au contraire elle contienne une preuve manifeste des violences de Bault et de sa prétenduë compagnie, elle est néanmoins tachée d'une irrégularité singuliere : elle enjoint au sieur Coullion de faire des déclarations, auxquelles il ne peut être tenu. La raison en est que les entrepreneurs reconnoissent, par leurs propres défenses du 25 octobre, que les exploitations du sieur Coullion ou de ses auteurs sont de longtems antérieures à l'année 1744. Outre cette reconnoissance, le privilège de Bault lui défend de troubler les propriétaires; c'est donc à lui de prouver la postériorité de leurs exploitations. S'il ne prouve pas, la provision est pour le titre. Les propriétaires ont d'autant plus de lieu de parler ainsi que le sieur Coullion, Renault, Cady et Hodée n'ont encore pu, depuis trois ans, se faire rendre définitivement justice, les uns sur la restitution de leurs charbons, les autres sur le paiment des instrumens, dont les entrepreneurs se sont emparés.

Est-il besoin d'ajouter que l'ordonnance du sieur intendant de Tours, du 21 avril 1754, n'ayant d'autre fondement que l'arrêt du 8 de janvier précédent, elle ne sçauroit avoir plus de force qu'il n'en a lui-même? Si cependant on jette les yeux sur le commencement et sur la fin de cette ordonnance, on trouve quelque chose qui paroit extraordinaire. Elle commence en effet par des défenses, que ne contient point l'arrêt du 8 de janvier; ces défenses (l'on n'en sçauroit douter) préparoient, dans l'esprit de Bault, toutes les ordonnances dont on vient de rendre compte. L'arrêt du 8 de janvier étoit trop resserré pour ses vuës; il trouvoit, dans cette addition, des moyens de l'étendre et, pour jouir pleinement du succès de cette infâme surprise, il fit insérer à la fin de l'ordonnance qu'elle seroit *exécutée nonobstant oppositions ou appellations quelconques, et sans y préjudicier*. Cette clause, insolite dans ces sortes d'ordonnances, achève de démontrer que toute la conduite de Bault est un tissu de vol et de fraude.

Il n'est plus difficile de conclure que, dans tous les temps, Bault n'a point eu le droit de faire aucune entreprise sur les mines de charbon de terre, dans les paroisses de S. Aubin de Luigné, de Chalonnes et de Chaudefond. 1° Il n'en avoit point avant l'arrêt du 8 janvier 1754, et cet arrêt ne lui en a point donné parce qu'il n'a jamais été revêtu de forme exécutoire. 2° Quant cet arrêt eût été susceptible de toute l'exécution imaginable, il imposait à Bault trois conditions qu'il n'a point exécutées : la première est qu'il ne puisse ouvrir de mines sans dédommager les propriétaires. Quoique le dédommagement doive être préalable, Bault n'a point encore dédommagé personne. Par la deuxième et par la troisième, il lui est défendu de troubler les propriétaires dans leurs exploitations antérieures au règlement de 1744, à moins qu'ils n'approfondissent pas suffisamment, ce qu'il est tenu de justifier par la voie des sondes; cependant il n'y a violence dont Bault ne se soit avisé, pour troubler les plus longues possessions et il ne s'est jamais mis en devoir de faire des sondes. D'où il suit enfin que Bault s'est rendu indigne de son privilège, en abusant de la grace avant qu'il put en jouir. Le récit des horreurs que ses gens ont commises va mettre cette derniere proposition dans le plus haut degré d'évidence. Bault pourra-t-il en soutenir le détail?

Premier fait. — Il est certain qu'en Anjou les raisins n'avoient point acquis leur maturité le 20 de septembre de l'année 1753; cependant le pillage énorme que firent les ouvriers de Bault, qui travailloient à la mine ouverte sur le terrein de la demoiselle Mazureau, obligea les habitans de Chalonnes de présenter leur requête au juge des lieux, afin d'obtenir permission de recueillir, sans attendre le ban général, ce qui avoit échapé à la rapacité de ces brigans. Le juge nomma des commissaires qui se transporterent sur les lieux et dont le raport confirma les plaintes des habitans. En conséquence, permission leur fut donnée, sur les conclusions du procureur d'office, de vendanger dès le 24 du même mois.

Second fait. — Le curé de Chaudefond, l'une des trois paroisses où Bault veut exercer son privilège, est fondé dans le droit de recevoir tous les ans, à l'issue des Vêpres du dimanche de la Trinité, une pelotte ou la somme de quinze deniers de chacune des nouvelles mariées de l'année. Il est aussi d'usage que le curé jette au peuple ce qu'il a reçu. Les ouvriers de Bault, instruits de la chose, se rendirent à Chaudefond avant Vêpres, le dimanche 9 de juin 1754; ils étoient armés de fusils, de pistolets, de bâtons ferrés. Ils se vanterent en arrivant qu'ils étoient venus à dessein d'avoir tout l'argent que le sieur curé jetteroit et menaçerent de tuer quiconque voudroit y participer. Les jeunes gens de Chaudefond s'echaufferent à ce discours insolent, et l'on en vint aux mains. Le sieur curé fut bientôt averti du tumulte. Il sortit et, s'adressant au nommé Boësseau, chef de la bande, il le pria et ses camarades de ne point faire de tapage, et surtout de ne pas troubler une cérémonie qui se passoit ordinairement avec tranquillité. La remontrance du curé étoit en place, mais ces brutaux, méconnoissant le caractere de ce pasteur, se jetterent sur lui, le renverserent par terre à trois diverses reprises. Il seroit sans doute expiré sous les coups de ces scélérats, si les paroissiens ne lui avoient procuré le moyen de se sauver dans son église, où il entra blessé et couvert de sang. Le peuple, furieux à son tour, sonna le tocsin, et ces misérables eussent peut-être été massacrés, s'ils ne s'étoient promptement retirés dans une maison, où ils resterent jusqu'à ce que les habitants se fussent dissipés.

Troisième fait. — Les premiers jours du mois suivant, le nommé Verger, closier de la demoiselle Mazureau, perdit dix-huit oyes, que les ouvriers de Bault lui avoient volées. Il s'en plaignit; pour réponse on lui lacha un coup de fusil : mais il fut assez heureux pour n'en être point atteint.

Quatrième fait. — Un fermier du s‑Romain, ancien maire de la ville d'Angers, fut malheureusement soupçonné par ces coquins d'avoir été du nombre de ceux qui avaient sonné le tocsin lors de la rixe du 9 de juin précédent, et ce soupçon le conduisit au moment de périr par leurs mains. Toutes les nuits ils rodoient autour de sa maison, pour trouver l'occasion de l'assassiner. Un jour qu'il conduisoit un cheval chargé de foin au bourg de Chaudefond, un homme inconnu l'aborda et lui porta un coup de couteau. Le coup ne fut pas dangereux; mais l'assassin s'était tellement barbouillé le visage de charbon, qu'il ne lui fut pas possible de le reconnaître.

Cinquième fait. — Pierre Tremblay, du village de la Haye-Longue, paroisse de S. Aubin-de-Luigné, fut attaqué le 26 d'octobre de la même année par les mêmes ouvriers et en fut si maltraité, qu'il mourut le lendemain de ses blessures, et fut inhumé le 28 du même mois dans le cimetière de ladite paroisse.

Sixième fait. — Le 7 du mois de novembre suivant, le nommé Jacques Grenouilleau, domestique d'un chirurgien établi à Chalonnes, revenant sur les six à sept heures du soir d'exécuter les ordres de son maître, fut arrêté par quatre de ces ouvriers, à l'endroit dit le carfour d'Ardené. Ces misérables l'assaillirent à coups de bâton, lui demanderent la bourse, le fouillerent et lui volerent cent douze sols et un liard de monnoie, qu'il avoit dans sa poche. Echapé à ce danger, il retomba dans un autre; en passant le long de la pièce de la demoiselle Mazureau, il fut arrêté par trois autres, qui le foüillèrent de nouveau. N'ayant rien trouvé, ils le laissèrent aller.

Septième fait. — Autre assassinat. Anselme Humeau, du village du Roc, paroisse de Chalonnes, fut attaqué par les mêmes brigans le samedi 6 de septembre 1755, et reçut tant de coups qu'il en mourut le 9 dudit mois. Il fut inhumé le 10 dans le cimetiere de S. Maurille de Chalonnes.

Huitième fait. — Pendant la nuit de Noël de la même année, ils volerent avec effraction, dans la maison du s^r Rousseau, chanoine de l'église d'Angers, située au village des Barres, paroisse de S. Aubin-de-Luigné; le même jour ils firent un autre vol chez le s^r Gohin dans sa maison du Noulis, même paroisse.

Neuvième fait. — Enfin le closier, déjà nommé, de la demoiselle Mazureau, ne s'accoutûmant point aux brigandages de ses voisins, et s'en étant encore plaint, manqua d'être assassiné. Le nommé Moreau, dit *Langevin*, et un autre dit *Sans regret*, l'arrêtèrent le samedi 10 de janvier 1756. Ils étaient armés et ils l'eussent sans doute assommé, comme ils l'en menaçaient, si deux particuliers, qui survinrent au même moment et qui furent témoins de l'avanture, ne l'avaient tiré d'embarras. Il en fut quitte pour les menaces, que lui fit ledit Moreau, de lui rompre les bras et à toute sa famille, partout où il les rencontrerait.

Si tous ces crimes n'ont point été punis, c'est parce que Bault a trouvé le secret (ainsi que les cessionnaires de la dame duchesse d'Uzès firent en Auvergne) d'empêcher les poursuites de la justice ordinaire, en prétendant que la connaissance de tous ces délits appartenait au s^r intendant, en vertu de l'attribution à lui donnée par l'arrêt du 2 avril 1754.

Quelque grands, quelque multipliés que soient les crimes dont on vient de lire le détail, il n'est point aussi étonnant qu'on pourrait le croire, qu'ils aient été commis par des gens de la trempe des ouvriers de Bault : ils étaient tous des vagabonds, sortis de tous les pays, sans aveu, sans ressource; si l'on considère cette espèce d'hommes, livrés à eux-mêmes et manquant de tout, dans les lieux où leur maître s'emparait lui-même, à force ouverte, du bien d'autrui, qui se surprendra des excès où la nécessité les a réduits ?

Les plus méchans exercerent le brigandage jusqu'à ce que la crainte du châtiment les força de prendre la fuite. Les autres, moins méchants, soutinrent la misère aussi longtemps qu'ils purent. Enfin, ennuyés de souffrir la faim et la soif, faute de paiement de leurs salaires, six d'entre eux se presenterent le 29 avril 1756 aux s^{rs} Pouperon et Gaignard, tous deux associés de Bault, et leur demanderent le paiement de leurs travaux. Pouperon leur répondit par un coup de bâton qu'il donna au nommé Brizieux. L'autre, se mettant de la partie, tira le couteau de chasse qu'il portoit, pour en frapper ce journalier. Les menaces et les injures ne furent pas épargnées; cependant, comme les ouvriers insistoient, Pouperon s'avisa d'un excellent moyen, pour s'en défaire. Il leur dit qu'ils pouvoient aller à Angers (ceci se passait au village de la Haie-Longue, dans la paroisse de S. Aubin-de-Luigné), que le s^r Brundeau, l'un des associés commis du receveur des Tailles, les paieroit; il leur donna une lettre pour lui porter. Ils la remirent de bonne foi audit Brindeau, qui l'ayant lûë, leur indiqua une auberge, où il leur dit de se rendre, et d'y attendre leur paiement. Ils y allerent : mais, au lieu de paiement, ils furent arrêtés par des cavaliers de la maréchaussée, de l'ordonnance du subdélégué d'Angers.

Le crime de ces six ouvriers n'étoit pas différent de celui des six autres, qui, quinze jours auparavant, avoient aussi abandonné les Mines. Tous quittoient, faute de paiement de leurs salaires. Pourquoi ceux-ci sont-ils emprisonnés ? Le seul réglement qui ait pû donner quelque couleur à cet emprisonnement est l'ordonnance du s^r intendant de Tours du 26 de juin 1753; mais elle ne prononce la peine de prison que contre ceux des ouvriers qui abandonneroient une mine, sans congé par écrit, pour travailler dans une autre; ceux-ci, au contraire, n'avaient d'autre dessein que de quitter l'Anjou, suivant la faculté naturelle qu'ont tous les hommes de sortir d'un pays pour aller travailler dans un autre.

Enfin, les six prisonniers présentèrent requête le 8 de mai au subdélégué, pour obtenir la liberté de leurs personnes et le paîment de leurs salaires. Il fut fait droit sur une partie de leur demande : ils furent élargis. Quant au paîment, la procédure fut longue : des communications, des exceptions, des incidens, des interlocutoires amenerent la chose au point que ces malheureux perdirent la moitié de leurs salaires. Cette opération ne fut même consommée qu'au mois d'août, et, en attendant, ils furent obligés de demander l'aumône pour subsister. Dès qu'ils eurent reçu le peu qu'on leur donna, ils sortirent de la province, bien résolus de ne jamais travailler pour Bault ni pour ses associés. C'est ainsi que cette pretenduë compagnie ruine elle-même son entreprise.

TROISIÈME PROPOSITION.

Le bien public s'oppose au privilege de Bault, s'il existe, et demande sa révocation.

L'espece de l'entreprise peut généralement décider de l'utilité du privilege. Dans les entreprises qui surpassent de beaucoup la portée des particuliers, les privileges sont communément nécessaires, pour remédier aux inconvéniens des fortunes médiocres. Mais, quand les entreprises ne sont point au-dessus des forces des particuliers, les privileges exclusifs sont toujours nuisibles à la société. Des objets de peu de conséquence en eux-mêmes irritent l'avidité du partisan, sans pouvoir le satisfaire. Pour parvenir à son but, que ne fait-il point? Maître de l'espèce qu'il cultive, il la rend rare, et par cette rareté, dont il est la cause, il s'autorise à lui donner tel prix qu'il veut. On n'en connaît bientôt plus la véritable valeur, parce qu'il n'y a plus de concurrence entre les marchands. Les monopoles s'introduisent, le commerce est détruit. Tel est précisément l'état où Bault cherche à détruire la province d'Anjou.

Que l'on compare cette situation violente avec celle d'une province, ou chaque particulier peut librement chercher dans son fonds les biens que la nature lui a réservés. Une émulation, qui n'est jamais qu'utile, anime tous les propriétaires. La terre s'ouvre en mille endroits; les charbons se multiplient sans nombre; l'artisan a la liberté du choix; cette liberté retient la denrée à sa juste valeur; ce qu'il ne peut consommer passe aux voisins; le commerce du dedans s'augmente par celui du dehors; tout concourt au bien commun et l'avantage qui en résulte se communique en proche à toutes les parties de la société.

Le sieur Prévôt des Marchands de Paris pensoit ainsi, lorsqu'il attestoit au Parlement, dans l'avis qu'il donnoit sur l'enregistrement des lettres-patentes de la dame duchesse d'Uzès, que « plus il y auroit de personnes employées au travail des mines, « plus l'abondance des charbons seroit grande; qu'on pourroit par ce moyen en « fournir le royaume, sans avoir recours aux charbons étrangers, et réserver en « France des sommes considérables, qui passent chez nos voisins; *pourvu toutefois* « *qu'on laissât aux propriétaires l'entiere liberté de continuer leurs mines,* sans qu'ils pus- « sent en être empêchés pour quelque cause que ce fût; que les mines fussent exploi- « tées par diverses personnes non associées; que le débit du charbon fut entierement « libre, sans être mis en parti. » C'est à la lumiere de ces principes que le Conseil est supplié de juger des effets qu'a produits en Anjou le privilege de Bault, depuis qu'il est entré dans les mines des trois paroisses.

Pour bien connaître tout le tort que Bault a fait au public, il est nécessaire de donner ici une idée de l'état des mines avant son entreprise. Le nombre des puits ouverts étoit au-dessus de cinquante, dont la fouille étoit faite avec toute l'exactitude et toute la justice possible; si Bault contredit ce que l'on va dire de l'une et de l'autre, les propriétaires offrent de le vérifier par témoins et par experts.

La partie qui produit le charbon dans les trois paroisses se trouve sur une suite de coteaux, et forme une figure presque triangulaire d'une lieuë de longueur, sur un demi-quart de lieuë de largeur, entre le fleuve de la Loire et la rivière du Layon, qui se réunissent à Chalonnes. Les fouïlles faites sur ce rocher, y sont établies depuis plus de trois siècles. Il n'est point rare d'y trouver des verges (non pas de 80 pieds) de 250 et de 300 pieds de profondeur. On perce les puits autant que les eaux peuvent le permettre, et que l'on trouve de bon charbon. On dit de bon charbon, parce que, dans le canton dont il s'agit, le charbon, à une certaine profondeur, n'a plus de qualité; extrait, l'air le rend semblable à une espèce de limon qui ne peut plus produire d'effet. Bault le sçait par sa propre expérience; car quoiqu'il dise de contraire, il est certain qu'il n'est point allé au-dessous des anciens ouvrages des mines dont il s'est emparé.

Quand l'abondance des eaux, le défaut d'air, ou l'épuisement de la mine obligent de quitter la ligne perpendiculaire, on suit les filons collatéraux, et cet ouvrage a souvent beaucoup d'étenduë. Comme l'entrée de ces galleries est ordinairement fort basse, et que la suite du charbon les rend assez longues, pour que l'air n'y ait plus de communication, il est nécessaire de faire de nouveaux puits, aux environs des premiers, lesquels servent non seulement à entretenir l'air, mais encore à extraire les charbons; et, comme par cette commodité on peut se passer des premiers puits, on les comble avec soin, à mesure qu'ils cessent d'être utiles.

Cette hypothèse n'exprime qu'un événement ordinaire; mais il est trop naturel, pour que l'on puisse regarder ces différens puits comme différentes exploitations. C'est toujours la même qui se fait par des ouvertures successives, et toutes nécessaires pour l'exploitation de la même mine. Cette nécessité est reconnue dans le privilège même de Bault, qui lui défend d'ouvrir plus près qu'à 50 toises de distance des ouvertures faites par les propriétaires *dans la suite* de leurs mines, comme parle l'arrêt de 1695, parce que, sans cette suite, leurs travaux ne sçauroient avoir le succès que l'on en doit attendre. C'est cependant à l'appui d'une misérable équivoque que Bault a trouvé le secret de persuader au sieur intendant, et a voulu depuis insinuer au Conseil, que la plupart des puits des propriétaires ne sont ouverts que depuis 1744; comme si l'on en pouvoit conclure que leurs exploitations ne sont pas plus anciennes. L'observation que l'on vient de faire découvre l'artifice, et prouve que les propriétaires ont satisfait à tout ce qu'exigeoit d'eux le règlement de 1744, en déclarant le nombre de puits qu'ils avoient en extraction.

Mais poussons Bault jusques dans ses derniers retranchements. On lui accorde pour un moment qu'il y a eu des mines ouvertes depuis 1744. Qu'en peut-il conclure en sa faveur? Que la confiscation, prononcée par l'article 2 du règlement de 1744, doit avoir lieu à son profit? Il est vrai qu'il le croit ainsi, et qu'il a agi en conséquence; mais cette idée est folle : 1° Il est certain que cet arrêt n'a été publié dans les trois paroisses que le 17 de juin 1753; or il ne devoit avoir d'exécution *qu'à l'ave-*

nir et à compter du jour de la publication, d'où il suit que l'on a pu ouvrir des mines depuis 1744, sans courir le risque de la confiscation. 2° Bault n'avoit point de privilège en 1744, par conséquent nul droit sur les mines. 3° Si cette odieuse condamnation pouvoit avoir lieu, ce ne seroit que pour les fosses ouvertes depuis 1754. Or Bault n'ignore pas que, depuis ce tems, il n'y a point eu d'exploitation nouvelle, quoique les propriétaires en possession d'exploiter soient fondés par son propre titre, à continuer leurs travaux.

Cinquante et tant de puits ouverts devoient sans doute occuper bien des ouvriers. Bault les fixe, par grace, au nombre de cent personnes (deux par puits) tandis que lui seul en emploie plus de quatre-vingts, sans compter les charroyeurs. Dans la même espèce d'ouvrages, la proportion doit avoir lieu. Bault n'a jamais eu et n'a point encore plus de deux puits en exploitation. Si deux puits occupent quatre-vingts personnes et davantage, cinquante en ont dû occuper plus de deux mille; et le nombre de charroyeurs, employés par Bault, ne sçaurait être comparable à celui qu'employoient les propriétaires. Laissons à Bault ses exagérations, et revenons à la vérité. Les propriétaires l'ont dite, en assurant que leurs puits faisoient subsister plus de cinq cens familles. Ils ne diront encore rien que de vrai, en assurant que Bault n'emploie pas plus de vingt ouvriers. Quelle différence pour le pays!

Mais, dit Bault, les ouvriers employés par les propriétaires sont de simples paysans, qui n'ont ni expérience ni connoissance. Les propriétaires avouent que leurs ouvriers sont des paysans : mais des paysans qui joignent à une expérience journalière une connoissance singuliere de tout ce qui concerne les mines. Comment penser qu'elle puisse manquer à des gens qui naissent pour ainsi parler, qui sont élevés, qui passent leur vie sur les mines, et qui, de générations en générations, ne s'adonnent qu'à ce seul et unique genre d'exploitation? Oui, les mineurs, originaires des trois paroisses, sont d'excellens ouvriers, qui connoissent parfaitement la nature et la qualité du charbon, que leur terrain fournit. Il n'en etoit pas de même des premiers ouvriers de Bault (il se sert à présent de quelques gens du pays). Le sieur Savalete, ci-devant intendant de Tours, est en état de rendre compte de toute leur impéritie. Ayant pris la peine de visiter les mines, au mois de juin 1753, il leur présenta lui-même du charbon, et leur demanda s'il étoit propre à la forge ou au fourneau. Ces habiles gens prirent pour du charbon de forge celui qui n'étoit propre qu'au fourneau.

Les exploitations multipliées procuroient nécessairement l'abondance des charbons. L'abondance de cette matiere faisoit que son prix ne passoit point de justes bornes. Il est notoire en Anjou que *le charbon de forge ne valoit, avant que Bault se fut immiscé dans l'exploitation des mines, que 28 sols la somme*, prise sur le bord de la mine. La somme est composée de sept boisseaux, mesure de roi; la pipe contient six sommes, ou, si l'on veut, quarante-deux boisseaux; la pipe n'est que la vingtième partie d'une fourniture, qui comprend 21 pipes. Or si la somme de ce charbon ne valoit que 28 sols, le boisseau n'en valoit que 4, et, pour nous rapprocher de l'estimation de la capitale, le muid revenoit à 28 l. 16 s. A présent, ce n'est plus la même chose. Le boisseau de ce charbon a augmenté de près de moitié : il vaut 7 s. 10 d. et par conséquent le muid est monté à 56 l. 8 s.

L'augmentation du charbon de fourneau est encore plus considérable. La fourniture, qui valoit avant Bault depuis 90 jusqu'à 110 l., est actuellement portée à 180 et 190 l. Mais il faut observer deux choses : 1° Qu'autrefois la fourniture était de vingt-six pipes, et la pipe de quarante-deux boisseaux, et que Bault a réduit la fourniture à vingt-et-une pipes, et la pipe à trente-six boisseaux. 2° Que le charbon de fourneau se rendait au port chargeable le plus voisin, et qu'aujourd'hui il n'est plus vendu que *pris sur la place*. Réduisons au muid l'un et l'autre prix du charbon de fourneau. Quand le charbon de fourneau valoit 110 l. la fourniture (à raison de vingt-six pipes) le prix de la pipe étoit de 4 l. 4 s. 7 d. le boisseau, par la même raison, ne valoit que 2 sols, ce qui donne 14 l. 8 s. pour la valeur du muid. Passons à l'augmentation. La fourniture, à raison de 180 livres, donne 8 l. 11 s. 5 d. pour le prix de la pipe, sans déduction de la 21°; la pipe ne contenant plus que 36 boisseaux, le prix de chacun monte à 4 s. 9 d., et le muid revient à 34 l. 4 s. La diminution, que Bault a faite sur la fourniture de cette sorte de charbon, n'est que de 336 boisseaux. N'est-ce pas une bagatelle, quand l'augmentation de prix est aussi peu considérable?

Voilà le fruit actuel des promesses de Bault. Voilà la *multiplication du charbon de terre*, qu'il devait procurer à la ville d'Angers, et *à sa proximité*, qu'il annonçoit. Voilà comme il opère cette *diminution considérable*, qu'il annonçoit *sur le prix de la chaux*. Voilà comme il remet *en valeur*, ou donne lieu au rétablissement de *plusieurs fourneaux, éteints successivement, tant dans la paroisse de Chalonnes qu'à la porte même de la ville d'Angers*. Bault n'a point tenu ses promesses; il n'a point procuré cette multiplication considérable du charbon, ni de la chaux. Le seul et unique fourneau qu'il ait fait allumer[1] est éteint; et la rareté du charbon de terre fait que, des sept fourneaux qui avoient coûtume d'être allumés, dans la seule paroisse de Chalonnes, et qui tous chauffoient à la fatale époque des entreprises de Bault, il n'y en a plus qu'un qui travaille, à l'aide du charbon étranger; encore n'a-t-il été allumé que le 22 mars 1757.

Si, du moins, les entrepreneurs n'avoient point manqué à la probité, qui fait l'âme du commerce, et que le charbon fut sorti de leurs mains tel que la nature le leur avoit fourni, leurs torts seroient exempts du plus odieux des reproches. Mais, non, quel que soit l'auteur du crime dont les entrepreneurs sont coupables, il a été vérifié, par les gens qui peuvent le mieux s'y connoître, que les charbons étoient falsifiés dans la mine même.

Les charroyeurs se sont plaints de leur excessive pesanteur; les communautés des cloutiers et des serruriers de la ville d'Angers ont déclaré, par un acte solennel passé

---

[1] Le fourneau d'Angers a été allumé à la fin de juin 1753 et a resté en feu pendant treize mois à l'exception du tems que prit l'évenement dont il est parlé à la page 34 de ce mémoire. Depuis il a été allumé en 1755 pendant cinq mois, et, en 1756, pendant quatre mois.

le 25 de mai 1753, devant M° Portier, notaire royal de la même ville, que, *depuis un an*, ils les trouvoient défectueux et hors d'état de servir à aucuns forgerons, *étant sales et sulphureux*. La saleté ne provenoit que du mêlange de terre que l'on y fesoit; quant à la qualité sulphureuse, c'étoit l'effet de l'inexpérience des ouvriers, qui ne sçavoient pas séparer les especes de charbons, et qui, faute de les distinguer, en altéroient la qualité. De là, la nécessité de recourir au charbon étranger; de là l'augmentation des ouvrages de fer qui, depuis cinq ans, ont été portés à la moitié en sus de leur prix ordinaire.

Si, des considérations générales, on passe aux particulieres, l'intérêt public n'en sera que plus sensible.

Le Roi n'a point eu, et n'a pu avoir d'autre intention, en faisant le règlement de 1744, que de procurer le plus grand bien de ses sujets; mais on ne peut supposer, sans renverser les vûës de Sa Majesté, qu'elle ait voulu les priver de leur patrimoine. Cette privation entraîneroit la ruine de leurs familles. On le prouve. Il est constant que les héritages sujets aux charbons sont estimés les deux tiers au-dessus de la valeur des autres héritages. Cette estimation a lieu, non seulement dans les contrats, mais encore dans les partages. L'héritier *ou* l'acquéreur ne peut donc se rédimer de cette plus-valuë qu'en faisant la recherche des charbons qui peuvent être dans sa possession.

Tous les commencements sont onéreux; les foüilles dans la terre sont plus pénibles et plus coûteuses que tous les autres travaux. On commence les mines à tâtons, pour ainsi dire. Tel a travaillé long-temps, et a fait beaucoup de dépenses. qui n'a rien découvert. Bault en a fait l'expérience sur le terrein de la demoiselle Mazureau. Mais si, après de longs travaux et des dépenses considérables, un propriétaire est assez heureux pour rencontrer quelque filon de charbon, où seroit la justice de lui enlever le prix de ses travaux, pour enrichir un étranger qui, comme fait Bault, ravagera tout son domaine? On peut le dire en passant, les héritages où il est entré sont absolument perdus. Les vignes, cette portion d'héritages, respectable par elle-même, n'ont point été capables de contenir ses ouvriers[1]; elles sont ruinées, sans ressource, par tout où ils ont passé. Ce ravage indigne est une nouvelle considération qui ne sçaurait manquer de toucher le Conseil. S'il est bon de rendre communs les charbons de terre, dans un temps où la disette de bois se fait sentir de plus en plus dans le royaume, il n'est pas moins intéressant de conserver les vignes d'un des meilleurs terreins de la province d'Anjou.

Ce n'est point ainsi que les propriétaires exploitent leurs mines. L'intérêt qu'ils ont à la recherche des charbons les rend attentifs à ce genre de profit : mais ils n'en ont pas moins de soins pour conserver leurs vignes. Au surplus, une justice scrupuleuse règne entre eux. Non seulement ils veillent à ce que leurs exploitations ne nuisent point à leurs voisins; mais ils leur tiennent un compte exact du produit

---

[1] La requête du sieur Coullion du 24 de septembre 1754, et les réponses qu'y ont fait les entrepreneurs, fournissent la preuve de ce reproche.

de leurs propres mines, s'il arrive qu'ils y doivent participer. Ce cas a lieu quand les galeries d'une mine s'étendent sous le domaine voisin. Alors, suivant l'usage, on mesure la longueur de la galerie souterraine; cette longueur, rapportée à la superficie, donne la longueur véritable du terrein, où l'on est entré. Cette connoissance prise, les experts descendent dans la mine pour faire l'estimation, à la toise cube, de la quantité du charbon qui en a été extraite. Le huitième en appartient au propriétaire dont la superficie n'a point été ouverte. Cet usage vient d'être consacré par l'arrêt du Parlement du 6 de novembre 1755, confirmatif d'une sentence de la sénéchaussée d'Angers, laquelle avoit ordonné un dédommagement suivant la règle qui vient d'être expliquée.

C'est ainsi que les propriétaires démontrent l'absurdité du motif que Bault oppose pour soutenir son privilége. La concurrence indéfinie des propriétaires peut occasionner entre eux une guerre continuelle. Les cessionnaires de la dame duchesse d'Uzès parloient de même. Est-il possible qu'en France, que, dans le Conseil du plus juste des rois, on ose donner pour moyens d'empêcher les contestations de ses sujets, de les priver du patrimoine de leurs peres? L'humanité ne fut jamais sans foiblesse. Les hommes les plus désintéressés sont ceux qui se laissent le moins aller à la cupidité. Il n'est donc pas étonnant que le voisinage des possessions occasionne quelques démêlés. Mais si l'amitié et les nœuds encore plus forts ne peuvent les empêcher, que sera-ce quand des entrepreneurs, de tous les hommes les plus avides, viendront, les armes à la main, escortés de la maréchaussée, leur enlever des biens que toutes les lois leur assurent?

Mais, dira Bault, tous ces discours ne portent sur rien. Je ne demande pas mieux que de vous dédommager; j'y suis obligé; je l'ai offert, et je suis prêt à le faire. Ne cherchons point à en imposer. Bault connoît-il l'espece des dédommagemens qu'il doit? Il s'imagine, sans doute, qu'il ne doit de dédommagement que pour raison de la superficie. Il est vrai que la chose est ainsi réglée pour les mines des métaux : mais ce réglement n'a jamais eu de lieu pour les mines de charbon; la raison de différence se tire de la nature des dépenses, qui sont bien différentes dans l'une et dans l'autre exploitation. Comme l'exploitation des mines à charbon excède rarement la fortune des particuliers, le propriétaire doit être dédommagé, à raison du produit même de la mine. Tel est le pied sur lequel Pouperon, au nom du sieur comte d'Herouville, s'est arrangé avec le sieur Fleuriot, dans la paroisse de Montrelais, province de Bretagne. Pouperon, il est vrai, s'est fait chasser de Montrelais, comme de Saint-Georges : mais ses arrangemens n'en ont pas moins subsisté, à raison de deux mille livres de rente annuelle, tant et si long-temps que durera l'exploitation de la mine. La même chose doit avoir lieu en Anjou.

Cette prétention est d'autant mieux fondée que Bault, par l'arrêt du Conseil du 8 de janvier 1754, est autorisé à jouir des mines, *ouvertes et non ouvertes*. Les mines ouvertes sont dans un état d'exploitation actuelle, et cet état n'a point occasionné de frais à l'entrepreneur. Ne seroit-il pas monstrueux que les travaux du propriétaire n'eussent d'autre fin que de préparer l'exploitation de celui qui devroit lui ravir le fruit de ses soins? La justice veut donc que le dédommagement soit relatif au produit de la mine. L'usage est dans les trois paroisses, comme on l'a dit, de donner au propriétaire le quart du produit.

Le système de Bault est bien éloigné de ces principes d'équité : non seulement il se croit en droit d'entrer dans les mines ouvertes, sans dédommagement; mais il ne craint pas même de dire, que, *s'il ne lui étoit permis d'entreprendre d'ouvertures, sur aucun héritage, de gré à gré*, et du consentement des propriétaires, *ce seroit bien inutilement qu'il auroit obtenu un privilège exclusif*. Ce langage est clair. Bault n'a pas besoin du consentement des propriétaires pour ouvrir : il ne se croira bientôt plus obligé à les dédommager. Disons mieux, il fera comme il a fait jusqu'à ce jour. Ses offres n'auront rien de réel : il donnera des assignations, et ne comparoîtra point S'il comparoît, il voudra tout régler à sa fantaisie, ou plutôt il contestera tout, il éludera tout, il s'opposera à tout. Les frais de chaque instance de dédommagement, deviendront immenses, et elles ne se termineront point. De l'autre côté, le propriétaire, prêt à se voir exclu de l'héritage paternel, articulera des dépenses nécessaires, prouvera des pertes que les encombremens *ou* les eaux auront occasionnées. Qui l'emportera? Bault sera-t-il écouté? le propriétaire peut être ruiné, parce qu'il restera sans ressource. Si le propriétaire l'emporte, que devient le privilège de Bault?... Eh! Qu'importe? Quels sont les partisans dont les intérêts doivent être mis en parallèle avec ceux du public?

Non seulement le dédommagement ordonné par le réglement de 1744 est une source de contestations immortelles entre Bault et les propriétaires; mais il en naîtra encore de la reserve que le Roi a faite en faveur de ceux-ci, en défendant à Bault de les troubler dans leurs exploitations antérieures audit réglement et d'ouvrir plus près que de 50 toises de leurs fosses. Bault avance hardiment que cette disposition ne se doit entendre que des mines ouvertes antérieurement à l'arrêt de 1744, et exploitées *sans aucune interruption;* et faute d'une exploitation continuelle et conforme à l'arrêt de 1744, il prétend être en droit de s'emparer des mines des propriétaires, sans distinction, et sans faire de procès-verbal de sonde; c'est-à-dire que d'un privilége conditionnel, il en fait un privilége pur et simple. Il ne faut que proposer de pareilles absurdités, pour en montrer le ridicule. Une reserve, aussi précise, sera-t-elle soumise à l'interprétation de celui qui n'a d'autre intérêt que de la détruire?

La seule lecture de l'arrêt du 8 de janvier 1754 convaincra tout esprit déprévenu que les conditions imaginées par Bault sont contraires au texte. Il ne parle point d'une exploitation commencée avant 1744, et continuée jusqu'en 1754 : mais bien de la *possession* des propriétaires, et il veut qu'ils y soient maintenus, si elle est antérieure à l'arrêt de 1744. La possession étant certaine, qu'ils aient exploité continuellement ou non, Bault ne peut approcher de leurs ouvrages plus près que de 50 toises. Les priviléges sont de rigueur, et par cette raison ils doivent être renfermés dans la signification naturelle et littérale des termes qui les composent. D'où il suit que la faculté de Bault ne s'étend que sur les mines ouvertes depuis la publication du réglement de 1744, par ceux des propriétaires qui n'avoient point de possession antérieure. S'il *prétend* au reste, que les propriétaires exploitent mal, c'est-à-dire, comme l'arrêt l'explique, n'approfondissent pas suffisamment leurs fouilles, il doit le vérifier par des sondes. Voilà la regle, et il ne peut rien faire de contraire sans abuser de son privilége, et par conséquent sans mériter d'en être privé.

Bault s'est emparé de treize mines depuis l'arrêt du 8 de janvier 1754 (on ne met point dans ce nombre, celle qu'il a ouverte sur le terrein de la demoiselle Mazureau, ni celle du Pasty), il n'en a pas fait fonder une, et les propriétaires offrent de prouver que, dans aucune, il n'est descendu au dessous des anciens ouvrages. Cette conduite est conforme à ses vûes. Il seroit trop couteux pour lui de creuser davantage des fosses qui sont très profondes, quand il ne veut qu'un profit facile. Il l'a cherché comme en courant, et il l'a pris partout où il l'a rencontré. Le moindre obstacle l'a rebuté et ses travaux ont fini. La rapidité de ses exploitations prouve mieux que tout ce que les propriétaires pourroient dire qu'il est contraire au bien public de *mettre en parti* les exploitations de mines de charbon. Celles, que Bault vient de parcourir dans le court espace de trois ans, occupoient depuis longtemps leurs propriétaires; elles les occuperoient encore, s'il ne les en avoit pas dépossédé, parcequ'elles ne sçauraient être épuisées.

Répondra-t-on à ce que dit Bault, que les propriétaires ne méritent aucune préférence, tant parce qu'ils n'ont jamais exploité leurs mines par eux-mêmes que parce qu'ils ne les regardent pas comme un objet fort intéressant. Les expressions des entrepreneurs sont toujours équivoques. Exploiter une mine par soi-même, est-ce en extraire le charbon par ses propres mains? Dans ce sens, les propriétaires avouent qu'ils n'ont pas tous exploité par eux-mêmes, Bault, dans le même sens, n'exploite point par lui-même. Mais ces opérations personnelles n'ont jamais été requises pour qu'il fut dit avec vérité, qu'un propriétaire exploite par lui-même. On exploite par soi-même, quand on négocie soi-même son charbon, soit pour le tout, soit pour partie; car, comme on tient dans sa main un domaine, que l'on fait valoir à moitié ou au tiers, on doit dire la même chose des mines. Qu'importe au reste que les propriétaires exploitent par eux-mêmes ou par leurs fermiers? Il n'est ici qu'un intérêt, c'est que chaque mine soit bien exploitée. Les propriétaires n'appréhendent point l'examen de leurs ouvrages. S'ils n'avoient point été dans les règles de l'art, il y a long-tems qu'ils seroient sondés.

Au surplus, c'est contredire les actes les plus certains et les plus solennels, que de dire que les propriétaires ne regardent pas les mines comme un objet intéressant. L'arrêt du conseil du 4 de janvier 1695, le prix de leurs acquisitions, les rapports que ces héritages occasionnent tous les jours entre les cohéritiers, sont autant de preuves que cette sorte de biens constitue une portion considérable de leurs fortunes. Mais si cet objet étoit peu intéressant pour des propriétaires, pourroit-il l'être davantage pour des partisans? Ceux-là ne forment jamais que des desseins modestes, en cherchant à augmenter leurs revenus des fruits de leurs héritages, au lieu que la cupidité des autres n'enfante que les plus vastes projets. Leurs spéculations, pour être utiles, ne doivent point tomber sur des objets médiocres. L'histoire de l'entreprise de Bault vient d'en fournir la preuve.

Concluons donc qu'il est conforme à toutes les loix que les propriétaires aient la pleine et entière liberté d'exploiter et de *suivre* les mines de charbon de terre, qui se trouveront dans leurs héritages; ajoûtons que cette liberté, toute naturelle qu'elle est, leur est assurée par le texte précis de la coûtume de leur province. En conservant le bien des particuliers, donnons à l'intérêt général une juste étendüe, et disons que, lorsque les propriétaires négligeront, ou ne voudront pas s'appliquer à une recherche aussi utile, des étrangers industrieux peuvent être autorisés à y travailler, à la charge toutefois de partager leur profit avec le propriétaire. Cet usage est le plus juste. La condition de celui qui ne recueille rien seroit trop dure, s'il étoit obligé de remplir des engagemens qui n'ont eu d'autre motif que l'espérance d'un succès qui manque.

Ce tempérament, plein de justice et d'équité, est écrit dans les arrêts solennels dès 4 de janvier 1695 et 13 de mai 1698. L'un et l'autre de ces réglemens, émanés de l'autorité de Sa Majesté, et donnés en pleine connoissance de cause, subsistent encore dans toute leur force. Les propriétaires y reconnoissent leur loi. Bault sera sans doute bientôt forcé d'y lire la sienne; ils ont d'autant plus de raison de l'attendre que les arrêts de 1744 et de 1754 ne contiennent rien de contraire.

C'est par ces raisons que les propriétaires, sans se départir des conclusions par eux prises dans leur requête introductive de l'instance du conseil, et insérée dans l'arrêt du conseil du 14 janvier 1755, supplient très humblement Sa Majesté de décerner acte à François Troüillard, acquéreur du sieur de la Saussois, de sa déclaration de reprendre l'instance au lieu et place dudit de la Saussois, et de se joindre, en tant que besoin est, aux appellations, tant générales que particulières, des propriétaires; de recevoir les sieurs Coullion, Eon, Verdier, appelans des ordonnances du sieur intendant de Tours, des 12 juin, 12 septembre et 22 novembre 1754, ensemble la dame veuve Bernard de la Barre, partie intervenante, et de sa part appelante d'autre ordonnance du même intendant du 18 de décembre 1754; en conséquence, de faire défenses à Bault et a ses associés ou commis, de les troubler dans la libre joüissance de toutes les mines, ouvertes et à ouvrir, qu'ils découvriront dans leurs fonds respectifs, sauf audit Bault d'ouvrir et foüiller les mines qu'il pourra découvrir dans les fonds des particuliers, qui ne voudront pas faire d'ouvertures, soit par eux-mêmes, soit par leurs fermiers; après leur avoir préalablement fait sommation, trois mois auparavant, de faire lesdites ouvertures, et les avoir aussi préalablement dédommagé, par la soumission qu'il sera tenu de fournir, soutenuë d'une caution bonne et solvable, de leur délivrer, pour tenir lieu de tout dédommagement, le quart du produit desdites mines, quitte de tous frais d'exploitation, si mieux n'aiment lesdits propriétaires convenir à prix d'argent; et ordonner que ledit Brault sera, solidairement avec ses associés, condamné par toutes voies dües et raisonnables, même par corps, de restituer le prix de tous les charbons et autres choses saisies à sa requête, même en 20,000 livres de dommages-intérêts outre les 20,000 livres demandées par leur première requête, pour raison de leur non-jouissance, desquelles sommes il sera spécialement adjugé celle de 4,000 livres à la demoiselle Mazureau, pour son dédommagement particulier, le tout avec dépens.

BUREAU DU COMMERCE.

Monsieur Vincent de Gournay, *Intendant du Commerce, Rapporteur,*

Mᵉ Varlet, Avocat.

A ANGERS,
chez Louis-Charles Barrière, Libraire-Imprimeur de la Ville, Rüe S. Laud, à la Science, 1757.

(Archives Couffon, série angevine, n° 468.)

XXXVI

ARRET DU CONSEIL D'ÉTAT DU ROY

CONCERNANT ANNE-MARIE MAZUREAU ET CONSORTS.

(Du 16 septembre 1760.)

Vu au conseil d'Etat du Roy l'arrêt rendu en icelui le 14 janvier 1755, sur la requête de Anne-Marie Mazureau, fille majeure demeurante à Angers, Louis Deche-vreuse, seigneur de Vaux, Charles François Cherbonnier, seigneur de la Guemerie, Charles François Malinau, seigneur de l'Épinay, François Michel de Gohin, sei-gneur des Noulies, Joseph de Beautrû, seigneur de la Boulerie, Marie Anne De-cherbé, dame Dardanne, veuve de M. François Delacroix, seigneur de Richelieu, Jacques Philippe Bernard, seigneur de la Barre, Joseph Auguste Bagnier, seigneur du Marais, Joseph François Boulay, seigneur de la Florenciere, René Herbert des Ralieres, président au grenier à sel de Cholet, au nom et comme tuteur des enfants mineurs de deffunt Gabriel Serqueux, et de dame Louise Marie Bureau, Jean Guy de Lorme, conseiller en l'Hotel de Ville et police d'Angers, Claude Desmazieres, conseiller honoraire de l'ancienne prévoté de la ditte ville d'Angers, Pierre Martin, pretre, tuteur des enfants mineurs du sieur Jean Martin, son frere, François de Boussa, sieur de la Rue, Claude Godelin, bourgeois d'Angers, Léonard Joubert, sieur de Collet, ancien juge consul de la ville de Nantes, Pierre Louis Fleury, procureur fiscal de la justice de Chalonne, Jeanne Desmazieres, fille majeure, Nicolas de la Saussoie, René Simon Marchand, syndic de la paroisse de Chalonne, Jacques et

Jean Houdet, maître chirurgien, la veuve et enfants du sieur Benoist, vivant directeur des postes de Chollet, Jean Mathieu Boulestraux, Pierre Baudry, Julien Hodée Pierre Verdier, Jacques Banchereau, Morille Cherbonneau, Paul Mestivier, Jean Oger, René Bonneau, Jullien Trouvé, tous marchands, Urbain Bellanger, Antoine Garreau, taneur, René Jubin, v. de Jacques Boisteau, notaire, Alaric de la Coudre, veuve de Louis Mestivier, marchand, Julienne Poissonneau, fille majeure, Michel Raimbault, marchand, Louis Poictevin et Jean Goulet, voituriers par eau, Vincent Moreau, Jean Eon, marchand, Guillaume Coullion, notaire roial à Angers, et autres propriétaires des mines de charbon de terre, tant ouvertes qu'à ouvrir, dans l'étendue des paroisses de Saint-Aubin-de-Luigné, Chalonne et Chaudefonds en Anjou, et des fourneaux à chaux construits. Ladite requête tendante à ce qu'il plut à Sa Majesté les recevoir opposans à l'arrêt du 8 janvier 1754, et appelans des ordonnances du sieur commissaire départi en la généralité de Tours des 11 may, 26 juin, 13 août, 10 septembre 1753 et 21 avril 1754, et de tout ce qui s'en ensuivi, en conséquence révoquer le privilege exclusif accordé par lesd. arrêts et ordonnances à Bault et compagnie, pour l'exploitation des mines ouvertes, et la faculté d'en ouvrir de nouvelles dans l'étendue des trois paroisses de Saint-Aubin-de-Luigné, de Chalonne et de Chaudefonds, maintenir les suplians dans le droit et possession immémoriale d'exploiter les mines de charbon de terre, tant ouvertes que celles qui pourraient l'etre par la suitte dans lesdites trois paroisses, chacun à leur égard sur les fonds à eux apartenans, ou, en tous cas, subroger les supliants au lieu et place dud. Bault et prétendue compagnie pour le privilege exclusif concédé par lesd. arrêt et ordonnances aux offres qu'ils font de se conformer au reglement du 14 janvier 1744, sous la modification neanmoins des articles 4 et 9, qu'il plaise à Sa Majesté d'interpreter, en conséquence permettra aux suplians d'employer pour les poteaux et resillons propres à soutenir les terres des mines d'autres bois que celui de chesne, et notamment les differens bois blancs que produisent lesd. paroisses, faire deffenses à Bault, à sa prétendue compagnie, et à tous autres de les troubler dans la libre exploitation de leurs mines, tant ouvertes qu'à ouvrir, à peine de tous dépens domages et interets; et où Sa Majesté ne jugeroit pas a propos de révoquer le privilege exclusif accordé à Bault et compagnie, il lui playse ordonner qu'il ne pourra avoir son effet et execution que contre les étrangers et les propriétaires qui ne seront ni en pouvoir ni en volonté d'exploiter personnellement, ou faire exploiter pour leur compte, les mines à eux apartenantes, après leur avoir préalablement fait faire sommation de le déclarer dans tel délai qu'il plaira à Sa Majesté de prescrire, ou après etre convenu de gré à gré avec lui du dédommagement qui pourra leur etre dû, ou bien contre les propriétaires qui seront refusans de se conformer à l'arrêt de reglement de 1744. Bien entendu que Bault et compagnie seront pareillement tenus de s'y soumettre, sous les peines d'etre déchús de leurs privileges dans le cas ou il sera justiffié contre eux par les proprietaires qu'ils n'y ont pas satisfait, en n'exploitant que superficiellement et n'aprofondissant pas suffisamment leurs fouilles en lignes perpendiculaires suivant l'intention du conseil, et pour s'etre par le sieur Brault emparé à forces ouvertes, même de tous les charbons qui en étoient extraits, et qui étoient placés aux environs des ouvertures, ou pour avoir entrepris de nouvelles fouilles sans le congé ny le consentement des propriétaires, ny leur avoir fait aucune sommation, les condamner solidairement tant à la restitution de tous les charbons par eux pris et enlevés suivant l'estimation qui en sera faite par experts et après leur déclaration, sauf a l'impugner, les condamner à la somme de vingt mille livres de dommages intérêts, à laquelle ils se restreignent, et aux dépens, sans préjudice des autres instances qui restent pendantes par devant le sieur intendant de Touraine, et de tous leurs autres droits, noms, raisons et actions qu'ils se réservent à déduire en temps et lieu, comme aussi en interprétant pareillement par Sa Majesté l'arrêt du conseil du 2 avril 1754 portant attribution aud. sieur intendant, pendant six années, de la connoissance des matieres de mines à charbon de terre, il lui plaise en excepter celles des matieres criminelles tant nées qu'à naître, et ordonner qu'elle demeurera conservée aux juges ordinaires, en conséquence, recevoir Julien Pierre Hodée apellant de l'ordonnance rendue le 24 septembre 1754 par le sieur intendant de Tours dans le chef dans lequel l'information faite pardevant le lieutenant criminel d'Angers, les 18 et 21 mai précédent, sur la plainte dud. Hodée du 14 du même mois, contre des quidams accusés d'assassinat prémédité, a été par lad. ordonnance convertie en enquete en faveur de Bault, avec permission aud. Bault de fournir ces reproches contre les temoins entendus dans l'information et de faire faire enquete de sa part, si bon luy semblait, par devant le senechal de Chalonne comme par lad. ordonnance faisant droit sur led. appel sans avoir egard a lad. ordonnance, laquelle ordonnance sera cassée et annulée aud. chef seulement, renvoyer l'instance criminelle par devant le lieutenant criminel d'Angers, pour le procès etre instruit fait et parfait aux coupables suivant l'ordonnance, se réservant led. Hodée tous ses autres droits, actions et demandes par luy formées pardevant led. sieur intendant de Touraine pour la restitution de ses charbons et ses dommages interest, lad. requete signée Varlet, avocat des suplians, par lequel arrêt du 14 janvier 1755, il auroit été ordonné que lad. requete seroit communiquée aud. sieur Bault et compagnie pour y répondre dans les délays du reglement, pour ce fait ou à faute de ce faire etre par Sa Majesté statué ainsi qu'il apartiendroit, et cependant par provision l'arrêt du conseil du 8 janvier 1754 et les ordonnances du sieur intendant de Tours des 11 may, 26 juin, 13 août, 10 septembre 1753 et 24 avril 1754 seront exécutés jusqu'à ce que par Sa Majesté il en ait été autrement ordonné, la Commission du grand sceau expédiée sur led. arrêt dud. jour 14 janvier 1755, la signification desd. arret et commission faite à la requête de ladite demoiselle Mazureau et consors aud. sieur Bault tant pour lui que pour ses associés entrepreneurs des mines de charbons de terre dans l'étendue des paroisses de Saint-Aubin-de-Luigné, Chalonne et Chaudefonds, du 27 février 1755, la requête présentée au conseil par Thomas René Bault et compagnie, entrepreneurs des mines de charbon de terre ouvertes et non ouvertes situées dans lesd. trois paroisses de Saint-Aubin-de-Luigné, Chalonne et Chaudefonds en Anjou employée pour réponse à celle insérée aud. arrêt du conseil du 14 janvier 1755, obtenir par lad. demoiselle Mazuréau et consors et pour fins de non récevoir et deffenses aux demandes y portées, et tendante à ce qu'il plut à Sa Majesté sans s'arrêter ni avoir égard aux conclusions prises par lad. demoiselle Mazureau et autres propriétaires par leurd. requete dans lesquelles ils seront déclarés non recevables et mal fondés et dont ils seront déboutés, ordonner l'exécution pure et simple définitive dud. arrêt du conseil rendû en faveur dud. sieur Bault et compagnié le 8 janvier 1754 et des ordonnances dud. sieur intendant de Tours des 11 may, 26 juin, 13 aout et 10 septembre 1753 et 21 avril 1754 avec deffenses a lad. demoiselle Mazureau et consors d'y contrevenir a peine de 1,500 liv. d'amende et de tous dépens, dommages interets, donner acte auxd. Bault et compagnie de la déclaration faitte par lesdits propriétaires dans leurd. requete qué les puits par eux ouverts, et dont ils ont fourni leurs déclarations aud. sieur intendant de Tours, n'ont été ouverts pour la plus grande partie que depuis 1744, condamner en outre lesd. propriétaires envers les suplians à 3,000 liv. de dommages interests resultans de leur indue vexation et du trouble par eux fait aux suplians dans leur exploitation et aux dépens, lad. requête signée Le Bis de la Guillerie, l'acte de remise de laditte requette étant ensuitte et la signification desd. requete et acte du 19 mars 1756 par Pierre, huissier de la grande chancellerie a l'avocat des propriétaires, la requete de Françoise Marie Madeleine Audoüin, veuve de Jacques Philippe Bernard, ecuyer, seigneur de la Barre, tant en son nom que comme mere et tutrice de ses enfans mineurs, tendante à ce qu'il plût à Sa Majesté la recevoir partie intervenante en l'instance pendante au conseil entre Bault et consorts et les propriétaires des mines de charbon de terre situées dans les paroisses de Chaudefonds, Saint-Aubin-de-Luigné et Chalonne, lui donner acte de ce que pour moyen d'intervention elle employoit le contenu en ladite requete, et ce qui avoit été dit, ecrit et produit par lesd. propriétaires, faisant droit sur l'intervention, luy donner acte de ce que pour cause et moyens d'apel contre l'ordonnance dudit sieur intendant de Tours du 18 décembre 1754 elle employait le contenu en lad. requête, ce faisant en procédant au jugement dud. apel sans s'arrêter à lad. ordonnance, laquelle sera cassée et annullée, maintenir la supliante dans son ancien droit et profession de faire exploiter sur son terrein les mines qui y sont ouvertes, et d'en avoir d'autres, avec deffenses de les troubler à peine de punition corporelle, ordonner aud. Brault et consors de se retirer incessament de son terrein, les condamner aux dommages interests qu'ils luy ont causé, et ce à dire d'experts convenir ou nommer d'office et en tous les dépens, lad. requête signée Varlet, l'acte de remise de la requête étant ensuitte, la signification desd. requête et actes du 15 septembre 1757 par Trudon, huissier des conseils du Roi, la requete de Julien Pierre Hodée, marchand charbonnier au village de la Haye-Longue, paroisse de Saint-Aubin-de-Luigné, tendante à etre reçu apellant des ordonnances du sieur intendant de Tours rendues au profit de Bault et compagnie les 12 juin, 12 septembre et 22 novembre 1754, faisant droit sur son apel, sans s'arrêter aux ordonnances qui seroient cassées et annullées, ordonner que l'art. 2 de l'édit de 1601 et l'arrêt du conseil du 13 mai 1698 et aux arrêts et réglemens concernant les mines de charbon de terre seront exécutés, en conséquence faute par Bault et consors d'avoir fait enrégistrer les lettres patentes contenant leurs prétendus privilèges, leur faire deffenses de s'en servir, ny de troubler led. Hodée à peine d'etre procédé contre eux extraordinairement aux offres de se conformer au reglement du 14 janvier 1744 sous la modification des art. 4 et 9, et pour par led. Bault et consors s'etre empare par voyes de fait avec atroupement d'hommes armés, le 10 may 1754, des mines dud. Hodée, les condamner solidairement et par corps à les rétablir en état d'exploitation avec tous les angins, arnois et ustenciles, de plus à restituer par les mêmes voyes les charbons qu'ils ont fait extraire jusqu'aud. jour, dont l'estimation peut monter à plus de 50 fournitures, sinon à en payer le prix à raison de 240 liv. la fourniture de charbon de forge et 120 liv. par celui de fourneau, le tout par moitié, si mieux n'aiment Bault et consors d'en fournir un état, sauf à le contester et à en faire preuve tant par témoins qu'autrement, les condamner aussi solidairement et par corps en 1,000 liv. de dommages interests et en tous les dépens faits tant à l'intendance de Tours qu'au conseil, et pour etre fait droit sur la procedure extraordinaire instruite pardevant le lieutenant criminel d'Angers, renvoyer les parties en la sénéchaussée et siège présidial de lad. ville pour le procès être fait et parfait aux coupables, ainsi qu'il apartiendra, et ordonner que les peines pécuniaires qui seront prononcées contre les coupables seront acquittées par Bault et compagnie par corps comme civillement garands et responsables de tous les délits faits par leurs ouvriers, se réservant ledit Hodée tous ses autres droits noms raisons et actions pour les exercer contre qui et ainsi qu'il apartiendra, lad. requete signée Varlet, l'acte de remise etant ensuitte de lad. requete, la signification desd. requete et acte du 24 octobre 1757, par le Page, huissier des conseils du Roi, la requete de Guillaume Coullion, notaire à Angers, de Jean Eon, marchand de lad. ville et de Pierre Verdier, charbonnier, tendante à etre reçus apellans des ordonnances dud. sieur intendant de Tours des 12 juin, 12 septembre, 22 septembre et 12 décembre 1754 et tendante a ce que, sans avoir egard auxd. ordonnances, ils auroient conclû, comme Hodée et les autres proprietaires, à ce qu'il soit fait deffenses à Bault et compagnie de les troubler dans la libre jouissance et exploitation des mines ouvertes et qu'ils pourront découvrir dans leurs héritages et dans le fonds des particuliers qui ne voudront pas faire d'ouvertures après les en avoir fait sommer trois mois auparavant, et les avoir préalablement dedommagés en leur delivrant, pour tenir lieu de tout dédommagement, le quart du produit des mines quitte de tous frais, si mieux n'aiment de gré à gré, ou à dire d'experts, et pour avoir troublé les suplians avec force et violence, condamner lesd. Bault et compagnie solidairement et par corps et rétablir leurs mines en état d'exploitation avec tous les harnois, engins et outils, à restituer tous les charbons qu'ils ont fait ou feront extraire ci-après jusqu'à la signification de l'arrêt qui interviendra, sinon a payer le prix d'iceux à raison 120 liv. la fourniture de charbon de fourneau et 240 liv. celle de charbon de forge, et pour avoir coupé les seps de vigne chargées de leurs fruits, les condamner solidairement et par corps en 4,000 liv. de dommages interests, leur faire deffenses de recidiver sous peine de punition corporelle, si mieux ils n'aiment qu'il en soit dressé procès verbal, et les condamner en tous les dépens tant ceux faits à l'intendance qu'au conseil, lad. requete signée Varlet, l'acte de remise étant ensuite de lad. requete, la signification desd. requete et acte du 27 octobre 1757, autre requete desd. propriétaires employée pour plus amples moyens et tendants à ce que, sans avoir égard aux conclusions desd. Bault et compagnie, celles prises par lesd. propriétaires leur soient adjugées avec dommages interests et dépens, l'acte de remise étant ensuite de lad. requete, la signification desd. requete et acte du 5 décembre de lad. année 1757.

Vû aussi les pièces produittes par lesd. parties, deux procurations des habitans des paroisses de Saint-Aubin-de-Luigné, Chalonne, Chaudefond et Montejean, pour se pourvoir à l'effet de s'oposer que lad. duchesse d'Uzès ne les empêche de faire valoir leurs mines, et pour l'avoir fait, la faire condamner en leurs dommages interests des 9 mars et 20 avril 1694. Copie imprimée d'arrêt du conseil rendû entre le nommé Goupil, cessionnaire de lad. duchesse d'Uzès, lad. dame duchesse d'Uzès donnataire des mines et minières de charbon de terre d'une part et les propriétaires des mines de charbon de terre de la province d'Anjou, par lequel il est entre autres choses ordonné que lad. dame duchesse d'Uzès pourra faire ouvrir toutes les mines et minières de charbon de terre qu'elle découvrira, conformément a son arrêt et lettres patentes du 29 avril 1692, du consentement néantmoins des propriétaires et en les dédommageant prealablement de gré à gré suivant et ainsy qu'il sera convenû entre eux, et a l'egard des mines ouvertes par les propriétaires, Sa Majesté fait deffense à lad. dame d'Uzès et a tous autres de les troubler dans la fouille et dans la suitte d'icelles du 4 janvier 1695. Autre copie imprimée d'un arret du conseil rendû entre les religieuses de Sainte-Florinne en Auvergne et autres demandeurs et le sieur duc d'Uzès, donnataire des mines de charbon de terre du royaume, par lequel arrêt en interpretant celui du 4 janvier 1695, les demandeurs ont été maintenûs en la jouissance et propriété des mines de charbon de terre qu'ils avoient fait ouvrir sur leurs fonds, leur permet d'en continuer l'exploitation comme auparavant; les ordonnances rendues par le sieur Dormesson, intendant d'Auvergne, des 30 septembre et 5 décembre 1697 fait defenses au sieur duc d'Uzès et à tous autres de les y troubler a peine de tous dépens dommages interests; permet en outre Sa Majesté auxd. demandeurs et a tous autres propriétaires des terres ou il y a des mines de charbon de terre ouvertes et non ouvertes en quelques endroits et lieux du royaume qu'elles soient situées, de les ouvrir et exploiter à leur profit sans qu'ils soient tenûs d'en demander la permission aud. sieur duc d'Uzès, du 13 mai 1698, l'arret du conseil portant reglement pour l'exploitation des mines de houille ou charbon de terre portant entre autres choses deffenses à toutes personnes d'ouvrir et mettre en exploitation des mines de houille et charbon de terre sans en avoir prealablement obtenu la permission du 14 janvier 1744. Ordonnance du sieur Savalette de Magnanville, cidevant intendant de Tours, rendûe sur la requete des sieurs Bault et compagnie, entrepreneurs des mines de charbon des trois paroisses cy-dessus nommées situées près la ville d'Angers, par laquelle il est fait défense a tous particuliers propriétaires de terreins dans l'étendue des paroisses de Saint-Aubin-de-Luigné, Chalonne et Chaudefond et a tous autres d'ouvrir aucunes nouvelles fosses pour en tirer du charbon de terre ou houille sans permission préalable et a tous ceux qui en auroient ouvert précédemment d'en continuer l'exploitation, faute par eux de s'etre conformé à la disposition de l'art. 2 dud. arrêt de reglement sous peine de confiscation, etc., du 11 may 1753, autre ordonnance dud. sieur intendant contradictoire avec les propriétaires des terreins propres à extraire le charbon de terre dans lesd. trois paroisses et lesd. Bault et compagnie par laquelle lesdits propriétaires ont été reçus opposans à lad. ordonnance du 11 may en ce qui concerne seulement les deffenses qui leur ont été faites par ladite ordonnance de continuer l'exploitation des puits par eux précedemment ouverts, et ce quant a present et jusques à ce qu'il ait été statué deffinitivement sur les droits et prétentions respectives des parties faisant deffenses tant auxd. entrepreneurs qu'auxd. propriétaires d'abandonner et combler aucuns puits et d'en ouvrir aucuns autres sans une permission expresse conformement aux art. 1er et 10 du meme reglement, du 26 juin 1753, autre ordonnance du sieur intendant qui permet aux entrepreneurs de continuer le puits qu'ils avoient ouvert sur la partie du terrain apartenant à la demoiselle Mazureau à la charge de l'indemniser suivant leurs offres du 13 aout 1753. Signification de lad. ordonnance du 17 dud. mois, acte d'apel interjetté de lad. ordonnance par lad. demoiselle Mazureau du 29 dud. Copie d'une autre ordonnance dud. sieur intendant qui fait defenses de débaucher les ouvriers dud. Bault du 31 dud. mois d'aout, l'ordonnance dudit sieur intendant qui commet le sieur de Voglie, ingenieur en chef des ponts et chaussées pour faire la visite tant des mines ouvertes par lesd. entrepreneurs que de celles dont les propriétaires avoient fait leurs déclarations, et pour observer si les mines ont été ouvertes et exploitées conformement a l'arret du conseil du 14 janvier 1744, et donner son avis sur la nature des ouvrages qui seroient a faire pour continuer les exploitations ou les réformer du 10 septembre de lad. année 1753. Procès verbal de visitte desd. mines et avis du sieur de Voglie en exécution dud. arrêt du 10 septembre 1753, commencé le 2 octobre suivant et clos le 4 dud. mois. Procès verbal d'oposition de la part des propriétaires a la visitte des mines ordonnée, fait par un notaire en présence dud. sieur de Voglie et dans l'instant qu'il alloit proceder à lad. visitte, qu'il a cependant continué les 2, 3 et 4 octobre dud. mois d'octobre 1753, signification dud. procès verbal du 5 dud. mois d'octobre, l'arrêt du conseil d'Etat qui permet au sieur Bault et compagnie de fouiller et exploiter des mines de charbon de terre ouvertes et non ouvertes situées dans la paroisse de Saint-Aubin-de-Luigné, Chalonne et Chaudefond en Anjou exclusivement a tous autres, à la charge de se conformer au reglement du conseil du 14 janvier 1744, sans qu'ils puissent troubler ni empecher ceux des propriétaires qui sont en possession d'exploiter de pareilles mines anterieurement aud. arrêt du 14 janvier 1744, ni faire fouiller dans les trous qu'ils ont ouverts, et ce a 50 toises de distance, du 8 janvier 1754. L'arrêt du conseil du 2 avril suivant portant attribution aud. sieur intendant de la generalité

38.

de Tours, pour six années, de tout ce qui concerne l'exploitation des mines de charbon dans toute l'étendue de lad. generalité, sauf l'apel au conseil, ordonnance dud. sieur intendant qui ordonne l'exécution desd. deux arrêts du conseil des 8 janvier et 2 avril 1754 du 21 dud. mois d'avril. Pieces attachées à la requête desd. propriétaires cy-dessus énoncée du 5 décembre 1757. Écrit consulaire du 8 juillet 1757, pour justifier que le charbon de terre ne valoit en 1753 que 3 liv. 10 s. la pipe et 3 liv. de denier a Dieu pour chaque 26 pipes; trois certificats de marechaux clou-tiers et serruriers pour justiffier la prétendue mauvaise qualité des charbons extraits par la compagnie de Bault, des 24 et 25 may 1753. Requete et ordonnance du juge de Chalonne pour justifier des prétendus vols de raisins et brigandage commis par les ouvriers de la compagnie de Bault, du 21 septembre 1753. Procédure faite par le sieur Trouillard, marchand, pour constater le dommage qui lui a été causé par la compagnie de Bault qui avoit, dit-on, pratiqué depuis le mois de mai trois puits dans une vigne apartenante aud. Trouillard située dans la paroisse de Saint-Aubin, et ce sans son consentement. Signification des arrêts du conseil et ordonnance dud. sieur intendant des 8 janvier, 2 et 21 avril 1754 aux sieurs Eon, Verdier, Coullion, et à la dame de la Barre qui exploitoient a leur préjudice avec sommation de dis-continuer des 11, 20, 22 et 27 mai 1754. L'ordonnance dud. sieur de Magnanville, intendant, qui ordonne que lesd. Eon et Verdier seront tenûs à la signification qui leur sera faite de lad. ordonnance de faire cesser leur exploitation, sinon permis à Bault et compagnie de faire saisir les ustencils et charbon, du 12 juin 1754. Autre ordonnance contradictoire du 22 novembre 1754 portant que le sieur Coullion sera tenû de déclarer affirmativement que lui et ses auteurs avoient commencé d'ex-ploiter avant 1744 les deux puits à charbon dont il s'agissait, et qu'elle a été conti-nuée jusqu'au 4 septembre 1754. Autre ordonnance dud. sieur de Magnanville qui ordonne que lad. veuve de la Barre ez noms et qualités qu'elle procede sera tenûe de laisser a Bault et compagnie la libre possession de la fosse qu'ils ont entamée sur son terrain, du 18 décembre 1754. Les apels interjettés par lesd. particuliers desd. ordonnances qu'ils ont relevé au conseil et par leurs requetes, et en adhérant aux conclusions des propriétaires, les plaintes, procédures et informations faites par led. Jullien Pierre Hodée devant le lieutenant criminel d'Angers sur les prétendues violences, injures et voyes de fait commises contre led. Hodée par les ouvriers de Bault et compagnie sur la mine qu'il exploite sur les fonds apartenans au sieur Benoit, maître des postes de Chollet dans la paroisse de Saint-Aubin-de-Luigné, des 14, 16, 17 et 18 mai 1854. L'ordonnance dud. sieur de Magnanville rendue sur la requete dud. Hodée tendante a etre retabli dans son exploitation avec restitution des dom-mages qui lui avoient été causés et 1,000 liv. de dommages intercts et a ce que la procedure criminelle commencée en la sénéchaussée d'Angers y soit continuée pour etre le procès fait et parfait aux coupables ainsi qu'il apartiendroit, lad. ordonnance portant que la requete dud. Hodée seroit communiquée à Bault et compagnie, et cependant ordonne que les informations faites à la requete dud. Hodée, et dont le renvoy avoit été fait aud. sieur intendant par le lieutenant criminel d'Angers, seront convertics en enquetes, et en conséquence permis a Bault et compagnie de faire preuve contraire, si bon leur semble, ordonne pareillement que led. Hodée sera tenû de faire signifier a Bault et ses associés les noms, ages, qualités et demeures des temoins ouis en l'information pour fournir par led. Bault et compagnie des reproches contre eux si bon leur semble du 12 septembre 1754. Protestation d'apel de lad. ordonnance du 20 dud. mois. Vû aussi les mémoires imprimés et distribués de la part des parties et generalement tout ce qui a été dit, écrit et produit, ensemble l'avis des députtés au bureau du commerce, ouy le raport du sieur Bertin, conseiller ordinaire au conseil roial, controleur general des finances.

Le Roy en son Conseil, sans s'arreter à l'opposition de laditte Marie Mazureau et consors aud. arrêt du Conseil du 8 janvier 1754 portant permission exclusive auxdits Bault et compagnie d'exploiter les mines de charbon de terre situées dans lesdittes trois paroisses, ny à leurs apels des ordonnances dudit sieur intendant de Tours du 11 mai, 26 juin, 13 aout, 10 septembre 1753 et 21 avril 1754, dont Sa Majesté les a déboutés, a ordonné et ordonne que ledit arret du Conseil et lesdittes ordonnances seront exécutés suivant leur forme et teneur, en conséquence faute par lesdits oposans d'avoir justiffié de leurs exploitations antérieures audit arrêt de reglement du 14 janvier 1744 et d'avoir obtenu de Sa Majesté la permission qui leur est necessaire pour exploiter lesd. mines, leur fait deffenses d'en continuer l'exploitation et d'en ouvrir de nouvelles, sauf a eux a se pourvoir pardevant Sa Majesté pour obtenir laditte permission, ce qu'ils seront tenûs de faire dans six mois pour toute préfixion et délai a compter du jour de la signification du present arrêt, exemptions et deffenses desd. Bault et compagnie réservées au contraire, et sur la demande desdits Mazureau et consorts en restitution des charbons prétendus enlevés par lesd. Bault et compagnie, ordonne que les parties se pourvoiront pardevant le s^r intendant et commissaire départi en la généralité de Tours, pour y etre statué ainsy qu'il apartiendra, sauf l'apel au Conseil, faisant droit sur les requetes desdits Eon, Verdier, Coullion et de laditte dame veuve de la Barre, sans s'arreter aux apels par eux interjettés, des ordonnances dudit sieur intendan contre eux rendües les 12 juin, 22 novembre et 18 décembre 1754, ny a leurs demandes, dont Sa Majesté les a pareillement déboutés, ordonne que lesdittes ordonnances seront exécutées suivant leur forme et teneur, sauf a eux a se pourvoir pardevers Sa Majesté, ainsy qu'il est cy dessus ordonné, pour en obtenir les permissions nécessaires, deffenses desd. Bault et compagnie au contraire; ayant aucunement égard a l'apel interjetté par ledit Jullien Pierre Hodée de l'ordonnance dudit sieur intendant de Tours du 12 septembre 1754 et a ses demandes formées en conséquence, sans s'arreter à lad. ordonnance Sa Majesté a evoqué et evoque a Elle et a son Conseil les plaintes et information faittes à la requete dudit Hodée pardevant le lieutenant criminel d'Angers, et icelles avec leurs circonstances et dépendances a renvoyé et renvoye pardevant ledit sieur intendant et commissaire départi pour l'execution de ses ordres en la generalité de Tours, pour les juger souverainement et en dernier ressort ainsy qu'il apartiendra, ordonne en outre Sa Majesté que toutes les autres affaires criminelles qui pourroient survenir dans la suitte à l'occasion de l'exploitation desdites mines, entre lesdits Bault et compagnie, leurs ouvriers et autres seront portées pardevant ledit sieur intendant pour etre pareillement par luy jugées souverainement et en dernier ressort, en se faisant assister dans toutes lesdittes affaires nées et à naitre de tels juges ou gradués qu'il voudra choisir au nombre requis par les ordonnances, Sa Majesté leur en attribuant toute Cour, juridiction et connoissance, qu'Elle interdit a toutes ses autres Cours et juges, permet aussi audit sieur intendant de commettre pour faire l'instruction desd. procès et les fonctions de procureur du Roy et de greffier, telles personnes qu'il jugera a propos, fait defenses aux parties de se pourvoir pour raison desd. procès nés et à naitre ailleurs que pardevant ledit sieur intendant a peine de nullité, cassation de procedures, mille livres d'amende et de tous dépens domages interests, et, sur les autres demandes fins et conclusions desdittes parties, Sa Majesté les a mis hors de Cour, et enjoint audit sieur intendant et commissaire départi de tenir la main à l'execution du présent arrêt.

A Versailles le 16 septembre 1760.

De Lamoignon.   Bertin.

(Archives nationales, Conseils du Roi, Conseil des Finances, E 1354 B, n° 25.)

XXXVII

ARRÊT DU CONSEIL D'ETAT DU ROI

CONCERNANT GUI FRANÇOIS PETIT DE LA PICHONNIÈRE.

(Du 16 septembre 1760.)

Vu au Conseil d'Etat du Roi l'arrêt rendu en icelui le 18 juin 1754 sur la requete de Gui François Petit de la Pichonniere, chevalier, seigneur d'Ardenay, tendante a ce que pour les causes y contenües il plut a Sa Majesté le recevoir oposant a l'arrêt obtenü sur requete non communiquée par le s⟨r⟩ Bault et compagnie le 8 janvier 1754 signifiée au supliant le 11 mai suivant. Faisant droit sur l'oposition, ordonner que, sans avoir égard aud. arrêt, le supliant jouira a titre de concession particuliere des mines de charbon de terre qui sont présentement et seront a l'avenir dans ses domaines, qu'il fera fouiller et exploiter exclusivement à tous autres, et particulierement de 3 puits propres à extraire du charbon de terre qu'il a fait creuser dans sa terre et seigneurie d'Ardenay, dont il est propriétaire suivant la déclaration qu'il en a fourni au s^r intendant de la generalité de Tours le 7 juillet 1753, se soumettant et offrant de se conformer dans lad^e exploitation aux dispositions de l'avis du Conseil portant reglement pour l'exploitation des mines de charbon de terre, du 14 janvier 1744, a la reserve du bois de chesne dont l'usage seroit absolument ruineux pour son exploitation a cause de sa rareté et du haut prix dont on le tient dans cette province, et luy sera permis d'employer du bois de leard et de saule qui seront assez solides pour soutenir la terre de ces puits, lad^e requete signée Mars, avocat du supliant, par lequel arret du 18 juin 1754 Sa Majesté auroit ordonné que lad^e requete seroit communiquée aux s^{rs} Bault et compagnie pour y répondre dans le délai du reglement, voulant Sa Majesté que les parties remettent leurs requetes et pieces entre les mains du s^r intendant et commissaire départi en la généralité de Tours, qu'Elle commet a cet effet pour les entendre respectivement, dresser procès verbal de leurs dires, contestations et réquisitions, pour sur led. procès verbal, ensemble sur l'avis dud. s^r commissaire départi, estre statué par Sa Majesté ce qu'il apartiendra. Commission sur led. arrêt dud. jour 18 juin 1754. La signification dud. arrêt et commission aud. s^r Bault et compagnie du 11 février de lad^e année 1754. L'ordonnance du s^r Savalette de Magnanville ci devant intendant de Tours etant au bas dud. arrêt du Conseil par laquelle il auroit ordonné l'exécution dud. arrêt, et attendu son absence il auroit commis le s^r de la Guerche, son subdelegué a Angers, pour entendre les parties et dresser procès verbal de leurs dires, réquisitions et contestations pour sur led. procès verbal et l'avis dud. s^r intendant envoyés au Conseil etre par Sa Majesté ordonné ce qu'il apartiendroit du 21 février 1755. 2 actes signiffiés a la requete dud. s^r Petit de la Pichonniere auxd. s^r Bault et compagnie contenant sommation d'ecrire et produire leurs raisons et moyens devant led. s^r de la Guerche subdelegué en exécution de lad. ordonnance dud. s^r Demagnanville des 27 et 28 mars 1755. Le procès verbal des dires, réquisitions et contestations respectives des parties et l'avis dud. s^r intendant du 18 aout de lad^e année envoiés au Conseil. Vû aussi copie de la déclaration faitte aud. s^r intendant de la generalité de Tours par led. s^r Petit de la Pichonniere, des mines de charbon de terre qu'il exploitoit alors pour son compte et qui luy apartiennent, du 7 juillet 1753, et generalement sur ce qui a été dit, écrit et produit par lesd. parties. Ouï le raport du s^r Bertin, conseiller ordinaire au Conseil roial, controleur general des finances, LE ROY EN SON CONSEIL, avant faire droit sur les demandes respectives desdittes parties, les a renvoyé et renvoye pardevant le s^t intendant et commiss. départi pour l'execution de ses ordres en laditte generalité de Tours, pour etre, par lui ou son subdelegué, de nouveau dressé procès verbal de leurs dires, réquisitions et contestations, ensemble de l'etat des mines dudit sieur Petit de la Pichonniere, du temps qu'il en a commencé l'exploitation, de la maniere qu'il les a exploitées, de la situation et étendüe des terrains apartenans audit sieur Petit de la Pichonniere dans lesquels sont situés les puits qu'il a ouvers et de leur distance de ceux qui pourroient avoir été ouverts par lesd. Bault et compagnie, dont et dequoy il sera dressé un plan figuratif par tel ingenieur de la province que led. sieur intendant voudra choisir pour les dits procès verbal et plan raporter au Conseil avec l'avis dudit sieur intendant etre par Sa Majesté ordonné ce qu'il apartiendra.

A Versailles, le 16 septembre 1760.

DE LAMOIGNON.   BERTIN.

(Archives nationales, Conseils du Roi, Conseil des Finances, E 1354 B, n° 26.)

XXXVIII

ARRÊT DU CONSEIL D'ÉTAT DU ROI ,

CONCERNANT GUÉRIN DE LA GUIMONNIÈRE.

(Du 16 septembre 1760.)

Vû au Conseil d'État du Roy l'arrêt rendu en icelui le 10 avril 1759 sur la requête des sieurs Bault et Compagnie, entrepreneurs, par concession de Sa Majesté, des mines de charbon de terre qui peuvent se trouver dans la paroisse de Saint-Aubin-de-Luigné, Chalonne et Chaudefond en Anjou, tendante à ce que, pour les causes y contenues, il plut à Sa Majesté les recevoir opposants à l'arrêt surpris sur requête non communiquée le 21 may 1754 par les sieurs Guérin de la Guimonnière, portant privilège et permission d'exploiter les mines de charbon de terre situées dans sa terre de l'Églerie, et autres terres et vignes à luy appartenantes dans les paroisses de Chaudefond et Saint-Aubin-de-Luigné, ledit arrêt signiffié seulement aux supplians le 11 juin 1757, leur donner acte de ce que pour moyens d'opposition ils employoient le contenu de ladite requête et aux pieces y jointes, et y faisant droit, révoquer ledit privilège comme surpris de la religion de Sa Majesté sur un faux exposé et inconciliable avec celui accordé exclusivement aux supplians par l'arrêt du conseil du 8 janvier 1754, et attendu la connexité qui se trouve entre la présente instance d'opposition et l'appel interjetté par les supplians et porté au conseil privé de la part du sieur de la Guimonière de l'ordonnance du sieur intendant de la généralité de Tours du 3 novembre 1757 rendue en faveur du sieur de la Guimonière; ordonner que sur icelui, circonstances et dépendances, les parties instruiront au Conseil d'État pour y être fait droit conjointement et séparément avec l'instance d'opposition qui y est pendante entre les supplians et autres opposants à leur privilège, ainsi qu'il appartiendra; et cependant dès à présent faire deffenses d'exécuter ladite ordonnance et de faire poursuites et procédures ailleurs qu'audit Conseil et condamner les sieurs de la Guimonière aux dommages intérêts des supplians et aux dépents, ladite requête signée Le Balme, leur avocat, par lequel arrêt du 10 avril 1759 Sa Majesté, avant faire droit sur ladite requête, auroit ordonné qu'elle seroit communiquée audit sieur Guerin de la

Guimoniere pour y fournir de reponse dans le delai du règlement du Conseil, ainsi qu'il appartiendroit, toutes choses cependant demeurant en état, l'acte de donné copie dudit arrêt du Conseil à la requête desdits sieurs Bault et compagnie audit sieur Guerin de la Guimonière, au domicile de M. Boucher, son avocat aux Conseils, la signification dudit arrêt et acte par Desetre, huissier des Conseils du Roy, du 12 juin 1759. La requête présentée au Conseil par Réné Guerin de la Guimonicre, seigneur de l'Eglerie, lieutenant de maréchaussée, employée pour reponse à la requête desdits Bault et compagnie insérée audit arrêt du 10 avril 1759 signifié le 12 juin suivant, et tendante à ce qu'en procédant au jugement et à l'instance, sans s'arrêter ny avoir égard à l'appel interjetté par lesdits Bault et compagnie de l'ordonnance dudit sieur intendant de Tours du 3 novembre 1757, ny à l'opposition formée audit arrêt du Conseil du 21 may 1754, dans lesquels ils seront déclarés non recevables et mal fondés, et dont ils seront déboutés ainsy que du surplus de leurs demandes, fins et conclusions, ordonner que laditte ordonnance et ledit arrêt du Conseil seront exécutés selon leur forme et teneur et les condamner aux dépents, dommages, intérêts, ladite requête signée Boucher, advocat dudit sieur Guerin de la Guimonniere; l'acte de remise de ladite requête étant ensuitte; la signification de ladite requête et acte par Corbet, huissier des Conseils du Roy du 4 janvier 1760. Vû aussy les pièces produites par les parties, l'imprimé de l'arrêt du Conseil portant concession et privilège aux sieurs Bault et compagnie pour l'extraction du charbon de terre dans les paroisses de Saint-Aubin-de-Luigné, Chalonne et Chaudefond, du 8 janvier 1754. L'arrêt du Conseil rendu sur la requête dudit sieur Guerin de la Guimoniere, par lequel Sa Majesté lui auroit permis d'exploiter les mines de charbon situées dans sa terre de l'Églerie, ainsy que dans les autres terres et vignes à luy appartenantes dans les paroisses de Chaudefond et Saint-Aubin-de-Luigné, aux conditions de se conformer aux règlements du 14 janvier 1744 accordé auxdits Bault et compagnie, fait Sa Majesté deffenses auxdits Bault et compagnie et à tous autres de le troubler dans ladite exploitation et de faire aucune ouverture de mines à 50 toises des puits que ledit sieur de la Guimonniere pourroit déjà avoir ouverts ou qu'il ouvriroit dans la suite sur ses héritages, et seroient sur ledit arrêt toutes lettres necessaires expédiées, du 21 may 1754. La signification dudit arrêt à la requête dudit sieur de la Guimonniere auxdits sieurs Bault et compagnie, du 11 juin 1757. L'ordonnance contradictoire du sieur de l'Escalopier, intendant de la généralité de Tours, portant qu'après que les parties sont respectivement convenues que le puits ouvert par lesdits sieurs Bault et compagnie n'est qu'à la distance de 39 toises du terrain en vigne appartenant audit sieur de la Guimoniere au canton de Rozeray : Ordonne que lesdits sieurs Bault et compagnie seront tenus de faire cesser dans le jour de la signification de laditte ordonnance les travaux qu'il y ont entrepris, comme aussy de retirer les ouvriers du puits qu'ils y ont fait ouvrir dans le même délay, à peine de tous dépents, domages intérêts, du 3 novembre 1757. La signification de ladite ordonnance du 15 dudit mois de novembre. L'acte d'appel de ladite ordonnance interjetté par lesdits Bault et compagnie du 16 dudit mois, les lettres d'anticipation sur ledit appel obtenues par ledit sieur de la Guimonniere au grand sceau le 28 décembre 1757. La signification desdites lettres avec assignation au Conseil d'État privé auxdits sieurs Bault et compagnie du 23 janvier 1758. L'arrêt par défaut du Conseil d'État privé rendu au rapport du sieur de Gourgue, maître des requêtes, au profit dudit sieur de la Guimonière, portant adjudication de ses conclusions 8 may de laditte année 1758. Les lettres de restitution contre ledit arrêt obtenues au grand sceau par lesdits Bault et compagnie par lesquelles ils auroient été remis au même état qu'ils etoient avant ledit arrêt du 8 may 1758 avec deffenses de l'exécuter du 21 juillet dudit au plan figuré du terrain ou les sieurs Bault et compagnie ont ouvert les fosses qui font l'objet de leurs contestations avec ledit sieur de la Guimoniere. Et vu généralement tout ce qui a été dit, écrit et produit par lesdittes parties. Ouy le rapport du sieur Bertin, conseiller ordinaire au Conseil royal, contrôleur général des finances. Le Roy en son Conseil, avant faire droit sur les oppositions, appels et demandes desdittes parties, les a renvoyé et renvoye pardevant le sieur intendant et commissaire départi pour l'exécution de ses ordres en laditte généralité de Tours, pour être par lui ou son subdélégué dressé procès verbal de leurs dires, requisitions et contestations, ensemble de l'état des mines dudit sieur de la Guimoniere, du temps qu'il en a commencé l'exploitation, de la maniere qu'il les a exploitées, de la situation et étendue des terrains appartenants audit sieur de la Guimonière ou sont situés les puits qu'il a ouvert et de leur distance de ceux ouverts par lesdits Bault et compagnie, dont et dequoy il sera dressé un plan figuratif par tel ingenieur de la province que ledit sieur intendant voudra choisir pour lesdits procès-verbal et plan rapportés au Conseil être par Sa Majesté ordonné ce qu'il appartiendra, toutes choses cependant, entre lesdites parties demeurant en etat.

A Versailles le 16 septembre 1760.

DE LAMOIGNON.   BERTIN.

(Archives nationales, Conseils du Roi, Conseil des Finances, E 1354 B, n° 29.)

XXXIX

ARRÊT DU CONSEIL D'ÉTAT DU ROI

CONCERNANT FRANÇOIS BERAULT, ÉCUYER, SIEUR DE LA CHAUSSAIRE.

(Du 16 septembre 1760.)

Vû au Conseil d'État du Roy l'arrêt rendu en icelui le 18 juin 1754 sur la requête de François Berault, écuyer, sieur de la Chaussaire, ancien gendarme de la Garde du Roi et a present conseiller secrétaire de Sa Majesté en la chancellerie près le parlement de Toulouze, propriétaire de la terre des Rochesmoreau et maison neuve des Essarts paroisse de Saint-Aubin-de-Luigné election d'Angers, tendante à ce que, pour les causes y contenües, il plut à Sa Majesté le recevoir oposant a l'arrêt obtenu sur requête non communiquée par le s^r Bault et compagnie le 8 janvier 1754, signifié le 11 may suivant, faisant droit sur l'oposition sans avoir égard aud. arrêt, ordonner que le supliant jouira, lui et ses hoirs et ayant cause, a titre de concession particuliere, des mines de charbon de terre qui sont presentement et seront à l'avenir dans leurs domaines, qu'il sera permis au supliant de les exploiter et faire exploiter et a cet effet de faire ouvrir des puits sur les terres desd. domaines pour en tirer le charbon qui s'y trouvera exclusivement à tous autres, et particulierement sur la piece apellée poil de lièvre située dans la paroisse de Saint-Aubin-de-Luigné aux offres qu'il fait de se conformer dans cette nouvelle exploitation aux dispositions de l'arrêt du Conseil de Sa Majesté portant reglement pour l'exploitation des mines de charbon de terre du 14 janvier 1744, sous telle moderation et reglement qu'il plaira a Sa Majesté luy accorder, lad. Requête signée Mars, advocat du supliant, par lequel arrêt du 14 juin 1754 Sa Majesté auroit ordonné que lad. requete seroit communiquée au s^r Bault et compagnie pour y répondre dans le délay du Reglement, voulant Sa Majesté que les parties remettent leurs requetes et pieces entre les mains du s^r intendant et commissaire départi en la generalité de Tours qu'elle commet pour les entendre respectivement, dresser procès verbal de leurs dires, contestations et réquisitions, pour sur ledit procès-verbal ensemble sur l'avis dud. s^r commissaire départi etre statué par Sa Majesté ainsi qu'il apartendroit, la commission du grand sceau sur ledit arrêt dud. jour 18 juin 1754, la signification desdits arrêts et commission du 29 janvier 1755, l'ordonnance du s^r Savalette de Magnanville, lors intendant de Tours, par laquelle il auroit ordonné l'execution dud. arrêt et, attendû son absence, il auroit commis le s^r de la Guerche, son subdelegué à Angers, pour entendre les parties et etre par lui dressé procès verbal de leurs dires, réquisitions et contestations, pour sur led. procès verbal et l'avis dud. s^r Intendant envoyés au conseil etre par Sa Majesté ordonné ce qu'il apartiendroit, du 26 février 1755. Sommation faite à la requete dud. s^r de la Chaussaire aux s^{rs} Bault et compagnie de produire leurs raisons et moyens devant led. s^r de la Guerche subdelegué en exécution de lad. ordonnance du 27 mars 1755, le procès verbal des dires, répuisitions et contestations respectives des parties et l'avis dud. s^r Intendant de Tours du 18 aout de lad. année 1755 envoyés au Conseil. Grosse de partage en 3 lots des biens d'Abel Trebuchet et Marie Gauthier, ayeul et ayeule dud. s^r de la Chaussaire, dont le premier et second lot formant une contenence de plus de dix arpens, du 19 novembre 1640. Sommation faite le 29 mars 1694 à la requete de la Dame Duchesse d'Uzès, donnataire du Roi de toutes les mines de charbon de terre du royaume, au s^r Bizot ayeul maternel dud. s^r de la Chaussaire, de laquelle sommation il résulte que de la d^e année 1694 le d. ayeul du s^r de la Chaussaire etoit en possession de tirer du charbon de terre dans ses héritages, l'expedition d'un bail fait par le s^r Abbé Trebuchet oncle du s^r de la Chaussaire d^e propriétaire avant luy de sa piece de terre apellée poil de lievre, à l'effet d'y tirer du charbon, du 25 avril 1731. Affiche impri-

39.

mée de la concistance de la terre de la Rochemoreau dont led. sʳ de la Chaussaire est propriétaire située dans la dᵉ paroisse de Saint-Aubin-de-Luigné, du 16 juin 1750. Copie signiffiée aud. sʳ de la Chaussaire le 11 may 1754 de l'arrêt et commission accordée aud. sʳ Bault et compagnie le 8 janvier de la dᵉ année 1754. Acte par lequel ledit sʳ de la Chaussaire a déclaré aud. sʳ Bault et compagnie qu'il s'oposoit à ce qu'ils fissent aucune ouverture sur ses terreins pour y tirer du charbon, jusqu'à ce que le Conseil l'ait ainsi ordonné contradictoirement avec lui, du 13 dud. mois de may 1754. Vu generalement tout ce qui a été dit, écrit et produit par lesd. parties, oui le raport du sʳ Bertin, conseiller ordinaire au Conseil Roial, controleur general des finances, le Roy en son Conseil, avant faire droit sur les demandes respectives desdittes parties, les a renvoyé et renvoye pardevant le sʳ Intendant et Commissaire départi pour l'exe-cution de ses ordres en la ditte Generalité de Tours, pour etre par luy ou son sub-delegué dressé de nouveau procès verbal de leurs dires, réquisitions et contestations, ensemble de l'état des Mines dudit sʳ Berault de la Chaussaire, du tems qu'il a com-mencé l'exploitation, de la maniere qu'il les a exploitées, de la situation et etendüe des terrains apartenant audit sʳ de la Chaussaire où sont situés les puits qu'il a ouvert, et de distance de ceux qui pourroient avoir eté ouverts par lesdits Bault et compagnie, dont et dequoy il sera dressé un plan figuratif par tel ingenieur de la Province que ledit sʳ Intendant voudra choisir pour lesdits procèsverbal et plan raportés au Conseil, avec l'avis dud. sʳ Intendant, etre par Sa Majesté ordonné ce qu'il apartiendra.

A Versailles le 16 septembre 1760.

DE LAMOIGNON.   BERTIN.

(Archives nationales, Conseils du Roi, Conseil des Finances, E 1354 B, n° 28.)

XL

ARRÊT DU CONSEIL

CONCERNANT L'ÉVÊQUE D'ANGERS.

(Du 16 septembre 1760.)

Sur la requête présentée au Roi en son Conseil par l'évêque d'Angers, contenant que l'intérêt temporel dudit évêché exige qu'il supplie Sa Majesté de luy permettre l'extraction de charbons de terre dans des terrains qui en dépendent. L'Evêque d'An-gers en cette qualité est baron de Chalonne, et possede des terres d'une étendüe assés considérable qui se joignent, et qui toutes renferment des mines de charbons ainsy que la plupart des autres terres appartenantes à des particuliers et relevant de lad. Baronie, que les revenus de l'Evêché d'Angers sont modiques en égard à ses charges, la plupart de ses domaines étant situés dans la paroisse de Chalonne et autres circonvoisines et consistant en isles cultivées, mais qui souvent sont inondées par les débordemens de la Loire, ce qui oblige à des reparations considérables aux levées, et les autres terrains situés en terre ferme étant en coteaux extremement stériles, et dont il ne peut être tiré de produit certain que par l'extraction du charbon de terre qu'ils renferment, que d'ailleurs depuis plusieurs années ce charbon est devenu très rare dans la province d'Anjou, et qu'il y a peu de mines ouvertes, ce qui fait que les ouvriers en fer augmentent considérablement les prix de leurs ouvrages; enfin que l'extraction qu'il fera faire du charbon de terre, s'il plait à Sa Majesté le lui permettre, augmentant les revenus de l'évêché d'Angers, les évêques seront plus en état de donner des secours aux pauvres du diocèse, qui sont en très grand nombre, requeroit à ces causes qu'il plût à Sa Majesté permettre au suppliant de faire faire l'ouverture et l'exploitation des mines de charbon de terre dans les domaines dépendans de l'évêché d'Angers situés dans les paroisses de Chalonne, Chaudefond, et autres circonvoisines, luy permettre pareillement de faire foüiller dans les terrains des vassaux et propriétaires de fonds dans lad. baronie de Chalonne, aux offres de dédommager lesd. propriétaires, faire deffenses à tous autres qu'aux préposés ou ayant droit du suppliant d'ouvrir des mines de charbon de terre dans l'étendüe de lad. baronie, vû ladite requête signée Brunet, avocat du suppliant. Ouy le raport du sr Bertin, conseiller ordinaire au Conseil royal et controlleur general des finances, le Roy en son Conseil, avant faire droit sur lad. Requête a ordonné et ordonne qu'elle sera communiquée aux srs Bault et compagnie concessionnaires et entrepreneurs de l'exploitation des mines de charbon de terre situées dans les paroisses de Saint-Aubin-de-Luigné, Chalonne et Chaudefond en vertu de l'arrêt du Conseil du 8 janvier 1754, et aux vassaux et propriétaires des héritages situés dans la de Baronie de Chalonne, pour y fournir des réponses dans le delay du reglement du Conseil, sinon sera fait droit, ordonne a cet effet Sa Majesté que les parties remettent leurs Requêtes pieces et mémoires entre les mains du sr Intendant et commissaire départi pour l'execution de ses ordres en la Generalité de Tours, pour les entendre dresser procès verbal de leurs dires, requisitions et contestations, ensemble de l'État des Mines de charbon de terre, et consistance des terrains situés dans lesd. Domaines dependants de l'Eveché d'Angers, desquels, si besoin est, le d. sr commissaire départi pourra faire faire description, plans rapportés au Conseil par tel ingénieur de la province qu'il voudra nommer pour lesd. procès-verbal, description et plan reportés au Conseil avec l'avis dud. commissaire départi, etre par Sa Majesté ordonné ce qu'il appartiendra; et cependant ordonne que ledit arrêt de concession du 8 janvier 1754 sera exécutté suivant sa forme et teneur.

A Versailles le 16 septembre 1760.

DE LAMOIGNON. BERTIN.

(Archives nationales, Conseils du Roi, Conseil des Finances, E 1354 B, n° 27.)

XLI

ARRÊT DU CONSEIL D'ÉTAT DU ROI

EN FAVEUR DE CADY ET RENAULT.

(Du 16 septembre 1760.)

Vû au Conseil d'Etat du Roy l'arrêt rendu en icelui le 3 juin 1755, sur la requête du sieur Bault et compagnie, entrepreneurs des mines de charbon situées dans les paroisses de Saint-Aubin-de-Luigné, Chalonne et Chaudefonds en Anjou, tendante à ce qu'il plut à Sa Majesté les recevoir appellants de l'ordonnance contre eux rendue par le sieur Savalette de Magnanville, lors Intendant de Tours le 26 décembre 1754, au profit des nommés Cady et Renault, en ce que par ladite ordonnance le bail passé par lesdits Cady et Renault a été déclaré exécutoire contre eux, et en conséquence qu'ils ont été condamnés par corps à remettre auxdits Cady et Renault le quart franc de tous les charbons par eux extraits de la mine du Paty depuis le jour qu'ils ont cessé de le délivrer, ou la valeur desdits charbons. 2° En ce que par ladite ordonnance, il a été permis auxdits Cady et Renault de continuer l'extraction des charbons de ladite mine. 3° En ce que ladite ordonnance, n'a pas fait droit sur la demande des supplians en réparation des termes injurieux contre eux avancés, et en dommages intérêts; faisant droit sur ledit appel quant aux chefs cy-dessus ordonnés que les arrêts du Conseil des 14 janvier 1744 et 8 janvier 1754 seront exécutés suivant leur forme et teneur. Ce faisant, que les supplians seront maintenus et gardés dans la possession de fouilles exclusivement aux propriétaires des terrains et à tous autres les mines de charbon ouvertes et non ouvertes situées dans les trois paroisses cy dessus, suivant les dispositions et aux conditions portées par lesdits arrêts cydessus et par les deux ordonnances dud. sʳ intendant de Tours des 11 may 1753 et 21 avril 1754, en conséquence débouter lesdits Cady et Renault de la demande par eux formée contre les supplians affin de condamnation et par corps du quart franc de tous les charbons par eux extraits depuis le 11 may 1753 ou au payement de la valeur desdits charbons et de la demande afin de permission de continuer l'exploitation à leur profit de ladite mine du Pasty et de toutes les autres fins et conclusions portées par la requête desdits Renault et Cady présentée audit sʳ intendant de Tours, donner acte aux supplians des offres par eux faites, et qu'ils réitèrent, de dédommager lesdits Cady et Renault de la superficie du terrain par eux occupé de gré à gré ou à dire d'experts aux termes desdits deux arrêts du Conseil et des deux ordonnances dud. sous intendant de Tours susdatées, pour le temps qu'ils ont exploité ledit terrain à compter du 11 may 1753 jusques au jour qu'ils ont cessé de l'exploiter, comme aussi de combler les puits et fossés de ladite mine du Pasty sous la réserve seulement d'un emplacement suffisant sur le port pour le dépôt de leurs charbons jusques à l'entier débit et enlèvement d'iceux à raison du loyer qui sera convenu de gré à gré ou à dire d'experts, ordonner

en outre que les termes injurieux avancés par lesdits Cady et Renault contre l'honneur
et la réputation des suppliants seront rayés et biffés de leur requête audit s^r intendant comme faux et calomnieux, condamnés à leur en faire réparation en présence de plusieurs personnes par acte par devant notaire, dont ils fourniront une
expédition, et mille livres de dommages intérêts et par corps, lesquels les suppliants
consentent être délivrés aux pauvres desdittes trois paroisses, et en tous les dépens,
et où Sa Majesté jugeroit à propos que ladite requête desdits suppliants fut communiquée auxdits Cady et Renault, ordonner en ce cas que toutes choses demeu-
reroient en etat, par lequel arrêt Sa Majesté auroit ordonné que ladite requête
seroit communiquée auxdits Cady et Renault, pour y repondre dans les délays du
Réglement pour ce fait, ou à faute de ce faire être statué ainsy qu'il appartiendroit.
La Commission du grand sceau sur ledit arrêt audit jour 3 juin 1755. La signification desdits arrêts et commission auxdits Cady et Renault du 27 septembre 1756.
L'acte de constitution de Me Varlet, avocat au Conseil pour lesdits Cady et Renault,
du 8 février 1757. La requête desdits Cady et Renault employée pour réponse à
ladite requête desdits Bault et compagnie insérée aud. arrêt du Conseil du 3 juin
1755 et tendante à ce qu'il plut à Sa Majesté, sans avoir égard aux conclusions
desdits Bault et compagnie, donner acte auxdits Cady et Renault de l'aveu fait par
lesdits Bault et compagnie qu'ils leur ont délivré jusques au jour de l'ordonnance
du 11 may 1753 le quart du charbon par eux extrait de la mine du Pasty en exécution de l'acte passé entre Pouperon et lesdits Cady et Renault en 1751. Ce faisant,
déclarer Bault et consorts non recevables et mal fondés dans leurs conclusions, en
tout cas les en débouter et les condamner pour leur indue véxation en trois mille
livres de dommages intérêts et en tous les dépents, se reservants lesdits Renault et
Cady tous les autres droits, noms, raisons et actions pour les exercer contre qui
et ainsy qu'ils aviseroient. L'acte de remise étant ensuite de laditte requête. La signification desdites requête et acte par Corbet, huissier ordinaire du Roy, en ses conseils
du 20 septembre 1757. Vû aussy les pièces jointes par lesdittes parties, l'imprimé
de l'arrêt de réglement du Conseil pour l'exploitation des mines de charbon de terre
du 14 janvier 1744. L'ordonnance dud. s^r de Magnanville portant deffences aux
propriétaires des mines des paroisses de Saint-Aubin, et de Luigné, Chalonne et
Chaudefonds de faire aucune extraction de charbon de terre et houille, et autorise
les sieurs Bault et compagnie exclusivement à tous autres à tirer desdits charbons
dans lesdittes paroisses du 11 may 1753. L'arrêt du conseil du 8 janvier 1754,
qui permet aux sieurs Bault et compagnie de fouiller et exploiter exclusivement à
tous autres les mines de charbon ouvertes et non ouvertes qui sont situées dans
lesdittes trois paroisses de Saint-Aubin, Luigné et Chaudefond, en Anjou; l'acte de
cession par devant notaire à Angers le 12 juillet 1751 du droit de tirer et faire
tirer tous les charbons de terre qui pourroient se trouver sous les terrains appartenant auxdits Cady et Renault, par eux fait au sieur Pouperon, negociant et entrepreneur des mines de Saint-Georges de Chatelaison et autres endroits, et ce moyennant le quart franc et net de tous les charbons qui proviendroient desdittes mines,

acte de declaration faite par lesdits Bault et compagnie qu'ils n'entendent point executer ledit traité du 12 juillet 1751, ledit acte signiffié auxdits Cady et Renault, le 24 may 1753. La requête présentée par lesdits Cady et Renault audit sieur de Magnanville le 10 septembre 1754 tendante à faire déclarer exécutoire contre ledit Bault et compagnie ledit bail ou traité du 12 juillet 1751, et en conséquence qu'ils seront tenus de continuer d'exploiter sans perte de temps ladite mine du Pasty et à leur payer le quart franc de tous les charbons qui en seroient tirés, et ce tant et si longtemps que ladite mine se trouveroit susceptible de charbon, et dès qu'il sera justifié que les mines sont épuisées, ils seront obligés de combler tous les puits et troux de tous les vuidanges qui seroient sur la place, ou bien de déclarer en huit jours s'ils entendent cesser ladite exploitation, auquel cas ils seront tenus de retirer tous leurs engins et outils et de faire enlever tous les charbons qui sont déposés aux environs desdites ouvertures, et à ce moyen qu'il sera permis, auxdits Cady et Renault de continuer l'exploitation de ladite mine à leur profit, aux offres de se conformer aux réglements du 14 janvier 1744, et pour lesdits Bault et compagnie n'avoir pas rempli les clauses dud. bail depuis le 11 may 1753 jusques audit jour 10 septembre 1754, les condamner à restituer en nature, solidairement et par corps, dans la huitaine du jour de la signification de l'ordonnance qui interviendra, la quatrième partie de tous les charbons qui avoient été extraits depuis ledit jour, laquelle quatrième partie lesdits Cady et Renault arbitrent à 15 fournitures pour le moins, tant de charbon de forge que de fourneau, par moitié de chaque espèce, ou leur en rapporter le prix à raison de 250ᵗᵗ la fourniture de charbon de forge et 120ᵗᵗ celle de fourneau, sinon sur le pied auquel ces charbons ont été vendus en différents temps à dire d'experts, et sauf à impugner, si besoin est, l'etat et compte qui en seroit fourni par lesdits Bault et associés, qui seront condamnés comme dessus en trois mille livres de dommages intérêts résultant tant de l'inéxecution dud. bail que pour s'être emparé à forces ouvertes des différents emplacements réservés par icelui auxdits Cady et Renault, et qui les avoient loué à différents particuliers qui ont obtenu des condamnations rigoureuses contre eux; et attendu l'insolvabilité notoire dud. Bault, et le privilège desdits Cady et Renault sur tous les charbons qui sont déposés sur lesdits terrains, leur permettre de les faire saisir par forme de gagerie, ordonner que ledit Bault représentera ses actes de société, et déclarera les noms, qualités demeures de ses associés, lesquels, dans le cas où ils déclareroient qu'ils entendent continuer ladite exploitation, seroient tenus d'en fournir bonne et suffisante caution qui seroit reçue devant ledit sieur intendant ou son subdélégué à Angers, l'ordonnance dudit sieur de Magnanville étant au bas de ladite requête portant qu'elle seroit communiquée auxdits Bault et compagnie pour y répondre dans huitaine du 10 septembre 1754. Les réponses desdits Bault et compagnie étant en marge de ladite requête et contenant leurs conclusions. La copie signifiée de l'ordonnance contradictoire dud. sieur intendant intervenue sur les demandes et deffenses desdites parties par laquelle ledit bail du 12 juillet 1751 a été déclaré exécutoire contre lesdits Bault et compagnie, lesquels en conséquence ont été con-

damnés à remettre auxdits Cady et Renault le quart franc de tous les charbons par
eux extraits de ladite mine du Pasty, jusques au jour de ladite ordonnance, suivant
l'etat qu'ils seroient tenus d'en fournir dans quinzaine ou la valeur d'iceux, à dire
d'experts, sinon, et led. delai passé, condamnés et par corps à payer la somme de mille
quatre-vingt livres, donne acte auxdits Bault et compagnie de leur déclaration de
n'entendre continuer l'exploitation de ladite mine du Pasty, en conséquence déclare
ledit bail du 12 juillet résilié, ordonne que lesdits Cady et Renault seront tenus d'enlever dans quinzaine tous leurs engins et outils, leur permet seulement de conserver un emplacement pour servir de dépôt à leurs charbons jusques à la vente
d'iceux, en payant le loyer dud. emplacement ainsi qu'il sera convenu de gré à gré
ou à dire d'experts, ordonne en outre que dans un mois de la signification de laditte
ordonnance lesdits Bault et compagnie seront tenus de faire jetter dans le puits
de lad⁰ mine toutes les vuidanges qui en avoient été tirées seulement à l'effet de les
combler autant qu'ils pourroient l'être, si ce n'est que lesdits Cady et Renault voulussent continuer l'extraction de lad⁰ mine, ce qu'ils seroient tenus de déclarer par la
même signification, auquel cas lesdits Bault et compagnie seroient tenus de la leur
abandonner dans l'etat qu'elle est sans pouvoir en enlever autre chose que leurs engins, outils et charbons extraits, ainsy qu'il est ordonné cy-dessus, et demeureront
pleinement déchargés de l'obligation de combler lesdits puits et mine; ne pourront
lesdits Cady et Renault continuer lad⁰ exploitation qu'en se conformant exactement
aux dispositions du Réglement de 1744, sauf à eux à se pourvoir au Conseil pour
être dispensés de l'employ du bois de chesne, condamne lesdits Bault et associés aux
dépents de l'instance. La signification de laditte ordonnance du 8 janvier 1755,
l'acte d'appel interjetté de lad⁰ ordonnance par lesdits Bault et compagnie du 10
dudit mois; et vû généralement tout ce qui a été dit, écrit et produit par lesdites
parties, ensemble l'avis des députés au Bureau du commerce. Ouy le rapport du
sieur Bertin, conseiller ordinaire au Conseil royal, contrôleur général des finances,
et tout considéré, Le Roy en son Conseil, sans avoir égard à l'appel interjetté par
lesdits Bault et compagnie de l'ordonnance dudit sieur de Magnanville, cy devant
intendant de laditte généralité de Tours, du 26 décembre 1754, dont Sa Majesté les
a déboutés, a ordonné et ordonne que ladite ordonnance sera exécutée suivant sa
forme et teneur, sans néanmoins que lesdits Cady et Renault puissent exploiter
laditte mine du Pasty qu'ils n'en ayent auparavant obtenu la permission de Sa Majesté,
deffenses desdits Bault et compagnie reservées au contraire, et sur les autres demandes,
fins et conclusions desdittes parties, Sa Majesté les a mis hors de Cour, enjoint au
sieur intendant et commissaire départi pour l'exécution des ordres de Sa Majesté en
laditte généralité de Tours de tenir la main à l'exécution du présent arrêt.

A Versailles, le 16 septembre 1760.

De Lamoignon. Bertin.

(Archives nationales, Conseils du Roi, Conseil des Finances, E 1354ᴮ, n° 30.)

XLII

PÉTITION DU CITOYEN LOUIS COGNÉE

DEMANDANT UNE CONCESSION DE 15 ANNÉES

AU CITOYEN PRÉFET DU DÉPARTEMENT DE MAINE-ET-LOIRE.

Vu la pétition ci-contre, le Préfet du département de Maine-et-Loire renvoie au pétitionnaire, à l'effet par lui de remplir les formalités usitées en pareil cas :

1° En joignant à sa pétition un double plan authentique de l'étendue de la concession demandée, qui offre les limites déterminées, le plus possible, par des lignes droites d'un point à un autre, en observant de s'arrêter de préférence à des objets immuables, et où soient figurés les prises et cours d'eau qui seraient nécessaires.

2° En justifiant des facultés nécessaires pour entreprendre une bonne exploitation, et ce, par certificat du Maire du lieu de son domicile, indiquant par approximation la quotité des capitaux qu'il est dans le cas d'appliquer à cette entreprise.

En Préfecture, à Angers, le 5 germinal an x de la République française [1].

MONTAULT-DESILLES.

(Archives COUFFON.)

Expose le citoyen Louis Cognée, propriétaire, demeurant commune de Chaudefonds, qu'il est dans l'intention de faire ouvrir une mine pour extraire du charbon de terre sur le terrain du citoyen René Pellé, domicilié dans laditte commune, dans le canton nommé Le Roc, commune de Chalonnes, aux offres de se conformer à toutes les lois rendues et à rendre sur le fait des mines. Il observe que le travail des mines dans ces cantons ne peut être assimilé aux grandes entreprises, en ce que souvent on ne trouve plus de cette matière à trois cents pieds de profondeur, pourquoi demande à être admis à obtenir une concession de quinze ans, après que le propriétaire aura déclaré, conformément à l'article 10 de la loi du 28 juillet 1791, qu'il n'entend pas procéder à laditte exploitation par lui-même.

A Chaudefonds, le 12 vendémiaire l'an x de la République française [2].

Ledit COGNÉE ne sait signer.

[1] 26 mars 1802. — [2] 4 octobre 1801.

XLIII

CERTIFICAT DU MAIRE DE CHALONNES

ATTESTANT QUE LE CITOYEN LOUIS COGNÉE
A DES FONDS SUFFISANTS POUR EXPLOITER LA CONCESSION PAR LUI DEMANDÉE.

Nous, Maire et Adjoint de la commune de Chalonnes, département de Maine-et-Loire, cinquième arrondissement, certifions que le citoyen Louis Cognée, demandeur en concession de mine, a les facultés nécessaires pour entreprendre une bonne exploitation, et qu'il peut y employer jusqu'à la concurrence de trois mille francs, cette somme étant suffisante pour parvenir jusqu'aux charbons, dont l'extraction fournit alors à l'exploitant les moyens suffisants pour bonifier son travail.

A la mairie de Chalonnes, le 14 thermidor l'an x [1].

CHERBONNEAU, *premier adjoint.* FLEURY, *maire*

(Archives COUFFON.)

XLIV

ARRÊTÉ DU PRÉFET DE MAINE-ET-LOIRE,

RELATIF À LA DEMANDE D'EXPLOITATION EXCLUSIVE D'UNE MINE DE CHARBON DE TERRE, OUVERTE DANS LA COMMUNE DE SAINT-AUBIN-DE-LUIGNÉ.

(Du 16 floréal an x de la République française [2].)

Le Préfet de Maine-et-Loire, vu la pétition du citoyen François Davau, marchand, René Bédouineau, marchand de charbon, demeurant commune d'Angers; Denis Amant, propriétaire à Rochefort-sur-Loire, Aubin Verdier, fermier à Vaujuet, en Saint-Aubin-de-Luigné, et Jacques Blanvilain, de Saint-Lambert-du-Lattay, exposive que, depuis quelques années, ils ont pratiqué des fossés sur le terrain du lieu de Vaujuet, situé commune de Saint-Aubin, appartenant au citoyen François Davau, l'un des pétitionnaires, à l'effet de découvrir une veine de charbon de terre que quelques affleurements ont indiquée; mais que, l'eau qui abonde dans les fossés ne leur ayant pas permis de faire des galleries, ils se sont décidés à faire une tranchée pour en faciliter l'écoulement, ce qui a nécessité de leur part des dépenses considé-

[1] 2 août 1802.
[2] 6 mai 1802.

rables dont il est juste qu'ils soient indemnisés, au moyen de quoi les pétitionnaires demandent la concession, pendant vingt-cinq ans, d'un terrain limité comme suit : savoir, au nord, par la maison de Vaujuet jusqu'à la maison Roche-Moreau, en longeant les coteaux qui y conduisent ; à l'ouest, par le jardin de ladite maison jusqu'au bois du Veau, en passant dans le clos du Petit-Houx, lequel joint ledit bois du Veau, et ce, à 5o mètres des ouvrages de la mine du citoyen Begnier, située dans ledit terrain ; au midi, par le bois du Veau, jusqu'au bout du clos des Barres, en longeant ledit clos ; à l'est, par le bout dudit clos des Barres jusqu'à la maison de Vaujouet, lequel joint la pièce de terre d'Aguichard, dépendante dudit lieu de Vaujuet.

Vu la loi du 28 juillet 1791, celle du 13 pluviose an IX, et l'instruction du Ministre de l'intérieur du 18 messidor de la même année, toutes relatives aux mines et concessions ; arrête, avant de faire droit :

ART. 1. La demande formée par les citoyens François Davau, René Balouineau, Denis Amant, Aubin Verdier et Jacques Blanvillain, d'une concession, pour exploiter, exclusivement pendant 25 ans, la mine de charbon de terre qu'ils ont ouverte dans la commune de Saint-Aubin-de-Luigné, sera affichée et publiée, tant aux chefs-lieux du département et de l'arrondissement, qu'à celui du domicile des demandeurs, et dans toutes les communes que cette demande peut intéresser.

ART. 2. Ces affiches et publications tiendront lieu d'interpellation aux propriétaires des terrains, pour déclarer s'ils veulent exploiter, ainsi qu'à toutes personnes qui auraient intérêt et droit de s'opposer à la concession demandée.

ART. 3. Lesdites formalités auront lieu devant la porte de la maison commune, un jour de décadi, et y seront répétées trois fois de décade en décade, dans le courant du mois, à partir de la date du présent. Leur exécution sera constatée par des certificats détaillés et circonstanciés des maires et adjoints des communes, qui les adresseront au Préfet dans la décade qui suivra la dernière publication.

ART. 4. Le présent arrêté sera imprimé, affiché et publié, comme dit est ci-dessus, dans toutes les communes intéressées. L'impression sera aux frais des pétitionnaires.

En préfecture, à Angers, le 16 floréal an X de la République française.

Signé : MONTAULT-DESILLES.

Par le Préfet :

Le Secrétaire général,

Signé : MAMERT-COULLION.

ANGERS, de l'imprimerie des citoyens MAME, imprimeurs du Préfet, rue de la Loi.

(Affiche. Archives COUFFON.)

XLV

lu marc
Conseil
en prin-
  100ᵗᵗ
  50
  150
lu marc
1786ᵖ.

ᴺᴱ.

AUTORISATION D'EXPLOITATION.

LE ROI ACCORDE AU SIEUR NICOLAS LOUIS JOSSET LA PERMISSION D'EXPLOITER PENDANT 15 ANS LES MINES DE CHARBON DÉCOUVERTES OU À DÉCOUVRIR DANS LA PAROISSE DE CHAUDEFONDS.

Sur la requête présentée au Roy en son conseil par Nicolas-Louis Josset, négociant et propriétaire de fourneaux à chaux sur la paroisse de Chateaupanne en Anjou, contenant qu'il existe dans la province d'Anjou plusieurs de ces fabriques à chaux qui fournissent à la consommation nécessaire de cette province et à celle de Bretagne, soit pour la construction des travaux royaux ou pour tout autre des particuliers, même pour la préparation des semailles ou ensemencements, d'autant que cette chaux coopère à l'angrais des terres tant froides, fortes que aquatiques, et comme ces fabriques à chaux peuvent user dans leur opération une sorte de charbon de terre qui n'est absolument propre qu'à cet usage, et que, faute d'en avoir, on use du bois, ce qui épargneroit la consommation immense qui se feroit de ce bois, qui est très rare dans cette partie de l'Anjou, et qu'elle pourroit par la suite en occasionner une disette si on n'avoit le secours de ce charbon. Le Suppliant, qui connoit les mines à charbon propre à cuire où calciner la pierre à chaux, ose demander un arrêt du Conseil d'État du Roy, et Lettres patentes portant droit exclusif pour trente ans, où pour le tems et terme qu'il plaira au Conseil lui accorder pour fouiller sur tel terrein de l'Anjou qu'il trouvera convenable pour cette sorte de charbon, et notamment sur les paroisses de Rochefort, Saint-Aubin, Chaudefont et Chalonnes, lesquelles sont contigües et contiennent les mêmes veines ou filons de charbon, en indemnisant néanmoins le propriétaire du terrain suivant le dire et décision d'experts, et sans que nul puisse reffouiller dans ces mêmes mines pendant le tems de son Privilege; enfin que cet arrêt soit à l'instar de celui qui fut rendu le 9 avril 1774 en faveur de M. de Mailly, baron de Montjean. En outre le suppliant s'oblige de satisfaire ponctuellement à tout ce que renferme l'arrêt du Conseil d'Etat du Roi du 19 mars 1783 portant règlement pour l'exploitation des mines de charbon de terre. La rareté des charbons n'est occasionnée que par la négligence de l'extraction de ces mines, ou par l'intérêt sordide des exploitants qui n'ont point de fourneaux à chaux, vû que ce qu'ils vendoient, il n'y a pas longtems 90ᵗᵗ ils le vendent aujourd'hui 150ᵗᵗ, ce qui met un grand obstacle à la fabrication de la chaux; et le peu qu'on affecte d'en retirer le fait monter à un prix exhorbitant. Requeroit à ces causes, le suppliant qu'il plût à Sa Majesté lui accorder un privilege exclusif d'exploiter les mines de charbon situées dans les terreins ci dessus désignés.

Vû ladite requête, ensemble l'avis du sieur intendant et commissaire départi en la généralité de Tours, ouï le rapport du sieur de Calonne, conseiller ordinaire au Conseil royal, contrôleur général des finances.

Le Roi en son Conseil a accordé et accorde au suppliant la permission d'exploiter exclusivement à tous autres, pendant quinze années à compter de ce jour, les mines de charbon découvertes et à découvrir dans les terreins situés dans la paroisse de Chaudefond en Anjou, à la charge de se conformer dans son exploitation aux articles 2, 10 et 11 de l'arrêt du Conseil du 14 janvier 1744, et aux dispositions de celui du 19 mars 1783 concernant l'exploitation des mines de charbon, comme aussi à la charge de dédommager préalablement à l'amiable ou à dire d'experts convenus ou nommés d'office par le sieur intendant et commissaire départi en la généralité de Tours, les propriétaires des terreins qu'il pourra endommager par ses travaux; et en outre de loger, entretenir et instruire un élève de l'École des mines, lorsque Sa Majesté jugera à propos d'en envoyer un sur ladite exploitation, et d'adresser tous les ans l'état de ses travaux, l'exposé des difficultés qu'il a éprouvées pour les établir, les moyens qu'il a employés pour les vaincre, l'état de la quantité des matières qu'il aura extraites, des ouvriers qu'il y aura employés, et de ceux qui se seront distingués en annonçant le plus de talens, à défaut de quoi ladite concession sera et demeurera révoquée en vertu du présent arrêt et sans qu'il en soit besoin d'autre à cet égard.

Ordonne Sa Majesté que led. entrepreneur et ouvriers jouiront des privileges et exemptions accordés aux mineurs par led. édit; déclarations, arrêts et réglemens relatés en l'arrêt du Conseil du 5 juillet 1728.

Évoque Sa Majesté à soi et à son Conseil les contestations nées et à naître pour raison de l'exploitation desdites mines, et icelles circonstances et dépendances a renvoyé et renvoye par devant ledit sieur intendant et commissaire départi en la généralité de Tours, pour les juger en première instance, sauf l'appel au Conseil, lui attribuant à cet effet toute cour et juridiction qu'elle interdit à ses autres cours et juges.

GUY DE MIROMESNIL.   DE CALONNE.

Paris, le 5 décembre 1786.
4 avril 1786.   81²

Il s'est glissé, Monsieur, une erreur dans l'arrêt de concession accordé au sieur Josset : il est nécessaire de la corriger sur la minute, je vous prie en conséquence de vouloir bien la confier au porteur, j'aurai soin de vous la faire repasser de suite.

Je joins ici l'expédition de cet arrêt.

J'ai l'honneur d'être avec un sincère attachement, Monsieur, votre très humble et très obéissant serviteur.

G. DE BOULMY (illisible).

M. LEMAITRE, secrétaire des finances [1].

(Archives nationales, Conseils du Roi, Conseil des Finances, E 1642ᴬ, 4 avril 1786, n° 81².)

<hr>

XLVI

ARRÊTÉ DU PRÉFET DE MAINE-ET-LOIRE.

<hr>

PUBLICATION DE LA DEMANDE DE CONCESSION FAITE PAR LE CITOYEN
LEFÈVRE-JOSSET.

LE PRÉFET DE MAINE-ET-LOIRE,

Vu la pétition du citoyen Lefèvre-Josset, entrepreneur de fourneaux à chaux dans la commune de Montjean, expositive qu'au mois d'avril 1786, Nicolas-Louis Josset, son beau-père, obtint du Conseil d'État la permission d'exploiter exclusivement à tous autres, et pendant quinze années, les mines de charbon de terre découvertes et à découvrir sur les terrains situés dans la commune de Chaudefonds; qu'en vertu de cette concession, ledit Nicolas-Louis Josset, sa veuve, ses enfants et lui pétitionnaire ont fouillé les mines, fait de grands travaux, poussé des galeries, pratiqué des jours, ce qui a nécessité de leur part des dépenses énormes, dont ils sont loin d'être indemnisés, quoique leurs opérations donnent l'espérance d'un résultat avantageux; au moyen de quoi le citoyen Lefebvre-Josset demande : 1° que la concession accordée à son beau-père en 1786 soit prolongée de quinze autre années, prolongation pour laquelle l'intérêt public s'accorde avec le sien propre; 2° que les limites de la nouvelle concession soient les mêmes que celles de l'ancienne, c'est-à-dire qu'elle soit bornée au nord par le grand chemin qui conduit de la Haye-Longue au Layon, au midi par la rivière du Layou, et à l'ouest par une voie d'exploitation qui s'embranche du grand chemin de Chalonnes à Rochefort dans celui de Chaudefonds à la Haye-Longue, et en ligne directe jusqu'au Layon;

Vu la concession accordée en 1786, par arrêté du Conseil d'État, à Nicolas-Louis Josset;

[1] Je ne sais quelle était cette erreur. Sur la pièce conservée aux Archives nationales, il n'y a aucune trace de correction.

320   BASSIN HOUILLER DE LA BASSE LOIRE.

Vu la loi du 28 juillet 1791, celle du 13 pluviôse an ix, et l'instruction du Ministre de l'intérieur du 18 messidor de la même année, toutes relatives aux mines et concessions, arrête, avant de faire droit :

Art. 1er. La demande formée par le citoyen Lefebvre-Josset d'une concession pour exploiter exclusivement, pendant quinze années, les mines de charbon de terre déjà ouvertes et mises en exploitation par lui et ses auteurs dans la commune de Chaudefonds, sera affichée et publiée tant aux chefs-lieux du département et de l'arrondissement qu'à celui du domicile du demandeur, et dans toutes les communes que cette demande peut intéresser.

Art. 2. Ces affiches et publications tiendront lieu d'interpellation aux propriétaires des terrains, pour déclarer s'ils veulent exploiter, ainsi qu'à toutes personnes qui auraient intérêt et droit de s'opposer à la concession demandée.

Art. 3. Lesdites formalités auront lieu devant la porte de la maison commune, un jour de décadi, et y seront répétées trois fois de décade en décade, dans le cours du mois, à partir de la date du présent. Leur exécution sera constatée par des certificats détaillés des maires et adjoints des communes, qui les adresseront au préfet dans la décade qui suivra la dernière publication.

Art. 4. Le présent arrêté sera imprimé, affiché et publié comme dit est ci-dessus, dans toutes les communes intéressées. L'impression sera aux frais du pétitionnaire.

En préfecture, à Angers, le 19 pluviôse an x de la République française [1].

Le Conseiller de préfecture, absence du Préfet,
Signé : Leterme-Saulnier.

Par le Préfet :

Le Secrétaire général de préfecture,
Signé : Mamert-Coullion.

A ANGERS, de l'imprimerie des cit. Mame, imprimeurs du Préfet, rue de la Loi.

(Affiche. Archives Couffon.)

[1] 8 février 1802.

XLVII

DÉPARTEMENT
de
MAINE-ET-LOIRE.

MINES DE HOUILLE.

MINES.

1ʳᵉ INSPECTION.

3ᵉ ARRONDISSEMENT.

DEMANDE EN CONCESSION DE MINES DE HOUILLE.

(Exécution de la loi du 21 avril 1810.)

Le public est prévenu que le sieur Maurille (Michel), propriétaire, demeurant à Saint-Pierre-de-Chemillé, a formé, au nom de la Société qu'il représente, et comme fondé de pouvoirs du sieur Pellé (François), la demande en concession d'un terrain houiller qui s'étend sur les communes de Chalonnes, Chaudefonds, Saint-Aubin-de-Luigné et Saint-Lambert-du-Lattay, département de Maine-et-Loire.

D'après le pétitionnaire, les droits de la Société qu'il représente, résultant des travaux de recherches qu'elle a fait exécuter en vertu de l'ordonnance royale du 19 août 1831, qui autorise le sieur Pellé (François), l'un des membres de ladite Société, à se livrer à des recherches de houille sur trois pièces de terre dépendant du domaine de la Brosse, appartenant à M. de Contades de Giseux, et situées dans la commune de Chaudefonds; ces travaux, couronnés de succès, auraient fait découvrir du charbon de la meilleure qualité, demandé déjà avec instance par les propriétaires des fours à chaux des environs.

Les limites de la concession, telles que les indiquent la pétition et les plans en triple expédition que le demandeur a adressés à M. le Préfet de Maine-et-Loire, sont, d'une part, le cours du Layon, en remontant et suivant les sinuosités de cette rivière, depuis le pont de Chalonnes jusqu'au pont Barré, sur la route royale n° 161, d'Angers aux Sables, et, de l'autre, une suite de lignes droites menées successivement du pont Barré au clocher de Saint-Lambert-du-Lattay; du clocher de Saint-Lambert à celui de Fayes; de ce point au village de la Blinière (maison Marchais); de cette maison au hameau des Essarts; des Essarts au pont du Jeu; puis du pont du Jeu au pont de Chalonnes, point de départ. La contenance des terrains compris dans cette enceinte est, suivant le demandeur, de vingt-huit kilomètres carrés vingt-neuf hectares (2,829 hectomètres). Conformément à la loi du 21 avril 1810, et pour régler les droits mentionnés par les articles 6 et 42, le pétitionnaire offre aux propriétaires desdits terrains une rente annuelle de trois centimes par hectare de terrain renfermé dans les limites ci-dessus désignées, sans préjudice des indemnités qui pourraient leur être dues pour les dégâts et non jouissances de terrains que les travaux d'exploitation pourraient occasionner. Il s'engage, de plus, à payer à l'État les redevances fixes et proportionnelles déterminées par les lois et règlemens, et à se conformer en tous points au mode d'exploitation qui lui sera prescrit par l'acte de concession. Pour justifier de la solvabilité de la société qu'il représente, le sieur Maurille a déposé un acte de notoriété, qui établit qu'elle présente les garanties que la loi exige.

En exécution de la loi sur les mines, le présent avis sera affiché et publié à Angers, chef-lieu du département; à Beaupreaux, chef-lieu d'arrondissement; dans la commune de Chemillé, domicile du sieur Maurille, et dans celles de Chalonnes, Chaudefonds, la Jumellière, Saint-Aubin-de-Luigné et Saint-Lambert-du-Lattay, sur lesquelles s'étend la concession demandée. Les maires desdites communes sont chargés de veiller à l'apposition des affiches, qui resteront placardées pendant quatre mois consécutifs, à partir de la date de l'arrêté portant publication. Le présent avis sera, en outre, publié, à la diligence des mêmes fonctionnaires, devant la porte de l'hôtel de ville ou maison commune, un jour de dimanche, à l'issue de l'office, et au moins une fois par mois, pendant la durée des affiches; il sera, de plus, inséré dans les journaux du département.

Jusqu'au dernier jour du quatrième mois, à compter de la date de l'affiche, les oppositions, réclamations ou demandes en concurrence auxquelles la présente demande en concession pourra donner lieu seront admises devant M. le Préfet de Maine-et-Loire, qui les fera enregistrer sur le registre à ce destiné, déposé par le pétitionnaire, à tous ceux qui en feront la demande. Ces oppositions, réclamations ou demandes en concurrence devront être notifiées par actes extra-judiciaires à la Préfecture; des significations semblables seront faites, dans la même forme, aux parties intéressées, afin qu'elles puissent y répondre s'il y a lieu.

Toute demande en concurrence devra faire connaître d'une manière précise le lieu de l'exploitation, et renfermer la proposition d'une rente annuelle envers les propriétaires dont les terrains sont compris dans l'étendue de la concession demandée, sans préjudice des indemnités qui pourraient être dues à ces mêmes propriétaires, pour les dégâts et non-jouissances de terrain causés par l'exploitation. Les demandeurs devront justifier de leurs facultés par un extrait du rôle des impositions, constatant leur cote; ou, si c'est une société, par un acte de notoriété. Un plan régulier de la surface sera annexé à toute demande en concession ou en concurrence. Ce plan sera en triple expédition et dressé sur l'échelle de dix millimètres pour cent mètres (1 à 10,000). Il fera connaître le gisement des couches à exploiter, et, à moins qu'il ne soit copié sur les plans du cadastre, il devra indiquer le tracé des lignes d'opérations qui auront servi à la détermination du périmètre de la concession.

Huit jours, au plus tard, après le quatrième mois d'affiches, les maires des communes où ces formalités sont prescrites en constateront l'accomplissement par les certificats qu'ils transmettront à la Préfecture. Ces certificats feront connaître : 1° la date de l'arrêté qui prescrit l'affiche et la publication de la demande; 2° la date de l'apposition de l'affiche et celle de chacune des publications qui auront eu lieu; 3° les oppositions, réclamations ou demandes en concurrence qui pourraient avoir été remises à l'autorité locale, contre ou au sujet de la demande.

Fait en double expédition, pour être, le présent projet d'affiche, soumis à l'approbation de M. le Préfet de Maine-et-Loire et transmis à M. le Directeur des ponts et chaussées et des mines.

Angers, le 22 novembre 1833.

L'Ingénieur en chef au Corps royal des mines,

V. CHÉRON.

VU ET APPROUVÉ le présent avis par nous, maître des requêtes, préfet de Maine-et-Loire. A l'Hôtel de la Préfecture, à Angers, le 25 novembre 1833.

F. BARTHÉLEMY.

(Affiche. Archives COUFFON.)

XLVIII

ARRÊT DU CONSEIL

AUTORISANT LE SIEUR DE LA BRETONNIÈRE ET SES ASSOCIÉS À EXPLOITER LES MINES DE CHARBON DE TERRE DANS L'ÉTENDUE DES PAROISSES DE SAINT-GEORGES-CHÂTELAISON ET CONCOURSON.

Sur la requête présentée au Roy en son Conseil par Cochard-François Bacot de la Bretonnière et autres, ses associés, contenant qu'ils ont formé une compagnie dans le dessein de mettre en valeur des mines de charbon de terre qui se trouvent dans l'étendüe des paroisses de Saint-Georges près la ville de Doüé en Anjou, élection de Saumur, dans lesquelles les propriétaires des fonds où elles sont scituées tirent depuis plusieurs siècles du charbon de terre, mais que ces propriétaires n'ayant n'y l'intelligence n'y les facultés necessaires pour epuiser les eaux de ces mines, ils ne prennent que la superficie de ces charbons et abandonnent ensuite le reste, que la bonté desd. charbons est reconnüe, suivant les différentes epreuves qui en ont été faites par des forgerons et gens au fait de cette matiere, pourquoy eux supliants se sont proposés de les faire valoir si Sa Majesté veut bien leur en accorder la permission, qu'ils ne risqueroient pas les frais immenses d'un pareil établissement s'ils n'etoient pas assurés de la reussite et de l'utilité qui en resultera pour les provinces de Bretagne, Touraine, Anjou, Poitou et Mayne, qui, étant obligées de se servir de charbons etrangers, auront l'avantage d'en trouver a leur porte a bien meilleur compte et d'aussi bonne qualité, par le debouché de la riviere de Loire dont les mines ne sont eloignées que de trois lieües, qu'il ne sera pas même impossible d'en faire

41.

venir a Paris, que d'ailleurs cette entreprise ne peut être qu'avantageuse aux habitans du païs, tant par le travail qu'elle leur procurera que par l'argent qu'elle y rependra. A ces causes requeroient les suplians qu'il plut à Sa Majesté leur accorder la permission de faire exploiter lesd. mines de charbon de terre dans l'etendüe des paroisses de Saint-Georges, Chatelaison et Concourson. Vû lad. requête et les pieces y jointes. Ensemble l'avis du sieur de Lesseville, intendant et commissaire departi en la generalité de Tours. Ouy le raport du sieur Orry, conseiller d'État et ordinaire au Conseil royal, controleur general des finances.

Le Roy en son Conseil a permis et permet aud. sieur de la Bretonniere et a ses associés de faire exploiter lesd. mines de charbon de terre dans l'etendüe des paroisses de Saint-Georges, Chatelaison et Concourson en Anjou, a la charge par eux d'indemniser les proprietaires des terres ou sont scituées lesd. mines eu egard au prejudice que les ouvertures, creusages et les depots desd. charbons, ensemble le transport d'iceux pourront occasionner, lesquels dedommagemens seront liquidés a l'amiable entre les parties, sinon par le sous-intendant et commissaire departi en lad. province, que Sa Majesté commet a cet effet, à la charge en outre par led. sieur de la Bretonniere et consors de se conformer aux reglemens de police pour les tirages, dépôts, voitures, vente et debit desd. charbons de terre.

A Versailles, le 28 juin 1740.

DAGUESSEAU.   ORRY.

(Archives nationales, Conseils du Roi, Conseil des Finances, E 1171e, 21-28 juin 1740.)

XLIX

DEMANDE EN PERMISSION

D'ÉTABLIR, ENTRE THOUARCÉ ET BEAULIEU, UN HAUT FOURNEAU, UNE FORGE ET UN MARTINET, POUR TRAITER LE MINERAI DE FER ET LA FONTE, FORMÉE PAR LES CONCESSIONNAIRES DES MINES DE MONTJEAN ET SAINT-GEORGES-CHÂTELAISON.

(Exécution de la loi du 21 avril 1810.)

Nous, Préfet du département de Maine-et-Loire, chevalier de l'Ordre royal de la Légion d'honneur,

Vu l'avis de l'ingénieur en chef des mines du 3e arrondissement minéralogique;

Vu la loi du 21 avril 1810 et l'instruction ministérielle du 3 août de la même année;

PRÉVENONS :

1° Que MM. Lachaize, Viols, le baron Evain, lieutenant-général d'artillerie, président, et Fourmond, secrétaire, tous domiciliés à Paris, et administrateurs de la Société en nom collectif et en commandite, formée dans cette ville pour l'exploitation des mines de houille de Saint-Georges-Châtelaison et Montjean, situées dans notre département, dont ils sont concessionnaires et propriétaires, nous ont adressé une pétition, datée du 25 mars dernier, par laquelle ils sollicitent la permission de construire, entre Thouarcé et Beaulieu, une usine destinée à la fusion des minerais de fer découverts ou à découvrir dans ledit territoire ;

2° Que cette usine consistera dans un haut fourneau double, quoique à un seul feu ; dans une machine soufflante mise en action par une machine à vapeur à basse pression, de la force de 40 à 50 chevaux ; dans un nombre de fourneaux d'affinerie et de chaufferie proportionné à la quantité de fonte à traiter, et chauffés, ainsi que le haut fourneau, par la houille ou le coke ; et enfin dans un équipage de cylindres pour la préparation du fer de tous échantillons, d'après la méthode anglaise, et d'un martinet.

Le présent avis sera publié et affiché, conformément à l'article 74 de la loi du 21 avril 1810, dans les villes d'Angers, Saumur, Beaupreau et à Paris, domicile des demandeurs, et dans les communes de Beaulieu, Rablay, Faveraye, Thouarcé, Saint-Georges-Châtelaison et Montjean. Il sera en outre inséré dans le *Recueil des actes administratifs* de cette préfecture et dans le journal du département.

Les affiches auront lieu, à la diligence de MM. les maires des villes et communes ci-dessus désignées, à la porte de la mairie, et la publication en sera faite à l'issue de l'office, un jour de dimanche, au moins une fois par mois, pendant la durée des affiches.

Tout individu qui se croirait fondé à s'opposer à l'obtention de cette demande fera connaître ses motifs par voie de pétition régulière, adressée à la préfecture de Maine-et-Loire dans le délai des quatre mois qui suivront la première publication ; il en sera donné connaissance aux demandeurs, s'ils en témoignent le désir.

A l'expiration des quatre mois, MM. les maires desdites villes et communes nous adresseront leurs certificats d'affiches et de publications, ainsi que les oppositions ou réclamations qui pourraient leur être parvenues, ou un certificat constatant qu'ils n'en ont point reçu.

Fait à l'hôtel de la préfecture, à Angers, le 8 juin 1826.

MARTIN DE PUISEUX.

ANGERS. — MAME aîné, imprimeur du Roi et de la Préfecture.

(Affiche. Archives COUFFON.)

L

PROJET D'AFFICHE.

DEMANDE EN DÉLIMITATION DE CONCESSION.

(Exécution de la loi du 21 avril 1810.)

Le public est prévenu que par pétition en date du 21 juin dernier, adressée à M. le préfet de Maine-et-Loire, M. de Monti, demeurant commune de Saint-Georges-Châtelaison, même département, et Mme Adèle-Émilie de Monti, épouse de M. Guillaume-Hippolyte Étignard Lafautotte de Neuilly, dûment autorisée de son mari et demeurant commune de Mouron, département de la Nièvre, demandent que la concession des mines de houille de Saint-Georges-Châtelaison, dont ils sont propriétaires indivis, soit délimitée.

Les limites mentionnées dans l'arrêt du Conseil d'État du 27 mai 1775, qui a institué ladite concession, ne s'y trouvant pas indiquées d'une manière précise, c'est pour se conformer à la loi du 21 avril 1810 sur les mines que les pétitionnaires se pourvoient auprès du gouvernement, afin qu'il lui plaise d'attribuer à la concession de Saint-Georges-Châtelaison l'étendue et le périmètre qu'ils ont indiqués dans leur demande et qui résultent, suivant eux, de l'arrêt précité du 27 mai 1775 et du plan relaté dans cet arrêt.

Le périmètre réclamé par les requérants et tracé sur le plan de surface en triple expédition qu'ils ont déposé à l'appui de leur pétition est déterminé de la manière suivante :

Dans la partie *nord-est,* des droites menées successivement, la première, du clocher des Verchers à l'angle sud du château de Maurepart et prolongée à 150 mètres au delà de ce château; la seconde, de l'extrémité nord-ouest de la ligne précédente, sur le clocher de Martigné; la troisième, longue de 7,780 mètres, du clocher de Martigné au point d'intersection des chemins de Cornu à Millé et de Thouarcé à Martigné; la quatrième, du point d'intersection desdits chemins sur le clocher de Beaulieu, laquelle ligne passant par Bellevue est prolongée de 2,520 mètres au delà du clocher de Beaulieu.

Vers le *nord-ouest,* une droite tirée de l'extrémité nord-ouest de la ligne précédente sur le clocher de Saint-Lambert.

Dans la partie du *sud,* deux droites tirées du clocher de Saint-Lambert sur celui de Faveraye, et de Faveraye sur le clocher d'Aubigny; et une troisième ligne droite longue de 14,350 mètres, passant par le clocher d'Aubigny, Tigné et le bâtiment le plus au Sud du village des Rochettes au delà duquel elle se prolonge jusqu'à un point situé au sud des Verchers.

Enfin, du côté de l'*est*, une ligne droite menée de ce dernier point situé au sud de Verchers et formant l'extrémité de la ligne de 14,350 mètres passant par Tigné et les Rochettes, sur le clocher des Verchers, point de départ.

D'après les pétitionnaires, l'étendue du périmètre qui vient d'être décrit serait de quatre-vingt-cinq kilomètres carrés soixante-dix hectares.

Les demandeurs prennent l'engagement d'acquitter régulièrement le montant des redevances fixe et proportionnelle, et de se conformer au mode d'exploitation prescrit par le gouvernement.

Le présent avis sera affiché pendant quatre mois consécutifs à Angers, chef-lieu du département; à Saumur, chef-lieu de l'arrondissement; dans les communes des Verchers, Concourson, Soulanger, Saint-Georges-Châtelaison, Brigné, Martigné, Chavagne, Thouarcé, Faye, Beaulieu, Saint-Lambert, Chanzeaux, Rablay, Le Champ, Faveraye, Aubigné, Tigné, et dans la commune de Mouron, département de la Nièvre, lieu de domicile de Mme de Neully. Le même avis, sera, en outre, publié devant la porte de l'hôtel de ville ou maison commune, un jour de dimanche, à l'issue de l'office et au moins une fois par mois, pendant la durée de quatre mois desdites affiches; il sera également inséré dans le journal du département.

Toutes les personnes qui auraient des oppositions à former contre la demande en régularisation de concession présentée par M. de Monti et Mme de Neully, sa sœur, ou des demandes en concurrence à produire pour des parties de terrain houiller comprises dans les limites proposées par les pétitionnaires, sont invitées à les adresser à la Préfecture où elles seront admises et enregistrées jusqu'à l'expiration du quatrième mois d'affiche, à compter de l'époque fixée pour l'apposition des affiches par l'arrêté portant publication. Le registre destiné à l'inscription des demandes en concession, oppositions et demandes en concurrence, devront être notifiées par actes extra-judiciaires à la Préfecture, et, dans la même forme, aux parties intéressées, pour qu'elles puissent y répondre, s'il y a lieu.

Toute demande en concurrence devra faire connaître d'une manière précise le lieu de l'exploitation ou la position des travaux de recherches exécutés par le pétitionnaire, l'indemnité proposée à ceux qui auraient découvert la mine, la rente annuelle offerte aux propriétaires des terrains renfermés dans la concession sollicitée, sans préjudice des indemnités dues pour dégâts et non jouissance de terrains causés par l'exploitation. Cette demande devra être aussi accompagnée d'un plan de surface en triple expédition et sur l'échelle de dix millimètres pour cent mètres (1 à 10,000), faisant connaître avec précision le gisement de la substance à exploiter. Si ce plan n'est point extrait de ceux du cadastre, il devra indiquer le tracé des lignes d'opération qui auront servi à la détermination du périmètre de la concession.

Huit jours au plus tard après le quatrième mois d'affiches, les maires des communes où ces formalités sont prescrites en constateront l'accomplissement par des certificats qu'ils transmettront à la Préfecture et qui feront connaître : 1° la date de la réception, par le maire, de l'arrêté qui prescrit l'affiche et la publication de la demande; 2° la date de l'apposition de l'affiche et celle de chacune des publications faites par le maire; 3° les oppositions, réclamations ou demandes en concurrence qui pourraient avoir été remises à l'autorité locale, contre ou au sujet de la demande.

Le présent projet d'affiche, fait en double expédition, peut être soumis à l'approbation de M. le Préfet de Maine-et-Loire, et pour être transmis à M. le Ministre des travaux publics.

Nantes, le 25 juillet 1840.

L'Ingénieur en chef au corps royal des mines,
V. CHERON.

Angers, le 21 juin 1840.

MONSIEUR LE PRÉFET,

Je soussigné, demeurant à Saint-Georges-Châtelaison, arrondissement de Saumur, ai l'honneur de vous exposer que je suis propriétaire indivis avec Mme de Neully, ma sœur, demeurant au château de Coulon, près Corbigny, département de la Nièvre, d'une concession de mines de houille située dans le département de Maine-et-Loire, et s'étendant sur le territoire des communes des Verchers, Soulanger, Concourson, Saint-Georges-Châtelaison, Brigné, Tigné, Aubigné, Martigné, Chavagne, Faveraye, Thouarcé, Faye, Le Champ, Rablay, Beaulieu, Chanzeaux et Saint-Lambert; que cette concession a été instituée en dernier lieu par arrêt du Conseil d'État, du 27 mai 1775, que le texte de l'arrêt n'étant pas suffisamment précis et donnant une indication des points sur lesquels porte la concession plutôt qu'une détermination exacte du périmètre, et que le plan annexé à cet arrêt et destiné à le compléter n'étant pas à l'échelle voulue par la loi du 21 avril 1810; je demande, pour éviter toute contestation et me soumettre à l'article 53 de la loi du 21 avril 1810, à faire la délimitation de ma concession, à être maintenu dans le périmètre qui m'a été accordé par l'acte de concession du 27 mai 1775 et le plan y annexé.

Les limites sont, conformément au plan annoncé dans l'arrêt et que j'ai reproduites sur les plans annexés à ma demande, savoir :

Au *nord-est*, une suite de lignes : la première partant du clocher des Verchers, passant à l'angle sud du château de Maurepart et prolongée de 140 mètres au delà jusqu'au point A, la deuxième partant du point A au clocher de Martigné à l'intersection du chemin de Cornu à Millé et de Thouarcé à Martigné, et d'une longueur totale de 7,780 mètres jusqu'au point B; la quatrième partant du point B au clocher de Beaulieu, passant par la face nord du bâtiment de Bellevue et prolongée jusqu'au point C, à 2,520 mètres au delà du clocher de Beaulieu.

À l'*ouest*, une ligne partant du point C au clocher de Saint-Lambert.

Au *sud-ouest*, une suite de lignes : la première menée du clocher de Saint-Lambert au clocher de Faveraye, la deuxième du clocher de Faveraye à celui d'Aubigné, la troisième de celui d'Aubigné, passant par Tigné et par l'angle sud du bâtiment le plus au sud du village des Rochettes et aboutissant au point D, d'une longueur de 14,350 mètres.

A l'*est*, une ligne menée du point D au clocher des Verchers, point de départ et longue de 1,060 mètres.

Ce périmètre comprenant une surface totale de 85 kilomètres 7/10, ainsi que l'administration des mines l'a reconnu de tout temps.

Je prends l'engagement d'acquitter régulièrement le montant des redevances fixe et proportionnelle, et de me conformer au mode d'exploitation déterminé par le gouvernement, ainsi que je l'ai toujours fait.

J'ai l'honneur d'être, avec une parfaite considération, Monsieur le Préfet, votre très humble et très obéissant serviteur.

DE MONTI.

LE MAÎTRE DES REQUÊTES, PRÉFET DE MAINE-ET-LOIRE, CHEVALIER DE LA LÉGION D'HONNEUR,

Approuve le présent avis; ordonne qu'il sera affiché, à dater du 1er septembre prochain, pendant quatre mois, et en outre publié au moins une fois par mois pendant la durée des affiches, dans les lieux indiqués ci-dessus, conformément aux articles 23 et 24 de la loi du 23 avril 1810.

En Préfecture, à Angers, le 20 août 1840.

Le Préfet,
BELLON.

ANGERS. — COSNIER et LACHÈSE, imprimeurs de la Préfecture et de la Mairie, — Août 1840.

(Affiche. Archives COUFFON.)

LI

DEMANDE EN DIVISION

DE LA CONCESSION DE MINES DE HOUILLE DE SAINT-GEORGES-CHÂTELAISON,
DÉPARTEMENT DE MAINE-ET-LOIRE.

Le public est prévenu que, par pétition en date du 23 janvier 1846, reçue et enregistrée le 7 février suivant à la préfecture d'Angers sous le n° 17 du registre spécial,

Le sieur Louis-Hippolyte-Eugène de Monti, demeurant à Saint-Georges-Châtelaison, canton de Doué, arrondissement de Saumur, ledit agissant tant en son nom personnel que comme fondé de pouvoirs de la dame de Neully, née de Monti, sa sœur, demeurant au château de Coulon commune de Mouron, canton de Corbigny (Nièvre), et de concert, en outre, avec la dame veuve de Monti, leur mère commune, demeurant à Saint-Georges-Châtelaison,

A demandé la division, en deux concessions distinctes, de la concession des mines de houille de Saint-Georges-Châtelaison (Maine-et-Loire).

Cette concession a été délimitée ainsi qu'il suit par une ordonnance royale du 12 février 1843 :

Au *Nord-Est*, par quatre lignes droites, menées, la première du clocher des Verchers à l'angle Sud-Ouest du château de Maurepart, en la prolongeant de 1,040 mètres au delà de cet angle jusqu'au point A du plan; la seconde du point A au clocher de Martigné; la troisième du clocher de Martigné à l'intersection des chemins de Cornu à Millé et de Thouarcé à Martigné en la prolongeant de 7,780 mètres au delà de cette intersection jusqu'au point B; la quatrième du point B au clocher de Beaulieu en la prolongeant jusqu'au point C où elle rencontre la limite de la concession de Layon et Loire (ligne droite menée de Rochefort au Pont-Barré).

Au *Nord-Ouest*, par une ligne droite allant dudit point C au Pont-Barré et par la route de Cholet à Angers à partir dudit pont jusqu'au clocher de Saint-Lambert.

Au *Sud-Ouest*, par trois lignes droites menées, la première dudit clocher de Saint-Lambert au clocher de Faveraye; la seconde du clocher de Faveraye au clocher d'Aubigné, et la troisième de ce dernier clocher à un point M situé sur la route de Cholet à Doué à 110 mètres au Nord-Est, point où cette route est coupée par le chemin des Rochelles aux Verchers, en prolongeant cette ligne droite jusqu'au point D où elle remonte la rivière du Layon.

Au *Sud-Est* enfin par une ligne droite menée du point D au clocher des Verchers, point de départ.

Lesdites limites renfermant une étendue superficielle de 83 kilomètres carrés 24 hectares.

La division sollicitée par le sieur de Monti et consorts aurait lieu suivant une droite menée par le clocher de Rablay, perpendiculairement à la limite Sud-Ouest de la concession, du clocher de Saint-Lambert à celui de Faveraye.

Toute la partie de la concession actuelle sise au *Nord-Ouest* de cette droite constituerait sous le nom de concession de Saint-Lambert l'une des concessions à instituer.

Toute la partie au *Sud-Est* constituerait l'autre sous le nom, à elle restreint, de concession de Saint-Georges-Châtelaison.

La première de ces concessions, celle de Saint-Lambert, embrasserait, sur le territoire des communes de Saint-Lambert, Beaulieu, Chanzeaux, Rablay et Faye, arrondissement d'Angers, une étendue superficielle de 8 kilomètres carrés 80 hectares.

La seconde de ces concessions, celle de Saint-Georges-Châtelaison, embrasserait, sur le territoire des communes de Rablay, Faye, Le Champ, Thouarcé, Faveraye, Chavagnes, Martigné, Aubigné, Tigné, Brigné, Saint-Georges-Châtelaison, Concourson, Soulanger et les Verchés, arrondissements d'Angers et Saumur, l'étendue complémentaire de 74 kilomètres carrés 44 hectares.

Le présent avis sera affiché pendant quatre mois consécutifs à Angers et Saumur, chefs-lieux du département et de l'arrondissement où est située la concession à diviser, dans les communes de Saint-Lambert, Beaulieu, Chanzeaux, Rablay, Faye, Le Champ, Thouarcé, Faveraye, Chavagne, Martigné, Aubigné, Tigné, Brigné, Saint-Georges-Châtelaison, Concourson, Soulanger et les Verchers, sur le territoire desquelles porte cette concession, et enfin dans la commune de Mouron (Nièvre), lieu de domicile de l'un des demandeurs.

Le même avis sera dans les mêmes communes et à la diligence des maires publié au moins une fois par mois pendant la durée des affiches devant la porte de la maison commune et de l'église paroissiale à l'issue de l'office du dimanche.

Enfin il sera inséré dans un des journaux du département.

Les oppositions que pourrait faire naître la présente demande en division seront admises jusqu'au dernier jour du quatrième mois des affiches, elles devront être signifiées par acte extra-judiciaire à la préfecture du département et au domicile de chacun des demandeurs.

A l'expiration des quatre mois d'affiches et publications, MM. les maires des communes où ces formalités sont prescrites adresseront à la préfecture d'Angers le certificat de leur accomplissement, qui devra faire connaître la date de l'apposition des affiches et celle de chacune des publications faites par leurs soins.

Nantes, le 12 février 1846.

L'ingénieur faisant fonctions d'ingénieur en chef des mines,
Signé : BAUDIN.

LE MAÎTRE DES REQUÊTES, PRÉFET DE MAINE-ET-LOIRE, OFFICIER DE LA LÉGION D'HONNEUR,

Approuve le présent avis; ordonne qu'il sera affiché à dater du 1er mars jusqu'au 1er juillet, et en outre publié au moins une fois par mois pendant la durée des affiches, dans les lieux indiqués ci-dessus, conformément aux articles 23 et 24 de la loi du 21 avril 1810.

En préfecture à Angers, le 20 février 1846.

Le Maître des Requêtes, Préfet,
BELLON.

ANGERS. — COSNIER et LACHÈSE, imprimeurs de la Préfecture et de la Mairie, rue de la Chaussée-Saint-Pierre, 15. — Février 1845.

(Affiche. Archives COUFFON.)

42.

LII

DEMANDE EN MODIFICATION DE PÉRIMÈTRE

DE LA CONCESSION DES MINES DE HOUILLE DE SAINT-GEORGES-CHÂTELAISON.

AVIS.

ART. 1ᵉʳ. Par une pétition en date du 22 octobre 1863, enregistrée à la Préfecture le 23 octobre, sous le n° 23;

M. Barthélemy, comte de Las Cases, domicilié à Chalonnes (Maine-et-Loire), agissant au nom et comme administrateur de la Société des Mines de Chalonnes, Saint-Georges et Saint-Lambert réunies;

A demandé, d'une part, une réduction; d'autre part, une augmentation du périmètre de la concession de Saint-Georges-Châtelaison.

Les surfaces à retrancher de la concession actuelle seraient situées, l'une au S. O. d'une ligne partant du clocher de Rablay, se dirigeant sur le pont du Layon (au Sud de Concourson) et de là sur le clocher des Verchers; l'autre au N. E. d'une ligne droite se dirigeant de l'angle N. E. de la concession de Saint-Lambert-du-Lattay sur le château de Maurepart.

Les surfaces à ajouter à la concession actuelle formeraient deux triangles situés l'un au N. E. du bourg de Martigné, l'autre ayant pour sommets le château de Maurepart, la maison le plus à l'Ouest du bourg de Soulanger, et le clocher des Verchers (ce dernier triangle est déjà demandé en annexion à la concession de Doué).

ART. 2. Par suite de ces modifications, la concession de Saint-Georges-Châtelaison aurait à l'avenir les limites suivantes:

Au Nord, une ligne droite partant de l'angle N. E. de la concession de Saint-Lambert-du-Lattay, se dirigeant sur l'angle S. O. du château de Maurepart, et de là sur la maison le plus à l'Ouest du village de Soulanger.

A l'Est, une ligne droite menée de la maison la plus à l'Ouest de Soulanger au clocher des Verchers. Cette ligne forme la limite Ouest actuelle de la concession de Doué.

Au Sud, une ligne droite menée du clocher des Verchers au pont du Layon (au Sud de Concourson), et de là sur le clocher de Rablay.

A l'Ouest, la limite de la concession de Saint-Lambert-du-Lattay, depuis le clocher de Rablay jusqu'à son angle N. E., point de départ.

La surface comprise entre ces limites serait de 61 kilomètres carrés 19 hectares.

ART. 3. Le présent avis sera affiché et publié pendant quatre mois consécutifs à Angers, Saumur, Chalonnes, Saint-Georges-Châtelaison, Concourson, Martigné, Thouarcé, Brigné, Aubigné, Faye, Rablay, le Champ, Faveraye, Chavagnes, Tigné et les Verchers.

Il sera, en outre, inséré dans le *Journal de Maine-et-Loire*.

ART. 4. Le même avis sera publié à la diligence de MM. les Maires des communes ci-dessus désignées, devant les portes des mairies et églises paroissiales et consistoriales, à l'issue de l'office du dimanche et au moins une fois par mois pendant la durée des affiches.

ART. 5. Les oppositions ou demandes en concurrence seront reçues devant le Préfet, jusqu'au dernier jour du quatrième mois à compter de la date de la présente affiche, et devant l'Administration supérieure jusqu'à ce qu'il ait été statué. Elles seront notifiées par actes extra-judiciaires à la Préfecture et au demandeur.

ART. 6. A l'expiration des quatre mois d'affiches et publications, MM. les Maires des communes où ces formalités sont prescrites en constateront l'accomplissement (au bas d'un exemplaire du présent avis qu'ils transmettront à la Préfecture).

M. le Sous-Préfet de Saumur y joindra son avis sur la suite à donner à la demande.

Angers, le 17 décembre 1863.

Pour le Préfet :

Le Secrétaire général délégué,

BERGER.

CERTIFICAT DE PUBLICATIONS ET AFFICHES.

Nous, maire de la commune de   , certifions avoir fait afficher le présent avis pendant quatre mois consécutifs, à dater du   et l'avoir fait publier devant la porte de la mairie et d   église paroissiale et consistoriale   les dimanches   à l'issue de l'office divin, et déclarons qu'il   nous est parvenu   opposition .

Fait à   , le   .

Le Maire,

ANGERS. — Imprimerie Cosnier et Lachèse, imprimeurs de la Préfecture.

(Affiche. Archives COUFFON.)

LIII

DEMANDE EN EXTENSION

DE LA CONCESSION DES MINES DE HOUILLE DE DOUÉ.

AVIS.

Le public est prévenu que, par pétition, en date du 7 janvier 1852, reçue et enregistrée le 8 du même mois à la préfecture de Maine-et-Loire sous le n° 20,

Le sieur Francois-Juste Collet aîné, de Nantes, concessionnaire des mines de houille de Doué, a formé une demande en extension de ladite concession, instituée par ordonnance royale du 18 avril 1842.

Le pétitionnaire expose que la portion de terrain houiller, objet de sa demande, est comprise entre la concession de Doué et celle de Saint-Georges-Châtelaison, et que, par des travaux entrepris depuis 1848, avec le consentement des propriétaires de la surface, il y a constaté l'existence d'une couche de houille d'environ 2 mètres de puissance.

Conformément au plan, en triple expédition, déposé à l'appui de la pétition, ce terrain serait limité :

A l'*Est*, par une ligne droite, menée de la maison, située le plus à l'Ouest du village de Soulanger, au clocher des Verchers (limite occidentale de la concession actuelle de Doué).

Au *Sud-Ouest*, par une ligne droite, allant du clocher des Verchers à l'angle Sud-Ouest du château de Maurepart (limite Nord-Est de la concession de Saint-Georges-Châtelaison).

Au *Nord*, par une ligne droite, tirée de l'angle Sud-Ouest du château de Maurepart à la maison la plus occidentale du village de Soulanger, point de départ.

Le territoire ainsi limité s'étend sur les communes de Louresse, de Brigné, Saint-Georges-Châtelaison, Concourson, Soulanger, Doué et les Verchers, arrondissement de Saumur. La contenance serait, d'après le pétitionnaire, de six cent quatre-vingt-dix-huit hectares.

Le demandeur offre aux propriétaires des terres sous lesquelles il exploitera une redevance annuelle de 10 francs par hectare.

Le présent avis sera affiché pendant quatre mois consécutifs à Angers et à Saumur, chefs-lieux du département et de l'arrondissement, dans les communes de Louresse, de Brigné, Saint-Georges-Châtelaison, Concourson, Soulanger, Doué et les Verchers, sur lesquelles porte le territoire demandé, enfin à Nantes, domicile du demandeur.

Il sera aussi publié dans les mêmes lieux, à la diligence des maires, au moins une fois par mois, pendant la durée des affiches, devant la porte de la maison commune et des églises paroissiales, à l'issue de l'office du dimanche.

Enfin le même avis devra être inséré dans les journaux du département.

Les oppositions, ou demandes en concurrence, seront admises jusqu'au dernier jour du quatrième mois des affiches à compter de la date de l'arrêté de publication. Elles seront notifiées par actes extra judiciaires à la préfecture de Maine-et-Loire et au domicile du demandeur.

A l'expiration du délai des affiches et publications, MM. les Maires des communes où ces formalités sont prescrites, en constateront l'accomplissement par des certificats qu'ils transmettront à M. le Préfet de Maine-et-Loire; ces certificats feront connaître la date de l'apposition des affiches et celle de chacune des publications.

Nantes, ce 11 février 1852.

L'ingénieur en chef des mines,

L. GRUNER.

LE PRÉFET DE MAINE-ET-LOIRE,

Approuve le présent avis; ordonne qu'il sera affiché à dater du 1er mars prochain, jusqu'au 1er juillet 1852, et en outre publié au moins une fois par mois pendant la durée des affiches, dans les lieux indiqués ci-dessus, conformément aux articles 23 et 24 de la loi du 21 avril 1810.

Angers, le 14 février 1852.

Le Préfet,

VALLON.

ANGERS. — Impr. de COSNIER et LACHÈSE, rue de la Chaussée-Saint-Pierre, 15.

(Affiche. Archives COUFFON.)

CHAPITRE III.

DESCRIPTION GÉOLOGIQUE DU BASSIN DE LA BASSE LOIRE.

———

I. SITUATION ET DISPOSITION GÉNÉRALE DU BASSIN.

Le bassin de la basse Loire paraît avoir une forme démesurément longue, puisqu'il s'étend, comme nous l'avons dit, sur environ 109 kilomètres, avec une largeur relativement très faible. Cependant nous ne parlons ici que de sa partie visible; car, en réalité, il est plus long encore. A l'ouest, dans la Loire-Inférieure, après Languin, le pli qui logeait le terrain carbonifère productif continue, et c'est vraisemblablement lui qui contient, à l'est de Blain, un poudingue mentionné par M. Barrois comme problématique [1]. Ce pli se dirige vers l'ouest, précisément dans la direction des petits dépôts houillers de Quimper et de Plogoff (Finistère).

Au S. E., le bassin de la basse Loire s'enfonce sous les terrains secondaires et tertiaires, et il se prolonge probablement fort loin sous ces dépôts plus récents; on peut même se demander s'il ne reparaît pas sur la partie ouest du plateau central; car on y remarque des bassins houillers allongés qui offrent la même direction que le grand bassin breton-angevin, et semblent situés sur une même ligne droite. Le pli de Chambon paraît en être le prolongement, de même que celui de Brive semble la continuation du synclinal carbonifère de la Vendée. Nous ne voulons pas dire que le bassin de la basse Loire ait une forme régulièrement linéaire; au contraire, ce qui frappe tout d'abord, c'est qu'il a, à un haut degré, la forme dite en chapelet, qu'il est constitué par une succession de rétrécissements et d'élargissements; ainsi, près de Nort, il n'a guère que 200 mètres de large, tandis qu'à Ancenis il n'a pas moins de 6 kilomètres. Il est vrai que c'est le plus fort de ses renflements.

La cause de cette forme allongée est facile à reconnaître si on examine la constitution géologique du massif armoricain.

[1] Barrois, Feuille géologique de Saint-Nazaire.

Qu'on veuille bien se reporter à la carte au millionième qui a été publiée en 1905 par le Service de la Carte géologique détaillée de la France, on y verra un grand espace sur lequel les teintes rouges dominent, qui se détache nettement des autres régions, et qui comprend, non seulement les cinq départements de la Bretagne, mais encore la Mayenne, l'ouest de la Manche, de l'Orne, de la Sarthe, de Maine-et-Loire, le nord de la Vendée et des Deux-Sèvres. C'est là le massif armoricain des géologues. Deux plis saillants ou anticlinaux forment le bord nord et le bord sud de la péninsule armoricaine. Ils sont constitués par le gneiss, roche provenant du refroidissement des couches externes de notre planète, alors qu'elle n'était encore qu'un bloc incandescent, mais pouvant résulter aussi de la transformation ou métamorphisme de roches sédimentaires, et c'est peut-être le cas ici. Le gneiss a la composition du granite : quartz, feldspath et mica, mais ce dernier y est placé en couches parallèles.

Les micaschistes, qui sont composés de quartz et mica, surmontent le gneiss, et souvent, dans l'état actuel, lui sont adossés.

Ces plis ou anticlinaux principaux, comme d'autres moins importants qui se sont formés dans leur intervalle, ont eu pour cause la diminution du volume du noyau intérieur du globe : la croûte, devenue trop large pour s'appliquer sur ce noyau, était forcée de se plisser. Partout où les plis se brisaient, ou même présentaient une moindre résistance, des roches éruptives se faisaient jour. Ainsi ont paru le granite et la granulite.

Le granite, marqué en rouge vif sur la carte, est une roche non feuilletée, composée de quartz, feldspath et mica noir. Il a paru, dans la bande nord sur une multitude de points et y forme des masses isolées, allongées de l'ouest à l'est, du Huelgoat (Finistère) à Alençon, dans la portion sud de la bande, et obliquement du S. O. au N. E., de Brest à Guernesey, dans la portion nord, qui est en partie sous-marine. La grande bande de roches éruptives du nord s'élargit donc de l'ouest à l'est, et cette disposition en éventail est tout à fait en rapport avec la direction générale des dépôts primaires de la Bretagne. Dans cette grande bande prédomine, comme roche granitique, le granite proprement dit, à mica noir.

La bande sud de roches primitives, bien qu'ayant eu une action commune avec la bande nord sur les roches interposées, diffère de cette dernière par sa disposition, par sa direction et par sa composition :

1° Tandis que les roches éruptives formaient dans la bande précédente des amas larges pour leur longueur et très imparfaitement alignés, celles du sud sont continues et d'une rectitude remarquable, depuis la partie méridionale du Bocage vendéen jusqu'à l'extrémité du Finistère;

2° Leur direction est S. E.-N. O.;

3° La roche éruptive dominante est la granulite ou granite à deux micas : blanc et noir, le granite vrai n'y jouant qu'un rôle très effacé.

Les deux bandes prolongées à l'ouest se rencontreraient au large de l'île d'Ouessant; de là, vers l'est, elles s'écartent comme le feraient les branches principales d'un éventail à demi ouvert.

Dans le vaste espace compris entre ces deux grands anticlinaux se sont déposés des sédiments marins et, plus tard, des sédiments d'eau douce. Ainsi se sont formés les terrains primaires : précambrien, cambrien, silurien, dévonien et carbonifère.

Mais le phénomène de contraction qui avait produit les deux grands anticlinaux continuant toujours, et ses effets se faisant sentir davantage sur les lignes où s'étaient produits les premiers plis saillants, les dépôts nouveaux furent soulevés sur les flancs des premiers anticlinaux (les anticlinaux gneissiques), et, en outre, se plissèrent dans l'intervalle, formant des anticlinaux moins saillants, qui laissaient entre eux de grandes vallées ou synclinaux, auxquels on donne le nom de bassins. Le fond de ces bassins même se plissa de rides saillantes, et ces petits anticlinaux y dessinèrent des synclinaux de différents ordres. Le mouvement fut lent, et il n'est pas étonnant que les dépôts qui se sont faits dans ces longues vallées aient pris une forme allongée; mais le plissement s'accentua beaucoup dans la dernière période des temps primaires (plissement hercynien), et tous les terrains existant alors, y compris le terrain carbonifère, furent redressés presque jusqu'à la verticale. Cela, du moins, ne fait pas de doute pour les étages carbonifères inférieur et moyen (Culm ou Dinantien et Westphalien) de nos régions; car le carbonifère supérieur (Stéphanien) pourrait bien s'être déposé après le grand mouvement dont nous parlons : en effet, le dépôt stéphanien de Saint-Pierre-la-Cour repose en discordance sur les assises dinantiennes du bassin de Laval, et il en est de même du petit lambeau de Minières, près de Doué-la-Fontaine (Maine-et-Loire), qui est en discordance sur les assises de la grauwacke supérieure.

Mais les anticlinaux n'ont pas leur sommet formé par les mêmes terrains ou les mêmes étages, soit que ces terrains ou ces étages ne se soient pas déposés en certains points, soit qu'ils aient été enlevés par des érosions postérieures. Il en est de même des synclinaux, dont le fond peut présenter, par les mêmes raisons, des roches plus ou moins anciennes. C'est ainsi que, parmi les synclinaux qui traversent du S. O. au N. O. la péninsule, cinq seulement contiennent des dépôts carbonifères. Ce sont :

Le synclinal du Plessis (Manche) et de Littry (Calvados).

Le synclinal de Laval, prolongé certainement à l'ouest par le petit bassin de Saint-Jouannic-de-l'Isle et le grand bassin de Plœuc à Châteaulin;

Le synclinal de Teillé et celui d'Ancenis, séparés seulement par une faille sur une grande longueur, mais pas partout, et dont les descriptions doivent nécessairement être rapprochées. Leur direction, comme nous l'avons dit, est tout à fait celle des petits dépôts houillers de Quimper et de Plogoff, dans le Finistère;

Enfin le synclinal du lac de Grand-Lieu, qui contient les petits lambeaux houillers de l'Effeterie, commune de Saint-Mars-de-Coutais (Loire-Inférieure), de Malabrit, près de Vieillevigne, sur les limites de la Loire-Inférieure, et de la Vendée, et les dépôts, plus importants, de Chantonnay, Vouvant, Faymoreau (Vendée) et Saint-Laur (Deux-Sèvres).

Plusieurs de ces synclinaux comprennent différents étages du terrain carbonifère.

Nous n'avons à nous occuper que du bassin de la basse Loire. On comprend sous ce nom les deux synclinaux secondaires juxtaposés d'Ancenis et de Teillé-Mouzeil. Nous les décrirons l'un après l'autre comparativement, en commençant par le synclinal d'Ancenis, qui contient les couches carbonifères les plus anciennes, et en allant de gauche à droite des cartes, dans le sens de la lecture.

Pour chacun des deux synclinaux, nous aurons à étudier :

1° Les terrains encaissants, antérieurs au carbonifère, s'étendant plus ou moins sous lui, le débordant soit au sud, soit au nord, et, par leurs couches redressées, contribuant à la formation d'un anticlinal;

2° Le terrain encaissé : le carbonifère, presque toujours l'inférieur, ayant aussi ses couches redressées, souvent jusqu'à la verticale, puisqu'il a subi le grand mouvement dont nous avons parlé, mais remplissant le fond du synclinal, où il n'est recouvert par aucun autre dépôt primaire.

1. SYNCLINAL D'ANCENIS.

TERRAINS ENCAISSANTS.

Bord sud du synclinal d'Ancenis.

Le synclinal d'Ancenis, qui serait bien reconnaissable par les caractères tout particuliers des dépôts carbonifères qu'il renferme, ne commence pas à l'extrémité ouest du grand bassin de la basse Loire. C'est seulement à la sortie des alluvions de l'Erdre et du ruisseau de Montagné, qui s'y jette, qu'on voit ce synclinal se montrer avec les traits qui lui sont propres.

Il est limité au sud par une bande de schistes à séricite, qui est constituée par les Phyllades de Saint-Lô ou du Lion d'Angers, influencés par le voisinage de la granulite. Ces schistes modifiés sont intimement liés avec les micaschistes, auxquels ils passent insensiblement. Ces deux niveaux ont subi assurément un même métamorphisme. Les schistes séricitiques sont ondulés, doux au toucher, comme si du talc entrait dans leur composition; mais la séricite est un mica hydraté verdâtre ou jaunâtre. Sur certains points ils sont plus droits et micacés. Ils forment, dans la Loire-Inférieure, une bande remarquablement régulière commençant au-dessous du village de la Guinellière, commune des Touches; elle s'étend vers le sud-est presque en ligne droite, passant au sud de Ligné et de Couffé, et rencontre la Loire à un point nommé le Pont-Moricault, situé à 3 kilomètres ouest d'Ancenis. Sur toute cette longueur elle a environ 500 mètres de large.

Cette bande disparaît sous les alluvions de la Loire, puis elle reparaît sur la rive gauche, en Anjou, mais avec des allures bien différentes. La roche est la même; mais elle ne forme plus une bande étroite : c'est une grande surface, qui a 1,800 mètres de large entre Liré et Bouzillé (Maine-et-Loire), et qui va en s'étalant de plus en plus : elle a 3,700 mètres entre le Marillais et la Chapelle-Saint-Florent, et, plus loin, au S. E., couvre une vaste étendue de pays sur environ 15 kilomètres de large, jusqu'aux schistes granulitisés de la Vendée. Ces schistes à séricite ainsi étendus continuent à border le bassin de la basse Loire; mais, en avançant vers le S. E., ils sont, comme lui, de plus en plus recouverts par des terrains secondaires ou tertiaires : déjà, à l'ouest du Marillais, ils supportent un dépôt, aujourd'hui disloqué, de grès à *Saba-*

Système
précambrien.

Schistes
séricitiques

lites, que, depuis le travail de M. le Dr Bonnet [1] sur la présence des *Nipadites*
à ce niveau, on sait appartenir à l'éocène Ce dépôt de grès du Marillais, aujourd'hui démantelé, a 3 kilomètres de long, de l'ouest à l'est, et 1 kilomètre
de large.

Dans la partie S. E. du bassin, les schistes à séricite, qui continuent évidemment à suivre le terrain carbonifère, et qui le dépassent, semblent s'en écarter
de plus en plus, leur contact avec ce terrain étant masqué par les dépôts plus
récents (lias, cénomanien, sénonien, faluns miocènes, sables, graviers et
limons pliocènes), sous lesquels les schistes que nous venons de suivre
finissent par s'enfoncer complètement.

Système silurien.
Étage gothlandien.

Une autre bande de schistes s'appuie sur la précédente et la double, en
quelque sorte, du côté qui regarde le synclinal. Ces schistes sont droits,
extrêmement friables, d'une couleur brunâtre ou noirâtre. Leurs feuillets sont
parallèles à la stratification, qui elle-même est parallèle à la direction de la
bande; mais ils sont souvent écrasés et brouillés. Ils contiennent parfois des
sortes de tubes s'enfonçant à travers les feuillets et, plus souvent, à la surface
de ces feuillets, des empreintes et des contre-empreintes de corps cylindriques,
ou du moins arrondis, plus ou moins sinueux et dirigés dans divers sens,
traces probables de la reptation d'annélides, comme on en voit dans divers
terrains. Ce qui, dans le silurien, y ressemble le plus est le *Fucoides Rouaulti*
Lebesc., et surtout le *Fræna Sancti-Hilairei* Marie Rouault, qui atteint cependant des proportions plus grandes, et que je ne prétends pas y assimiler.

Ces schistes présentent dans leur épaisseur des couches de grès blanc, très
dur et très recherché pour les routes. Ces couches de grès sont parfois très
minces, comme à Ligné (Loire-Inférieure), où elles sont remplies de Scolithes,
c'est-à-dire de corps cylindriques perpendiculaires aux strates. D'autres fois,
elles se présentent en amas considérables et constituent d'énormes rochers,
qui forment des escarpements très pittoresques. Les rochers de Pierre-Meulière, près d'Ancenis, ont été presque détruits par l'exploitation; il y en a encore de très beaux à Couffé, dans le parc du château de la Roche, et à l'ouest
de Ligné, tout près du bourg.

On a été longtemps sans pouvoir reconnaître à quel niveau géologique
appartenaient ces schistes et grès. En l'absence de preuves paléontologiques

[1] Contribution à la flore fossile des grès éocènes de Noirmoutier. (*Bulletin du Muséum d'hist.
nat.*, 1905, p. 59-60.)

décisives, on les avait considérés jusqu'ici comme représentant le grès armoricain.

Une note communiquée par mon frère, Louis Bureau, à la réunion de la *Société d'Études scientifiques d'Angers*, à Chalonnes, a établi qu'ils doivent être rangés dans le silurien supérieur, étage gothlandien[1].

En voici les raisons :

1° L'absence totale de *Cruziana*, caractéristiques du grès armoricain dans l'ouest. On trouve bien dans les grès, à Ligné, des Scolithes et, à la surface des schistes, des cordons analogues au *Fucoides Rouaulti* Lebesconte; mais ces formes sont abondantes aussi dans le gothlandien. Ces empreintes ont été trouvées, dans la bande sud que nous examinons maintenant, à Couffé, à Pierre-Meulière (Loire-Inférieure), et sur nombre de points entre Montjean et Chaudefonds (Maine-et-Loire). Dans la bande nord, dont nous parlerons plus loin, nous ne les avons trouvés que dans deux endroits;

2° La découverte d'ampélites dans la bande sud, à Pierre-Meulière et à Ligné;

3° « La présence de phthanites sur certains points : « au nord de Bouzillé », dit mon frère dans la note citée, « les schistes précambriens, cambriens séri-« citiques ($X\gamma^1$), terminés par une assise de coloration rose ($S^{1a}\gamma^1$), sont sur-« montés directement par des grès (S^1b), auxquels succèdent des schistes « pseudo-ardoisiers (S^2), puis argileux grisâtres, avec phtanites intercalés, « formant un ensemble qui appartient au gothlandien[2]. »

« A l'est de Saint-Florent-le-Vieil, on observe le même étage représenté « par des schistes avec phthanite, ampélite et calcaire intercalé.

« Un lambeau moins bien caractérisé se montre près Le Mesnil; puis à « partir de Montjean....., les grès et schistes gothlandiens, avec Scolithes « et Fucoïdes, forment une puissante assise longeant au sud le calcaire « dévonien. »

4° L'existence de sphéroïdes, sans fossiles, semblables à ceux du silurien supérieur, que j'ai recueillis à Cop-choux, dans les schistes de la carrière Mercier, aujourd'hui inaccessible, schistes identiques à ceux dont nous nous occupons maintenant, et qui en sont certainement les représentants au nord.

---

[1] Note sur les grès gothlandiens du synclinal d'Ancenis (Extrait du *Bulletin de la Société d'études scientifiques d'Angers*, année 1905, p. 47).

[2] Les notations sont celles de la Feuille géologique d'Ancenis au 80,000°, publiée en 1890.

La question d'âge étant réglée, revenons à notre bande gothlandienne et suivons-la du N. O. au S. E., comme nous l'avons fait pour les schistes à séricite.

Les schistes et grès gothlandiens, en couches inclinées vers le nord, à feuillets généralement droits, reposent en discordance sur les schistes précambriens séricitiques, gaufrés, plissés et redressés presque jusqu'à la verticale. On voit la bande gothlandienne sortir des alluvions de l'Erdre, au point même où paraissent les schistes à séricite. De là, s'appuyant partout sur eux, elle s'avance aussi sans lacune jusqu'à la Loire; mais tandis que dans cet espace la bande précédente avait partout à peu près la même largeur, celle-ci n'offre pas autant de régularité : à son apparition, près de Nort, elle a 400 mètres de large; à Couffé, elle en a 1,200, puis elle se rétrécit de nouveau, tout en gardant une épaisseur plus grande qu'au point où elle s'est montrée. Elle rencontre la vallée de la Loire à l'endroit nommé Pierre-Meulière, à 2,500 mètres d'Ancenis.

Le gothlandien est beaucoup moins gréseux et moins continu sur la rive gauche du fleuve; mais il y persiste, reposant toujours sur les schistes à séricite. Au milieu même des alluvions, à l'entrée du département de Maine-et-Loire, il forme une petite butte au N. E. et tout près de la butte de la Basse-Pierre.

Au nord de Bouzillé, les couches de cet étage montrent, sur une faible largeur, une succession d'assises, dont la plus élevée contient, comme nous l'avons dit, des phthanites caractéristiques.

Caché, pendant près de 10 kilomètres, par les alluvions de la Loire, le gothlandien reparaît avec phthanites, à l'est de Saint-Florent-le-Vieil, puis au Mesnil où il est très étroit. A partir de ce point, on le suit, avec quelques difficultés, jusqu'au S. O. de Montjean où il atteint rapidement une épaisseur de 600 mètres.

Cette bande, aussi continue que dans la Loire-Inférieure, variant de 300 à 1,000 mètres de largeur, et çà et là gréseuse, se trouve placée entre les schistes à séricite et le calcaire dévonien de Chalonnes, dont nous aurons à parler, puis dépasse ce calcaire, qui s'arrête à la Fresnaie, commune de Chaudefonds, et va se terminer à quelques kilomètres au delà de Saint-Lambert-du-Lattay, entourée de tous côtés par les schistes séricitiques. C'est l'étage du synclinal d'Ancenis qui s'avance le plus au S. E. Au delà, toute trace de ce bassin a disparu.

Nous n'avons parlé ici que des dépôts gothlandiens qui en forment le bord sud; mais il y a d'autres dépôts siluriens, appartenant à ce même étage, qui sont différemment placés, et dont nous devrons traiter à part.

Le système dévonien a, parmi les roches encaissantes du synclinal d'Ancenis, des allures assez différentes de celles qu'affectent les systèmes précédents. Au lieu de couvrir comme eux de larges espaces, dont on peut juger par leur tranche, qui se montre sur le flanc sud du bassin, le dévonien, si l'on excepte la grande bande calcaire de Montjean-Chalonnes, se présente par lambeaux. Que la mer se soit étendue bien au delà des dépôts réduits que nous voyons, cela ne fait pas de doute; mais, de plus, par suite des mouvements du sol, qui ont été considérables, elle s'est déplacée, de sorte que les sédiments marins déposés pendant la période dévonienne moyenne sont dans la partie sud, et ceux formés pendant la dernière période, dans le nord et le sud du bassin.

Système dévonien.

Étage eifélien.

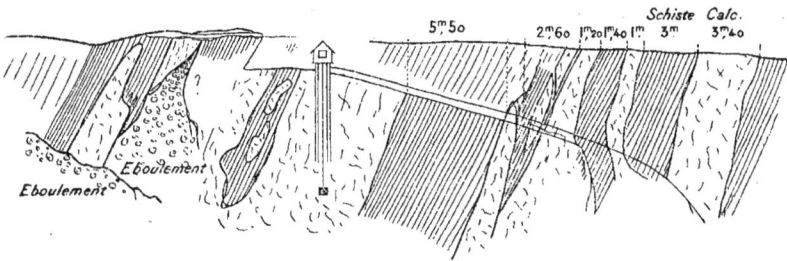

Fig. 2. — Carrière des Brulis en 1856.

M. Barrois[1] regarde comme appartenant à l'étage eifélien, c'est-à-dire à la partie inférieure du dévonien moyen, les schistes de Liré, qui se trouvent, ainsi que le calcaire du même nom, en face d'Ancenis, au milieu des alluvions de la Loire. Ces schistes, non seulement sont sous-jacents au calcaire, mais, au contact, ils y sont si intimement liés que des feuillets schisteux semblent se continuer par des feuillets calcaires sans qu'il y ait de trouble dans la stratification. Cela se voit bien dans le chemin qui longe le calcaire au sud. Ces schistes sont gréseux, d'une couleur brune, et fossilifères dans une faible étendue. Les fossiles y étaient nombreux en individus, non en espèces : ce gisement est aujourd'hui recouvert par un chemin empierré. Nous y avons recueilli : *Pleurodyctium problematicum* Goldf., *Receptaculites Neptuni*

[1] Des relations des mers dévoniennes de Bretagne avec celles des Ardennes (*Ann. Soc. Géol. du Nord*, XXVII, 1898. p. 231).

Defr., *Atrypa reticularis* Lin., *Leptæna depressa* Sow., *Phacops latifrons* var. *occitanicus* de Trom. et Lebesc. = *Phacops Potieri* Bayle.

Quant au calcaire, qui surmonte les schistes et leur est intimement lié, il est gris et cristallin. Les fossiles y sont d'une excessive rareté.

Le calcaire des Brulis, situé sur la rive droite de la Loire, au sud du calcaire de l'Écochère (qui est sûrement de l'étage givétien), se trouve dans un petit pli de l'étage gothlandien. L'absence de fossiles ne permet pas d'en fixer l'âge. On peut seulement noter qu'il est entremêlé de schistes assurément dévoniens qui passent au calcaire sans changement dans la stratification.

Étage givétien.   L'étage givétien (partie supérieure du dévonien moyen) est plus développé que l'eifélien, bien que formé de dépôts discontinus. En allant de l'ouest à l'est, nous trouvons dans la Loire-Inférieure, près d'Ancenis, le petit gisement de l'Écochère. Sa physionomie est toute spéciale. Il est formé de bancs, ou plutôt de lentilles calcaires noires ou roses, séparées par des schistes. Souvent ces deux roches se fondent et passent à l'état de calcschiste. C'est dans les bancs noirs que se trouvent les fossiles. Ils n'y sont ni très nombreux, ni très bien conservés. J'y ai trouvé l'*Uncites Galloisi* OEhl., caractéristique de ce niveau.

Mais c'est sur la rive gauche de la Loire que le Givétien prend le plus grand développement. On y rapporte le calcaire de Liré, qui surmonte les schistes eiféliens et que nous avons déjà cité, puis, toujours de l'ouest à l'est, le calcaire de Bouzillé, qui est visible sur une longueur de 1,500 mètres et n'a que 100 mètres de large. Il n'est point dans l'alignement du calcaire de Liré, mais en est séparé par une faille qui le rejette à 1 kilomètre au sud. Il n'est pas gris et cristallin comme le calcaire de Liré, mais noir et compact, comme le sont souvent les calcaires de Montjean et de Chalonnes; enfin, comme eux, il est rempli de polypiers.

Un affleurement a été récemment mis au jour en défonçant une vigne, au voisinage du Pressoir, à l'est du Mesnil, où il se trouve rejeté, par faille, à 1 kilomètre au Sud du prolongement normal du calcaire de Montjean.

Après une interruption commence une longue bande de givétien, schisteuse et calcaire. Elle n'a pas moins de 16 kilomètres de long. A 1 kilomètre au sud de Montjean, où la bande commence tout à coup, le calcaire, divisé en deux bandes par un anticlinal gothlandien, est très épais. Il l'est aussi vers son extrémité S. E., entre Chaudefonds et la Fresnaie. Dans les parties moyennes, il est beaucoup plus mince ou même peut manquer. En effet, le jalonnement des carrières sur une ligne N. O.-S. E. ferait croire à une bande non interrompue de calcaire. M. L. Davy[1], qui a étudié cette région avec un soin extrême, a insisté sur ce fait que la structure du terrain est tout autre.

« Le calcaire », dit-il, dans son mémoire le plus récent, « se présente sous « la forme de lentilles plus ou moins volumineuses, disposées en chapelet au « milieu de roches schisteuses qui les enveloppent de toutes parts. Les schistes « s'étendent d'une extrémité à l'autre du terrain, le calcaire est discontinu « autant en direction qu'en profondeur. »

Ceci est parfaitement exact. La roche essentielle paraît être le schiste, et le calcaire, malgré son importance, se présente comme une roche subordonnée, pouvant manquer dans certains points. Le mélange des deux roches se voit très bien aussi dans la carrière de l'Ecochère, et, dans la carrière des Brulis, où l'on voit de grandes lentilles calcaires s'intercaler dans les schistes. Il y a même là un phénomène général pour la région : les grès qui se sont développés dans les schistes gothlandiens n'en sont pas la roche essentielle : ils jouent le rôle des calcaires dans les schistes givétiens.

Je reviens à l'important travail de M. Davy, qui, le premier, a précisé la position des calcaires, les mouvements du sol qui les ont affectés et les lacunes qui séparent les lentilles.

« Un premier îlot, sans importance et tout à fait isolé », dit cet habile observateur, « se voit à 1 kilomètre à l'est de la grande lentille de Châteaupanne, « entre le Montillais et la Courpandière, sur la limite des communes de Mont- « jean et de Chalonnes. »

Il affleure à 200 mètres à l'ouest et à 800 mètres à l'est de la métairie de la Grange, où il a été mis à découvert par des travaux de labour.

« Le gisement des Pierres-Blanches est séparé de celui de Sainte-Anne par « un hiatus certain, et l'on peut même remarquer qu'ils ne sont pas exactement « dans le prolongement l'un de l'autre. »

« Entre la carrière de Sainte-Anne et celle du Grand-Fourneau (1 kilom. 500), « le calcaire n'apparaît qu'en un seul point sans étendue, sur la rive droite du « ruisseau de la Planche d'Armanger. »

---

[1] Contribution à l'étude géologique des environs de Chalonnes-sur-Loire (Maine-et-Loire), terrain silurien supérieur. (*Bull. de la Soc. des sc. naturelles de l'Ouest de la France*, V, 1895, p. 199.) — Ce qu'on croit savoir aujourd'hui sur la constitution géologique des environs de Chalonnes-sur-Loire. (Extrait du *Bull. de la Soc. d'études scient. d'Angers*, XXXVᵉ année, 1905. Session extraord. à Chalonnes, 13 et 14 juin 1906, p. 13.)

Puis le calcaire, après avoir de nouveau disparu, se montre en bancs puissants dans les carrières du Petit et du Grand-Fourneau qui n'en font qu'une aujourd'hui et dans celles du Fourneau-Noble et de Roc-en-Paille.

« L'accident ou faille de la Dauphineté semble s'être continué au sud, suivant « le cours de la rivière du Jeu; il sépare les calcaires précités de ceux de Saint- « Charles et de Tarare et rejette très sensiblement les affleurements de ceux-ci « vers le sud. »

« On voit encore un îlot de peu d'importance à Crépichon, et on arrive au « banc le plus long, qui semble se continuer sans interruption notable depuis « Chaudefonds jusqu'à la Fresnaie (4 kilom.), où il disparaît brusquement, et « le calcaire ne reparaît plus au delà. »

Le Givétien s'arrête donc environ 4 kilomètres avant les schistes gothlandiens, dont il est parfois séparé au sud, mais plus souvent au nord, par les schistes dévoniens à *Psilophyton*.

Le calcaire est d'un gris bleu, en masse compacte. Sur d'autres points, il est noir, intercalé avec des schistes, et la stratification est visible. L'érosion de sa surface par les eaux a mis en saillie une multitude de polypiers, qu'on revoit aussi sur des cassures bien pratiquées. On dirait que la roche a été bâtie par des coraux, comme celles qu'on voit se former autour des îles de l'océan Pacifique. Ailleurs ce sont des brachiopodes, parfois de très grandes dimensions, qui se montrent en relief à la surface corrodée de la roche.

Dans certaines carrières, une partie du calcaire est changée en dolomie. M. Davy pense que la transformation du carbonate de chaux en carbonate de magnésie a dû se faire postérieurement à la consolidation des dépôts, sous l'influence d'eaux magnésiennes. Ce calcaire, devenu magnésien, est impropre à la fabrication de la chaux. Toutes traces organiques y ont disparu. Mais, même dans les parties non modifiées du calcaire, les fossiles sont difficiles à voir et encore plus difficiles à extraire.

On ne trouve rien dans les schistes. Ils se confondent parfois tellement, au sud, avec les schistes gothlandiens qu'on ne peut reconnaître aucune ligne de démarcation.

Les brachiopodes givétiens de Montjean et Chalonnes ont été étudiés par M. OEhlert [1]. Il y a reconnu trois espèces : *Uncites Galloisi* OEhl., *Pentamerus Davyi* OEhl. et *Amphigenia? Bureaui* OEhl.. Toutes sont nou-

_____

[1] Note sur le calcaire de Montjean et Chalonnes (*Annales des sc. géol.*, XI, 12 p., 2 pl.).

velles; mais le genre *Uncites* n'a été signalé jusqu'ici que dans le Dévonien moyen.

M. Nicholson[1] a fait une étude spéciale des polypiers et cite entre autres : *Favosites? inosculans* Nichols. sp. n., *Pachypora cervicornis* (*Alveolites* de Blainv.), *Heliolithes porosa* (*Astrea* Goldf.), *Endophyllum Œhlerti* Nichols. sp. n..

M. Barrois[2] a fait aussi, à cette faune, des additions nouvelles.

La longue bande de calcaire dévonien qui, commençant sur la rive droite de la Loire, à l'ouest d'Ancenis, se prolonge sur la rive gauche jusqu'à la Fresnaie, commune de Chaudefonds, est bordée au sud, et surtout au nord, par des dépôts dont l'âge, vu la pénurie de fossiles, n'avait pas été fixé jusqu'ici. Ce sont des schistes tantôt lisses et à cassure conchoïdale, tantôt gréseux. C'est sous cette dernière forme qu'à l'Écochère, près Ancenis, les schistes qui limitent au sud le calcaire contiennent : *Spirifer Verneuili, Productus subaculcatus, Pentamerus brevirostris,* des Encrines et des débris de végétaux; mais ce dépôt marin ne se continue pas, et c'est dans le prolongement des schistes qui lui font suite au nord, et qui se sont vraisemblablement déposés dans des eaux saumâtres ou douces, qu'on a trouvé les végétaux fossiles les plus importants. M. G. Ferronnière y a recueilli une inflorescence et des portions d'axes de *Cephalotheca mirabilis* Nath., fougère du dévonien supérieur de l'île des Ours, et une tige avec bases de feuilles du *Barrandeina Dusliana* Stur, gingkoacée connue dans l'étage H de Bohême. Des fragments rapportables à des *Psilophyton* n'y sont pas rares. J'y avais trouvé précédemment un *Sphenophyllum* nouveau (*Sphenophyllum involutum*), une tige de *Bornia* et des empreintes de Pélécypodes, qui, autrefois, avaient fait donner à ces schistes le nom de schistes à Lamellibranches. Leur plus grande puissance est aux environs d'Ancenis, où ils ont au moins 2 kilomètres d'épaisseur et sont le plus fossilifères. Mais, dans toute leur longueur, on trouve des débris de plantes fossiles, et surtout des fragments qu'on ne peut guère attribuer qu'au *Psilophyton princeps* Dawson.

Les schistes et grès qui bordent le calcaire givétien au sud ont une flore en partie semblable et du même âge. On y trouve, dans toute la longueur, les mêmes débris de *Psilophyton princeps*. Dans une petite carrière au S. O du

Étages frasnien et famennien.

[1] On some or imperfectly known species of Corals from the devonian rocks of France. (*Ann. and Mag. of Nat. Hist.*, 1881, p. 13-24, pl. I.)

[2] Mém. sur le calc. dévon. de Chaudefonds (Maine-et-Loire). Lille, *Ann. Soc. géol. du Nord*, 1889, XIII, p. 170-205, pl. IV et V.

Fourneau-Neuf (Chaudefonds), sur le même échantillon étaient plusieurs empreintes de *Strophodonta comitans*, espèce des schistes de Porsguen. Un autre bel affleurement de ces schistes se trouve près de l'Écochère, sur le chemin de Saint-Géréon, près du passage à niveau n° 285. Là, parmi les débris végétaux, il y en a qui ressemblent complètement au *Psilophyton glabrum* Dawson.

En résumé, la flore et la faune des dépôts dont nous venons de parler doivent les faire ranger dans le dévonien supérieur. Les schistes et grès qui contiennent ces fossiles se sont étendus sur les deux faces de la bande calcaire, qu'ils contournent complètement.

Dans ces conditions, la bande de calcaire givétien se présente avec les caractères d'un récif côtier ou frangeant, envahi à l'époque du dévonien supérieur par des sédiments, tantôt vaseux, tantôt grossiers, avec fossiles marins associés à des végétaux.

Les schistes à *Spirifer Verneuili* et *Psilophyton glabrum* de l'Écochère passent graduellement aux schistes à Pélécypodes et *Cephalotheca mirabilis* de Saint-Géréon. Les premiers semblent représenter le frasnien, tandis que les seconds, passant insensiblement au culm inférieur, appartiennent évidemment aux couches les plus élevées du dévonien supérieur, c'est-à-dire au famennien.

Bord nord du synclinal d'Ancenis.

A l'ouest de Nort (Loire-Inférieure), près des mines de Languin, les schistes séricitiques (schistes de Saint-Lô granulitisés) sont venus au jour; mais leur position est toute particulière : ils longent au sud le sous-étage de la grauwacke supérieure, et ils vont bientôt séparer deux synclinaux parallèles, dirigés du N. O. au S. E. Ce petit anticlinal précambrien, dans sa partie occidentale, est la première trace de la grande faille que nous allons voir se produire à l'est de l'Erdre et traverser, presque jusqu'à la Loire, le département de la Loire-Inférieure.

En effet, après avoir franchi les alluvions de l'Erdre et le petit ruisseau de Montagné, d'où partent précisément les schistes séricitiques qui constituent en partie l'anticlinal au sud du synclinal d'Ancenis, si nous nous avançons à 300 mètres au nord, nous revoyons ces mêmes schistes ondulés, et à 2,200 mètres à l'est de cet affleurement, nous retrouvons aussi les schistes bruns, friables, çà et là gréseux, qui appartiennent au gothlandien, et qui longeaient au nord le précambrien du bord sud. Mais ici la position est inverse : la bande séricitique est au nord, et la bande gothlandienne, qui la longe, est au sud. Il est donc évident que ces deux terrains constituants de l'anticlinal méridional, après avoir passé sous le synclinal d'Ancenis, se sont relevés et forment maintenant sa limite septentrionale.

La direction de la bande précambrienne du nord, est de l'ouest à l'est; d'où il s'ensuit qu'elle s'écarte de celle du sud, et que la largeur du bassin augmente beaucoup en allant vers l'est.

Bien moins régulière que celle du sud, elle présente des renflements et des rétrécissements. A son origine, elle a à peine 200 mètres de large; elle a 1,700 mètres au S. E. de Mouzeil et, tout près de là, au point où elle traverse le ruisseau nommé le Donneau[1], elle se rétrécit de nouveau jusqu'à 200 mètres; après un nouveau renflement de 1,300 mètres, elle passe, avec une largeur de 800 mètres, au bourg de Pouillé, au delà duquel elle s'élargit encore, atteignant 1,400 mètres, puis se réduit à 300 mètres et disparaît brusquement, coupée par une faille transversale.

Cette bande est, en effet, traversée par des failles qui, comme par échelons, la rejettent au sud. A la dernière, elle disparaît même pendant 1,500 mètres. Au S. E. de la Rouxière, on la revoit formant une amande isolée de 4 kilomètres de long, qui se termine près de la Raingeardière, commune de Varades. Au delà, il n'y a plus de limite entre le synclinal d'Ancenis et celui de Teillé, qui se succèdent régulièrement, les roches carbonifères du second se superposant sans lacunes à celles du premier.

La bande des schistes séricitiques que nous venons de parcourir n'existe donc pas à Ingrandes, elle n'existe pas non plus sous les alluvions de la Loire. Elle reparaît en Anjou, au lieu dit les Rochettes, entre Chalonnes et Chaudefonds, suit, en le remontant, le cours du Layon, prend une largeur qui va jusqu'à 2 kilomètres, et finit enfin par rejoindre les schistes semblables qui bordent au sud le bassin, et qui s'étendent au loin en Vendée. Ils entourent ainsi, dans un périsynclinal, l'extrémité S. E. des schistes gréseux gothlandiens.

Les schistes à séricite, dans ce trajet en Maine-et-Loire, ont repris la place qu'ils avaient dans la Loire-Inférieure et les deux synclinaux d'Ancenis et de Teillé se trouvent reconstitués.

---

[1] Au sud de Couffé, où il devient navigable jusqu'à la Loire, il change de nom et s'appelle le Hâvre.

La bande de schistes et grès gothlandiens de l'anticlinal septentrional encaissant le synclinal d'Ancenis se montre, comme celle de l'anticlinal méridional, immédiatement appliquée sur la bande des schistes à séricite, avec cette seule différence qu'elle la longe au sud au lieu de la longer au nord.

Elle commence à se montrer seulement à 2,200 mètres plus à l'est que la bande des schistes à séricite, et elle la suit dans toute sa longueur. Elle dépasse même la petite amande de précambrien que nous avons indiquée au S. E. de la Rouxière (Loire-Inférieure) de 1,500 mètres à l'ouest, où elle est coupée par une faille, et de 3 kilomètres à l'est, où elle s'arrête, dans la direction d'Ingrandes, à 4 kilomètres de la Loire.

Les failles font subir aux schistes gothlandiens les mêmes rejets en échelons qu'aux schistes précambriens.

Tandis que, sur le bord sud, c'était la bande de schistes gothlandiens argilo-gréseux qui était la plus large et la plus inégale, sur le bord nord c'est elle qui est la plus étroite et la plus régulière. Sa largeur est presque uniformément de 300 à 400 mètres.

Les roches : schistes et grès, sont identiques à celles du sud. Les grès forment des amas très importants dans la partie centrale de la bande et constituent les points culminants du pays, entre autres la butte de l'Angellerie, commune de Mésanger (Loire-Inférieure), qui n'a cependant que 54 mètres au-dessus du niveau de la mer. Le ruisseau nommé le Donneau, barré par cette chaîne de rochers, l'a rompue à l'époque quaternaire et a creusé une vallée très pittoresque. Ces grès, d'une excessive dureté, sont très recherchés pour les routes. On les exploite sur plusieurs points, entre autres à Bélan, dans la commune de Mouzeil.

Les grès de cette bande n'ont fourni aucun fossile. Mais, dans les schistes, nous avons trouvé, sur le bord d'un chemin à l'est de la butte de l'Angellerie, et aussi dans les déblais de la carrière Mercier, commune de Mouzeil, des corps cylindriques couchés sur la surface des feuillets et assurément les mêmes qui se trouvent en maint endroit de la bande sud.

La mer, qui, pendant les périodes moyenne et supérieure de l'époque dévonienne, avait baigné constamment la partie sud du bassin d'Ancenis, vint baigner la partie nord. Nous avons même la certitude que, là où est maintenant Cop-choux (commune de Mouzeil), ce bord septentrional lui servit de rivage. Il est formé, comme nous le savons, d'une bande de schistes métamorphiques, doublée sur sa face sud d'une bande de schistes et grès gothlandiens. Les schistes, très friables, furent d'abord délités et entraînés, du moins en partie, et la mer frasnienne atteignit les grès, elle les brisa, puis les arrondit et en fit des galets de toutes les tailles, depuis la grosseur d'une noix jusqu'à celle de la tête. En même temps qu'elle attaquait la côte, la mer déposait un calcaire qui empâtait les galets de grès. Quelquefois, c'est un galet isolé qu'on trouve dans la gangue calcaire, d'autres fois les galets empâtés se touchent, transformant la roche en un poudingue à noyaux de quartz et à pâte calcaire. Ces galets ne se trouvent que dans la partie inférieure du dépôt marin; mais le mouvement de plissement, qui a été assez fort pour amener au jour les schistes précambriens, ayant produit un renversement des couches, on voit aujourd'hui le grès recouvrir le calcaire, bien qu'il soit de beaucoup antérieur, et les galets empâtés se trouver au nord, c'est-à-dire à la base de cette dernière roche. Après l'émersion du dépôt marin, les eaux de pluie ou les eaux courantes ont dissous le calcaire, la plupart des galets sont devenus libres et sont maintenant plongés dans un amas de sable argileux jaunâtre ou rougeâtre, qui est vraisemblablement quaternaire; car on trouve, dans ses parties superficielles, des fragments de silex taillés de main d'homme. Or Cop-choux se trouve à environ 75 kilomètres des dépôts crétacés ayant pu fournir des silex. Les matériaux qui servaient à faire les haches, couteaux, etc., étaient donc transportés très loin.

Le calcaire forme une masse compacte. On peut cependant, par endroits, distinguer les strates, qui sont renversées. On voit en outre l'ensemble du calcaire plonger au Nord sous les grès gothlandiens, qui le surplombent. La roche est en général d'une teinte bleuâtre et parcourue par des veines blanches cristallines. Des sortes de géodes ont même fourni d'énormes cristaux de calcaire spathique. Par endroit le calcaire est rose. Il se termine, à sa partie supérieure, en un marbre brèche, à pâte bleuâtre ou rosée contenant des noyaux anguleux, noirâtres. Le marbre de Cop-choux, poli, est fort beau; mais les difficultés d'extraction n'ont pas permis jusqu'ici de l'exploiter pour la marbrerie. Il est employé pour la fabrication de la chaux.

Les fossiles sont très inégalement répartis. Tantôt ils se touchent; d'autres fois ils sont isolés et la roche en est presque dépourvue. Les bancs sont peu distincts; cependant j'ai pu reconnaître que certaines espèces se trouvent à des niveaux différents.

Les voici de bas en haut :

Dans une première zone, formée d'un marbre d'une extrême dureté, souvent rosé, on voit une espèce voisine de *Retzia ferita* V. Buch et de *R. subferita* de Vern.

La seconde zone est une bande assez étroite dont le marbre est d'un bleu noirâtre. Les fossiles y sont abondants : *Rhynchonella pugnus* Mart. sp., *R. cuboides* Sow. sp., *Spirifer glaber* Mart. sp.

La troisième zone est au contraire très puissante et comprend la plus grande partie de la masse du calcaire. Il y est d'une teinte bleuâtre clair et peu veiné. Les fossiles y sont rares. On y trouve spécialement *Pentamerus globus* Bronn.

Enfin la quatrième zone présente les mêmes fossiles que la seconde; mais la roche y a une dureté plus grande et une couleur moins bleuâtre. J'y ai trouvé le *Productus subaculeatus* Murchison.

On peut recueillir encore à Cop-choux : *Rhynchonella rhomboidea* Phillips sp., *Camarophoria seminula* Phill. sp., *Atrypa reticularis* Lin. sp., *A. aspera* Schloth. sp., *Spirifer conoideus* F.-A. Rœmer, *S. striatosulcatus* F.-A. Rœm.

C'est essentiellement une faune de brachiopodes.

Un petit lambeau calcaire ressemblant complètement à celui de Cop-choux, placé de même au contact des schistes et grès gothlandiens, se trouve à 3 kilomètres à l'ouest de la Rouxière.

TERRAIN ENCAISSÉ DANS LE SYNCLINAL D'ANCENIS.

Culm inférieur.

Système carbonifère.

Étage inférieur ou culm.

Tous les étages du terrain carbonifère paraissent représentés dans le bassin de la basse Loire; mais l'inférieur y prend un développement infiniment plus considérable que les autres. Non seulement il couvre un espace très vaste, mais il s'y présente plus complet peut-être que nulle part ailleurs. Ni les roches, ni les fossiles ne sont identiques de la base au sommet de ce puissant dépôt, et on y reconnaît très facilement deux sous-étages, que nous décrirons sous les noms de culm inférieur ou *grauwacke inférieure* et culm supérieur ou *grauwacke supérieure*. Le premier seulement occupe le synclinal d'Ancenis; le plus élevé, le culm supérieur, se trouve dans le synclinal de Teillé. C'est seulement dans ce dernier synclinal qu'on rencontre du combustible; le synclinal d'Ancenis n'en renferme pas.

Le nom de grauwacke, qu'on a souvent employé pour le culm inférieur, n'a plus de signification précise. La véritable grauwacke est un schiste calca-rifère décalcifié; mais on a appliqué ce terme à des roches variées : à des schistes siliceux, dans le Harz; à des phyllades, dans la Thuringe orientale; à des grès, conglomérats et calcaires, dans les Alpes du nord; à un tuf de porphyrite dans les Vosges. Ici même, dans son important travail sur le terrain à combustible de Mouzeil et de Montrelais, Viquesnel [1] a appelé Grauwacke le grès argileux formant la roche fondamentale du sous-étage que nous étudions maintenant, et les géologues qui ont observé après lui le bassin de la basse Loire, pour être plus sûrement compris, ont conservé ce nom avec sa signification locale; mais comme, dans ce bassin, le culm a des couches plus élevées, qu'on appelle en Allemagne *Jüngste Grauwacke,* grauwacke supé-rieure, il y a lieu d'en distinguer le niveau où nous sommes, par une épi-thète indiquant sa situation relative, et de l'appeler grauwacke inférieure, si l'on conserve le terme de grauwacke. Je suis donc disposé à ne pas maintenir la dénomination de grauwacke à plantes, qui rappelait à la fois le nom donné à la roche par Viquesnel et la présence de végétaux fossiles qu'il y avait signalés, puisque ce nom n'indique aucune différence avec les couches plus élevées, qui contiennent des plantes aussi elles, et en bien plus grand nombre, et j'adopterai volontiers le nom de *grauwacke inférieure,* qui exprime sa situation par rapport à la *grauwacke supérieure.*

Le culm inférieur ou grauwacke inférieure occupe une bien plus grande surface que les schistes du dévonien supérieur. Il s'étend sur la rive droite de la Loire, depuis les environs de Nort jusqu'à Ingrandes. Il n'a, à son extré-mité occidentale, que 1 kilomètre de large, et, 9 kilomètres plus loin, que 1 kilom. 500; puis il s'élargit rapidement et, au nord d'Ancenis, il atteint une épaisseur de 6 kilomètres. C'est à lui qu'est due l'étendue du système carbo-nifère dans cette région, où il est à son maximum. Il se rétrécit en approchant d'Ingrandes. Après avoir passé sous la Loire, il reparaît sur la rive gauche entre Saint-Florent-le-Vieil et Montjean (Maine-et-Loire) et, sur une longueur de 7 kilomètres, il constitue, en partie, les coteaux qui bornent le fleuve. Il forme la plaine entre la montagne de Montjean et les coteaux de la Pomme-raye, puis il se réduit à une bande de 500 mètres de large, qui, avec des interruptions dues aux alluvions qui la coupent, ou plutôt la recouvrent en

[1] Note sur le terrain à combustible exploité à Mouzeil et à Montrelais (Loire-Inférieure). [*Bull. Soc. Géol. de Fr.,* 2ᵉ sér., 1, 1843, p. 70-103, pl. I.]

plusieurs endroits, s'étend sur les bords de la Loire et ceux du Layon, jusqu'auprès de Chaudefonds.

Les premiers bancs du grès argileux constituant le culm inférieur sont en stratification concordante avec les schistes du dévonien supérieur. Ces premiers bancs, qui sont au sud, sont souvent rougeâtres. Plus haut, c'est-à-dire plus au nord, la roche prend une couleur vert olive. Le grain en est généralement assez gros et peu favorable à la bonne conservation des empreintes. Vers le sommet, c'est-à-dire au centre du synclinal, et à sa base, sur la rive nord, s'intercalent des bancs de poudingues, qui, près d'Ingrandes, prennent un énorme développement. Ils sont fort longs, car ceux du centre traversent la route d'Ancenis à Nort au Pont-Esnault, et ceux du nord reposent en discordance sur le calcaire de Cop-choux. La pâte de ces poudingues est de grauwacke (grès argileux), et la plupart des noyaux sont aussi de grauwacke; mais on trouve, en outre, des galets de micaschiste, de gneiss, de précambrien, de grès gothlandien, de calcaire marbre et de microgranulites. Quelques-uns de ces galets sont énormes. Le poudingue d'Ingrandes n'est pas dépourvu de fossiles. On y trouve des troncs d'arbres. Entre les bancs de poudingue sont des bancs de grès fin contenant, quoique rarement, des débris de végétaux plus délicats. Les poudingues témoignent d'une action mécanique des eaux assez violente et les lits de schistes ou grès fins intercalés indiquent un calme relatif; bien que les continents fussent peu étendus à cette époque, on ne peut se dissimuler qu'on a sous les yeux le travail d'un cours d'eau torrentiel pendant une partie de l'année, calme à d'autres saisons, lorsque les précipitations aqueuses étaient diminuées ou n'avaient pas lieu.

La flore de la grauwacke inférieure de la basse Loire est pauvre, comme celle de la grauwacke des Vosges, à laquelle elle correspond, malgré la différence des roches. Celle des Vosges est un tuf qui semble formé par des porphyrites; la grauwacke du bassin d'Ancenis est un grès, et les empreintes, en raison du grain grossier de la roche, y laissent beaucoup à désirer. On y reconnaît cependant : *Archæopteris pachyrrhachis* Stur, *Rhodea Hochstetteri* Stur, *Lepidodendron Veltheimianum* Sternb., *L. rimosum* Sternb., *L. acuminatum* Vaffier, *L. obovatum* Sternb., *Stigmaria ficoides* Ad. Brongn. et var. ζ *inæqualis* Göpp., *Bornia transitionis* F. A. Rœm.

Le carbonifère inférieur du Mâconnais, étudié par M. Vaffier[1], et les

_____

[1] *Étude géologique et paléontologique du carbonifère inférieur du Mâconnais*, thèse présentée à la Faculté des sciences de l'Université de Lyon, 166 p., 12 pl. In-8°. Lyon, 1901.

schistes tégulaires de Moravie et de Silésie, objets d'importantes publications du baron Constantin v. Ettingshausen [1] et de Stur [2], bien que plus riches en espèces, me paraissent tout à fait du même niveau que le culm inférieur du bassin d'Ancenis.

Anticlinal divisant le synclinal d'Ancenis.

Outre les anticlinaux importants qui limitent les deux synclinaux d'Ancenis et de Teillé, il s'est produit, par plis ou par failles, des rides saillantes, beaucoup moins étendues, dans l'intérieur même de ces synclinaux, soit près de l'un des bords, soit au milieu même des terrains qui en recouvrent le fond. On voit un de ces accidents dans le synclinal d'Ancenis et un dans celui de Teillé. Nous avons à examiner ici le premier. Ce petit anticlinal intérieur est formé par deux étages : le gothlandien, du système silurien, et l'eifelien, du système dévonien.

Système silurien.

Étage
gothlandien.

La présence du silurien supérieur dans une position anormale, entre le calcaire dévonien moyen de Chalonnes et le culm inférieur, a été signalée par M. L. Bureau [3], en 1889, et depuis, cet anticlinal a été étudié par M. Davy [4], qui l'a suivi dans toute sa longueur. D'après les renseignements que nous possédons, cette bande de schistes gothlandiens est presque partout très étroite : il est rare que sa largeur atteigne 200 mètres. Elle commence à la ferme de Montillais, située sur un îlot de ce terrain, au milieu des alluvions qui se trouvent entre Châteaupanne (Maine-et-Loire) et le tombeau de Leclerc. Ce monument est lui-même sur les schistes à phthanites que l'on peut suivre, sur le sommet du coteau, jusqu'au signal pour les crues de la Loire, près La Motte. On retrouve ces schistes dans le chemin dit de la

---

[1] *Die fossile Flora des mährisch-schlesischen Dachschiefers*, in-4°, 4o p., 15 figures dans le texte, 7 pl. Vienne, 1865.

[2] *Die Culm-Flora des mährisch-schlesischen Dachschiefers*, in-4°, 106 p., 4 fig. dans le texte, 17 pl. Vienne, 1875.

[3] L. Bureau, Excursion géologique de Chalonnes à Montjean (Maine-et-Loire). [Extr. du *Bull. de la Société d'études scientifiques d'Angers*, t. XIX, p. 214-224, 1 pl. Angers, 1889.]

[4] Contribution à l'étude géologique des environs de Chalonnes-sur-Loire (Maine-et-Loire), terrain silurien supérieur (*Bull. de la Soc. des sciences nat. de l'ouest de la France*, V, 1895, p. 199). — Ce que l'on croit savoir aujourd'hui sur la constitution géologique des environs de Chalonnes-sur-Loire. Session extraordinaire de la Société d'études scientifiques d'Angers, du 13 au 14 juin 1906. (Extr. du *Bull. de la Soc. d'études scient. d'Angers*, XXXV, 1905, p. 13.)

Planche d'Armanger, qui passe à l'ouest du cimetière de Chalonnes. Dans un talus, à quelques pas au nord de la route de Chalonnes à Chemillé, on voit un banc de phthanite très fossilifère. Sous le chalet de M. Leclerc, les phthanites sont remplacés par des schistes très ampéliteux. « Cette roche noire », dit M. Davy, « se suit sans interruption, pétrie de graptolithes, de part et « d'autre du chemin qui mène à la ferme de Moulierne. Avant d'y atteindre, « une masse de Lydienne en magnifique affleurement se fait voir sous le « sol du sentier qui aboutit au Grand-Fourneau ».

Dans la presqu'île de Crépichon, immédiatement avant Chaudefonds, les schistes et grès gothlandiens, qui ont là un peu plus de 100 mètres de largeur, sont placés entre la grande bande de schistes et calcaires dévoniens de Montjean-Chalonnes et la grauwacke inférieure du carbonifère; puis tout à coup, au nord de Chaudefonds, avant de disparaître, ils prennent une largeur d'environ 800 mètres, conservant toujours des bancs de phthanite et bordant encore au Nord la grande bande calcaire dévonienne; mais ils ne touchent plus, par leur bord nord, la grauwacke inférieure. Celle-ci n'a pas continué, et ce sont les schistes précambriens à séricite qui sont en contact avec le bord septentrional de cette bande gothlandienne. Dans la partie où il est si remarquablement dilaté, et probablement en rapport avec cette dilatation, l'anticlinal gothlandien contient, dans un pli synclinal, un calcaire dévonien fort différent de celui que nous venons de rappeler : le calcaire de Vallet.

Les fossiles, qui sont tous des Graptolithes, se trouvent soit sur les phthanithes, soit sur les ampélites. Ils sont abondants et les localités sont multiples; mais M. Davy recommande particulièrement aux paléontologistes le coteau situé sur la rive droite du ruisseau de Saint-Laurent (planche d'Armanger), entre ce point et la Fresnaie. Il cite de cette localité : *Cephalograptus folium* His., *Climatograptus scalaris* var. *normalis* Lapw. *Monograptus lobiferus* Mac Coy, *M. cyphus* Lapw., *M. convolutus* His. var. *spiralis* Geinitz, *M. tenuis* Portlock, etc.

Système dévonien.
Étage eifelien. Le calcaire de Vallet, qui fait partie intégrante du petit synclinal que nous étudions maintenant, en forme assurément la partie supérieure. Il n'est pas simplement superposé aux couches sous-jacentes; il paraît pincé dans un pli de l'anticlinal. L'ellipse que décrit son affleurement est dirigée N. O.-S. E., absolument comme les feuillets schisteux et les amandes de phthanite du même anticlinal. Tout indique qu'il a subi les mêmes bouleversements.

On en doit la connaissance à M. Davy[1], qui le regarda comme appartenant au dévonien supérieur. M. Charles Barrois[2], qui a fait une étude spéciale de la faune, assimile ce dépôt aux couches à crinoïdes de l'Eifel, couches d'un âge un peu plus ancien que celui des calcaires de Montjean, Chalonnes, etc. Le calcaire de Vallet se placerait donc vers la base de l'étage givétien.

Ce calcaire, gris et cristallin, contient par place de nombreux fossiles. M. Barrois y a reconnu : *Cheirurus gibbus* Beyr., *Acidaspis vesiculosa* (Beyr.), *Harpes macrocephalus* Gold., *Bronteus canaliculatus* Gold., *Acroculia vetusta* Stein., *A. Sileni* OEhlert, *Conocardium aliforme* Sow., *Waldheimia Whidborneï* Davids., *Spirifer macrorhynchus* Schnur, *S. Rollandi* Barrois, *S. productoides?* F.-A. Rœmer, *Retzia ferita* (v. Buch.), *Atrypa reticularis* (Linn.), *A. aspera* (Schlt.), *A. granulifera* Barrande, *Rhynchonella (Wilsonia) parallelipipeda* Broun, *R. (Wilsonia) procuboides* Kayser, *Pentamerus Davyi* OEhlert, *P. galeatus* var. *multiplicata* F. Rœmer, *P. globus* Broun, *Orthis striatula* Schlt., *Strophomena interstrialis* (Phill.), *Orthisina Davyi* Barrois, *Melocrinus verrucosus* Gold., *Cyathophyllum cæspitosum* Gold., *C. Decheni* M. Edw. et Haime, *Zaphrentis* cf. *incurva* Schlüt., *Aulacophyllum* cf. *Loghiense?* Schlüter.

75 p. 100 des espèces sont communes avec celles des couches à crinoïdes d'Allemagne.

Roches éruptives du synclinal d'Ancenis.

Toutes les roches éruptives du bassin d'Ancenis se trouvent au milieu de la grauwacke inférieure, sauf une seule éruption, qui s'est faite dans les schistes dévoniens de Saint-Géréon.

Le granite est postérieur au terrain carbonifère. Un affleurement de cette roche forme, à l'est de Mésanger (Loire-Inférieure), une butte de 1,500 mètres environ de diamètre. Ce granite à mica noir, compact, à gros éléments, contient : I apatite, mica noir, oligoclase, orthose; II orthose, quartz. Il est traversé par des filons de microgranulite.

Granite.

La granulite, ou granite à deux micas, est, comme les roches suivantes, postérieure au dépôt de la grauwacke inférieure. Dans le synclinal d'Ancenis

Granulite.

[1] A propos d'un nouveau gisement du terrain dévonien supérieur à Chaudefonds (Maine-et-Loire) [*Bull. Soc. Géol. Fr.*, série 3, XIII, 1884, p. 2].

[2] Mémoire sur le calcaire dévonien de Chaudefonds (Maine-et-Loire) [*Ann. Soc. géol. du Nord*, XIII, 1886, p. 170-205, pl. IV-V].

elle ne s'est manifestée que dans un seul endroit : à Saint-Herblon (Loire-Inférieure); encore n'apparaît-elle que par quatre ou cinq petits pointements; mais elle a fortement métamorphisé les roches de la région. Elle y est chargée de tourmaline, et les strates de la grauwacke y sont tellement tourmalinisées que leur coloration noire les fait ressembler à l'œil nu aux phthanites du silurien supérieur

Microgranulite.   Les microgranulites se voient dans un grand nombre de localités, de la grauwacke inférieure, au milieu de laquelle elles se sont tracé une voie. Tantôt elles apparaissent en amas arrondis ou elliptiques; tantôt elles ont profité d'une faille, ou l'ont occasionnée, comme au château de Vair, commune de Saint-Herblon, où elles forment une longue traînée du sud au nord; tantôt elles paraissent s'être infiltrées entre les couches, dont elles prennent la direction, comme cela se voit à 1 kilomètre à l'ouest du gisement précédent, ou mieux à 1,500 mètres au nord d'Ancenis, sur une traînée porphyrique de 2 kilomètres de long qui coupe de l'est à l'ouest le ruisseau des marais de Grée. Ces microgranulites sont rougeâtres ou jaunâtres, à grands cristaux de première consolidation : I mica noir, orthose, oligoclase, quartz bipyramidé; II magma microgranulitique de quartz et d'orthose; III produits d'altérations : talc, chlorite, hématite (la Roche, 5 kilomètres nord d'Ancenis). Le plus important gisement est celui qui est au sud du granite de Mésanger, auquel il passe graduellement.

On voit encore cette roche au Bois-Rution, aux Montis, à l'Aufraine, à la Sinandière, à Bidault, à Deffay, localités groupées au nord d'Ancenis. Toutes sont exploitées, ou l'ont été, pour l'empierrement des routes. Les échantillons de ces différentes carrières se distinguent aisément les uns des autres, chaque gisement ayant une roche d'un aspect particulier.

Porphyre à quartz globulaire.   Le porphyre à quartz globulaire est plus rare. Un beau type se voit à la carrière de la Saucerie, qui se trouve à 300 mètres N.O. du moulin du Château-Rouge, environ à 4 kilomètres au sud de Mésanger. C'est une roche d'un rose grisâtre, empâtant de grands cristaux de feldspath jaunâtre ou d'un vert clair et des cristaux de quartz. On y voit au microscope : I mica noir chloritisé, quartz, feldspath altéré; II quartz, orthose en beaux microlithes, nombreux sphérolithes de quartz globulaire; III chlorite formant souvent de beaux microlithes à croix noire.

Un autre beau porphyre à quartz globulaire se trouve à Tacon, sur la route de Mésanger à Couffé (Loire-Inférieure).

C'est à travers les schistes famenniens qu'a percé le porphyre de Saint-Géréon près d'Ancenis. Son aspect est bien différent de ceux dont nous venons de parler. A l'œil nu, il paraît ne consister qu'en une pâte homogène, d'une coloration jaune nankin, sans cristaux; au microscope, il présente des grains de quartz globulaire sphérolitique. On le voit passer graduellement à des tufs porphyriques, avec fragments de roches encaissantes, se prolongeant vers l'ouest dans la direction des couches. Sa dureté l'a fait exploiter activement pour l'entretien des routes. Cette belle exploitation permet de voir

Fig. 3. — Carrière de Saint-Géréon en 1908.

une structure curieuse : cette roche est régulièrement divisée en prismes à 5-6 pans, exactement comme les basaltes. Par suite de cassures, les prismes du milieu de la carrière sont couchés horizontalement, ceux de la partie occidentale plongent à l'ouest, ceux de la partie orientale, à l'est; il semble que ces prismes du pourtour soient placés perpendiculairement aux roches encaissantes, qui, du reste, sont dérangées de leur direction. Les prismes sont assurément, comme ceux des basaltes, perpendiculaires aux surfaces refroidissantes.

2. SYNCLINAL DE TEILLÉ.

Ce synclinal a été désigné tantôt sous le nom de Teillé-Mouzeil, tantôt sous celui de Teillé. Ni le bourg de Teillé, ni celui de Mouzeil ne sont situés sur le terrain carbonifère : ils en sont à peu de distance, sur le gothlandien qui supporte la grauwacke supérieure et la base du westphalien, ou qui les borde au nord. J'emploierai volontiers le nom de synclinal de Teillé, ce bourg étant tout près de l'endroit où le carbonifère contenu dans ce synclinal est le plus complètement représenté.

Nous avons vu qu'à Languin le synclinal de Teillé seul existe, puisque la grauwacke supérieure est au nord et au contact des schistes séricitiques; mais à quelques kilomètres à l'est, les deux synclinaux sortent bien distincts des alluvions du ruisseau de Montagné. Nous avons décrit le synclinal d'Ancenis en examinant les parties qui le bordent, puis le carbonifère qui en couvre le fond, et le plissement que ce fond a subi. Nous allons suivre le même ordre pour le synclinal de Teillé.

TERRAINS ENCAISSANTS.

Bord sud du synclinal de Teillé.

Du bord sud nous avons peu de chose à dire, puisque c'est lui qui constitue l'arête séparant les deux synclinaux l'un de l'autre, et que nous l'avons décrit comme formant le bord nord du synclinal d'Ancenis. Il comprend les schistes précambriens séricitiques, le gothlandien sous la forme de schistes friables et de grès, et le dépôt laissé à Cop-choux par la mer du dévonien supérieur.

On pourrait donc s'attendre à voir ces couches relevées se replier vers le nord et présenter, pour limiter le second synclinal, un nouveau versant avec répétition des mêmes couches en sens inverse. Il n'en est rien. Que le calcaire frasnien n'ait pas passé dans le synclinal de Teillé, cela se comprend, puisque la mer s'arrêtait là; mais le gothlandien à schistes et grès disparaît totalement, et, de suite au nord des schistes séricitiques, on trouve le carbonifère : ce n'est plus le culm inférieur, mais un autre sous-étage que nous n'avons pas encore examiné : le culm supérieur. Non seulement il s'est produit là une longue faille, mais il y a eu un affaissement du terrain immé-diatement au nord de cette cassure.

Nous avons suivi déjà l'anticlinal dans toute son étendue. Nous ferons seu-lement les remarques suivantes :

Au delà de la Transonnière, commune de Mésanger (Loire-Inférieure), il n'y a plus de carbonifère productif dans le synclinal de Teillé et, jusqu'à Pouillé, les deux bords du synclinal se rapprochent. Un peu à l'est de Pouillé le même fait se reproduit.

Au S. E. de la Rouxière, l'anticlinal est fortement rejeté au sud par une faille. Dans cette partie rejetée, nous avons dit que les schistes séricitiques se présentaient comme une amande bordée au sud par les schistes gothlandiens qui la débordent à l'est et à l'ouest. Pendant plusieurs kilomètres le gothlan-dien sépare seul le synclinal d'Ancenis de celui de Teillé. En s'avançant vers l'est les schistes et grès gothlandiens s'atténuent, puis disparaissent, et les deux synclinaux n'en font plus qu'un. Nous avons vu que les schistes pré-cambriens séricitiques reparaissent dans la vallée du Layon, qu'ils y séparent deux synclinaux comme dans la Loire-Inférieure, et qu'ils continuent à limiter au sud la grauwacke supérieure jusqu'à sa disparition sous les terrains plus récents.

Bord nord du synclinal de Teillé.

Il est entièrement constitué par l'étage gothlandien du système silurien. Mais cette partie limitrophe du terrain carbonifère n'est (il est essentiel de le faire remarquer) qu'un pli secondaire. Le synclinal de Teillé s'étend, en réalité, très loin au nord, et, pour retrouver, dans cette direction, l'anticlinal précambrien qui le limite, il faut atteindre une ligne passant par Marsac, le sud du Grand-Auverné, etc. (Loire-Inférieure), le sud de Candé, le nord du Louroux-Béconnais, Saint-Lambert-la-Potherie, etc. (Maine-et-Loire), c'est-à-dire à peu près parallèle au soulèvement précambrien qui limite au sud la grauwacke supérieure, mais à une distance d'au moins 20 kilomètres en ligne droite. Telle est la largeur du synclinal de Teillé. L'anticlinal nord est donc formé par les schistes de Saint-Lô; mais, dans cette région, ils n'ont pas subi de métamorphisme. Le vaste synclinal ainsi formé contient non seu-lement le gothlandien, mais l'ordovicien inférieur, moyen et supérieur.

L'étage gothlandien présente deux niveaux dans le bassin d'Ancenis : à la butte de l'Angellerie, à Pierre-Meulière, ce sont des grès associés à des

Système silurien.

Étage gothlandien.

schistes noirâtres très friables; dans l'anticlinal de Chaudefonds (près de la carrière de Vallet), et au N. E. de Bouzillé, ces grès sont surmontés par des schistes plus clairs, bien moins friables, avec des bancs de phthanite intercalés. C'est ce second niveau qui longe au nord la grauwacke supérieure. Ces schistes sont gris, verts ou rouges. Ils occupent, en s'étendant vers le nord du bassin, une surface considérable, tenant surtout à ce qu'ils sont repliés un grand nombre de fois. Nous n'avons pas à les suivre sur cette étendue; mais nous devons les examiner dans la partie avoisinant le carbonifère. Ils y ont du reste leurs caractères ordinaires, et, de plus, ils y deviennent, par endroits, séricitiques, soyeux, blanchâtres, soit au voisinage de filons-couches de diabase ou de porphyrites, soit à la proximité de microgranulites qui, parfois, ne sont pas venues jusqu'au jour. Cet aspect se voit bien à Mouzeil et au sud de Teillé (Loire-Inférieure). En Maine-et-Loire, les coteaux de Champtocé et de la Possonnière en fournissent un bel exemple.

Les phthanites sont des jaspes généralement noirs et très ampéliteux. Ils sont soit en bancs épais, soit en plaquettes, et c'est surtout dans ce dernier cas qu'ils contiennent des Graptolithes. Cependant, il me semble que, pour y trouver des fossiles, il faut s'éloigner un peu du bord sud de l'anticlinal de Teillé. Bien qu'il y ait des phthanites tout près de ce bord, ils ne m'ont pas paru fossilifères[1]. Cette roche est très recherchée pour l'empierrement des routes.

Roches éruptives dans le gothlandien, au nord du culm supérieur.

Nous avons vu que de nombreuses roches éruptives avaient traversé le Carbonifère du synclinal d'Ancenis. Dans celui de Teillé aucune éruption ne s'est fait jour; mais le terrain silurien qui se trouve au nord a été infiltré de roches plutoniques variées, et cela jusqu'au contact du carbonifère.

Porphyre
à
quartz globulaire.

Le *porphyre à quartz globulaire* que nous avons déjà vu dans le bassin d'Ancenis reparaît ici, dans l'anticlinal silurien, mais avec une teinte verdâtre qui lui donne tout à fait l'aspect des porphyroïdes. On peut citer les filons des Roseaux à 2,500 mètres au sud de Pannecé, et ceux de la Renaudière et de la Ragotière (Loire-Inférieure).

---

[1] On trouvera la liste des Graptolithes de la Loire-Inférieure et de Maine-et-Loire dans : BARROIS, Mémoire sur la distribution des Graptolithes en France (Lille, *Ann. Soc. Géol. du Nord*, 1892); L. BUREAU, *La ville de Nantes et la Loire-Inférieure*, III, 1900. Notice sur la géologie de la Loire-Inférieure, p. 194.

Les *porphyroïdes* ou *microgranulites schisteuses* sont dus à l'infiltration des microgranulites dans les schistes verts et rouges de l'étage des phthanites, auxquels ils passent insensiblement. Ce sont des roches d'un vert clair, abondantes sur tout le plateau gothlandien. On les trouve, dans la Loire-Inférieure, au N. O. de Joué-sur-Erdre; entre Joué-sur-Erdre et Riaillé; entre Saint-Mars-la-Jaille, Maumusson et Pouillé; à la Blanchetière, commune de Belligné; en Maine-et-Loire, entre Saint-Germain-des-Prés et la Possonnière. A Laleu, cette série d'éruptions traverse la Loire, et, à Rochefort-sur-Loire, nous retrouvons quatre ou cinq buttes de porphyroïdes, dont plusieurs sont dans la vallée même du fleuve.

Les porphyroïdes montrent à l'œil nu de nombreux cristaux de quartz et de feldspath. Leur couleur verte est due à de la chlorite. Voici, au microscope, leur composition : I. Grands cristaux de quartz bipyramidé et de feldspath oligoclase brisés. Les débris de ces cristaux sont à côté les uns des autres et recimentés par du quartz récent et de la séricite; II. Pâte siliceuse pénétrée de grains de quartz à contours irréguliers et d'infiltrations sériciteuses, calcédonieuses et calcaires. Parfois la schistosité s'accuse et les porphyroïdes passent à des schistes feldspathisés désignés sous le nom d'amygdaloïdes. En Loire-Inférieure, on en voit de beaux types à la Chauvelière, près Joué-sur-Erdre, et de Pannecé à Maumusson [1].

Les *diabases* sont des roches lourdes d'une couleur verdâtre foncée ou violacée. Elles ont souvent une structure ophitique. Elles forment des bandes dirigées E.–O., surtout vers Ingrandes, Saint-Georges-sur-Loire, La Chapelle-Saint-Sauveur, Belligné, etc. Elles sont formées de labrador, pyroxène, fer titané et oxydulé [2].

D'autres fois, les cristaux de feldspath s'atténuent et s'allongent en microlithes, et on a des *porphyrites andésitiques*. Cette variété paraît remplacer, en grande partie du moins, les diabases typiques, dans les parties centrale et occidentale de la carte géologique d'Ancenis (*Carte géologique détaillée de la France*, n° 105). On peut en voir de beaux gisements à 500 mètres au nord de Teillé, à 3,400 mètres au nord de Pouillé, sur une longue bande entre Maumusson et Saint-Sigismond.

Les porphyrites andésitiques reparaissent de l'autre côté de la Loire et

Porphyroïdes ou microgranulites schisteuses.

Diabases.

Porphyrites andésitiques.

[1] L. BUREAU, *loc. cit.*, p. 302.
[2] *Ibid.*

bordent au nord le terrain anthracifère à Rablay, à Martigné-Briant, à Concourson et à Doué.

Les diabases datent de l'époque gothlandienne. On les trouve en galets dans les poudingues du Carbonifère.

TERRAINS ENCAISSÉS DANS LE SYNCLINAL DE TEILLÉ.

Culm supérieur, Westphalien, Stéphanien.

Système carbonifère.

Étage inférieur.

Sous-étage de la grauwacke supérieure.

Comme dans le synclinal d'Ancenis, c'est le système carbonifère qui s'est déposé en dernier lieu dans le synclinal de Teillé; mais ce ne sont plus les mêmes étages et sous-étages. Dans le synclinal d'Ancenis se trouvait le Carbonifère inférieur représenté par un sous-étage seulement : la grauwacke inférieure ou culm inférieur. Dans le synclinal de Teillé, nous avons la partie la plus élevée de l'étage carbonifère inférieur : le sous-étage qui a reçu le nom de grauwacke supérieure ou culm supérieur et qui vient compléter la série du culm. Il est vrai qu'il est séparé des couches plus profondes par un anticlinal et une faille, dans la plus grande partie de la Loire-Inférieure; mais, près d'Ingrandes, à partir du point où la cassure s'arrête, le culm inférieur et le culm supérieur se font régulièrement suite, sans lacune.

Le culm supérieur a, dans le bassin de la basse Loire, un développement considérable. C'est le niveau le plus important à tous les points de vue, et celui qui fournit le charbon. Cependant les dépôts carbonifères ne se sont pas arrêtés dans le bassin de Teillé à la fin du carbonifère inférieur : sur un point, près de Teillé même, les premières couches de l'étage carbonifère moyen leur ont fait suite et, à Minières, près de Doué (Maine-et-Loire), il y a quelques traces de Carbonifère supérieur; mais c'est la grauwacke supérieure qui doit nous occuper plus particulièrement.

Roches.

Les roches constituantes de ce niveau sont : le psammite, le schiste, le poudingue, la pierre carrée et la houille.

Psammite.

Le *psammite* est un grès micacé, le plus souvent noir, parfois gris. C'est la roche la plus abondante. Elle forme d'ordinaire le mur des couches de houille. Elle peut même former le toit qui, d'autres fois, est schisteux.

Schiste.

Le *schiste* n'est souvent qu'un grès très feuilleté et à grain très fin. Au toit des couches, il contient fréquemment des empreintes. A l'état tout à fait schisteux, il s'intercale parfois dans les couches de houille, qu'il rend impures.

Le *poudingue quartzeux* est formé d'une pâte de psammite agglomérant des galets de quartz blanc.

Le *poudingue de grauwacke*, renfermant des galets de roches diverses, ne se voit guère dans la grauwacke supérieure; mais nous le verrons reparaître à la base de l'étage westphalien.

La *pierre carrée* est un tuf porphyrique qui se brise en parallélipipèdes, d'où vient son nom. Elle se présente sous les aspects de pierre carrée à grain fin, grès de pierre carrée et poudingue de pierre carrée. Elle est d'un gris verdâtre clair ou jaunâtre, et sa ressemblance avec le porphyre et les tufs porphyriques de Saint-Géréon est très grande. Elle contient des fossiles végétaux bien conservés qui présentent une particularité très remarquable : ils ne sont pas aplatis en empreintes; mais ils ont gardé leur position et leur forme. Les feuilles même les plus fines ne sont pas dérangées de la situation qu'elles avaient pendant leur vie. Elles n'en sont pas moins passées à l'état charbonneux. Cela n'a pu se faire que par un dépôt lent, dans une eau très tranquille chargée de matières en suspension. C'est ainsi que, de nos jours, dans certains étangs on voit des plantes aquatiques, *Myriophyllum, Ceratophyllum*, s'envaser debout sous les dépôts d'une eau bourbeuse. Je regarde donc la pierre carrée comme une roche sédimentaire formée avec des éléments éruptifs très fins et lentement apportés. Les fossiles végétaux délicats ne se trouvent du reste que dans la pierre carrée à grain fin. Lorsque le grain est plus gros, c'est-à-dire lorsqu'il y a eu transport de sédiment par un courant plus ou moins rapide, cette fossilisation sur place ne se remarque pas. On rencontre assez souvent dans la pierre carrée des troncs de Lépidodendrées épais et fort longs. Ils m'ont paru couchés dans le sens des strates, ou placés d'une manière oblique.

Le charbon du grand bassin de la basse Loire n'est pas de l'anthracite (c'est-à-dire un charbon sec, à éclat vitreux à demi métallique, avec une proportion de carbone qui dépasse 90 p. 100 [1]); c'est de la houille, mais très variable d'une couche à l'autre et parfois, dit-on, sur le prolongement d'une même couche. Elle passe pour être généralement maigre, et c'est une idée assez répandue dans le pays, qu'elle devient de plus en plus grasse en passant des veines du sud à celles du nord, et en allant de l'est à l'ouest.

J'ai essayé de voir si cette opinion était fondée. J'ai pu me procurer 59 analyses de combustible pris sur toute l'étendue du bassin.

Poudingues.

Pierre carrée.

Houille.

[1] De Lapparent, *Traité de géologie*, 5ᵉ édit., II, 1906, p. 689.

Dans toutes le carbone reste inférieur à 90 p. 100 et les matières volatiles sont plus ou moins abondantes. Tous ces charbons sont de la houille véritable, et les anthracites de la basse Loire, dont on a si souvent parlé, me paraissent devenir légendaires.

Voici ces analyses, classées par concessions, de l'ouest à l'est :

Concession de Languin.

Analyse du bureau d'essai, École des Mines, 18 mai 1860. — Échantillons de houille de Languin, canton de Nort, arrondissement de Châteaubriant (Loire-Inférieure).

Houille anthraciteuse n° 1 :

Matières volatiles.. 17.3 p. 100.
Carbone fixe 72.1
Cendres.. 10.6

  Pouvoir calorifique : 80.

Coke :

Matières volatiles.. 2.6 p. 100.
Carbone fixe 75.1
Cendres.. 18.3

Analyse du bureau d'essai, École des Mines, 18 mai 1860. — Échantillons de houille de Languin, canton de Nort, arrondissement de Châteaubriant (Loire-Inférieure).

Houille anthraciteuse n° 2 :

Matières volatiles.. 18.6 p. 100.
Carbone fixe 69.8
Cendres.. 11.6

  Pouvoir calorique : 79.5.

Coke :

Matières volatiles.. 3.4 p. 100.
Carbone fixe 82.3
Cendres.. 14.3

Concession des Touches.

Analyse de l'École des Mines, 1890. — Le Gressis, concession des Touches (localité voisine de la concession de Languin) :

Eau...	17.00 p. 100.
Matières volatiles................................	26.40
Carbone fixe.....................................	46.60
Cendres argileuses jaunes.........................	10.00

Coke non aggloméré.
Pouvoir calorifique comparé à celui du carbone pur : 0.647.
Calories : 5,228.

Analyse de l'École des Mines, 1890. — Veine Les Noues, concession des Touches :

Eau...	3.00 p. 100.
Matières volatiles................................	23.40
Carbone fixe.....................................	59.60
Cendres blanches.................................	14.00

Coke bien aggloméré, non boursouflé.
Pouvoir calorifique comparé à celui du carbone pur : 0.770.
Calories : 6,222.

Analyse de l'École des Mines, 5 février 1898. — Puits Saint-Auguste, concession des Touches (charbon prélevé dans la veine de 2 mètres, à l'étage de 130 mètres) :

Eau...	1.00 p. 100.
Matières volatiles................................	28.30
Carbone fixe.....................................	63.40
Cendres..	7.30

Coke bien aggloméré, non boursouflé.

Analyse Lorieux, 1867. — Mine des Touches, veine du sud :

Matières volatiles................................	24.00 p. 100.
Carbone fixe.....................................	62.00
Cendres argileuses...............................	14.00

IMPRIMERIE NATIONALE.

Analyse de l'École des Mines, 1866. — Charbon des Touches :

Matières volatiles................................. 28.66 p. 100.
Carbone fixe...................................... 68.01
Cendres argileuses............................... . 5.33

Coke très boursouflé, houille à longue flamme.
Pouvoir calorifique : 84.00.

[*Signé* : RIGAUD.]

Analyse de l'École des Mines, 14 novembre 1900. — Charbon prélevé à 6 mètres de profondeur dans la veine de o m. 90, découverte en septembre 1900 au puits de recherches de Pont-Guitton (concession des Touches) :

Eau.. 1.60 p. 100.
Matières volatiles................................ 17.40
Carbone fixe..................................... 74.00
Cendres argileuses............................... 7.00

Coke bien aggloméré, non boursouflé.
Pouvoir calorifique : 85.38.
Déduction faite des cendres s'élevant, p. 100, à 6.34.

Concession de Mouzeil.

Analyse Lorieux, 1867. — Mouzeil, veine du Sud.

Matières volatiles................................ 16.00 p. 100.
Cendres.. 18.00
Carbone fixe 66.00

Analyse Lorieux, 1867. — Mouzeil, veine du centre.

Matières volatiles................................ 20.00 p. 100.
Cendres.. 16.00
Carbone fixe 64.00

Analyse Lorieux, 1867. — Mouzeil, grande veine.

Matières volatiles.................................. 21.00 p. 100.
Cendres... 15.00
Carbone fixe 64.00

Analyse Lorieux, 1867. — Mouzeil, veine du Nord.

Matières volatiles.................................. 19.00 p. 100.
Cendres... 15.00
Carbone fixe 66.00

Analyse de l'École des Mines, 5 février 1898. — Puits Saint-Georges, concession de Mouzeil.

Eau.. 0.80 p. 100.
Matières volatiles.................................. 19.50
Carbone fixe 62.40
Cendres... 17.30

Coke aggloméré très friable.

Concession de Montrelais.

Analyse de l'École des Mines, 11 juillet 1872. (Archives du Service des Mines, à Nantes, liasse 5, dossier 12, n° 1485), — Concession de Montrelais, charbon de la Transonnière, veine du sud :

Matières volatiles.................................. 11.40 p. 100.
Carbone fixe 72.40
Argile et silice........................ 13.30 ⎫
Peroxyde de fer........................ 0.73 ⎪
Chaux................................. 1.30 ⎬ 16.20
Magnésie.............................. 0.15 ⎪
Acide sulfurique....................... 0.72 ⎭

Pouvoir calorifique : Carbone : 78.32.
Soufre, p. 100 de houille : 0.30.

47.

Analyse de l'École des Mines, 11 juillet 1872. (Archives du service des Mines, à Nantes, liasse 5, dossier 12, n° 1485.) — Concession de Montrelais, charbon de la Transonnière, veine n° 1.

Matières volatiles...................................... 11.20 p. 100.
Carbone fixe.. 75.00
Argile et silice............................. 8.96 ⎫
Peroxyde de fer........................... 2.18 ⎪
Chaux .... 1.55 ⎬ 13.80
Magnésie.................................... 0.52 ⎪
Acide sulfurique............................ 0.59 ⎭

Pouvoir calorique : Carbone : 76.66
Soufre p. 100 de houille : 0.12

Analyse de l'École des Mines, 11 juillet 1872. (Archives du Service des Mines à Nantes, liasse 5, dossier 12, n° 1485.) — Concession de Montrelais, charbon de la Transonnière, veine du nord :

Matières volatiles.................................. 13.00 p. 100.
Carbone fixe 71.40
Argile et silice............................. 10.66 ⎫
Peroxyde de fer........................... 3,55 ⎪
Chaux .... 2.46 ⎬ 15.60
Magnésie.................................... 0.38 ⎪
Acide sulfurique............................ 0.55 ⎭

Pouvoir calorique : Carbone : 79.51
Soufre p. 100 de houille : 0.13

Analyse Lorieux, 1867. — Montrelais, veine n° 1 des Berthauderies :

Matières volatiles.................................. 16.00 p. 100.
Cendres.. 16.00
Carbone fixe 68.00

Analyse Lorieux, 1867. — Montrelais, veine n° 2 des Berthauderies :

Matières volatiles.................................. 15.00 p. 100.
Cendres.. 17.00
Carbone fixe 67.00

Analyse Lorieux, 1867. — Montrelais, veine n° 3 des Berthauderies :

Matières volatiles............................... 16.00 p. 100.
Cendres... 15.00
Carbone fixe.................................... 69.00

Analyse de l'École des Mines, 11 juillet 1872. (Archives du Service des Mines, à Nantes, liasse 5, dossier 12, n° 1485.) — Concession de Montrelais, puits Saint-Joseph :

Matières volatiles............................... 15.40 p. 100.
Carbone fixe.................................... 77.80
Argile et silice........................... 4.56 ⎫
Peroxyde de fer........................... 0.80 ⎪
Chaux.................................... 0.90 ⎬ 6.80
Magnésie................................. 0.12 ⎪
Acide sulfurique......................... 0.42 ⎭

Pouvoir calorifique : Carbone : 85.38
Soufre (p. 100) de houille : 22

Analyse Lorieux, 1867, — Montrelais, veine de la Machine :

Matières volatiles............................... 16.00 p. 100.
Cendres... 10.00
Carbone fixe.................................... 74.00

Laboratoire d'Angers. (Archives des Mines de Nantes, carton 4.) — Mines de Montrelais :

Matières volatiles............................... 16.07 p. 100.
Carbone fixe.................................... 73.06
Cendres... 9.70

Nature du coke : aggloméré.

Concession de Montjean.

Brossard de Corbigny (*Annuaire de l'Institut des provinces*, 2ᵉ sér., XIIIᵉ vol., 23ᵉ de la collection, 1871, p. 275). — Mine de Montjean, veine Cassis :

    Matières volatiles................................. 18.50 p. 100.
    Carbone fixe 73.00
    Cendres...   8.50
                Pouvoir calorifique : 27.70

Brossard de Corbigny (*Annuaire de l'Institut des provinces*, 2ᵉ sér., XIIIᵉ vol., 23ᵉ de la collection, 1871, p. 275). (15 juin.) — Mine de Montjean. Charbon lavé :

    Matières volatiles................................ 18.80 p. 100.
    Carbone fixe...................................... 74.10
    Cendres...   7.10
                Pouvoir calorifique : 29.10

Cacarrié, *Géologie du département de Maine-et-Loire*, 1845, p. 78. — Concession de Montjean, veine du Vallon :

    Matières volatiles................................ 16.00 p. 100.
    Charbon... 72.10
    Cendres... 11.90
                Coke : 84.00
                Plomb fondu : 28 gr. 90
                Calories : 6.647.

Laboratoire d'Angers (*Archives des Mines de Nantes*, carton nº 4). — 9. Mine de Montjean, ancienne couche du vallon :

    Matières volatiles................................ 20.60 p. 100.
    Carbone fixe 75.90
    Cendres...   3.50
                Nature du coke : très boursouflé.

Concession de Saint-Germain-des-Prés.

Brossard de Corbigny (*Annuaire de l'Institut des provinces*, 2ᵉ sér., XIIIᵉ vol., 23ᵉ de la collection, 1871, p. 275). — Mine de Saint–Germain. Sondages :

Matières volatiles................................. 17.80 p. 100.
Carbone fixe...................................... 75.90
Cendres.. 6.30

Pouvoir calorifique : 29,60

Concession de Désert.

Brossard de Corbigny (*Annuaire de l'Institut des provinces*, 2ᵉ sér., XIIIᵉ vol., 23ᵉ de la collection, 1871, p. 275). — Mine de Désert, veine du Bocage :

Matières minérales................................ 13.00 p. 100.
Carbone fixe...................................... 74.00
Cendres.. 13.00

Pouvoir calorifique : 30.

Laboratoire d'Angers (*Archives des Mines de Nantes*, carton n° 4). — 7. Mine de Désert, puits n° 4, niveau de 240 mètres, veine du Roc :

Matières volatiles................................. 12.80 p. 100.
Carbone fixe...................................... 73.70
Cendres.. 13.50

Nature du coke : aggloméré.

Brossard de Corbigny (*Annuaire de l'Institut des provinces*, 2ᵉ sér., XIIIᵉ vol., 23ᵉ de la collection, 1871, p. 275). — Mine de Désert, veine du Roc :

Matières volatiles................................. 15.80 p. 100.
Carbone fixe...................................... 70.70
Cendres.. 4.50

Pouvoir calorifique : 32,30.

Brossard de Corbigny (*Annuaire de l'Institut des provinces*, 2ᵉ sér., XIIIᵉ vol., 23ᵉ de la collection, 1871, p. 285 [15 juin]). — Mine de Désert, veine du Vouzeau :

Matières minérales.............................. 17.30 p. 100.
Carbone fixe.................................... 77.50
Cendres.. 5.20

         Pouvoir calorifique : 30.40.

Laboratoire d'Angers (*Archives des Mines de Nantes*, carton nᵒ 4). — 8. Mine de Désert, puits nᵒ 4, niveau de 240 mètres, veine du Vouzeau, grand brouillard :

Matières volatiles.............................. 14.80 p. 100.
Carbone fixe.................................... 82.20
Cendres.. 3.00

         Nature du coke : aggloméré.

Laboratoire d'Angers (*Archives des Mines de Nantes*, carton nᵒ 4). — Mine de Désert, puits nᵒ 4, niveau de 240 mètres. Veine du nord de la pierre carrée :

Matières volatiles.............................. 17.80 p. 100.
Carbone fixe.................................... 72.40
Cendres.. 9.80

         Nature du coke : aggloméré.

Brossard de Corbigny (*Annuaire de l'Institut des provinces*, 2ᵉ sér., XIIIᵉ vol., 23ᵉ de la collection, 1871, p. 275 [15 juin]). — Mine de Désert, veine du Chêne :

Matières volatiles.............................. 16.30 p. 100.
Carbone fixe.................................... 76.10
Cendres.. 7.60

         Pouvoir calorifique : 28,30.

Brossard de Corbigny (*Annuaire de l'Institut des provinces,* 2ᵉ sér., XIIIᵉ vol., 23ᵉ de la collection, 1871, p. 275 [15 juin]). — Mine de Désert, veine des Noulys :

Matières volatiles.. 19.10 p. 100.
Carbone fixe 76.00
Cendres.. 4.90

Pouvoir calorifique : 25,80.

Concession de Layon-et-Loire.

Cacarrié (*Géologie du département de Maine-et-Loire,* 1845, p. 78). — Concession de Layon-et-Loire, veine des Bourgognes nord, galerie du grand Godinet :

Matières volatiles.. 16.00 p. 100.
Charbon... 73.90
Cendres... 10.10

Coke : 84.
Plomb fondu : 29 gr. 40.
Calories : 6,808.

Cacarrié (*Géologie du département de Maine-et-Loire,* 1845, p. 78). — Concession de Layon-et-Loire, veine des Noulis, au puits des Barres :

Matières volatiles.. 14.00 p. 100.
Charbon... 74.60
Cendres... 11.40

Coke : 86.
Plomb fondu : 28 gr. 50.
Calories : 6,555.

IMPRIMERIE NATIONALE.

Cacarrié (*Géologie du département de Maine-et-Loire*, 1845, p. 78). — Concession de Layon-et-Loire. Veines du puits du Chêne, filon nord, au puits Saint-Marc :

Matières volatiles.................................   15.00 p. 100.
Charbon..   75.80
Cendres..   9.20

> Coke : 85 p. 100.
> Plomb fondu : 30 g. 10.
> Calories : 6,923.

Cacarrié (*Géologie du département de Maine-et-Loire*, 1845, p. 78). — Concession de Layon-et-Loire. Veines du puits du Chêne, filon sud, au puits Saint-Marc :

Matières volatiles.................................   15,00 p. 100.
Charbon..   74.70
Cendres..   10.30

> Coke : 85.00.
> Plomb fondu : 29 gr. 40.
> Calories : 6,762.

Cacarrié (*Description géologique du département de Maine-et-Loire*, 1845, p. 78). — Concession de Layon-et-Loire, petite veine Goismard, au puits Sainte-Barbe :

Matières volatiles.................................   15.00 p. 100.
Charbon..   75.50
Cendres..   9.50

> Coke : 85.
> Plomb fondu : 29 gr. 90.
> Calories : 6,877.

Cacarrié (*Description géologique du département de Maine-et-Loire*, 1845, p. 78). — Concession de Layon-et-Loire, grande veine Goismard, au puits Sainte-Barbe :

Matières volatiles.	18.00 p. 100.
Charbon	70.30
Cendres.	11.70

Coke : 82.
Plomb fondu : 28 gr. 90.
Calories : 6,647.

Laboratoire d'Angers (*Archives des Mines de Nantes*, carton n° 4). — 5. Charbon du puits de recherche des Barres, concession de Layon-et-Loire :

Matières volatiles.	19.00 p. 100.
Carbone fixe	65.50
Cendres.	15.50

Nature du coke : pulvérulent.

Brossard de Corbigny (*Annuaire de l'Institut des provinces*, 2e sér., XIIIe vol., 23e de la collection, 1871, p. 275 [15 juin]). — Mines de Layon-et-Loire, Bocage :

Matières volatiles	13.20 p. 100.
Carbone fixe.	73.40
Cendres.	13.40

Cacarrié (*Description géologique du département de Maine-et-Loire*, 1845, p. 78). — Concession de Layon-et-Loire, veine des Bourgognes nord, aux puits du Bocage et de la Coulée :

Matières volatiles.	12.00 p. 100.
Charbon	78.30
Cendres.	9.70

Coke : 88.
Plomb fondu : 29 gr. 30.
Calories : 6,739.

Cacarrié (*Géologie du département de Maine-et-Loire*, 1845, p. 78). —
Concession de Layon-et-Loire, veine des Bourgognes sud, aux puits du Bocage et de la Coulée :

> Matières volatiles . . . . 13.00 p. 100.
> Charbon 77.80
> Cendres 9.20

> Coke : 87.
> Plomb fondu : 29 gr. 80.
> Calories : 6,854.

Laboratoire d'Angers (*Archives des Mines de Nantes*, carton 4). — Mine de
Layon-et-Loire (Maine-et-Loire), puits Saint-Aubin :

> Matières volatiles . . . . 16.90 p. 100.
> Carbone fixe 67.10
> Cendres 16.00

> Nature du coke : pulvérulent.

Brossard de Corbigny (*Annuaire de l'Institut des provinces*, 2ᵉ sér., XIIIᵉ vol.,
23ᵉ de la collection, 1871, p. 275 [15 juin]). — Mine de Layon-et-Loire.
Vouzeau nord :

> Matières volatiles . . . . 13.50 p. 100.
> Carbone fixe 83.10
> Cendres 3.40

Brossard de Corbigny (*Annuaire de l'Institut des provinces*, 2ᵉ sér., XIIIᵉ vol.,
23ᵉ de la collection, 1871, p. 275 [15 juin]). — Mine de Layon-et-Loire.
Vouzeau sud :

> Matières volatiles . . . . 12.20 p. 100
> Carbone fixe 77.80
> Cendres 10.00

Concession de Saint-Lambert.

Brossard de Corbigny (*Annuaire de l'Institut des provinces*, 2ᵉ sér., XIIIᵉ vol., 23ᵉ de la collection, 1871, p. 275).—Mine de Saint-Lambert, charbon terreux :

Matières volatiles	8.20 p. 100.
Carbone fixe	19.20
Cendres	22.60

Pouvoir calorifique : 2,480

Brossard de Corbigny (*Annuaire de l'Institut des provinces*, 2ᵉ sér., XIIIᵉ vol., 23ᵉ de la collection, 1871, p. 275).—Mine de Saint-Lambert, charbon maigre :

Matières volatiles	7.30 p. 100.
Carbone fixe	86.00
Cendres	6.70

Brossard de Corbigny (*Annuaire de l'Institut des provinces*, 2ᵉ sér. XIIIᵉ vol., 23ᵉ de la collection, 1871, p. 275 [15 juin]). — Mine de Saint-Lambert, charbon très dur :

Matières volatiles	9.10 p. 100.
Carbone fixe	81.80
Cendres	6.10

Pouvoir calorifique : 27.00.

Concession de Saint-Georges-Chatelaison.

Cacarrié (*Géologie du département de Maine-et-Loire*, 1845, p. 78). — Concession de Saint-Georges-Chatelaison, puits de la Conception :

Matières volatiles	15.40 p. 100.
Charbon	73.20
Cendres	11.40

Coke : 84.60.
Plomb fondu : 28 gr. 50.
Calories : 6555.

Cacarrié (*Géologie du département de Maine-et-Loire*, 1845, p. 78). — Concession de Saint-Georges-Châtelaison, puits Adèle :

Matières volatiles................................... 8.60 p. 100
Charbon 76.60
Cendres 14.80

Coke : 91.40.
Plomb fondu : 25 gr 30
Calories : 5,819.

Cacarrié (*Géologie du département de Maine-et-Loire*, 1845, p. 78.) — Concession de Saint-Georges-Chatelaison, puits du Pavé.

Matières volatiles................................... 17.20 p. 100.
Charbon 71.10
Cendres... 11.70

Coke : 82.80.
Plomb fondu : 28 gr. 70.
Calories : 6,601.

Brossard de Corbigny (*Annuaire de l'Institut des provinces*, 2ᵉ sér., XIIIᵉ vol., 23ᵉ de la collection, 1871, p. 275). — Mine de Saint-Georges, charbon Hermitage :

Matières volatiles................................... 15.80 p. 100.
Carbone fixe....................................... 74.80
Cendres... 9.40

Cacarrié (*Géologie du département de Maine-et-Loire*, 1845, p. 78). — Concession de Saint-Georges-Chatelaison. Anthracite de Saint-Lambert :

Matières volatiles................................... 10.50 p. 100.
Charbon 72.50
Cendres... 17.00

Coke : 89.50.
Plomb fondu : 24 gr. 65.
Calories : 6,350.

Brossard de Corbigny (*Annuaire de l'Institut des provinces*, 2ᵉ sér., XIIIᵉ vol., 23ᵉ de la collection, 1871, p. 275). — Mine de Saint-Georges, charbon p. S. Jacques :

Matières volatiles.................................. 18.00 p. 100.
Carbone fixe....................................... 70.20
Cendres... 11.80

Concession de Doué.

Brossard de Corbigny (*Annuaire de l'Institut des provinces*, 2ᵉ sér., XIII vol., 23ᵉ de la collection, 1871, p. 275 [15 juin]). — Mine de Doué. Recherches :

Matières volatiles.................................. 31.80 p. 100.
Carbone fixe....................................... 46.50
Cendres... 21.70

Cacarrié, *Géologie du département de Maine-et-Loire*, 1845, p. 78. — Concession de Doué, puits de Minières :

Matières volatiles.................................. 38.50 p. 100.
Charbon... 53.50
Cendres... 8.00

Coke : 61.50.
Plomb fondu : 28 gr. 60.
Calories : 6,578.

Comme terme de comparaison voici une analyse d'anthracite du département de la Mayenne, faite par M. Regnault [1] :

Carbone... 91.98 p. 100.
Hydrogène... 3.92
Oxygène et Azote.................................. 3.16
Cendres... 0.94

Densité : 1.367.

[1] Des Cloizeaux, *Manuel de minéralogie*, t. II (1874-1893), p. 27.

Si, à l'aide de ces documents, nous comparons entre elles les veines d'une même concession, nous voyons qu'aux Touches le puits Saint-Auguste a fourni du charbon ayant 28.30 p. 100 de matières volatiles, tandis que le puits de recherche du Pont-Guitton, creusé à près de 100 mètres au Nord, a donné un charbon n'ayant plus que 17.40 de matières volatiles. De même à Mouzeil, la grande veine a donné un charbon ayant 21 p. 100 de matières volatiles et le puits Saint-Georges, ouvert sur un autre système de veines, à 160 mètres au Nord du précédent, a donné un charbon contenant 19.50 de matières volatiles. On trouverait sans doute bien d'autres exceptions à la prétendue règle.

Voyons maintenant quels changements les charbons peuvent présenter de l'est à l'ouest, d'une concession à l'autre.

Si nous nous conformons à la classification habituelle des charbons, que M. Olry a exposée [1] dans son grand travail sur le bassin houiller de Valenciennes, nous les répartirons en trois classes : les charbons maigres, renfermant de 6 à 12 p. 100 de matières volatiles; les charbons demigras qui en contiennent de 12 à 20 p. 100 et les charbons gras, de 20 à 35 p. 100.

Or le bassin de la basse Loire fournit des charbons de toutes les catégories, mais en quantités très inégales.

J'ai classé les 59 charbons de la basse Loire dont j'ai eu l'analyse, d'après leur teneur en matières volatiles, sans avoir égard à leur provenance, comme on peut le voir dans le tableau ci-dessous :

CHARBONS MAIGRES.	MATIÈRES VOLATILES.
Saint-Lambert, charbon maigre......................	7.30 p. 100.
Saint-Lambert, charbon terreux......................	8.20
Saint-Georges-Chatelaison, puits Adèle.................	8.60
Saint-Lambert, charbon très dur.....................	9.10
Concession de Saint-Georges-Chatelaison, Anthracite, de Saint-Lambert...................................	10.50
La Transonnière, veine n° 1, concession de Montrelais.......	11.20
La Transonnière, veine du sud, concession de Montrelais....	11.40
Layon-et-Loire, veine des Bourgognes, nord.............	12.00

[1] OLRY, Études des gîtes minéraux de la France (*Bassin houiller de Valenciennes*, 1886, p. 68).

CHARBONS DEMI-GRAS.   MATIÈRES VOLATILES.

Layon-et-Loire, Vouzeau, Sud........................ 12.20 p. 100.
Désert, veine du Roc, 240 mètres.................... 12.80
La Transonnière, veine du Nord, concession de Montrelais... 13.00
Désert, veine du Bocage............................ 13.00
Layon-et-Loire, veine des Bourgognes Sud.............. 13.00
Layon-et-Loire, Bocage............................. 13.20
Layon-et-Loire, Vouzeau Nord....................... 13.50
Layon-et-Loire, veine des Noulis.................... 14.00
Désert, puits n° 4, veine du Vouzeau................. 14.80
Montrelais, veine n° 2 des Berthauderies.............. 15.00
Layon-et-Loire, veine Goismard...................... 15.00
Layon-et-Loire, veine du puits du Chêne.............. 15.00
Layon-et-Loire, veine du puits du Chêne, filon Sud....... 15.00
Saint-Georges-Chatelaison, puits de la Conception......... 15.40
Montrelais, puits Saint-Joseph....................... 15.40
Désert, veine du Roc............................... 15.80
Saint-Georges-Chatelaison, charbon Hermitage........... 15.80
Montrelais, veine n° 1 des Berthauderies.............. 16.00
Montrelais, veine n° 3 des Berthauderies.............. 16.00
Montrelais, veine de la Machine..................... 16.00
Mouzeil, veine du Sud.............................. 16.00
Montjean, veine du Vallon.......................... 16.00
Layon-et-Loire, veine des Bourgognes Nord, galerie du Grand-
  Godinet.. 16.00
Désert, veine du Chêne............................. 16.30
Montrelais... 16.70
Layon-et-Loire, puits Saint-Aubin.................... 16.90
Saint-Georges-Chatelaison, puits du Pavé.............. 17.20
Languin, houille dite *anthraciteuse*, n° 1 .... 17.30
Désert, veine du Vouzeau 17.30
Mine de Saint-Germain-des-Prés, sondages.............. 17.80
Mine de Désert, puits n° 4, veine du Nord de la Pierre-Carrée. 17.80
Veine de 0 m. 90, les Touches, puits de recherche du Pont-
  Guitton... 17.40
Layon-et-Loire, grande veine Goismard................. 18.00
Mine de Saint-Georges, charbon puits S. Jacques......... 18.00
Montjean, veine Cassis............................. 18.50
Languin, houille dite *anthraciteuse*, n° 2 .... 18.60
Montjean, charbon lavé............................. 18.80

MATIÈRES VOLATILES.

Mouzeil, veine du Nord.............................	19.00 p. 100.
Layon-et-Loire, puits de recherche des Barres............	19.00
Désert, veine des Noulis.............................	19.10
Mouzeil, puits Saint-Georges.........................	19.50
Mouzeil, veine du centre............................	20.00

CHARBONS GRAS.

Montjean, ancienne couche du Vallon.................	20.60
Mouzeil, Grande veine	21.00
Concession des Touches, veine des Noues...............	23.40
Concession des Touches, veine du Sud.................	24.00
Concession des Touches, Le Gressin, exploitation par tranchées, près de la concession de Languin...................	26.40
Concession des Touches, puits Saint-Auguste, veine de 2 mètres.	28.30
Charbon des Touches...............................	28.66
Mine de Doué. Recherches..........................	31.80
Mine de Doué, puits de Minières.....................	38.50

Ce tableau montre que, des 59 échantillons, 8 sont des charbons maigres, 9 des charbons gras et 42 des charbons demi-gras. Les charbons de la basse Loire, loin d'être des anthracites, sont donc en général des charbons demi-gras, quelquefois des charbons maigres ou des charbons gras. En ce qui concerne ces derniers, il est à remarquer que les deux analyses qui terminent le tableau appartiennent, à peu près sûrement, à un très petit bassin houiller, découvert par Virlet, en discordance sur le terrain carbonifère inférieur qu'il recouvre à Minières, entre Doué et Concourson (Maine-et-Loire). Ce petit dépôt me paraît être du houiller supérieur ou stéphanien, et il est tout naturel qu'il fournisse une houille riche en matières volatiles. Ceci ramènerait les charbons de la grauwacke supérieure, ayant fourni dans la basse Loire de la houille grasse, à la proportion de 7 sur 57.

Si nous cherchons maintenant comment les différentes sortes de charbon sont réparties dans le sens longitudinal du bassin, nous voyons que les charbons demi-gras sont largement répandus. On les trouve dans les concessions de Languin, Mouzeil, Montrelais, Désert, Saint-Germain-des-Prés, Montjean, Layon-et-Loire, Saint-Georges-Chatelaison et dans une veine des Touches. Ce sont les charbons utilisés pour les fours à chaux de la région.

Les deux autres sortes paraissent plus cantonnées.

Les charbons maigres se trouvent exceptionnellement dans la concession de Layon-et-Loire, dans la veine des Bourgognes nord, et à Saint-Georges-Chatelaison, au puits Adèle; mais c'est le charbon principal de la Transonnière (concession de Montrelais) et de la concession de Saint-Lambert. Ce n'est donc pas dans la partie orientale du bassin qu'on en constate la présence, mais dans des localités diversement placées. La Transonnière, qui est située dans la commune de Mésanger (Loire-Inférieure), se trouve dans la partie moyenne du bassin, fort loin de l'extrémité où elle devrait être théoriquement d'après les qualités de son charbon.

Je dois dire, de plus, que M. Baret[1], dans sa Minéralogie de la Loire-Inférieure, cite de l'anthracite « à Languin, près Nort, dans les déblais de « houille laissés auprès des puits abandonnés. Cet anthracite », dit-il, « ren- « ferme très peu de bitume ». L'anthracite « des anciennes exploitations de « Varades ne renferme », d'après lui, « aucune trace de bitume ». Ce serait assurément de l'anthracite, et il est à désirer que cette localité soit précisée. Il s'agit probablement d'anciens puits des mines de Montrelais; car Varades n'est pas sur le terrain carbonifère productif.

Quant à l'anthracite cité par M. Baret, à Montrelais, aux Touches et à la Tardivière, qui, d'après l'auteur, est plus riche en matières bitumineuses que celui de Languin, je doute que son analyse donne 90 p. 100 de carbone. Pour moi, je n'ai vu de ces localités que des houilles demi-grasses ou même grasses.

Les charbons gras ne paraissent pas être tout à fait aussi localisés que les charbons maigres. L'ancienne couche du Vallon, à Montjean (Maine-et-Loire), et la grande veine de la Tardivière (concession de Mouzeil, Loire-Inférieure) en ont fourni; mais c'est la concession des Touches qui paraît en être largement pourvue. Toutes les veines : veine du Sud, veine des Noues, veine de 2^m, au puits Saint-Auguste, le Gressin, en ont fourni. Les puits de recherche du Pont-Guiton seulement ont donné un charbon demi-gras. On doit dire que la grande veine de Mouzeil, qui est de charbon gras, est tout près de la concession des Touches. Il y a donc là un gisement de charbon gras nettement accusé, et ce fait serait à l'appui de l'opinion courante que les charbons de la basse Loire deviennent plus collants, plus gras, en approchant de l'extrémité

[1] Minéralogie de la Loire-Inférieure (*Bull. Soc. des Sc. nat. de l'Ouest de la France*, VIII, 1898, p. 169).

ouest du bassin, si les analyses du combustible de Languin ne venaient dé-
céler, à cette extrémité ouest, une houille demi-grasse, bien moins riche en
matières volatiles que celle des Touches.

La concession de Doué, qui est la plus à l'est, constitue un second gisement de charbon gras, et même très gras; mais les charbons dont j'ai eu
l'analyse appartiennent bien probablement à un étage houiller plus récent que
le culm de la basse Loire.

En somme, la composition du charbon tient, il me semble, à des circonstances particulières qui ont varié suivant les couches et suivant les localités.
Je ne pense pas que la nature des végétaux houillers ait pu ici occasionner
des différences notables; car les très rares fois où j'ai pu comparer les flores
de deux niveaux dans une même concession, je n'ai pas vu de changement
bien important d'une couche à l'autre; mais la compression épouvantable
qu'ont subie les couches pour être redressées presque à la verticale, l'échauffe-
ment causé par les infiltrations de porphyre et de granulite ont dû avoir une
forte action, très variable suivant les points. Cette compression et cet échauf-
fement ont pu enlever plus ou moins de matières volatiles; reste à savoir si
cette sorte de distillation est allée jusqu'à transformer le charbon en anthracite. Ce n'est pas impossible; mais, dans ce bassin, ce n'a pu être que dans des
cas tout à fait exceptionnels. Je n'y ai jamais vu cette roche.

Fusain. Une autre forme de houille a été trouvée par M. Baret [1] à la Tardivière
(concession de Mouzeil). C'est celle que M. Grand'Eury a appelée *fusain*. Elle
est fréquente dans un certain nombre de charbons et particulièrement dans le
charbon de Mons (Belgique), où l'on voit des couches brillantes séparées par
d'autres ternes, ayant tout à fait l'aspect du charbon de bois et surtout du
charbon de Fusain. C'est, en effet, un charbon dans lequel la structure végétale est conservée. M. Beaulaton, directeur des mines de la Tardivière, vient
de m'envoyer de beaux échantillons, ressemblant tout à fait à ceux de Mons.
Ce *fusain*, me dit-il, se trouve en lamelles assez épaisses, surtout dans la
couche dite : veine du sud. Cette couche fait partie de celles qui sont exploitées
par les puits Henri et Saint-Georges.

Élatérite. Enfin, une dernière substance d'origine organique a été trouvée, quoique
bien rarement. On lui donne actuellement le nom d'Élatérite; mais on l'a
appelée aussi Caoutchite, caoutchouc fossile ou Bitume élastique. C'est en 1816

_____

[1] Minéralogie de la Loire-Inférieure (*Bull. Soc. des Sc. nat. de l'Ouest de la France*, VIII, 1898,
p. 168, pl. XIX, fig. 13).

que le Dr Ollivier [1] la découvrit à Montrelais, dans le puits Saint-André. Il publia, en 1824, dans les *Annales des sciences naturelles*, les détails de son observation. D'après les informations prises par Desvaux [2], cette substance aurait aussi été trouvée à Montjean. On ne sait ce qu'ont pu devenir les échantillons de cette localité. Ceux de Montrelais, même, ont été perdus pour la plupart. Lorsque le Dr Ollivier se trouva sur les lieux, la plus grande partie des masses extraites, assez volumineuses, avaient été enlevées par les enfants des mines ou brûlées par curiosité. Elles gisaient, dit Desvaux [3], dans le psammite quartzeux, à 78 mètres de profondeur, dans les interstices d'un filon, en petits amas plus ou moins rapprochés.

M. Baret [4], d'après Delafosse [5], dit qu'elle a été trouvée dans les veines de quartz et de calcaire qui traversent les couches de houille.

Ollivier l'a vue remplissant les intervalles entre les extrémités libres des cristaux implantés sur les deux parois qui comprennent chaque veine.

L'élatérite est une substance solide, mais cédant facilement à la pression, élastique comme le caoutchouc, dont elle a la couleur brunâtre. Elle est facile à couper au couteau et elle a une odeur bitumineuse.

C'est, dit M. Baret, un carbure d'hydrogène qui renferme de l'azote et de l'oxygène.

Voici l'analyse de l'Élatérite de Montrelais par Henry, publiée dans le Traité de Minéralogie de Dufrénoy [6] et donnée de nouveau par M. Baret :

Carbone	58,260
Hydrogène	4,890
Azote	0,104
Oxygène	36,746
	100,000

Le charbon, quelle que soit sa teneur en carbone ou en matières volatiles, est loin d'être disposé en couches régulières. Il en est de même, du reste, de

[1] Ollivier. Note sur un nouveau gisement de bitume élastique (*Ann. des Sc. nat.*, t. II, 1824, p. 149).
[2] *Statistique de Maine-et-Loire*, 1re partie, 1834, p. 225.
[3] Minéralogie méthodique du département de la Loire-Inférieure, 2e édition, p. 14. (Extr. des *Ann. Soc. Sc. Acad. Nantes*, 2e sér., vol. IV, p. 46-153.)
[4] *Minéral. de la Loire-Inf.*, p. 167.
[5] Delafosse, *Cours de minéralogie*, 1860, t. II, p. 198.
[6] Dufrénoy, *Traité de minéralogie*, 1847, t. III, p. 711.

toutes les roches du terrain; mais le charbon, plus encore que toutes les autres roches, a subi des déformations. Ce n'est pas qu'on ne puisse reconnaître sa disposition en couches, dont chacune résulte, comme dans les autres bassins, d'un dépôt de substances végétales. Ce dépôt se fit sur des sables et des argiles, transformés depuis en grès et en schistes, et fut recouvert par d'autres sables et d'autres argiles, qui subirent la même transformation. Aujourd'hui les mineurs donnent le nom de *mur* à la couche, ordinairement gréseuse, sur laquelle la houille s'est déposée, et le nom de *toit* à celle qui la recouvre, et qui est plus souvent schisteuse.

Ces dépôts, qui étaient assurément réguliers, ont cessé de l'être par la pression qui a redressé toutes les couches.

Le charbon, bien plus malléable que les autres roches, a fusé; il a tellement glissé en certains points qu'il n'a laissé qu'une traînée noirâtre; c'est ce qu'on appelle un *crain*. Le mineur la suit soigneusement, car elle le conduit avec sûreté à quelque autre point où le charbon s'est amassé. Puis commence un nouvel étranglement suivi d'un autre amas. Les couches de charbon ont donc la disposition particulière dite *en chapelet*. Lorsque les renflements dépassent de beaucoup les dimensions ordinaires, on les désigne sous le nom de *Bouillards*. Parfois les amas de charbon se sont formés en brisant les roches qui limitaient les veines; on ne reconnaît plus ni toit ni mur. La houille y est fragmentée et souvent mêlée de schistes. Les bouillards peuvent être énormes. On en a vu de 7 à 10 mètres d'épaisseur et même, dit F. Calliaud dans ses notes manuscrites, de 15 à 20 mètres; mais ces grands amas, ajoute-t-il, « sont traversés par de nombreuses cloisons de schistes, sur tous les sens ».

Même lorsque les rétrécissements et les renflements sont moins prononcés, les couches changent de diamètre fréquemment à petite distance. Elles peuvent être fourchues. Leur direction, comme nous l'avons dit, est verticale ou à peu près.

On a pensé que, dans les points au moins où le terrain productif a une certaine largeur et où l'on reconnaît plusieurs systèmes de veines, les systèmes du sud devaient dans la profondeur se relever et former les systèmes du nord. Il y aurait donc dans la profondeur une concavité en forme d'U ou de V et la grauwacke supérieure formerait un ou deux petits synclinaux. Jamais on n'a constaté bien nettement ce redressement, et les veines contournées, présentant parfois des parties horizontales appelées *plateuses*, ont pu

tromper. Cette disposition, cependant, quoique non démontrée pour la grau-
kwace supérieure, est tout à fait probable : elle existe de toute évidence
dans le synclinal d'Ancenis, pour les schistes à séricite et pour le gothlandien; mais dans les points où le synclinal de Teillé était étroit avant le plissement, ce plissement a bien pu relever un lambeau de terrain houiller sans le
courber.dans le fond, de sorte qu'un seul des bords vint à la surface et fût
aujourd'hui visible. Dans ce cas, les couches de charbon ne se trouveraient
que dans un des jambages de l'U.

Nous reproduisons, pl. A, une coupe relevée en 1874 par M. Bunel
fils, sous-directeur des mines de Mouzeil. Elle représente les mêmes veines
exploitées autrefois par le puits Préjean et le puits neuf, qui étaient à 200 mètres
l'un de l'autre. On y voit combien les couches ont changé de forme à cette
faible distance. La structure en chapelet y est bien représentée, ainsi qu'une
veine fourchue et une veine plateuse.

On a essayé d'identifier des veines à de grandes distances. A mon avis, cela
ne se peut pas, parce qu'à grande distance les couches ne sont plus les mêmes;
elles ne sont pas la continuation les unes des autres. Toutes les couches, aussi
bien que tous les grands niveaux des terrains dévonien ou carbonifère, dans
cette région, sont en amandes. On voit le dépôt, d'abord mince, se renfler,
et, après avoir conservé son épaisseur sur une étendue plus ou moins grande,
il s'amincit de nouveau pendant que d'autres couches se renflent comme pour
combler le vide laissé par l'amincissement de la couche avoisinante. Les
veines de houille sont aussi elles en amandes, et, après un certain trajet,
disparaissent, tandis que d'autres veines se montrent et se développent, pour
s'atténuer et disparaître à leur tour.

A la distance de quelques centaines de mètres, il peut n'être pas impossible
de déterminer une couche par ses rapports avec les roches situées au-dessus
et au-dessous, ou bien par sa position dans un groupe de veines formant un
ensemble reconnaissable. C'est ainsi qu'on a pu assimiler certaines veines de
la concession des Touches à des veines de la Tardivière, qui est toute voisine, et qu'on a suivi dans la concession de Désert des couches des mines de
Layon-et-Loire, qui lui sont contiguës; mais on se tromperait assurément en
essayant de reconnaître une veine à 8-10 kilomètres de distance. Ce ne sont
plus les mêmes couches.

J'ai été heureux de trouver dans le mémoire inédit de Cacarrié, qui a
étudié surtout la partie du bassin située en Maine-et-Loire, une opinion iden-

tique à celle que je m'étais formée en parcourant plus particulièrement la portion située dans la Loire-Inférieure.

La conviction de Cacarrié est si importante et si nettement exprimée que je me fais un devoir de donner intégralement ce passage de son manuscrit :

[En étudiant en détail les diverses parties de la bande anthracifère, on reconnaît de grandes différences dans le nombre des couches de combustible et leurs alternances avec les bancs de grès et de schistes. Presque chaque concession possède des systèmes différents de couches ayant leur épaisseur, leur allure, leur inclinaison et leur direction particulières. Si l'on essaie de les comparer, les faibles analogies que l'on croit saisir entre quelques systèmes sont bientôt effacées par les nombreuses différences qu'ils présentent. D'une extrémité à l'autre du bassin, on reconnaît au premier coup d'œil une suite de renflements et d'étranglements successifs qui en rendent la largeur excessivement variable. A chaque développement d'une partie du bassin correspond le développement d'un système particulier de couches. A chaque étranglement, les couches d'abord se resserrent et finissent par disparaître, pour reparaître plus loin avec de nouveaux caractères.

Il serait inutile de chercher à établir la continuité, non pas d'une couche de houille, mais même d'une couche d'une nature quelconque dans toute la longueur du bassin...

La disparition successive des couches reconnues en un point et leur remplacement par d'autres ne doit pas étonner, puisque ce fait est constant dans toutes les formations; seulement il ne s'y montre souvent que sur une très grande échelle, et il n'est pas rare de voir des couches s'étendre sur une vaste étendue avec des caractères presque identiques. Dans notre bassin, au contraire, une couche présente bien rarement un développement de plus de quelques kilomètres, et, si l'on peut constater, dans des portions assez éloignées, une ressemblance de composition entre certains bancs, on reconnaît en même temps qu'il y a entre eux discontinuité et qu'ils ne sont pas à la même hauteur.

La formation du bassin a donc été déterminée au milieu de circonstances très variables d'une localité à une autre, surtout pour les couches de combustible. Celles-ci, bien que les plus importantes sous le rapport économique, n'occupent qu'une bien minime portion du bassin; elles sont subordonnées aux couches de grès et de schistes, au milieu desquels on pourrait les considérer comme de simples accidents.]

Le terrain productif (grauwacke supérieure ou culm supérieur) occupe à Languin son dernier gisement dans l'ouest, à 3 kilomètres de Nort, une surface longue de 2 kilomètres et large de 1 kilomètre. Il est fortement dévié vers le N. O. probablement par faille, et repose directement sur les schistes précambriens. Le charbon est très menu et, bien qu'on connaisse trois veines, il se forme surtout des bouillards. J'en ai vu un ayant au moins 5 mètres de largeur.

Le charbon de Languin,. qui passait pour anthraciteux, est du charbon demi-gras.

Dans la concession des Touches, au contraire, sauf la veine dite de 0 m. 90, qui donne un charbon demi-gras, toutes les veines dont le combustible a été analysé donnent un charbon franchement gras, ayant de 21 à 28,66 p. 100 de matières volatiles.

C'est dans la concession des Touches, à 1,500 mètres environ au S. O. du bourg, que commence à se montrer, au milieu du synclinal de Teillé, un anticlinal, probablement gothlandien, qui offre son plus grand développement au village de la Fournerie et sur lequel nous reviendrons.

Cet anticlinal s'est fait jour à travers les couches du culm supérieur et a divisé le synclinal de Teillé en deux synclinaux secondaires. Ces deux synclinaux ont été exploités dans la concession de Mouzeil; mais l'exploitation actuelle est concentrée sur une partie des veines du synclinal sud.

C'est à Mouzeil, ou plus exactement à la Tardivière, où M. Beaulaton, directeur, fait recueillir avec beaucoup de soin les fossiles végétaux, qu'on pourra arriver à reconnaître exactement le mur et le toit des couches, c'est-à-dire leur partie inférieure et leur partie supérieure, distinction fort difficile, étant donnée la position verticale des couches. Déjà on a des indications pour le synclinal du sud : M. Beaulaton a constaté que dans le système de veines exploité aux puits Henry et Saint-Georges, dans la partie nord de ce synclinal, les *Stigmaria* sont particulièrement abondants, au nord des couches. Là est à peu près sûrement le mur; or, dans le système de veines au sud du précédent, qui a été exploité par le puits Neuf et le puits Préjean, les mineurs donnaient le nom de veine du mur à la veine située le plus au sud. Il y a donc là indication d'un pli synclinal qui se répète vraisemblablement dans le petit synclinal passant au nord de l'anticlinal probablement silurien.

Nous avons dit qu'une des veines de la Tardivière (la Grande veine) donne du charbon gras, les autres du charbon demi-gras.

Mais, à la Transonnière, à 6,600 mètres à l'est de la Tardivière et à

IMPRIMERIE NATIONALE.

2,600 mètres au nord de Mésanger, après la disparition du petit anticlinal de la Fournerie, on n'a trouvé que du charbon maigre.

Vient ensuite un long espace de 11 kilomètres dans lequel le culm supérieur est étranglé au point de disparaître, car, sur toute cette longueur, il n'y a qu'un petit affleurement à Pouillé et un autre tout à fait à l'extrémité, au point même où le terrain productif, rejeté au sud par une faille, s'élargit tout à coup pour former l'amande sur laquelle sont établies les mines dites de Montrelais.

Ces houillères, très anciennes, sont situées bien au nord du bourg de Montrelais, dont elles portent le nom. Elles ont deux centres d'exploitation : les Mines et les Bertauderies. De nombreuses veines ont été exploitées et n'ont fourni que du charbon demi-gras (d'après le classement indiqué par M. Obry). Le trajet des veines n'est pas plus régulier que dans le reste du bassin : la veine dite de Forge, exploitée aux Bertauderies par le puits Neuf, a été constatée dans trois plans, passant par les niveaux de 219, 223 et 234 mètres; elle est tellement contournée qu'elle revient complètement sur elle-même. Je dois connaissance de cette irrégularité stratigraphique à M. de Francy, ancien directeur des mines de la Guérinière, concession des Touches.

Ici commence à prendre une grande importance la roche connue sous le nom de *pierre carrée*. Viquesnel, dans son étude sur la concession de Mouzeil, avait indiqué au n° 9 de sa coupe, suivant la route de Nantes à Candé, près du village de la Rivière, « une roche altérée présentant de l'analogie avec la pierre carrée ». J'ai retrouvé ce gisement. Il est dans le petit synclinal au nord de l'anticlinal de la Fournerie. Je pense, comme Viquesnel, que ce banc est formé de pierre carrée altérée. Je ne sais pas s'il se prolonge à l'ouest bien au delà de ce point. Mais il est à remarquer qu'un banc de pierre carrée non douteuse, très compacte, d'un grain très fin et d'une couleur grise, comme le banc signalé par Viquesnel, a été trouvé, en creusant la descenderie du puits Saint-Georges, aux mines de la Tardivière, commune de Mouzeil (Loire-Inférieure).

Dans les coupes de la région de Montrelais données par Viquesnel, on peut voir à la Peignerie la pierre carrée très dure interposée en bancs épais entre les veines du Bois-Long, la Grande veine et les veines du Centre. A la Grande mine, elle occupe la même situation. Cette roche, qui se brise souvent en parallélépipèdes, et qui a une tendance à former des éboulements, exige un boisage très solide.

Dans la région des mines de Montrelais le culm supérieur a 1,300 mètres de large. Il se rétrécit beaucoup au nord d'Ingrandes; mais il s'élargit considérablement sous la Loire, et, au niveau de Montjean, sa largeur est de 2,400 mètres, c'est la pierre carrée qui constitue la butte de Montjean appelée la Montagne, mais qui n'est qu'une colline. Cette roche y forme de très beaux escarpements et contient des couches de houille, dont une seule, l'ancienne couche du Vallon, a donné du charbon gras.

Cet élargissement continue dans la concession de Désert située tout entière sous le lit du fleuve. C'est avec une largeur de 2 kilomètres que la grauwacke supérieure sort des alluvions. Elle forme le coteau en entrant dans la concession de Layon-et-Loire, dont l'étude géologique a été l'objet du beau mémoire de M. Rolland que nous avons cité.

Abandonnant la Loire, le culm supérieur s'enfonce vers le S.-E. dans la vallée du Layon, qu'il parcourt dans presque toute son étendue. En avançant, ce terrain productif se rétrécit de telle sorte qu'au delà d'un village nommé Chaume, à 6 kilomètres des coteaux de la Loire, il n'a plus que 300 mètres de large. Dans toute la longueur de cette amande sont trois bancs puissants de pierre carrée.

Nous avons dit qu'à Chaudefonds se montrait un anticlinal formé par le gothlandien qui repose, au nord, sur une large bande de schistes précambriens. Cet anticlinal est le prolongement, après interruption, de celui qui passe entre le calcaire de Cop-choux et le culm supérieur.

Au Pont-Barré, où le culm supérieur commence à s'élargir de nouveau, le carbonifère repose sur d'épais bancs de tufs porphyritiques calcarifères, d'âge gothlandien, que l'on trouve en galets dans le poudingue de base du carbonifère productif.

Le terrain, après le Pont-Barré s'élargit au niveau des mines de Beaulieu. Dans ces mines, les plantes fossiles, qui sont nombreuses, se détachent en blanc sur le fond noir des schistes et grès, remplacées qu'elles sont par de la séricite. Elles ressemblent tout à fait, comme aspect, à celles qui ont rendu célèbre le gisement du Petit-Cœur, dans la Tarentaise. On pourrait confondre les échantillons, sans la différence des espèces à l'état d'empreintes, qui, à Petit-Cœur, sont celles de l'étage houiller supérieur ou stéphanien.

Au delà de Rablay le terrain se rétrécit et finit en pointe, toujours accompagné par les schistes précambriens au sud et les tufs porphyritiques au nord. Dans cet espace, la pierre carrée paraît être abondante.

Après une interruption, le culm supérieur reparaît près de Martigné-Briant, sur un peu plus de 2 kilomètres de long et 1 kilomètre de large, très recouvert par des terrains plus récents, mais ayant cependant toujours au nord les mêmes porphyrites et l'étage silurien supérieur.

Viennent enfin une dernière interruption de 3 kilomètres et un dernier renflement, qui termine la partie visible du terrain carbonifère. Ce renflement est peut-être le plus considérable. Il a 10 kilomètres de long sur 3 de large dans l'endroit où cette largeur est la plus grande et contient les concessions de Saint-Georges-Châtelaison et de Doué. Cette amande est bordée, au sud et au nord, par les mêmes roches que les précédentes.

Ici, comme partout dans le reste du terrain, l'irrégularité des couches de houille est assez grande pour laisser de l'incertitude sur leur prolongement à de grandes distances. Quelques-unes n'ont qu'une très faible longueur en direction et ne sont à proprement parler que des suites d'amas peu développés. Ces couches se dirigent parallèlement entre elles du Nord-Ouest au Nord-Est, puis elles divergent en s'infléchissant un peu vers le nord. En faisant abstraction d'un nombre très considérable de veinules, on peut compter 10 couches qui, presque toutes, ont été exploitées en quelques points.

La concession de Saint-Georges-Chatelaison a donné du charbon maigre et du charbon demi-gras. [On n'y a pas signalé d'accident bien remarquable des couches.]

[Le minerai de fer lithoïde se rencontre fréquemment dans les couches de Saint-Georges. Il est ordinairement disséminé dans l'argile schisteuse du toit des veines, sous la forme de rognons aplatis, que les mineurs appellent *clous*. Rarement on en trouve au mur des couches, rarement aussi en rencontre-t-on dans les bancs de grès quartzeux, où ils sont toujours enveloppés d'un lit mince de houille de quelques millimètres d'épaisseur. La position de ce minerai, disséminé au milieu des roches, ne permet pas d'en faire une exploitation régulière.]

A la veine n° 2 ou des Stanis on a trouvé des couches de grès quartzeux, contenant des fragments de pierre carrée; cette dernière roche, qu'on voit en fragments épars à la surface du terrain, n'a été rencontrée dans aucun coupement en profondeur.

Sauf au nord, cette amande s'enfonce de tous côtés sous les terrains jurassique, crétacé et miocène.

Les fossiles végétaux sont nombreux dans le culm supérieur de la basse Loire. Les principaux sont : *Dactylotheca aspera* Zeill., **D.** *dentata* et var. *deli-*

catula Zeill., *Archæopteris lyra* Stur, *A. Virletii* Stur, *Mariopteris acuta* Zeill., *Diplotmema dissectum* Stur, *D. elegans* Stur, *D. Schönknechti* Stur, *D. furcatum* Stur, *D. distans* St., *Aspidites dicksonioides* Goepp., *Calymmatotheca Dubuissonis* Stur, *C. tridactylites* Stur, *C. silesiaca* Ed. Bur., *C. tenuifolia* α *Brongniarti* Bur., β *Linkii* Bur., γ *divaricata* Bur., *Zeilleria moravica* Bur., *Nevropteris antecedens* Stur part., *N. Schleani* Stur, *Odontopteris antiqua* Dawson, *Lepidodendron lycopodioides* Sternb., *L. Veltheimianum* Sternb., *L. ophiurus* Ad. Brongn., *L. selaginoides* Sternb., *L. rimosum* Sternb., *L. Volkmannianum* Sternb., *Lepidostrobus variabilis* Lindl. et Hutt., *Thaumasiodendron andegaveuse* Ed. Bur., *Ulodendron majus* Lindl. et Hutt., *U. minus* Lindl et Hutt., *Lepidophloios laricinus* Sternb., *Lomatophloios crassicaulis* Corda, *Halonia tuberculata* Ad. Brongn. *Lepidophyllum majus* Ad. Brongn., *L. lanceolatum* Lindl. et Hutt., *Knorria imbricata* Sternb., *Sigillaria minima* Ad. Brongn., *Stigmaria ficoides* Ad. Brongn. et var. β *undulata* Gœpp., γ *reticulata* Gœpp., ζ *inæqualis* Gœpp., θ *elliptica* Gœpp., μ *rugosa* Heer, *Stigmariopsis æqualis* Ed. Bur., *Equisetum antiquum* Ed. Bur., *Calamites Succowii* Ad. Brongn., *C. undulatus* Sternb., *C. cannæformis* Schloth., *C. ramosus* Artis, *Calamostachys paniculata* Weiss, *C. ramosa* Weiss, *Bornia transitionis* F. A. Rœmer, *B. pachystachya* Ed. Bur., *Sphenophyllum Davyi* Ed. Bur., *S. tenerrimum* Ett., *Cordaites borassifolius* Ung., *C. principalis* Gein., etc.

Cette flore est, à très peu de choses près, celle des schistes d'Ostrau (Morvie) et de Waldenburg (Silésie), qui appartiennent à l'étage désigné par M. Grand'Eury sous le nom de Grauwacke supérieure, et qu'on peut en regarder comme le type. Les Fougères sont pour la plupart les mêmes; mais le bassin de la Basse-Loire paraît plus riche en individus et en espèces de Lépidodendrées.

La flore de la grauwacke supérieure, ou culm supérieur, se rapproche beaucoup de celle du sous-étage infra-houiller, avec laquelle cependant la présence du genre *Bornia* et de quelques Fougères à formes archaïques : *Archæopteris lyra* Stur, *Odontopteris antiqua* Dawson, *Nevropteris antecedens* Stur, *Zeilleria moravica* Bur., ne permettent pas de la confondre.

A 1 kilomètre environ au Sud de Teillé (Loire-Inférieure), sur le bord de la route de Nantes à Candé, se trouve un escarpement formé principalement de gros bancs de poudingues plongeant au Nord.

Ces poudingues sont de deux sortes : les uns sont formés de galets de roches diverses et ressemblent tout à fait à ceux d'Ingrandes; les autres ont à peu près

Système carbonifère.

Étage moyen ou Westphalien.

Sous-étage infra-houiller.

exclusivement des noyaux de quartz : c'est le poudingue quartzeux qui, dans ce bassin, accompagne la houille. Dans l'intervalle des bancs de poudingue, surtout du poudingue de grauwacke, sont des couches d'un schiste brun jaunâtre clair rempli d'empreintes de plantes. Je citerai : *Dactylotheca dentata* Zeill., id. var. *delicatula* Zeill., beaux *Schizopteris* appartenant bien probablement à l'espèce précédente; *Eremopteris artemisiæfolia* Schimp.; *Diplotmema Schlotheimi* St., *Alethopteris Mantellii* Gœpp.; *A. Serlii* Gœpp.; *Asterophyllitas longifolia* Ad. Brongn.; *Cordaites principalis* Geinitz; *Artisia approximata* Sternb. *Cordaitanthus communis* Feistm, etc.

Ce n'est plus la flore de la grauwacke supérieure, bien qu'un certain nombre d'espèces soient communes; mais, dans le sous-étage précédent, elles ne constituaient que des raretés, tandis qu'ici elles forment le fond de la flore. D'autres ne se trouvent pas avant le Westphalien : *Eremopteris artemisiæfolia* Schimp., *Diplotmema Schlotkeimi* St., *Asterophyllites longifolia* Ad. Brongn.

Nous avons assurément changé d'étage et atteint la base du westphalien. Il couronne cette série non interrompue de niveaux que nous avons suivis depuis le Dévonien supérieur. Nous retrouverons la partie inférieure du Westphalien dans un des petits bassins qui accompagnent le grand dépôt de la basse Loire.

Système carbonifère.

—

Étage supérieur ou Stéphanien.

On doit à M. Virlet [1] la découverte, près de Doué, d'un très petit bassin houiller superposé au grand dépôt de la basse Loire, mais d'un âge beaucoup plus récent. Ce géologue, dans sa communication à la Société géologique de France, fait remarquer que le terrain de Saint-Georges-Chatelaison avait déjà subi une dislocation lors du dépôt de ce terrain houiller relativement récent. « Ce fait » dit-il, « m'a paru de la plus grande évidence, pour le terrain de « Saint-Georges, lorsque j'ai reconnu qu'il existait, entre Doué et Concourson, « au lieu dit Minières, un très petit bassin houiller, reposant sur celui-ci en « gisement transgressif, et qui, comme je l'ai déjà remarqué, n'a aucun de ses « caractères. Jusqu'alors, on avait cru que ce petit bassin était la continuation « du terrain de Saint-Georges, qui faisait entre ce village et celui de Coucour- « son un coude qui le rejetait vers Doué; mais comme on voyait le terrain se « prolonger vers l'Est, en suivant les coteaux qui bordent la rivière du Layon, « on avait supposé qu'une partie seulement formait un coude et en avait été « séparée; mais on ne disait pas comment. Cette erreur aurait pu entraîner la « compagnie dans des recherches à la fois dispendieuses et infructueuses. Les

[1] *Bull. de la Soc. géol. de France*, t. III, 1832 à 1833, p. 78-79.

« couches du terrain de Saint-Georges sont presque verticales et inclinées au
« nord, tandis que celle du bassin de Minières sont à peine inclinées de 25 à
« 30 degrés vers le sud, et les roches sont parfaitement analogues à celles des
« terrains houillers ordinaires; elles ne ressemblent en rien à celles de Saint-
« Georges; le charbon même est d'une nature toute différente, et enfin les
« fossiles des deux terrains diffèrent essentiellement.

« Il existe dans les argiles schisteuses grises de Minières une espèce de
« plante fossile, appartenant à un genre encore inconnu à l'état fossile, le genre
« *Cannée*. M. Adolphe Brongniart, qui a bien voulu déterminer les fossiles que
« j'ai rapportés de ces deux localités, a donné à cette espèce particulière le
« nom de *Cannophyllites Virletii*; elle était accompagnée d'empreintes de fougères
« bien différentes de celles de Saint-Georges, dont les fossiles, suivant M. Ad.
« Brongniart, diffèrent de ceux de Valenciennes, Saint-Étienne, etc., et se
« rapprochent beaucoup de ceux de plusieurs dépôts houillers du grand-duché
« de Bade, que M. Voltz regarde comme appartenant aux terrains de tran-
« sition. »

Je n'ai pas retrouvé au Muséum les Fougères de Minières qui avaient été soumises à M. Ad. Brongniart. Quant au *cannophyllites Virletii*, il a été recueilli
aussi dans le terrain houiller stéphanien du Finistère, à Kergogne.

Anticlinal divisant le synclinal de Teillé.

La longue bande de culm supérieur contenue dans le synclinal de Teillé
est subdivisée dans les communes des Touches, de Mouzeil et de Teillé, en
deux synclinaux secondaires par une ride anticlinale faisant saillie au centre
du terrain à combustible.

La roche en question est un grès argileux vert, tantôt compact, tantôt
schisteux, dans lequel on n'a pas trouvé de fossiles. Nous croyons devoir retrancher cette roche du terrain carbonifère dans lequel l'avait placé Viquesnel
en lui attribuant le nom de grauwacke. Mais la grauwacke typique de Viquesnel, telle qu'on la voit dans le synclinal d'Ancenis, est d'un vert foncé, à
grain très inégal, passant du grès fin au poudingue; tandis que la roche qui
paraît au milieu du culm supérieur est d'un grain fin et égal, et d'une couleur vert clair, à peu près de la teinte qu'on appelle vert de Chine. Cette roche
est importante à connaître, car les travaux de mine qu'on pourrait y pousser
seraient assurément en pure perte.

Cet anticlinal se présente comme une amande très allongée en forme de fuseau, c'est-à-dire renflée au milieu et longuement atténuée aux deux bouts. Elle commence dans la concession des Touches, à 1,500 mètres au Sud-Ouest du bourg. Elle a 2,500 mètres sur cette concession et 6 kilomètres sur celle de Mouzeil et de Montrelais. La gare de Teillé-Mouzeil est construite sur ce terrain stérile, au commencement de la partie renflée, en venant de l'ouest.

Théoriquement, les assises du terrain à combustible devraient se répéter au nord et au sud de l'anticlinal; mais les couches, dans ce bassin, sont tellement changeantes, même à petite distance, qu'il n'est pas étonnant qu'on n'ait pu les identifier, bien que les deux synclinaux ainsi produits aient été exploités. Aujourd'hui toute l'exploitation est concentrée sur une partie du synclinal sud. Nous avons remarqué de plus que le petit synclinal nord est le seul qui contienne un lambeau de Westphalien.

L'âge de la roche dont nous venons de parler n'a pu encore être précisé. Peut-être est-ce un grès gothlandien, ayant subi un certain degré de métamorphisme, comme cela s'observe, tout près de là, au nord, dans le gothlandien de Teillé. Mais, d'autre part, sa ressemblance avec certains grès argileux du précambrien métamorphique est telle qu'il pourrait se rattacher à l'anticlinal précambrien qui, dans cette région, limite, au sud, le carbonifère productif.

II. FAILLES.

Le bassin de la basse Loire est découpé, dans toute son étendue, par des failles; les unes dirigées O.-E., suivant la direction des strates, les autres N.-S.

Les failles O.-E. les plus importantes sont : 1° la faille de Cop-choux; 2° celle de la vallée du Layon; 3° celle de la Loire.

1° *La faille de Cop-choux*, dirigée du N.-O. au S.-E., s'étend depuis Nort jusqu'au voisinage d'Ingrandes, et longe tout le bord Sud du carbonifère productif. Elle a eu pour effet de ramener au jour le précambrien, sur nombre de points, au centre du bassin de la basse Loire, le divisant ainsi en deux synclinaux : au sud celui d'Ancenis contenant l'eifélien, le givétien, le frasnien, le famennien, la grauwacke inférieure du culm; au nord celui de Teillé contenant la grauwacke supérieure du culm avec exploitations de houille (Mouzeil, la Chapelle-Saint-Sauveur) et le westphalien de Teillé;

2° *La faille de la vallée du Layon*, prolongement de la précédente, après interruption, prend origine à l'est de Chalonnes et se dirige, vers l'est, par la Guerche et Saint-Aubin-de-Luigné, longeant le bord sud du carbonifère productif. Elle a ramené au jour le précambrien, et, au nord de Chaudefonds, le précambrien et le gothlandien transgressif, étages intimement liés dans le bassin de la basse Loire. Comme celle de Cop-choux, elle subdivise le bassin en deux synclinaux : celui du sud, contenant le dévonien moyen et supérieur et le culm inférieur (= synclinal d'Ancenis); celui du nord contenant le culm supérieur et le stéphanien de Minières près Doué-la-Fontaine (= synclinal de Teillé).

Les deux failles que nous venons d'examiner, situées sur le prolongement l'une de l'autre et dans des conditions identiques, n'en forment en réalité qu'une seule, dont on peut suivre en partie l'évolution. Elle a pris origine par un pli anticlinal devenu rivage après le dépôt du grès gothlandien de Cop-choux (galets de grès gothlandien dans le calcaire dévonien supérieur de cette localité), et faille après le westphalien de Teillé. Son bord sud s'est encore affaissé après le dépôt des marnes cénomaniennes (feuille de Saumur);

3° *La faille de la Loire* occupe le lit du fleuve dans toute l'étendue du département de la Loire-Inférieure, et se prolonge en Maine-et-Loire, coupant obliquement les bassins de la Vendée, de Nantes, d'Ancenis et d'Erbray-Angers.

Elle a sensiblement dévié le bord sud du synclinal d'Ancenis, ainsi que le témoigne l'allure du calcaire dévonien d'Ancenis, Liré, Bouzillé.

Elle a favorisé la formation, au sud du fleuve, du synclinal westphalien de Rochefort-sur-Loire.

Enfin, elle a déterminé à Saint-Rémy-la-Varenne le relèvement de la rive gauche de la Loire et mis au jour le jurassique.

Les failles N.-S. sont nombreuses et réparties sur toute la longueur du bassin.

Celle de l'Erdre a dévié, près Nort, le synclinal carbonifère de Languin, prolongement de celui de Teillé.

C'est probablement dans des failles que coulent du N. au S. le ruisseau du Havre qui se jette dans la Loire à Oudon et celui de Grée qui s'y jette près d'Ancenis.

Trois failles parallèles entre elles, dirigées N. O.-S. E., divisent le bassin de la basse Loire, en tronçons qui, par suite de décrochements, s'abaissent gra-

IMPRIMERIE NATIONALE.

duellement vers le sud, en allant de l'ouest à l'est, accident qui rappelle, sur la carte, les marches d'un escalier.

1° La plus à l'ouest part du porphyre à quartz globulaire des Roseaux, commune de Pannecé, rejette au sud, de 500 mètres environ, les schistes précambriens et le grès gothlandien, limite à l'ouest la traînée de microgranulite de la Roche et, sur la rive gauche de la Loire, arrête brusquement à l'ouest le calcaire dévonien de Bouzillé;

2° La suivante limite à l'est une traînée de microgranulite et de diabase, située non loin de Pannecé, passe par l'éruption de porphyre à quartz globulaire de Pouillé, rejette au sud les schistes précambriens et le grès gothlandien et limite à l'est la bande de microgranulite de la Roche;

3° La troisième faille, la plus à l'est, passe entre Saint-Herblon et la Rouxière. Elle produit un rejet du grès gothlandien de 2 kilomètres vers le sud et détermine l'élargissement brusque du carbonifère productif qui prend tout à coup une largeur de 2 kilomètres.

A Montjean, la faille de la carrière Paincourt a mis fin au calcaire givétien et a fait surgir un anticlinal gothlandien qui le subdivise en deux bandes, l'une nord, l'autre sud. Le calcaire, ainsi interrompu, reparaît à Pressoir, à l'est du Mesnil, où il est rejeté à 1 kilomètre au Sud de son prolongement normal.

Viennent ensuite les failles des ruisseaux qui traversent les marais de la ferme de Montillais.

Au four Saint-Vincent, près Chalonnes, la route de Montjean s'engage dans une cassure qui se traduit par l'allure des strates du culm inférieur. Celles-ci, ayant dépassé la verticale, présentent, près de là, dans le coteau élevé de la rive gauche, un important déversement vers la Loire.

Entre Chalonnes et Chaudefonds, les ruisseaux de Saint-Laurent-de-la-Plaine et du Jeu coulent dans des failles.

Le Layon lui-même, aux détours brusques et aux sinuosités nombreuses, coule dans une cassure qui, jointe aux précédentes, a eu pour effet de diviser la partie du bassin dévonico-carbonifère située au sud de la Loire en tronçons ayant chacun leur individualité.

III. PETITS BASSINS HOUILLERS
ACCOMPAGNANT LE GRAND BASSIN DE LA BASSE LOIRE.

La présence de phthanites et d'ampélites dans les schistes gothlandiens a pu faire croire à la présence de petits bassins houillers au sud et·à l'ouest de Montjean (Maine-et-Loire). Le manuscrit de Cacarrié en mentionne trois dont je n'ai pas trouvé trace. Cependant il existe réellement de ces bassins houillers qui sont incontestables, puisqu'ils ont fourni des fossiles. Ils sont parallèles au grand bassin et le suivent latéralement. Il est clair qu'ils occupent des plis accessoires.

Nous avons vu que, près de Teillé (Loire-Inférieure), le culm supérieur est surmonté régulièrement par la base du houiller moyen ou étage westphalien. Un dépôt du même âge se trouve sur la rive gauche de la Loire, à 1 kilomètre au N. E. du culm supérieur qui a été exploité dans la concession de Layon-sur-Loire, et à 1,100 mètres de Rochefort-sur-Loire. Le westphalien est là, seul, complètement séparé du grand bassin par un anticlinal gothlandien de 1,100 mètres d'épaisseur. Ce petit dépôt a 500 mètres de large sur une longueur encore difficile à préciser, mais reconnue sur plus de 2 kilomètres, du Pressoir Girault à Midion, commune de Rochefort. M. Cacarrié dit que ce lambeau [contient deux veinules de charbon, comprises entre deux bancs de poudingue]. Il ajoute que [sur la rive droite de la Loire, au delà de l'alluvion, on retrouve les traces de ce lambeau entre les buttes de porphyre à l'est de Laleu]. Je n'ai pas retrouvé cette trace indiquée sur la rive droite; mais j'ai soigneusement exploré sur la rive gauche, au bord de la route de Rochefort-sur-Loire à Chalonne, une localité de ce petit bassin contenant beaucoup d'empreintes végétales sur un grès argileux d'une couleur jaune nankin, roche assez différente des schistes westphaliens de Teillé. Cependant la flore est la même, sauf que dans le dépôt de Rochefort elle est plus riche en Fougères; mais de part et d'autre on est frappé de l'abondance des *Cordaïtes*.

Ont été reconnus jusqu'ici à Rochefort : *Dactylotheca aspera* Zeill., *D. dentata* Zeill., *Eremopteris artemisiæfolia* Schimp., *Mariopteris muricata* forme typica Zeill., *Alethopteris Mantellii* Gœpp., *A. Serlii* Gœpp., *Sphenopteris furcata* Ad. Brongn., *S. stipulata* Gutb., *S. distans* Sternb., *S. intermedia* Ettingsh., *S. Haidingeri* Ettingsh., *S. Sauveurii* Crépin, *Asterophyllites equisetiformis* Ad.

Étage
Westphalien.
—
Sous-étage
infra-moyen.

51.

Brongn., *A. longifolia* Ad. Brongn., *Cordaites Goldenbergianus* Weiss, *C. borassifolius* Ung., *C. principalis* Geinitz, *Cordaitanthus communis* Feistm.

Cette flore est bien différente du culm supérieur. En la comparant avec celle de Teillé, dont nous avons donné la liste, on se convaincra sans peine qu'elles appartiennent au même niveau.

Étage Westphalien.

Sous-étage sus-moyen.

Un petit bassin houiller se trouve au sud du grand bassin carbonifère, à l'Écoulé, commune de Saint-Laurent-du-Mottay (Maine-et-Loire). On y a recueilli des folioles détachées du *Nevropteris gigantea* Sternb. Cette plante se rencontre plus ou moins abondamment dans tout le houiller moyen et dans les parties inférieures et moyennes du houiller supérieur, où elle devient de plus en plus rare et prend une physionomie particulière. Les folioles trouvées sont semblables à celles figurées par Geinitz et par M. Zeiller. On n'en connaît pas dans les deux dépôts de carbonifère infra-houiller qui se trouvent dans la région de la basse Loire. L'absence totale de Sigillaires dans le petit bassin de l'Écoulé éloigne l'idée de le rapporter au houiller moyen proprement dit. Il me paraît donc appartenir à l'étage westphalien, sous-étage sus-moyen de Grand'Eury; mais des fouilles seraient nécessaires pour confirmer cette opinion. J'avais pris le *Nevropteris* de l'Écoulé pour le *Dictyopteris sub-Brongniarti,* qui lui ressemble beaucoup. On trouve dans le même gisement le *Cordaites borassifolius* Gein.

CHAPITRE IV.

CARTES ET COUPES.

Le bassin de la basse Loire s'étend sur cinq feuilles de la carte géologique détaillée de la France au 1/80.000ᵉ. De l'Ouest à l'Est il commence dans la partie orientale de la feuille de Saint-Nazaire (n° 104), traverse dans toute sa largeur la feuille d'Ancenis (n° 105) et s'étend longuement dans la feuille de Saumur (n° 119). Il occupe aussi l'angle S.O. de la feuille d'Angers (n° 106) et affleure à peine l'angle N.E. de la feuille de Cholet (n° 118).

Si, au lieu de feuilles entières de l'État-Major, on prend des quarts de feuille, il faut neuf de ces cartes partielles pour contenir tout le bassin. Ce sont : Saint-Nazaire (n° 104), N.E. et S.E.; Ancenis (n° 105), N.O., S.O., N.E. et S.E.; Angers (n° 106), S.O.; Cholet (n° 118), N.E.; Saumur (n° 119), N.O.

Les cinq cartes géologiques sont l'œuvre des géologues suivants :

Saint-Nazaire (n° 104)....	MM. Barrois (Charles).
Ancenis (n° 105).......	Bureau (Édouard et Louis).
Angers (n° 106)........	Bureau (Louis) et Welsch (Jules).
Cholet (n° 118)........	Bochet (L.).
Saumur (n° 119).......	Bureau (Louis), Welsch (Jules) et Wallerant.

En somme, la plus grande partie du bassin a déjà été tracée, soit par mon frère, soit par moi, pour la carte géologique détaillée de la France. Le tracé des autres collaborateurs a été respecté aussi scrupuleusement que possible; cependant, le passage de certains niveaux, d'une carte à l'autre, n'a pas toujours été sans quelques difficultés.

La nécessité de réduire la carte générale du bassin au 1/200.000ᵉ, pour éviter une longueur trop grande, a rendu presque invisibles certains dépôts très réduits. J'ai pu heureusement placer, dans deux espaces à peu près libres, deux petits carrés contenant chacun un fragment de carte à un grossissement de 1/50.000ᵉ. Celui de ces cartouches placé au bord Nord de la carte générale comprend les environs de Cop-Choux et de Teillé; celui qui occupe l'angle S.O. donne les environs de Chaudefonds, avec le calcaire de Vallet, trouvé par M. Davy, et les schistes famenniens à végétaux.

COUPES DU BASSIN DE LA BASSE LOIRE.

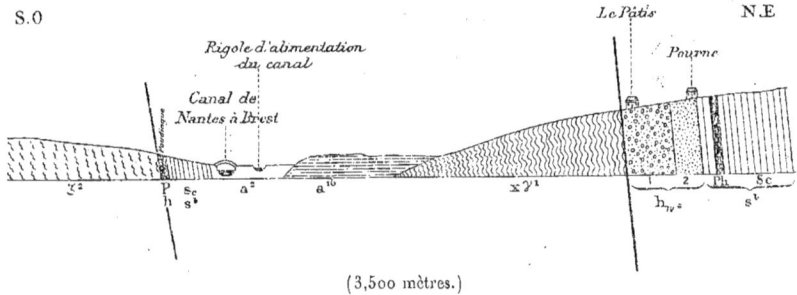

(3,5oo mètres.)

Fig. 4. — Coupe S. O.-N. E., par la Pourne et le Pâtis, à 1 kilomètre à l'Ouest des mines de Languin (Loire-Inférieure).

LÉGENDE.

a^2 Alluvions modernes.

a^{1b} Limon.

h_{IVa} Système carbonifèrien, sous-étage du culm supérieur granulitisé.⎫ 1. Poudingue.
                                                   ⎭ 2. Grès blanc très micacé.

s^4 Système silurien, étage gothlandien : s^c Schistes; Ph Phtanites.

$x\gamma^1$ Système précambrien, schistes granulitisés.

ζ^2 Micaschiste. Le signe ζ^2 s'applique à un faciès plutôt qu'à un niveau géologique distinct. La présence de phtanites dans les couches supérieures de ce micaschiste permet de considérer cette zone comme une forme très métamorphisée du Précambrien.

$\left.{P \atop h}\right\}$ Poudingue carbonifèrien.

$\left.{s^c \atop s^4}\right\}$ Système silurien, étage gothlandien; s^c Schistes.

OBSERVATIONS.

A cette extrémité occidentale du bassin de la basse Loire, le Carbonifèrien, borné au sous-étage du culm supérieur, n'est plus représenté que par les deux niveaux h_{IVa}, n°s 1 et 2, qui me paraissent le prolongement des mêmes numéros de la coupe suivante : le poudingue est identique; le grès est très micacé, mais blanc, non schisteux. L'un et l'autre ont subi assurément une action métamorphique.

$x\gamma^1$ est, sur le trajet de la coupe, entièrement recouvert par les cultures; mais sa puissance et sa direction, à environ 800 mètres à l'Est, ne permettent pas de douter de sa présence en ce point.

Un lambeau houiller $\frac{P}{h}$ a été marqué, par M. Barrois, au pont de la Lannière, sur le canal de Nantes à Brest. J'ai vu, en effet, sur le bord de la route, à 200 mètres environ au Sud du pont, un poudingue quartzeux incontestablement houiller; mais l'absence de fossiles ne permet pas de reconnaître à quel étage il appartient. Entre ce point et le pont sont des schistes gris et un banc de grès verdâtre qui ont tout à fait l'apparence des dépôts gothlandiens $\left({s^c \atop s}\right)$. Ce lambeau carbonifère est sans doute limité, au Sud, par une faille, comme le carbonifère du synclinal de Teillé.

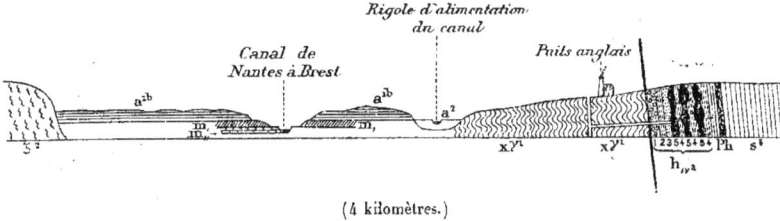

(4 kilomètres.)

Fig. 5. — Coupe Sud-Nord passant par les mines de Languin (Loire-Inférieure).

LÉGENDE.

a^2 Alluvions modernes.

a^{1b} Limon.

$m_,$ Miocène. Meulière de Saffré.

$m_{,,}$ Miocène. Calcaire grossier de Rennes.

h_{IVa} Carbonifère, sous-étage du Culm supérieur.......
{ granulitisé .... { 1. Poudingue.
{ 2. Schistes très micacés.
{ non métamorphisé. { 3. Grès blanchâtre avec fossiles végétaux.
{ 4. Grès et schistes noirs à fossiles végétaux, alternant avec.
{ 5. Couches de houille en chapelets.

s^4 Silurien. Étage gothlandien. **Ph** Phtanite.

$x\gamma^1$ Schistes précambriens granulitisés.

ζ^2 Micaschiste.

OBSERVATIONS.

La roche dans laquelle a été foncé le puits Anglais : schiste quartzeux, sériciteux et ondulé, a la plus grande ressemblance avec la bande précambrienne qui longe au Sud le synclinal d'Ancenis; tandis qu'un affleurement, qui se trouve à 500 mètres au S. O. du même puits, montre une autre forme de ce même terrain : c'est un grès micacé, non ondulé, identique au grès précambrien, qui se voit au Nord du même synclinal. A Cop-Choux comme à Languin on rencontre associés les schistes ondulés et les grès.

Les couches les plus au Sud du terrain carbonifère, que j'ai examinées dans le coupe-ment principal, avant l'abandon de la mine, ont subi une action métamorphique : le poudingue (n° 1) est dur et compact; le schiste (n° 2), rempli de mica, a un faciès de micaschiste. Toutes les couches plus au Nord sont normales : ce sont des schistes et des grès d'abord blanchâtres, puis noirs; les uns et les autres contiennent des empreintes végétales. Les trois couches de charbon sont de 10 à 15 mètres l'une de l'autre et forment souvent de grands bouillards.

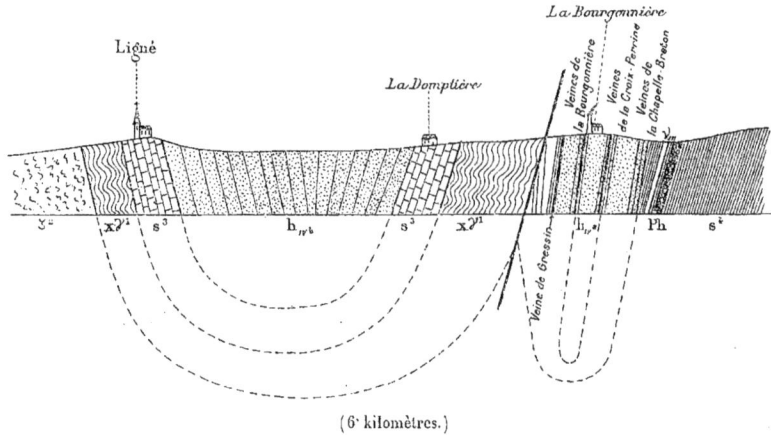

(6· kilomètres.)

Fig. 6. — Coupe S. O.-N. E., de Ligné à la Chapelle-Breton (Loire-Inférieure).

LÉGENDE.

SYSTÈMES.	ÉTAGES.	
Carbonifère.........	Culm.......	h_{IVa} Culm supérieur. Psammite, schiste et houille.
		h_{IVb} Culm inférieur. Grès argileux.
Silurien	Gothlandien..	s^4 Schistes avec phtanites (**Ph**).
		s^3 Grès et schistes.
Précambrien........	....	$x\gamma^1$ Schistes granulitisés.
Micaschiste........	....	ζ^2
Porphyrite andésitique	....	ν_{III}

OBSERVATIONS.

Cette coupe donne le bassin de la basse Loire nettement constitué, avec les deux synclinaux dont il se compose, et sans complications.

Le synclinal d'Ancenis est très régulier. Il est limité au Nord et au Sud par deux anticlinaux, formés chacun par le Précambrien et le Silurien supérieur. Tout l'intérieur de cette cuvette est rempli par la partie inférieure du Culm.

Au Nord d'une faille, qui limite, au Nord, la bande septentrionale du Précambrien, se trouve le synclinal de Teillé, contenant, le long de son bord Sud, le Culm supérieur, le sous-étage qui contient le charbon. Ce sous-étage n'est donc pas superposé au premier; mais, en allant du Sud au Nord, il continue cependant la série ascendante des dépôts carbonifères.

Le Carbonifère est limité au Nord par le Silurien, étage gothlandien. Cet étage y est représenté par sa partie supérieure : schistes avec phtanites.

Il est probable que le Culm supérieur est replié en U ou en V; mais on n'en a pas la certitude, car l'exploitation n'est pas arrivée jusqu'au repli inférieur.

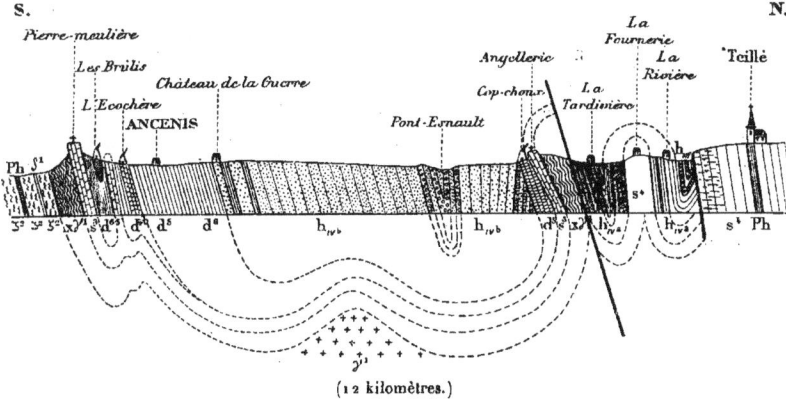

S.   N.

(12 kilomètres.)

Fig. 7. — Coupe Sud–Nord, de Pierre-Meulière à Teillé (Loire-Inférieure).

SYSTÈMES.	ÉTAGES.		LÉGENDE.
Carbonifère..	Westphalien..	h_{III}	Schistes et poudingues au Sud de Teillé.
	Culm......	h_{IVa}	Culm supérieur.
		h_{IVb}	Culm inférieur.
Dévonien....	Famennien...	d^6	Schistes à Pélécypodes et *Psilophyton*.
	Frasnien.....	d^5	Calcaire de Cop-Choux à *Rhynchonella cuboïdes* et schistes à *Spirifer Verneuili* et *Psilophyton*.
	Givetien.....	d^{4b}	Calcaire de l'Écochère à *Uncites Galloisi*.
Silurien.....	Gothlandien..	s^4	Schistes avec phtanite (**Ph**).
		s^3	Grès avec schistes.
Précambrien..	....	$x\gamma^1$	Schistes précambriens granulitiques.
		ζ^2	Micaschiste. **Ph** Phtanite.
		δ^1	Amphibolite.

OBSERVATIONS.

Dans cette coupe, comme dans la précédente, les deux synclinaux d'Ancenis et de Teillé sont distincts. Le synclinal d'Ancenis est subdivisé lui-même en deux plis synclinaux : 1° celui des Brûlis, très réduit, contient uniquement des schistes et calcaires dévoniens d'âge indéterminé; 2° celui d'Ancenis, beaucoup plus étendu, contient des dépôts dévoniens sur ses deux rives. Sur la rive Sud, un récif de calcaire dévonien moyen à *Uncites Galloisi*, situé à l'Écochère, émerge au milieu de schistes et grauwackes à *Spirifer Verneuili* et *Psilophyton* (Frasnien), auxquels succèdent des schistes à Pélécypodes et *Psilophyton* (Famennien), qui, eux-mêmes, passent graduellement aux grès à végétaux du Culm inférieur. Sur la rive Nord s'observe le calcaire frasnien de Cop-Choux à *Rhynchonella cuboïdes*, renversé vers le Sud, et contenant à sa base, située au Nord, des galets du grès gothlandien sur lequel il repose et qui lui formait rivage. L'anticlinal qui sépare le synclinal d'Ancenis de celui de Teillé, limité au Nord par une faille qui le sépare du Culm supérieur, est formé, du Sud au Nord, par le grès gothlandien de l'Angellerie renversé sur le calcaire de Cop-Choux, puis par les schistes précambriens séricitiques, sur lesquels il repose en transgression, comme cela se voit également sur toute la rive Sud du synclinal d'Ancenis.

Le synclinal de Teillé est aussi subdivisé en deux synclinaux secondaires, par un anticlinal formé d'un grès argileux verdâtre, qui paraît être gothlandien. Ces deux petits synclinaux sont remplis par des couches appartenant au Culm supérieur; mais celui du Nord contient, en outre, des schistes, grès et poudingues formant la base de l'étage westphalien. Les schistes gothlandiens (s⁵) sont devenus séericiteux au Sud de Teillé, sous l'influence des microgranulites de la région.

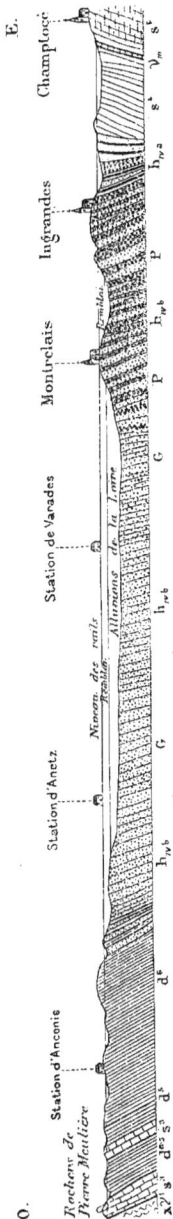

Fig. 8. — Coupe Ouest-Est, suivant la ligne du chemin de fer d'Orléans, de Pierre-Meulière (Loire-Inférieure) à Champtocé (Maine-et-Loire).

LÉGENDE.

SYSTÈMES.	ÉTAGES.		
Carbonifère.	Culm......	h_{va}	Culm supérieur : houille, psammite, poudingue quartzeux.
		h_{rb} Culm inférieur.	G Grès argileux (grauwacke de Viquesnel).
			P Poudingue de grauwacke.
Dévonien...	Famennien....	d^6	Schistes à Pélécypodes et Psilophyton.
	Frasnien....	d^5	Schistes à Spirifer Verneuili et Psilophyton.
Silurien....	Gothlandien	s^4	Schistes avec phtanites (Ph). Ces schistes sont séricitcux à Champtocé.
		s^3	Grès et schistes de Pierre-Meulière.
Précambrien.	....	$x\,\gamma^1$	Schistes séricitcux.

OBSERVATIONS.

Cette coupe, qui a le désavantage d'être oblique par rapport aux différents terrains et de sembler en exagérer la puissance, a, par contre, un avantage : c'est celui de suivre la ligne du chemin de fer et de pouvoir être facilement vérifiée. Nous l'avons choisie pour montrer quelle importance relative prennent les poudingues du Culm inférieur, depuis Ingrande jusqu'auprès de Montrelais : ils occupent plus du tiers de l'épaisseur de cet étage et, en s'amincissant, ils s'étendent à l'Ouest jusqu'à Cop-Choux, à l'Est jusqu'à Montjean. Les bancs de poudingues alternent avec des bancs de grès argileux.

Le bord Nord du synclinal d'Ancenis ne se montre pas dans cette région, et il n'y a plus de limite entre ce synclinal et celui de Teillé, qui se succèdent régulièrement. Il y a même alternance des dernières couches du Culm inférieur (h_{rb}) avec les premières du Culm supérieur (h_{va}).

Les schistes du Dévonien supérieur, à Spirifer Verneuili (d^5), puis à Pélécypodes (d^6), passent graduellement aux premiers bancs du Culm inférieur, et à Champtocé, les schistes gothlandiens (s^4) sont séricitiques.

52.

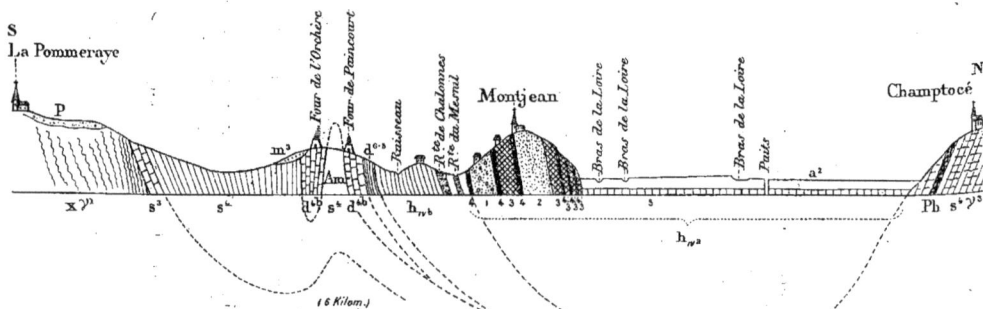

Fig. 9. — Coupe Sud-Nord, de la Pommeraye à Champtocé (Maine-et-Loire).

SYSTÈMES.	ÉTAGES.	LÉGENDE.
Néogène.....	Miocène.........	m³ Faluns à Bryozoaires.
Carbonifère..	Culm...........	h_IV a supérieur. { 1. Poudingue quartzeux. / 2. Grès et schistes. / 3. Pierre carrée. / 4. Couches de houille. / 5. Partie de h_IV a recouverte par les alluvions de la Loire a².
		h_IV b inférieur avec poudingue de grauwacke.
Dévonien....	Frasnien-Famennien	d⁶·⁵ Schistes et grès de la carrière Sainte-Anne à *Psilophyton*.
	Givétien.........	d⁴ Calcaire de Montjean.
Silurien.....	Gothlandien......	s⁴ Schistes avec ampélites (**Am**) et phtanites (**Ph**).
		s³ Grès.
		s⁴ γ³ Schistes microgranulitisés.
Précambrien..	....	x γ¹ Schistes sériciteux.

OBSERVATIONS.

La coupe de la Pommeraye à Montjean nous donne une nouvelle preuve de ce fait important que, dans sa partie moyenne, le bassin de la basse Loire n'est plus composé de deux synclinaux : celui d'Ancenis et celui de Teillé. L'anticlinal formé par le Précambrien et le Silurien supérieur, qui séparait ces deux synclinaux, n'existe plus, de sorte que le Culm remplit un seul et vaste bassin. Le Culm inférieur, sous sa forme ordinaire de grès argileux vert olive ou rougeâtre, présente, à sa partie supérieure, quelques bancs de poudingues, prolongement évident des immenses dépôts de poudingues d'Ingrande. Le Culm supérieur est immédiatement superposé au précédent; il est remarquable par l'importance qu'y prend le tuf porphyrique connu dans le pays sous le nom de *pierre carrée*. Les schistes argileux grossiers à *Psilophyton* du Dévonien supérieur surmontent le calcaire givetien de Montjean, subdivisé en ce point en deux bandes par un anticlinal gothlandien. L'anticlinal Sud est formé des schistes précambriens sériciteux et du Gothlandien. Ce dernier offre deux niveaux : l'inférieur (**s³**) est formé de grès; le supérieur (**s⁴**) avec ampélite (**Am**) au Sud de Montjean et phtanite (**Ph**) près Champtocé. Dans cette dernière région, les schistes qui accompagnent les phtanites sont devenus sériciteux, sous l'influence des microgranulites.

S.O

N.E

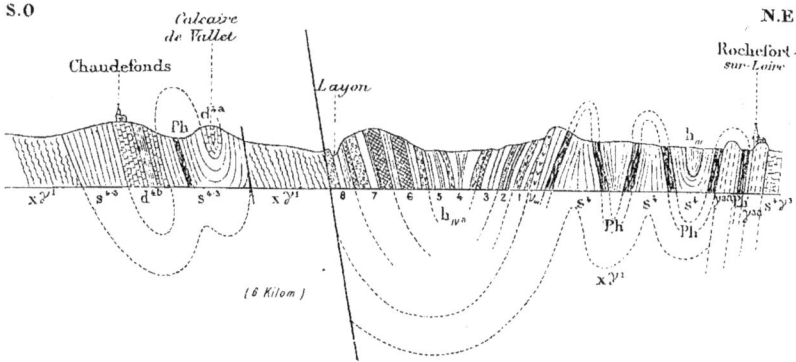

Fig. 10. — Coupe S. O.–N. O., de Chaudefonds à Rochefort-sur-Loire (Maine-et-Loire).

SYSTÈMES.	ÉTAGES.	LÉGENDE.	
Carbonifèrien.	h_{IV} Westphalien.		
	h_{IVa} Culm supérieur.	Groupe 8, du Poirier-Samson.	
		— 7, des Bourgognes.	
		— 6, Goismard.	Poudingue.
		— 5, de la Barre.	Psammite.
		— 4, de Bel-Air.	Schiste.
		— 3, des Noulis.	Pierre carrée.
		— 2, de la Haie-Longue.	Houille.
		— 1, des Essarts.	
Dévonien....	Givétien...........	d^{4b} Calcaire de Chaudefonds.	
		d^{3a} Calcaire de Vallet.	
Silurien.....	Gothlandien........	s^4 Schistes avec phtanite (**Ph**).	
		$s^3\gamma^3$ Schistes microgranulitisés.	
		s^3 Grès avec schistes.	
Précambrien..	....	$x\gamma^1$ Schistes sériciteux.	
		γ^{1a} Microgranulite schisteuse (porphyroïdes).	

OBSERVATIONS.

Cette coupe traverse la région la plus compliquée du bassin de la basse Loire. Un anticlinal précambrien, limité, au Nord, par une faille, rétablit les deux synclinaux d'Ancenis et de Teillé; mais le premier ne contient plus de dépôts carbonifères. Le synclinal d'Ancenis est subdivisé, ici, par un anticlinal gothlandien, formé de grès surmonté par des schistes avec phtanites à Graptolithes, en deux synclinaux secondaires : l'un Sud, contenant le calcaire givétien de Chaudefonds, l'autre Nord, contenant le calcaire de Vallet à *Orthisina Davyi*, rapporté par M. Barrois aux calcaires à crinoïdes de l'Eifel, base du Givétien.

Le calcaire de Chaudefonds est séparé en deux bandes par des schistes probablement de même âge, ayant, en ce point, environ 50 à 60 mètres de puissance.

Le Culm supérieur, limité, au Sud, par une faille, repose, au Nord, sur un tuf porphyritique associé aux schistes verts et rouges, avec phtanites à Graptolithes et lits de calcaire, constituant le niveau le plus élevé du Gothlandien. Ce dernier niveau s'étend au delà de Rochefort-sur-Loire, plissé en un certain nombre de rides synclinales dont l'une contient la base de l'étage Westphalien. Dans le bourg même de Rochefort, des éruptions de microgranulite ont métamorphisé les schistes gothlandiens qu'elles ont transformé en porphyroïdes et schistes à séricite.

Le Culm supérieur est figuré d'après la coupe de Rolland, dont j'ai vérifié sur place l'exactitude. Ce sous-étage est vraisemblablement replié en V; mais la disposition des couches en amandes ne permet pas leur répétition sur les deux versants.

INDEX BIBLIOGRAPHIQUE

POUR LES PARTIES HISTORIQUE ET GÉOLOGIQUE

DE L'OUVRAGE.

———◆———

A

Anonyme. — Reconnaissance et description des veines de houille... depuis Chalonnes jusqu'à Pont-Barré. (Angers, Mame, an XI [1802], in-4°, 23 pages.)

Archiac (Vicomte Étienne-Jules-Adolphe d'). — Note sur la paléontologie du terrain primaire. (Angers, *Société Linnéenne du département de Maine-et-Loire*, t. VIII, 1865, publié en 1866, p. 23-31.)

Assises scientifiques. — Déterminer l'âge relatif des diverses roches éruptives qui ont soulevé les terrains silurien et dévonien de Maine-et-Loire. (Réponse à cette question.) [Assises scientifiques de Maine-et-Loire te-

Assises scientifiques. (*Suite.*)

nues à Angers en 1871, séance du 17 juin. (*Annales de l'Institut des provinces, des Sociétés savantes et des Congrès scientifiques*, Paris, 1871, publié en 1873, 2ᵉ sér., 13ᵉ vol., XXIIIᵉ vol. de la coll., p. 237-238.)]

Athenas, directeur de la Monnaie de Nantes. — Essai sur la minéralogie de la Loire-Inférieure. (*Société académique de Nantes*, 1802, p. 19-24.)

Athenas. — Réunion extraordinaire de la Société géologique de France à Angers en 1841. (*Annales de géologie*, par A. RIVIÈRE, janvier et février 1842, p. 45-53 et 199-217.)

B

Baret (Ch.). — Minéraux nouveaux du département de la Loire-Inférieure. (*Annales de la Société académique de Nantes*, 5ᵉ sér., VIII, 1878, p. 180-183.)

Baret (Ch.). — Traité des minéraux de la Loire-Inférieure, suivi de la description d'une nouvelle espèce minérale trouvée dans le département et d'une note sur une argile non décrite de la carrière du Rocher-d'Enfer, sur les bords de l'Erdre, près Nantes. (*Bulletin de la Société académique de Nantes*, 1885, 6ᵉ série, V, p. 392-496.)

Baret (Ch.). — Note pour servir à la minéralogie de la Loire-Inférieure. (*Bulletin de la Société des sciences naturelles de l'ouest de la France*, II, 1892, p. 121-123, 151-156; X, 1900, p. 103-104.)

Baret (Ch.). — Minéralogie de la Loire-Inférieure. (Extrait du *Bulletin de la Société des sciences naturelles de l'ouest de la France*, in-8°, VIII, 1898, p. 1-175, 19 pl.)

P. 169, Analyses de combustibles; p. 166, Élatérite.

Baret (Ch.). — Catalogue de la collection de minéralogie de Maine-et-Loire, dressé par M. Baret. (*Bulletin de la Société d'études scientifiques d'Angers*, XXX° année, 1900.) Édité en 1901, p. 33-54.

Baret (Ch.). — Rapports sur des excursions minéralogiques aux environs d'Angers. (*Bulletin de la Société d'études scientifiques d'Angers*, XXX° année, 1900.) Publié en 1901, p. 1-4.

Barrois (Charles). — Observations sur la constitution géologique de la Bretagne. (*Annales de la Société géologique du Nord*, 16 janvier 1884, XI, p. 87-91; 21 mai, 278-285.)

Barrois (Charles). — Mémoire sur le calcaire dévonien de Chaudefonds (Maine-et-Loire). (*Annales de la Société géologique du Nord*, 3 mars 1886, XIII, p. 170-205, pl. I-V.)

Barrois (Charles). — Sur la structure des plis carbonifères de la Bretagne. (*Bulletin de la Société géologique de France*, XXXIV, 2 décembre 1896, p. 137-161.)

Barrois (Charles). — Des divisions géographiques de la Bretagne. (Paris, *Annales de géographie*, 1897, p. 23-61, 1 pl.)

Barrois (Charles). — Carte géologique détaillée de la France, au 1/80,000, feuille 104, Saint-Nazaire, 1897.

Barrois (Ch.). — Carte de Bretagne au millionième. (*Bulletin des Services de la carte géologique de France*. Comptes rendus des collaborateurs, campagne de 1902, édité en 1903, XIII, n° 91, p. 25-32, 1 fig., carte.)

Beauregard (De). — Statistique du département de Maine-et-Loire, publiée par la *Société nationale d'agriculture, sciences et arts d'Angers*, 2° édition, 1850. Imprimerie Victor Pavie, rue Saint Laud.

Géologie, p. 163; Analyses de combustibles, p. 173.

Beauregard (De). — Essai de statistique du département de Maine-et-Loire. (Angers, 1° édition, 1839, Victor Pavie, in-12, 130 p.)

Beausoleil (Dame et baronne de). — La restitution de Pluton au Roy et à nos Seigneurs de son conseil des riches et inestimables thrésors nouvellement découverts dans le royaume de France présentée à Sa Majesté par la B. de B. S. (In-8° sans nom de lieu, 1632, 16 pages. Réédité par Godet, dans *Anciens minéralogistes*, p. 293-322.)

Beausoleil (Dame et baronne de). — La restitution de Pluton, à Monseigneur l'éminentissime cardinal de Richelieu, des mines et minières de France, cachées et détenues jusqu'à présent au ventre de la terre, par le moyen desquelles les finances de Sa Majesté seront beaucoup plus grandes que celles de tous les princes chrétiens et ses sujets plus heureux de tous les peuples. Ensemble la raison pourquoi les dites mines et minières ont été jusqu'à présent presque inutiles et sans profit à la souveraineté et majesté royale. (A Paris, chez Hervé du Mesnil, rue Saint-Jacques, à la Samaritaine. MDCXXXX [1640] avec privilège du roi.)

Beausoleil (Dame et baronne de). — La restitution de Pluton. A Monseigneur l'éminentissime cardinal duc de Richelieu. Métallurgie ou l'art de tirer ou de purifier les métaux, traduite de l'espagnol d'Alphonse Barba avec les dissertations les plus rares sur les mines et les opérations métalliques. Dédiée à M. Grassin, Directeur général des Monnoyes de France. (Paris, 1751, 2 volumes in-12, t. II, p. 56-151.)

Becquey, directeur général des ponts et chaussées et des mines. — État des mines abandonnées. (Paris, *Moniteur* d'octobre 1826.)

Note prise dans Caillaux, par M. Davy.

Benoit (Félix). — Étude inédite sur la géologie de l'Anjou. (*Bulletin de la Société des sciences naturelles de Saône-et-Loire*, 1899, 25ᵉ année, nouvelle série, V, Chalon-sur-Saône, p. 108, 126, 138, 155 et 181.)

Benoit (Félix). — Aperçus sur la géologie du département de Maine-et-Loire. (*Bulletin de la Société des sciences naturelles de Saône-et-Loire*, 1899, nouvelle série, V, p. 186-188.)

Béraud (F.-C.). — Le cabinet d'histoire naturelle d'Angers, son origine et ses progrès. (*Mémoires de la Société d'agriculture, sciences et arts d'Angers*, 2ᵉ série, I, p. 169-186, 1850.)

Béraud (F.-C.). — Établissements scientifiques et artistiques d'Angers. Musée d'histoire naturelle. (*Mémoires de la Société d'agriculture, sciences et arts d'Angers*, 2ᵉ série, VII, p. 182-199, 1856.)

Béraud (F.-C.). — Note pour faire suite au rapport de M. Ménière sur le tableau géognostique du département de Maine-et-Loire, par Prévost. (*Mémoires de la Société académique d'Angers*, IV, 1858, p. 105.)

Bergeron (J.). — De l'extension possible des différents bassins houillers de la France. (Extrait des *Mémoires de la Société des ingénieurs civils de France*, bulletin de mai 1896. Tiré à part, 27 p., 5 fig., 1 pl., in-8°, Paris, cité Rougemont, 10.)

Bertereau (Martine de). — Véritables déclarations de la découverte des mines et minières de France par le moyen desquelles Sa Majesté et ses sujets se peuvent passer de tous les pays étrangers. Ensemble des propriétés d'aucunes sources et eaux minérales découvertes depuis peu de temps à Château-Thierry. Par Dame Martine de Bertereau, baronne de Beausoleil. (Paris, 1632, 12 p. in-4°.)

Les véritables déclarations, etc., sont repro-

Bertereau (Martine de). [*Suite.*]

duites dans Barba (A.). *Métallurgie ou l'art de tirer*, etc., t. II, p. 35 à 55.

Ces feuilles sont dédiées à M. d'Effiat, surintendant général des mines de France.

Bertrand-Geslin. — Lettre à M. Viquesnel sur les couches à combustible et les calcaires dévoniens de la Basse-Loire. (*Bulletin de la Société géologique de France*, 19 février 1844, 2ᵉ série, 1, p. 268-269.)

Bigot (A.). — Le précambrien et le cambrien dans le pays de Galles et leurs équivalents dans le massif breton. (*Bulletin de la Société géologique de France*, 19 novembre 1888, 3ᵉ série, XVII, p. 161-183, 3 fig.)

Bigot (A.). — Groupement et notation des assises siluriennes de l'Ouest de la France. (*Laboratoire de géologie de l'Université de Caen*, 7ᵉ volume, 1903, édité en 1904, p. 3-24.)

Bigot de Morognes. — Notice minéralogique et géologique sur quelques substances du département de la Loire-Inférieure (*Journal des Mines*, XXI, 1807, n° 125, p. 351, 352, 357, 358.)

Bigsby. — Thesaurus siluricus. The flora and fauna of the silurian period. (London, in-4°, 1878.)

Bigsby. — Thesaurus devonico-carboniferus. The flora and fauna of the devonico-carboniferous. (London, in-4°, 1878.)

Bizard (René). — Explication de la carte géologique, régions naturelles de Maine-et-Loire. (*Angers et l'Anjou*, publié à l'occasion du Congrès de l'Association française pour l'avancement des sciences à Angers, en 1903, p. 73-98.)

Bizet (P.). — Feuille d'Angers. (*Bulletin des services de la carte géologique de France*, comptes rendus des collaborateurs, campagne de 1896, IX, n° 59, p. 17-49, publiée en 1897.)

IMPRIMERIE NATIONALE.

Bizet (P.). — Feuille d'Angers. (*Bulletin des services de la carte géologique de France*, comptes rendus des collaborateurs, campagne de 1899, XI, n° 73, p. 18-19; publiée en 1900.)

Blordier-Langlois. — Description des travaux des mines de Layon-et-Loire. (Affiche du 30 mai 1823.)

Bochet (L.). — Carte géologique détaillée de la France au 1/80,000, feuille 118, Cholet. Publiée en 1889.

Bouvet (L.). — Le Musée d'histoire naturelle et le Jardin botanique d'Angers. (*Bulletin de la Société d'études scientifiques d'Angers*, 1886, 15ᵉ année, 1885, p. 145-184.)

Brohée (V.-F.). — Rapport général sur la concession des mines des Touches et de Mouzeil. (Brochure in-4°, 5 p., plans.)

Brohée (V.-F.). — Étude sur la concession des mines des Touches. Bassin houiller de la Loire-Inférieure. (Brochure in-4°, 30 p., 3 pl. Paris, librairie Baudry, 1888.)

Brossard de Corbigny. — Sur les houillères de Maine-et-Loire. Troisième question du programme des sciences ainsi conçue : A-t-il été fait des découvertes nouvelles intéressant les progrès de la géologie et la paléontologie ? (*Annuaire de l'Institut des provinces, des sociétés savantes et des congrès scientifiques*, 2ᵉ série, 13ᵉ volume, 23ᵉ volume de la collection, 1871. Derache, Hachette, Dentu, Paris, 1873, p. 253-259, 260-278.)

Brossard de Corbigny, ingénieur des mines. — Analyses d'anthracites de la Basse-Loire. (*Annuaire de l'Institut des provinces*, 23ᵉ volume, 1871; *Annales des Mines; Revue de géologie*, 1878, p. 473-474.)

Brossard de Corbigny. — Analyses d'anthracites des bassins de la Basse-Loire et de la Vendée. (*Annales des mines*, 1877, 7ᵉ série, XI, p. 362-363.)

Brossard de Corbigny. — Étude des terrains anthraxifères de la Basse-Loire. (*Annuaire de l'Institut des provinces*, 23ᵉ volume, 1871; *Annales des Mines; Revue de géologie*, 1878, 7ᵉ série, X, p. 583.)

Brossard de Corbigny. — Analyses de houilles, dolomies, calcaires, fer carbonaté, pierre carrée, schiste ardoisier, etc., de Maine-et-Loire et environs. (*Annales des mines*, 1879, 7ᵉ série, XV, p. 476-481.)

Bunel (H.) fils. — Étude sur la concession des mines de houille des Touches; bassin houiller de la Loire-Inférieure, brochure in-8°, 15 p.

Bureau (Édouard). — Note sur l'existence du dévonien supérieur en Bretagne. (*Bulletin de la Société géologique de France*, 4 juillet 1859, 2ᵉ série, XXVII, p. 862-863.) Tiré à part, même pagination.

Bureau (Édouard). — Note sur l'existence de trois étages distincts dans le terrain dévonien de la Basse-Loire. (*Bulletin de la Société géologique de France*, 18 juin, 2ᵉ série, XVII, 1860, p. 789-796, 1 coupe.) Tiré à part, même pagination.

Bureau (Édouard). — Rapport sur la visite faite en août 1861, par la Société botanique de France, au Musée d'histoire naturelle de la ville de Nantes. (Paris, *Bulletin de la Société botanique de France*, VIII, 1861, p. 763-767.)

Bureau (Édouard). — Les sciences naturelles à Nantes. (*Association française pour l'avancement des sciences*, Congrès de Nantes, conférence du 20 août 1875, p. 1333-1354.)

Bureau (Édouard). — Terrain dévonien et anthracifère de la Basse-Loire. (*Bulletin de la Société géologique de France*, 16 février 1880, 3ᵉ série, VIII, p. 278-279.)

Bureau (Édouard). — Recherches sur la structure géologique du bassin primaire de la Basse-Loire. (*Bulletin de la Société géologique de France*, 3 décembre 1883, 3ᵉ série, XII, 1884, p. 165-179, 1 coupe.) Tiré à part, même pagination.

Bureau (Édouard). — Sur la présence de l'étage houiller moyen en Anjou. (*Comptes rendus de l'Académie des sciences*, 1884, XCIX, p. 1036-1838.)

Bureau (Édouard). — Premières traces du terrain permien en Bretagne. (*Comptes rendus de l'Académie des sciences*, CI, 13 juillet 1885, p. 176-178.)

A rectifier. La découverte d'échantillons plus nombreux et mieux conservés fait descendre ce gisement dans le carbonifère moyen.

Bureau (Édouard). — La géologie des environs d'Ancenis dans ses rapports avec l'agriculture. (Saint-Brieuc, 1895, imprimerie René Prud'homme, brochure in-8°, 20 p.)

Bureau (Édouard). — Le Muséum d'histoire naturelle de Nantes et la Société des sciences naturelles de l'ouest de la France. (*Comptes rendus du Congrès des sociétés savantes en 1909, sciences.* 8 p., 4 pl. et tiré à part, 1910. Paris, Imprimerie nationale.)

Bureau (Édouard et Louis). — Carte géologique détaillée de la France au 1/80,000, feuille 105, Ancenis; avec note explicative. Paris, Baudry et Cⁱᵉ, éditeurs, 1890.

Bureau (Édouard et Louis). — Notice explicative sur la feuille géologique d'Ancenis. (*Bulletin de la Société des sciences naturelles de l'ouest de la France*, Nantes, 1891, I, p. 54-67.)

Bureau (Édouard et Louis). — Carte géologique d'Ancenis. (*Comptes rendus de l'Académie des sciences*, 6 juillet 1891.)

La Nature, 11 juillet 1891, compte rendu par M. Stanislas Meunier.

Bureau (Louis) et Bureau (Édouard). — Notice sur la géologie de la Loire-Inférieure, avec liste des végétaux fossiles par Édouard BUREAU. (Nantes et la Loire-Inférieure, 1898-1900 [1900], III, p. 99-522, 63 fig., 3 pl., 1 carte. Tiré à part. Nantes, Grimaud et fils, 1900, in-8°, même pagination.)

Bureau (Louis). — Présence de la Stibine à Couffé. (*Annales de la Société académique de Nantes*, comptes rendus des travaux de la section des sciences naturelles, 1886, 6ᵉ série, VII, p. 199.)

Bureau (Louis). — Excursion géologique de Chalonnes à Montjean (Maine-et-Loire). (*Bulletin de la Société d'études scientifiques d'Angers*, 1889, XIX, p. 183-192, avec 1 pl. double.) Édité en 1900. Tiré à part, même pagination.

Bureau (Louis). — Feuille d'Angers. (*Bulletin des services de la carte géologique de France*, comptes rendus des collaborateurs, campagne de 1894, éditée en 1895, n° 45, VII, p. 45-48.)

Bureau (Louis). — État d'avancement de la feuille géologique d'Angers. (*Bulletin de la Société des sciences naturelles de l'ouest de la France*, V, 1895, p. 13-16.)

Bureau (Louis). — Feuille de Saumur. (*Bulletin des services de la carte géologique de France*, comptes rendus des collaborateurs, campagne de 1896, éditée en 1897, n° 59, p. 50-53; *Bulletin de la Société des sciences naturelles de l'ouest de la France*, VII, 1897, p. 11-14.)

Bureau (Louis). — Feuille de Saumur. (*Bulletin des services de la carte géologique de la France*, comptes rendus des collaborateurs, campagne de 1898, éditée en 1899, n° 69, X, p 22-25; *Bulletin de la Société des sciences naturelles de l'ouest de la France*, IX, 1899, p. 105-109.)

Bureau (Louis). — Feuille d'Angers. Rapport à M. le Directeur du service de la carte géologique détaillée de la France. (*Bulletin des Services de la carte géologique de France*, comptes rendus des collaborateurs, n° 80, p. 19-22, 1900, X; *Bulletin de la Société des sciences naturelles de l'ouest de la France*, X, 1900, p. 217-223.)

Bureau (Louis). — Feuille d'Angers. (*Bulletin des services de la carte géologique de France*, comptes rendus des collaborateurs, campagne de 1900, éditée en 1901, n° 80, XII, p. 19-22; *Bulletin de la Société des sciences naturelles de l'ouest de la France*, 2ᵉ série, I, 1901, p. 86-95.)

Bureau (Louis). — Feuille d'Angers. (*Bulletin des services de la carte géologique de France*, comptes rendus des collaborateurs, campagne de 1901, éditée en 1902, n° 85, XII, p. 35-57; *Bulletin de la Société des sciences naturelles de l'ouest de la France*, 1902, 2ᵉ série, II, p. 327-329.)

Bureau (Louis). — Feuille d'Angers. (*Bulletin des services de la carte géologique de France*, comptes rendus des collaborateurs, campagne de 1902 [publiée en 1903], XIII, n° 91, p. 34-36.)

Bureau (Louis). — Feuille d'Angers. (*Bulletin des services de la carte géologique de France*, comptes rendus des collaborateurs, campagne de 1903 [paru en 1904], XV, p. 31-32; *Bulletin de la Société des sciences naturelles de l'ouest de la France*, 1903, 2ᵉ série, III, p. 389-391.)

Bureau (Louis). — Note sur les grès Gothlandiens du synclinal d'Ancenis. (*Bulletin de la Société d'études scientifiques d'Angers*, 1905, édité en 1906, 35ᵉ année, p. 125-130.)

Bureau (Édouard et Louis), Davy (L.) et Dumas (A.). — Livret guide de la réunion extraordinaire de la Société géologique de France à Nantes et à Châteaubriant, du 1ᵉʳ au 9 septembre 1908. (*Bulletin de la Société des sciences naturelles de l'ouest de la France*, 2ᵉ série, VIII, 1ʳᵉ partie, 1908, p. 117-131, 13 figures dans le texte, 2 planches. Tiré à part, 65 pages. Nantes, imprimerie Dugas, quai Canard, 5.)

Bureau (Édouard et Louis), Davy (L.) et Dumas (A.). — *Compte rendu de la réunion extraordinaire de la Société géologique de France, à Nantes, Chalonnes et Châteaubriant*, du mardi 1ᵉʳ au mercredi 9 septembre 1908. (*Extrait du Bulletin de la Société géologique de France*, p. 593-680, 1 carte et fig. dans le texte.)

Bureau (Louis), Wallerant (Frédéric) et Welsch (Jules). — Carte géologique détaillée de la France au 1/80,000, feuille 119, Saumur. (Novembre 1900.)

Bureau (Louis), Wallerant (Frédéric) et Welsch (Jules). — Note explicative de la feuille de Saumur. (*Bulletin de la Société des sciences naturelles de l'ouest de la France*. Nantes, 1901, 2ᵉ série, I, p. 86-95.)

Bureau (Louis) et Welsch (Jules). — Carte géologique détaillée de la France au 1/80,000, feuille 106, Angers. (1906.)

Bureau (Louis) et Welsch (Jules). — Carte géologique détaillée de la France au 1/80,000, feuille 106, Angers. (Février 1907.)

C

Cacarrié. — Résultats principaux des expériences faites dans le laboratoire d'Angers pendant l'année 1843. (*Annales des mines;* VI, 1843, p. 427 ; VIII, 1844, p. 104 ; X, 1845, p. 686.)

Analyses de houille de Saint-Georges-Châtelaison, Layon-et-Loire, Montjean et de calcaires de Chalonnes et de Chaudefonds.

Cacarrié. — Description géologique du département de Maine-et-Loire, publiée conformément à la délibération du Conseil général, par M. Cacarrié, ingénieur des mines. (Angers, impr. Cosnier et Lachèse, 1845.)

Terrain anthracifère, p. 64-80 ; Analyses de charbon, p. 78-80 ; Détails sur concessions, allures du terrain et couches.)

Cacarrié. — Carte géologique du département de Maine-et-Loire, 1845.

Cacarrié. — Analyse de deux roches pétrosiliceuses de Doué et de Rablay (Maine-et-Loire). (*Annales des mines,* 1845, 4ᵉ série, VIII, p. 769.)

Cacarrié. — Résultats principaux des expériences faites dans le Laboratoire d'Angers pendant l'année 1845. (*Annales des mines,* 4ᵉ série, t. X, 1846, p. 686.)

Cacarrié. — Étude du bassin anthraxifère de la Basse-Loire.

Manuscrit important de 1853. L'original est aux Archives des mines, à Bourges. J'en dois la connaissance à M. de Grossouvre et j'en ai fait une copie.

Cacarrié, Montmarin, Le Chatellier. — Carte géologique du département du Maine-et-Loire, 1845.

Caillaux (Alfred). — Tableau général et description des mines métalliques et des combustibles minéraux de la France. (Paris, Baudry, 1875, in-8°, 632 p. Extrait des *Mémoires de la Société des ingénieurs civils.*)

Caillaux (Alfred). — Carte minière de la France à l'échelle de 1/1,250,000, imprimée en 18 couleurs. (Paris, Baudry.)

Cailliaud (Frédéric). — Études géologiques et paléontologiques sur le département de la Loire-Inférieure.

Manuscrit de Cailliaud, daté 14 novembre 1858. Muséum d'histoire naturelle de Nantes.

Cailliaud (Frédéric). — Carte géologique de la Loire-Inférieure. Échelle 1/200,000.

Le texte inédit est au Muséum d'histoire naturelle de Nantes.

Cailliaud (Frédéric). — Explication de la carte géologique de la Loire-Inférieure. (Nantes, Mellinet, *Annales de la Société académique de Nantes,* 1861, p. 263-276.)

Cailliaud (Frédéric). — Présentation de la carte géologique de la Loire-Inférieure. (*Bulletin de la Société géologique de France,* 17 novembre 1862, 2ᵉ série, XX, p. 25.)

Observations de Triger et Dalimier.

Carez et Vasseur. — Carte géologique de la France au 1/500,000, 1886.

Carnot (Ad.). — Tableaux des essais de combustibles minéraux faits au bureau d'essai de l'École des mines. (*Annales des mines,* Paris, 1879, 7ᵉ série, XVI, p. 423-487.)

Compagnies de Montrelais, la Guérinière Languin, Desert.

Chabeaussière (De la), directeur des mines de Montrelais. — Mémoire sur les mines de Montrelais. (Paris, *Journal des mines*, XXV, 1809, n° 150, p. 171.)

C'est le résumé d'un mémoire très étendu qui semble n'avoir pas été imprimé.

Chatelier (H.). — Géologie du département de Maine-et-Loire. (Deuxième édition de la statistique du département de Maine-et-Loire de de Beauregard, publiée par la Société nationale d'agriculture, sciences et arts d'Angers, 1re édition, 1842 ; 2e édition, 1850. Angers, chez Cosnier et Lachèze, 1 vol. in-8°, p. 156-189.)

Chatelier (Le) et Sentis. — Résultats principaux des expériences faites dans le laboratoire d'Angers, en 1839. (Paris, *Annales des mines*, 1839-1840, 3e série, XVIII, p. 503-510, et XX, p. 323-336.)

CHAUDEFONDS (Maine-et-Loire). — Ordonnance du 19 août 1832, autorisant le sieur Pellé à faire des recherches de houille dans la commune de Chaudefonds, III, p. 732 ; – du 23 novembre 1835, concédant aux sieurs Maurille et Cie les mines de houille de Chaudefonds. (*Annales des mines*, 3e série, VIII, p. 620.)

Coquebert de Montbret et d'Omalins d'Halloy. — Carte géologique de la France, 1 feuille, 1825.

Cordier. — Mémoire relatif au matériel des mines de Saint-Georges. (*Journal des mines*, 1808.)

Cordier (Louis), ingénieur des mines. — Description technique et économique des mines de houille de Saint-Georges-Châtelaison, ou procès-verbal d'examen et d'estimation de ces mines et dépendances. (Paris, *Journal des mines*, 1815, XXXVII, p. 161-214 et p. 257-300, 1 pl., 1er semestre 1815.)

Cordier (P.-Ant.). — Rapport sur les mines de houille en France, fait le 19 octobre 1814, à M. le Directeur général et au Conseil des mines. Avec planches, 1814.

Couffon (Olivier). — Le terrain carbonifère et les mines de houille en Anjou, du xive siècle à nos jours. (*Bulletin de la Société d'études scientifiques d'Angers*, 1905 [publié en 1906], XXXe année, p. 87-90.)

Couffon (Olivier). — Compte rendu de la session extraordinaire de la Société d'études scientifiques d'Angers à Chalonnes, 13 et 14 juin 1905. (*Bulletin de la Société d'études scientifiques d'Angers*, XXXVe année, 1905, édité en 1906.)

Couffon (Olivier). — Le Musée d'histoire naturelle d'Angers (1794-1905). [Extrait de la *Revue de l'Anjou*. A Angers, chez Germain et Grassin, libraires, 1906, in-8°, 100 p. Portraits et plans.]

Courtiller jeune. — Catalogue du Musée de Saumur. (*Annales de la Société Linnéenne de Maine-et-Loire*, 1868.)

Roches et fossiles p. 1-86, 6 planches.

Crié (Louis). — Les Tigillites siluriennes. (*Comptes rendus de l'Académie des sciences*, 11 mars 1878, LXXXVI, p. 687.)

Crié (Louis). — Les anciens climats et les flores fossiles de l'ouest de la France. Rennes, 1879, in-8°, 1 planche.

Crié (Louis). — Contribution à la flore paléozoïque de l'Ouest de la France. (*Comptes rendus de l'Académie des sciences*, 1880, XLI, p. 241.)

Crié (Louis). — Les origines de la vie. Essai sur la flore primordiale. (Paris, Doin éditeur, in-8°, 85 pages.)

D

Dalimier (Paul). — Essai sur la géologie comparée du plateau méridional de la Bretagne, comprenant l'étude des terrains dévonien, silurien et cambrien. (*Bulletin de la Société géologique de France*, 15 décembre 1862, 2ᵉ série, XX, p. 126, 154, 1 pl. *Comptes rendus de l'Académie des sciences*, 1862, LV, p. 922.)

Danton (Désiré). — Carte du canton de Vihiers (Maine-et-Loire), 1870.

Danton (Désiré). — Sur le métamorphisme des roches. (*Association française pour l'avancement des sciences*, 7ᵉ session, Paris, séance du 27 août 1878, publié en 1879, p. 584-637.)

Danton (Désiré). — Constatation d'une nouvelle zone de terrain dévonien dans le Sud de Maine-et-Loire s'étendant en direction dans les Deux-Sèvres. (*Association française pour l'avancement des sciences*, Paris, 1889, publié en 1890, 1ʳᵉ partie, p. 293, 10 lignes; 2ᵉ partie, p. 436, 1 page.)

Davidson (Thomas). — Introduction à l'histoire des Brachiopodes vivants et fossiles.

Davy (Louis). — A propos d'un nouveau gisement du terrain dévonien supérieur à Chaudefonds (Maine-et-Loire). [*Bulletin de la Société géologique de France*, 3ᵉ série, XIII, p. 2-8, 1 fig. communiqué 3 novembre 1884, publié en 1885.]

Davy (Louis). — Le terrain dévonien supérieur à Chaudefonds, 2ᵉ étude. (*Bulletin de la Société d'études scientifiques d'Angers*, XIV, p. 135, 1884.)

Davy (Louis). — Contribution à l'étude géologique des environs de Chalonnes-sur-Loire. (Nantes, *Bulletin de la Société des sciences naturelles de l'ouest de la France*, V, 1895, p. 199-204.)

Davy (Louis). — Bibliographie géologique, minéralogique et paléontologique du nord-ouest de la France. (*Bulletin de la Société des sciences naturelles de l'ouest de la France*, 2ᵉ série, III, 1903, p. 239-384; IV, 1904, p. 263-340; V, p. 13-59.)

Travail très utile. M'a beaucoup servi.

Davy (Louis). — Ce que l'on croit savoir aujourd'hui sur la constitution géologique des environs de Chalonnes-sur-Loire. (*Bulletin de la Société d'études scientifiques d'Angers*, XXXVᵉ année, 1905, publié en 1906, p. 91-125.)

Delafosse. — Cours de minéralogie, 1860, t. II, p. 198.

Étatérite.

Delesse. — Mémoire sur la constitution minéralogique et chimique des roches des Vosges. (*Annales des mines*, 5ᵉ série, II, 1853.)

Il y est question de la pierre carrée des bords de la Loire, p. 748, 750, etc.

Deroux (H.), ingénieur civil des mines, rédacteur en chef du journal *La Houille*. — Bassin houiller de la Loire-Inférieure. Étude sur la concession des mines des Touches, in-4°, 30 p., 4 planches de cartes et coupes, avril 1886. Paris, imprimerie Joseph Kugelmann, 12, rue de la Grange-Batelière. En vente au journal *La Houille*, 39, rue de Châteaudun.

C'est une réimpression avec planches du travail publié l'année précédente dans le journal *La Houille*. Il a paru en trois articles au moins; je n'ai vu que le second, 18ᵉ année, n° 36, 24 septembre 1885.

Desmazières. — Essai historique et bibliographique sur la géologie et la paléontologie en Anjou. XXII, 1892, publié en 1893, p. 21-100.

Desmazières. — La géologie, la minéralogie et la paléontologie au musée d'histoire naturelle de la ville d'Angers. (*Bulletin de la Société d'études scientifiques d'Angers*, XXVII, 1897, p. 1-103. Publié en 1898.)

Desmazières (O.). — Note sur la collection de M. Bas donnée au Musée paléontologique d'Angers par Mᵐᵉ veuve Bas, née Louise Vallet. (*Bulletin de la Société d'études scientifiques d'Angers*, 1900, p. 83-87, publié en 1901.)

Desmazières (O.). — Géologie et paléontologie du département de Maine-et-Loire extrait d'*Angers et l'Anjou. Notices historiques, scientifiques et économiques.* (Angers, chez Germain et Grassin, 1903, in-8°, 744 pages, 35 dessins, 13 gravures, 6 cartes et plans, p. 39-72, et tiré à part.)

Desmazières (O.). — Notice sur les collections concernant la géologie, la paléontologie et la minéralogie du département de Maine-et-Loire. (*Bulletin de la Société d'études scientifiques d'Angers*, XXXIVᵉ année, 1904, publié en 1905 et tiré à part, in-8°, 67 p. Angers, Germain et Grassin, imp.)

Desvaux (N.-A.). — Statistique de Maine-et-Loire publiée sous les auspices du Conseil général du département, par la *Société d'agriculture, sciences et arts d'Angers.* 1ʳᵉ partie: Statistique naturelle, par M. Desvaux. Angers, in-8°, L. Pavie, 1834.

Desvaux (N.-A.). — Minéralogie du département de Maine-et-Loire. (*Mémoires de la Société d'agriculture, sciences et arts d'Angers,* 1ʳᵉ série, II, 1834, p. 196.)

Desvaux (N.-A.). — Note sur la Naphthéine. (*Mémoires de la Société d'agriculture, sciences et arts d'Angers,* 1ʳᵉ série, II, 1834, p. 139.)

Desvaux (N.-A.). — Sur la Naphthéine, nouvelle substance de l'ordre des combustibles rencontrée dans le calcaire de transition de la commune de Beaulieu (département de

Desvaux (N.-A.). [*Suite.*]
Maine-et-Loire). (*Bulletin de la Société géologique de France,* 1834-1835, publié en 1835, 1ʳᵉ série, VI, p. 139-140.)

Desvaux (N.-A.). — Minéralogie méthodique du département de la Loire-Inférieure ou Méthode simplifiée pour l'étude de la minéralogie. (*Annales de la Société royale académique de Nantes,* 2ᵉ série, IV, 1843, p. 46-153.)

Caoutchite ou bitume élastique, p. 57 ; Anthracite, p. 55 ; Houille, p. 56-57.

Dollfus (Gustave). — Les derniers mouvements du sol dans les bassins de la Seine et de la Loire. (*Congrès géologique international, Compte rendu de la VIIIᵉ session tenue en France,* Paris, 1901, p. 544-560, 1 pl., 1 fig.)

Dornage et Gastineau. — Terrain carbonifère de la concession de Layon-et-Loire. (Paris, *Revue de géologie,* 1862, III, p. 294.)

Doucin. — Cabinet d'histoire naturelle du citoyen Dubuisson, *in* Histoire des vingt premières années de la Société académique de Nantes. (*Annales de la Société académique de Nantes,* 5ᵉ série, VI, p. 68-69.)

Doué (*Maine-et-Loire*). — Ordonnance du 18 avril 1842, concédant aux sieurs Heurtaux, Collet et consorts, les mines de houille de Joué. (*Annales des mines,* 4ᵉ série, I, p. 813.)

Dubuisson (F.-R.-A.). — Catalogue du cabinet d'histoire naturelle de F.-R.-A. Dubuisson contenant une collection de Minéralogie, Quadrupèdes mammifères et ovipares, Serpents, Ornythologie, Conchyliologie, Crustacés, Oursins, Polypiers marins, Ichthyologie, Entomologie et divers ouvrages de l'art. Nantes, imp. veuve Malassis, imprimeur des administrations et tribunaux, an VIII de la République (1800), 1 vol. in-8° de 244 p.

Dubuisson (F.-R.-A.). — Installation des produits de la minéralogie du département. (*Annales de la Société académique de Nantes*, 1819, p. 53-54.)

Dubuisson (F.-R.-A.). — Mémoire sur la houille. (Compte rendu par Mareschal, *Séance publique de la Société académique de Nantes*, tenue le 19 décembre 1824, p. 43-45.)

Dubuisson (F.-R.-A.). — Minéraux découverts par M. Dubuisson. Rapport de Éd. Richer. (Nantes, *Lycée armoricain*, 1826, VII, p. 6-7.)

Dubuisson (F.-R.-A.), professeur et conservateur du Muséum d'histoire naturelle de Nantes. — Catalogue de la collection minéralogique, géognostique et minéralurgique du département de la Loire-Inférieure, appartenant à la mairie de Nantes, recueillie et classée par Dubuisson. (Nantes, 1830, impr. Mellinet, 1 vol. in-8°, 319 p.)

Dubuisson (F.-R.-A.). — Carte géognostique du département de la Loire-Inférieure. (Nantes, 1832, lithographie Carpentier et ses fils, 1 feuille et 1 vol. in-8°, texte explicatif.)

Dufrénoy (Pierre-Armand). — Mémoires sur l'âge et la composition des terrains de transition de l'Ouest de la France. (*Annales des mines*, 3ᵉ série, XIV, 1838, p. 213 et 351.)

Dufrénoy (Pierre-Armand). — Sur le terrain de transition de la Bretagne et de la Normandie. (*Bulletin de la Société géologique de France*, VI, 1834-1835, p. 238-239; 1838-1839.)

Dufrénoy (Pierre-Armand). — Communication de son mémoire sur l'âge et la composition du terrain de transition de l'Ouest de la France. (*Bulletin de la Société géologique de France*, 14 janvier 1839, 1ʳᵉ série, X, p. 46-53.)

Dufrénoy (Pierre-Armand). — Observation sur l'existence du terrain dévonien en Bretagne. (*Bulletin de la Société géologique de France*, séance du 6 avril 1840, XI, p. 256, six lignes.)

Dufrénoy et Élie de Beaumont. — Mémoire pour servir à une description géologique de la France. (Paris, 1830-1838, E.-G. Levrault libraire, 1 vol. in-8°, 37 pl., cartes, vues et coupes.)

Dufrénoy et Élie de Beaumont. — *Explication de la carte géologique de France*, t. I, 1841. Presqu'île de Bretagne, par Dufrénoy.

Dufrénoy et Élie de Beaumont. — Carte géologique de France, 6 feuilles publiées en 1841. Échelle 1/500,000ᵉ. Terminée en 1842.

Dufrénoy et Élie de Beaumont. — Carte d'assemblage des six feuilles de la carte géologique de France, exécutée sous la direction de M. Brochant de Villiers, inspecteur général des mines, etc. Échelle 1/200,000.

Duhamel fils. — Extrait d'un mémoire sur la houille qui a remporté, en 1793, le prix proposé à ce sujet par l'Académie des sciences de Paris. (*Journal des mines*, n° VIII, prairial an III [mai 1795], p. 33-80, 1 pl.)

Pierre carrée? Direction des veines de houille du bassin de la Basse Loire.

Durocher (J.). — Lettre adressée de Rennes à M. Viquesnel, à propos des critiques faites par M. Rivière sur une notice de M. Viquesnel relative à la classification du terrain à combustible de la Loire-Inférieure, le passage des schistes argileux aux roches cristallines et l'âge des porphyres quartzifères de la Bretagne. (*Bulletin de la Société géologique de France*, 2ᵉ série, I, 1844, p. 140-142, séance du 15 janvier.)

Durocher (J.). — Observations sur les systèmes de soulèvement de la France occidentale et des Pyrénées. (*Comptes rendus de l'Académie des sciences,* 1851, XXXIII, p. 161-164.)

Durocher (J.). — Carte géologique du département de la Loire-Inférieure. Inédite. Déposée aux archives de la préfecture de Nantes, en 1854.

Une copie se trouve à la bibliothèque du Mu-

Durocher (J.). [*Suite.*]

séum d'histoire naturelle de Nantes. J'en possède une autre, que j'ai faite.

Durocher (J). — Au sujet d'une carte géologique du département de la Loire-Inférieure, inédite, déposée aux archives de la préfecture de Nantes. (*Annales de la Société académique de Nantes,* XXIV, 1853. Dans *Rapport sur les travaux de la Section des sciences naturelles,* p. 383-384.)

E

Édits, ordonnances, arrêts et règlements sur le faict des mines et minières de France avec les déclarations du droict de dixiesme deu au Roy sur les or, argent, cuivre, acier, fer, plomb, azur d'Acre. azur commun, verdet au naturel, antimoine, ocre, orpiment, souffre, calamite, boliarméni, sel armoniac, vitriol, alun, gotrau, gommes terrestres, petroille, charbon terrestre, ardoise, homille, sel gemme, jayet, jaspe, ambre, agathe, cristal, calcédoine, talc, marbre, pierres fines et communes, et toutes autres substances terrestres. Ensemble la création des officiers sur les dites mines, privilèges, franchises et liberté, concédés aux

Édits, ordonnances, etc. (*Suite.*)

entrepreneurs et ouvriers d'icelles. Le tout vérifié et homologué par les cours de Parlement, chambres des comptes, Cour des Aydes, etc., ailleurs ou besoin a été. Jouxte la copie imprimée à Paris, chez Pierre Charpentier contre l'horloge du Palais, au Paradis, en 1631. (Paris, Prault père, quai de Gesvres, au Paradis, 1764.)

Élie de Beaumont (I.-B.-A.-L.-L.). — Article : Mines. (*Dictionnaire des sciences naturelles.*)

P. 121-122, il est question des mines de Bretagne.

F

Farge (Émile). — La Section d'histoire naturelle à l'exposition d'Angers en 1864. (*Annales de la Société linnéenne de Maine-et-Loire,* 7e année, édité en 1865, p. 191-202.)

Voir : géologie et paléontologie, p. 195-198.

Farge (Le Dr). — Mémoire sur les progrès de la géologie et de la paléontologie dans le département de Maine-et-Loire. Lu aux assises scientifiques d'Angers en 1871. Extrait de l'*Annuaire de l'Institut des provinces de France* en 1871, petit in-8°. Le Puy-Marchessous, 1873.

Farré. — Catalogue des acquisitions du musée de Cholet. (*Bulletin de la Société des sciences, lettres et beaux-arts,* 1899.) Empreintes végétales des terrains houillers du bassin du Layon.

Cité dans Desmazières (O). Notices sur les collections concernant la géologie, la paléontologie et la minéralogie du département de Maine-et-Loire, p. 53.

Fouletier. — Concession des mines de houille des Touches. Grande feuille de coupes. Mouzeil, mars 1898.

Fournet. — Mines de plomb, etc., etc., de houille que renferme le sol français. (*Ann. des mines*, t. V, p. 21, 34, 80 et 584.)

Fuseiller (L.). — Aperçu géologique du département de Maine-et-Loire. (Angers, 1902, brochure in-8° de 79 pages, 3 pl.)

G

Gasté (Eugène). — Les houillères de l'Anjou. (Fascicule 10 des *Grandes industries angevines* publiées par Hervé Bazin, chez Barassé, 1871, 1 pl.)

Généralité d'Alançon. — Avis concernant la recherche des mines de charbon de terre. (Alençon, imp. Vve Malassis aîné, 1781, in-8°, 4 p.)

Gillet de Laumont. — Extrait d'un mémoire lu à l'Académie des sciences sur la description de plusieurs filons métalliques de Bretagne et sur l'analyse de plusieurs substances nouvelles. (*Journal de physique*, t. XXVIII, p. 367, 1786.)

L'auteur parle des mines de Montrelais.

Glangeaud (Ph.). — Un plissement remarquable à l'ouest du massif central de la France. (*Comptes rendus de l'Académie des sciences*, 1898, CXXVI, p. 1737-1740.)

Gobet. — Les anciens minéralogistes de France. (Paris, 1779, 2 vol. in-8°, chez Ruault.)

Gournay (Vincent de), intendant du commerce, rapporteur; Me Varlet, avocat. — Mémoire pour les propriétaires des mines de charbon de terre dans l'étendue des paroisses de Saint-Aubin de Luigné, de Chalonnes et de Chaudefonds, de la pro-

Gournay (Vincent de). [*Suite.*] vince d'Anjou, opposant à l'arrêt du Conseil d'État tenu pour les finances, du 8 de janvier 1754, et respectivement appelans des ordonnances du sieur intendant de Tours, des 11 de mai, 26 de juin, 13 d'août, 10 de septembre 1753, 21 d'avril, 12 de juin, 12 de septembre, 22 de novembre et 18 de décembre 1754. Brochure in-4°, 63 pages, plus 16 pages d'arrêts. (Angers, chez Louis-Charles Barrière, 1757.)

Grand'Eury (Cyrille), ingénieur civil des mines, correspondant de l'Institut. — Flore carbonifère du département de la Loire. (Paris, 1877, 2 vol. in-4° et atlas de 40 pl. dans *Mémoires présentés par divers savants à l'Académie des sciences*, XXIV, 2e série, p. 418.)

Il y est question des terrains houillers de la basse Loire et de la Mayenne.

Granville (Robert de). — Notice sur les mines de houille de Languin, suivie d'un projet de société, etc. (Nantes, Mellinet-Malassis, in-4°, 2 feuilles, 1828.)

Guillier, Triger et Delesse. — Profils géologiques de la ligne du chemin de fer de Paris à Brest (réseau d'Orléans, par Angers et Nantes). 1867.

H

Henry (Léon). — Analyse comparative du bitume élastique du Derbyshire et de celui des mines de houille de Montrelais (Loire-Inférieure). [Paris, *Annales des*

Henry (Léon). [*Suite.*] *sciences naturelles*, 1824, III, p. 434-440, et *Annales des mines*, 1827, 1re série, XII, p. 269.]

Hersart de la Villemarqué (Charles).
— Observations relatives à la géognosie et à la minéralogie du département de la Loire-Inférieure. (Nantes, *Lycée armoricain*, 1826, VII, p. 193-194.)

Heusschen, directeur des mines de Montjean.
— La compagnie des mines et fours à chaux de Montjean. (Angers, chez Barassé, 1860.)

Contient des renseignements historiques reproduits par Brossard de Corbigny, *Annuaire de l'Institut des provinces*, 1871.

K

Kerforne (F.). — Classification des assises gothlandiennes du massif armoricain. (*Association française pour l'avancement des sciences*, XXX° session, Paris, 1900, p. 549-553.)

Kerforne (F.). — Note sur le gothlandien inférieur du massif armoricain. (*Comptes rendus de l'Académie des sciences*, 15 juillet 1902, CXXXV, p. 123-125.)

L

LANGUIN (Loire-Inférieure). — Arrêté portant prorogation de la concession des mines de houille de Languin, du 3° jour complémentaire an VII (19 septembre 1799) de la République française. Au profit du citoyen Michaud et Cⁱᵉ, concessionnaires. (*Annales des mines*, 1ʳᵉ série, p. 131.)

LANGUIN (Loire-Inférieure). — Ordonnances du 28 avril 1839, limitant la concession houillère de Languin, située arrondissements de Châteaubriand et d'Ancenis, XV, p. 723; – du 28 avril 1839, autorisant le partage en deux portions de ladite concession, XV, p. 723. *Annales des mines*, 3° série.

Languin, coal and iron Company situated at Languin in the department of the Loire-Inférieure, France; à à la plume : Report on the works at Langon, written at London in May 8ᵗʰ and 9ᵗʰ 1841.

Lapparent (A. de). — *Traité de géologie :* 1ʳᵉ édition, 1 vol. (1883); 2ᵐᵉ édition, 1 vol. (1885); 3° édition, 2 vol. (1893); 4° édition, 3 vol. (1900); 5° édition, 3 vol. (1906).

Il est question du carbonifère de la basse Loire.

Larivière (Gustave). — Ardoisières, carrières et mines de Maine-et-Loire. Extrait d'*Angers et l'Anjou*. Notices historiques, scientifiques et économiques. (Angers, chez Germain et Grassin, 1903, in-8°, 744 pages, 35 dessins, 13 gravures et 6 cartes ou plans, p. 650-706.)

Las Cases (De). — Donation à la Société académique de Maine-et-Loire de la collection géologique des mines de Layon-et-Loire. (*Mémoires de la Société académique de Maine-et-Loire*, procès-verbaux des séances, séance du 6 juillet 1864, 15° vol., 1864, p. 282; séance du 3 août, p. 284.)

Las Cases et Triger. — DESERT (*Maine-et-Loire*). — Ordonnances du 11 septembre 1842, concédant aux sieurs de Las Cases et Triger les mines de houille de Désert, II, p. 803; – du 26 mars 1843, concédant au sieur Berchoux les mines d'anthracite du Desert, III, p. 907. (*Annales des mines*, 4° série.)

Lebesconte (Paul). — Constitution physique du massif breton, et ses relations avec la géologie du Finistère, 22 août 1886. (*Bulletin de la Société géologique de France*, 3° série, XIV, p. 842-849.)

Lebesconte (Paul). — Constitution générale du massif breton. (*Bulletin de la Société géologique de France*, 25 août 1886, 3ᵉ série, XIV, p. 776-819, 3 pl.)

Lechatelier. — Extrait d'un aperçu statistique sur la constitution géologique du département de Maine-et-Loire. (Réunion extraordinaire à Angers. (*Bulletin de la Société géologique de France*, 1ʳᵉ série, XII, 2 septembre 1841, p. 432.)

Lechatelier. — Géologie du département de Maine-et-Loire, insérée p. 156 de la statistique du département de Maine-et-Loire publiée par la *Société d'agriculture, sciences et arts d'Angers*, 1ʳᵉ partie, rédigée par M. de Beauregard, membre de ladite société, président à la Cour royale d'Angers, etc. (Angers, imprimerie de Victor Pavie, rue Saint-Laud, in-4°, 1842.)

Lechatelier et Sentis, aspirants ingénieurs des mines. — Résultats principaux des expériences faites en 1839, dans le laboratoire de chimie d'Angers. (*Annales des mines*, 3ᵉ série, t. XVIII, 1840, p. 503-504.)

Essais de l'anthracite du puits de la Ressource, au Pont-Barré, concession de Chaude-

Lechatelier et Sentis. (*Suite.*)

fonds (Maine-et-Loire), et d'une substance charbonneuse extraite des travaux de recherche de la Garenne, près Champtocé (Maine-et-Loire).

Le Clerc. 1768. — Perspective des mines de Montrelais, dédiée à Monseigneur Bertin, ministre et secrétaire d'État.

C'est une grande peinture à la sepia trouvée à Nantes chez un antiquaire. Sur les côtés du tableau est un texte indiquant le mode d'exploitation et fort instructif.

Lefebvre d'Hellancourt. — Aperçu général des mines de houille exploitées en France. De leurs produits et des moyens de circulation de ces produits. (Paris, *Journal des mines*, n° 71, thermidor an x [1803], p. 326-458 et pl.; tiré à part, broch. in-4°, 137 pages et carte.)

Lorieux (Edmond), ingénieur des mines. — Notice sur le terrain à combustible de la Loire-Inférieure. (Paris, *Annales des mines*, 1867, 6ᵉ série, XI, p. 247-269, 1 coupe.)

Lorieux (Th.). — Rapport sur les collections minéralogiques de la ville de Nantes. (*Annales de la Société académique de Nantes*, 1831, p. 283-285.)

M

Marchegay (I.). — Note sur l'exploitation du charbon en Anjou, 1494-1594 (?). [Angers, *Revue d'Anjou*, XVIII, p. 105-109.]

Metivier. — Mémoire pour les propriétaires et entrepreneurs des mines de Chaudefonds, Chalonnes, Saint-Aubin, Rochefort et Beaulieu, en opposition à la demande en concession desdites mines, formée par les citoyens Cherbonnier, Gastineau, Morel et Vilain. (Brochure in-4° de 50 pages. Angers, chez Mame père et fils.)

Mille, Thoré et Guillier. — Profil géologique de Paris à Brest, comprenant, pour le département de Maine-et-Loire, la coupe du chemin de fer d'Orléans, de Varades à Ingrande, et les coupes particulières suivantes : coupe transversale des mines de houille de la Prée, par Chalonnes-sur-Loire ; coupe de Ligné à Saint-Géréon ; très belle coupe des mines de Chalonnes-sur-Loire, d'après les travaux des ingénieurs de la mine. (Bonaventure, Paris, 1867.)

Millet de la Furtandière. — Paléontologie de Maine-et-Loire, 1 vol. gr. in-8°, 1854.

Millet de la Furtandiére (P.-A.). — Indicateur de Maine-et-Loire, ou indication par communes de ce que chacune d'elles renferme sous les rapports de la géographie, des productions naturelles, des monuments historiques, de l'industrie et du commerce, etc., ouvrage accompagné de 86 planches se rapportant à près de 500 objets dessinés en grande partie par l'auteur. Angers, 2 vol. : t. I, 1864; t. II, 1865. Cosnier et Lachèze.

Constitution géologique : I, p. 81-83; terrain anthraxifère, I, p. 81-82, 384, 400, 404, 406, 414, 498, 526, 530, 533; liste de fossiles végétaux, II, p. 143; concessions, quantités de charbon, I, p. 177-178; Montjean, II, 98; Saint-Georges-Chatelaison, II, 147, 163, etc.

Mines (Administration des). — Mines et minières métalliques abandonnées ou qui n'ont pas encore été exploitées en France. (Publié par l'Administration des mines, en 1826.)

Montjean (Maine-et-Loire). — Ordonnance du 29 mai 1846, modifiant les limites de la concession des mines de houille de Montjean. (Annales des mines, 4ᵉ série, VII, p. 567.)

Montmarin, Lechatelier et Cacarrié. — Carte géologique du département de Maine-et-Loire, terminée et publiée par Cacarrié, 1845. Paris, lith. de Kaeppelin, 1 feuille.

Montrelais (Compagnie des mines de houille de) [Loire-Inférieure]. — Notice sur ces mines, etc. (Paris, Firmin-Didot, 1828, in-8°, 48 p.)

Montrelais (Loire-Inférieure). — Ordonnance du 7 mars 1817, concernant la Société anonyme pour l'exploitation des mines de houille de ce lieu. (Annales des mines, 1ʳᵉ série, II, p. 127.)

Montrelais (Loire-Inférieure). — Ordonnance du 7 février 1833, accordant à la Société anonyme des mines de houille de Montrelais la remise de la redevance proportionnelle pour l'exercice 1832. (Annales des mines, 3ᵉ série.)

Morand. — L'art d'exploiter les mines de charbon de terre. 2 vol. in-fol., sans nom de lieu ni d'éditeur, 1769-1779.

Mines de charbon de la généralité de Tours, du comité nantais, etc.

Musées (Annuaire des). — Publié par le ministère de l'Instruction publique. Paris, 1ʳᵉ édit. 1896; 2ᵉ édit. 1900. Ernest Leroux, rue Bonaparte, 28.

Musées d'Angers, Châteaubriant, Cholet, Nantes, Rennes, Saumur.

O

Œhlert (D. P.). — Note sur un nouvel horizon dans le terrain dévonien du département de Maine-et-Loire. (Bulletin de la Société géologique de France, 3ᵉ série, t. VIII, p. 276, 1880.)

Œhlert (D. P.). — Présentation d'un mémoire sur les fossiles dévoniens de l'ouest de la France. (Bulletin de la Société géologique de France, 24 janvier 1881, 3ᵉ série, IX, p. 213, 18 lignes.)

Œhlert (D. P.). — Présentation d'une note sur les fossiles des calcaires de Montjean

Œhlert (D. P.). [Suite.] et Chalonnes-sur-Loire (Maine-et-Loire). [Bulletin de la Société géologique de France, 7 février 1881, 3ᵉ série, IX, p. 219, 14 lignes.)

Œhlert (D. P.). — Note sur le calcaire de Montjean et Chalonnes (Maine-et-Loire), avec 2 pl. (Annales de la Société géologique de France, t. IX, séance du 7 février 1881.)

Ce travail a paru ensuite dans le Bulletin de l'école pratique des Hautes-Études, section des sciences naturelles.

Œhlert (D. P.). — Documents pour servir à l'étude des faunes dévoniennes dans l'ouest de la France. (*Mémoires de la Société géologique de France*, 1881, 3ᵉ série, II, in-4°, 38 pages, 6 pl.)

Œhlert (D. P.). — Études sur quelques Brachiopodes dévoniens. (*Bulletin de la Société géologique de France*, 17 avril 1884, 3ᵉ série, XII, p. 411-441, 5 pl.)

Œhlert (D. P.). — Brachiopodes du dévonien de l'ouest de la France. (*Bulletin de la Société d'études scientifiques d'Angers*, 1887, publié en 1888, XVII, p. 57-64, pl. V. Tiré à part, Angers, 1887, imprimerie Germain et Grassin, brochure in-8°.)

Œhlert (D. P.). — Note sur quelques Pélécypodes dévoniens. (*Bulletin de la Société géologique de France*, 4ᵉ juin 1888, 3ᵉ série, XVI, p. 633-663, 4 pl.)

Œhlert (D. P.). — Étude sur quelques fossiles dévoniens de l'ouest de la France. (Paris, *Annales des sciences géologiques*, XIX, 8 pages, 4 pl.)

Ollivier (Dʳ C.-P.). — Note sur un nouveau gisement de bitume élastique. (Paris, *Annales des sciences naturelles*, 1824, II, p. 149-154.)

L'auteur donne la description sommaire des caractères et du gisement de bitume (caoutchite) qu'il a découvert au Puits-Saint-André, en octobre 1816, dans les mines de houille de Montrelais (Loire-Inférieure).

Ollivier (Dʳ C. P.). — Note au Conseil de préfecture, pour M. Raoul Ollivier, propriétaire à Doué-la-Fontaine, contre M. Collet, négociant à Nantes. (Angers, Lemesle et Mehonas, 1865, in-4°, 13 p., 3 plans, 1 carte.)

Sondages sur un triangle de terrain houiller non concédé situé près de la concession de Doué-la-Fontaine (Maine-et-Loire).

Omalins d'Halloy (D'). — Observations sur le terrain dévonien de la basse Loire. (Observations de d'Omalins d'Halloy, Delesse, Sainte-Claire-Deville. (*Bulletin de la Société géologique de France*, 4 février 1861, 2ᵉ série, XVIII, p. 337-340, tiré à part, même pagination.)

P

Pelletier. — Extrait d'une lettre de M. Pelletier, inspecteur des travaux pour le compte de la compagnie des mines de Montrelais, à M. Gillet-Laumont, membre du Conseil des mines, le 17 novembre 1807, note sur une eau salée extraite du puits de l'Est-Bois-Long, aux mines de houille de Montrelais. (*Journal des mines*, XXIIᵉ vol., second semestre 1807, n° 131, novembre, p. 399-402.)

Petitdidier. — Laboratoire d'Angers, 1880. Analyse de l'anthracite du puits du coteau des mines de Saint-Lambert-du-Lattay (Maine-et-Loire). [*Annales des mines*, 8ᵉ série, II, 1882, p. 35.]

Pihan-Dufeillay. — Aperçus statistiques sur le département de la Loire-Inférieure. Constitution géologique. (*Société académique de Nantes*, 1839, X, 8 p.)

Pocard-Kerviler et Sébillot. — Musée d'histoire naturelle de Nantes. (Rennes, *Annuaire de Bretagne*, 1897, p. 209-210.)

Préaubert. — L'aphanite se trouve dans les schistes métamorphiques de Bouchemaine comme à Savenières (Maine-et-Loire). [*Bulletin de la Société d'études scientifiques d'Angers*, 1871, p. 6.]

Provost jeune. — Tableau géognostique du département de Maine-et-Loire, présenté par Ménières. (Angers, *Mémoires de la Société académique de Maine-et-Loire*, 1858, 10 p.)

Pucelle. — Reconnaissance et description des mines de houille qui existent depuis Chalonnes jusqu'à Pont-Barré; in-4°, an XI, 1803.

Puillon-Boblaye. — Essai sur la configuration et constitution géologique de la Bretagne. 1 planche coloriée. Mémoire in-4°. (Paris, *Mémoires du Muséum*, t. XV, 1827, p. 49-116, 1 pl.)

Puillon-Boblaye. — Lettre du 26 janvier 1828, à M. l'éditeur du *Lycée armoricain* sur la minéralogie de la Bretagne. (Nantes, *Lycée armoricain*, 1828, XI, p. 288-291.)

R

Raulin? — Notice sur les mines de houille de Saint-Georges et de Montjean et sur le projet d'y établir des hauts-fourneaux au coke et des feux d'affinerie au moyen des minerais des houillères. In-8°, 1826.

Raulin. — Note sur la flore du terrain à combustible de la Loire-Inférieure. (*Bulletin de la Société géologique de France*, 15 janvier 1844, 2ᵉ série, I, p. 142-143.)

Renou. — Essais sur l'histoire naturelle du département de Maine-et-Loire. (Mémoire adressé en 1790 aux administrateurs du Mont-Glonn (alias Saint-Florent-le-Vieil), avec une carte en couleurs donnant la description minéralogique du canton de la Pommeraye). Manuscrit de la Bibliothèque publique d'Angers.

Rivière. — Observations de M. Rivière à propos du procès-verbal de l'excursion faite par la Société géologique de France, pour étudier le terrain anthraxifère des bords de la Loire. (*Bulletin de la Société géologique de France*, réunion extraordinaire à Angers, séance du 4 septembre 1841, 1ʳᵉ série, XII, p. 446.)

Rivière. — Observations à la suite de la note de M. Viquesnel sur le terrain à combustible exploité à Mouzeil et à Montrelais. (*Bulletin de la Société géologique de France*, 2ᵉ série, I, séance du 4 décembre 1843, p. 103-104.)

Rivière (Auguste). — Note sur la classification des terrains à combustible de la Loire-Inférieure. Réponse à M. Viquesnel. (*Bulletin de la Société géologique de France*, 4 décembre 1843, 2ᵉ série, I, p. 103-104, et 19 février 1844, p. 271-274.)

Rivière. — Réponse aux lettres de MM. Audibert et Durocher à propos du terrain à combustible exploité à Mouzeil et Montrelais. (*Bulletin de la Société géologique de France*, 2ᵉ série, I, p. 142. Séance du 15 janvier 1844.)

Rivière. — Mémoire minéralogique et géologique sur les roches dioritiques de la France occidentale, c'est-à-dire sur les roches d'épanchement qui appartiennent aux terrains du groupe carbonique (terrain du vieux grès rouge et terrains carbonifères). (*Bulletin de la Société géologique de France*, 2ᵉ série, I, p. 528-569, séance du 17 juin 1844; tiré à part, in-8°, 46 p., Bourgogne et Martinet, 1844; *Compte rendu de l'Académie des sciences*, 1844, p. 1184-1188.)

Rivière. — Note relative à un mémoire de M. Viquesnel communiqué dans la séance du 4 décembre et à diverses notes ou discussions auxquelles il a donné lieu dans la séance du 15 janvier. (*Bulletin de la Société géologique de France*, 2ᵉ série, I, p. 271-272, séance du 19 février 1844, et réplique de M. Rivière à M. Viquesnel, p. 273-274.)

Rolland-Banès (Louis), ingénieur civil des mines, directeur des mines de Layon-et-Loire. — Notice sur le terrain anthracifère aux environs de la Haie-Longue, entre Rochefort et Chalonnes (Maine-et-Loire). (*Bulletin de la Société géologique de France*, 1re série, XII, p. 463-475, 2 pl. Réunion extraordinaire à Angers, séance du 9 septembre 1841; *Annuaire de la Société linnéenne du département de Maine-et-Loire*, I, p. 41-52; tiré à part, Angers, Cosnier et Lachèze imprimeurs, in-8°, 12 p., 7 pl.) La 1re planche est une carte géologique des environs de la Haie-Longue au 1/20,000.

Rolland-Banès (L.). — Notice sur le terrain anthracifère des bords de la Loire aux environs de la Haye-Longue entre Rochefort et Chalonnes (Maine-et-Loire). (*Annales des sciences géologiques*, par M. A. Rivière, 1re année, n° 1, janvier 1842, p. 32-39, et n° 2, février 1842, p. 125-132.)

Rolland-Banès. — Notice sur le terrain anthracifère de Maine-et-Loire et de Loire-Inférieure, au double point de vue géologique et industriel. (*Recueil des publications de la Société havraise d'études diverses*. Le Havre, 1872, publié en 1873, p. 151-200, 2 pl.)

Rondeau (L'abbé E.). — Carte géologique des environs d'Angers, 1890.

Rondeau (L'abbé E.). — Carte du terrain dévonien aux environs d'Angers, 1890.

Rondeau (L'abbé E.). — Supplément à la description géologique. (*Mémoires de la Société nationale d'agriculture, sciences et arts d'Angers*, 1894 [édité en 1895], 4e série, p. 140-149. Lachèze et Cie, éditeurs, 1 brochure in-8°, 12 p.)

Rondeau (L'abbé E.). — A propos de la feuille géologique d'Angers. (Angers, Germain et Grassin, in-8°, 14 p. et planche.)

Rondeau (L'abbé E.). — Excursions géologiques aux environs d'Angers. (*Mémoires de la Société nationale d'agriculture, sciences et arts d'Angers*, 1897 [édité en 1898]; 4e série, XI, p. 378-396. Lachèze et Cie, éditeurs, 1 brochure in-8°, 19 p.)

Rostaing de Rivas (De). — Notice sur le Musée d'histoire naturelle de la ville de Nantes. (*Annales de la Société académique de Nantes*, 1847, XVIII, 3e série, VIII, p. 127-149.)

S

Saint-Georges-Chatelaison (Maine-et-Loire). — Ordonnances du 12 février 1843, portant délimitation de la concession des mines de Saint-Georges-Chatelaison, III, p. 890; – du 7 juillet 1847, portant division de la concession des mines de houille de Saint-Georges-Chatelaison, XII, p. 671. (*Annales des mines*, 4e série.)

Saint-Georges-sur-Loire. — Concession aux sieurs Lebreton et associés des mines de houille de ce lieu. (*Annales des mines*, 2e série, VIII, p. 134.)

Saint-Germain-des-Prés (Maine-et-Loire). — Ordonnance du 23 mai 1841, concédant aux sieurs Oudot et Faligan les mines de houille situées dans les communes de Saint-Georges-sur-Loire et Champtocé. (*Annales des mines*, 3e série, XIX, p. 785.)

Saint-Germain-des-Prés (Maine-et-Loire). — Ordonnance du 27 mai 1846 étendant au profit des sieurs Oudot et Faligan les limites des mines de houille de Saint-Germain-des-Prés. (*Annales des mines*, 4e série, IX, p. 654.)

Sentis et Lechatelier, ingénieurs des mines. — Résultats principaux des expériences faites au laboratoire d'Angers pendant l'année 1840. (*Annales des mines*, 3ᵉ série, X, 1841, p. 323, contient : 1° Sentis, Essai de la houille extraite d'un puits ouvert à 150 mètres de la Guignardière, commune de Ligné, arrondissement d'Ancenis [Loire-Inférieure], p. 323; 2° Lechatelier, Essai de diverses variétés de houille exploitées dans le département de Maine-et-Loire, p. 324.)

SERVICE DE LA CARTE GÉOLOGIQUE DÉTAILLÉE DE LA FRANCE. — Carte géologique de la France à l'échelle du millionième. Paris, 1906.

Quatre grandes feuilles.

SERVICE DE LA CARTE GÉOLOGIQUE. — Tableau d'assemblage des six feuilles de la carte géologique de la France, publié par le Service en 1841.

SERVICE DE LA CARTE GÉOLOGIQUE. — Carte géologique générale publiée par le Service en 1889.

SERVICE DES MINES. — Carte géologique du département de Maine-et-Loire dressée sur les documents fournis par le Service des mines. (Angers, chez Barassé, 1872, sans une indication d'échelle.)

SOCIÉTÉ GÉOLOGIQUE DE FRANCE. — Procès-verbal de la course faite par la Société géologique de France, pour étudier le terrain anthracifère des bords de la Loire. (*Bulletin de la Société géologique de France*, 1ʳᵉ série, XII, réunion extraordinaire à Angers, séance du 4 septembre 1841, p. 439-445.)

Stiévenart (A.)? — Bassin de la Basse-Loire. Notice sur les mines de houille des Touches-Mouzeil (Loire-Inférieure). In-4°, 12 p., 4 pl., Lille, imprimerie Lefebvre-Ducrocq, rue de Tournay, 88. Mai 1898.

T

Tavernier (Louis). — Le Musée d'Angers; notes pour servir à l'étude de cet établissement. (Angers, 1855, Cosnier et Lachèze, in-8°.)

Tilly (De). — Manière dont on doit extraire le charbon de terre. Une brochure in-12.

Les chapitres I et II de la 2ᵉ partie traitent des mines de l'Anjou.

Tonnellier. — Notes sur quelques substances du département de la Loire-Inférieure. (Paris, *Journal des mines*, an XIII, 1804-1805, n° 97, p. 47-80.)

Touches (*Concession des mines de houille des*) [*Loire-Inférieure*]. — Tableau des analyses effectuées depuis 1898. 1 page, octobre 1904.

Touches (*Les*) [*Loire-Inférieure*]. — Ordonnance du 6 janvier 1842 réunissant un terrain houiller à la concession des mines des Touches. (*Annales des mines*, 4ᵉ série, I, p. 794.)

Touches (*Les*). — *Étude de M. Billot, notaire à Nantes :* Affiche d'adjudication de l'exploitation de la concession de la mine des Touches. Imprimerie Bourgeois, rue Saint-Clément, 115. (Nantes, 14 juillet 1870.)

Touches (*Société d'exploitation des mines de houille des*). — Annonce d'émission d'actions, contenant une courte notice : Historique, gisement, etc. 1890. In-4°, 4 p.

Imprimerie Lefebvre-Ducrocq, Lille.

Touches (Les) [Loire-Inférieure]. — Ordonnance du 28 avril 1839 relative à la concession des mines de houille des Touches. (Annuaire des mines, 3ᵉ série.)

Touches (Concession des mines de houille des). — Compte de la redevance proportionnelle aux bénéfices nets payée à l'État annuellement. 2 pages in-4°.

Triger. — Le terrain anthracifère de la Loire-Inférieure appartient au terrain houiller. (Bulletin de la Société géologique de France, 17 novembre 1862, 2ᵉ série, XX, p. 25, 5 lignes.)

Triger, Guillier, Delesse, Mille et Thoré. — Profil géologique du chemin de fer de Paris à Brest, réseau d'Orléans, publié en 1867.

Tromelin (G. le Goarant de) et Lebesconte. — Essai d'un catalogue raisonné des fossiles siluriens des départements de Maine-et-Loire, de la Loire-Inférieure et du Morbihan, avec des observations sur les terrains paléozoïques de l'ouest de la France. (Association française pour l'avancement des sciences, 4ᵉ session, Nantes, 1875, p. 601-661, 1 tableau.)

V

Vasseur et Carez. — Carte géologique de la France au 1/500,000ᵉ, 1886.

Verneuil (De). — Sur l'âge du terrain à combustible de la Loire-Inférieure et sur celui du calcaire de Sablé. (Bulletin de la Société géologique de France, 2ᵉ série, I, p. 143-145; 15 janvier 1844.)

Verrier (Le). — Feuille de Nantes. (Bulletin des Services de la carte géologique de France, comptes rendus des collaborateurs, campagne de 1902, n° 91, p. 36-40, 1 coupe.)

Villié (E.), ancien ingénieur au corps des mines, professeur aux facultés libres de Lille. — Bassin de la Basse-Loire (Loire-Inférieure). Rapport sur la concession des mines de houille des Touches. (Lille, brochure in-4°, avec carte, imprimerie Lefebvre-Ducrocq, 88, rue de Tournay, 1898.)

Viquesnel (A.). — Note sur le terrain à combustible exploité à Mouzeil et à Montrelais (Loire-Inférieure), rédigée d'après les observations qu'il a faites avec MM. Audibert et Durocher. (Bulletin de la Société géologique de France, 2ᵉ série, 1, 1843, p. 70-103, 1 planche.)

Viquesnel (A.). — A propos du travail de Viquesnel sur le terrain à combustible de la Loire-Inférieure, une discussion a eu lieu et a donné naissance aux communications consignées dans le Bulletin de la Société géologique de France, 2ᵉ série, I, 1844, comme suit : Audibert et Durocher, p. 138 et 140; Bertrand-Geslin, p. 268; réponse de Viquesnel, p. 269; discussion entre Rivière et Viquesnel, p. 271-272.

Viquesnel (A.). — Réponse aux objections de M. Rivière sur la structure et l'âge du terrain à combustible exploité à Mouzeil et Montrelais. (Bulletin de la Société géologique de France, 2ᵉ série, I, p. 104-105, séance du 4 décembre 1843.)

Viquesnel (A.). — Réflexions à propos d'une lettre de M. Bertrand-Geslin sur le même sujet. (Bulletin de la Société géologique de France, 2ᵉ série, I, p. 269-270, séance du 19 février 1844.)

Viquesnel (A.). — Réponse à M. Rivière sur le même sujet. (Bulletin de la Société géologique de France, 2ᵉ série, I, p. 273-274, séance du 19 février 1844.)

Viquesnel (A.). — Nouvelles preuves du déplacement de la matière charbonneuse postérieurement au dépôt des terrains à combustible. (*Bulletin de la Société géologique de France*, 2ᵉ série, VI, p. 12-15, séance du 6 novembre 1848.)

Virlet d'Aoust (Théodore). — Considérations sur le terrain houiller de Saint-Georges-Châtelaison. (*Bulletin de la Société*

Virlet d'Aoust (Théodore). [*Suite.*] *géologique de France*, 1ʳᵉ série, III, p. 76-79, séance du 3 décembre 1832.)

Voglie (De). — Manière dont on doit extraire le charbon de terre des mines de l'Anjou.

La 2ᵉ partie est intitulée : Nature et qualité du charbon de terre des mines de l'Anjou et paroisses limitrophes dépendantes de la Bretagne.

W

Wallerant (Frédéric), Welsch (Jules) et Bureau (Louis). — Carte géologique détaillée de la France au 1/80,000ᵉ, feuille 119, Saumur, novembre 1900.

Wallerant (Frédéric). — Carte géologique détaillée de la France, feuille de Nantes. (*Bulletin des Services de la carte géologique de France*, comptes rendus des collaborateurs, campagne de 1902 [édité en 1903], XIII, n° 91, p. 40.)

Welsch. — Feuille de Saumur. (*Bulletin des Services de la carte géologique de France*, comptes rendus des collaborateurs pour la campagne de 1897 [édité en 1898], X, n° 63, p. 32-36.)

Welsch. — Feuille d'Angers (partie nord). (*Bulletin des Services de la carte géologique de France*, campagne de 1903 [publiée en 1904], XV, n° 98, p. 33-38.)

Welsch. — Feuille d'Angers et feuille de la Rochelle. (*Bulletin des Services de la carte géologique de France*, comptes rendus des collaborateurs, n° 105, 1904 (édité en 1905, XVI, p. 25-30 et p. 30 37.)

Welsch. — Feuille d'Angers (partie nord-ouest). (*Bulletin des Services de la carte géologique de France*, XVI, 1904-1905 [édité en 1906]. Comptes rendus des collaborateurs, campagne de 1905, p. 311-3...)

Wolski (A.-N.), ingénieur civil employé à l'administration royale des mines. — Mémoire sur le gisement du bassin anthraxifère dans le département de Maine-et-Loire et sur ses relations géologiques avec divers terrains qui l'avoisinent et qui le recouvrent. (*Congrès scientifique de France*, 11ᵉ session, à Angers, en septembre 1843, volume II, mémoires, in-8°, Angers, chez tous les libraires, Paris, Debrache, rue du Bouloy, 7. T. 1-44, 1 carte, 1 planche de coupe.)

Wolski (A.-N.). — Carte géologique du terrain anthracifère et de ceux qui l'avoisinent situé dans le département de Maine-et-Loire, 1843.

Wolski (A.-N.). — Mémoire sur le gisement anthracifère de la Basse-Loire, sur l'industrie de la chaux dans les contrées qui l'environnent et sur son emploi en agriculture, 1ʳᵉ partie : Du gisement anthracifère de la Basse-Loire. (*Annales de la Société académique de Nantes*, tome XXV, 1854, p. 317-337.)

Wolski (A.-N.). — Carte du terrain anthracifère, inédite. Elle comprend tout le terrain anthracifère de la Basse-Loire.

Un exemplaire, appartenant à M. Defrancy, a été copié pour moi par M. Faguet. Mon frère, Louis Bureau, en a fait une copie sur la mienne. Cette carte est à 1/50,000.

TABLE DES MATIÈRES.

CHAPITRE PREMIER.

INTRODUCTION.

Pages

INTRODUCTION 1

CHAPITRE II.

HISTOIRE DES CONCESSIONS.

I. DEMANDES DE CONCESSIONS BASÉES SUR DES ERREURS GÉOLOGIQUES 9

II. CONCESSIONS ACCORDÉES 11

    1. Concession de Languin (Loire-Inférieure). 11
    2. Concession des Touches (Loire-Inférieure). 23
    3. Concession de Mouzeil (Loire-Inférieure). 28
    4. Concession de Montrelais (Loire-Inférieure) 46
    5. Concession de Montjean (Maine-et-Loire). 56
    6. Concession de Saint-Germain-des-Prés (Maine-et-Loire) 66
    7. Concession de Saint-Georges-sur-Loire (Maine-et-Loire) 69
    8. Concession de Désert (Maine-et-Loire). 73
    9. Concession de Layon-et-Loire (Maine-et-Loire). 79
   10. Concession de Chaudefonds (Maine-et-Loire) 122
   11. Concession de Saint-Lambert-du-Lattay (Maine-et-Loire) 127
   12. Concession de Saint-Georges-Châtelaison (Maine-et-Loire). 132
   13. Concession de Doué-la-Fontaine (Maine-et-Loire) 174

PIÈCES JUSTIFICATIVES.

I. ARRÊT DU CONSEIL D'ÉTAT du 21 mai 1746, autorisant le sieur Jarry à exploiter la mine de charbon de terre découverte par lui dans la paroisse de Nort 181

II. ARRÊT du 13 octobre 1765, portant prorogation pendant trente ans de la concession faite au sieur Jarry par arrêt du Conseil du 21 mai 1746 183

III. ARRÊTÉ DU COMITÉ DE SALUT PUBLIC autorisant les citoyens Gaudin fils et Cⁱᵉ à faire exploiter provisoirement les mines de Languin 189

IV.   Arrêté du Directoire exécutif du 3e jour complémentaire an vii, autorisant les
         citoyens Michaud et Cie à continuer l'exploitation des mines de Languin pendant
         cinquante années..   190

V.   Décret impérial approuvant la cession faite par les concessionnaires des mines de
         Languin au sieur François Demangeat...   192

VI.   Arrêté du Préfet de la Loire-Inférieure décidant que la demande en partage des
         mines de Languin sera soumise à l'approbation de Sa Majesté (7 juillet 1837)..   193

VII.   Arrêté du Préfet de la Loire-Inférieure interdisant les travaux des puits de la
         Bourgonnière et de la Recherche (17 octobre 1836)..................................   196

VIII.   Ordonnance du Roi, en date du 28 avril 1839, délimitant l'ancienne concession
         de Languin..   197

IX.   Ordonnance du Roi, en date du 28 avril 1839, délimitant la nouvelle concession
         de Languin..   199

X.   Extraits de l'acte de fondation de la société civile formée pour l'exploitation des
         mines de Montrelais et Mouzeil (5 août 1853)......................................   202

XI.   Arrêté du Préfet de la Loire-Inférieure, en date du 4 juillet 1856, autorisant
         l'ouverture du puits neuf, à la Tardivière..   204

XII.   Décret du Président de la République autorisant la Société anonyme de Montre-
         lais-Mouzeil à réunir la concession des mines de houille de Languin à la concession
         de Montrelais-Mouzeil, dont elle est propriétaire (7 mai 1896)....................   206

XIII.   Arrêt qui accorde au duc de Chaulnes la concession des mines de charbon de terre
         des confins des provinces de Bretagne et d'Anjou suivant les limites y désignées
         (8 janvier 1754)..   208

XIV.   Procès entre la demoiselle Fleuriot, femme Louis, et les concessionnaires des mines
         de Montrelais (1771-1779)...   209

XV.   Arrêté du Comité de salut public, en date du 8 prairial, portant qu'il sera détaché
         de l'armée de l'Ouest 4 compagnies de pionniers pour les travaux des mines de
         Montrelais et la réparation du chemin qui y conduit...............................   212

XVI.   Décret impérial en date du 18 août 1807, fixant les limites de la concession de
         Montrelais..   213

XVII.   Permission du Roi à Henri-François du Mailly de Vieville, baron de Montjean,
         d'exploiter les mines de charbon qui pourront se trouver sur l'étendue de sa
         baronnie (8 janvier 1754)...   214

XVIII.   Demande d'extension de la concession de houille de Saint-Germain-des-Prés, située
         dans le département de Maine-et-Loire (22 juin 1843)..............................   216

XIX.   Demande en réduction de périmètre d'une concession de mines (22 septembre 1905).   218

XX.   Demande en réunion de concessions de mines de houille, conformément au décret
         du 23 octobre 1852..   221

XXI. Préfecture du département de Maine-et-Loire. Demande en concession de mines (18 septembre 1905)..................................... 225

XXII. Procuration des habitants des paroisses de Saint-Aubin-de-Luigné, Chalonnes, Chaudefond et Montejean, contre François Goupil, cessionnaire de Madame la duchesse d'Uzès (du 9 mars 1694).................................. 227

XXIII. Procuration jointe à la précédente par un autre groupe d'habitants (du 20 avril 1694),.. 229

XXIV. Arrest du Conseil pour les propriétaires des mines de charbon de terre de la province d'Anjou (janvier 1695).................................. 230

XXV. Arrest du Conseil, qui maintient les propriétaires des mines de charbon de terre de tout le royaume dans le droit de les faire valoir à leur profit (du 13 mai 1698)... 232

XXVI. Correspondance. Le 16 août 1709, M. Turgot, intendant à Tours, envoie des extraits des lettres de ses subdélégués sur les mines de la généralité........ 238

XXVII. Arrest du Conseil d'État du Roi portant règlement pour l'exploitation des mines de houille ou de charbon de terre (du 14 de janvier 1744)......... 239

XXVIII. Ordonnance du 11 mai 1753, permettant au sieur Bault et Cⁱᵉ de continuer l'exploitation par eux commencée................................. 242

XXIX. Ordonnance du 26 de juin 1753 recevant les propriétaires des mines de l'Anjou opposants à l'exécution de l'ordonnance du 11 mai................... 243

XXX. Ordonnance du 10 de septembre 1753 comettant le sieur Voglie à la visite des mines de charbon de terre ouvertes dans les paroisses de Saint-Aubin-de-Luigné, Chalonnes, etc.................................... 245

XXXI. Arrest du Conseil d'État du Roi qui permet au sieur Bault et Cⁱᵉ de fouiller et exploiter, exclusivement à tous autres, les mines de charbon de terre, ouvertes et non ouvertes, qui sont situées dans les paroisses de Saint-Aubin-de-Luigné, Chalonnes et Chaudefond, en Anjou (du 8 de janvier 1754).. 246

XXXII. Permission accordée par le Roy, en son conseil, à René Guérin de la Guimonière d'exploiter les mines de charbon situées dans sa terre de l'Eglerie (21 mai 1754).. 247

XXXIII. Arrest du Conseil qui attribue pour six années au sieur intendant de la généralité de Tours la connoissance de toutes les contestations, concernant les mines de charbon de terre de ladite généralité (du 2 avril 1754)............... 249

XXXIV. Ordonnance de l'intendant de Tours disant que l'arrêt du Conseil, du 8 janvier 1754, sera exécuté suivant sa forme et teneur..................... 251

XXXV. Mémoire pour les propriétaires des mines de charbon de terre dans l'étendue des paroisses de Saint-Aubin-de-Luigné, etc., opposant à l'arrêt du Conseil d'État tenu pour les Finances, du 8 de janvier 1754, etc...................... 252

XXXVI.   Arrêt du Conseil d'État du Roy concernant Anne-Marie Mazureau et consorts
(du 16 septembre 1760)..   293

XXXVII.   Arrêt du Conseil d'État du Roi concernant Gui François Petit de la Pichonnière (du 16 septembre 1760)...................................   302

XXXVIII. Arrêt du Conseil d'État du Roi concernant Guérin de la Guimonnière (du
16 septembre 1760)...   304

XXXIX.   Arrêt du Conseil d'État du Roi concernant François Berault, écuyer, sieur de
la Chaussaire (du 16 septembre 1760).............................   306

XL.   Arrêt du Conseil concernant l'évêque d'Angers (du 16 septembre 1760)   308

XLI.   Arrêt du Conseil d'État du Roi en faveur de Cady et Renault (du 16 septembre 1760)...   310

XLII.   Pétition du citoyen Louis Cognée demandant une concession de quinze années
au citoyen Préfet du département de Maine-et-Loire (4 octobre 1801 et
26 mars 1802)..   314

XLIII.   Certificat du Maire de Chalonnes attestant que le citoyen Louis Cognée a des
fonds suffisants pour exploiter la concession par lui demandée (14 thermidor
an x)...   315

XLIV.   Arrêté du Préfet de Maine-et-Loire relatif à la demande d'exploitation exclusive d'une mine de charbon de terre ouverte dans la commune de Saint-Aubin-
de-Luigné (16 floréal an x)....................................   315

XLV.   Autorisation d'exploitation accordée par le Roi au sieur Nicolas Louis Josset, etc.
(1786)..   317

XLVI.   Arrêté du Préfet de Maine-et-Loire. Publication de la demande de concession
faite par le citoyen Lefèvre-Josset (9 pluviôse an x)...................   319

XLVII.   Demande en concession de mines de houille (22 novembre 1833)..........   321

XLVIII.   Arrêt du Conseil autorisant le sieur de la Bretonnière et ses associés à exploiter
les mines de charbon de terre dans l'étendue des paroisses de Saint-Georges-
Châtelaison et Concourson (28 juin 1740).........................   325

XLIX.   Demande en permission d'établir, entre Thouarcé et Beaulieu, un haut-four-
neau, etc. (8 juin 1826)......................................   324

L.   Demande en délimitation de concession. Projet d'affiche (25 juillet 1840).....   326

LI.   Demande en division de la concession des mines de houille de Saint-Georges-
Châtelaison (12 février 1846)..................................   329

LII.   Demande en modification de périmètre de la concession des mines de houille de
Saint-Georges-Châtelaison (17 décembre 1863).....................   332

LIII.   Demande en extension de la concession des mines de houille de Doué (11 février 1852)...   334

CHAPITRE III.

DESCRIPTION GÉOLOGIQUE DU BASSIN DE LA BASSE LOIRE.

I. SITUATION ET DISPOSITION GÉNÉRALE DU BASSIN............................... 337

1. *Synclinal d'Ancenis*... 341

Terrains encaissants.. 341

Bord sud du synclinal d'Ancenis.................................. 341

Système précambrien :
Schistes séricitiques....................................... 341

Système silurien :
Étage gothlandien... 342

Système dévonien :
Étage eifélien... 345
Étage givetien... 346
Étages frasnien et famennien.............................. 349

Bord nord du synclinal d'Ancenis............................... 350

Système précambrien :
Schistes séricitiques....................................... 350

Système silurien :
Étage gothlandien... 352

Système dévonien :
Étage frasnien... 352

Terrain encaissé dans le synclinal d'Ancenis................... 354

Système carboniférien :
Étage inférieur ou Culm................................... 354
Culm inférieur... 355

Anticlinal divisant le synclinal d'Ancenis..................... 357

Système silurien :
Étage gothlandien... 357

Système dévonien :
Étage eifélien... 358

Roches éruptives du synclinal d'Ancenis........................ 359

Granite.. 359
Granulite.. 359
Microgranulite... 360
Porphyre à quartz globulaire 360

IMPRIMERIE NATIONALE.

I. Situation et disposition générale du bassin. (Suite.)

2. *Synclinal de Teillé*... 362

Terrains encaissants... 362

Bord sud du synclinal de Teillé....................................... 362
Bord nord du synclinal de Teillé...................................... 363

Système silurien :

Étage gothlandien... 363

Roches éruptives dans l'étage gothlandien, au nord du Culm supérieur... 364

Porphyre à quartz globulaire.. 364
Porphyroïdes.. 365
Diabases.. 365
Porphyrites andésitiques.. 365

Terrains encaissés dans le synclinal de Teillé........................ 366

Système carbonifèrien :

Étage inférieur ou Culm... 366
Culm supérieur.. 366
Roches.. 366
Psammite.. 366
Schiste... 366
Poudingues.. 367
Pierre carrée... 367
Houille... 367
Fusain.. 388
Élatérite... 388
Étage moyen ou Westphalien.. 397
Sous-étage infrà-houiller... 397
Étage supérieur ou Stéphanien... 398

Anticlinal divisant le synclinal de Teillé............................ 399

II. Failles.. 400

III. Petits bassins houillers accompagnant le grand bassin de la Basse-Loire........ 403

Étage westphalien... 403
Sous-étage infra-moyen.. 403
Sous-étage sus-moyen.. 404

CHAPITRE IV.
CARTES ET COUPES.

CARTE GÉOLOGIQUE du bassin de la basse Loire.............................. 405

COUPE S. O.–N. E., par la Pourne et le Pâtis, à 1 kilomètre à l'Ouest des mines de Languin (Loire-Inférieure).. 406

COUPE SUD–NORD passant par les mines de Languin (Loire-Inférieure)............... 407

COUPE S. O.–N. E., de Ligné à la Chapelle-Breton (Loire-Inférieure)............... 408

COUPE SUD–NORD, de Pierre-Meulière à Teillé (Loire-Inférieure)................... 409

COUPE OUEST–EST, suivant la ligne du chemin de fer d'Orléans, de Pierre-Meulière (Loire-Inférieure) à Champtocé (Maine-et-Loire)................................. 411

COUPE SUD–NORD, de la Pommeraye à Champtocé (Maine-et-Loire)................ 412

COUPE S. O.–N. O., de Chaudefonds à Rochefort-sur-Loire (Maine-et-Loire).......... 413

INDEX BIBLIOGRAPHIQUE POUR LES PARTIES HISTORIQUE ET GÉOLOGIQUE DE L'OUVRAGE...... 415

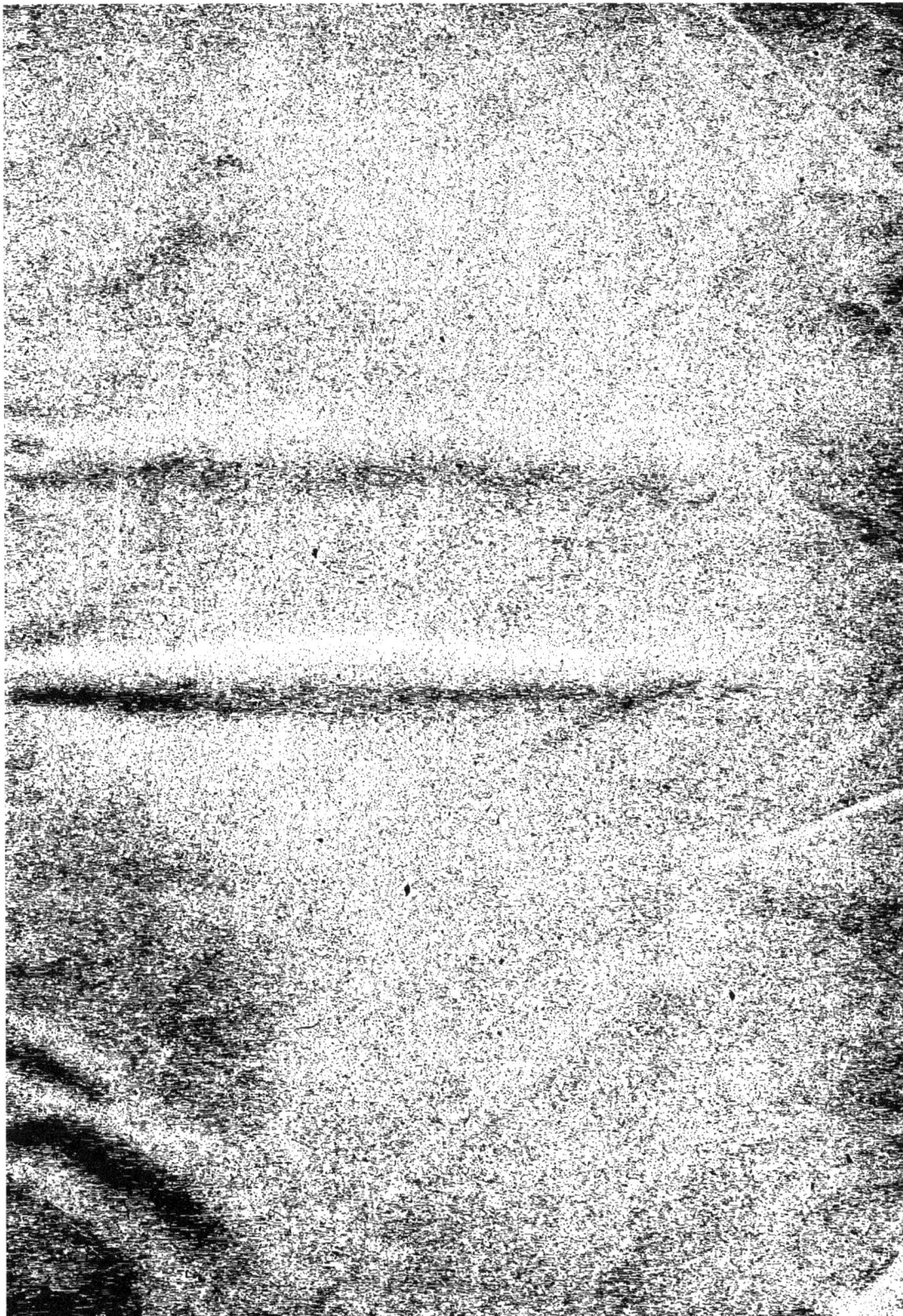

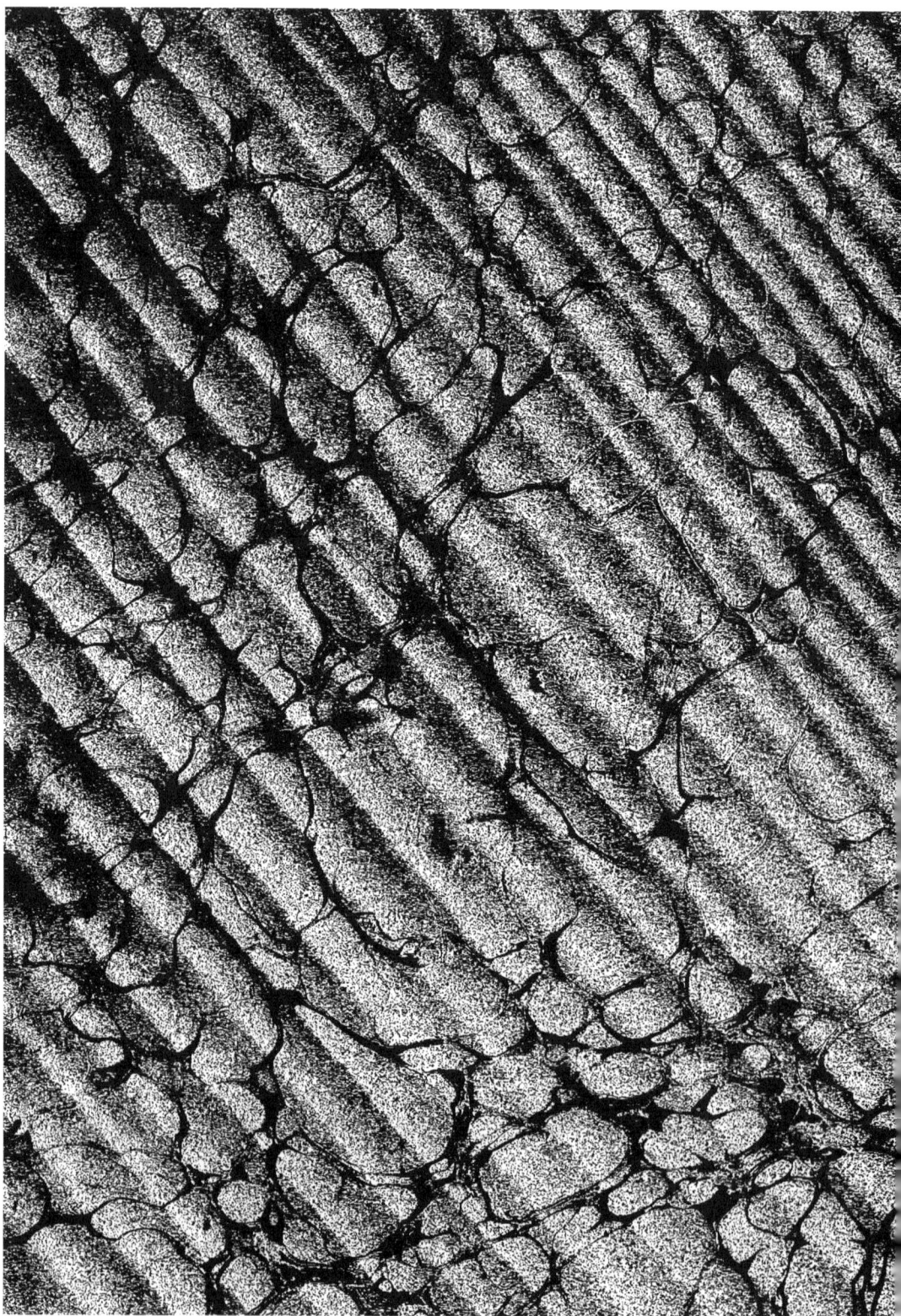

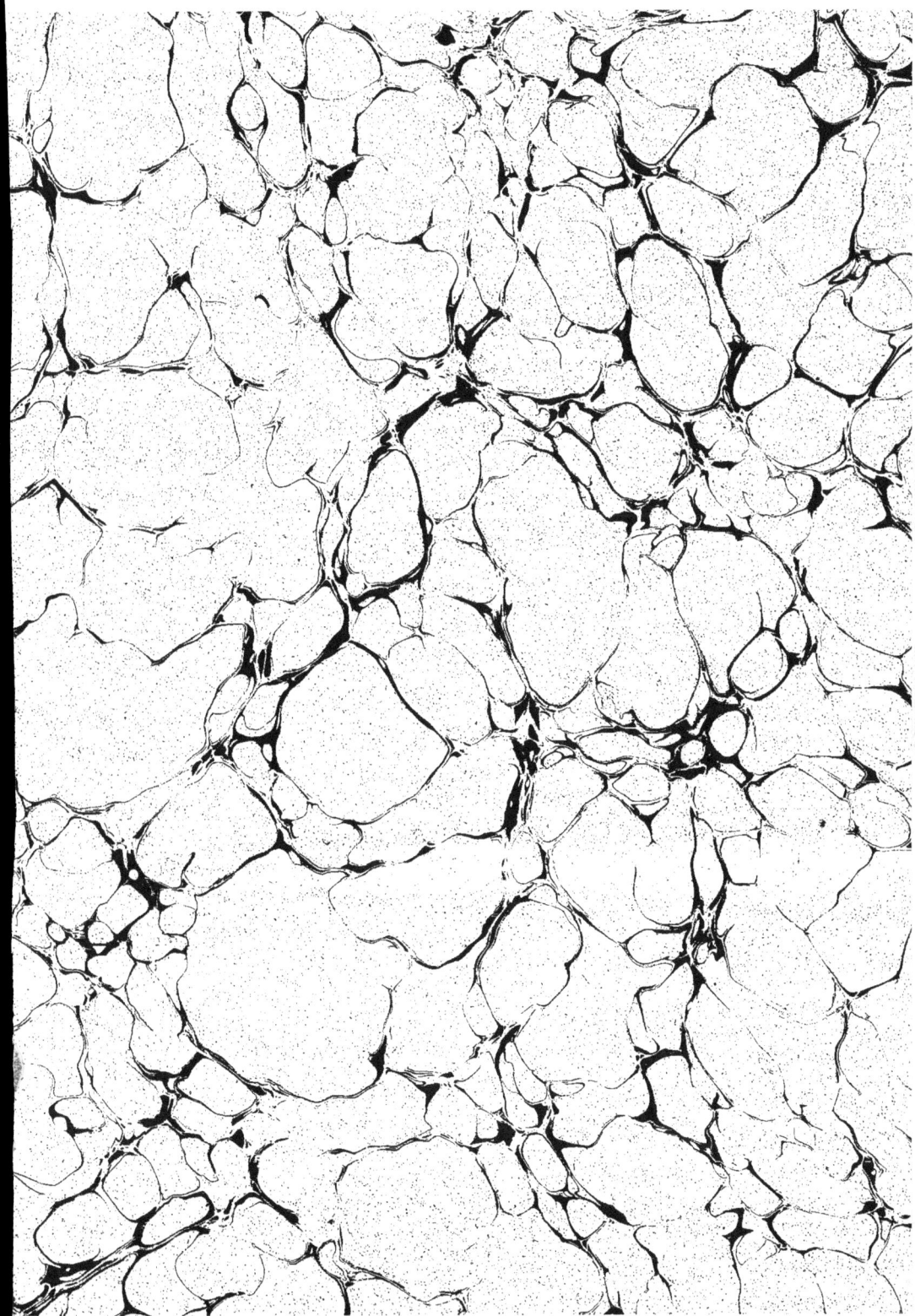

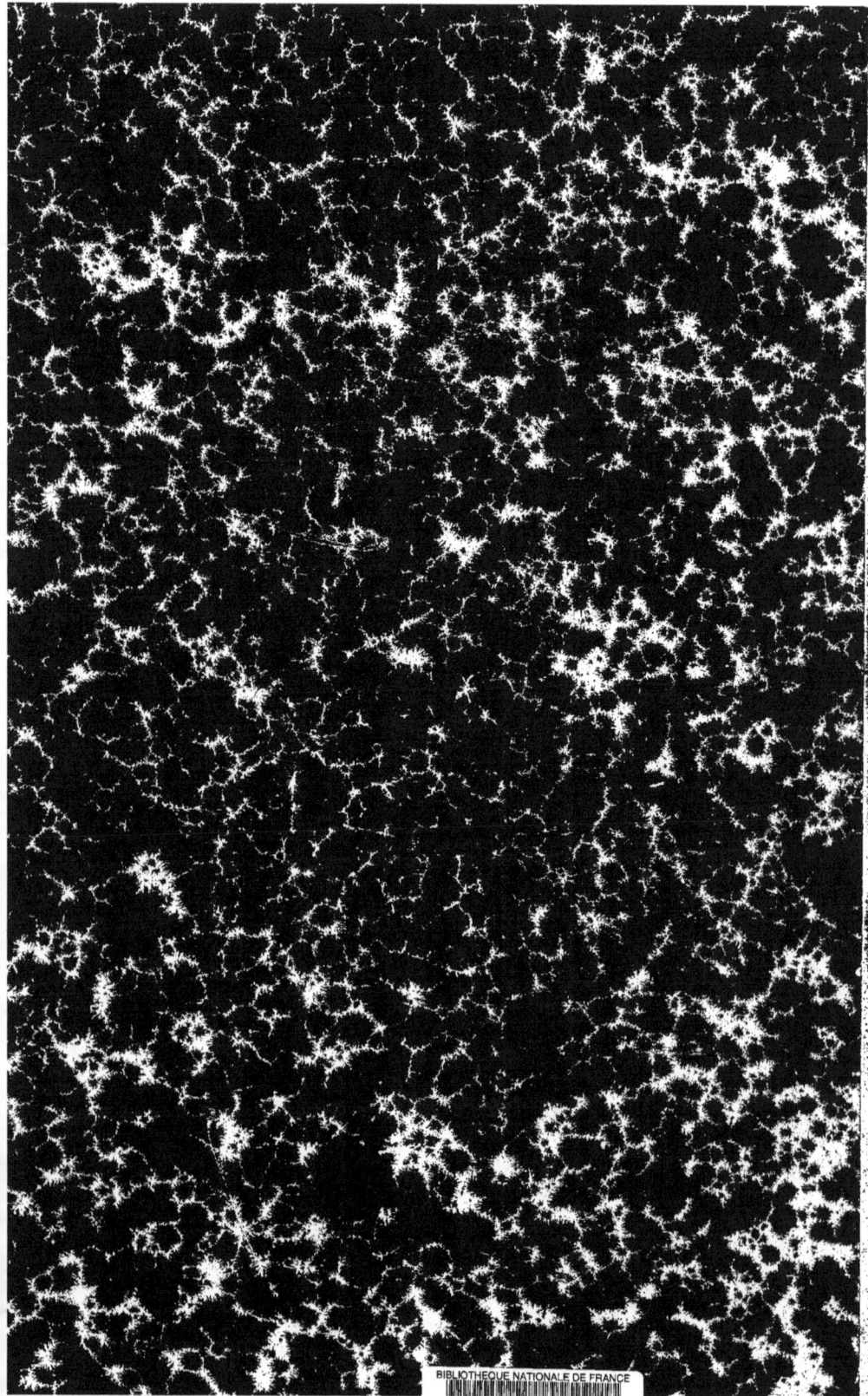

www.ingramcontent.com/pod-product-compliance
Lightning Source LLC
Chambersburg PA
CBHW060519220326
41599CB00022B/3367